Pflanzenanatomisches Praktikum I

Pflanzenanatomisches Praktikum I

Zur Einführung in die Anatomie der Samenpflanzen

9., durchgesehene Auflage

von
Wolfram Braune
Alfred Leman
Hans Taubert

Mit 119 Abbildungen

Zuschriften und Kritik an:
Elsevier GmbH, Spektrum Akademischer Verlag, Verlagsbereich Biologie,
Dr. Ulrich G. Moltmann (e-mail: u.moltmann@elsevier.com),
Slevogtstraße 3–5, 69126 Heidelberg

Die Autoren
Prof. i. R. Dr. rer. nat. habil. Wolfram Braune, Heinrich-Heine-Straße 15, 07749 Jena
Dr. rer. nat. Alfred Leman, Otto-Devrient Straße 14, 07743 Jena
Dr. rer. nat. Hans Taubert, Berthold-Delbrück-Straße 36, 07749 Jena

Bibliografische Information Der Deutschen Nationalbibliothek
Die Deutsche Nationalbibliothek verzeichnet diese Publikation in der Deutschen Nationalbibliografie; detaillierte bibliografische Daten sind im Internet über http://dnb.d-nb.de abrufbar.

1. Auflage 1967
2. Auflage 1971
1. Nachdruck 1974
2. Nachdruck 1977
3. Auflage 1979
1. Nachdruck 1981
4. Auflage 1983
5. Auflage 1987
6. Auflage 1991
7. Auflage 1994
8. Auflage 1999
1. Nachdruck 2002
Polnische Auflage 1974
Alle deutschsprachigen Ausgaben (1.–7. Auflage) erschienen im
Gustav Fischer Verlag Jena.
8. Auflage 1999 und 1. korrigierter Nachdruck der 8. Auflage 2002
Spektrum Akademischer Verlag GmbH Heidelberg · Berlin.

9. Auflage 2007

Spektrum Akademischer Verlag ist ein Imprint der Elsevier GmbH.

07 08 09 10 11 5 4 3 2 1

Planung und Lektorat: Dr. Ulrich G. Moltmann, Jutta Liebau
Herstellung: Detlef Mädje
Umschlaggestaltung: SpieszDesign, Neu-Ulm
Satz: Typomedia GmbH, Ostfildern
Druck und Bindung: LegoPrint S.p.A., Lavis

Printed in Italy

ISBN 978-3-8274-1742-8

Aktuelle Informationen finden Sie im Internet unter www.elsevier.de und www.elsevier.com

Vorwort zur 9. Auflage

Mit der Neuauflage dieses Praktikums sind einige Aktualisierungen, vor allem aber Präzisierungen in den Registern (Stichwort- und Pflanzenverzeichnis) vorgenommen worden. Auch nach mehr als 40 Jahren erscheinen uns die Festellungen im Vorwort zur ersten Auflage so aktuell wie damals: »Anatomische Grundkenntnisse sind für jeden biologisch Tätigen unentbehrlich. Die Vielzahl neuer, umfangreicher Forschungsgebiete zwingt dazu, sich diese anatomischen Kenntnisse möglichst rationell, aber dennoch durch eigene Anschauung gründlich und umfassend anzueignen. Der große selbsterzieherische Wert, der in anatomischen Übungen liegt – die Schulung der Schärfe des Beobachtens, der Exaktheit des Darstellens und unbestechlicher Objektivität – darf dabei aber nicht verloren gehen ... Wir hoffen, dass die vorliegende Einführung allen Interessierten eine spürbare Hilfe bei pflanzenanatomischen Untersuchungen wird.«
Möge dieses Praktikum – gerade angesichts eingeschränkter Unterrichtsprogramme in den Grundlagenfächern – weiterhin hilfreich sein bei der Aneignung anatomischer Kenntnisse.

Jena, Dezember 2006

Wolfram Braune Hans Taubert Alfred Leman

Vorbemerkungen

Zum Aufbau: Im Mittelpunkt steht das pflanzliche Objekt. Alle technischen und methodischen Hilfen sind Mittel zum Zweck des Erkennens und der Diagnose. Der erste Teil »Technik« gibt eine Übersicht über die technischen Erfordernisse. Im »Methodenregister« findet der Benutzer die Anleitung zur praktischen Ausführung der einzelnen Handgriffe.
Folgende Prinzipien lagen der Auswahl der Objekte und Beobachtungsziele zugrunde.

- Der Stoff behandelt die Anatomie der Spermatophyta , in den Hinweisen auf »weitere Objekte« werden in einzelnen Fällen Ausnahmen gemacht.
- Bewährte, vielerorts verwendete Objekte sind beibehalten worden.
- Es wurden in der Regel überall leicht zugängliche, zum Teil wirtschaftlich bedeutungsvolle Pflanzen ausgewählt.
- Um die Variabilität und Vielfalt der Formen im Bau der Pflanzen zu demonstrieren, wurde darauf verzichtet, die Anzahl der verschiedenen Objekte auf ein Mindestmaß herabzudrücken.
- Wir empfehlen »weitere Objekte«, um eine hohe Anpassungsfähigkeit an örtliche Bedingungen und Gewohnheiten zu ermöglichen.

Bewußt wurde der Stoff nicht kursmäßig gegliedert. Die einzelnen Beobachtungsziele sind so gestaltet worden, daß auch jedes für sich allein bearbeitet werden kann, ohne daß die vorausgegangenen Abschnitte unbedingt die Grundlage für das Verständnis der folgenden darstellen. Das war notwendig, da die Zeit, die zur Bearbeitung des Stoffes zur Verfügung steht, jeweils unterschiedlich sein wird. Es werden vorwiegend nur einfache technischen Hilfsmittel gefordert.

Zur Benutzung: Die Anlage des Buches erlaubt es jedem Interessierten, sich ein geschlossenes Bild vom anatomischen Bau der Vegetations- und Fortpflanzungsorgane der höheren Pflanzen selbst zu erarbeiten.
Es soll eine Grundlage sein, auf der selbständig weitere Studien aufgebaut werden können.
Wir setzen voraus, daß sich der Benutzer in einer einführenden Vorlesung oder durch das Studium eines entsprechenden Lehrbuches mit den Grundtatsachen des hier behandelten Stoffes vertraut gemacht hat. Die theoretischen Abschnitte vor Beginn der Beobachtungsanleitungen sollen dazu dienen, die notwendigen Kenntnisse rasch zu repetieren. In diesem Sinne sind auch die Schemata auf den Randleisten als Lernhilfe und Merkstütze zu verstehen. Die knappe Beschriftung dieser Skizzen soll Anregung zum eigenen Durcharbeiten geben. Die Form der Pfeile bei Verweisen deutet jeweils auf verkleinerte oder vergrößerte Darstellung.
Größter Wert wurde auf die Originalabbildung der besprochenen Beobachtungen gelegt.
Soweit es sinnvoll erschien, wird auch das den Beschreibungen zugrunde liegende Präparat als Foto abgebildet, um das Verständnis des Wesentlichen zu erleichtern, was erfahrungsgemäß zunächst schwierig ist. Damit bietet es dem Bearbeiter eine kritische Vergleichsmöglichkeit seiner eigenen Präparate, da fast alle abgebildeten Aufnahmen mit den gleichen Hilfsmitteln hergestellt worden sind, wie sie auch jedem Benutzer des Buches zur Verfügung stehen können. Die Zeichnungen erläutern den Präparationsweg, ermöglichen in einer Übersichtsskizze eine grobe Orientierung und geben schließlich die jeweils erörterte Einzelheit in vergrößertem Maßstab wieder. Sie sollen das Verständnis des Geschauten erleichtern und sind nicht als Vorbild für mikroskopische Zeichnungen gedacht, wie sie während der anatomischen Studien angefertigt werden sollen.
Das mikroskopische Bild des selbstgefertigten Präpatares muß in persönlicher Weise zeichnerisch und denkend verarbeitet werden. Anregungen in dieser Hinsicht sind auf den Seiten 30 bis 35 zu finden. Da kein Präparat einem anderen gleicht, erhielten wir durch dieses Verfahren intensiven Abbildens ohne Ausnahme gute Ergebnisse in der Effektivität der Studien, wenn auf eine detailgetreue Wiedergabe Wert gelegt wurde.
Die Verweispfeile in diesen Bildern des praktischen Teiles deuten in Richtung der vergrößerten Teilbilder.
Um die Tür zu weiteren Studien zu öffnen, wurde ein Literatur-Verzeichnis »Botanische Praktika und Mikrotechniken« angefügt.

Inhalt

Erster Teil

Technik

1. Das Mikroskop

Die mikroskopischen Untersuchungen des vorliegenden Praktikums erfordern die Methoden der **Hellfeld-Durchlichtmikroskopie**. Daher wird im folgenden nur auf das dafür eingerichtete Mikroskop eingegangen. Einige Hinweise zu speziellen optischen Kontrastverfahren auf Seite 21.

1.1. Aufbau und Wirkungsweise

Abb. 1. zeigt einen Mikroskoptyp einfacher Bauweise, der exakte Beleuchtung nach Köhler erlaubt, leicht zu bedienen ist und im Hinblick auf optische und mechanische Qualität und Ausbaufähigkeit (z. B. zu optischen Kontrastverfahren und Mikrofotografie) alle Anforderungen eines botanischen Praktikums erfüllt. Die wesentlichen Baugruppen, aus denen sich Mikroskope dieser Klasse gewöhnlich zusammensetzen, sind in Abb. 1 erläutert.
Sehr kleine Strukturen erscheinen dem unbewaffneten Auge unter einem Sehwinkel so geringer Öffnung, daß sie nicht wahrgenommen werden können. Das Mikroskop vergrößert diesen Sehwinkel so weit, daß die Strukturen sichtbar werden: Das Objektiv entwirft von dem lichtdurchstrahlten Objekt in Höhe der Sehfeldblende des Okulars ein **reelles**, vergrößertes **Zwischenbild** (erste Vergrößerungsstufe), das mit dem als Lupe wirkenden Okular im

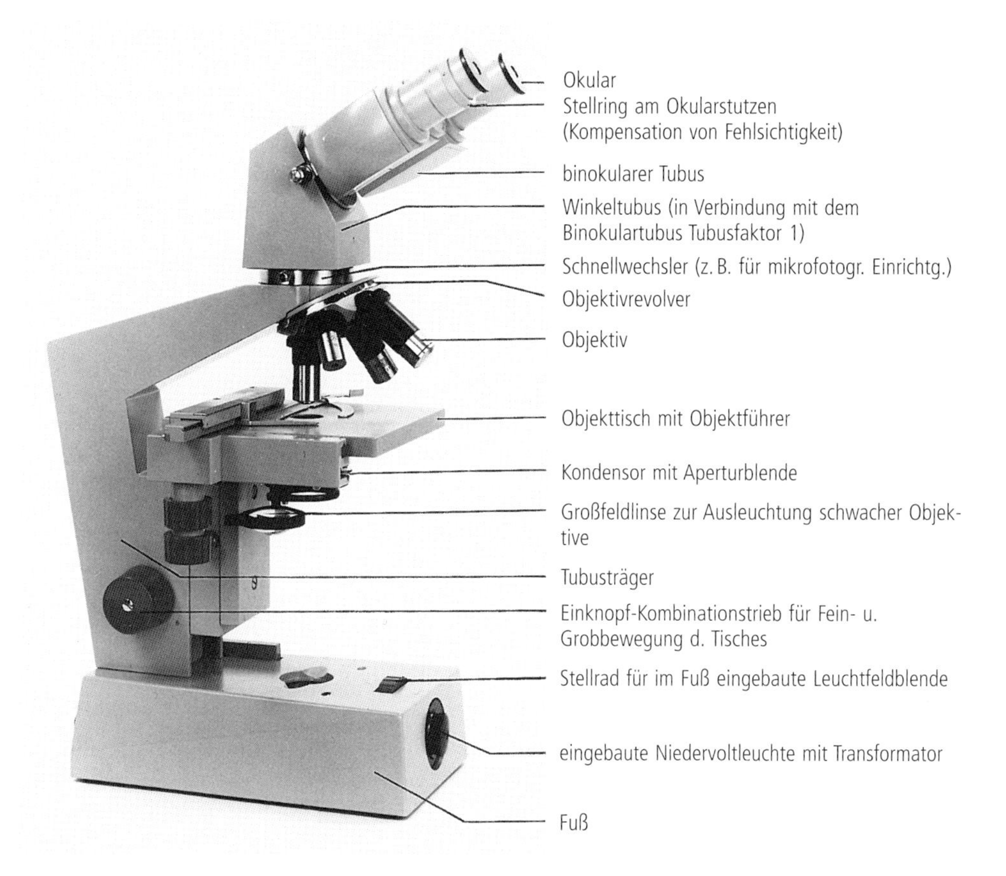

Abb. 1. Arbeitsmikroskop aus der Baureihe LABOVAL der Zeiss-Werke Jena.

Abstand der deutlichen Sehweite von 250 mm als **virtuelles Bild** beobachtet wird (zweite Vergrößerungsstufe). Mit Hilfe einfacher optischer Maßnahmen kann das Bild der zweiten Vergrößerungsstufe auch fotografiert werden. Das jeweils gewählte optische System (Objektiv und Okular) wird hauptsächlich durch sein Auflösungsvermögen, seine Vergrößerungsleistung und durch die Qualität der optischen Korrekturen charakterisiert.

1.2 Auflösungsvermögen

Man versteht darunter die Möglichkeit, mit Hilfe des Mikroskops voneinander getrennte, sehr nahe beieinanderliegende Objekteinzelheiten getrennt abzubilden. Das Auflösungsvermögen wird **nur vom Objektiv bestimmt,** ist dessen wichtigstes Merkmal und abhängig von der **numerischen Apertur** (A) des Objektivs. Je höher die numerische Apertur eines Objektivs, um so stärker Auflösungsvermögen und Lichtstärke und um so geringer die Schärfentiefe.

Kleinste noch auflösbare Strukturen (minimaler Abstand zweier Objektpunkte, die noch

$$\text{getrennt abgebildet werden}) = \frac{\text{Wellenlänge des verwendeten Lichtes}}{A_{\text{Objektiv}} + \text{wirksame } A_{\text{Kondensor}}}$$

Objektive gleicher Maßstabszahl (bzw. Vergrößerung) müssen nicht immer gleiche Apertur, also gleiches Auflösungsvermögen, haben. Beispiel:

Objektiv	Achromat 40	Apochromat 40
numerische Apertur	0,65	0,95
Auflösungsvermögen	$\frac{0{,}55\ \mu m}{0{,}65 + 0{,}65} = 0{,}42\ \mu m$	$\frac{0{,}55\ \mu m}{0{,}95 + 0{,}80} = 0{,}31\ \mu m$

(Licht mit 550 nm Wellenlänge angenommen)

Die Auflösungsleistung eines Mikroskops kann durch noch so starke Okulare nicht erhöht werden.

1.3. Vergrößerung

Bedeutet hier immer **lineare** Vergrößerung.

Vergrößerungsleistung des Mikroskops = Vergrößerung des Okulars × Maßstabszahl (bzw. Vergrößerung) des Objektivs × Tubusfaktor (s. Tabelle 3).

Mit Rücksicht auf die Auflösungsleistung der Netzhaut des Auges müssen bei der Kombination von Objektiven und Okularen die Bedingungen der sogenannten **förderlichen Vergrößerung** eingehalten werden, wenn das optische Leistungsvermögen des Mikroskops voll ausgenutzt werden soll.

förderliche Vergrößerung = 500 bis 1000 × A

Unterschreiten der förderlichen Vergrößerung (Kombination des Objektivs mit zu schwachem Okular): Im mikroskopischen Bild enthaltene Information wird vom Auge nicht mehr wahrgenommen; aber auch Vorteile: »brillantes« Bild, großes Dingfeld (= großer Ausschnitt des Objektes ist sichtbar).
Überschreiten der förderlichen Vergrößerung (Objektiv mit zu starkem Okular): Im Zwischenbild aufgelöste Objektstrukturen werden nur weiter auseinandergezogen, weitere

Details werden nicht sichtbar, dafür zuweilen optische Artefakte (Pseudostrukturen); Helligkeitsverlust, flauer Kontrast, kleines Dingfeld. Zuweilen mit Vorteilen beim Messen und Zählen.
Der im mikroskopischen Beobachten Geübte bevorzugt den unteren Bereich der förderlichen Vergrößerung (Tabelle 3).

Beispiele für geeignete und ungeeignete Kombination von Okular und Objektiv zum Beobachten bei gleicher Gesamtvergrößerung von 250fach:

Okular 6,3 ×
Objektiv 40/0,65
Vergrößerung < 500–1000 A
förd. Vergr. unterschritten

Okular 10 ×
Objektiv 25 ×/0,50
Vergrößerung = 500–1000 A
förd. Vergr. erfüllt

Okular 25 ×
Objektiv 10 ×/0,20
Vergrößerung > 500–1000 A
förd. Vergr. überschritten

Okular 12,5 ×
Objektiv 20 ×/0,40
Vergrößerung = 500–1000 A
förd. Vergr. erfüllt

1.4. Optische Korrekturen

Eigenschaften des Glases und der daraus gefertigten Linsen führen bei optischen Systemen zu Abweichungen vom gewünschten Idealbild, zu sogenannten Bildfehlern, die z. B. als farbige Ränder und Bildfeldwölbung erscheinen. Diese Fehler werden durch besondere mehr oder weniger aufwendige Konstruktionen der Objektive korrigiert (je nach Korrektionsaufwand verschiedene Typen!). Verbleibende Restfehler werden aber auch durch die Bauweise der Okulare korrigiert, wobei von Hersteller zu Hersteller und von Objektivtyp zu Objektivtyp oftmals unterschiedliche Wege gegangen werden. (Niemals Objektive und Okulare verschiedener Hersteller miteinander kombinieren! Bei der Bestückung von Mikroskopen mit Optiken, die über die gelieferte Standardausrüstung hinausgehen, Angaben der Hersteller beachten!)

Beispiele von Objektivtypen und ihrem Korrektionszustand:

Objektivtyp	Kennzeichnung durch Gravur	Korrektur *(Restfehler)*	Kompensation der Restfehler
Achromate	meist ohne	Strahlen des roten und blaugrünen Lichtes vereinigen sich im Brennpunkt *Bildfeldwölbung*	mit Gelbgrünfilter; Okulare nach Angabe des Herstellers
Apochromate	Apochromat	Strahlen des roten, blaugrünen und blauvioletten Lichtes vereinigen sich im Brennpunkt *Bildfeldwölbung*	Okulare nach Angabe des Herstellers
Planobjektive	Planachromat Planapochromat	oben genannte Korrekturen Bildfeldwölbung weitgehend beseitigt	Planachromate mit Gelbgrünfilter; Okulare nach Angabe des Herstellers

1.5. Objektive

Die Objektive sind der **wichtigste Teil des optischen Systems**. Als Beispiel sind einige Daten häufig verwendeter Objektive (Achromate) in Tabelle 1 angeführt:

Tabelle 1
Technische Daten häufig verwendeter Achromate

Objektiv-Typ*	Vergrößerung bzw. Maßstabszahl	Numerische Apertur	Tubuslänge (mm)	Deckglasdicke (mm)	Arbeitsabstand (mm)	Kombinierbar mit Okulartyp
A	3,2	0,10	160	0/0,17	19,70	A oder P
A	10	0,25	160	0/0,17	5,0	A oder P
A	4	0,65	160	0,17	0,40	A oder P
A HI	100	1,25	160	0,17	0,08	A oder P
PA	5 ×	0,10	∞	0/0,17	12,80	P
GF-PA	6,3 ×	0,12	∞	0/0,17	15,70	P oder GF-P
PA	10 ×	0,20	∞	0/0,17	14,10	P
GF-PA	12,5 ×	0,25	∞	0/0,17	8,0	P oder GF-P
PA	20 ×	0,40	∞	0,17	2,70	P
GF-PA	25 ×	0,50	∞	0,17	1,95	P oder GF-P
GF-PA	40 ×	0,65	∞	0,17	0,53	P oder GF-P
PA	50 ×	0,80	∞	0,17	0,38	P
PA HI	100 ×	1,30	∞	0,17	0,14	P

* A: Achromat, PA: Planachromat, GF: Großfeld, HI: homogene Immersion.

Jedes Objektiv trägt seine wichtigsten Daten eingraviert, z. B. nach folgendem Schema:

Informationen zum Objektiv		Gravur: Beispiel 1	Beispiel 2
Objektivtyp nach Korrektionszustand			Planachromat
Maßstabszahl bzw. Vergrößerung	Numerische Apertur	10/0,25	HI 100 ×/1,30
Tubuslänge	Deckglasdicke	160/–	∞/0,17
Immersion erforderlich			schwarzer, weißer oder farbiger Ring

Angabe für Deckglasdicke (–) bedeutet: Präparate mit oder ohne Deckglas verwendbar.

Manche Hersteller kennzeichnen auch die jeweilige Vergrößerung oder Maßstabszahl des Objektivs mit einem farbigen Ring. Achtung! Der Markt bietet heute in zunehmendem Maße auch einfache Mikroskope der hier erörterten Klasse an, deren Objektive auf eine Bildlage im Unendlichen gerechnet sind (= optische Tubuslänge unendlich; Objektivgravur: ∞, Vergrößerung mit ×-Zeichen angegeben, z. B. 25 ×). Diese Mikroskope enthalten eine eingebaute Tubuslinse, die das erforderliche reelle Zwischenbild in Höhe der Sehfeldblende des Okulars erzeugt (s. S. 19).

Stative mit Tubuslinse dürfen nicht mit Objektiven bestückt werden, die auf endliche Bildlage gerechnet sind (z. B. Tubuslänge 160 mm, Objektivgravur: 160, Vergrößerung als Maßstabszahl angegeben, z. B. 20).
Stative ohne Tubuslinse dürfen nicht mit Objektiven bestückt werden, die mit der Gravur ∞ gekennzeichnet sind.

Die Hersteller verhindern eine solche Fehlbedienung in der Regel mittels unterschiedlicher Gewinde an den beiden Objektivtypen.

In der Regel gilt: Je größer die Maßstabszahl oder Vergrößerung eines Objektivs, um so
- größer die numerische Apertur und um so geringer die Schärfentiefe,
- geringer der Arbeitsabstand (Abstand Frontlinse – Deckglas),
- kleiner das Dingfeld.

Trockenobjektive hoher Apertur sind gegen abweichende Deckglasdicke sehr empfindlich; mit nicht maßhaltenden Deckgläsern liefern sie mangelhafte Bildqualität. Manche Objektive sind mit Korrekturmöglichkeit für abweichende Deckglasdicke ausgestattet.
Immersionsobjektive sind Objektive hoher Leistung. Bei der homogenen Immersion wird der Zwischenraum zwischen Frontlinse und Deckglas mit geeigneter Immersionsflüssigkeit (Immersionsöl, Anisol, Methylbenzoat) ausgefüllt, um für die vom Objekt kommenden Lichtstrahlen ein Medium gleichbleibender Brechzahl zu schaffen (n_D^{20} = 1,515). Weitere Immersionsobjektive: Glycerol- und Wasserimmersionen, die – wie homogene Immersionsobjektive – ohne Deckglas benutzt werden können. Als Immersionsflüssigkeit dient Glycerol bzw. Wasser; VI-Objektive können sowohl mit Öl, als auch mit Glycerol oder Wasser immergiert werden. Einstellen von Immersionsobjektiven siehe Reg. 62.

Trockenobjektive niemals mit Immersionsflüssigkeit verwenden!
Immersionsobjektive niemals als Trockenobjektive benutzen!
Immersionsobjektive nur mit dem jeweils vorgeschriebenen Medium immergieren.

1.6. Okulare

Im Unterschied zu den zehn- und mehrlinsigen Objektiven sind Okulare einfacher gebaut. Außer den Linsen enthalten sie eine ringförmige Blende, die **Sehfeldblende**, die das Sehfeld begrenzt und in deren Höhe das reelle Zwischenbild entsteht. In Höhe der Sehfeldblende liegende Maßstäbe, Zeiger, Fadenkreuze usw. erscheinen für Normalsichtige im Bildfeld scharf. Die Sehfeldblende ist nicht immer zugänglich; man verwendet in solchen Fällen (und bei Fehlsichtigkeit) vorteilhaft spezielle stellbare Okulare.

Wichtige Merkmale der Okulare:

Optischer Typ, der nach Angaben der Hersteller entsprechenden Objektivtypen zuzuordnen ist. Gravur: meist Buchstaben, z. B. P, GF-P, A (vgl. Tabellen 1 und 2).
Vergrößerung, Gravur z. B.10x
Feldzahl (= Durchmesser der Sehfeldblende in mm), Gravur z.B ⑳
Eignung für Brillenträger; mit diesen Okularen kann beobachtet werden, ohne die Brille abnehmen zu müssen. Gravur: Brillensymbol.
Mit Hilfe der Feldzahl läßt sich die Größe des **Dingfeldes** (Durchmesser des beobachteten Objektausschnittes in mm) und die Größe des scheinbaren **Sehfeldes** berechnen (Durchmesser des im Okular sichtbaren Bildes in mm, bezogen auf deutliche Sehweite 250 mm).

$$\text{Dingfelddurchmesser in mm} = \frac{\text{Feldzahl}}{\text{Maßstabszahl (bzw. Vergrößerung) des Objektivs} \times \text{Tubusfaktor}}$$

Beispiel: Okular 10 × ⑱ wird mit Objektiv 40/0,65 verwendet, Tubusfaktor 1. Dingfelddurchmesser in mm $= \frac{18}{40} = 0{,}45$

Durchmesser des scheinbaren Sehfeldes in mm = Feldzahl × Vergrößerung des Okulars.

Beispiel: Okular A 10 × ⑱
Durchmesser des scheinbaren Sehfeldes in mm = 18 × 10 = 180

Tabelle 2
Beispiel für häufig gebrauchte Okulare und deren Merkmale

Typ	Vergrößerung	Feldzahl	Kombinierbar mit Objektivtyp*)
A	6,3 ×	19	A
P	6,3 ×	19	A, PA, GF-PA
GF-P	10 ×	18	A, PA, GF-PA
GF-P	10 ×	20	PA, GF-PA
GF-P	12,5 ×	16	PA, GF-PA
A	16 ×	12,5	A
GF-P	16 ×	12,5	PA, GF-PA

*) A: Achromat, PA: Planachromat, GF: Großfeld

Tabelle 3
Gesamtvergrößerungen von ausgewählten Objektiv-Okular-Kombinationen; graue Felder: Bereich der förderlichen Vergrößerung bei Tubusfaktor 1

Okulare / Objektive	6,3 ×	8 ×	10 ×	12,5 ×	16 ×	20 ×	25 ×
3,2/0,10	20 ×	25 ×	32 ×	40 ×	50 ×	63 ×	80 ×
5 ×/0,10	30 ×	40 ×	50 ×	63 ×	80 ×	100 ×	125 ×
6,3 ×/0,12	40 ×	50 ×	63 ×	80 ×	100 ×	125 ×	160 ×
10 ×/0,20	63 ×	80 ×	100 ×	125 ×	160 ×	200 ×	250 ×
10/0,25	63 ×	80 ×	100 ×	125 ×	160 ×	200 ×	250 ×
20 ×/0,40	125 ×	160 ×	200 ×	250 ×	320 ×	400 ×	500 ×
25 ×/0,50	160 ×	200 ×	250 ×	320 ×	400 ×	500 ×	625 ×
40/0,65	250 ×	320 ×	400 ×	500 ×	640 ×	800 ×	1000 ×
50 ×/0,80	320 ×	400 ×	500 ×	625 ×	800 ×	1000 ×	1250 ×
100/1,25	630 ×	800 ×	1000 ×	1250 ×	1600 ×	2000 ×	2500 ×

1.7. Beleuchtung

Als Lichtquelle zum Durchstrahlen des Objekts dient heute in der Regel eine spezielle Leuchte, die im Mikroskopfuß eingebaut ist. Sie besteht aus einer Niedervoltlampe (meist Halogenlampe mit gleichfalls eingebautem Transformator und Helligkeitsregler), Kollektor und Leuchtfeldblende und ermöglicht exakte **Beleuchtung nach dem Köhler-Prinzip** (Reg. 12). Diese Art Beleuchtung sorgt für optimale, zentrische, gleichmäßige Ausleuchtung des Sehfeldes und voneinander **unabhängige Wirkung der Leuchtfeldblende** (regelt die Größe des ausgeleuchteten Sehfeldes) und der **Aperturblende** (regelt die Apertur des beleuchtenden Lichtstrahlenbündels).

Beim Mikroskopieren, wenn immer möglich, Köhler-Beleuchtung einstellen, kontrollieren, nachstellen!
»Irgendwelche« Beleuchtung führt zu flauem Kontrast oder zu optischen Artefakten im Bild.
Bildhelligkeit nur durch Spannungsänderung oder/und mit Hilfe von Lichtdämpfungsfiltern regeln, niemals durch Verstellen des Kondensors!

1.8. Optische Kontrastierung

Viele lebende Objekte ergeben im mikroskopischen Hellfeld kontrastarme, »flaue« Bilder, die nur begrenzte Informationen über die zu beobachtenden Sachverhalte vermitteln. Die Ursache liegt vorwiegend in der geringen Absorption durch diese Strukturen im sichtbaren Spektralbereich und im Unvermögen des Auges, Brechzahldifferenzen wahrzunehmen. Wenn es darauf ankommt, Fixierung und Färbung zu umgehen, steht eine Reihe optischer Kontrastierungsmethoden zur Verfügung, um auch solche Objekte im Mikroskop gut sichtbar zu machen. Einige Beispiele:

- **Schiefe Beleuchtung:** Konturen der Objektdetails werden reliefartig abgebildet. Apparativ einfachste Form der optischen Kontrastierung. Exakt mit Hilfe des Abbeschen Beleuchtungsapparates mit verschiebbarer Aperturblende; behelfsmäßig durch Einlegen einer Azimutblende (passendes Pappscheibchen mit exzentrischem Loch) in den Filterhalter unter dem Kondensor. Blende um die optische Achse drehen, bis optimaler Kontrast eintritt (Abb. 10 D).
- **Positiver Phasenkontrast**: Objektdetails mit Brechzahlen, die geringfügig größer sind als die ihres unmittelbaren Umfeldes, werden dunkler als das Umfeld abgebildet. Das Verfahren erfordert den Einsatz spezieller Einrichtungen, die von den Optik-Firmen als Ergänzungseinheiten für ihre Mikroskope angeboten werden (Abb. 10 F).
- **Negativer Phasenkontrast**: Das Prinzip ist dem positiven Phasenkontrast ähnlich. Objektdetails mit geringfügig höheren Brechzahlen werden heller abgebildet als ihr Umfeld (Abb. 10 G).
- **Dunkelfeld**: Objekte werden hell leuchtend in dunklem Umfeld abgebildet. Vorteil: brillante Darstellung sehr kleiner oder feinfibrillärer Strukturen. Das Verfahren ist optisch dem Phasenkontrastverfahren verwandt, aber apparativ weniger aufwendig. Es erfordert den Einsatz spezieller Dunkelfeldkondensoren, die von den Optik-Firmen angeboten werden (Abb. 10 E).
- **Differentieller Interferenzkontrast nach Nomarski:** Das Objektbild wird aufgespaltet, die Teilbilder erscheinen geringfügig gegeneinander versetzt im Bildfeld. Die auftretenden Interferenzen führen dazu, daß Objektdetails, die sich z. B. in ihrer Brechzahl unterscheiden, reliefartig und kontrastreich abgebildet werden. Eine Methode für hohe Ansprüche, die den Einsatz spezieller, handelsüblicher Einrichtungen erfordert (Abb. 10 H).

1.9. Pflege des Mikroskops

- Arbeitsplatz und Mikroskop so verlassen, wie man selbst beides vorzufinden wünscht.
- Das Instrument vor Stoß, Staub und aggressiven Chemikalien schützen.
- Staub immer erst abblasen (Gummiball); erst wenn nötig, mit weichem Pinsel (Pinsel anhauchen, nicht Glasfläche!) oder mit Leinenlappen nachwischen.
- Verunreinigungen stets sofort beseitigen – aber niemals mit Ethanol! Ethanol kann den Kitt zwischen den Objektivlinsen angreifen.
  Geeignete Reinigungsmittel: destilliertes Wasser, Leichtbenzin.
- Immersionsflüssigkeiten sofort nach Gebrauch mit benzingetränktem Leinenlappen oder Fließpapier von der Frontlinse des Objektivs entfernen.
- Niemals Objektive zum Reinigen selbst auseinandernehmen.
- Okulare kann man selbst reinigen. Vorsicht! Sehfeldblende nicht verschieben und Linsen nicht verwechseln!

- Niemals selbst etwas am Mikroskop »reparieren« – der Schaden ist nachher meist größer!
- Das Mikroskop ist ein Meisterwerk feinmechanischer Präzisionsarbeit – Gewaltanwendung, Unsauberkeit, Unordnung, Hast und unüberlegtes Handeln stellen den Erfolg bei mikroskopischen Arbeiten in Frage.

2. Das Mikroskopieren

2.1. Präparationstechnik

2.1.1. Allgemeines zur Präparationstechnik

Die präparative Arbeit erstreckt sich vom Herstellen einfacher Frischpräparate (z. B. Handschnitte, Stärkeaufschwämmung) bis zum mühevollen Präparieren von lückenlosen Schnittserien schnell ablaufender Entwicklungsstadien (z. B. Meiose, Befruchtung) mit Hilfe des Mikrotoms und komplizierter mikrotechnischer Verfahren. Die Präparationsanweisungen in diesem Praktikum zielen stets auf geringen apparativen Aufwand. Es soll hier nachdrücklich darauf hingewiesen werden, daß auch mit **einfachen Hilfsmitteln** ein **tiefer Einblick** in den anatomischen Bau des Pflanzenkörpers möglich ist.
Die Erfahrung hat gelehrt: Mit gekonnt aus der Hand geführten Rasierklingenschnitten von ausdifferenzierten pflanzlichen Organen lassen sich gute Präparate herstellen. Wesentlich bessere Präparate würden einen unverhältnismäßig größeren technischen Aufwand erfordern.

2.1.2. Technische Hilfsmittel

In Tabelle 4 und 5 sind Grundausrüstungen zusammengestellt.
Objektträger und Deckgläser nur in **sauberem**, möglichst **fettfreiem** Zustand verwenden (s. Reg. 103). Da wichtige Objektive auf die Deckglasdicke von 0,17 mm korrigiert sind, müssen geeignete Deckgläser (0,15–0,19 mm) ausgelesen werden. Abweichende Deckglasdicke führt zu mangelhafter Bildqualität!
Holundermark läßt sich am leichtesten aus den abgestorbenen kräftigen Langtrieben (»Wassertrieben«) von *Sambucus nigra* herauspräparieren (Reg. 59).

2.1.3. Präparateformen und Präparationsmethoden

2.1.3.1. Nach dem Aufschluß des Gewebes, um dünne Schichten zu erhalten

Schnittpräparat (s. a. Reg. 110): Meist angewandte Präparationstechnik. Von Frisch- oder Alkoholmaterial werden Handschnitte (Rasierklinge, Rasiermesser) oder Mikrotomschnitte (Gefriermikrotom, Holzmikrotom) hergestellt. In Paraffin eingebettete Objekte werden hauptsächlich mit dem Mikrotom (Handmikrotom, Schlittenmikrotom, Minotsches Mikrotom) geschnitten und in Dauerpräparate überführt. **Die Wahl der Schnittebene ist von großer Bedeutung** und wird durch die Beobachtungsabsicht bestimmt. Wichtige Hauptschnittebenen s. Abb. 50.
Quetschpräparat (s. a. Reg. 73): Besonders für spezielle zytologische Untersuchungen geeignet. Färbung kann mit Fixierung kombiniert werden (Heitzsche Schnellfärbemethode = Karminessigsäure-Methode).
Mazerationspräparat (s. a. Reg. 85): Durch entsprechende Verfahren (Mazeration nach Schulze, Behandlung mit Lauge, Wasserstoffperoxid, Pektinase) werden die Ca-Pektinat-Mittellamellen der Gewebe aufgelöst. Dadurch Isolierung der Zellen. Besonders für die Untersuchung von Holz und Leitbündelelementen verwendet.
Zupf- und Schabepräparat (s. a. Reg. 108 u. 125): Mit Hilfe von Präpariernadeln werden auf dem Objektträger in einem Flüssigkeitstropfen kleine Gewebeproben zerzupft oder mit der Rasierklinge kleine Proben von Pflanzenteilen abgeschabt. Lockerung des Zellverbandes,

Tabelle 4
Grundausrüstung für einfache mikrotechnische Präparationen

Objektträger	Reagenzgläser
Deckgläser	Bechergläser
Rasierklingen bzw.	Petrischalen
Rasiermesser (plankonkav)	Kristallisierschale
Holundermark	Meßzylinder (z. B. 25 ml)
Präpariernadeln	Saugpipetten
Pinzette	Pipetten- oder Tropfflaschen
Glasstab	Infiltrationsgerät (Reg. 64)
Spatel	Läppchen (saugfähig, fusselarm)
Pinsel (weich, spitz)	Fließpapier
Porzellanplatte (zur Hälfte weiß, zur Hälfte schwarz gefärbt)	Gas- oder Spiritusbrenner
Blockschälchen	Präparatemappe
Uhrgläser	Präparatekasten

Tabelle 5
Grundausrüstung an Reagenzien und Farblösungen

Reagens	Reg.-Nr.	Reagens	Reg.-Nr.
Leitungswasser	81	Kaliumchlorat	69
Destilliertes Wasser	24	Salpetersäure zur Mazeration nach Schulze	85
Ethanol	36	Iodkaliumiodid-Lösung (z. B. sog. Lugolsche Lösung)	66
Glycerol	51	Phloroglucinol-Lösung	101
Xylen	120	Safraninlösung	105
Glycerolgelatine	52	Sudan-III-Lösung	116
Neutralbalsam	92	Karminessigsäure	73
Salzsäure	106	Hämalaun nach Mayer	55
Schwefelsäure	112	Anilinblau	5
Kaliumhypochloritlösung (Eau de Javelle)	27		
Chloralhydratlösung	17		

Isolierung kleinster Gewebepartikel und Einzelzellen. Zum Untersuchen von Gefäßbündeln, Fasern, Einzelzellen und Zellbestandteilen geeignet.
Aufhellungspräparat (Transparentpräparat; s. a. Reg. 9 u. 10): Geeignete Pflanzenteile (dünne Blattspreiten, zarte Wurzelspitzen, dickere Handschnitte) lassen sich durch geeignete Methoden durchsichtig machen. Aufhellung mit Hilfe chemischer und physikalischer Mittel oder durch Kombination beider möglich. Häufig bei Blattstudien angewendet, gestattet auch Untersuchung ganzer Blattstücke.

2.1.3.2. Nach dem Endzustand, in dem das Präparat beobachtet werden soll

Frischpräparat (s. a. Reg. 47); Nativ- oder Lebendpräparat: Objekte werden im lebenden Zustand in physiologische Medien eingebettet, die ihnen eine begrenzte Lebensdauer ermöglichen. Färbung nur mit Vitalfarbstoffen (Reg. 118) möglich, z. B. Darstellung von Zytoplasma, Plasmaströmung, Nukleus, Plastiden, Vakuolen. Präparat von abgestorbenen oder fixierten Geweben: häufigster Typ. Für Zellwandstudien genügt konserviertes Material (70%iges Ethanol, Reg. 3).
Dauerpräparat: Soll der Zellinhalt lebensnah erhalten bleiben, muß mit geeigneten Mitteln

fixiert werden (z. B. Reg. 42). Objekte werden im abgetöteten (fixierten) und meist gefärbten Zustand in konservierende Medien mit geeigneter Brechzahl eingebettet. Zahlreiche Fixiermittel, Färbemethoden (s. unten) und Einbettungsmittel (Reg. 21) sind in Gebrauch. Von fast allen Objekten können Dauerpräparate angefertigt werden. **Eine Sammlung guter Dauerpräparate ist ein wertvoller Besitz!**

Das erste Präparat erst dann verwerfen, wenn das zweite besser gelungen ist.
Ein gutes Schnittpräparat verlangt ein scharfes Messer und viel Geduld!
Der Arbeitsaufwand für ein noch besseres Präparat lohnt sich immer!

2.1.3.3. Fixieren

Anatomische Untersuchungen erfordern mitunter, die Pflanzenteile zu fixieren. Dieser Vorgang hat folgende Bedeutung:

- Die Zellen müssen so schnell und so gleichzeitig wie möglich abgetötet werden, um ihre Strukturen annähernd so wie im Lebendzustand zu erhalten.
- In den Geweben darf keine Autolyse oder Fäulnis einsetzen.
- Durch Koagulation des Protoplasmas sollen intrazelluläre Partikel und die Organellen an den Stellen festgehalten werden, die sie im Lebendzustand innehatten.
- Die Gewebe müssen widerstandsfähig gemacht und gehärtet werden, damit sie sich schneiden lassen und den folgenden Präparationsschritten standhalten.
- Das anschließende Anfärben soll ermöglicht oder erleichtert werden.

Als Fixiermittel dienen starke Eiweißfällungsmittel (z. B. Ethanol, Formalin, Essigsäure, Chromsäure, Sublimatlösung, Osmiumsäure), die entweder allein oder in verschiedenen Mischungen angewendet werden. Ein in der Botanik häufig gebrauchtes Fixiergemisch ist das Gemisch nach Carnoy (Reg. 42). Als beste Fixiermittel gelten Osmiumsäure und alle Fixiergemische, die Osmiumsäure enthalten. Beim Fixieren sollten folgende Regeln eingehalten werden:

- Die Objekte müssen beim Einlegen in das Fixiermittel **stets ganz frisch** sein. Welke Pflanzenteile sind ungeeignet.
- Die Objekte **so klein wie möglich** halten, damit sie vom Fixiermittel schnell durchtränkt werden.
- Im Verhältnis zum Objektvolumen **große Mengen Fixiermittel** verwenden (etwa 1:50). Die Zusammensetzung des Fixiermittels darf sich durch den Wassergehalt der Objekte nicht wesentlich ändern.
- Fixiergefäße groß genug wählen, damit die Objekte nicht deformiert werden.
- Das Fixiermittel muß **schnell und gleichmäßig** eindringen. Infiltrieren oder Objekte eventuell anstechen. Schnelles Untersinken der Objekte deutet auf schnelles Eindringen des Fixiermittels.
- Das Fixiermittel darf nur einmal verwendet werden (Ausnahme: Osmiumsäure).
- Fixiermittel nach Ablauf der vorgeschriebenen Fixierdauer mit einem geeigneten Mittel **gründlich auswaschen**.

Das Einlegen von Pflanzenteilen in Ethanol zum Konservieren (Reg. 3) ist auch eine – allerdings grobe – Form des Fixierens.

2.1.3.4. Färben

Das Anfärben der Objekte hat den Zweck, bestimmte Zell- oder Gewebestrukturen deutlicher hervortreten zu lassen oder überhaupt erst sichtbar zu machen (z. B. Zellkerne, Chromosomen während der Kernteilung, Kallose auf den Siebplatten, Suberinlamellen usw.). Es gibt sehr viele zweckentsprechende Farbstoffe und Färbemethoden, über die die einschlägige Spezialliteratur zu Rate gezogen werden muß (s. Literaturverzeichnis).

Dieses Praktikum kommt mit einigen wenigen, ausgewählten Farbstoffen und Methoden aus, die sich bei botanisch-anatomischen Studien besonders bewährt haben.
In der Regel sollen die Objekte möglichst mit verdünnten Farblösungen behandelt werden. Entsprechende Verfahrensweisen und Richtwerte sind im Register angegeben.
Man unterscheidet:

- *Progressivfärbung* (z. B. Reg. 55): Das Objekt wird so lange gefärbt, bis die entsprechenden Strukturen den gewünschten Färbungsgrad erreicht haben. Anschließend überschüssige Farblösung auswaschen und das Objekt in geeignetem Medium einbetten.
- *Regressivfärbung* (z. B. Reg. 105): Das Objekt wird überfärbt und dann so lange mit einem geeigneten Mittel entfärbt (differenziert), bis der gewünschte Färbungsgrad erreicht ist. Diese Methode ist etwas umständlicher, liefert aber oft die besseren Bilder. Als Differenzierungsmittel werden bei den häufig gebrauchten Anilinfarben im allgemeinen Ethanol oder salzsaures Ethanol verwendet (Reg. 107).
- *Übersichtsfärbung:* Das Objekt wird mit einem Farbstoff behandelt, der alle Strukturen tingiert und dadurch besser sichtbar macht (z. B. Hämalaun n. Mayer, Reg. 55).
- *Selektivfärbung* (z. B. Reg. 116): Das Objekt wird mit einem Farbstoff behandelt, der nur bestimmte Strukturen anfärbt (z. B. Sudan III: Kutin, Suberin, Fett).
- *Simultanfärbung* (z. B. Reg. 87): Das Objekt wird mit einem Farbstoffgemisch behandelt. Dadurch werden gleichzeitig verschiedene Strukturen unterschiedlich angefärbt.
- *Sukzedanfärbung* (z. B. Reg. 56): Das Objekt wird nacheinander mit verschiedenen Farbstoffen behandelt. Dadurch werden nacheinander verschiedene Strukturen unterschiedlich angefärbt.
- *Vitalfärbung* (z B. Reg. 118): Das lebende Objekt wird mit sehr verdünnten Lösungen von Vitalfarbstoffen behandelt, die keinen sichtbaren schädlichen Einfluß auf die lebende Zelle ausüben. Die Farbstoffe werden je nach ihrem Charakter von den verschiedenen Strukturen unterschiedlich stark gespeichert und festgehalten.

Wer noch nicht genügend Erfahrung hat, sollte alle Phasen einer Färbung mit dem Mikroskop kontrollieren. Die Haltbarkeit einer Färbung hängt von der Art des Farbstoffes und vom Einschlußmedium ab.

2.1.3.5. Beschriften der Dauerpräparate

Dauerpräparate müssen sauber und eindeutig beschriftet oder in einer Präparatekartei erfaßt werden. Nicht auf das Gedächtnis verlassen – unbeschriftete Präparate können nach einiger Zeit meist nicht mehr einwandfrei identifiziert werden und sind dann wertlos!

- Objektträger des Dauerpräparates von einer oder nacheinander von beiden Schmalkanten her bis nahe an den Deckglasrand in eine Lösung von Neutralbalsam in Xylen (etwa 1: 10) eintauchen.
- Präparate auf Fließpapier abstellen, bis der Balsamfilm trocken ist (etwa 10 min).
- Auf dem Balsamfilm kann jetzt mit Feder und Ausziehtusche beschriftet werden.
- Nach dem Trocknen der Tusche Präparat erneut tauchen und trocknen lassen.

Die Beschriftung soll beinhalten:

genaue Angabe des Objekts (z. B. *Zea mays,* Sproßachsenquerschnitt),
Fixierung (z. B. Carnoy),
Färbung (z. B. Hämalaun n. Mayer),
Einbettung (z. B. Neutralbalsam),
Datum

Es ist oft vorteilhaft, **wichtige Stellen im Präparat** durch Tuschepunkte oder -kreise zu **markieren**. Wer über einen Kreuztisch mit Noniuseinteilung verfügt, kann die jeweiligen Koordinatenwerte dieser Stellen notieren.

2.1.3.6. Aufbewahren der Dauerpräparate

Bei flüssigen oder noch nicht erhärteten Einbettungsmitteln (z. B. Glycerol, Neutralbalsam) Präparate staubfrei und vor Licht geschützt in waagerechter Lage aufbewahren. Die handelsüblichen Präparatemappen (für je 20 Präparate) sind dafür zu empfehlen.
Achtung – harzartige Einbettungsmittel (z. B. Neutralbalsam, Kanadabalsam, Durobalsam, Caedax) erhärten sehr langsam. Präparate nicht vorzeitig in senkrechte Lage (Präparatekasten) bringen, da Einbettungsmittel mit Deckglas und Objekten abfließen kann.

2.2. Mikroskopisches Beobachten

Jede mikroskopische Untersuchung setzt ein Mindestmaß an theoretischem Wissen vom Objekt und an manuellem Können voraus. Je umfangreicher die theoretischen Kenntnisse, um so reicher das Ergebnis der Beobachtung. Aber auch der geübte Mikroskopiker muß sich in jedes neue Präparat »einsehen«, um alle Strukturfeinheiten richtig deuten zu können; nur wer sich gründlich in das Präparat vertieft, erfaßt den räumlichen Aufbau des Objekts.
Wenn ein Präparat lange Zeit betrachtet wird und dabei bestimmte Strukturen gesucht werden, besteht die Gefahr des »Hineinsehens«. Einzelheiten, die schwer zu erkennen sind, weil sie entweder an der Grenze des Auflösungsvermögens liegen oder sich auf Grund geringer Brechzahldifferenz kaum vom Hintergrund abheben, können dann zuweilen fehlgedeutet werden. In solchen Fällen alle zur Verfügung stehenden Möglichkeiten der mikroskopischen Untersuchung heranziehen, um das Problem einwandfrei zu klären!
Bei Objektiven hoher Apertur ist die Schärfentiefe so gering, daß praktisch nur Ebenen scharf abgebildet werden. Die einzelnen optischen Schnitte müssen geistig zu einer räumlichen Einheit verbunden werden, um das Objekt zu verstehen (Abb.2). Seien wir uns stets bewußt, daß sich beim mikroskopischen Betrachten eine Welt offenbart, die unserem Auge nur mit Hilfe von Instrumenten und durch Präparation sichtbar gemacht werden kann! Kritik am eigenen Beobachten und Zurückhaltung bei der Darstellung von Ergebnissen sind daher immer geboten. Viele Faktoren beeinflussen das wahrnehmbare Bild und können Strukturen vortäuschen, die in Wirklichkeit nicht vorhanden sind.
Bei der Beobachtung eines Präparats zweckmäßigerweise folgendes beachten:

1. Das Präparat (Objektträger mit Objekt und Deckglas) auf den Objekttisch des Mikroskops legen. Bei einiger Übung kann das Präparat zum Durchmustern mit freier Hand geführt werden.
2. Beleuchtung einstellen, wenn immer möglich nach dem Köhlerschen Beleuchtungsverfahren (Reg. 12).
   Die Lichtintensität richtet sich nach dem Objekt. Sehr zarte Strukturen (z. B. Zytoplasma, Nukleus, stark aufgehellte Gewebe) erscheinen bei schwacher Beleuchtung deutlicher, dichtere Präparatstellen (z. B. Borke, Korkgewebe, dickere Handschnitte) werden durch stärkeres Licht besser erkennbar.
3. Bei schwacher Vergrößerung (z. B.: Okular 10x /Objektiv 6,3x /0,12) das Objekt nach geeigneten Stellen durchmustern. Anfangs bereitet es Schwierigkeiten, den Objektträger mit freier Hand spiegelbildlich zu bewegen. Auch bei stärkster Vergrößerung (Immersionsobjektiv) muß es gelingen, das Präparat mit der Hand so langsam zu verschieben, daß dabei das Objekt beobachtet werden kann. Die Ecken des Objektträgers nur zart mit Daumen und Zeigefinger berühren und mit den übrigen Fingern die Hand auf dem Objekttisch abstützen. Die andere Hand muß für die Bedienung von Grob- und Feintrieb freibleiben.
4. Ist eine geeignete Stelle gefunden, wird mit dem Objektiv der gewünschten numerischen Apertur scharf eingestellt:

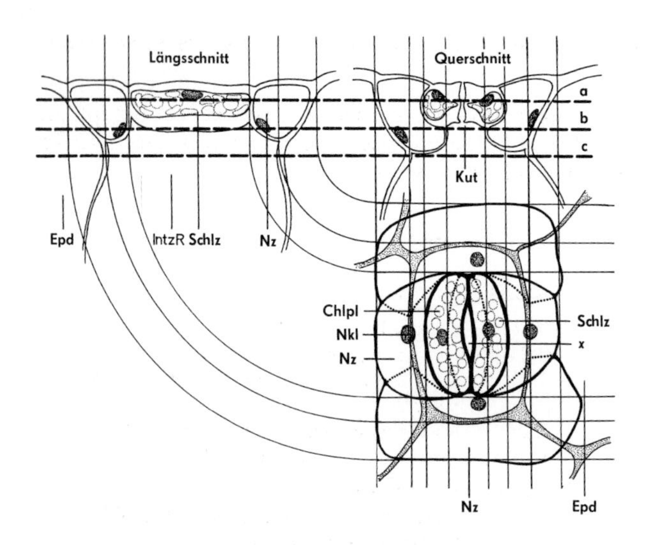

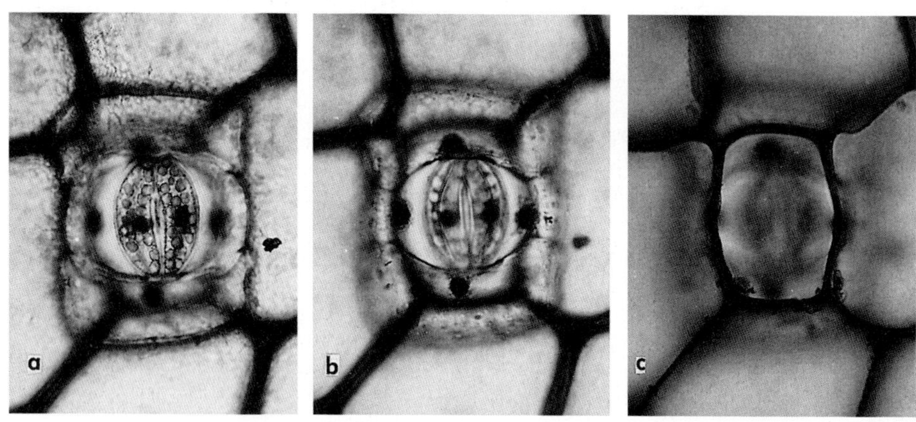

Abb. 2. Spaltöffnungsapparat von *Rhoeo spathacea.* Die Fotos entsprechen – von links nach rechts – den drei Ebenen a, b und c, die in der Zeichnung zu einem Bild vereinigt sind. Zum Verständnis des Gesamtaufbaues wurde der Längs- und Querschnitt in entsprechender Form mit dargestellt. Die optische Ebene wurde bei den Aufnahmen von oben nach unten durch den Spaltöffnungsapparat gesenkt. Vergleiche den Aussagewert von Foto und Zeichnung! **Chlpl**: Chloroplasten, **Epd**: Epidermiszellen, **IntzR**: substomatärer Interzellularraum, **Kut**: Kutikularleiste, **Nkl**: Nukleus, **Nz**: Nebenzelle, **Schlz**: Schließzelle, **x**: Zentralspalt. 280 : 1.

Bei Objektiven hoher Apertur ist der Abstand zwischen Frontlinse und Deckglas (Arbeitsabstand) sehr gering (s. Tabelle 1). Vorsicht beim Senken des Tubus bzw. Heben des Objekttisches! Frontlinse des Objektivs und Präparat können beschädigt werden.

Zur Arbeit mit Immersionsobjektiven s. Reg. 62.

5. Um beide Augen zu schonen, muß mit auf Fernsicht eingestellten Augen mikroskopiert werden. Stellring am Okularstutzen des Mikroskops nutzen:

- Mikroskopisches Bild für das rechte Auge mit dem Fokussiertrieb scharfstellen.
- Mikroskopisches Bild für das linke Auge mit dem Stellring scharfstellen (nicht mit Fokussiertrieb!). Nach dieser einmaligen Einstellung des Stellringes ist das mikro-

skopische Bild für beide Augen ein und desselben Beobachters immer scharf, wenn fortan nur noch mit dem Fokussiertrieb fokussiert wird.

Während des Beobachtens stets mit dem Feintrieb fokussieren! Die optische Ebene soll ständig durch das Objekt wandern, damit alle Feinheiten sichtbar werden. **Das ständige Fokussieren muß zu einer Selbstverständlichkeit werden!**

Fehler, die bei mikroskopischem Beobachten unterlaufen können:

Erscheinung	Mögliche Ursachen
Fokussieren führt zu scheinbaren Verschiebungen im Bild	Objekt schief geschnitten (z. B. Sproßachse nicht senkrecht zur Längsachse getroffen) Ungeeignete Lichtführung im Beleuchtungsstrahlengang (Schräglicht) Objektivrevolver nicht richtig eingerastet Wasser zwischen Frontlinse und Deckglas
Trübes Bild bei Verwendung von Trockensystemen	Deckglasdicke stimmt nicht Frontlinse verschmutzt (mit Lupe kontrollieren!) Wasser unter Deckglas verdunstet Deckglas verschmutzt Okular beschlagen oder verschmutzt Wasser zwischen Frontlinse und Deckglas Objektiv in Immersionsflüssigkeit eingetaucht
Bild sehr kontrastreich, Beugungsringe; Vortäuschung von Feinstrukturen	Aperturblende zu weit geschlossen
Bild sehr hell, Strukturfeinheiten werden überstrahlt	Aperturblende zu weit geöffnet
Bildfeld nicht voll ausgeleuchtet, Rand dunkler	Leuchtfeldblende nicht weit genug geöffnet
Bild dunkel und nicht gestochen scharf	Förderliche Vergrößerung überschritten – Okular mit zu starker Eigenvergrößerung
Bei Verwendung des Immersionsobjektivs kein scharfes Bild, Objekte schwimmen weg	Deckglas oder Objekt zu dick. Vorsicht! Beschädigung der Frontlinse und des Präparates möglich
Beim Einstellen des Immersionsobjektivs trübes Bild	Frontlinse verschmutzt (Abhilfe: eingetrocknetes Immersionsöl mit wenig Benzin und weichem Leinenlappen beseitigen) Immersionsöl trüb Immersionsflüssigkeit mit Wasser vom Deckglasrand vermischt
Bei Einstellung des Immersionsobjektivs schieben sich dunkle Schatten ins Blickfeld	Luftblasen im Immersionsöl (Abhilfe: Objektiv nochmals aus dem Immersionsöl heben, kleinen Tropfen Immersionsöl an die Frontlinse bringen, dann wieder eintauchen)

Oberflächliches Beobachten ist wertlos.
Die stärkste Vergrößerung ist nicht immer die geeignetste.
Alle Präparate kritisch betrachten – die selbstgefertigten besonders kritisch!

2.3. Mikroskopisches Zeichnen

2.3.1. Bedeutung und Grenzen

Das mikroskopische Zeichnen ist eine wertvolle Methode wissenschaftlicher Darstellung, die durch die Mikrofotografie in ihrem didaktischen Wert **nicht** ersetzt, höchstens ergänzt werden kann. Bei anatomischen Studien liegt ihr Sinn weniger in der Dokumentation als vielmehr im **Vorgang** des Zeichnens, denn das Zeichnen zwingt zum notwendigen geistigen Durchdringen des geschauten Bildes. Daher kann keine andere Technik (Beschreibung, Mikrofotografie, Mikroprojektion) den Bildungswert des Zeichnens ersetzen.
Wie alle Methoden, so hat auch die mikroskopische Zeichnung ihre Vor- und Nachteile:

Vorteile:
- Erziehung zu intensivem Beobachten und sauberem Arbeiten.
- Festigung der Erkenntnisse.
- Die notwendigen Beschriftungen zwingen dazu, den Lehrstoff theoretisch zu durchdringen.
- Die optischen Ebenen durch das Objekt können zu einer räumlichen Darstellung vereint werden (s. Abb. 2).
- In der Zeichnung kann Wesentliches hervorgehoben, Unwesentliches nur angedeutet und Störendes und Überflüssiges (Verunreinigungen, Beschädigungen des Objekts) weggelassen werden.
- Durch Zeichnen kann typisiert und abstrahiert werden.
- Nicht fotografierbare (z. B. überfärbte, zu dick geschnittene, schwer zu präparierende) Präparate können noch dargestellt werden.
- Der Geräteaufwand ist gering, die Geräte sind immer einsatzbereit.

Nachteile:
- Mikroskopisches Zeichnen erfordert erheblichen Zeitaufwand.
- Schnell vergängliche und lebende Präparate können nur mangelhaft dargestellt werden.
- Es besteht die Gefahr der subjektiven Wiedergabe.

2.3.2. Zeichenmittel

Die mikroskopische Zeichnung besteht zum größten Teil aus Punkten und dünnen, scharfen Strichen. Deshalb mit glattem weißem Papier, gut gespitzten Bleistiften verschiedener Härtegrade und weichem Radiergummi arbeiten (evtl. für Zeichnungen, die der Dokumentation dienen sollen, Tuschefedern, schwarze Zeichentusche, Lanzettnadel oder Rasierklinge zum Radieren). Größere Gewebeabschnitte (z. B. Sproß- und Blattquerschnitte) zell- und maßstabsgetreu zu zeichnen, ist schwierig und mühevoll. Es gibt Zeichengeräte (Hilfsnetz, Projektionszeichenspiegel, Zeichenokulare und Zeicheneinrichtungen nach Abbeschem Prinzip), die diese Arbeiten erleichtern.

Hilfsnetz:
Auf der Sehfeldblende (S. 19) liegt ein Glasplättchen mit eingraviertem Hilfsnetz.
Es erleichtert das Erkennen und Festlegen von Proportionen und Lagebeziehungen.

Projektionszeichenspiegel:
In einem abgedunkelten Raum wird das mikroskopische Bild mit Hilfe eines Projektionszeichenspiegels auf die Zeichenfläche projiziert. Das Projektionsbild kann dann nachgezeichnet werden. Feinheiten sind durch direktes Beobachten zu ergänzen.

Zeichenokulare und Zeicheneinrichtungen für Mikroskope:
Diese Geräte spiegeln die Zeichenfläche in das Sehfeld. Beim Einblick in das Okular ist dann das Objekt zusammen mit der Zeichenfläche und der stiftführenden Hand zu sehen.

2.3.3. Darstellungsmöglichkeiten

Das mikroskopische Bild kann in verschiedener Weise mit dem Zeichenstift festgehalten werden. Von der Hilfsskizze bis zur vollendeten zellgetreuen Zeichnung bieten sich alle Variationen. Der jeweilige Zweck bestimmt die entsprechende Form (Abb. 3).

Mikroskopisches Zeichnen kann jeder erlernen!

Skizze: Einfachste Darstellungsform. Dient hauptsächlich der Verständigung am Mikroskop oder als Wandtafelskizze zur Erläuterung typischer Merkmale des zu behandelnden Stoffs. Mit wenigen klaren Strichen soll das Wesentliche zum Ausdruck gebracht werden. Die Skizze erfordert Abstraktion und daher mehr theoretisches Wissen und praktische Erfahrung als die zellgetreue Zeichnung.
Übersichtszeichnung (Schema): Stellt die Gewebekomplexe (Achsen-, Blatt-, Wurzelquerschnitte, Gefäßbündel) nur in ihren Umrissen dar und berücksichtigt Proportionen und Lagebeziehungen. Unterschiedliche Schraffur oder Punktierung setzt die Gewebearten voneinander ab.
Halbschematische Zeichnung: Einzelheiten in typischer und stark verallgemeinerter Form, aber nicht zellgetreu wiedergegeben (z. B. Kambium, Periderm, Gefäße).
Zeichnung mit einfachen Konturen: Zellgetreue Wiedergabe. Alle Zellwände als einfache Linien dargestellt. Mit dünnen und starken Linien und Punktierungen unterschiedlicher Dichte lassen sich wirksame zeichnerische Aussagen erzielen. Besonders dicke Zellwände (z. B. Sklerenchymfasern, Sklereide, Fasertracheiden, Tracheen) müssen in ihrer relativen Stärke abgebildet werden. Zellinhalt kann eingezeichnet werden.
Zeichnung mit doppelten Konturen: Zellgetreue Wiedergabe, alle Zellwände werden in ihrer relativen Stärke dargestellt und der Zellinhalt berücksichtigt. Diese Art der Zeichnung liefert naturgetreue Abbildungen, ist aber mit großem Arbeitsaufwand verbunden. Wird meist nur für Ausschnitte und Einzelheiten verwendet (z. B. Gefäßbündel, Kambium, Periderm, Stomata, Epidermis, Exkretionsgewebe). In einer Zeichnung können mehrere Darstellungsformen miteinander vereinigt werden.
Allgemein gilt für das Anfertigen mikroskopischer Zeichnungen: Die Zeichnung beginnt mit der Herstellung und der Auswahl des Präparates. Je besser das Präparat, desto leichter läßt sich danach zeichnen. Ein Präparat, das wichtige Details nur ahnen läßt, eignet sich niemals zum zeichnerischen Durcharbeiten, sondern verführt nur zur Ungenauigkeit.
Wenn eine Stelle im Objekt gefunden ist, die alle Strukturen klar und eindeutig zeigt, wird die gewünschte Vergrößerung eingestellt und eventuell das Zeichengerät eingerichtet.
Auf dem Papier die Grenzen des gewählten Ausschnittes festlegen und auffallende Strukturen in richtiger Lage und Proportion mit weichem Bleistift andeuten. Von diesen Anhaltspunkten aus allmählich das zellgetreue Bild in dünnen Linien als Zellnetz entstehen lassen. Erst dann unter Berücksichtigung der Zellwandverhältnisse (Mittellamellen, Wandstärke, Tüpfel, Interzellularen) und des Zellinhaltes (Zytoplasma, Plastiden, Nukleus, Vakuolen usw.) die Zeichnung vollenden (Abb. 4). Auf jeder Zeichnung sollten präparationstechnische und theoretische Bemerkungen protokollarisch festgehalten werden; Abb. 5 möge als Beispiel für eine ordnungsgemäß angelegte Zeichnung dienen.

2.3.4. Zeichenfehler

Fehler in den Zeichnungen verraten, daß ein Präparat nur oberflächlich beobachtet bzw. die Anatomie des Objekts nicht richtig verstanden wurde. Einige dieser Fehler unterlaufen recht oft:

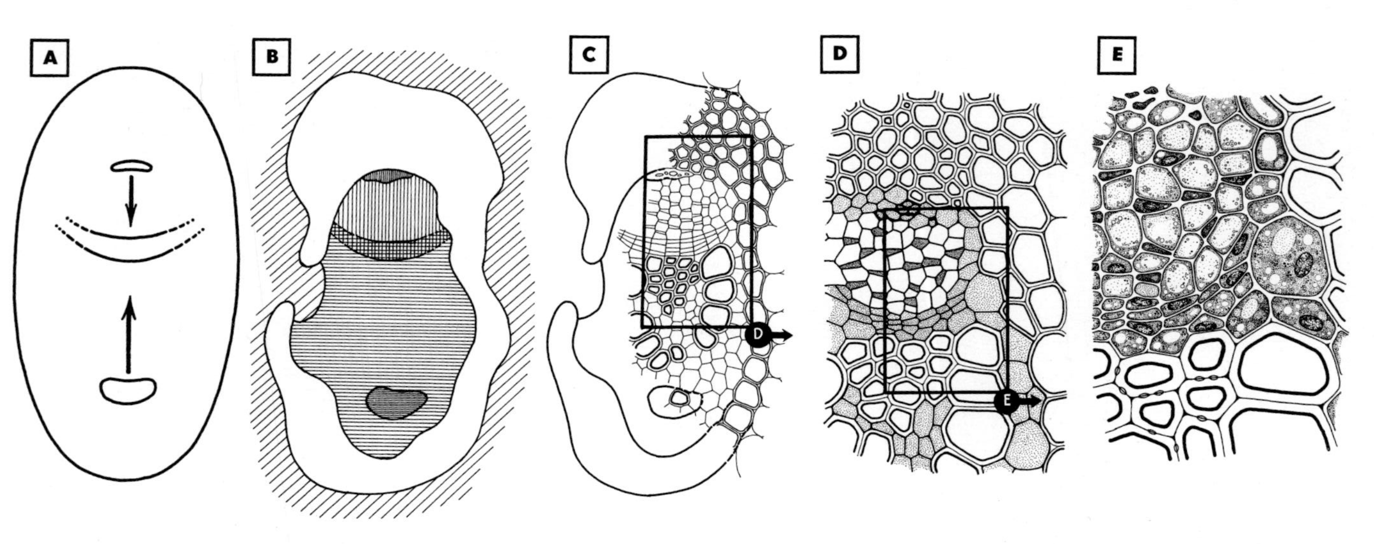

Abb. 3. Möglichkeiten der zeichnerischen Darstellung eines mikroskopischen Objekts. **A**: Skizze, die hier z. B. zur Erklärung des Differenzierungsablaufes von Metaphloem und -xylem aus dem Prokambium dient. **B**: Übersicht (Schema). Die verschiedenen Gewebe können durch unterschiedliche Schraffierung angedeutet werden. **C**: Halbschema. Einzelheiten in verallgemeinerter Form. **D**: Ausschnitt von C. Zellgetreue Darstellung mit einfachen Konturen. **E**: Ausschnitt von D. Zellgetreue Darstellung. Zellwände im richtigen Größenverhältnis zueinander gezeichnet. Zellinhalt eingezeichnet. Die arbeitsintensiven Darstellungsformen D und E sollten nur für Ausschnitte verwendet werden. (*Ranunculus* spec., Leitbündel aus der Sproßachse im Querschnitt.)

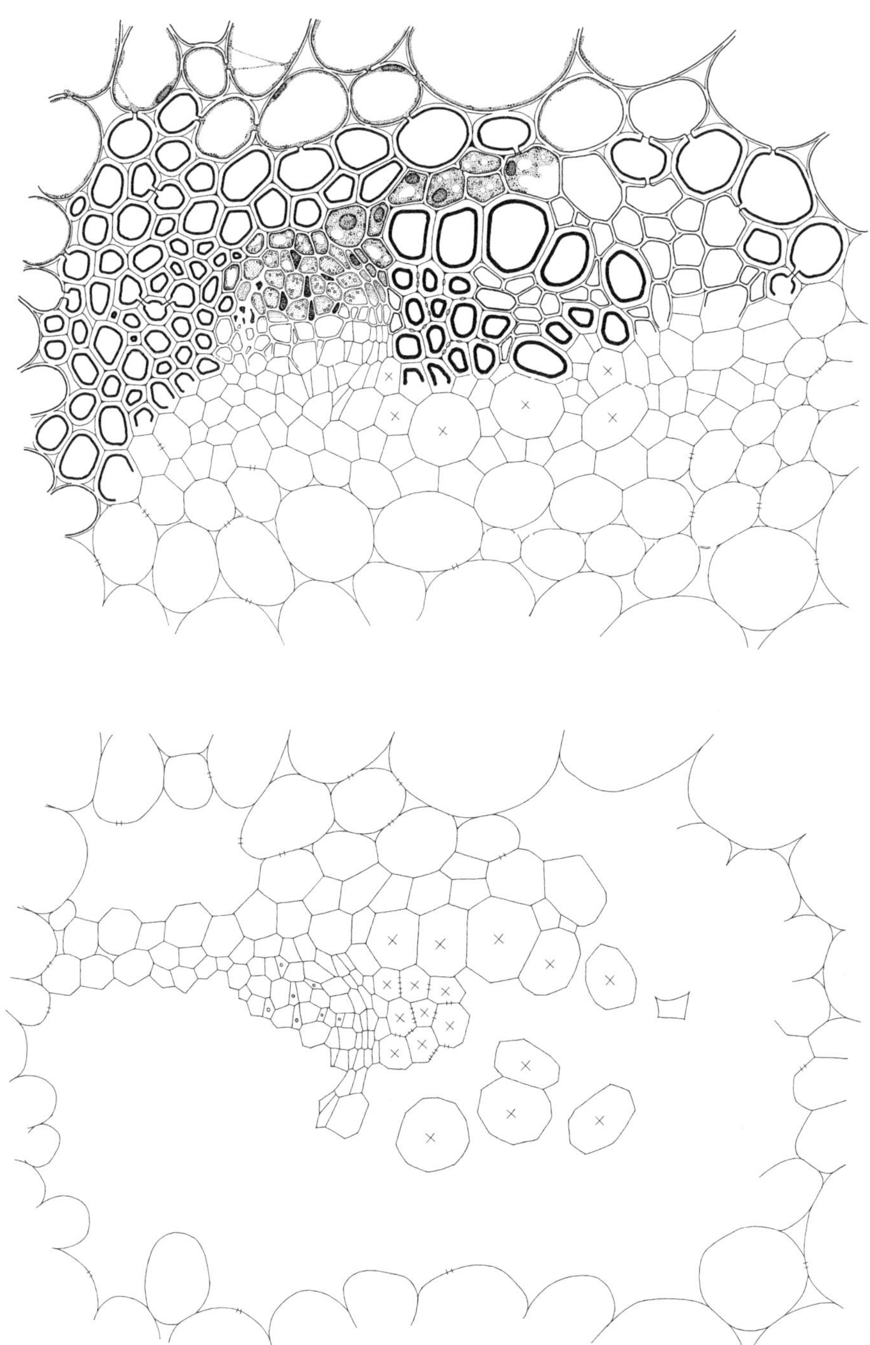

Abb. 4. Anlegen einer mikroskopischen Zeichnung (hier mit Zeichenokular). Nach dem Markieren des Bildrandes (linkes Bild) werden besonders auffallende Zellelemente gezeichnet und gekennzeichnet (hier z. B. Tracheen mit Kreuzchen, Geleitzellen mit Punkten). Von diesen Markierungsstellen aus wird zum vollständigen Zellnetz ergänzt. Anschließend können die Zellwände in ihrer unterschiedlichen Stärke gezeichnet und der Zellinhalt dargestellt werden. (*Ranunculus* spec., Leitbündel aus der Sproßachse im Querschnitt.)

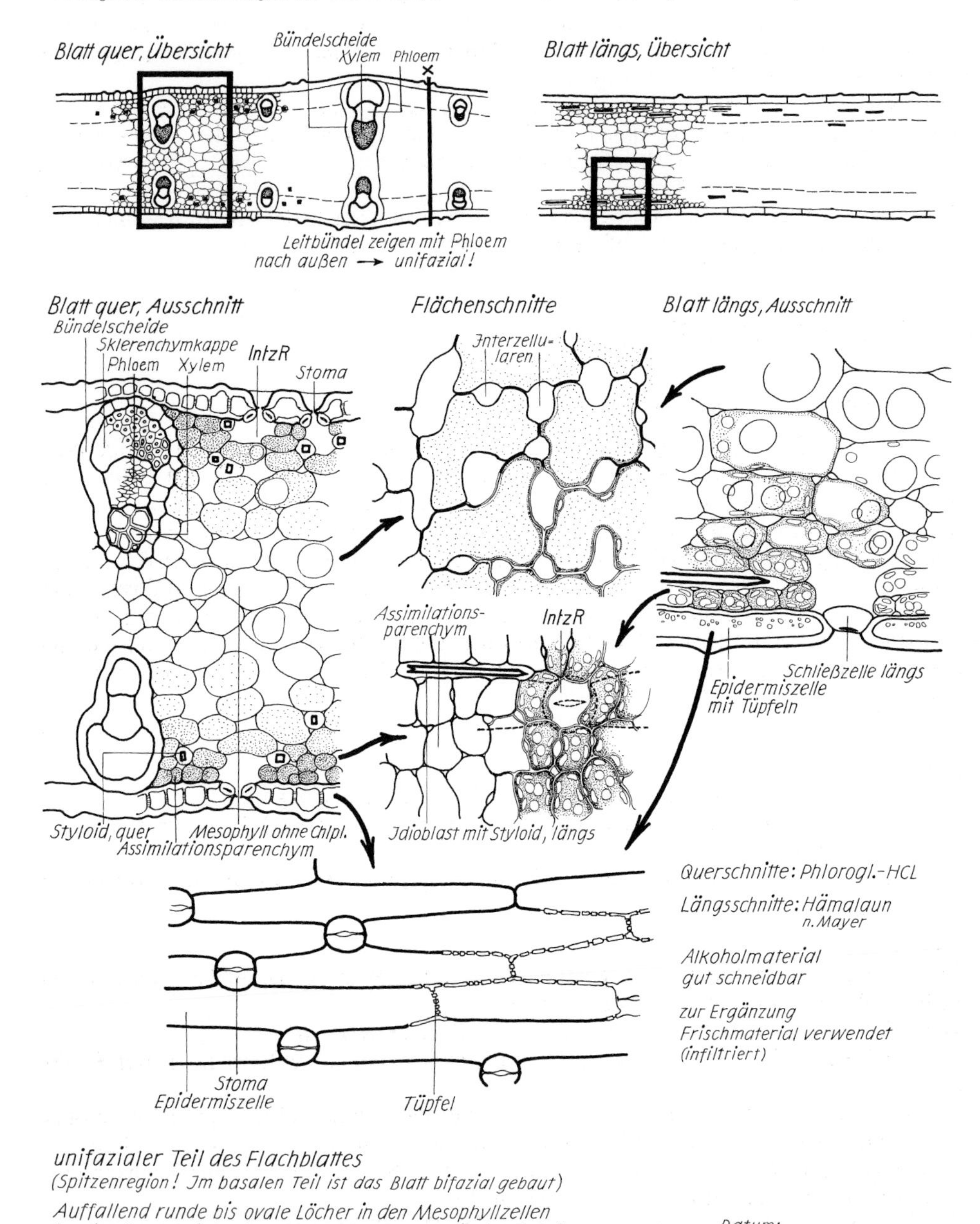

Abb. 5. Beispiel für das zeichnerische Durchdringen eines mikroskopischen Objektes und das Beschriften der Zeichnung. *Iris germanica*, Blatt. Ausführliche Beschreibung s. S. 205.

- Bei jungem Parenchym wird die hexagonale Grundform der pflanzlichen Zelle nicht erkannt, sondern mehr oder weniger ellipsoide Zellen werden lose aneinandergereiht gezeichnet. Es entsteht daher nicht der Eindruck eines zusammenhängenden Gewebes.
- Durch schematisches Aneinanderreihen von Zellen entsteht das Muster eines „Ziegeldaches«. Eine solche Zeichnung beweist, daß ihr Autor nur wenig vom Vorgang der Zellteilung und Wandbildung weiß.
- Interzellularen werden vernachlässigt oder falsch eingezeichnet. Das mag seinen Grund darin haben, daß die Interzellularen im Präparat mitunter nicht auffallend hervortreten. Eine andere Ursache ist neben mangelhafter Beobachtung Unklarheit über Entstehung und Funktion dieser Gebilde.
- Nukleus und Plastiden sind immer in das Zytoplasma eingebettet und dürfen nicht den Anschein erwecken, als ob sie auf dem Plasmawandbelag schwimmen.

2.4. Mikrofotografie

2.4.1. Bedeutung und Grenzen

Das Mikrofoto dient als Belegmaterial und Dokumentationsmittel für wissenschaftliche Arbeiten. Pflanzenanatomische Kurse eignen sich gut, um die Technik der Mikrofotografie kennenzulernen. Auf manchen Gebieten ist die Mikrofotografie allein jedoch nicht die Methode der Wahl. Erst ihre Verbindung mit der mikroskopischen Zeichnung, deren Aussagewert sie bekräftigt und ergänzt, ergibt das ideale Informationsmittel für wissenschaftliche Publikationen. Der Praktikant überschätzt häufig die Leistungsfähigkeit der Mikrofotografie und wertet die »veraltete« mikroskopische Zeichnung ihr gegenüber ab. Das wissenschaftlich wertvolle Mikrofoto erfordert gut fundiertes theoretisches Wissen und einen reichen Erfahrungsschatz. Wie die mikroskopische Zeichnung, so hat auch das Mikrofoto seine Vor- und Nachteile:

Vorteile:
- Objektive Darstellung.
- Das Objekt kann in kurzer Zeit zellgetreu im Bilde festgehalten werden.
- Das Negativ oder Diapositiv kann durch Projektion einem großen Hörerkreis zugänglich gemacht werden.
- Farbaufnahmen haben einen höheren Informationsgehalt, erfordern allerdings besondere Erfahrung.

Nachteile:
- Verunreinigungen und andere störende Erscheinungen im Objekt (Beschädigungen, mangelhafte Präparation) werden mit abgebildet.
- Der Film kann nicht Wesentliches von Unwesentlichem trennen.
- Das Anfertigen eines Mikrofotos erzieht nur in geringerem Maße zu intensiver Beobachtung.
- Nicht von allen Präparaten, die sich gut beobachten lassen, können gute Mikrofotos hergestellt werden. Ein gutes Mikrofoto stellt höchste Ansprüche an die Qualität des Präparats. Zu dicke, überfärbte, zerrissene, unebene Schnitte mögen zur Beobachtung geeignet sein, zum Fotografieren sind sie es nicht.
- Das Mikrofoto stellt nur eine optische Ebene dar. Das Objekt kann daher nicht oder nur durch behelfsmäßige Kunstgriffe räumlich erfaßt werden.
- Die Mikrofotografie ist kostenaufwendig.

2.4.2. Technische Ausrüstung

Die aus dem Okular austretenden Strahlen können als reelles Bild auf fotografischem Film aufgefangen werden, z. B. durch geringes Defokussieren des Objektivs. Anstelle von Okularen benutzt man heute vorzugsweise **Projektive**, die speziell für die Mikrofotografie gerechnet sind und das optisch nachteilige Defokussieren des Objektivs überflüssig machen. Es gibt auch spezielle mikrofotografische Lupenobjektive für Aufnahmen mit geringem Abbildungsmaßstab; sie werden ohne Projektiv bzw. Okular verwendet, d.h. als einstufig vergrößernde Systeme, übertreffen zweistufige Systeme (schwaches Objektiv + Projektiv) in der Bildqualität, sind aber für direktes Beobachten ungeeignet.
Auf dem Markt wird eine Vielzahl mikrofotografischer Einrichtungen angeboten. Sie reichen von sehr einfachen Aufbauten bis zu mikroprozessorgesteuerten Geräten, die die Belichtungszeiten automatisch regeln und eine Anzahl weiterer mikrofotografischer Bedingungen berücksichtigen. Auf diese kostspieligen Automaten soll hier nicht näher eingegangen werden. In Abb. 6 sind einfache und anspruchsvollere Geräte dargestellt, mit denen alle mikrofotografischen Aufgaben bewältigt werden können. Eine apparativ einfache Lösung zeigt Abb. 6 A. Jedes Mikroskop mit normalem Tubusdurchmesser und jede Spiegelreflexkamera mit abnehmbarer Optik sind in dieser Kombination verwendbar. Die Belichtungsuhr ermöglicht erschütterungsfreie Belichtung. Mit großem Vorteil verwendet man in einem solchen Aufbau eine handelsübliche Kamera mit Innenlichtmessung, die die Ausbeute an richtig belichteten Aufnahmen wesentlich erhöht.
Um das Bildfeld gleichmäßig auszuleuchten, muß das Beleuchtungsprinzip nach Köhler (Reg. 12) eingehalten werden.
Mikroskopische Präparate werden zweckmäßig mit sehr feinkörnigem Film fotografiert. Bei Aufnahmen mit Achromaten (vorteilhafter mit Planachromaten) auf panchromatischem Film (für alle Farben etwa gleich empfindlich) verwendet man Gelbgrünfilter. Bei Schwarzweißaufnahmen von gefärbten Präparaten kann der Kontrast durch sinnvoll ausgewählte Farbfilter beeinflußt werden.

Für Farbaufnahmen sind Bedingungen einzuhalten, die Farbrichtigkeit gewährleisten: Anpassung der Farbtemperatur der Lichtquelle an die Sensibilisierung des verwendeten Films (Kunstlicht- oder Tageslichtfilm) durch Konversionsfilter (sonst Gelb-, seltener Blaustich), Korrektur farbverfälschender Wirkung der Mikroskopoptik durch Korrektionsfilter (sonst Gelbstich), Anpassung der Belichtungsdauer an die Erfordernisse des verwendeten Films (sonst Schwarzschild-Effekt). Man informiert sich zweckmäßig zuvor in einem Fachbuch für Foto- oder Mikrofototechnik.

2.4.3. Aufnahmetechnik

Alle mikrofotografischen Aufnahmen erfordern **erschütterungsfreie Aufstellung von Mikroskop und Kamera.** Schon kleinste Vibrationen bewirken bei hohen Vergrößerungen totale Bildunschärfe. Bei Einsatz einfacher Einrichtungen (Abb. 6A) möglichst Kamera vom Mikroskop trennen (z.B. Reprostativ oder Vergrößerungsstativ verwenden); selbst der Verschluß der Kamera kann bei kurzen Belichtungszeiten zu Bildunschärfen führen. Darum nach Möglichkeit die Mikroskopbeleuchtung mit Hilfe einer Belichtungsuhr steuern, um den Film zu belichten. Grob- und Feintrieb des Mikroskops müssen straff genug gehen, daß sie sich während der Aufnahme nicht von selbst verstellen.
Mit solchen einfachen Einrichtungen verfährt man zweckmäßig wie folgt:

- Einrichten des Präparates auf dem Mikroskoptisch.
- Wahl der geeigneten Optikkombination: Der Abbildungsmaßstab im beabsichtigten Endbild (z. B. vergrößertes Papierpositiv 9 × 12) soll im Bereich der förderlichen Vergrößerung liegen (vgl. S. 16); Berechnung des Abbildungsmaßstabes s. unter 2.4.4.).
- Scharfstellen und beleuchten nach Köhler (Reg. 12). Es ist schwierig, das mikroskopische

Bild auf der Mattscheibe der Kamera scharfzustellen, da sie im Verhältnis zu den abgebildeten mikroskopischen Strukturen sehr grobkörnig ist. Verschiedene Hilfsmittel (Klarglasfleck, aufgekitteter Deckglassplitter, Fettfleck, Lupenvorsatz, Fresnellinse oder ein spezielles Einstellfernrohr der mikrofotografischen Einrichtung) erleichtern das Einstellen.

- Ermittlung der Belichtungszeit: fotometrisch (z. B. bei Einrichtungen, die den Einsatz handelsüblicher Belichtungsmesser vorsehen, oder Innenmessung der Kamera ausnutzen) oder eine sogenannte Belichtungsreihe anfertigen. Belichtungszeit von Bild zu Bild jeweils verdoppeln, z. B. 0,5 – 1 – 2 – 4 – 8 sec. Meist liegt eine richtig belichtete Aufnahme in dem gewählten Bereich.
- Belichtung durchführen: Mikroskopierleuchte ausschalten – auf B oder T eingestellten Kameraverschluß mit (möglichst feststellbarem) **Drahtauslöser** öffnen – Erschütterungen (Verschluß, Pendeln des Drahtauslösers) abklingen lassen – mit Hilfe der Belichtungsuhr belichten – nach der Belichtung Verschluß mit Drahtauslöser wieder schließen, Film weitertransportieren.

2.4.4. Auswertung der Aufnahmen

Den belichteten Schwarzweißfilm nach den Vorschriften, die den Film- und Entwicklerpackungen beiliegen, entwickeln. Zu bevorzugen sind Fein- und Feinstkornentwickler. Die Wahl des Papiers für die Positivvergrößerung richtet sich nach der Qualität des Negativs und den fotografischen Absichten des Bildautors. Man entwickelt mit einem der üblichen Papierentwickler.
Für alle Aufnahmen sollten immer **ausführliche Protokolle** angefertigt und gesammelt werden. Man gewinnt auf diese Weise einen Fundus konservierter Erfahrungen, die bei zukünftigen fotografischen Vorhaben Filmmaterial und mit Mißerfolgen vertane Zeit einsparen. Bei Farbaufnahmen lohnen solche Protokolle selbst dann, wenn mit Automaten gearbeitet wird. Nicht auf das Gedächtnis verlassen! Schon nach kurzer Zeit lassen sich Einzelheiten nicht mehr hinreichend genau rekapitulieren.

Beispiel für ein Aufnahmeprotokoll:

Präparat:	genaue Angaben, s. S. 26ff.
Optik:	z. B. Planachromat 40 × 0,65, Projektiv 3,2 : 1, Öffnungswert der Aperturblende: 11, Betriebsspannung der Lampe: 4,8 V, Kamera-Länge (= Abstand Projektivlinse – Filmebene: 125 mm)
Filter:	Grau-, Grün-, Kontrast-, gegebenenfalls Konversions- und Korrekturfilter; Typ, Dicke der Filter
Belichtungszeit:	z. B. 2 sec, mit Belichtungsuhr
Negativmaterial:	Firma, Filmtyp
Entwicklung:	Entwicklertyp, Verdünnung, Dauer, Temperatur

Berechnung des Abbildungsmaßstabes

Abbildungsmaßstab des Negativs =

$$\text{Vergr. d. Okulars} \times \text{Vergr. d. Objektivs} \times \frac{\text{optische Kameralänge in mm}}{250\ (=\text{deutl. Sehweite in mm})}$$

oder

$$\text{Maßstabszahl d. Projektivs} \times 2 \times \text{Vergr. d. Objektivs} \times \frac{\text{optische Kameralänge in mm}}{250\ (=\text{deutl. Sehweite in mm})}$$

bei der Arbeit mit Projektiven und der optischen Kameralänge 125 mm (mit der die Projektive optimale Bildschärfe liefern) vereinfacht sich die Rechnung:

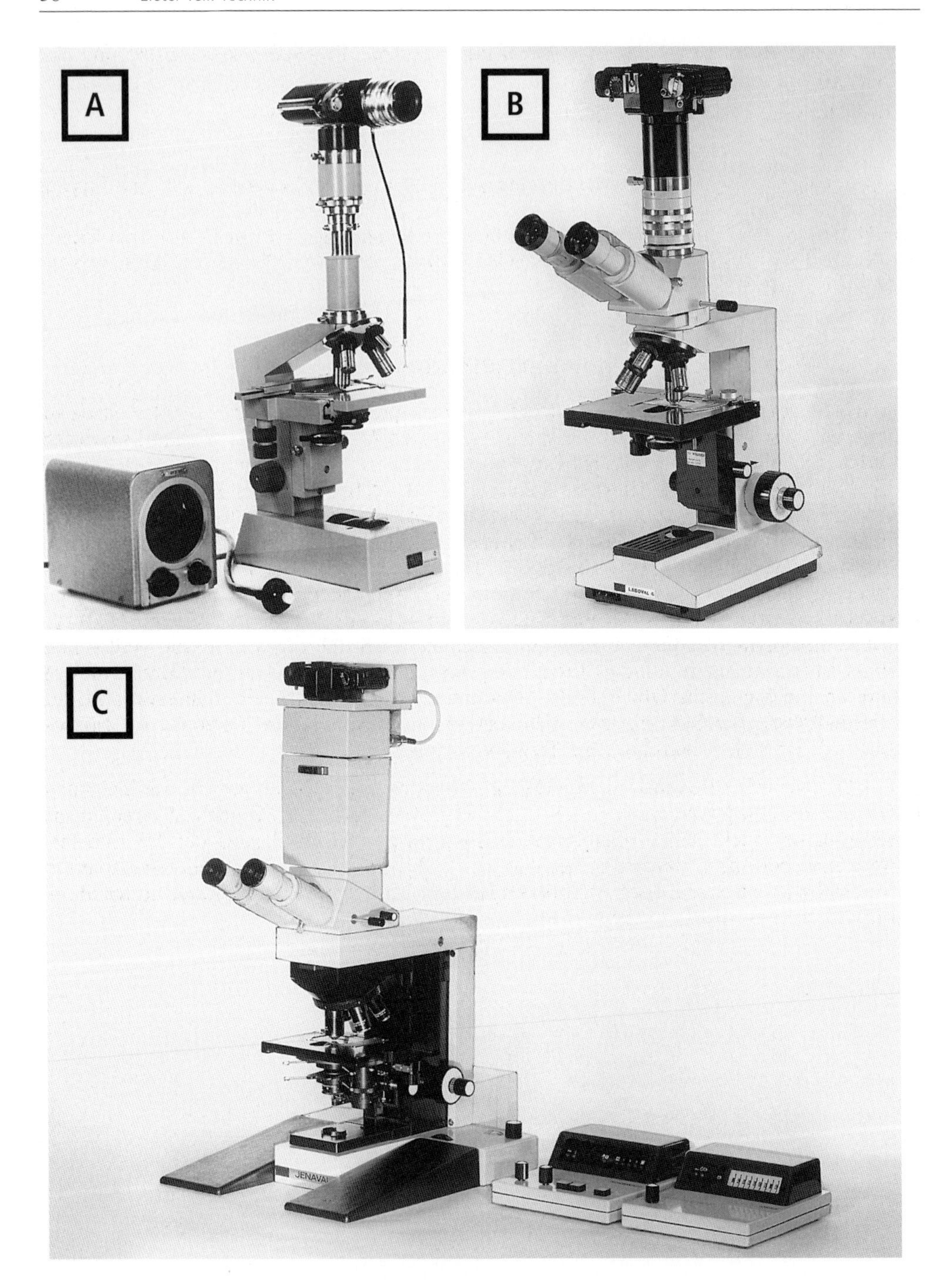

Abb. 6. Mikrofotografische Einrichtungen. **A**: Mikroskop mit aufgesetzter Kleinbildkamera, sehr einfache Variante; die Fotooptik ist über einen Lupeneinsatz als Einstellhilfe montiert, die Belichtung kann über die Dunkelkammer-Belichtungsuhr (links im Bild) ausgelöst werden. Fast alle Mikrofotos im praktischen Teil dieses Buches wurden mit einer ähnlichen Einrichtung hergestellt. **B**: Mikroskop mit einfacher Einrichtung zum Aufsetzen einer handelsüblichen Kleinbildkamera; Vorteile: Innenlichtmessung der Kamera kann ausgenutzt werden, um die Belichtungszeit zu

Abbildungsmaßstab des Negativs = Maßstabszahl des Projektivs × Vergrößerung des Objektivs

Beispiel: Projektiv 3,2 : 1; Objektiv 25 ×/0,50; optische Kameralänge 150 mm

Abbildungsmaßstab des Negativs = $3{,}2 \times 2 \times 25 \times \frac{150}{250}$ = 96. Schreibweise: 96 : 1, d.h., das Bild auf dem Negativ ist 96 × größer als das Objekt. Die Nachvergrößerung des Negativs, z.B. zum Papierpositiv von 9 × 12, ergibt einen Abbildungsmaßstab des Positivs von ca. 370 : 1, der im Bereich der förderlichen Vergrößerung liegt.

2.5. Mikroskopische Längenmessung

Eine häufig angewendete Methode ist der Längenvergleich der zu vermessenden Struktur im mikroskopischen Bild mit dem Bild eines geeichten Maßstabes. Der Vergleichsmaßstab befindet sich auf einer **Okularmeßplatte** (= Glasscheibe mit Strichteilung), die auf die Sehfeldblende des Okulars gelegt und dadurch – unabhängig von dem verwendeten Objektiv – im Sehfeld abgebildet wird (bei Fehlsichtigkeit ist ein Okular mit stellbarer Augenlinse erforderlich!). Für jede Kombination Okular/Objektiv muß der Abstand zweier benachbarter Striche der Okularmeßplatte durch einen einmaligen Eichvorgang ermittelt werden, da dieses Maß jeweils in verschieden stark vergrößerte Objektbilder hineinprojiziert wird. Man eicht durch Vergleich des Okularmaßstabs mit einem weiteren Maßstab (= **Objektmeßplatte**: ein Objektträger mit eingravierter Strichteilung), dessen Maß genau bekannt ist (z.B. 1 mm in hundert Intervalle geteilt, 1 Intervall = 10 μm) und der zu diesem Zweck an die Stelle des Objekts tritt. Dadurch wird die Länge eines Intervalls in der Okularmeßplatte für jede einzelne Okular/Objektiv-Kombination bestimmt (= Mikrometerwert). Über den Eichvorgang s. Reg. 89.

Die Okularmeßplatte muß für jede Okular/Objektiv-Kombination geeicht werden! Auch Okulare und Objektive mit dem gleichen Vergrößerungsfaktor stimmen in ihrer Eigenvergrößerung nicht genau überein (beim Auswechseln der Optik muß der Mikrometerwert neu bestimmt werden!). Die auf den Objektiven und Okularen eingravierten Maßstabszahlen bzw. Lupenvergrößerungen geben meist nur den garantierten Mindestwert an.

bestimmen, Lage des visuellen und des Filmbildes sind konjugiert (im Okular scharf erscheinendes Bild ist auch in der Filmebene scharf), optische Kameralänge immer 125 mm. **C**: Mikroskop mit mikrofotografischer Einrichtung für hohe Ansprüche: automatische Regelung der Belichtungszeit, automatischer Filmtransport, automatische Dateneinbelichtung, Projektivrevolver, universelle Um- und Ausbaufähigkeit. Fotos: Zeiss-Werke Jena.

Zweiter Teil

Arbeit am Objekt

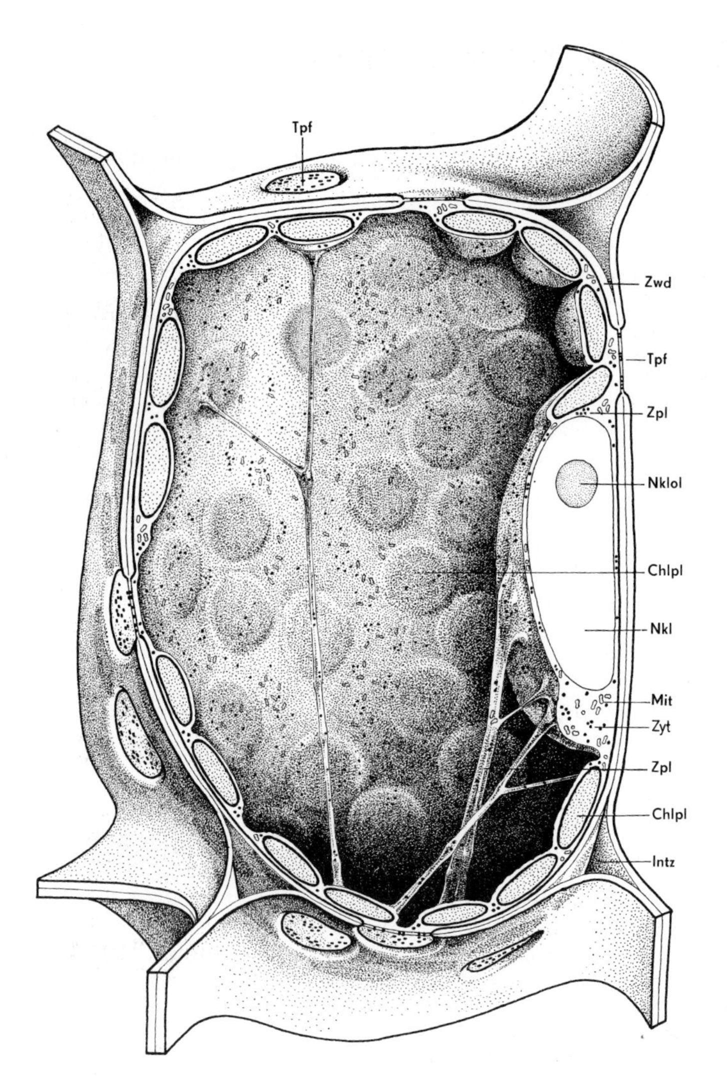

Abb. 7. Pflanzenzelle. **Zwd** Zellwand, **Tpf** Tüpfel, **Intz** Interzellulare, **Chlpl** Chloroplast, **Zpl** Zytoplasma mit Mitochondrien **Mit** und zytoplasmatische Vesikel **Zyt**, **Nkl** Nukleus, **Nklol** Nukleolus. Der Innenraum der Zelle (Vakuole) ist mit Zellsaft ausgefüllt.

Der Bau der Zelle – Theoretischer Teil –

Die Zelle (s. Abb. 7) ist die kleinste, mit den Merkmalen des Lebens ausgestattete Struktur-, Funktions- und Vermehrungseinheit des Pflanzenkörpers. Träger der Lebensmerkmale dieser Einheit ist der **Protoplast**, der fast stets von einer Zellwand umgeben ist.
Der Protoplast umfaßt das im Lichtmikroskop strukturlos erscheinende Zytoplasma mit den zur Autoreduplikation befähigten Organellen Zellkern, Plastiden und Mitochondrien (= »euplasmatische« Organellen). Außerdem gehören zur Zelle mit geringerer Stetigkeit **»nichtprotoplasmatische« Bestandteile** (bis zur lichtmikroskopischen Sichtbarkeit angereicherte bzw. abgeschiedene Stoffwechselprodukte wie z. B. Stärke, Kristalle, Fetttropfen, die Polysaccharide der Zellwand, der »Zellsaft« der Vakuolen), Strukturen, die ebenfalls mit spezifischen Funktionen im Gesamtgefüge der Zelle verbunden sind.

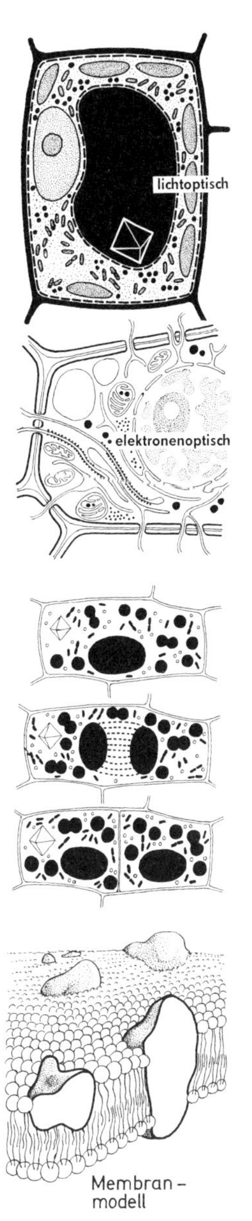

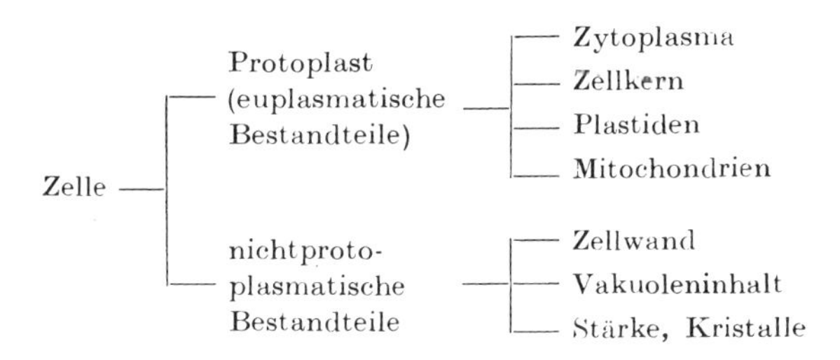

Dieses lichtmikroskopische Bild der Pflanzenzelle ist durch die etwa tausendfach höhere Auflösung im Elektronenmikroskop bei nahezu jedem der Bestandteile durch die Entdeckung zahlreicher weiterer Strukturen ergänzt worden. Als wichtige, sehr variable, an vielen Stellen jeder Zelle vorkommende Strukturen wurden lipidreiche Membranen (Biomembranen) erkannt, die für den Stoffaustausch entscheidende Bedeutung haben und so den Protoplasten in verschiedene Reaktionsräume aufteilen: **Kompartimentierung** der Zelle. Generell in 3 plasmatische (Nukleozytoplasma, Mitoplasma, Plastoplasma) und verschiedene, ebenfalls funktionell spezialisierte, nichtplasmatische Räume.
Vorherrschende Gestalt der Zellen: polyedrisch (von etwa gleicher Ausdehnung in allen Richtungen des Raumes, d. h. isodiametrisch) oder prosenchymatisch (mehr oder weniger langgestreckt bis faserförmig).
Die Größe der Zellen aus Geweben höherer Pflanzen liegt häufig zwischen 10 und 100 µm (vgl. aber die Länge von Sklerenchymfasern und Milchröhren!).

1. Der Protoplast

1.1. Zytoplasma

Lichtmikroskopisch strukturlos (hyalin, lichtoptisch leer) erscheinende, schleimig-zähflüssige (hochviskose) Grundsubstanz des Protoplasten, in die die anderen Zellbestandteile eingelagert sind. Elektronenoptisch jedoch Strukturen erkennbar: **Endoplasmatisches Retikulum** (ER, ein »Netzwerk« durch Elementarmembranen umschlossener flacher Räume, »Zi-

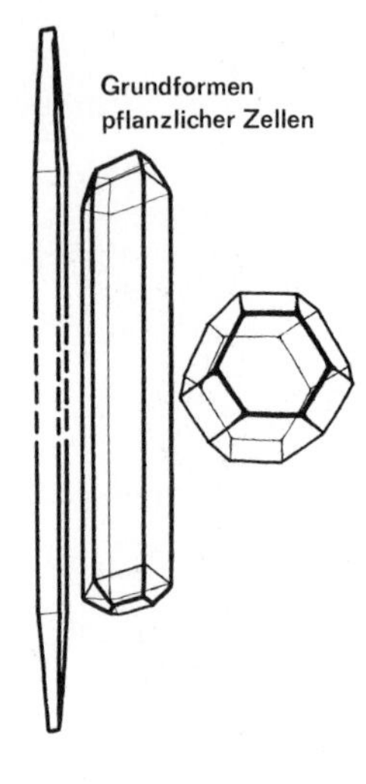

sternen«), **Plasmalemma** und **Tonoplast** (Biomembranen, die den Protoplasten zur Zellwand bzw. zur Vakuole begrenzen), **Diktyosomen** (Stapel oft tellerförmig gekrümmter, flacher, membranumgrenzter Zisternen mit Sekretionsfunktion; die Gesamtheit der Diktyosomen einer Zelle bildet den Golgi-Apparat), **Ribosomen** (Grana von 15 bis 30 nm Durchmesser, an denen die Protein-Biosynthese stattfindet; im funktionsaktiven Zustand kettenförmig über mRNA vereinigt zu Polyribosomen), **Zytoplasma-Vesikel** (=Sammelbegriff für lichtmikroskopisch kaum oder gerade noch erkennbare Strukturen von verschiedener Gestalt und Funktion): kleinste, gewöhnlich vom endoplasmatischen Retikulum abgegliederte, also von einer Elementarmembran umschlossene annähernd kugelige Vesikel mit jeweils spezifischer Enzymausstattung; enthalten Oxidasen und Katalase und weitere Enzyme in jeweils gewebespezifischer Ausstattung, z. B. **Peroxisomen** – Glycolatoxidase, **Glyoxysomen** – Enzyme des Glyoxylatzyklus), **Lysosomen** (enthalten saure Phosphatase und andere Hydrolasen). **Oleosomen** (Lipidtropfen, nur von einer Lipid-Monolayer umschlossen). Elemente des **Zytoskeletts** (Mikrotubuli und Actinfilamente). **Mikrotubuli** (Röhrchen von etwa 25 nm Durchmesser; aus globulären Proteinen, »Tubulin«, aufgebaut; Self-Assembly-Struktur; Vorkommen und Bedeutung bei gerichteten intrazellulären Bewegungsprozessen, z. B. Chromosomentransport. Strukturelement von Geißeln und Zilien). **Actinfilamente** (= Mikrofilamente, F-Actin; Aufbau aus globulären G-Actin-Molekülen, mit Bedeutung für plasmatische Bewegungsvorgänge: Plasmaströmung, Plastidenverlagerung).
Der bisher auch im Elektronenmikroskop strukturell nicht weiter differenzierbare Rest wird als **Grundplasma** bezeichnet.
Chemie: Kolliodales System zahlreicher Substanzen: durchschnittlich etwa 75% Wasser, 25% Trockenmasse. Davon etwa 40–50% Proteine, 10–20% Kohlenhydrate, 10–20% Lipide, Mineralsalze und organische Säuren. Für die Lebensvorgänge besonders wichtig: Enzymproteine, wasserstoff- und elektronenübertragende oder chemische Gruppen übertragende Verbindungen (z. B. NAD, NADP, FAD, ATP, ADP), Ribonukleinsäuren.
Eigenbeweglichkeit des Zytoplasmas: **Plasmaströmung** (gut zu beobachten an der Bewegung seiner Einschlüsse). In der ungereizten, gesunden Zelle **(spontane Plasmaströmung)** oder erst nach Einwirkung verschiedener chemischer oder physikalischer Reize beobachtbar **(induzierte Plasmaströmungen = Dinesen)**. Nach Verwundung: Traumatodinesen; nach starker Belichtung: Photodinesen; nach Einwirkung verschiedener Chemikalien: Chemodinesen).

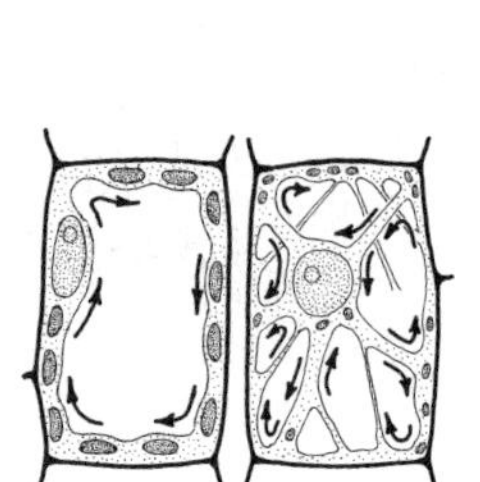

Verschiedene Verteilung des Zytoplasmas im Zellinnenraum (= Zell-Lumen) bedingt unterschiedliche Plasmaströmungsbilder. Hauptformen: **Plasmarotation** (bei Zellen mit nur einer großen Zentralvakuole: Zytoplasma auf dünnen Wandbelag beschränkt, Bewegung in einem ununterbrochenen Band, wie die Kette eines Raupenschleppers; z. B. in Zellen verschiedener Wasserpflanzen); **Plasmazirkulation** (bei Zellen mit mehreren Einzelvakuolen bzw. einer Vakuole, die von verzweigten Plasmasträngen durchzogen wird. Strömung in den einzelnen Strängen in verschiedenen, oft entgegengesetzten Richtungen; z. B. in Haarzellen verschiedener Landpflanzen); weiterhin: **flutende Plasmabewegung, Strömchenbewegung, springbrunnenartige Bewegung**.

1.2. Zellkern (Nukleus)

Funktion: Enthält in Form der Desoxyribonukleinsäure (DNA) die Information zur Synthese artspezifischer Eiweiße, die als Enzymproteine den gesamten Stoffwechsel der Zelle entscheidend beeinflussen und somit letzten Endes alle ihre Eigenschaften bestimmen. Da die DNA-Moleküle zur identischen Verdopplung (Reduplikation) fähig sind, kann diese Information auch von Zelle zu Zelle weitergereicht werden; der Zellkern wird so zum Hauptträger der »Erbfaktoren« (Gene).

Bau: Spezifische Kerneiweiße (Nukleoproteine = Proteine + Nukleinsäuren) erscheinen lichtmikroskopisch als feine Granastruktur oder als »Netzwerk«, **Chromatin** (benannt nach der besonderen Färbbarkeit mit basischen »Kernfarbstoffen«). Aus dem Chromatin entstehen bei der Teilung des Kerns kompaktere fadenförmige Strukturen, die **Chromosomen** (sie enthalten folglich in Form der DNA den gleichen Speicher der genetischen Information), außerdem im Kern ein bis mehrere stärker lichtbrechende kugelförmige Gebilde: Kernkörperchen oder **Nukleoli** (sing. Nukleolus; Synthese von RNA, Bildungsort für Ribosomen-Vorstufen). Chromatin und Nukleoli in amorphe Grundsubstanz eingebettet: **Karyolymphe** (Kernsaft, Proteingemisch). Abgrenzung zum Zytoplasma und Bestimmung der Kernform durch **Kernhülle**, die einer ER-Zisterne entspricht, also eine doppelte Elementarmembran umfaßt und von kompliziert gebauten Porenkomplexen durchsetzt ist.

Gestalt und Größe: Elastizität bedingt Kugel- oder Diskusform, selten langgestreckt; Größe zellspezifisch schwankend, Durchmesser häufig 10 bis 20 µm.

Lage: In jungen Zellen zentral, in älteren der Wand anliegend. Meist an den stoffwechselaktivsten Stellen der Zellen.

Formwechsel: Je nach Funktion, die auch verschiedene Gestalt bedingt, unterscheidet man **Arbeitskerne** (sich nicht teilende Kerne ausdifferenzierter Zellen mit spezifischen Kontroll- und Steuerungsaufgaben entsprechend dem Zelltyp; die DNA des Chromatins wird vorzugsweise transkribiert), **Teilungskerne** (Zustand des Kerns, der die Trennung der vorher identisch verdoppelten Erbsubstanz und deren Verteilung auf die Tochterzellen ermöglicht). **Interphasekerne** (Zustand teilungsbereiter Kerne zwischen zwei Kernteilungen; die DNA des Chromatins wird vorzugsweise redupliziert).

Der Zustand des Kerns während der normalen Kernteilung (Mitosis) und der Reifeteilung (Meiosis) wird auf den Seiten 293 ff. u. 299 ff. behandelt.

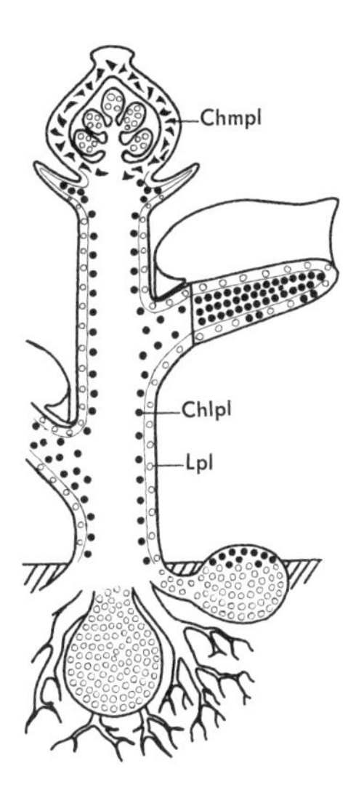

Entwicklung der Chloroplasten

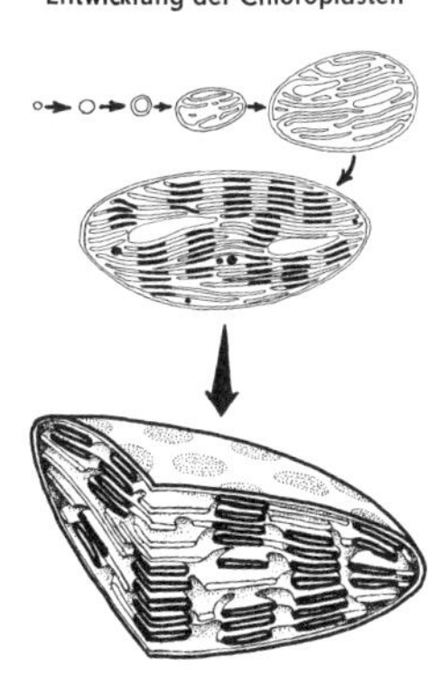

1.3. Plastiden

Von einer doppelten Membran umhüllte teilautonome Organellen, die in allen Pflanzenorganen anzutreffen sind. Gehen stets nur aus ihresgleichen hervor (Reduplikation, Durchschnürung). Enthalten Ribosomen und Nukleinsäuren (damit Bedeutung als Träger von Erbinformation). In embryonalen (Meristem-) Zellen formveränderliche **Proplastiden** (einfacher gebaute, nicht pigmentierte Vorstufen), die sich zu farblosen **Leukoplasten** oder zu vorwiegend Chlorophyll enthaltenden grünen **Chloroplasten** und chlorophyllfreien, durch Carotenoide gelb bis rot gefärbten **Chromoplasten** entwickeln. Alle Plastidentypen können, durch Umweltfaktoren gesteuert, ineinander umgewandelt werden:

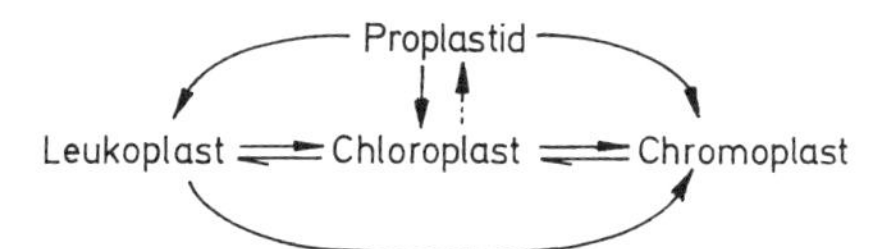

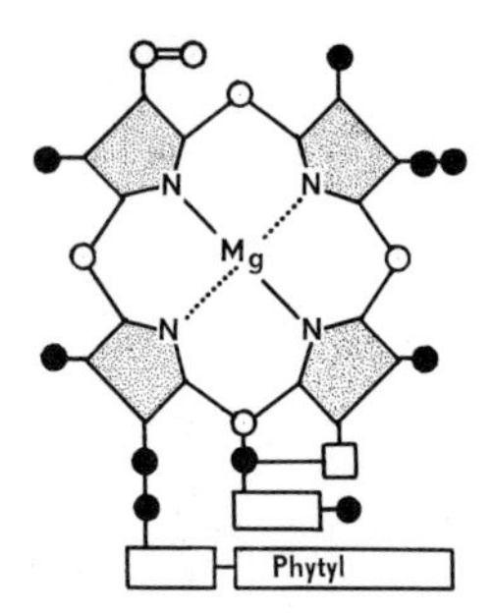

1.3.1. Chloroplasten

Durch Chlorophylle grün gefärbte Plastiden (Träger der Photosynthese-Pigmente Chlorophyll a und b). Färbung häufig durch andere Farbstoffe (bes. Carotenoide) verdeckt und verändert (bes. bei Algen, bei Laubverfärbungen u. a.). Gestalt in der höheren Pflanze meist linsenförmig (Durchmesser etwa 5 µm). Die grünen Photosynthesefarbstoffe liegen als Chlorophyll-Eiweiß-Verbindungen (Chromoproteine) vor. Sie sind innerhalb der Plastidenhülle nicht diffus verteilt, sondern besonders in scheibenförmigen, kräftig gefärbten **Grana** konzentriert, die in die Grundsubstanz (das **Stroma**) eingebettet sind. Im Elektronenmikroskop erweisen sich die Grana als dichte Stapel flacher, parallel gelagerter membranumschlossener Räume, die als **Thylakoide** bezeichnet werden. Die Chlorophylle sind in die Membranen dieser Thylakoide eingebaut. In den Stromabereich übergreifende, unregelmäßig und locker gelagerte Thylakoide werden Stromathylakoide genannt.
Ribosomen, Lipidtröpfchen (Plastoglobuli) und **Stärke** (transitorische Stärke, »Assimilationsstärke«) in der Plastiden-Matrix außerhalb der Thylakoid-Zisternen.

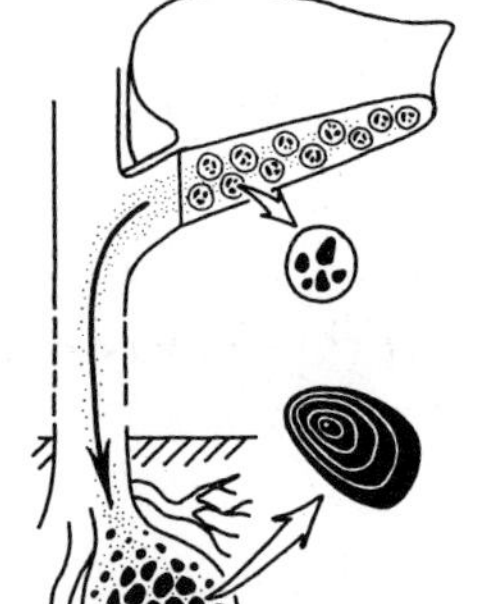

1.3.2. Chromoplasten

Durch Carotenoide (Carotene, Xanthophylle) rot, orange oder gelb gefärbte, photosynthetisch nicht aktive Plastiden. Häufig in Blütenblättern und Früchten, z. T. auch in Wurzeln *(Daucus)*. Farbstoffe sind in globulösen oder tubulösen Formen konzentriert oder werden als Kristalle abgeschieden (kristallöser Typ; vielfältige, oft bizarre Formen annehmend). Innere Membranen kaum ausgebildet, können aber, ebenso wie Stärkekörner, vorhanden sein (membranöser Typ der Chromoplasten). Bildung aus Proplastiden, Leukoplasten oder – als Endstufen der Plastidenentwicklung in alterndem Gewebe – durch Chlorophyllverlust aus Chloroplasten (Laub-, Blüten-, Fruchtverfärbungen).

1.3.3. Leukoplasten

Farblose Plastiden. Kugelig bis spindelförmig. Oft chloroplastenähnlicher Feinbau. Vorkommen in ungefärbten Pflanzen (Saprophyten, Parasiten) und Pflanzenteilen der Spermatophyta (Wurzeln, Rhizome, farblose Epidermen, Meristeme, panaschierte Blätter, verschiedene Speichergewebe). In Speicherorganen sind sie der Bildungsort für Reservestärke (dann als **Amyloplasten** oder Stärkebildner bezeichnet), Reserveprotein oder Lipide. Auch Vorstufen der Chloroplasten (Ergrünen belichteter Kartoffelknollen!) und Chromoplasten.

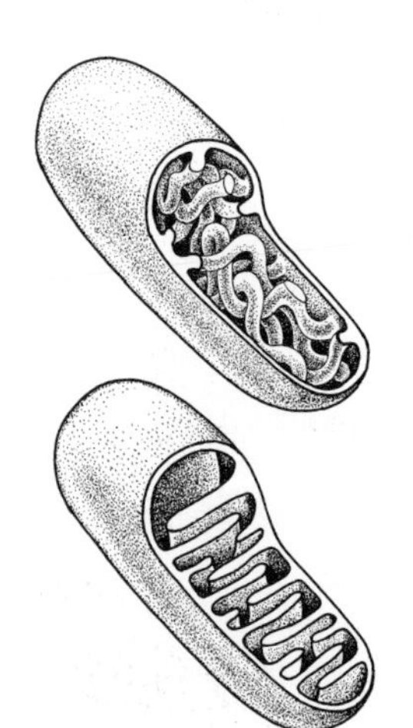

1.4. Mitochondrien

Formvariable, meist längliche Plasmabestandteile von Bakteriengröße (etwa 0,5–1 µm × 1–5 µm). Mitochondrienhülle aus doppelter Membran; die innere ist eingestülpt zu röhrenförmigen, faltenförmigen oder unregelmäßig gestalteten Cristae (Vergrößerung der inneren Oberfläche). Entscheidende stoffwechselphysiologische Bedeutung dieser Organellen: Lokalisation zahlreicher Enzyme, besonders der biologischen Oxidation (Atmungskette, Citratzyklus). Enthalten Nukleinsäuren und Ribosomen. Vermehrung »autoreduplikativ« durch Teilung.

2. Nichtprotoplasmatische Bestandteile

2.1. Vakuole und Zellsaft

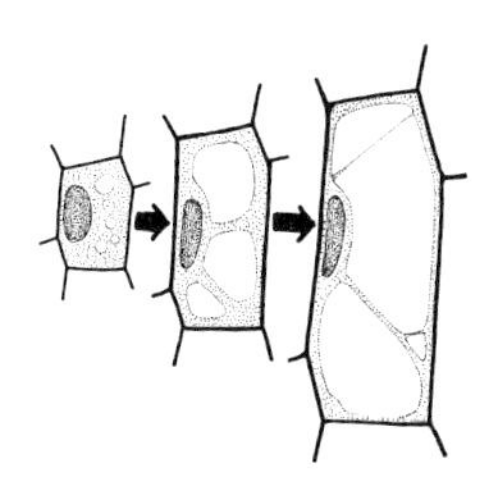

Vakuolen sind durch eine Elementarmembran, den **Tonoplast**, vom Grundplasma abgegrenzte, in Form und Inhalt sehr wandelbare Flüssigkeitsräume. Sie entstehen wahrscheinlich durch Vergrößerung vesikulärer Elemente des endoplasmatischen Retikulums und der Diktyosomen (begriffliche Abgrenzung zu anderen zytoplasmatischen Vesikeln im Ultrastrukturbereich daher schwierig). In der embryonalen Zelle zahlreich und sehr klein, in der ausgewachsenen Zelle besonders durch Wasseraufnahme stark vergrößert (oft weit über die Hälfte des Zellvolumens einnehmend). Gesamtheit der Vakuolen einer Zelle: **Vakuom.** Durch Zusammenfließen entsteht oft eine einzige große Vakuole, die fast die gesamte Zelle ausfüllt und nur durch einen Zytoplasmafilm von der Zellwand getrennt ist. Vakuoleninhalt wird **Zellsaft** genannt (mannigfaltige Zusammensetzung je nach der Funktion: hoher Wassergehalt im Zusammenhang mit der Turgorerzeugung; Kohlenhydrate, Eiweiße und Lipide als Reservestoffe gespeichert; Ablagerung verschiedener Exkrete, von denen einige von bedeutender biologischer, besonders ökologischer Funktion sind, z. B. Alkaloide, Glycoside, glycosidische Flavonoid-Farbstoffe wie z. B. Anthocyane, weiterhin Kristalle, Harze, ätherische Öle, Gerbstoffe). Proteine können kolloidal, aber auch kristallartig gespeichert werden: Unter Wasserentzug entstehen würfel- oder tafelförmige, teilweise auch länglich-spindelförmige Gebilde (z B. Aleuronkörner der proteinreichen Samen und Grasfrüchte). Auch Lipide können zum vorherrschenden Vakuoleninhalt werden und dann durch ihre stärkere Lichtbrechung als lichtmikroskopisch sichtbare Strukturen in Erscheinung treten (Lipidvakuolen).

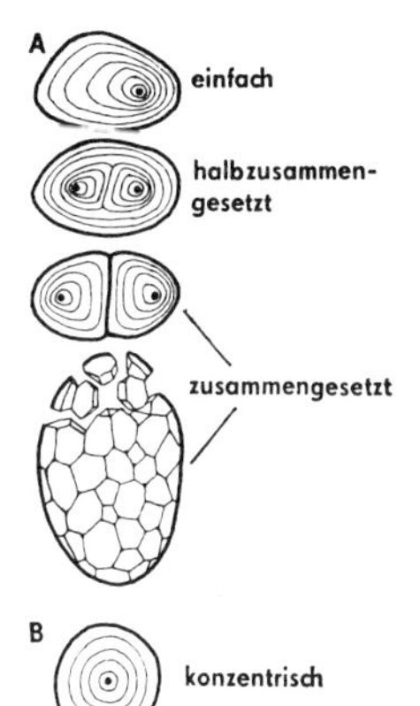

2.2. Stärke

Stärke wird stets in der Plastidenmatrix gebildet und in Körnerform abgelagert: Bei hoher Photosyntheseaktivität **im Chloroplastenstroma als »Assimilationsstärke«(transitorische Stärke)** und besonders an Speicherorten (Speicherparenchyme der Samen, Zwiebeln, Rhizome, Knollen) **im Stroma der Amyloplasten als »Reservestärke«** (verschieden große, sehr formenreiche, aber artspezifische Stärkekörner; Handelsstärke; wichtiges Grundnahrungsmittel). Stärkemoleküle werden um ein Bildungszentrum herum in Schichten abgelagert. Schichtung im Mikroskop oft deutlich zu erkennen durch sprunghaften Wechsel der Lichtbrechung (Ursache: abnehmende Dichte innerhalb der Schichten von innen nach außen bedingt unterschiedliche Brechzahl). Je nach Lage des Bildungszentrums unterscheidet man **konzentrische** (Bildungszentrum in der Mitte des Plastiden; z. B. Getreidestärke, Hülsenfrüchte) und **exzentrische** Stärke (einseitig stärkere Anlagerung; z. B. Kartoffelstärke). Je nach Anzahl der Bildungszentren im Amyloplasten: **einfache** (mit nur einem Bildungszentrum) und **zusammengesetzte** Stärkekörner (mit mehreren bis vielen Bildungszentren). **Halbzusammengesetzte** Körner: Teilkörner, die erst getrennt wachsen, werden später von gemeinsamen Schichten umgeben.

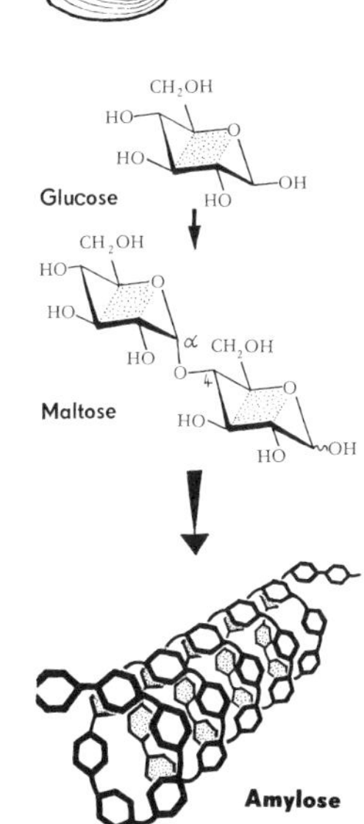

Chemie: Makromolekulares Polysaccharid aus 1,4-glycosidisch verketteten α-D-Glucoseresten, spiralig aufgewunden, je 6 solcher Glucosylreste pro Umlauf. Anordnung zu sogenannten Sphärokristallen (doppeltbrechend). Im Stärkekorn zwei in ihrem Molekülbau verschiedene Fraktionen: **Amylopectin** (ca. 80% des Kornes, in Wasser nicht löslich, nur quellend, mit Iod

Violettfärbung, durch zusätzliche 1,6-Bindungen stark verzweigte Molekülketten) und **Amylose** (wasserlöslich, Iodreaktion ergibt reine Blaufärbung, Molekülketten unverzweigt, niedrigeres Molekulargewicht).

2.3. Kristalle

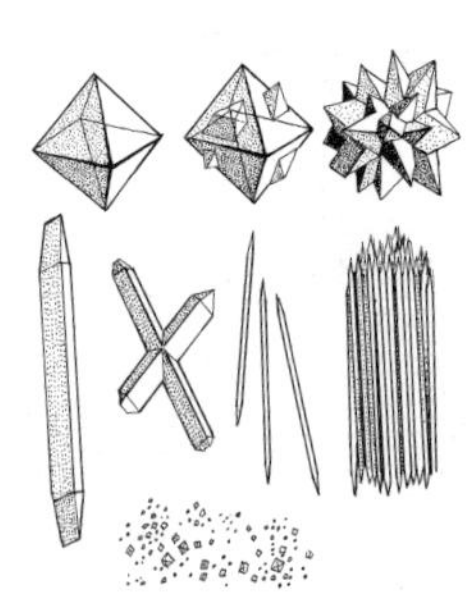

Weit verbreitet in fast allen Familien der Samenpflanzen. Im Zytoplasma und in der Zellwand, besonders aber im Zellsaft. Fast ausschließlich aus in Wasser schwerlöslichem Calciumoxalat bestehend:
Calciumoxalat-Monohydrat, $Ca(COO)_2 \cdot 1H_2O$ (Kristalle monoklin) und Calciumoxalat-Dihydrat, $Ca(COO)_2 \cdot 2\,H_2O$ (Kristalle tetragonal).
Formen: **Solitärkristalle** (isodiametrische Einzelkristalle), **Styloide** (langgestreckte, prismatische Einzelkristalle), **Drusen** (sternartige Kristallaggregate), **Raphiden** (Kristallnadeln, stets zu Raphidenbündeln vereinigt), **Zwillingskristalle**, **Kristallsand**.
Daneben (seltener) Kieselsäurekörper: bei Palmen, Orchideen und Poaceen.
Sehr selten Calciumcarbonat ($CaCO_3$, im Holz verschiedener Bäume) und Calciumsulfat ($CaSO_4$).

2.4. Zellwand

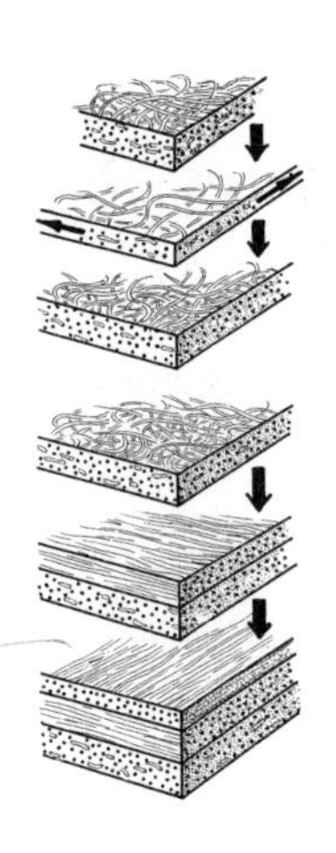

Bildung und Bau: Im Gegensatz zur tierischen Zelle als äußere Begrenzung für fast alle pflanzlichen Zellen charakteristisch. Schutz- und Festigungsfunktion, in der Regel ohne Unterbindung des Stoffaustausches. Vom lebenden Zytoplasma abgeschieden: Bei der Zellteilung wird in der Äquatorebene einer besonderen Plasmastruktur **(Phragmoplast)** durch zusammenfließende Golgi-Vesikel **(Zellplatte)** eine zarte, beiden Tochterzellen gemeinsam angehörende Scheidewand angelegt; dabei bilden die zusammenfließenden Vesikel-Membranen das Plasmalemma der beiden neu entstehenden Zellen und der Inhalt der Vesikel die **Mittellamelle** (chemisch: Protopectin, Pectin). Mittellamellenbildung vom Zentrum zur Peripherie der Zelle fortschreitend, bis Zelle geteilt ist. Weitere Substanzauflagerung erfolgt von beiden benachbarten Zellen gleichzeitig und führt zur Ausbildung der **Primärwand**, die vor allem Polysaccharide (Pectin und Hemicellulosen und zunächst nur wenig Cellulose) aber auch Proteine enthält, und der cellulosereicheren **Sekundärwand**: Flächenwachstum der dehnungs- und streckungsfähigen Primärwand durch Anlagerung neuer Wandlamellen von innen her auf die gedehnten älteren. Steigender Gerüstsubstanzanteil (Cellulose) führt schließlich zum Verlust der Dehnbarkeit (**Sakkoderm**; Zellwand der sich nicht mehr vergrößernden Zelle). Bei einigen spezialisierten Zelltypen später einsetzende Sekundärwandbildung durch Anlagerung **(Apposition)** neuer Schichten führt daher stets zu einer Verringerung des Zell-Lumens, Schichtung der Sekundärwand durch Apposition unterschiedlich dichter Lamellen.
Sekundäre Wandverdickung oft nur partiell (lokale innere, d. h. zentripetale Wandverdickungen z. B. als Ringe, Spiralen, Netze usw. zur Aussteifung wasserleitender Tracheen und Tracheiden).
Auch die gleichmäßig sekundär verdickte Zellwand ist, ebenso wie die primäre Wand, von feinsten Plasmaverbindungen durchsetzt **(Plasmodesmen)**, Aussparungen in der Sekundärwand nennt man **Tüpfel**. Verbindung zweier benachbarter Tüpfel durch die **Schließhaut** (Mittellamelle und beidseitig Primärwand). Verschiedene Ausgestaltung der Tüpfel vom **einfachen Tüpfelkanal** bis zum **Hoftüpfel** (mit Porus, Torus, Margo und Schließhaut, vgl. Abb. 44).

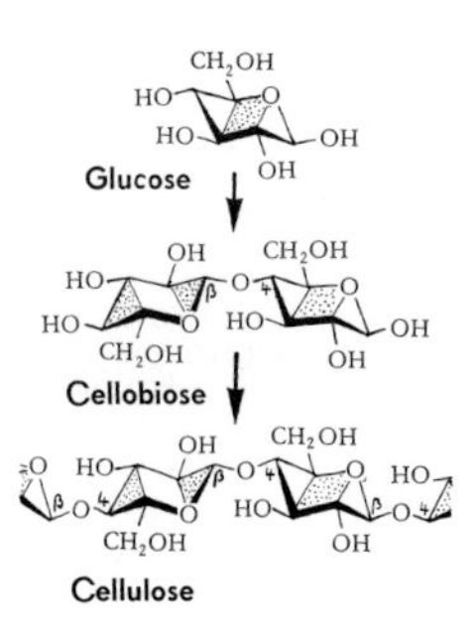

Chemie: In der Primärwand neben löslichen stark quellungsfähigen Pectinstoffen (Galactane, Galacturonane), Hemicellulosen (Xyloglucan) und Wand-Proteinen (Hydroxyprolin-reiche Glycoproteine, HPRG) nur geringer Anteil an Cellulose. Diese überwiegt in der Sekundärwand. Die Makromoleküle dieses Polysaccharids sind linear 1,4-glycosidisch verkettete β-D-Glucosereste. Zusätzlich funktionell bedingte Ein- oder Auflagerung weiterer Substanzen möglich:

Verholzung (Einlagerung von **Lignin** in die interfibrillären Räume, s. u.; erhöht die Festigkeit).

Verkorkung (Auflagerung von **Suberin** auf das Sakkoderm, im Wechsel mit monomolekularen Wachslamellen, die den Wasser- und Gasdurchtritt behindern).

Kutinisierung (Auflagerung von **Kutin** mit eingeschichteten Wachslamellen, vor allem auf den außen liegenden Teil des Sakkoderms; vermindert Durchlässigkeit für Wasser und Gase).

Weitere Zellwandeinlagerungen: anorganische Stoffe (Kalk, Kieselsäure), Farbstoffe, Gerbstoffe u. a.

Sublichtmikroskopische Struktur der Cellulosewände: Etwa 50 bis 100 parallel gelagerte langgestreckte Cellulosemoleküle sind zu einer **Elementarfibrille** verbunden (= **Micellarstrang**; in lokal begrenzten Bereichen sind die Makromoleküle kristallin angeordnet, diese Bereiche werden **Micelle** genannt; dazwischen weniger hochgeordnete parakristalline Abschnitte). Elementarfibrillen zu **Mikrofibrillen** (mit interfibrillären Zwischenräumen) gebündelt, Mikrofibrillen sind zu lichtmikroskopisch sichtbaren (z. B. bei Sklerenchymfasern) **Makrofibrillen** zusammengeschlossen. Mikrofibrillen in Primärwänden regellos verschlungen (Folientextur = Streuungstextur), in Sekundärwänden parallel ausgerichtet (Paralleltextur, bei prosenchymatischen Zellen z. B. Fasertextur, Ringtextur, Schraubentextur).

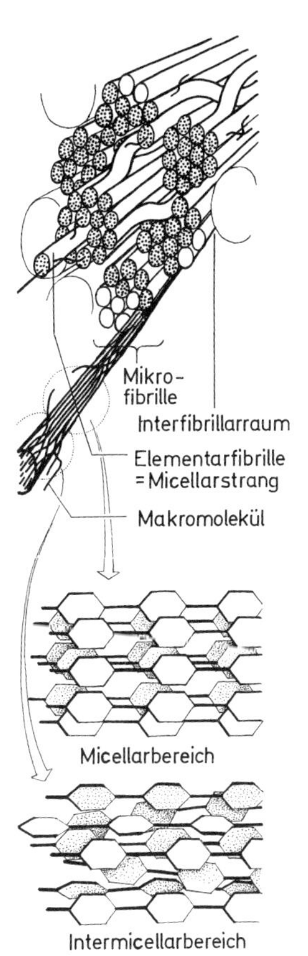

Der Bau der Zelle – Praktischer Teil –

1. Der Protoplast

1.1. Zytoplasma

Beobachtungsziel: Plasmaströmung (Zirkulation)

Objekt: *Cucurbita pepo* (Cucurbitaceae), Garten-Kürbis. Blattstiele oder Blütenstiele.

Präparation: Von Blatt- oder Blütenstielen durch Flächenschnitt (Reg. 43) einzelne Haare oder Haargruppen abheben, sofort in Leistungswasser übertragen und mit Deckglas abdecken. Möglichst wenig Gewebe der Epidermis erfassen, da sonst die Schichtdicke zu groß ist und die Beobachtung mit dem Immersionsobjektiv Schwierigkeiten bereitet. Auch an Querschnitten durch Blatt- und Blütenstiele können die radial nach außen weisenden Haare gut beobachtet werden. Allerdings fallen die Schnitte für die Beobachtung mit dem Immersionsobjektiv meist zu dick aus. Während der Beobachtungen mehrmals das Wasser unter dem Deckglas erneuern (Reg. 44).

Beobachtungen (Abb. 8): Schwache Vergrößerung einstellen und ein unbeschädigtes, mehrzelliges Haar aussuchen. Die tonnenförmigen Zellen der Haarbasis eignen sich besser zur Beobachtung als die langgestreckten Zellen der Spitzenregion. Lebende Zellen wirken leer und lassen zarte, farblos-fädige Strukturen erkennen. Abgestorbene Zellen sind oft kollabiert, das Plasma erscheint als granulierte klumpige Masse.
Bei stärkerer Vergrößerung auf lebende tonnenförmige Zelle einstellen, die nunmehr fast das gesamte Bildfeld einnimmt: Der Zellraum ist überwiegend von Zellsaft **(Vak)** angefüllt und von zahlreichen stärker lichtbrechenden Plasmafäden unterschiedlicher Länge und Stärke durchzogen **(Zpl_1)**. An manchen Stellen – besonders an den Zellpolen und um den Zellkern herum – befinden sich stärkere Plasmaansammlungen. Gründliches Fokussieren offenbart den Formenwechsel der Plasmastrukturen!
Kräftige Stränge – hauptsächlich in der Längsachse der Zelle ziehend – wechseln mit feinen und feinsten Fäden, die kreuz und quer dazwischen ausgespannt sind. Mitunter dehnt sich das Plasma segelartig von Strang zu Strang, wobei die Bewegung der Grana dort zum Teil in Strömchenbildung übergeht **(Zpl_2)** (Strömchen = begrenzte Plasmabewegungen inmitten größerer ruhender Plasmabezirke). Der Plasmawandbelag ist sehr dünn und in der Durchsicht nur schwer oder gar nicht sichtbar. Mit dem Plasma mitgeschwemmte Granula und Chloroplasten vermitteln erst den Bewegungsablauf und lassen auch erkennen, daß Strömungsgeschwindigkeit und -richtung in der Zelle unterschiedlich sind und wechseln. Zwischen entgegengesetzt fließenden Plasmaströmen kommt es mitunter zur Ausbildung eines ruhenden Indifferenzstreifens. Jeder Plasmastrang ändert ständig seine Form – bald führt das Wandern der Ansatzstellen zu Strangverschmelzungen oder -teilungen, bald stockt das glatte Fließen aus nicht erkennbaren Gründen, oder mittreibende Plasmaklumpen stauen nachfolgendes Plasma an, das sich durch neuentstehende Stränge wieder verteilt. An den Stirnwänden ändern sich die Strömungsbilder besonders rasch: starke fädige Zerteilung, Zu- und Abfluß des Plasmas, Umkehr der Strömungsrichtung.
Cucurbita pepo besitzt in den Haarzellen auffallend große Zellkerne **(Nkl)** mit mehreren Nukleoli **(Nklol)**. Der Nukleus ist meist deutlich sichtbar zwischen zahlreichen Plasmasträngen im Zell-Lumen aufgehängt und von Plasma mehr oder weniger eingehüllt (Plas-

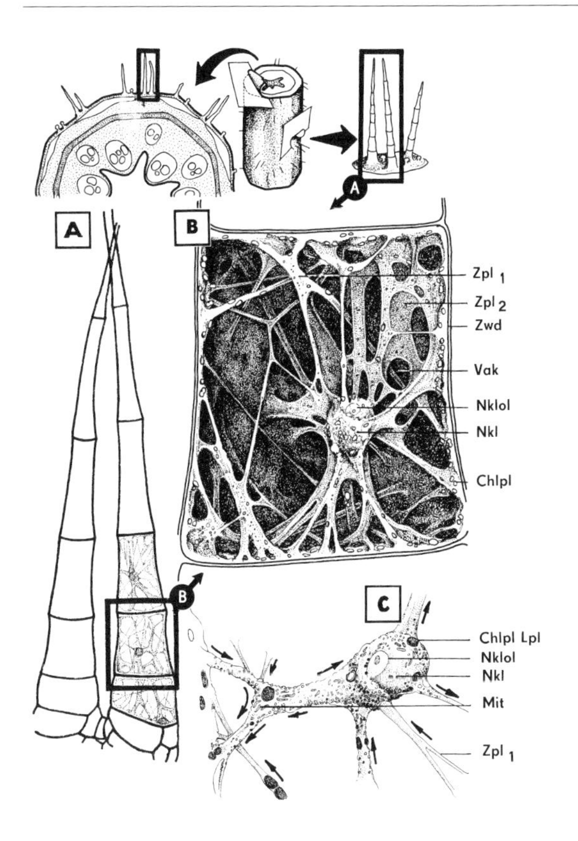

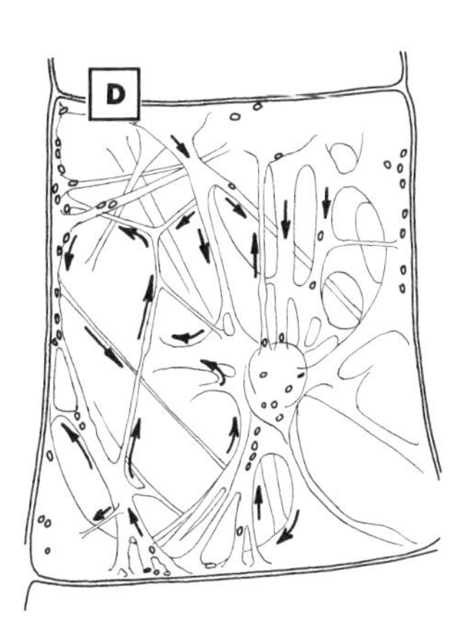

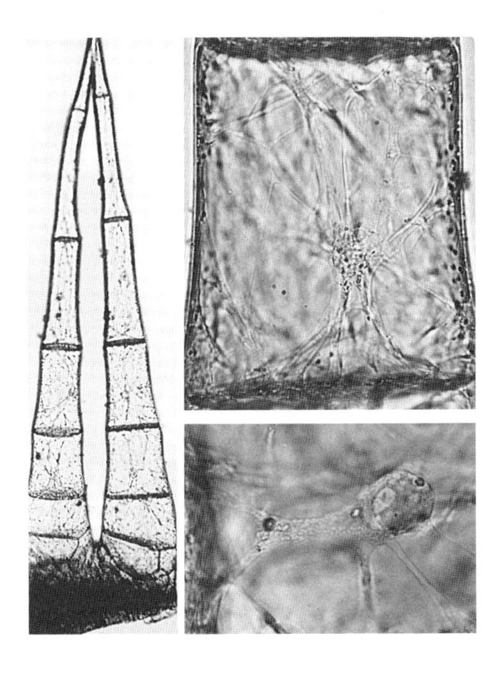

Abb. 8. *Cucurbita pepo.* Plasmaströmung. **A**: Mehrzellige Haare. Im rechten Haar lebender Inhalt angedeutet. **B**: Lebende Zelle aus der Haarbasis. Vakuole **(Vak)** von Plasmasträngen **(Zpl$_1$)** durchzogen, die Chloroplasten **(Chlpl)** und Leukoplasten mit sich führen. Nukleus **(Nkl)** an Plasmasträngen aufgehängt. Zytoplasma segelartig ausgespannt **(Zpl$_2$)**. **C**: **Nkl** bei starker Vergrößerung. Neben **Chlpl** bzw. **Lpl** noch Mitochondrien **(Mit)** zu erkennen. **D**: Zelle von B schematisch. Strömungsrichtung des Plasmas durch Pfeile angedeutet.
A 25 : 1, B 290 : 1, C 400 : 1.

matasche). Bei stärkster Vergrößerung auf verschiedene Stellen des Zytoplasmas einstellen. Die Granula, je nach Einstellung dunkel erscheinend oder hell aufleuchtend, zeigen teilweise turbulente Bewegung.
An den Plasmasträngen können pseudopodienartige Ausstülpungen von hyalinem Plasma beobachtet werden, die sich in den Vakuolenraum »vortasten«. Die Ausstülpungen können sich abschnüren und als selbständige, lebhaft bewegliche Plasmaklümpchen im Vakuolenraum umherwandern. Dabei runden sich die Plasmaklümpchen ab und bilden manchmal eine eigene Vakuole aus. Nach einiger Zeit verschmelzen die Klümpchen wieder mit dem Gesamtplasma. Breite Plasmastränge zeigen oft streifige Strukturen längs der Strömungsrichtung. In ein und demselben Plasmastrang bewegen sich Mitochondrien **(Mit)** und Vesikel gleicher Größe nicht immer in gleicher Geschwindigkeit. Während einzelne Granula relativ schnell vorwärts bewegt werden, können andere ihren Lauf verlangsamen und sogar in entgegengesetzter Richtung zurückwandern. Mit wechselnder Vergrößerung wechselt auch das Bild der Plasmaströmung: Bei schwacher Vergrößerung wirkt die Bewegung gleichförmig, gleitend, zähflüssig, ruhig, ausgeglichen; bei starker Vergrößerung turbulent, zitternd, wallend, unregelmäßig, oft ruckartig, pulsierend.
Stockende, immer schwächer werdende Strömung läßt sich durch Reize wieder in Gang bringen:
Photodinese – durch kurzfristige intensive Beleuchtung, Leuchtfeld- und Aperturblende auf! Chemodinese – durch Chemikalien, z. B. wäßrige l-Histidinlösung (Verdünnung 10^{-7}), 0,005% ige Schwefelsäure.

Fehlermöglichkeiten: Keine Bewegung: durch Reize versuchen, die Strömung in Gang zu bringen. Zellen abgestorben: Pflanze zu alt, Haare eingetrocknet; Wasser unter dem Deckglas wurde nicht gewechselt – Sauerstoffmangel oder angereicherte Stoffwechselprodukte töten die Zellen ab.

Beobachtungsziel: Plasmaströmung (Zirkulation und Rotation)

Objekt: *Elodea canadensis* (Hydrocharitaceae), Kanadische Wasserpest.

Präparation: Sauberes, algenfreies Blättchen von jüngerem Sproßabschnitt mit Pinzette abzupfen und mit Blattoberseite nach oben in Leitungswasser einlegen (Reg. 47).

Weitere Präparationsmöglichkeiten: Die folgenden Präparate sind schwieriger herzustellen und erfordern etwas Geduld: Von kräftigen Blättchen junger Sproßabschnitte Quer- und Längsschnitte herstellen (Reg. 14), in Leitungswasser einlegen und mit Deckglas abdecken (Reg. 47). Auf rechtwinklig bzw. parallel zur Blattachse liegende Schnittführung achten! Nicht zu dünn schneiden, damit noch unverletzte Zellen an die Schnittfläche grenzen. Vorsicht! Dicke Schnitte kippen leicht um. Eventuell Deckglas durch Deckglassplitter oder Stücke von Glaskapillaren (Siedekapillaren) abstützen.

Beobachtungen (Abb. 9): Blatt in der Aufsicht. Die Blattfläche besteht aus zwei Zellschichten (Epidermen): Die Zellen der oberen Epidermis sind groß und langgestreckt **(Epd),** die der unteren kürzer und schmaler. Fokussieren! Beide Zellschichten enthalten zahlreiche Chloroplasten **(Chlpl)**. Die Zellen nahe der Mittelrippe zeigen meist sofort Plasmarotation. Dagegen liegt in den Zellen zwischen Mittelrippe und Blattrand erst Zirkulation vor, die während des Beobachtens in Rotation übergeht. Wenn noch keine Bewegung eingetreten ist, Dinese hervorrufen (s. oben)! Durch das Wandern der Chloroplasten wird die Plasmabewegung deutlich wahrnehmbar. Dann Immersionsobjektiv einstellen (Reg. 62) und die Aufmerksamkeit auf den Plasmawandbelag richten. Der Plasmawandbelag ist dünn, die Einstellung daher schwierig! Die optische Ebene von oben auf die Zellaußenwand senken, die meist an schwachem Bakterienaufwuchs erkannt werden kann. Nun vorsichtig etwas tiefer gehen und auf die Granula des Plasmaschlauches scharf einstellen. Sie zeigen lebhafte, teilweise strudelartige Strömungsbilder. Mitunter wimmeln sie regellos durcheinander. Einzelne Partikel verfolgen! Ihre Fortbewegung ist nicht geradlinig, sondern mehr oder weniger zitternd. Auf fädige bzw. stäbchenförmige flexible Mitochondrien achten, die sich in Strömungsrichtung orientieren! Sie erinnern im Aus-

Z

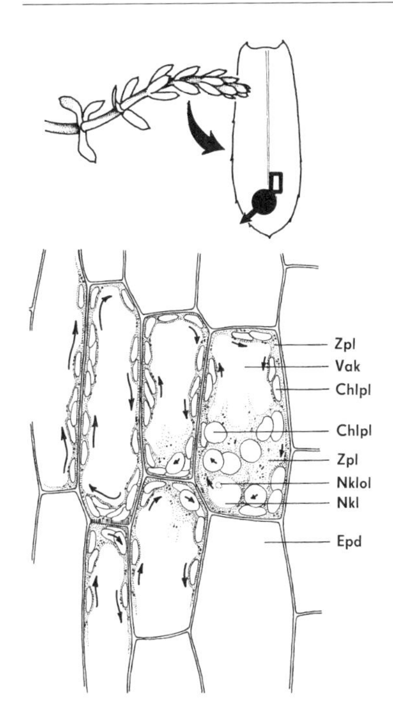

Abb. 9. *Elodea canadensis.* Aufsicht auf die obere Epidermis. Plasmaströmung (Rotation). Die linsenförmigen Chloroplasten liegen vorwiegend den antiklinen Zellwänden an, wo sie im rotierenden Plasma mitgeführt werden. Lebendpräparat. 400 : 1.

sehen an Bakterien. Sorgfältig beobachten, Beleuchtung variieren! Der periklinen Außenwand anliegende Chloroplasten ins Blickfeld rücken: Die Mitochondrien ziehen vor den Chloroplasten vorüber – daran ist die richtige Einstellung auf den Plasmawandbelag **(Zpl)** zu erkennen. Die Mitochondrien bewegen sich bedeutend schneller als die Chloroplasten, bisweilen liegen sie trotz lebhaft strömenden Plasmauntergrundes still, oder sie drehen sich nur um ihre eigene Achse. Sie konzentrieren sich manchmal in engen Bezirken, um kurz danach wieder über die gesamte Fläche »auszuschwärmen«.
Durch aufmerksames Fokussieren den Zellkern suchen! In der Aufsicht ist der Nukleus nur sehr schwer zu erkennen **(Nkl)**. In der Seitenansicht (Lage an der antiklinen Wand) tritt er als hyaliner, scharf abgegrenzter Plasmabezirk deutlicher hervor. Auf den Nukleolus achten **(Nklol)**! Die Kernoberfläche zeigt manchmal langsam pulsierende Formveränderung (Abflachung, Aufwölbung). Der Nukleus wird vom strömenden Plasma viel langsamer fortbewegt als die Chloroplasten. Die Chloroplasten und der Nukleus sind immer von einer Plasmahülle umgeben. Auf einzelne Chloroplasten oder Chloroplastenhaufen in dünnen Plasmasträngen achten!
Nach längerer Beobachtung (Lichtwirkung? Anreicherung von Stoffwechselprodukten?) verschwinden die Plasmastränge immer mehr, so daß nur noch der strömende Plasmawandbelag verbleibt. Die Zirkulation geht in Rotation über. Dabei verlagert sich die Mehrzahl der Chloroplasten an die antiklinen Wände (Chloroplasten in Seitenansicht linsenförmig). An den periklinen Wänden zurückbleibende Chloroplasten zeigen kaum noch Bewegung. Die Wanderung der Plastiden erfolgt nur noch entlang der antiklinen Zellwände. Die Rotation verläuft nicht in allen Zellen gleichsinnig. Aneinanderstoßende Zellen zeigen oft entgegengesetzte Plasmabewegung. An den langgestreckten Epidermiszellen längs des Mittelnervs tritt die Plasmarotation meist zuerst ein und ist dort sehr gut zu beobachten.

Weitere Beobachtungen: Blattquerschnitt. Die Zellen der oberen Epidermis sind von tonnenförmiger Gestalt, wenn sie im medianen Querschnitt getroffen wurden. Bei diesen Zellen braucht man verständ-

licherweise nicht nach Plasmaströmung zu suchen, da der Zellinhalt ausgelaufen ist. Zellen, die mit der Stirnwand an die Schnittfläche grenzen, sind im Querschnitt kleiner als die benachbarten. Bei solchen Zellen, sofern sie unverletzt sind, kann Plasmarotation beobachtet werden. Die Zellen der unteren Epidermis sind durchweg kleiner im Querschnitt und zur Betrachtung der Plasmaströmung weniger geeignet. Zwischen beiden Zellschichten Interzellularen.
Bei starker Vergrößerung auf eine lebende Zelle der oberen Epidermis einstellen: Plasmarotation in Seitenansicht! Der Protoplasmastrom ist auf einen ziemlich schmalen Gürtel in der Äquatorzone der Zelle beschränkt. Die Mehrzahl der Chloroplasten konzentriert sich in dem Bezirk des fließenden Plasmas. Die Plastiden ziehen einzeln und aufgelockert oder mehr oder weniger miteinander verklumpt an den antiklinen Wänden entlang. An den auswärtsgewölbten periklinen Wänden verbliebene Chloroplasten liegen unbewegt (entspricht dem Erscheinungsbild bei Aufsicht auf das Blatt). Der Zellkern treibt in der Plasmaströmung mit, aber viel langsamer als die Plastiden; mitunter ist er igelähnlich in Kristallnadeln eingehüllt.
Es lohnt sich, zum vollen Verständnis der räumlichen Verhältnisse noch den Längsschnitt zu studieren! Hier ist besonders gut zu beobachten, wie die Chloroplasten relativ schnell in der Äquatorzone der Zelle entlangwandern.

Fehlermöglichkeiten: Außen anhaftende Algen und Bakterien können irrtümlich als Zellbestandteile gewertet werden. Fehlschluß vermeidbar, wenn man beachtet, daß außen angewachsene Mikroorganismen keine Brownsche Molekularbewegung zeigen.

Weitere Objekte zum Studium der Plasmaströmung:

Egeria densa (Hydrocharitaceae), Dichtblättrige Wasserpest
Blättchen können wie bei *Elodea canadensis* ohne weitere Präparation in Wasser beobachtet werden. Die Zellen enthalten sehr viele Chloroplasten, die bei der Beobachtung stören können. Häufige Aquarienpflanze.

Vallisneria spec. (Hydrocharitaceae)
Plasmarotation; Flächenschnitte von jüngeren Abschnitten kräftiger Blätter; häufige Aquarienpflanze.

Tradescantia spec. (Commelinaceae)
Plasmazirkulation; Staubfadenhaare von jungen, frisch geöffneten Blüten mit Pinzette entnehmen und in Wasser übertragen. In Wurzelhaaren von Wurzeln, die in Hydrokultur gezogen wurden (S. 225), je nach dem Entwicklungszustand Plasmazirkulation oder -rotation.

Allium cepa (Liliaceae), Küchen-Zwiebel
Plasmazirkulation; obere Epidermis der Zwiebelschuppen nach Reg. 34 präparieren.

Urtica dioica (Urticaceae), Große Brennessel
Plasmazirkulation und Strömchenbildung in den Brennhaaren; Präparation wie bei den Haaren von *Cucurbita pepo.*

Symphoricarpus albus (Caprifoliaceae), Schneebeere
Plasmazirkulation; Zellen aus dem Fruchtfleisch reifer Früchte, Zupfpräparat (Reg. 125).

Stellaria media (Caryophyllaceae), Vogel- Sternmiere
Ruderalpflanze, häufiges Unkraut. Sproßachse einreihig behaart, Plasmaströmung in den Haaren.

Ecballium elaterium (Cucurbitaceae), Spritzgurke
Haare junger Stengel und Blattstiele. Nach Strasburger eines der schönsten Objekte für Plasmaströmung.

Limnobium stoloniferum (Trianaea bogotensis) (Hydrocharitaceae)
In jungen, kräftigen Wurzelhaaren eindrucksvolle Springbrunnenbewegung des Zytoplasmas.

Hydrocharis morsus-ranae (Hydrocharitaceae), Gemeiner Froschbiß
In jungen kräftigen Wurzelhaaren deutliche Springbrunnenbewegung des Zytoplasmas, auch Rotation.

Drosera rotundifolia (Droseraceae), Rundblättriger Sonnentau
In Exkretions- und Stielzellen der Tentakeln Plasmazirkulation.

Besonders geeignet sind einige Algen:

Chara spec., *Nitella* spec. (Characeae), Springbrunnenbewegung in den Internodialzellen.

Nitella ist besser geeignet, da die Internodialzellen nicht berindet sind. Rasenartige Bestände in Teichen und langsam fließenden Gewässern.

Allgemein eignen sich alle lebenden Haare von Landpflanzen und Wurzelhaare von Sumpfpflanzen und von Pflanzen aus Hydrokulturen zur Beobachtung der Plasmaströmung. Oft ist auch in Epidermiszellen die Bewegung des Zytoplasmas gut zu beobachten.

1.2. Zellkern

Beobachtungsziel: Zellkern im Lebendzustand und nach Fixierung und Färbung

Objekt: *Allium cepa* (Liliaceae), Zwiebel. Küchen-Zwiebel (Speichersproß).

Präparation: a) Von der Innenseite einer Zwiebelschuppe Epidermisabzug präparieren (Reg. 34). Nach Reg. 47 Präparat anfertigen. Am schonendsten lassen sich die Epidermisstücke nach Infiltration gewinnen (Reg. 64).
b) Bei einem nach a) hergestellten Präparat unter gleichzeitigem Beobachten das Wasser durch Iodkaliumiodid-Lösung (Reg. 44 und 66) verdrängen.
c) Nach a) gewonnene Epidermisstückchen fixieren (Reg. 42) und färben (Reg. 55 und 73).

Beobachtungen (Abb. 10 A-H): a) Schwache Vergrößerung einstellen. Die Epidermiszellen sind langgestreckt, teils zugespitzt und ineinander verkeilt, teils stoßen sie mit geraden Stirnwänden aneinander. Sie erscheinen bei oberflächlicher Betrachtung leer. Der Zellsaft der großen Vakuole ist farblos. Das Zytoplasma **(Zpl)** liegt als dünner Belag der Wand an und zieht in wenigen dünnen Strängen durch das Zellumen. Zahlreiche sphärische Körperchen, zarte Leukoplasten **(Lpl)** und Mitochondrien **(Mit)** lassen besonders deutlich die lebhafte Plasmazirkulation erkennen. In der Aufsicht erscheinen die relativ großen Zellkerne rund bis oval, in der Seitenansicht plankonvex, mit der Planseite den antiklinen Zellwänden anliegend. Im Gegensatz zu den Zellkernen in den Haarzellen von *Cucurbita pepo* hängen sie fast nie zwischen Plasmasträngen, in eine Zellkerntasche eingehüllt, im Zell-Lumen. Bei starker Vergrößerung Nukleus in Aufsicht und Seitenansicht untersuchen. Das Kernplasma erscheint zart granuliert, immer deutlich vom umgebenden Zytoplasma abgesetzt, die Struktur der Kernhülle liegt unter der Auflösungsgrenze (s. S. 16) der Objektive. Die Nukleoli **(Nklol)** – meist zwei – fallen als homogene »Scheibchen« auf. Im normalen Durchlichtmikroskop heben sich die Zellkerne nur schwach vom umgebenden Zytoplasma und Zellsaft ab. Das kontrastarme Bild beruht auf der geringen Brechzahldifferenz zwischen den verschiedenen Medien. Einige Verfahren optischer Kontrastierung helfen diesem Mangel ab (Abb. 10 C-H, vgl. auch S. 21).
Die Oberfläche vieler Kerne ist nicht glatt, sondern von einzelnen mehr oder weniger tiefen Furchen durchzogen. Die Rinnen verlaufen teils geradlinig, teils in schwachen Windungen und werden oft faltenartig überdeckt (im optischen Schnitt gut sichtbar! Fokussieren!).
Die sphärischen Einschlüsse **(x)**, die in der Kernaufsicht vor dem Nukleus vorüberziehen und bei Kantenansicht über die konvexe Wölbung des Zellkernes hinwegwandern, weisen darauf hin, daß der Nukleus immer in Zytoplasma eingehüllt ist. Die Plasmaschichten sind mitunter nur sehr dünn! Oft gehen von dort Plasmastränge aus, die ebenfalls das Vorhandensein der Zytoplasmahülle demonstrieren.
b) Die vordringende Iodkaliumiodid-Lösung bringt die Plasmaströmung zum Erstarren. Starke Plasmastränge können bei schnellem Vordringen der Lösung erhalten bleiben (Fixierung!). Das wandständige Plasma zerfällt in unregelmäßige, flockige Granula. Zunehmender Kontrast und schärfere Abgrenzung des Nukleus sowie Vergröberung der Granula im Kernplasma zeigen an, daß der Zellkern abstirbt oder bereits abgestorben ist. Durch mikroskopische Messungen läßt sich darüber hinaus Volumenabnahme des Nukleus nachweisen. Außerdem runden sich die Kerne ab, und die Nukleoli treten auffallend scharf hervor. Alle plasmatischen Bestandteile der Zelle – besonders der Zellkern –

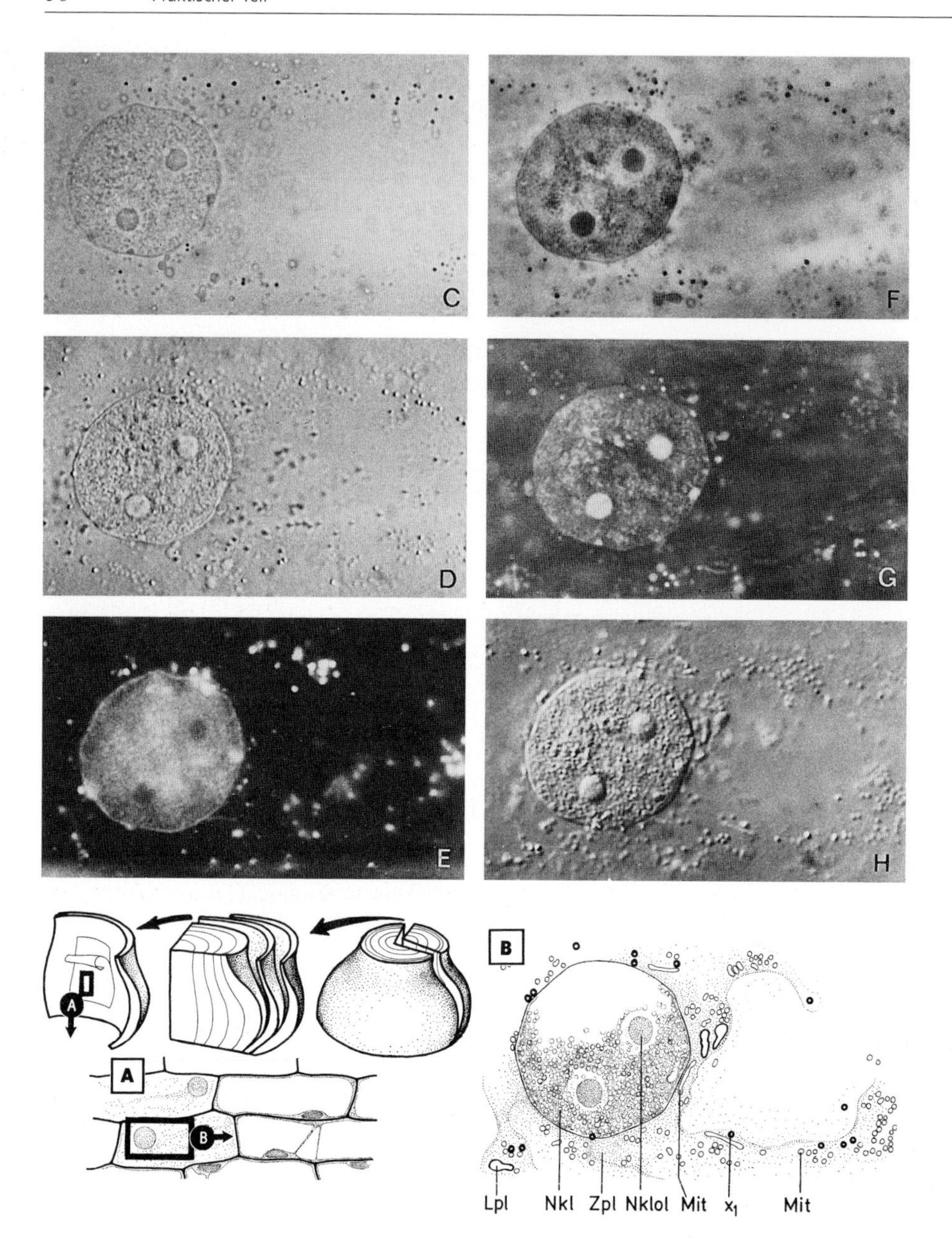

Abb. 10. *Allium cepa.* **A**: Aufsicht auf die lebende obere Epidermis einer Zwiebelschuppe. Zellkerne in Aufsicht und Seitenansicht. **B**: Lebender Zellkern **(Nkl)** mit zwei Nukleoli **(Nklol)**, von Zytoplasma **(Zpl)** eingehüllt. Kleine sphärische Plasmaeinschlüsse **(x_1)**, Mitochondrien **(Mit)**, Leukoplasten **(Lpl)**. **C-H**: Zellkern wie in B, verschieden optisch kontrastiert. **C**: Hellfeld. **D**: Schiefe Beleuchtung. **E**: Dunkelfeld. **F**: Positiver Phasenkontrast. **G**: Negativer Phasenkontrast. **H**: Differentieller Interferenzkontrast nach Nomarski. A 60 : 1, B-G 460 : 1.

nehmen unter der Einwirkung der Lösung schwach gelbe bis kräftige gelbbraune Färbung an (Proteine!).
c) Mit Ethanol-Essigsäure fixierte Präparate zeigen im wesentlichen die gleichen Merkmale der Plasmakoagulation wie unter b). Da Ethanol-Essigsäure sehr schnell in die Zellen eindringt, werden die Strukturen besser fixiert als bei der Behandlung mit Lugolscher Lösung. Alle Zellbestandteile bleiben farblos. Auf den auffallenden Unterschied zwischen fixiertem und lebendem Protoplasma achten!
d) Während im Lebendpräparat die kontrastarmen Zellkerne nur schwer zu beobachten sind, treten sie im gefärbten Zustand kontrastreich hervor. Eindrucksvolle Bilder besonders bei schwächerer Vergrößerung. Mit Hilfe starker Objektive erkennt man im gefärbten Arbeitskern die nunmehr scharf tingierten Granula. Die Nukleoli erscheinen jetzt als homogene Bläschen, die mit Karminessigsäure mitunter nicht oder nur sehr schwach gefärbt sind.
Die unter a) erwähnten Kernfurchen findet man als ungefärbte Einschnitte oder Einkerbungen wieder. Die Kernmembran bleibt auch bei kräftig gefärbten Kernen unsichtbar.

Weitere Beobachtungen: Plasmazirkulation, Leukoplasten, Mitochondrien, einfache Tüpfel in der primären Zellwand, einfache Epidermiszellen.

Fehlermöglichkeiten: Wenn die Epidermisstückchen nicht ganz frisch in Leitungswasser eingelegt und beobachtet werden, können die Zellkerne schon vorher absterben. Während der Beobachtung des Lebendpräparates das Wasser unter dem Deckglas in nicht zu großen Zeitabständen erneuern (Reg. 44), Zellkerne sterben sonst während der Beobachtung ab. Lebende Kerne sind sehr zart und können in der Aufsicht leicht übersehen werden.

Weitere Objekte:

Avena sativa (Poaceac), Saat-Hafer
Hantelförmige Zellkerne in den Schließzellen der Spaltöffnungsapparate (s. S. 190).

Allium cepa (Liliaceae), Küchen-Zwiebel
Zellkerne in verschiedenen Mitosestadien bei austreibenden Wurzelanlagen. Karminessigsäure-Färbung.
Sehr große Zellkerne in den gegliederten Milchröhren der Zwiebelschuppen. Die Milchröhren verlaufen an der Außenseite der Schuppe in der Subepidermis.

Aloe spec. (Liliaceae), *Agave* spec. (Amaryllidaceae)
Bis 400 µm lange Fadenkerne in den Schleimbehältern der Blätter.

Cucurbita pepo (Cucurbitaceae), Garten-Kürbis
Große Zellkerne in den Zellen der Trichome, oft an Plasmasträngen im Zell-Lumen »aufgehängt« (s. S. 50 f.).

Impatiens parviflora, I. noli-tangere (Balsaminaceae), Kleinblütiges und Echtes Springkraut.
Spindelförmige Zellkerne in den Epidermiszellen der Blattunterseite (s. S. 178) und in den Schwammparenchymzellen.

Primula obconica oder *P. praenitens* (Primulaceae), Primel
Zellkerne in den Stiel- und Köpfchenzellen der Drüsenhaare (s. S. 183).

Solanum tuberosum (Solanaceae), Kartoffel
Zellkerne in den äußersten Parenchymschichten der Kartoffelknollen, umgeben von Amyloplasten (s. S. 65).

Tradescantia spec. (Commelinaeeae)
In den Wurzelspitzen und in der Epidermis von der Basis junger Blätter können nach Karminessigsäurefärbung Zellkerne in verschiedenen Teilungsstadien beobachtet werden.

Picea abies (Pinaceae), Gemeine Fichte
In allen Parenchymzellen sehr große Zellkerne, die sich sehr gut anfärben lassen (s. a. Abb. 28D).

Tropaeolum majus (Tropaeolaceae), Große Kapuzinerkresse
Im Milchsaft nicht zu alter Sproßachsen und Blattstiele sind große, unterschiedlich geformte Zellkerne (20 bis 50 µm) suspendiert, die zahlreiche Nukleoli enthalten.

1.3. Plastiden

Beobachtungsziel: Granastruktur der Chloroplasten

Objekt: *Spinacia oleracea* (Chenopodiaceae), Gemüse-Spinat. Blätter.

Präparation: Schabepräparat nach Reg. 108 anfertigen. Als Medium Glycerol benutzen. An Stelle von Schabepräparaten können auch Flächenschnitte (Reg. 43) präpariert werden. Für die Beobachtung und besonders für die Mikrofotografie der Grana wird die Verwendung von Rotfiltern empfohlen.

Beobachtungen (Abb. 11): Im Schabepräparat sind viele Chloroplasten suspendiert. Ihre Form ist am besten an solchen Plastiden zu beobachten, die durch die Strömung des Mediums fortbewegt werden und sich dabei um ihre Achse drehen. Man erkennt flache, runde bis ovale Scheibchen von 8-10 µm Durchmesser. Abweichende Formen – eiförmige, verdrehte, gefaltete, biskuitförmige – kommen vor (Abb. 11 A).
Einen möglichst großen, waagerecht liegenden Chloroplasten suchen und mit Immersionsobjektiv betrachten. Die Fläche des Plastiden erscheint durch regelmäßig angeordnete dunkelgrün gefärbte Scheibchen, die Grana, gemustert. Der Abstand von Granum zu Granum ist gleich groß. Das Stroma zwischen den Grana ist nicht oder nur schwach grünlich gefärbt. In der Aufsicht sind bei einem runden Plastiden ungefähr 60 Grana zu erkennen.
Nun bei schwacher Vergrößerung ein Gewebestück mit unverletzten Zellen suchen. Am besten eignen sich Gewebeteile des Schwammparenchyms (s. S. 203). Bei starker Vergrößerung auf eine unbeschädigte Zelle einstellen und den Zellkern **(Nkl)** suchen. Der Nukleus ist hyalin, ca. 20 µm im Durchmesser groß und enthält einen deutlich sichtbaren Nukleolus. Im Zell-Lumen liegen zahlreiche Chloroplasten. Mitunter zeigen sie in unverletzten Zellen die Granastruktur am deutlichsten. Bei Chloroplasten in Seitenansicht ist das strichförmige Aussehen der Granascheibchen nur andeutungsweise wahrzunehmen. Die Größe der Grana liegt bei Hellfeld-Durchlichtbetrachtung an der Grenze des Auflösungsvermögens der Objektive (S. 16). Bei manchen Chloroplasten sieht man größere, nicht granulierte Bezirke.

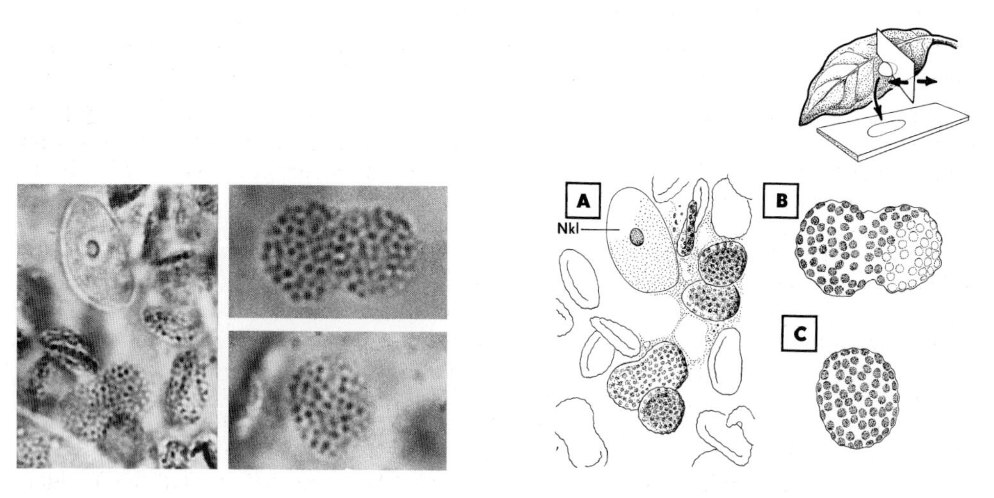

Abb. 11. *Spinacia oleracea.* Granastruktur der Chloroplasten. **A**: Ausschnitt aus unverletzter Mesophyllzelle. Zellkern **(Nkl)** mit Nukleolus zwischen den Chloroplasten. **B**: Chloroplast in Teilung. Zwischen den dunklen, scheibchenförmigen Grana das farblose Stroma. **C**: Einzelner Chloroplast. Glycerol.Schabepräparat. A 890 : 1, B und C 1800 : 1.

Fehlermöglichkeiten: Das Studium der Granastruktur kann durch Assimilationsstärke in den Chloroplasten gestört werden; evtl. Blätter vorher dunkel aufbewahren. Die Chloroplasten können bei Beobachtung in Wasser mitunter sehr schnell degenerieren (die Grana fließen zu Tröpfchen zusammen, im Chloroplasten entstehen Vakuolen, der Inhalt des Chloroplasten wird homogen).

Weitere Objekte:

Aponogeton spec. (Aponogetonaceae), Wasserähre
Interessante, aber selten gehaltene Aquarienpflanze. Oft empfohlenes Objekt.

Sansevieria trifasciata (Liliaceae), Bogenhanf
Bekannte Zimmerpflanze; Flächenschnitte von hellgrünen Blattstellen, Schnittfläche nach oben; Chloroplasten groß, 10–20 µm, Grana klein und dicht gelagert.

Dracaena draco, Cordyline, Chlorophytum, Aspidistra
Zimmerpflanzen aus der Familie der Liliaceae, die das ganze Jahr über erhältlich sind. Flächenschnitte von der Blattspreite.

Zea mays (Poaceae), Getreide-Mais
Flächenschnitte von der Blattspreite herstellen und mit der Schnittseite nach oben einbetten. Große Chloroplasten mit dicht gelagerten Grana; bei Schrägbeleuchtung Ähnlichkeit mit Facettenauge: Die Grana erscheinen reliefartig erhoben und sind in regelmäßigen Schrägzeilen angeordnet. Sehr große Chloroplasten in den Zellen der Gefäßbündelscheiden.

Echeveria globosa (Crassulaceae), Dickblattgewächs
Nach Strasburger eines der geeignetsten Objekte für die Beobachtung der Chloroplastenstruktur.

Elodea canadensis oder *Egeria densa* (Hydrocharitaceae), Wasserpest
Blätter ohne weitere Präparation in Wasser einlegen und beobachten. In der Seitenansicht der Chloroplasten sind die Grana als Striche zu erkennen.

Beobachtungsziel: Chloroplastenteilung, Stärkekörner in Chloroplasten

Objekt: *Elodea canadensis* (Hydrocharitaceae), Kanadische Wasserpest. Junge Sprosse.

Präparation: Blättchen, die längere Zeit intensiv beleuchtet wurden, nahe der Sproßspitze abzupfen, mit der Blattoberseite nach oben a) in Leitungswasser und b) in Iodkaliumiodid-Lösung (Reg. 66) übertragen und mit Deckglas abdecken oder zum Frischpräparat Iodkaliumiodidlösung zugeben (Reg. 44). Ältere Blättchen sind weniger gut geeignet, da sie meist mit Bakterien, Algen oder Pilzen bewachsen sind.

Weitere Präparationsmöglichkeiten: Grüne Blätter durch Alkoholbehandlung entfärben und in Chloralhydrat, dem etwas Iodkaliumiodid-Lösung zugesetzt wurde, aufhellen und beobachten (Reg. 19).

Beobachtungen (Abb. 12A, B, D): *Chloroplastenteilung*. Bei starker Vergrößerung auf langgestreckte Epidermiszellen nahe der Mittellinie einstellen (Lamina besteht nur aus oberer und unterer Epidermis!). Die basale Hälfte des Blättchens eignet sich besser zur Beobachtung als die spitzennahe Hälfte. Hier enthalten die Zellen weniger Chloroplasten, der einzelne Plastid ist daher besser zu beobachten.
Jede Zelle zeigt Chloroplasten verschiedener Teilungsstadien. Plastiden ohne sichtbare Teilungssymptome sind typisch linsenförmig. Streckung der ursprünglich runden Chloroplasten und Übergang zu ovaler Form deuten auf beginnende Teilung hin. Später erfolgt Einkerbung in der Äquatorialzone, der Chloroplast nimmt Biskuitform an. Die Einschnürung schreitet immer weiter fort. Zuletzt bleiben beide Tochterplastiden nur noch durch eine schmale Stromabrücke (Isthmus), die zu einem feinen, farblosen Stromafaden wird, miteinander verbunden (Abb. 12 D). In der Aufsicht besteht Ähnlichkeit mit Diplokokken; allerdings sind die beiden Hälften nicht immer gleich groß. Die Verbindung zwischen den beiden Teilen ist mitunter nur indirekt daran ersichtlich, daß die Tochterplastiden als Zwillingspaar im Plasmastrom mitwandern.
Stärkekörner in Chloroplasten (Abb. 12A, B, C): Frischpräparat in Leitungswasser untersuchen.

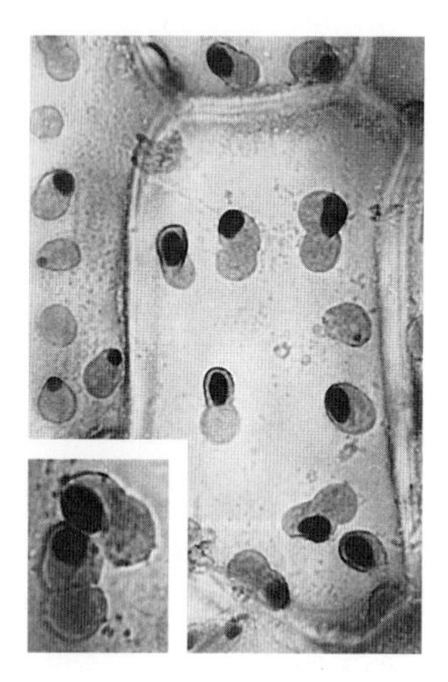

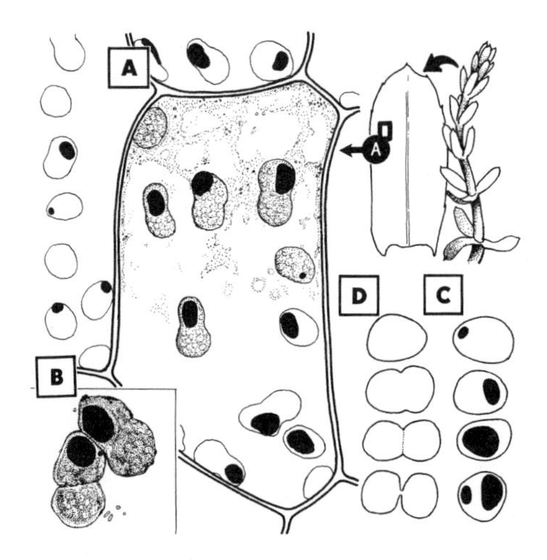

Abb. 12. *Elodea canadensis.* Chloroplastenteilung und Assimilationsstärke. **A**: Zelle aus der oberen Epidermis der Blattspreite nach Behandlung mit Lugolscher Lösung. Nukleus (links oben) stark granuliert, Zytoplasma koaguliert. Mehrere Chloroplasten teilen sich und enthalten Assimilationsstärke. **B**: Zwei sich teilende Chloroplasten stark vergrößert. Grana und Einschnürung zwischen den Tochterplastiden erkennbar. **C**: Verschieden starke Ausbildung von Assimilationsstärke. **D**: Teilungsphasen eines Chloroplasten. Tochterplastiden noch durch einen Isthmus verbunden. A 905 : 1, B–D 1400 : 1.

Fast in allen Chloroplasten liegen farblose, homogene Einschlüsse: die Assimilationsstärke (transitorische Stärke). Ein Plastid kann mehrere Stärkekörner gleicher oder verschiedener Größe enthalten (Abb. 12C). Die Assimilationsstärke ist immer allseitig von Stroma umgeben. Auf Grund der Stärkekorngröße werden die Plastiden teilweise deformiert (in Seitenansicht teilweise Trommelschlegelform). Form und Lage der Assimilationsstärke läßt sich am besten an Chloroplasten studieren, die im Plasmastrom mitwandern. Die Grundform der Stärkekörner ist kugelig bis linsenförmig mit mehr oder weniger unregelmäßigen Abweichungen. Bei sich teilenden Plastiden führt mitunter nur eine der beiden Hälften Assimilationsstärke.

Präparat nach Behandlung mit Iodkaliumiodid-Lösung: Durch Blaufärbung sind die Einschlüsse als Stärke zu identifizieren. Manchmal erscheinen die Stärkekörner in den Chloroplasten nicht scharf abgegrenzt. Bei Zugabe von Iodkaliumiodid-Lösung zum Frischpräparat können Veränderungen in der Zelle beobachtet werden: Mit dem Vordringen der Reagenzlösung verlangsamt und stagniert die Plasmaströmung von Zelle zu Zelle, das Plasma koaguliert, und der Nukleus tritt deutlich hervor. Eintritt der Iod-Stärke-Reaktion und allmähliche Zunahme der Blaufärbung. Verschwinden der Granastruktur und gelbbräunliche Verfärbung plasmatischer Bestandteile der Zelle.

Weitere Beobachtungen: Plasmarotation; Mitochondrien; Granastruktur der Chloroplasten, Grana in der Seitenansicht mitunter als Striche erkennbar.

Fehlermöglichkeiten: Wenn keine Assimilationsstärke ausgebildet ist, müssen die Pflanzen oder Pflanzenteile vorher längere Zeit stark belichtet werden. Sind in dem Präparat keine Teilungsstadien der Chloroplasten zu beobachten, müssen jüngere Pflanzenteile ausgewählt werden.

Weitere Objekte:

a) Chloroplastenteilung
Farnprothallien und Moosblättchen *(Funaria, Mnium)* können ohne weitere Präparation direkt in Wasser beobachtet werden.

Egeria densa (Hydrocharitaceae), Dichtblättrige Wasserpest
Häufige Aquarienpflanze; wie *Elodea canadensis* zu beobachten. Zellen etwas größer, Chloroplasten nicht so zahlreich.

Vallisneria spec. (Hydrocharitaceae). Schraubenblatt
Häufige Aquarienpflanze, zur Beobachtung Flächenschnitte in Wasser einbetten.

Chlorophytum comosum (Liliaceae), Grünlilie, Graslilie
Beliebte Ampelpflanze. In den Parenchymzellen der Luftwurzeln sind fast immer Chloroplasten in Teilung begriffen: deutlicher farbloser Isthmus zwischen den Tochterplastiden.

b) Stärke in Chloroplasten
Allgemein in Chloroplasten nach intensiver Beleuchtung zu beobachten. Die oben genannten Objekte eignen sich auch für diese Untersuchungen.

Beobachtungsziel: Carotenkristalle, Chromoplasten, Nachweis von Carotenoiden

Objekt: *Daucus carota* ssp. *sativus* (Apiaceae), Garten-Möhre. Wurzelrübe.

Präparation: a) Wurzelrübe quer durchschneiden. Von dem am stärksten gefärbten Gewebe Handschnitte anfertigen und in 5%ige Rohrzuckerlösung überführen. Mit Deckglas abdecken.
b) Carotenoidnachweis mit Hilfe konzentrierter Schwefelsäure. Schnitte wie unter a) angegeben herstellen, aber in konz. Schwefelsäure einbetten, mit Deckglas abdecken und sofort beobachten. Vorsicht! Schwefelsäure nicht an die Frontlinse des Objektivs bringen! Für die Beobachtung und besonders für die Kontrastierung der gelb bis rot gefärbten Chromoplasten werden für die Mikrofotografie (schwarzweiß) Grün- und Gelbgrünfilter empfohlen.

Beobachtungen (Abb. 13): Das Gewebe besteht aus großen Parenchymzellen, die wenig Zytoplasma enthalten. In unverletzten Zellen setzt – mitunter erst nach längerer Zeit – Plasmazirkulation ein. Es sind wenige und nur dünne Plasmastränge ausgebildet. Der Nukleus ist als hyaline Blase mit stark lichtbrechendem Nukleolus nur schwer zu erkennen. Manche Zellen enthalten keine, die meisten Zellen viele Chromoplasten bzw. in diesen gebildete Carotenkristalle verschiedener Form und Größe. Bei starker Vergrößerung auf carotenreiche, lebende Zelle einstellen (Plasmaströmung, Kern noch hyalin, nicht granu-

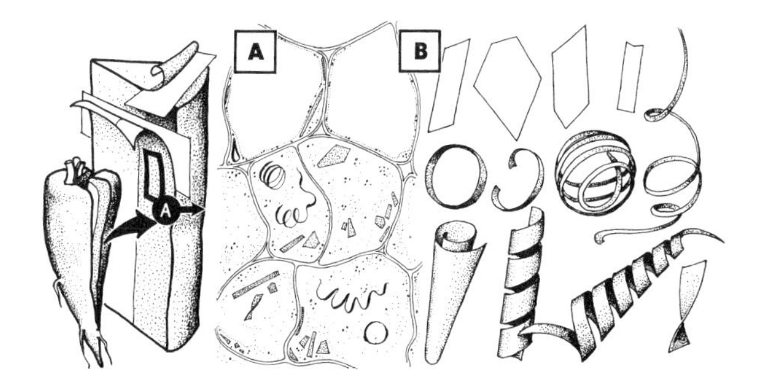

Abb. 13. *Daucus carota* ssp. *sativus*. Chromoplasten bzw. Carotenkristalle. **A**: Ausschnitt aus dem Rindenparenchym der Speicherwurzel. In den Speicherparenchymzellen verschiedene Chromoplasten. Zwischen den Zellen Interzellularen. **B**: Plättchen-, faden- und bandförmige Carotenkörper. Lebendpräparat, 5%ige Rohrzuckerlösung.
A 200 : 1, B 600 : 1.

liert!). Chromoplasten mit eindeutigem Stroma sind nicht oder nur sehr schwer zu erkennen. Die in den Chromoplasten entstandenen Carotenkristalle liefern jedoch eindrucksvolle Bilder. Die Kristalle treten hauptsächlich in drei Formtypen (borsten- oder fadenförmig, bandförmig, plättchenförmig) und zwei Farbvariationen auf (gelborange und rötlich). Gelborange gefärbte Kristalle sind am häufigsten, rötliche Kristalle seltener, dann meist borstenförmig. Borstenförmige und fädige Kristalle sind mitunter zu Knäueln aufgewickelt oder als rötliche Ringe innerhalb einer Hülle (im Chromoplastenstroma) ausgebildet. Freie Kristallborsten und -fäden haben meist geschwungene Formen: peitschenartig, kommaförmig. Bandförmige Kristalle sind ebenfalls meist gewunden. Die Kristallstäbe können bei stärkster Vergrößerung als zu Röhren spiralig aufgewickelte Bänder erkannt werden. Viele dieser Kristalltypen ähneln Hobelspänen oder gesprungenen Spiralfedern. Die Kristallplättchen sind immer scharfkantig prismatisch, rhombisch oder rechteckig, oft tütenartig aufgerollt oder verdreht. Die Kristalle werden manchmal durch strömendes Zytoplasma bewegt.
Bei Schnitten, die in konzentrierte Schwefelsäure eingebettet werden, färben sich die Carotenoide nach kurzer Zeit tintenblau. Die Farbreaktion ist durch konjugierte Kohlenstoffdoppelbindung bedingt.

Fehlermöglichkeiten: In Wasser sind die Chromoplasten sehr unbeständig und zerfallen bald. An Stelle von 5%iger Rohrzuckerlösung kann auch 1,5%ige Kaliumnitratlösung benutzt werden.

Weitere Objekte:
Der vegetative Pflanzenkörper bietet wenig Gelegenheit zum Studium von Chromoplasten. Die Möhre dürfte das einzige lohnende Objekt sein. Im Gegensatz dazu finden sich bei Blüten und Früchten viele geeignete Objekte:

Lycopersicon esculentum (Solanaceae), Speise-Tomate
In den Parenchymzellen des Fruchtfleisches viele Carotenkristalle und tropfenförmige, rote Chromoplasten. Zupf- und Quetschpräparate.

Rosa spec. (Rosaceae), Rosenarten
In den Zellen der reifen Früchte (Hagebutten) verschiedenartige Chromoplasten.

Ranunculus spec. (Ranunculaceae), Hahnenfußarten
In den Parenchymzellen der Blütenblätter ovale bis spindelförmige, gelb gefärbte Chromoplasten; bei älteren Blütenblättern teilweise mit Stärkeeinlagerung.

Physalis alkekengi var. *franchetii* (Solanaceae), Lampionpflanze, Laternen-Blasenkirsche
Epidermisabzug von der Sproßachse herstellen. In den Trichomen große, spindelförmige Chromoplasten von orangeroter Färbung.

Strelitzia reginae (Musaceae), Strelitzie
Warmhauspflanze, in botanischen Gärten kultiviert. Sehr große, schlank spindelförmige Chromoplasten in den Parenchymzellen der Blütenblätter. Die langen Spindeln sind häufig ringförmig und spiralig in den Plastiden aufgerollt.

Viola tricolor und *V. wittrockiana* (Violaceae), Acker- und Garten-Stiefmütterchen
Querschnitte durch die Blütenblätter gelber Formen im Bereich des Saftmales (dunklere Zeichnung der Blütenmitte). Rundliche Chromoplasten besonders zahlreich in den epidermalen und subepidermalen Zellschichten. Die papillenförmigen Haare enthalten im Saftmalbereich außerdem Anthocyan im Zellsaft gelöst. Färbung des Saftmales resultiert daher aus einer Mischung dieser beiden Komponenten.

Lycium barbarum (Solanaceae), Gemeiner Bocksdorn
In den Parenchymzellen reifer Beeren runde bis spindelförmige Chromoplasten.

Unter den gelb bis rotorange gefärbten Blüten und Früchten läßt sich noch manches günstige Objekt finden (z. B. *Tropaeolum majus*, *Taraxacum officinale*, gelbe Chrysanthemen, *Capsicum annuum* usw.).

Beobachtungsziel: Leukoplasten

Objekt: *Rhoeo spathacea* (Commelinaceae) Rhoeo. Blätter.

Präparation: a) Blattstücke in 5%iger Rohrzuckerlösung infiltrieren (Reg. 64), dann von der Blattober- oder Blattunterseite Epidermisstückchen durch Flächenschnitt abtragen (Reg. 43) und unter Verwendung von 5%iger Rohrzuckerlösung nach Reg. 47 präparieren. Mit der Schnittfläche nach oben einbetten, da besonders bei älteren Blattabschnitten die Kutikula die Beobachtung stört. Für vergleichende Betrachtung von dem gleichen Blattstück Querschnitte anfertigen (Reg. 14) und ebenfalls in 5%ige Rohrzuckerlösung einbetten.
b) Die Rohrzuckerlösung bei einem nach a) hergestellten Präparat durch Iodkaliumiodid-Lösung verdrängen (Reg. 44).

Weitere Präparationsmöglichkeiten: Färbung der Leukoplasten mit verdünnter Gentianaviolettlösung (Reg. 50).

Beobachtungen (Abb. 14): Das mehrschichtige epidermale Gewebe besteht aus meist hexagonalen Zellen, die in Längsrichtung des Blattes etwas gestreckt sein können. In den Zellen der unteren Epidermis ist der Zellsaft durch Anthocyan purpurfarben. Das Plasma **(Zpl)** liegt als nur dünner Belag zwischen der Zellwand und der großen zentralen Vakuole. An unverletzten Zellen wird durch die Bewegung der Einschlüsse die Plasmaströmung sichtbar.
In den sonst leer erscheinenden Zellen fällt der große runde Nukleus **(Nkl)** auf. Bei starker Vergrößerung auf den Zellkern einer Epidermiszelle einstellen. Der Nukleus ist von zahlreichen kleinen Kugeln – den Leukoplasten **(Lpl)** – umgeben. Bei diesen farblosen Plastiden erscheint das Stroma homogen. Die Leukoplasten sind sehr empfindlich und würden bei

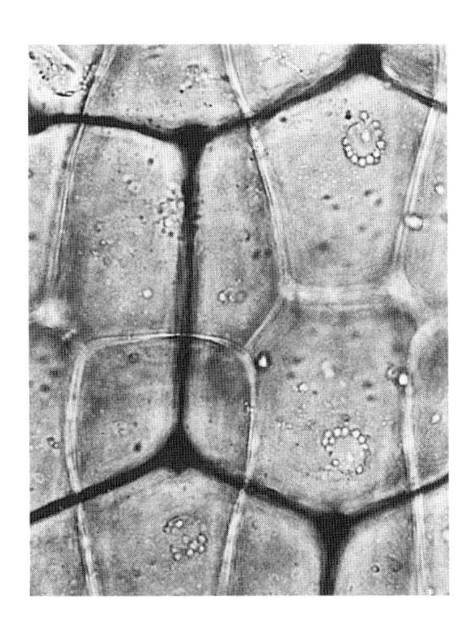

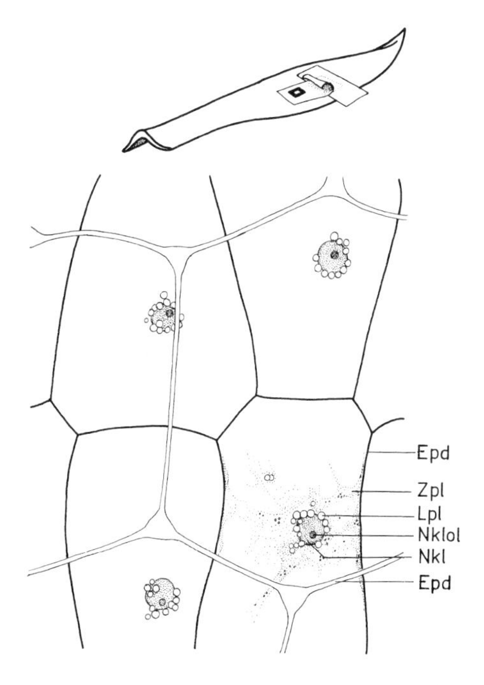

Abb. 14. *Rhoeo spathacea.* Leukoplasten. Zellen aus der mehrschichtigen Epidermis der Blattoberseite **(Epd)**. Zellkern **(Nkl)** mit Nukleoli **(Nklol)** von Leukoplasten **(Lpl)** umgeben. **Zpl** Zytoplasma. 450 : 1.

Beobachtung in reinem Wasser bald zerfallen. Im Unterschied zu Amyloplasten (S. 65) wird in den hier untersuchten Leukoplasten keine Reservestärke abgelagert, so daß auch keine Stärkekörner entstehen können. Das beweist die Zugabe von Iodkaliumiodidlösung, denn dabei nehmen die Leukoplasten lediglich schwach gelbliche Färbung an. Ähnlich verhält sich der Zellkern, nur mit dem Unterschied, daß er sich bedeutend intensiver gelb bis gelbbraun färbt. Die Verfärbung beruht auf der Anwesentheit von Proteinen, während durch Stärke blauschwarze Färbung verursacht worden wäre (S. 60). Entgegen der allgemeinen Regel können sich die hier beschriebenen Leukoplasten trotz der lichtzugewandten Lage nicht in Chloroplasten umwandeln. Die Iodkaliumiodid-Lösung fixiert gleichzeitig den Zellinhalt. Dadurch treten die Konturen des Zellkerns und besonders des Nukleolus **(Nklol)** sehr scharf hervor.

Weitere Beobachtungen: a) Werden die Leukoplasten mit Gentianaviolettlösung gefärbt, so nehmen sie die Farbe viel schneller und intensiver auf als der Zellkern und die Zellwände. Die Plastiden heben sich daher nach dem Auswaschen überschüssiger Farblösung als dunkelviolett gefärbte Partikel von den anderen, weniger intensiv gefärbten Zellbestandteilen deutlich ab.
b) Aufbau des Blattes: Die Epidermen sind bei *Rhoeo spathacea* mehrschichtig und als epidermale Wasserspeicher ausgebildet (am Blattquerschnitt bereits mit Lupe zu erkennen!). Während das Gewebe der Blattoberseite meist drei bis vier Zellschichten umfaßt, ist es an der Blattunterseite nur zweischichtig. Die Zellen der obersten Epidermisschicht sind meist kleiner als die des darunterliegenden epidermalen Gewebes. Zwischen den Zellen des »Wassergewebes« sind – abgesehen von den Hohlräumen unter den Spaltöffnungen (Abb. 2) – keine Interzellularen vorhanden. Das photosynthetisch aktive Gewebe (Chlorenchym) besteht nur aus wenigen Zellschichten.
c) In den Zellwänden werden mitunter kleine Kristalle abgelagert. Größere Solitärkristalle können im Zellsaft beobachtet werden.

Fehlermöglichkeiten: In Leitungswasser sind die Leukoplasten unbeständig und zerfallen rasch. An Stelle von Rohrzuckerlösung können osmotisch ähnlich stabilisierende Lösungen verwendet werden. Für Dauerpräparate nicht geeignet.

Weitere Objekte:

Zebrina pendula, Tradescantia spec. oder andere Commelinaceen
In den Epidermiszellen der Blattunterseite Leukoplasten, die meist rings um den Zellkern liegen. Epidermisabzüge lassen sich leicht herstellen.

Sansevieria trifasciata (Liliaceae), Bogenhanf
Weitverbreitete Zimmerpflanze. Flächenschnitt von der Epidermis herstellen und mit Schnittseite nach oben einbetten, da sonst die dicke Kutikula stört. Viele Leukoplasten rings um den Zellkern.
Allgemein sind die Epidermen der Landpflanzen zum Studium von Leukoplasten geeignet.
Chlorophyllfreie Gewebe von Saprophyten, wie z. B. *Monotropa hypopitys* (Pyrolaceae) Gewöhnlicher Fichtenspargel, und von Parasiten, wie z. B. *Lathraea squamaria* (Scrophulariaceae) Rötliche Schuppenwurz, eignen sich ebenfalls zur Beobachtung von Leukoplasten.
Auch panaschierte Pflanzenteile können zur Untersuchung von Leukoplasten verwendet werden.

Beobachtungsziel: Amyloplasten, Stärkekornbildung, Stärkenachweis

Objekt: *Solanum tuberosum* (Solanaceae), Kartoffel. Sproßknolle (Kartoffelknolle).

Präparation: a) Von gesäuberter Kartoffelknolle sehr dünne Tangentialschnitte (Reg. 43) abtragen und in 5%ige Rohrzuckerlösung überführen. Mit Deckglas abdecken.
b) Tangentialschnitte wie oben, aber in Iodkaliumiodid-Lösung (Reg. 66) überführen. Mit Deckglas abdecken.
Die Schnitte dürfen nur die ersten Zellschichten unter der Korkhaut erfassen. Bei richtiger Schnittführung erscheint in der Aufsicht das farblose Zentrum des Schnittes von brauner Korkhaut gesäumt.

Weitere Präparationsmöglichkeiten: Färbung der Leukoplasten mit verdünnter wäßriger Gentianaviolettlösung (Reg. 50).

Z

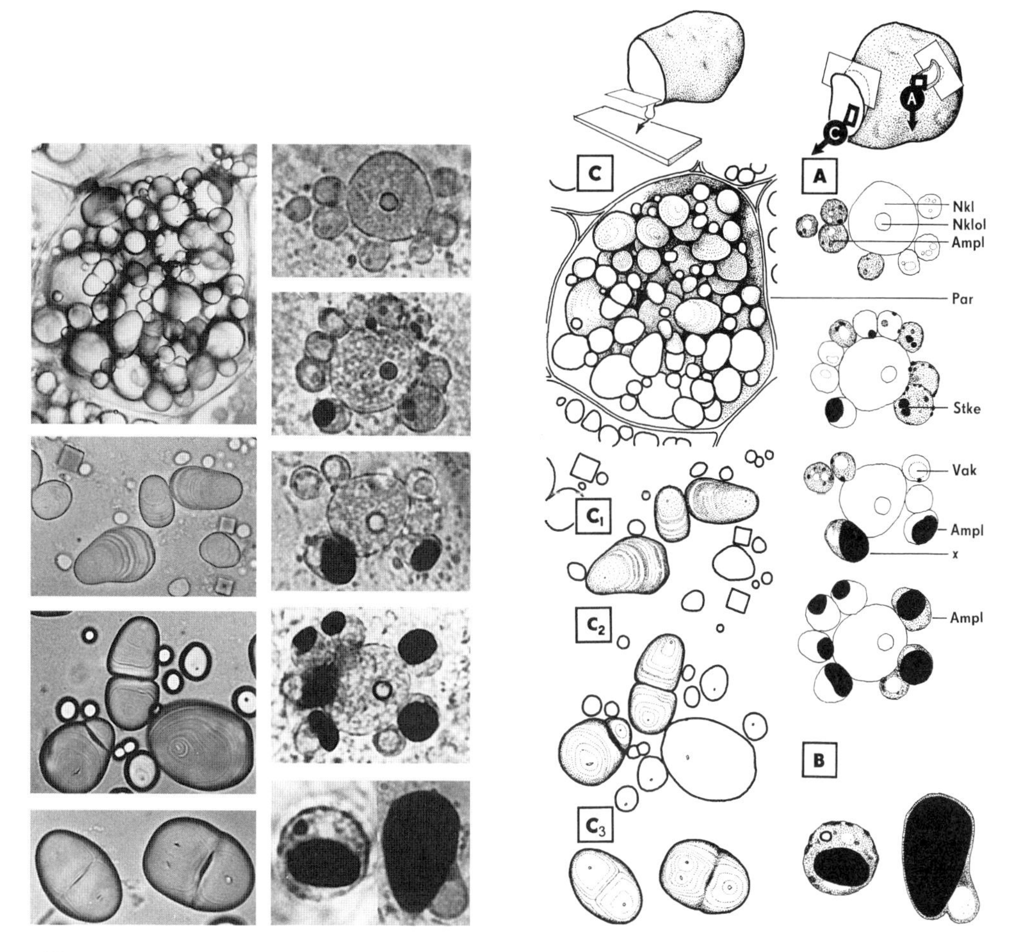

Abb. 15. *Solanum tuberosum.* Amyloplasten, Stärkekornentwicklung, Stärkekörner. **A**: Vier Entwicklungsstadien der Stärkekornbildung im Speicherparenchym der Kartoffel, Präparat mit Iodkaliumiodid-Lösung behandelt. Bei **x** durch wachsendes Stärkekorn Stroma exzentrisch verschoben. Nukleus **(Nkl)**, Nukleolus **(Nklol)**, Stärke **(Stke)**, Vakuole **(Vak)**, Amyloplast **(Ampl)**. **B**: Zwei Amyloplasten mit verschieden großen Stärkekörnern; bei dem linken überwiegt das Stroma, bei dem rechten ist es nur noch als dünne Haut und als Kappe zu erkennen. **C**: Mit Stärkekörnern angefüllte Speicherparenchymzelle (**Par**). Darunter Eiweißkristalloide und verschiedene Stärkekörner: C_1 = einfache, C_2 = zusammengesetzte, C_3 = halbzusammengesetzte. A 600 : 1, B 1200 : 1, C 150 : 1, C_1-C_3 330 : 1.

Beobachtungen (Abb. 15 A, B): Am Frischpräparat (5%ige Rohrzuckerlösung) auf Übergang Korkhaut/Speicherparenchym einstellen. In den Zellen dieser Zone enthalten die Plastiden noch keine Stärke. Sie liegen oft als dichter Klumpen, von Zytoplasma umhüllt, am Zellkern oder schließen ihn in sich ein. Von der Plastidenansammlung ziehen Plasmastränge aus, die Plasmaströmung erkennen lassen. Eine Zelle kann 20 und mehr Amyloplasten enthalten. Der hyaline Zellkern hat einen deutlichen Nukleolus, ist meist rund, mitunter aber auch spindelförmig zugespitzt. Der einzelne Amyloplast stellt ein farbloses, stärker lichtbrechendes Kügelchen von 4 bis 6 µm Durchmesser dar. Im Plastiden scheint eine zentrale Vakuole **(Vak)** vorhanden zu sein. Das ganze Gebilde ist sehr zart und nicht leicht zu beobachten. Bei manchen Stärkebildnern ist im Stroma ein stark lichtbrechendes Körnchen wahrnehmbar, das je nach Einstellung hell aufleuchtet oder schwarz erscheint.

Präparat etwas mehr zum Schnittzentrum hin verschieben! Der Schnittführung entsprechend rücken Zellen ins Blickfeld, die aus tieferen Schichten stammen. In den Amyloplasten hat Stärkebildung eingesetzt. Die Plastiden erscheinen am Bildungszentrum aufgetrieben, das wachsende Stärkekorn wird erkennbar (Appositionswachstum!).
In späteren Entwicklungsstadien scheint das Stroma mit der Vakuole nur noch kappenartig auf dem nun schon deutlich hervortretenden Stärkekorn aufzusitzen. Die Stromakappe sitzt meist an der Seite des Stärkekorns oder dem Bildungszentrum gegenüber **(x)**. Mit zunehmender Größe des Stärkekorns ist der Plastid schließlich nicht mehr zu sehen. Bei Anwesenheit von Iodkaliumiodid-Lösung färben sich die Stärkekörner in den Amyloplasten je nach ihrer Größe und nach der Konzentration der Iodkaliumiodid-Lösung zart blau bis tief blauschwarz. Jüngste Bildungsstadien färben sich wegen der vorerst nur in Spuren vorliegenden Stärke nur zart blau. Suberin und Proteine nehmen goldgelbe bis braune Farbtöne in unterschiedlicher Abstufung an. Die Blaufärbung verschwindet bei Erwärmung und tritt bei Abkühlung wieder auf.
Alle plasmatischen Zellbestandteile erscheinen durch Koagulation gröber strukturiert. Das Zytoplasma bedeckt als feines Gerinnsel die Zellwand. Die Amyloplasten und die Entwicklungsstufen der Stärkekörner sind nach Behandlung mit Iodkaliumiodid-Lösung besonders deutlich zu erkennen. Vorsichtige Zugabe von Iodkaliumiodid-Lösung zu Frischpräparaten erlaubt an größeren Stärkekörnern gute Beobachtung der Stärkeschichtung und der Bildungszentren.

Fehlermöglichkeiten: Im Präparat sind nur entwickelte Stärkekörner zu sehen – Tangentialschnitte sind nicht flach und dünn genug ausgefallen. Im Präparat sind nur leere Korkzellen zu sehen – Tangentialschnitte wurden zu dünn angelegt.

Weitere Objekte:
Allgemein eignen sich Speicherorgane zur Beobachtung von Amyloplasten.

Dahlia pinnata (Asteraceae), Verschiedenfarbige Dahlie
Amyloplasten im Speicherparenchym der Wurzelknolle.

Iris germanica (Iridaceae), Deutsche Schwertlilie
Länglich ovale Stärkekörner im Speicherparenchym des Rhizoms. Der Amyloplast sitzt als kleine Kappe dem Stärkekorn auf.

Lathraea squamaria (Scrophulariaceae), Rötliche Schuppenwurz
In den unterirdischen Niederblättern Amyloplasten mit großen Stärkekörnern.

Pellionia repens (Urticaceae)
In den Rindenparenchymzellen der Sproßachse große Amyloplasten. Das Stroma sitzt als grüne Kappe auf dem Stärkekorn. Günstiges Objekt! In botanischen Gärten häufig kultivierte Warmhauspflanze.

Tetrastigma voinierianum (Vitaceae), Zierwein
In den Rindenparenchymzellen Stärkekörner mit grünem Plastidenstroma.

Z

2. Nichtprotoplasmatische Bestandteile

2.1. Vakuole und Zellsaft

Beobachtungsziel: Vakuole mit gefärbtem Zellsaft, Konzentrierung von Zellsaft durch Plasmolyse

Objekt: *Cyclamen persicum* (Primulaceae), Alpenveilchen. Blätter.

Präparation: Bei einem Blatt mit rötlich gefärbter Blattunterseite ein Stückchen der Epidermis abziehen und mit der Außenseite nach oben in Glycerol-Wasser legen (Reg. 34 u. 53). Nach eingetretener Plasmolyse das Glycerol-Wasser durch Leitungswasser ersetzen (Reg. 44).

Beobachtungen (Abb. 16): Das Präparat bei mittlerer Vergrößerung betrachten. Die Epidermiszellen haben durch zahlreiche Ausbuchtungen der Zellwände unregelmäßige Gestalt. An den äußeren Rundungen der Ausbuchtungen sind die Zellwände besonders verstärkt **(Zwd).** Zwischen die Epidermiszellen eingestreut liegen viele einfache Stomata, deren Schließzellen dicht mit Chloroplasten angefüllt sind. Viele Epidermiszellen fallen wegen ihrer rosaroten oder purpurnen Färbung auf, die dem Anthocyangehalt des Zellsaftes zuzuschreiben ist. Nach kurzer Zeit schon treten einzelne Zellen durch besonders intensive, dunklere Färbung hervor, und bei stärkerer Vergrößerung erkennt man, daß sich in diesen Zellen die Färbung nicht mehr über das gesamte Zellumen erstreckt. Auf Grund der Volumenverringerung der Vakuole **(Vak)** und der Unnachgiebigkeit der Zellwand **(Zwd)** hebt sich der Plasmaschlauch an einzelnen Stellen von der Zellwand ab (Plasmolyse).
Da die Moleküle des Anthocyans den Tonoplasten nicht passieren können, konzentriert sich der Farbstoff, und es kommt zur Vertiefung des Farbtones. Der Protoplast kann sich in verschiedener Art und Weise von der Zellwand abheben (Konkav- und Konvexplasmolyse; $\mathbf{x_1}$, $\mathbf{x_2}$) und umgibt als zarter, farbloser Saum die gefärbte Vakuole. Der übrige Zellraum **(Lu)** ist farblos. Bei fortgeschrittener Plasmolyse kann sich der Plasmawandbelag zu einem runden Tropfen zusammenziehen, der den nunmehr kräftig gefärbten Zellsaft in sich einschließt. Das Einschrumpfen des Zytoplasmas führt mitunter zu Teilungen des Zellsaftraumes, so daß mehrere gefärbte Vakuolen in einem plasmolysierten Protoplasten eingebettet sein können.
Wird nach eingetretener Plasmolyse das Glycerol-Wasser durch Leitungswasser verdrängt, so füllt sich in den meisten Zellen die Vakuole wieder auf, weil der nunmehr hypertonische

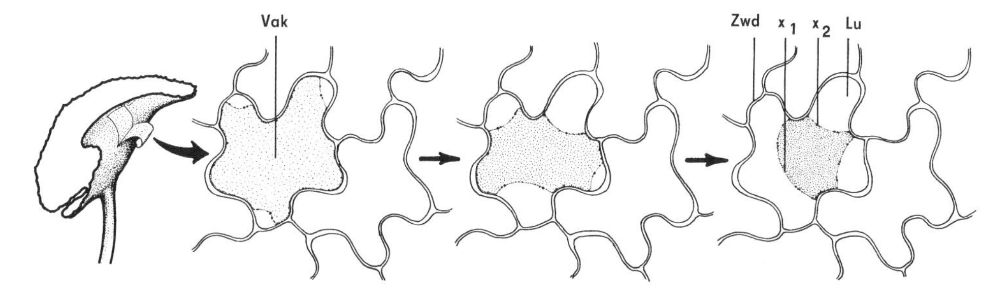

Abb. 16. *Cyclamen persicum.* Konzentrierung von gefärbtem Zellsaft durch Plasmolyse. Links: Beginnende Plasmolyse. Gefärbter Zellsaft **(Vak)** durch Punktierung angedeutet. Mitte: Plasmolyse fortgeschritten. Zellsaft dunkler gefärbt. Rechts: Plasma weitgehend von der Zellwand **(Zwd)** abgehoben. $\mathbf{x_1}$ = Konvexplasmolyse, $\mathbf{x_2}$ = Konkavplasmolyse. Zellsaft dunkler gefärbt. Das übrige Zell-Lumen **(Lu)** nunmehr farblos. 300 : 1.

Zellsaft Wasser aufnimmt. In noch lebenden Zellen legt sich der Protoplast der Zellwand wieder an (Deplasmolyse), und die Färbung des Zellsaftes verblaßt, bis der anfängliche Farbton wieder erreicht ist. Plasmaströmung, Plasmolyse und Deplasmolyse sind sichere Zeichen dafür, daß eine Zelle lebt. Schonende Plasmolyse ist reversibel!

Weitere Beobachtungen: Auf der Epidermisoberfläche erkennt man – besonders deutlich an den Stellen, wo zwischen Deckglas und Objekt eine kleine Luftblase verblieben ist – die Fältelung der Kutikula; Drüsenhaare mit zweizelligen Köpfchen.

Fehlermöglichkeiten: Keine Plasmolyse – durch ungeschickte Präparation starben die Zellen schon vorher ab (Eintrocknung, mechanische Verletzungen, das verwendete Blatt war nicht mehr frisch). Keine Deplasmolyse – die Zellen starben während der Plasmolyse ab (zu lange einwirkendes oder zu starkes Plasmolytikum).

Weitere Objekte:

Rhoeo spathacea (Commelinaceae), Rhoeo
Zellsaft der Epidermiszellen von der Blattunterseite durch Anthocyan purpurfarben. Epidermis läßt sich leicht abziehen.

Beta vulgaris var. *esculenta* (Chenopodiaceae), Rote Rübe
Die Vakuolen fast aller Rübenzellen sind durch Betanin (ein Betalain) rot gefärbt.

Brassica oleracea (Brassicaceae), Rotkohl
Die Epidermis und die ersten 2–4 subepidermalen Zellschichten besitzen durch Anthocyan rot gefärbten Zellsaft.
Bei vielen Blättern mit roter Herbstfärbung sind die Vakuolen ebenfalls durch Anthocyan rot gefärbt. Die Blätter von Farbmutanten wie Blutbuche, Blutlinde usw. sind mit einer anthocyanhaltigen Epidermis überzogen.

2.2. Stärke

Beobachtungsziel: Stärkekörner und Eiweißkristalloide

Objekt: *Solanum tuberosum* (Solanaceae), Kartoffel. Sproßknolle (Kartoffelknolle).

Präparation: a) Von oberflächennahen Schichten des Speicherparenchyms dünne Schnitte anfertigen und in Leitungswasser beobachten.
b) Nach a) hergestellte Schnitte mit Safranin färben (Reg. 105).
c) Nach a) hergestellte Schnitte mit Iodkaliumiodid-Lösung behandeln (Reg. 66). Das Einsetzen der Iod-Stärke-Reaktion im Mikroskop beobachten.
d) Vom Speicherparenchym Schabepräparat herstellen (Reg. 108). Das Abgeschabte in Leitungswasser suspendieren und beobachten.

Beobachtungen (Abb. 15 C): Ausdifferenzierte Zellen des Speicherparenchyms sind prall mit Stärkekörnern angefüllt. In allen Amyloplasten haben sich mehr oder weniger große Stärkekörner entwickelt. Die unterschiedliche Größe der Stärkekörner beruht auf dem Wechselspiel zahlreicher Entwicklungsfaktoren (z. B. Zucker- und Wuchsstoffzufuhr, Nachbarschaftswirkung der Amyloplasten, Zusammensetzung des Fermentbestecks). Das Plastidenstroma ist ohne besondere Präparation nicht mehr wahrnehmbar. Die typisch geformten Stärkekörner lassen exzentrische Schichtung um einen oder um mehrere Bildungskerne erkennen. Je nach Schichtung werden einfache, halbzusammengesetzte oder zusammengesetzte Stärkekörner unterschieden. Bei den einfachen Stärkekörnern sind alle Schichten um einen Bildungskern herum entstanden (Abb. 15 C_1). Die einfachen, exzentrischen Stärkekörner bilden den Hauptanteil der Reservestärke in der Kartoffelknolle. In halbzusammengesetzten Körnern werden zwei oder mehr Bildungskerne von gemeinsamen Stärkeschichten umgeben (die Kerne können schon von einigen nur ihnen zugehörigen Schichten umgeben sein, Abb. 15 C_3). Bei zusammengesetzten Körnern schließlich ist jeder

Bildungskern von eigenen Stärkeschichten umgeben (Abb. 15 C_2). Die einzelnen Stärkekornformen lassen sich am besten im Schabepräparat beobachten. Durch Zugabe geringer Mengen Iodkaliumiodid-Lösung kann die Schichtung besonders deutlich hervortreten (die Stärkekörner dürfen nur zart blau getönt sein). In peripheren Speicherparenchymzellen, die ausdifferenzierte Stärkekörner enthalten, treten vereinzelt würfelförmige, farblose Eiweißkristalloide auf, die äußerlich anorganischen Kristallen ähnlich sind. Bei Zugabe von Iodkaliumiodid-Lösung färben sie sich gelbbräunlich an.

Fehlermöglichkeiten: Die Schichten im Stärkekorn bilden immer geschlossene Hüllen (im optischen Querschnitt erscheinen sie als geschlossene Ringe). Gilt auch für exzentrische Stärkekörner.

Weitere Objekte:

Iris germanica (Iridaceae), Deutsche Schwertlilie
An den länglich ovalen Stärkekörnern im Rhizom sind an einem Ende die Amyloplasten zu erkennen.

Pellionia repens (Urticaceae)
Wird im Warmhaus botanischer Gärten gehalten. Sproßachsenquerschnitt. In den Rindenparenchymzellen exzentrische Stärkekörner. Der Amyloplast sitzt als grüne, chlorophyllhaltige Kappe dem Bildungskern gegenuber am Stärkekorn.

Lathraea squamaria (Scrophulariaceae), Rötliche Schuppenwurz
Sehr große Stärkekörner in den unterirdischen, schuppenförmigen Niederblättern.

Ranunculus repens (Ranunculaceae), Kriechender Hahnenfuß
Große, aus halbkugelförmigen Teilstücken zusammengesetzte Stärkekörner im Rindenparenchym der Wurzel.

Stärkegroßkörner, die sich aus vielen Teilstücken zusammensetzen (bis etwa 200), finden sich im Endosperm wichtiger Kulturpflanzen:

Avena sativa (Poaceae), Saat-Hafer; *Oryza sativa* (Poaceae), Saat-Reis; *Zea mays* (Poaceae), Getreide-Mais.
Bei den Poaceen *Triticum aestivum* (Saat-Weizen) und *Secale cereale* (Saat-Roggen) sind die Stärkekörner im Endosperm konzentrisch geschichtet. Zentral oft größere unregelmäßige Trockenrisse.
Aus dem Endosperm vorgekeimter Weizen-Karyopsen (3–4 Tage auf feuchtem Filtrierpapier in einer feuchten Kammer) präparierte Stärkekörner zeigen »Korrosion«: Zerfall der Struktur durch beginnenden enzymatischen Abbau.
Bei kultivierten Fabaceen (z. B. *Pisum sativum,* Garten-Erbse; *Vicia faba,* Pferde-Bohne; *Phaseolus vulgaris,* Garten-Bohne) finden sich große, geschichtete Stärkekörner in den Kotyledonen der Samen; oft mit großen Trockenrissen.

Euphorbia spec. (Euphorbiaceae). Wolfsmilch
Sprosse einer beliebigen einheimischen Art. Im Milchsaft (Latex) große »knochenförmige« Stärkekörner.

2.3. Kristalle

Beobachtungsziel: Calciumoxalatkristalle, Entwicklung von Kristallen. Histochemischer Nachweis von Calciumoxalat

Objekt: *Allium cepa* (Liliaceae), Küchen-Zwiebel. Zwiebelschuppen.

Präparation: a) Kleine Zwiebel vierteilen und Leitungswasser infiltrieren (Reg. 64). Bei äußeren und weiter innen liegenden Blattscheiden von der konvexen Außenseite Flächenschnitte herstellen, Schnittseite nach oben in Leistungswasser einbetten und mit Deckglas abdecken. (Älteste Blattscheiden außen. Zwiebel = schalenförmige stengelumfassende Blattscheiden der abgestorbenen Laubblätter!) Bei den Präparaten kommt es auf die erste subepidermale Zellschicht an! Älteste Blattscheiden (= trockene, braune Zwiebelschalen) direkt in Leitungswasser einbetten und mit Deckglas abdecken. Schalenstückchen mit

Wasser nicht benetzbar. Notfalls etwas Speichel zusetzen – Schleimstoffe des Speichels machen Epidermis sofort benetzbar. Keine störenden Luftblasen mehr!
b) Flächenschnitte lebender Blattscheiden in konzentrierte Schwefelsäure einlegen, mit Deckglas abdecken und sofort beobachten oder bei nach a) hergestelltem Präparat Leitungswasser durch konzentrierte Schwefelsäure verdrängen (Reg. 44). Vorsicht! Keine Schwefelsäure an die Frontlinse des Objektivs bringen!
e) Bei einem nach a) hergestellten Präparat Leitungswasser allmählich durch verdünnte Salzsäure verdrängen (Reg. 44).

Beobachtungen (Abb. 17): a) Frischpräparat von trockener Zwiebelschale. Alle Zellen sind abgestorben, der Zellinhalt ist eingetrocknet und die Zellwände sind relativ dick. Die Epidermiszellen sind in Richtung der Blattachse längs gestreckt, die subepidermalen Zellen sind horizontal zur Blattachse nur wenig ausgedehnt, manchmal fast isodiametrisch. Die Kristalle liegen in allen Zellen an ungefähr der gleichen Stelle, meist an der basalen Zellwand.
Übersichtlichere Bilder liefern Präparate von lebenden Blattscheiden (Abb. 17A). Fast in jeder subepidermalen Zelle liegen Kristalle in Ein- oder Mehrzahl. In den ältesten noch lebenden Blattscheiden sind sie mitunter formenreicher als in den trockenen Schuppenblät-

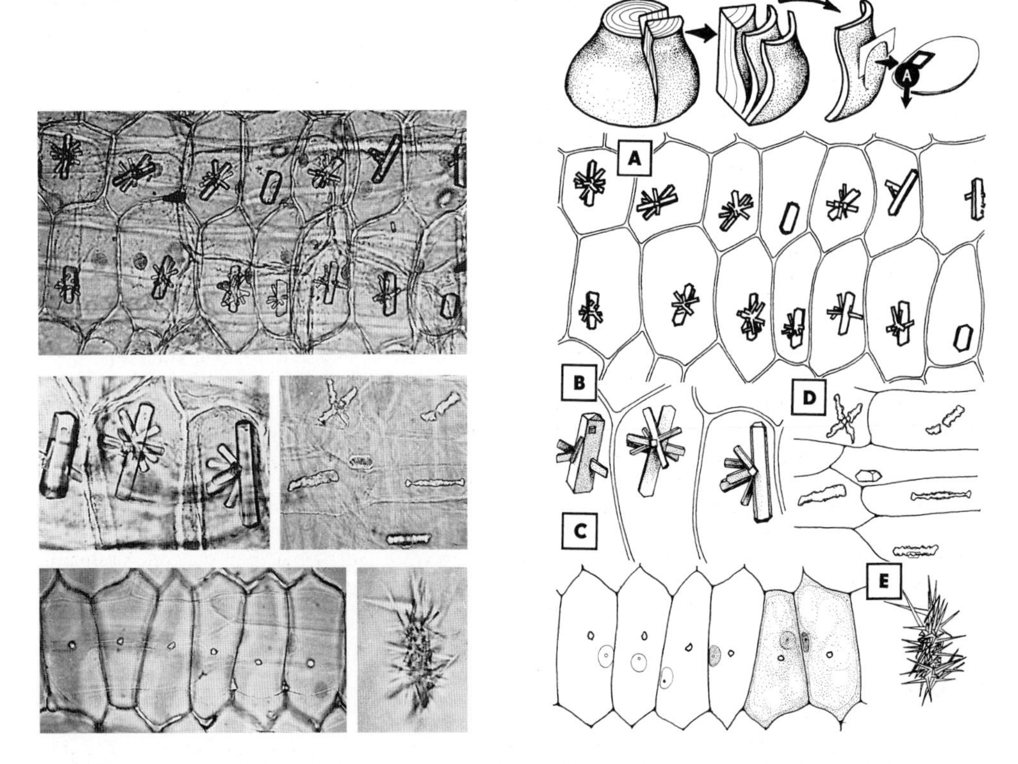

Abb. 17. *Allium cepa.* Calciumoxalatkristalle. **A**: Ausschnitt aus der Subepidermis einer lebenden Zwiebelschuppe mit verschiedenen Formen von Durchwachsungskristallen. **B**: Durchwachsungskristalle vergrößert dargestellt. **C**: Frühes Entwicklungsstadium der Kristalle. Die Kristalle sind noch bedeutend kleiner als die Zellkerne. **D**: Calciumoxalatkristalle mit verdünnter Salzsäure teilweise gelöst. **E**: Calciumoxalatkristalle durch konzentrierte Schwefelsäure in Gipsnadeln umgewandelt. A, D, E 100 : 1; B 190 : 1.

tern. Manche Zwiebeln enthalten fast nur Durchwachsungskristalle (Durchwachsungszwillinge), andere nur Einzelkristalle.
Mit starker Vergrößerung weiter beobachten (Abb. 17 B): Als Grundform liegen prismatische Säulen von verschiedener Länge und verschiedenem Umfang vor. Die Säulen können über kreuz im rechten Winkel oder spitzwinklig miteinander verwachsen sein. Gleich große oder verschieden große Prismen sind zu Zwillingen vereint. Aus einer großen Säule wachsen auch viele kleine Kristalle, oft so zahlreich, daß drusenähnliche Komplexe entstehen. Frischpräparat von jeweils immer jüngeren Blattscheiden durchmustern! Je jünger die Blätter, um so spärlicher sind die Durchwachsungen und um so kleiner die Kristalle. Es fällt auf, daß auch in den lebenden Zellen die Oxalatkristalle ungefähr an den gleichen Stellen liegen (auffallende Reihenbildung). Bei frühen Entwicklungsstadien sind noch keine Durchwachsungen entstanden. Die Kristalle bilden kleine Doppelpyramiden (Oktaeder) oder kurze prismatische Säulchen. Die jüngsten noch beobachtbaren Kristalle erscheinen als unregelmäßig geformte Körnchen (Abb. 17C).
b) Calciumoxalatnachweis mit konzentrierter Schwefelsäure. Bei allmählicher Zugabe von Schwefelsäure auf die Objektseite einstellen, die der einströmenden Schwefelsäure am nächsten liegt. Der Schnitt färbt sich gelb, die Kanten und Flächen der Kristalle werden rauh, ihre Gesamtmasse wandelt sich in feine Gipsnadeln (Abb. 17 E) um. Wenn vordringende Schwefelsäure durch anwesendes Wasser zu sehr verdünnt wird, wandeln sich die Kristalle nicht sofort um, sondern lösen sich erst auf. Durch nachfolgende konzentrierte Schwefelsäure kristallisiert auf der gesamten Schnittfläche Gips aus. Eindrucksvolle Bilder liefert das direkte Einbetten der Schnitte in konzentrierte Schwefelsäure. Alle Kristalle setzen sich sofort in Calciumsulfat um. Kein Lösen des Calciumoxalats und nachträgliches Ausfällen von Gips an anderen Stellen.
c) Calciumoxalatnachweis mit verdünnter Salzsäure. Bei allmählicher Zugabe von verdünnter Salzsäure lösen sich die Calciumoxalatkristalle ohne Gasbildung (im Gegensatz zu Calciumcarbonatkristallen!). Mitunter bleibt nach dem Lösen die Form des Kristalls als Aussparung sichtbar (Abb. 17 D).

Weitere Beobachtungen: Plasmaströmung; Calciumsulfatkristalle entstehen nach Schwefelsäurebehandlung auch an den Stellen, wo die Mittellamelle verläuft: Nachweis von Calciumpektinat, einem wichtigen Bestandteil der Mittellamelle!
Kristalle werden oftmals in abweichend gebauten Zellen, den Idioblasten, gebildet (vgl. S. 73): Zartwandige, schlauchförmige (Abb. 18 F) oder mehr runde Zellen (Abb. 18G), die meist auffallend größer als die angrenzenden Mesophyll- bzw. Parenchymzellen sind und im Gegensatz zu diesen Zellen oft eine Suberinlamelle haben (Färbung mit Sudan III, Reg. 116). Es empfiehlt sich, zur Präparation von Freihandschnitten (Reg. 45) die Gewebestücke mit Wasser, mit Glycerol-Wasser (Reg. 53) oder mit einem Aufhellungsmittel (Reg. 9, 10) zu infiltrieren (Reg. 64). bevor sie in eines dieser Medien eingebettet werden; evtl. Dauerpräparate herstellen (Reg. 21): Glycerol (Reg. 51), Glycerolgelatine (Reg. 52). Von dünnen Blättern (z. B. *Impatiens* spec., *Arum maculatum*, junge Buchenblätter) können auch kleine Blattstückchen (etwa 25 mm^2) entsprechend präpariert und in toto eingebettet und untersucht werden (möglichst ein Blattstück mit der oberen Epidermis und eines mit der unteren Epidermis nach oben einbetten).
Bei Kernfärbung fällt es bei der empfohlenen Präparationsweise mitunter schwer, den Idioblasten im mikroskopischen Bild den ihnen zugehörigen Zellkern zuzuordnen. In sehr dünnen Schnitten sind die voluminösen Idioblastenzellen meist verletzt, in dickeren Schnitten führen die Zellkerne der darüber- oder darunterliegenden Zellschichten zu Täuschungen. Nach Safraninfärbung sind an Parenchymzellen Tüpfel und Tüpfelfelder in Aufsicht und quer geschnitten gut zu beobachten.

Weitere Objekte:

Iris germanica (Iridaceae), Deutsche Schwertlilie
Idioblasten mit Styloiden im Mesophyll (Abb. 5; 18 A, B). Flächen-, Quer- und Längsschnitte vom Blatt (Reg. 14, 43).

Fagus sylvatica (Fagaceae), Rot-Buche
Zellreihen mit Solitärkristallen in der Blattepidermis entlang der Leitbündel (Abb. 18 C, D; 79 A), Kristalldrusen im Mesophyll (Abb. 79 E). Aufgehellte Blattstückchen (Reg. 17) und Blattquerschnitte (Reg. 14).

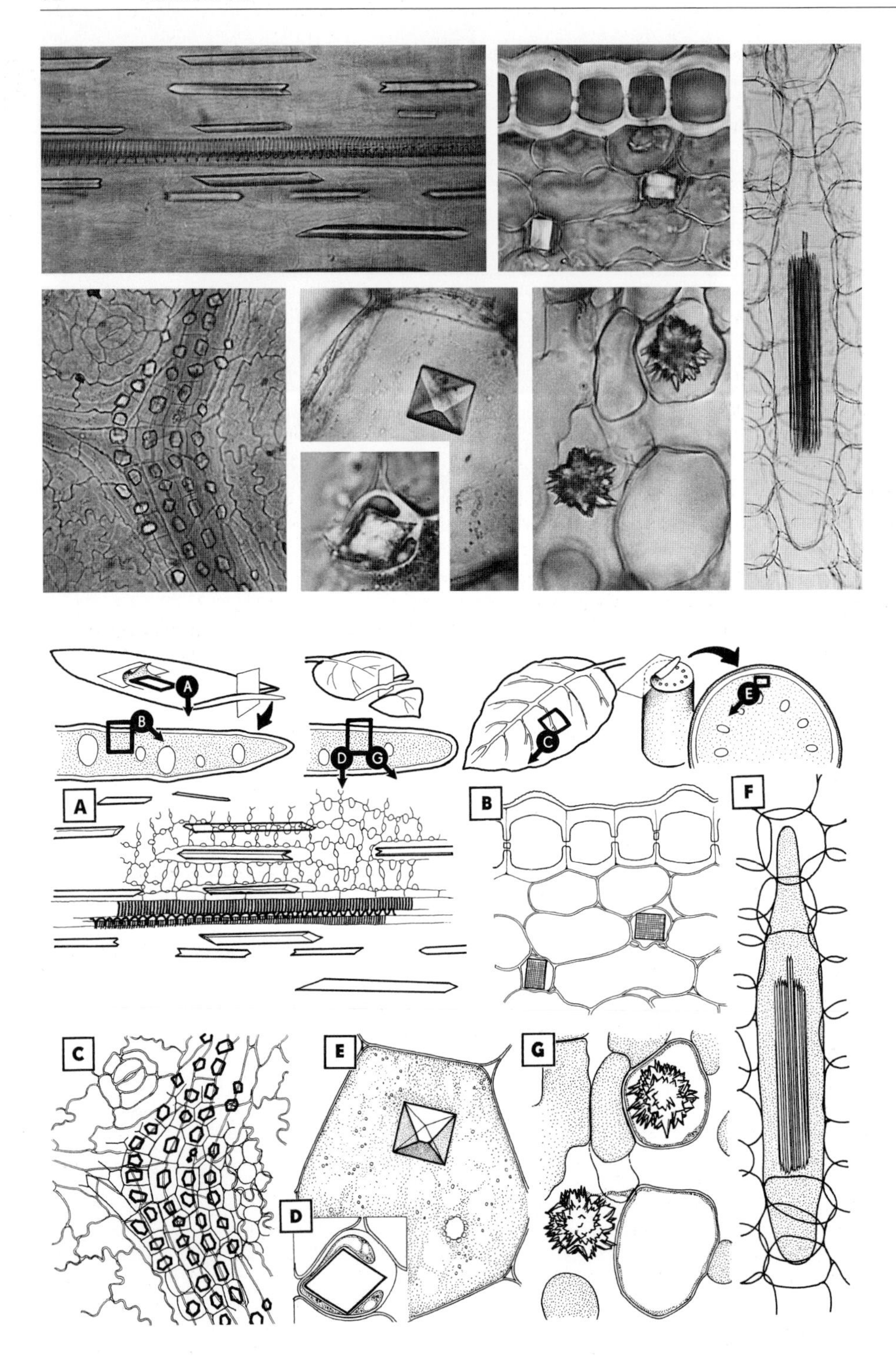
A
B
C
D
E
F
G

Begonia rex. (Begoniaceae), Schiefblatt
Einzelne Rindenparenchymzellen enthalten Kristalle in Form isodiametrischer Doppelpyramiden (Abb. 18E) oder als Drusen; Zellkerne von zahlreichen kleinen Leukoplasten umgeben. Querschnitte von Blattstiel oder Sproßachse (Reg. 114).

Agave americana (Amaryllidaceae), Agave
Idioblasten mit Raphidenbündeln (Abb. 18 F) und Styloiden im Blattparenchym. Längsschnitte vom chlorophyllfreien Blattparenchym.

Ruta graveolens (Rutaceae), Wein-Raute
Idioblasten mit Drusen im Mesophyll (Abb. 18 G). Blattquerschnitte (Reg. 14).

Rosa spec. (Rosaceae), Rosenarten
Drusen und Einzelkristalle im Mesophyll des Blattes.

Rheum rhabarbarum (Polygonaceae), Gemeiner Rhabarber
Drusen im Rindenparenchym des Rhizoms.

Vitaceae (Weinrebengewächse)
Im Parenchym der Sproßachse und der Blätter Idioblasten mit Raphidenbündeln und Drusen.

Arum maculatum (Araceae), Gefleckter Aronstab
Raphidenbündel im Mesophyll der Blätter.

Eichhornia crassipes (Pontederiaceae), Wasser-Hyazinthe
Schwimmpflanze. In botanischen Gärten kultiviert.
Idioblasten mit Styloiden im Aerenchym des Blattgrundes.

Polygonatum odoratum (Liliaceae), Gemeiner Salomonssiegel
Idioblasten mit Raphidenbündeln im Rhizom; Längsschnitte durch das Rindenparenchym anfertigen.
Kristallschläuche im sekundären Phloem dikotyler Holzpflanzen (z. B. *Acer, Tilia, Quercus, Ficus*).
Zellreihen mit solitären Kristallen; Längsschnitte anfertigen.

Galanthus nivalis (Amaryllidaceae), Kleines Schneeglöckchen
Raphidenbündel im Rindenparenchym des Stengelgrundes. Längsschnitte.

Tradescantia spec. (Commelinaceae)
Raphidenbündel in den Rindenparenchymzellen der Sproßachse. Längsschnitte anfertigen. Nicht zu dünn schneiden, da die Raphidenbündel sonst leicht zerfallen.

Opuntia polyacantha (Cactaceae), Feigenkaktus
In den subepidermalen Zellen Kristalldrusen mit stumpfen Stacheln, im darunterliegenden Assimilationsparenchym große Drusen mit spitzen Stacheln.

Impatiens spec. (Balsaminaceae), Springkraut
Raphidenbündel im Mesophyll des Blattes und im Rindenparenchym der Sproßachse. Blätter aufhellen, von der Sproßachse Längsschnitte anfertigen.

Aesculus hippocastanum (Hippocastanaceae), Gemeine Roßkastanie
Große Kristalldrusen im Rindenparenchym der Blattstiele, Querschnitte.

Abb. 18. Calciumoxalatkristalle. **A**: *Iris germanica.* Aufgehellter Blattflächenschnitt in der Aufsicht. Im Schwammparenchym eingebettet Idioblasten mit Styloiden. Daneben Schrauben- und Ringtracheen mit angrenzender Leitbündelscheide. **B**: *Iris germanica.* Blattquerschnitt. Styloide quer geschnitten. Die schachbrettartige Feinstruktur der Kristalle kommt im Foto nicht zum Ausdruck. **C**: *Fagus sylvatica.* Blattunterseite in der Aufsicht. Zwischen den Epidermiszellen mit gewellten Wänden verlaufen mehrere Zellreihen mit geraden Wänden. Darunter subepidermale Zellen mit je einem Kristall. Die Kristallzellen folgen dem Verlauf eines Leitbündels, das im Foto als Schatten zu erkennen ist. **D**: *Fagus sylvatica.* Eine Kristallzelle von C im Querschnitt. Der Kristall ist von einer dünnen Schicht Zellwandsubstanz umgeben. Das Zell-Lumen ist weitgehend eingeengt. **E**: *Begonia rex.* Zelle aus dem Rindenparenchym des Stengels. Rechts unten Zellkern, von Leukoplasten umgeben. Darüber Kristall in Form einer Doppelpyramide. **F**: *Agave americana.* Idioblast im chlorophyllfreien Parenchym des Blattes. Im Idioblast liegt ein Raphidenbündel, das aus vielen Kristallnadeln besteht. **G**: *Ruta graveolens.* Im Mesophyll Idioblasten mit Kristalldrusen. Aus dem unteren Idioblast wurde durch die Präparation die Druse herausgerissen und liegt jetzt links neben der Zelle. A 90 : 1, B 310 : 1, C 190 : 1, D 600 : 1, E 300 : 1, F 75 : 1, G 400 : 1.

Sambucus nigra (Caprifoliaceae), Schwarzer Holunder.
Kristallsand in einzelnen Zellen der primären Rinde der Sproßachse. Die Einzelkristalle sind so klein, daß Kristallform nicht mehr zu erkennen ist. Die Zellen werden durch die Masse des Kristallsandes fast opak. Zellen mit Kristallsand finden sich häufig bei Solanaceen (z. B. *Atropa belladonna,* Schwarze Tollkirsche; *Nicotiana tabacum,* Virginischer Tabak).

Aucuba japonica (Cornaceae), »Fleischerpalme«
Zahlreiche Idioblasten mit Kristallsand im Querschnitt von Sproßachse und Blattstiel.

Allgemein enthalten bei vielen Pflanzen das Mesophyll der Blätter, die Borke, das Rindenparenchym von Sproßachse, Rhizom und Wurzel Calciumoxalatkristalle verschiedener Formen.

Von der Zelle zum Organ*)

Die höhere Pflanze ist aus einer Anzahl verschiedener Zellarten aufgebaut, die sich morphologisch (Zellform, Zellinhalt, Zellwandbeschaffenheit) und physiologisch-funktionell unterscheiden (Funktionsteilung).
Gleichartige Zellen kommen meist nicht isoliert vor, sondern in Verbänden (= **Gewebe**, z. B. Grundgewebe). Darin einzeln eingestreute Zellen mit abweichendem Bau werden **Idioblasten** genannt.
Stärkere Funktionsteilung führt zur Zusammenfassung morphologisch und physiologisch verschiedener Gewebe- und Zelltypen zu funktionellen Einheiten: **Gewebesysteme** (z. B. Leitgewebesystem; sekundäres Abschlußgewebesystem; die Nomenklatur bezeichnet dann die Hauptfunktion, ohne die anderen beteiligten Gewebe zu berücksichtigen, z. B. beim Periderm: Abschlußfunktion kommt nur dem Phellem zu, das dazugehörige Phellogen ist ein Bildungsgewebe).
Ausdruck der funktionellen Differenzierung der höheren Pflanze ist ihre Gliederung in **Organe** (Teile der Pflanze mit spezifischen Funktionen, die gemäß ihren Aufgaben aus entsprechenden Geweben und Gewebesystemen aufgebaut sind): Vegetationsorgane (Sproßachse, Blatt, Wurzel) und Fortpflanzungsorgane.

1. Bildungsgewebe (Meristem)

Charakteristik: Verband teilungsbereiter Zellen, die durch ihre Teilungstätigkeit der wachsenden Pflanze zeitlebens neues Gewebe hinzufügen können (zeitweilige Inaktivität ist möglich). Das neue Gewebe differenziert sich zu den verschiedenen Dauergeweben bzw. –gewebesystemen.

Zellbau: Zellwand meist dünn (wenig Cellulose, viel Pektinstoffe), Zellen sehr plasmareich, mit relativ großem Kern, geringer Vakuolisierungsgrad (Apikalmeristeme) oder mit großen Vakuolen (Kambien), isodiametrisch (bes. Apikalmeristemzellen) oder prosenchymatisch (bes. Kambiumzellen), meist lückenlos miteinander verbunden.

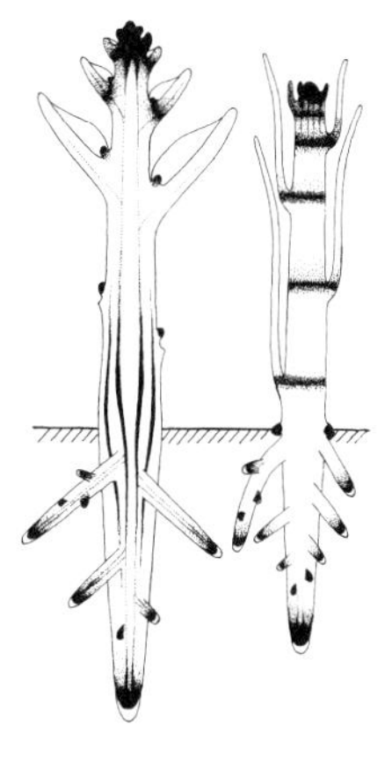

Meristemtypen: Man unterscheidet **primäre Meristeme** oder **Urmeristeme** (die Meristeme des Embryos und die sich unmittelbar von diesen ableitenden und ihren embryonalen Zustand bewahrenden Spitzenmeristeme des Sprosses und der Wurzel; bleiben Reste primärer Meristeme inselartig in der Umgebung bereits differenzierter Dauergewebe erhalten, spricht man von Restmeristemen: die Meristeme der interkalaren Wachstumszonen, das faszikuläre Kambium der offenen Leitbündel, das Perikambium der Wurzel) und **sekundäre Meristeme** oder **Folgemeristeme** (aus bereits mehr oder weniger stark differenzierten lebenden Dauerzellen durch Wiederaufnahme der Teilungstätigkeit entstandene Bildungsgewebe: z. B. interfaszikuläre Kambien und Korkkambien, Spaltöffnungsinitialen).
Die Tatsache, daß sowohl differenzierte Zellen, die bereits Spezialfunktionen übernommen haben (z. B. Parenchymzellen), ebenso wie differen-

*) In einem Praktikum scheint es sinnvoll, die pflanzlichen Gewebe nur im Zusammenhang mit den Organen, die von ihnen aufgebaut werden, zu behandeln. Lediglich aus didaktischen Erwägungen und Gründen der Tradition erscheint es zweckmäßig, die kurze theoretische Einführung über das Grundsätzliche zu den Geweben bzw. Gewebesystemen – vor der praktischen Untersuchung im Zusammenhang mit den Organen – an dieser Stelle vorauszuschicken.

zierte, vakuolisierte prosenchymatische Restmeristemzellen ohne diese Eigenschaft (z. B. Zellen des faszikulären Kambiums) und auch kaum differenzierte Zellen des Apikalmeristems teilungsaktiv oder -inaktiv sein können, macht die Unterscheidung zwischen primären und sekundären Meristemen problematisch. Sie unterstreicht den graduell verschieden ausgeprägten potentiell meristematischen Charakter jeder lebenden Pflanzenzelle.

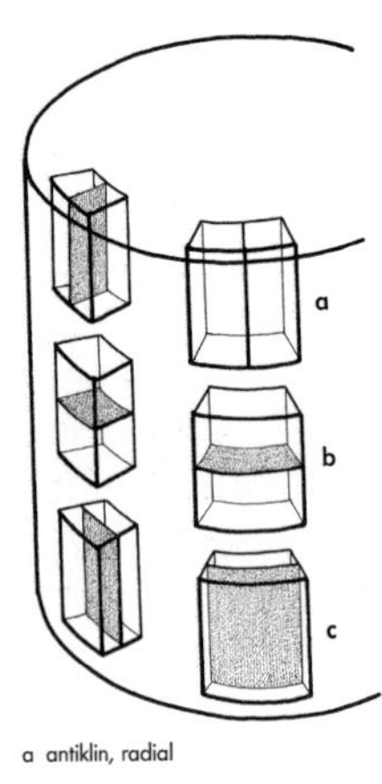

a antiklin, radial
b antiklin
c periklin, tangential

Nach der Lage im Pflanzenkörper unterscheidet man: **Scheitel-**, **Spitzen-** oder **Apikalmeristeme** (alle an der Sproß- oder Wurzelspitze liegenden Initialen und deren unmittelbare Abkömmlinge: Vegetationskegel), **Seitenmeristeme** oder **laterale Meristeme** (parallel zur Oberfläche des entsprechenden Organs gelegene Bildungsgewebe, z. B. faszikuläre Kambien und Korkkambien) und **interkalare Meristeme** (vom Bildungsgewebe der Spitzen entfernt gelegene Meristeme, die durch Dauergewebe von diesen getrennt sind, z. B. an der Basis der Stengelglieder bei Gräsern).

Nach geometrischen Gesichtspunkten werden **Blockmeristeme** (z. B. die Scheitelmeristeme) und **Schichtmeristeme** (**Kambien**) unterschieden (z. B. die Meristeme des Sekundärzuwachses beim Dickenwachstum).

Einzelzellen oder kleinste Zellgruppen, die in einer Umgebung sich nicht teilender Zellen sekundär besonders hohe Teilungsaktivität zeigen, werden **Meristemoide** genannt (z. B. Bildungszellen für Spaltöffnungsapparate und Haare).

Bei der Teilung von Meristemzellen neu entstehende Zellwände sind bevorzugt parallel zur Organoberfläche **(periklin)** oder senkrecht dazu **(antiklin)** orientiert.

2. Dauergewebe

Gewebe, dessen Zellen durch Differenzierung einen gegenüber dem Bildungsgewebe höheren Spezialisierungsgrad erreicht haben und diesen über längere Zeit, meist zeitlebens, beibehalten. Nach ihrer Herkunft (von primären oder sekundären Meristemen) kann man zwischen primären und sekundären Dauergeweben unterscheiden (siehe aber Anmerkung oben).

2.1. Grundgewebe (Parenchym)

Von Abschlußgewebe umschlossene und von Leitgewebe durchzogene Grundmasse des Pflanzenkörpers. Sammelbezeichnung für Dauergewebe verschiedener Herkunft, Funktionen und Erscheinungsformen in der Pflanze.

Merkmale der Einzelzelle im Parenchym: Grundform regelmäßig polyedrisch, seltener prosenchymatisch. Zellwände in der Regel dünn (aus Primärwandmaterial), nur manchmal verdickt und verholzt (Zellen dann oft absterbend). Protoplast umschließt als dünner Plasmabelag einen großen Zellsaftraum, der reichlich Nährstoffe enthalten kann. Alle Arten von Plastiden kommen vor. Relativ geringer Spezialisierungsgrad der Zellen; Übernahme spezifischer Funktionen äußert sich in abgewandelten Strukturmerkmalen.

Wichtige Merkmale des Gewebes: Reich an lufterfüllten Interzellularen, die sich im Verlaufe der Differenzierung zu einem zusammenhängenden Interzellularsystem erweitern und dann nur in zweidimensionalen Schnittbildern den Eindruck isolierter Zwischenzellräume machen. (Interzellularen fehlen in den Parenchymscheiden und Parenchymelementen der Leitbündel).

Die Turgeszenz der Zellen dient der Festigkeit krautiger Pflanzenteile.

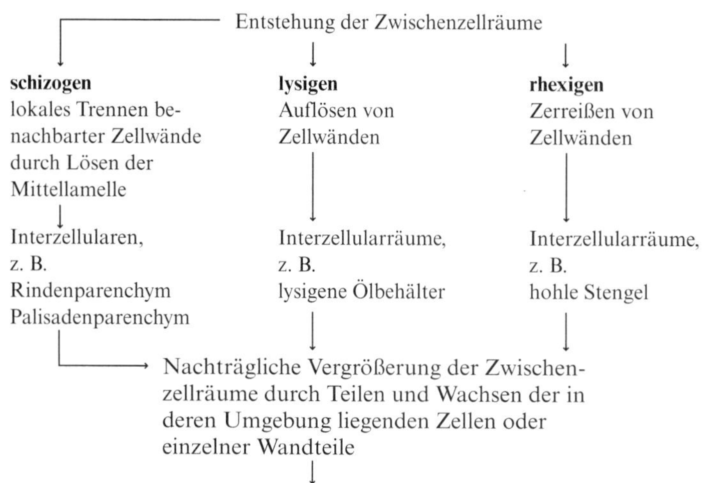

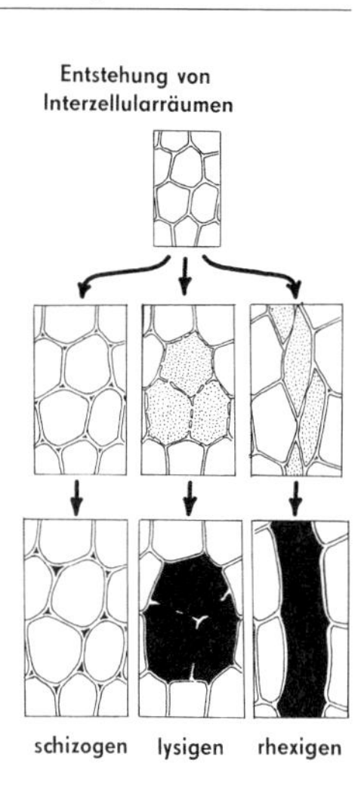

Übergang in den meristematischen Zustand (De- und Redifferenzierung, bei Wundheilung und Regeneration) und Funktionswechsel im normalen Lebenslauf der Pflanze möglich (z. B. Leitung von Stoffwechselprodukten → Speicherung).

Parenchyme lassen sich nach verschiedenen Gesichtspunkten ordnen:

- nach der Funktion
  Photosyntheseparenchym (= Chlorenchym): Reich an Chloroplasten. Parenchym der primären Rinde und das Mesophyll (im letzteren meist differenziert in Palisaden- und Schwammparenchym).
  Speicherparenchym: Farblos, mit Leukoplasten, Speicherung von Kohlenhydraten, Ölen, Eiweißen. In Mark, Markstrahl, Rinde, Holz und in typischen Speicherorganen (Zwiebeln, Rhizomen, Knollen, Samen, Früchten, Wurzeln). In manchen Endospermen Speicherung von Kohlenhydrat in Form von Hemicellulose in verdickten Zellwänden.
  Leitparenchym: Markstrahlparenchym und parenchymatische Elemente der Leitbündel; dient der Leitung von Stoffwechselprodukten und der Speicherung von Reservestoffen.
  Wasserspeicherndes Parenchym (=Wassergewebe): Zellen groß und sehr zartwandig. Zellsaft wäßrig-schleimig (Schleimgehalt erschwert Wasserverdunstung!). Bei Sproß-, Blatt- und Wurzelsukkulenten (Cactaceae, Euphorbiaceae, Crassulaceae, Cucurbitaceae, Asteraceae, Ammiaceae).
  Aerenchym (=Durchlüftungsgewebe): Große Interzellularräume und Lakunen (z. B. Sternparenchym bei *Juncus*). Erleichtert Gasaustausch bei untergetauchten Organen und erhöht Schwimmfähigkeit des Pflanzenkörpers (Sumpf- und Wasserpflanzen).

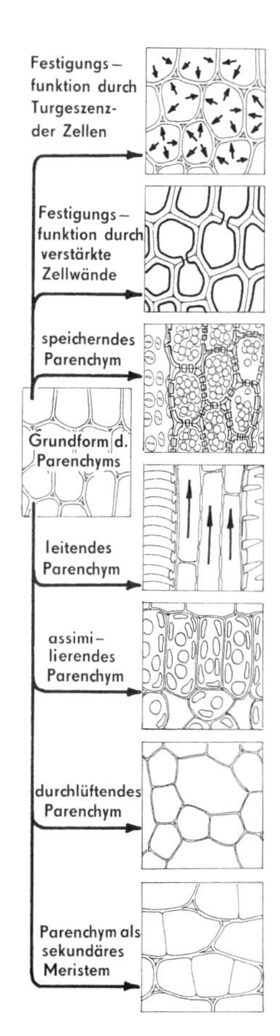

- nach der Gestalt der Zellen
  Palisadenparenchym: Photosyntheseparenchym, Langgestreckte Zellen palisadenartig aneinandergereiht (Mesophyll der Laubblätter).
  Armpalisadenparenchym: Sonderform des Photosyntheseparenchyms (z. B. *Pinus, Sambucus*): Zellwandleisten reichen in das Zell-Lumen hinein – Oberflächenvergrößerung!
  Schwammparenchym: Photosyntheseparenchym mit großen Interzellularräumen, die ein zusammenhängendes System bilden (schwammar-

tig!). Zellen meist unregelmäßig geformt. Teil des Mesophylls der Laubblätter.
Sternparenchym: Ein Aerenchym. Zellen durch örtlich begrenztes Wachstum der Zellwand mit armartigen Auswüchsen (z. B. Markparenchym bei *Juncus*).

- *nach topographischen Gesichtspunkten*
  Rindenparenchym: Das Parenchym zwischen Epidermis und Zentralzylinder. Meist typische Form des nicht spezialisierten Parenchyms.
  Markparenchym: Kann als Speichergewebe dienen. Oft auch abgestorben (z. B. Holundermark).
  Xylem- und Phloemparenchym: Mit Leitelementen eng verknüpfte prosenchymatische Parenchymzellen innerhalb der Leitbündel. Dienen hauptsächlich dem Stoffaustausch. Ohne Interzellularen. Im sekundären Xylem der Bäume und Sträucher zusammenhängendes Netz lebender Zellen zwischen den leblosen Zellen des Holzkörpers (Holzparenchym: wichtiges Speicherorgan dieser Pflanzen).

2.2. Ausscheidungsgewebe

Eine Unterscheidung zwischen »Sekret« und »Exkret« ist bei Pflanzen besonders schwierig, da die Rolle dieser Produkte im Stoffwechsel oft unbekannt ist bzw. die Funktion des gleichen Produktes wechseln kann. Daher sehr unterschiedliche und voneinander abweichende Definitionen in der Literatur. Wirtschaftliche Bedeutung, z. B.: Kautschuk, ätherische Öle, Alkaloide.
Übersicht nach anatomisch-topographischen Gesichtspunkten (einschließlich Einzelzellen mit Exkretionsfunktion):

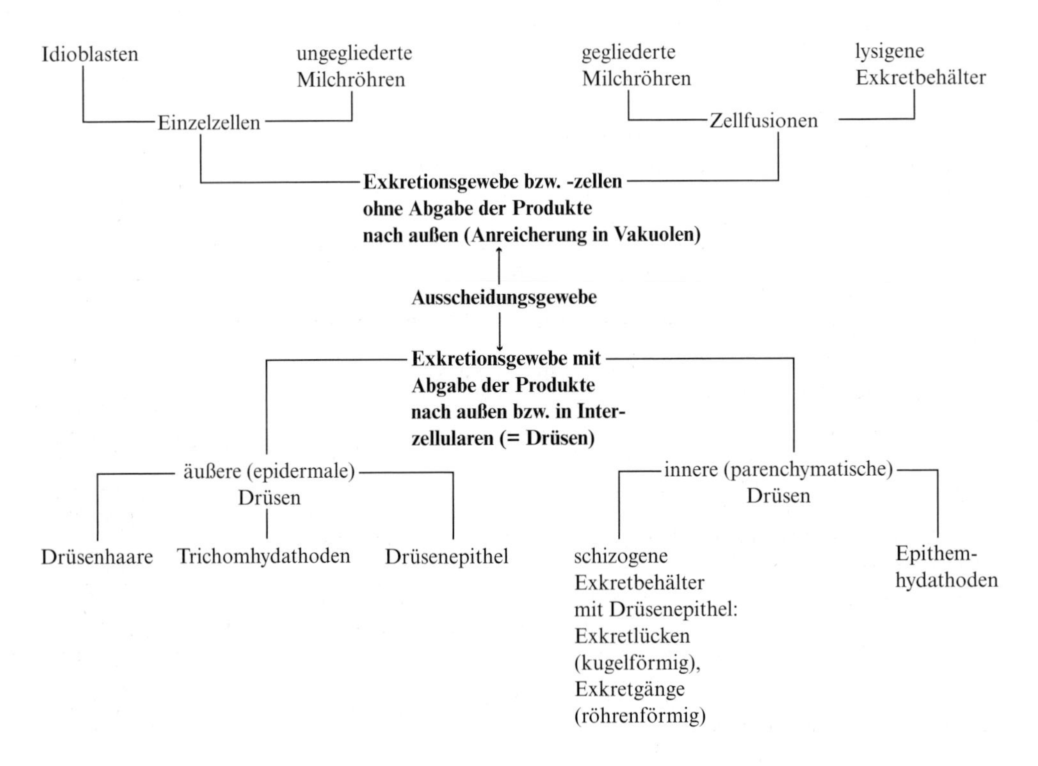

- **Exkretionseinrichtungen ohne Abscheidung der Produkte nach außen:**
Einzellig oder durch Zellfusion entstandene größere Gebilde. Im Zell-Lumen bzw. in Gewebelücken angesammelte Stoffe werden nicht nach außen abgegeben. Protoplast reichert Exkrete in Vakuolen an. Zellwände oft mit Suberinlamelle.
Als Exkretionszellen bzw. -gewebe können folgende Formen unterschieden werden:

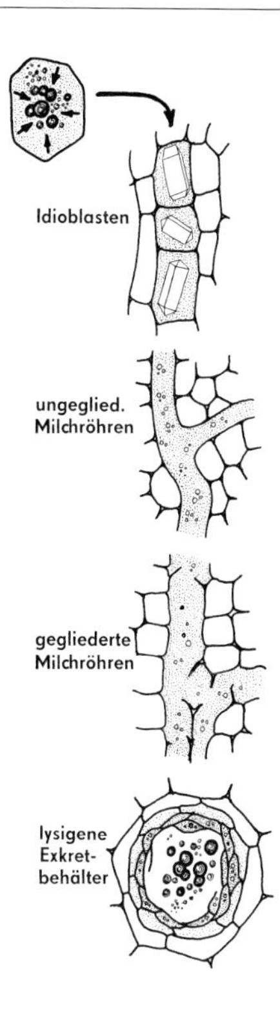

Idioblasten: Einzelzellen mit Ausscheidungsfunktion; weichen meist in Form und Größe von Nachbarzellen ab. Wichtigste Exkrete: Schleime, ätherische Öle, Alkaloide, Calciumoxalatkristalle, Gerbstoffe, Harze.

Ungegliederte Milchröhren: Verzweigte (z. B. *Vinca, Urtica, Cannabis)* und unverzweigte (z. B. *Euphorbia, Nerium, Ficus)* Einzelzellen, die durch Spitzenwachstum den ganzen Pflanzenkörper durchdringen (querwandloses Röhrensystem). Polyenergid. Initialzelle schon im Embryo erkennbar.

Gegliederte Milchröhren: Bei verzweigten oder unverzweigten Meristemzellreihen werden schon frühzeitig Querwände resorbiert oder perforiert. Durch Anastomosen kann kontinuierliches Röhrensystem entstehen. Sonst wie ungegliederte Milchröhren. (Mit Anastomosen, z. B. liguliflore Asteraceae, *Papaver*; ohne Anastomosen: *Convolvulus, Allium, Chelidonium, Musa.)*

Lysigene Exkretbehälter: Durch Auflösen der Zellwände mehrerer benachbarter Exkretzellen entstehen größere Exkretbehälter (Exkretlücken). Beispiele bei Rutaceae (Apfelsine, Zitrone), Myrtaceae (Eukalyptus).

- **Drüsen:**
Einzelzellen oder Zellgruppen (keine Zellfusionen), Exkrete werden durch die Zellwand nach außen oder in schon vorhandene oder sich bildende Interzellularräume abgeschieden. Drüsenzellen immer lebend, meist plasmareich mit großem Zellkern. Treten außen als Epidermisderivate oder im Pflanzeninneren als parenchymatische Zellen auf.

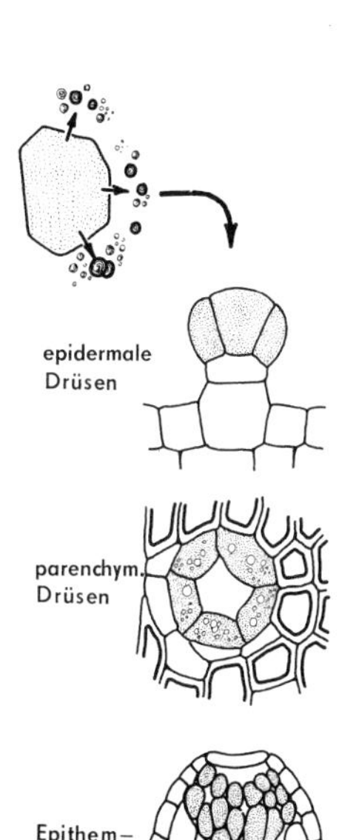

Epidermale Drüsen: Einzeln als **Drüsenhaare,** im Verband als **Drüsenepithel** (z. B. extraflorale Nektarien bei *Vicia)*. Drüsenhaare meist in Fuß- und Stielzellen und in Drüsenköpfchen gegliedert (Köpfchenhaare, z. B. bei Lamiaceae, Primulaceae, Rosaceae).
Köpfchen als eigentlich sezernierender Teil ein- oder mehrzellig. (**Drüsenschuppe**: Köpfchenzellen schildförmig angeordnet, z. B. bei Lamiaceae, bei *Humulus* u. a.)
Drüsenhaare, die als Exkret Wasser ausscheiden, heißen **Trichomhydathoden**.
Wichtige Exkrete: ätherische Öle, Harze; auch fette Öle, Pflanzenschleim, Zucker, Wasser, Enzyme.

Parenchymatische Drüsen: Drüsenepithele kleiden innere, schizogen entstandene Hohlräume aus, in die Exkrete abgeschieden werden (schizogene Exkretbehälter). Die Exkretbehälter sind kugelförmig (z. B. *Hypericum)* oder bilden mehr oder weniger kommunizierende Röhrensysteme (z. B. Harzgänge der Coniferen, Ölgänge der Ammiaceae, Schleimgänge bei *Tilia* und *Cycas)*.

Epithemhydathoden: Kleine, zarte, chlorophyllfreie Parenchymzellen bilden vor Leitbündelenden am Blattrand interzellularenreichen Gewebekomplex (**Epithem**). Hauptsächlich in Blattspitzen (Poaceae), Blattzähnchen *(Primula, Alchemilla)* und vor großen Leitbündeln am Blattrand *(Tropaeolum)*. Epithem liegt unter modifizierter Spaltöffnung (**Wasserspalte**) und dient der Guttation.

Transferzellen (»Übergangszellen«): Zellen mit intensivem Stoffaustausch, deren Plasmalemma-Oberfäche durch zottenartige Einstülpungen der Zellwand stark vergrößert ist. Verbreitetes Vorkommen mit unterschiedlichen Funktionen und spezifischen Leistungen (z. B. Salzdrüsen, Nektarien, Haustorien, Tapetumzellen, Peritrachealzellen).

2.3. Abschlußgewebesystem

Zelluläre Grenzschichten zwischen Organismus und Umgebung (äußere Abschlußgewebe) bzw. innerhalb des Organismus zwischen Gewebekomplexen (innere Abschlußgewebe). Je nach Pflanzenart, Organ, Umweltsituation wird mehr die Abgrenzungsfunktion (extrem: wachsüberzogene, kutinisierte Xerophyten-Epidermis) oder die Kontaktfunktion einer solchen Grenzschicht wirksam (extrem: Absorptionsgewebe Rhizodermis).

Primäres, äußeres Abschlußgewebe:
Epidermis (s. auch S. 171). Lückenlose, meist einschichtige Zellhaut. Lebende Zellen mit großer Vakuole und farblosem oder gefärbtem Zellsaft; Chloroplasten selten (Ausnahmen: Epidermen der Hygro-, Helo- und Hydrophyten enthalten oft, Schließzellen der grünen Landpflanzen enthalten immer Chloroplasten!), dagegen häufig mit Leukoplasten. Außenwände mehr oder weniger verdickt, oft kutinisiert (außer bei Hygro-, Helo-, Hydrophyten und Rhizodermis), immer mit Kutikula (außer bei Rhizodermis). Wasserabweisend durch Wachseinlagerungen und -überzüge (z. B. Blätter von Rotkohl und *Alchemilla)*. An radialen und tangentialen Wänden getüpfelt (Leitfunktion! Verbindung mit Parenchymscheiden der Gefäßbündel im Blatt!). Mitunter dient die Epidermis (wohl zusammen mit subepidermalen Zell-Lagen) als mehrschichtiger Wasserspeicher (z. B. Blatt von *Peperomia, Nerium*).

Übersicht:

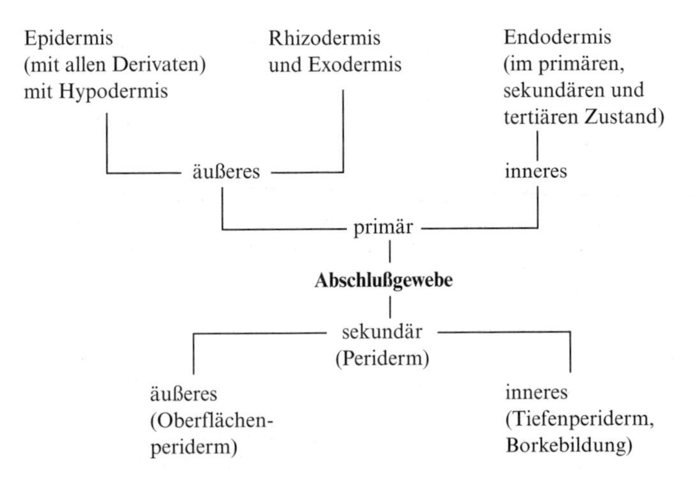

Derivate der Epidermis:
Spaltöffnungsapparate (s. S. 171).
Haare (Trichome): Ein- oder mehrzellig; von unterschiedlicher Form und Funktion: dichter Besatz von Trichomen – Förderung oder Hemmung der Transpiration. Bei Transpirationsförderung Haare stets lebend.

Brennhaare (enthalten Natriumformiat, Acetylcholin, Histamin), Drüsenhaare, Papillen, Borstenhaare, Schildhaare usw.
Rhizodermis: s.S. 222.
Hypodermis: Anatomisch-topographische Bezeichnung für besonders differenzierte subepidermale Zellschichten, die auch Abschlußfunktion übernehmen. Kollenchymatisch oder parenchymatisch, meist interzellularenfrei.
Exodermis: Spezifisches Abschlußgewebe der Wurzel (s. S. 222), dessen Zellwände verkorken. Topographisch eine Hypodermis (s. oben).

Primäres inneres Abschlußgewebe:
Endodermis. Regelmäßig in Wurzeln (s. S. 223), seltener auch in der Sproßachse (in primären Sproßachsen häufig an Stelle der Endodermis eine Stärkescheide in entsprechender Lage, S. 88).

Sekundäres äußeres Abschlußgewebe:
Oberflächenperiderm: s.S. 138 und die Bemerkung auf S. 75.

Sekundäres inneres Abschlußgewebe:
Tiefenperiderm und Borkebildung: s.S. 138

2.4. Festigungsgewebe

Funktion: Festigung der Pflanzenorgane (besonders der Landpflanzen, die starken Turgorschwankungen und daher Schwankungen in der Gewebespannung ausgesetzt sind) bei Wahrung hoher Elastizität (man bedenke die starke mechanische Beanspruchung z.B. bei windexponierten Getreidehalmen und Blättern; wirtschaftliche Ausnutzung dieser Eigenschaften: Holz, Taue, Textilfasern usw.).
Dieser Funktion entsprechen zwei verschiedene *Zelltypen* mit stark verdickten Wänden:

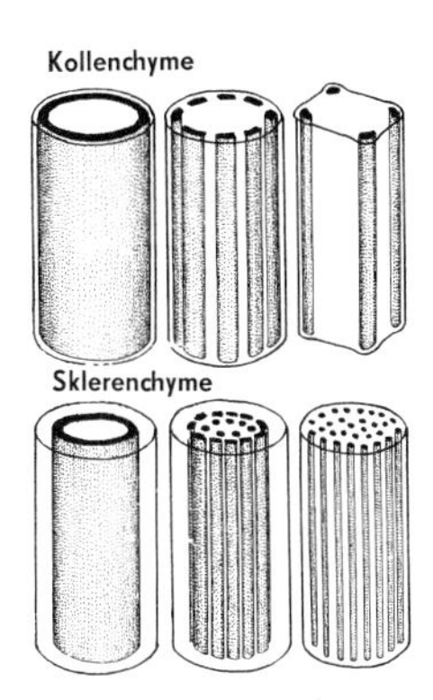

- **Kollenchym** ist das Festigungsgewebe der noch wachsenden Pflanzenteile. Die protopektinreichen Cellulosewände sind stets nur teilweise und ungleichmäßig verdickte, stark gequollene Primärwände (besonders die Zellkanten verdickt: **Ecken- oder Kantenkollenchym;** besonders die tangentialen Wände verdickt: **Plattenkollenchym;** bei Ausbildung von Interzellulargängen zwischen den verdickten Stellen mehrerer zusammenliegender Kollenchymzellen: **Lückenkollenchym**. Häufig kommen Übergangsformen zwischen diesen drei Typen vor). Das Gewebe besteht aus lebenden Zellen (mit Zytoplasma, Zellkern, Plastiden), unverdickte Wandteile ermöglichen den Stoffaustausch. Es stammt stets von primären Meristemen ab. In älteren Pflanzenteilen können auf die Zellwände zusätzliche Celluloseschichten aufgelagert werden. Durch späteres Verholzen Übergang zu Sklerenchym.
- **Sklerenchym** ist das Festigungsgewebe ausdifferenzierter Pflanzenteile. Zellwände sekundär, stets gleichmäßig stark verdickt, oft – unter Verlust an Elastizität – mehr oder weniger verholzt, Zellen während der Differenzierung in der Regel absterbend; Ausnahmen z.B. Fasern von *Nerium* und verschiedene Steinzellen mit lebendem Protoplasten – dann plasmatische Verbindung zu Nachbarzellen über Tüpfel besonders intensiv. Zell-Lumen häufig bis auf kleinsten Rest durch Wandverdickungen ausgefüllt. Zwei Grundformen:
Sklerenchymzellen (Sklereide) von mannigfaltiger Gestalt (isodiametrisch: Steinzellen oder Brachysklereiden; stabförmig: Makrosklereiden; knochenförmig: Osteosklereiden; sternförmig verzweigt: Astrosklereiden), mit oft stark verholzten Zellwänden, die von zahlreichen ver-

zweigten oder unverzweigten Tüpfelkanälen durchzogen sind. (Sklereiden bilden die Grundlage für die hohe Druckfestigkeit, z. B. der Nußschale, des Endokarps von Steinfrüchten und der Borke.)
Sklerenchymfasern: Langgestreckte (oft mehrere Zentimeter lange) faden- bis spindelförmige Zellen mit zugespitzten Enden und hoher Biegungs- und Zugfestigkeit (besonders wenn sie in interzellularenfreien Strängen, Bündeln oder Scheiden angeordnet sind). Verholzt (Hartfasern bei Monocotylen) oder unverholzt (Weichfasern der Dicotylen). Herkunft: Direkt aus primären oder sekundären Meristemen oder aus Parenchym- und Kollenchymzellen (unter Verlust des Protoplasten und bei allseitiger, sekundärer Verdickung der Wände). Nach der Lage im Sproß werden intraxylare Sklerenchymfasern (Holz- oder Xylemfasern) und extraxylare Fasern (Bast- oder Phloemfasern) unterschieden.

2.5. Leitgewebesystem

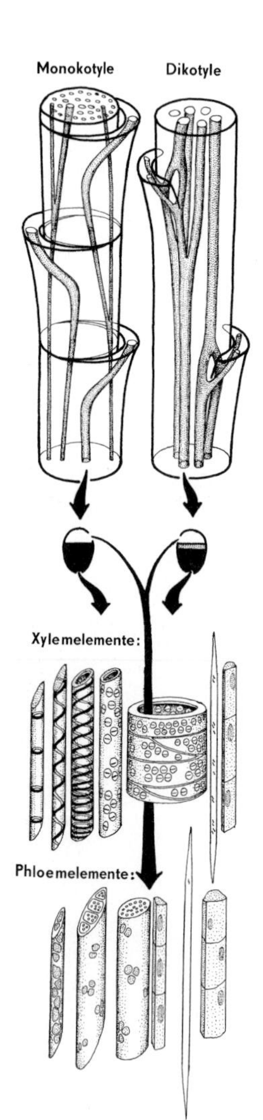

Funktion: Ferntransport von Wasser und Nährstoffen innerhalb der zum Leben auf dem Lande angepaßten Kormophyten.
Lage: Im Zentralzylinder von Sproßachse und Wurzel (eingebettet in dessen Parenchym) und im Mesophyll der Blätter.
Aufbau: Der Funktion entsprechend aus langgestreckten Zellelementen, die in ununterbrochenen Strängen die Pflanze durchziehen und zu Bündeln vereinigt sind (**Leitbündel**, s. Abb. 19).
Anordnung der Leitbündel: In Sproßachsen entweder als Bündelring, dessen Einzelbündel alle gleich weit von der Peripherie entfernt verlaufen, die im Querschnitt also einen Kreis bilden (Coniferophytina, Dikotyledoneae) oder über den Zentralzylinder zerstreut angeordnet (viele Monokotyledoneae).
Stammeigene Leitbündel gehören nur der Sproßachse an; **Blatteigene Leitbündel** verlaufen in den Blättern und sind über die Blattspur mit den Bündeln der Sproßachse verbunden. **Blattspur**: Das aus der Sproßachse in ein Blatt eintretende Bündel. (Manche Autoren bezeichnen die Gesamtheit der Bündel, die ein Blatt versorgen, als Blattspur; dann wird das Einzelbündel Blattspurstrang oder Blattspurbündel genannt.)
Zusammensetzung: **Phloem (Sieb-** oder **Bastteil)** und **Xylem (Gefäß-** oder **Holzteil).** (Für die entsprechenden Teile ohne Einbeziehung der sklerenchymatischen Festigungselemente waren die Begriffe Leptom bzw. Hadrom gebräuchlich.)

- **Phloem:** Teil des Leitbündels (einschließlich Stützelementen), in dem sich der Transport der organischen Substanzen vollzieht, die in den oberen Teilen der Pflanze auf- bzw. umgebaut worden sind. Es kann aus allen oder einigen der folgenden Zelltypen bestehen:
  Siebzellen: Lebende, prosenchymatische Zellen, deren geneigte Querwände und radiale Längswände fein perforiert sind (Siebfelder, durch deren Poren die Protoplasten benachbarter Zellen verbunden sind). Gering differenziert, daher besonders bei phylogenetisch älteren Pflanzen (Pteridophyten, Coniferen).
  Siebröhren: Bei Angiospermen; aus lebenden, hochspezialisierten, im ausdifferenzierten Zustand kernlosen (auch Dictyosomen-, Ribosomen- und Microtubuli-freien), plasmatisch durch Auflösung des Tonoplasten und das Auftreten spezifischer Protein-Körper (P-Protein = Phloem-Protein, fibrilläre Natur, nicht bei Coniferen) besonders differenzierten, dünnwandigen, langgestreckten Zellen zusammengesetzt (= Siebröhrenglieder). Querwände der Röhrenglieder mehr oder weniger schräggestellt und mehr oder weniger grob siebartig durchbrochen: Plasmodesmen der primären Tüpfelfelder entwickeln sich zu Siebporen in Siebfeldern und

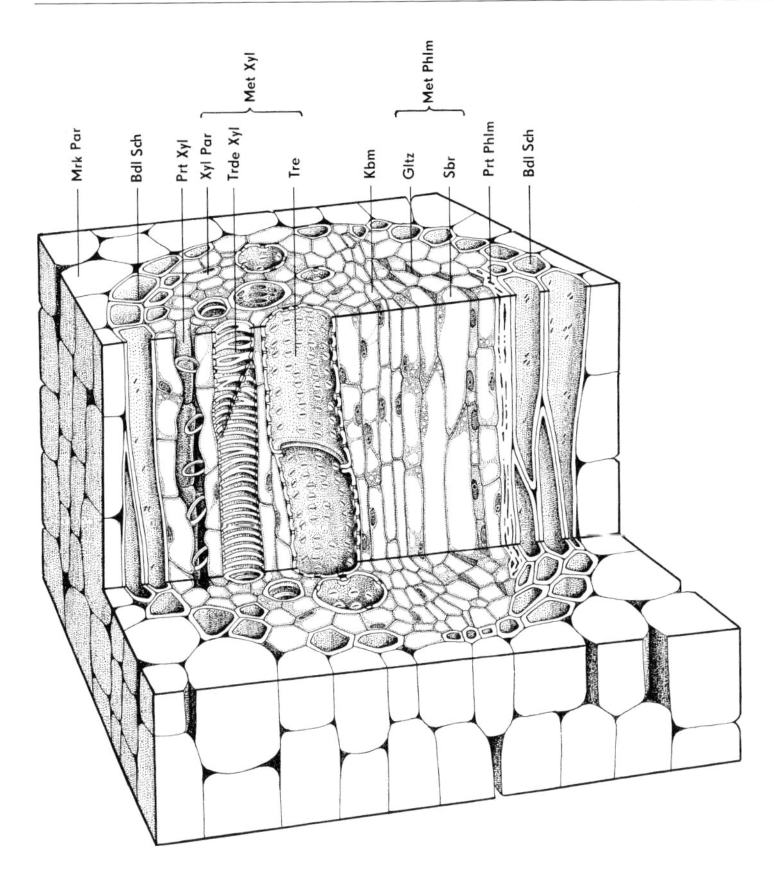

Abb. 19. Leitbündel (offen kollateral). **PrtPhlm** zerdrücktes Protophloem, **PrtXyl** aufgerissenes Protoxylem (Interzellulargang und Reste einer Ringtracheide); Tracheen, **Tre**, Tracheiden **Trde** und Xylemparenchym **XylPar** im Metaxylem **MetXyl**; Siebröhren **Sbr** und Geleitzellen **Gltz** im Metaphloem **MetPhlm**; **Kbm** Kambium; **BdlSch** sklerenchymatische Leitbündelscheide. Bündel eingebettet in Markparenchym **MrkPar**.

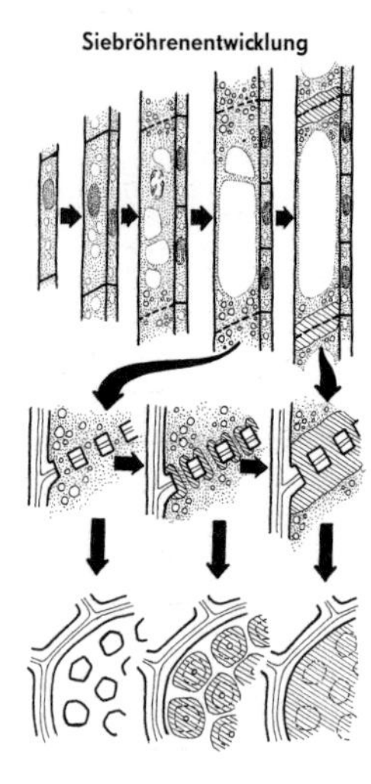

Siebplatten (letztere aus einem oder mehreren Siebfeldern zusammengesetzt). Siebfelder auch in den Längswänden. Siebröhren meist nur eine Vegetationsperiode funktionstüchtig (danach Siebporen durch Kallose verstopft).

Geleitzellen: Bei Angiospermen; stets die Siebröhren begleitende, lebende, plasmareiche Zellen mit zahlreichen Mitochondrien; physiologische Bedeutung für die Funktion der kernlosen Siebröhren. Siebröhrenglieder und zugehörige Geleitzellen entstammen der gleichen Meristemzelle. Junge Geleitzellen können sich querteilen, so daß dann einem Siebröhrenglied mehrere Geleitzellen entsprechen. Bei Coniferophytina plasmareiche Zellen in der Nähe der Siebzellen mit vermutlich ähnlicher Funktion, sogenannte Strasburgerzellen (entstehen aber separat, aus gesonderter Mutterzelle).

Bastparenchymzellen: Lebende, plasmareiche, parenchymatische Zellen, die der Leitung, besonders aber der Speicherung organischer Substanzen dienen.

Bastfasern: Sehr langgestreckte, englumige, oft sehr dickwandige (z. T. etwas verholzende), an den Enden scharf zugespitzte Zellen (Festigungsfunktion!). Unterschiede zu ähnlichen Sklerenchymfasern außerhalb der Leitbündel: Höherer Cellulosegehalt, geringere Verholzung, höhere Elastizität; Zellwände im Lichtmikroskop hell leuchtend.

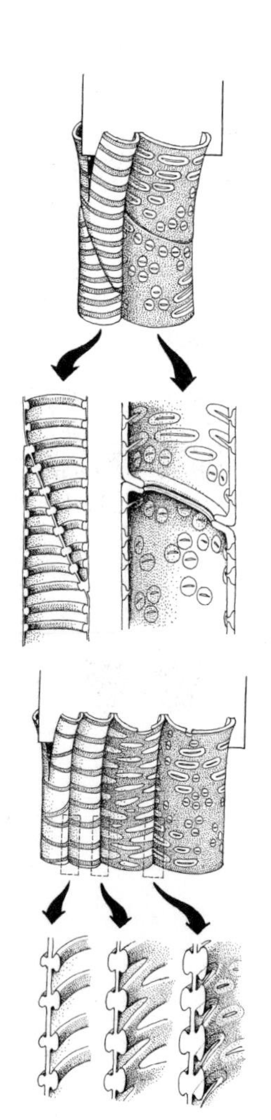

- **Xylem**: Teil des Leitbündels (einschließlich Stützelementen), in dem das aus dem Boden aufgenommene Wasser mit den darin gelösten, überwiegend anorganischen Stoffen transportiert wird. Es kann aus allen oder einigen der folgenden Zelltypen bestehen:

  Tracheiden: Während der Entwicklung absterbende, in ihrem funktionsfähigen Zustand also protoplastenlose, langgestreckte Elemente (»Gefäße«) aus stark verdickten und verholzten Sekundärwänden (Verdikkungen ring-, spiral-, leiter-, netzförmig oder allseitig und nur mit Tüpfeln durchsetzt; Offenhalten des Transportweges auch bei starkem Transpirationssog!). Ring- und Spiralgefäße sowohl phylogenetisch als auch ontogenetisch älter als Leiter-, Netz- und Tüpfelgefäße. Die Tüpfeltracheiden der Coniferophytina erfüllen neben der Leitungs- noch in hohem Maße eine Festigungsfunktion (besonders dicke Zellwände).

  Tracheen: Wasserleitende Röhren bei Angiospermen, die durch Auflösen der schräg gestellten Querwände hintereinander gereihter, langgestreckter Einzelzellen entstanden sind. Die Glieder sind im ausdifferenzierten Zustand abgestorben, die Wände verholzt und ebenso wie bei Tracheiden in charakteristischer Weise verschiedenartig verdickt.

  Holzparenchymzellen; Lebende, etwas längsgestreckte Zellen, deren Wände allmählich verholzen; sie speichern oft Reservestoffe.

  Libriform- oder Holzfasern: Langgestreckte, englumige, beiderseits zugespitzte »Zellen« ohne Protoplasten. Ihre dicken Wände sind stark verholzt und durch charakteristische, spalten- oder röhrenförmige Tüpfel gekennzeichnet.

Ontogenese: Im primären Organ differenzieren sich aus langgestreckten, meristematischen Zellen des **Prokambiums** (teilungsfähig gebliebene Abkömmlinge des Spitzenmeristems) zunächst wenig leistungsfähige Erstlinge des Phloems (**Phloemprimanen**; in der Gesamtheit: **Protophloem**) und Erstlinge des Xylems (**Xylemprimanen**; in der Gesamtheit: **Protoxylem**). Sie werden bei der weiteren Ausbildung des Bündels (es entsteht aus weiterem Zellmaterial des Prokambiums leistungsfähigeres **Metaphloem** und **Metaxylem**) oft zerrissen oder zerdrückt. In der Sproßachse der Coniferen und Dikotyledonen bleibt im Inneren des Leitbündels ein Rest primären, meristematischen Gewebes vom Prokambium erhalten. Aus ihm wird beim erneuten Einsetzen der Teilungstätigkeit (sekundäres Dickenwachstum) das **Kambium**.

Leitbündeltypen:

- Nach der Wachstumsfähigkeit: **offene Leitbündel** (zwischen Phloem und Xylem ein Kambium vorhanden, das sekundäre Elemente bilden kann: Coniferophytina, Dicotyledoneae); **geschlossene Leitbündel** (Phloem und Xylem grenzen direkt aneinander, da alle Meristemzellen des Prokambiums zu Leitbündelelementen differenziert sind. Neue Elemente werden nicht mehr gebildet: bei den meisten Monocotyledoneae).
- Nach der Anzahl der vorhandenen Leitbündelteile: **einfache Leitbündel** (nur aus Phloem oder Xylem bestehend), **zusammengesetzte Leitbündel** (aus beiden Anteilen bestehende Bündel) und **reduzierte Leitbündel** (Xylemteil ist kaum entwickelt, bei Wasserpflanzen).
- Nach der Lage der Leitbündelteile im zusammengesetzten Bündel: **Kollaterale**, **bikollaterale, konzentrische** (periphloematisch: mit zentralem Xylem; perixylematisch: mit zentralem Phloem). Siehe Schema am Rand! Bündel stets von parenchymatischen oder sklerenchymatischen, interzellularenfreien Leitbündelscheiden umgeben (völlig oder teilweise), die histogenetisch nicht zum Bündel gerechnet werden (Entstehung nicht aus Prokambiummaterial).

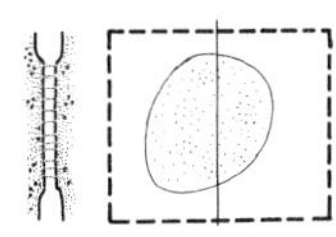
Plasmodesmen in Tüpfeln,

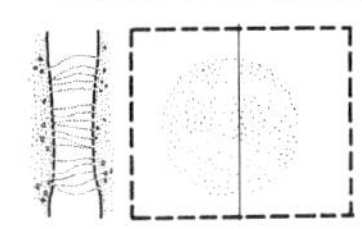
Plasmodesmen in sek. Zellwänden,

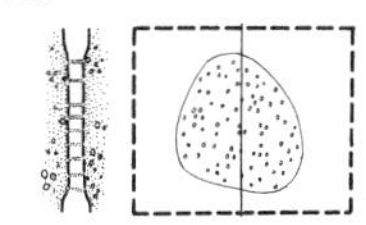
durch Poren in Siebfeldern oder

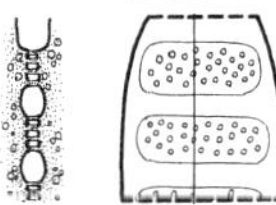
Poren in zusammenges. Siebplatten

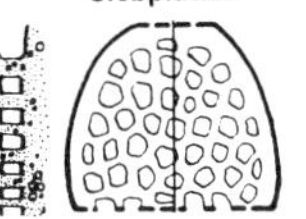
u. Poren in einfachen Siebplatten.

einfache Bündel:

zusammengesetzte Bündel:

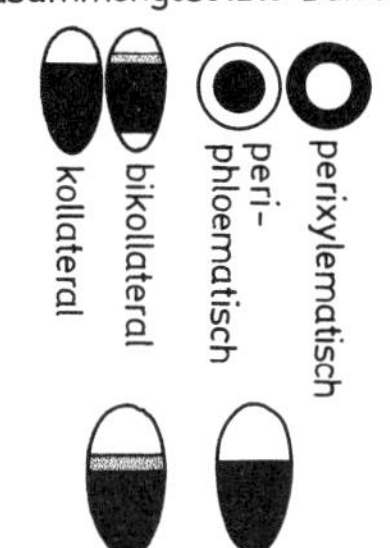

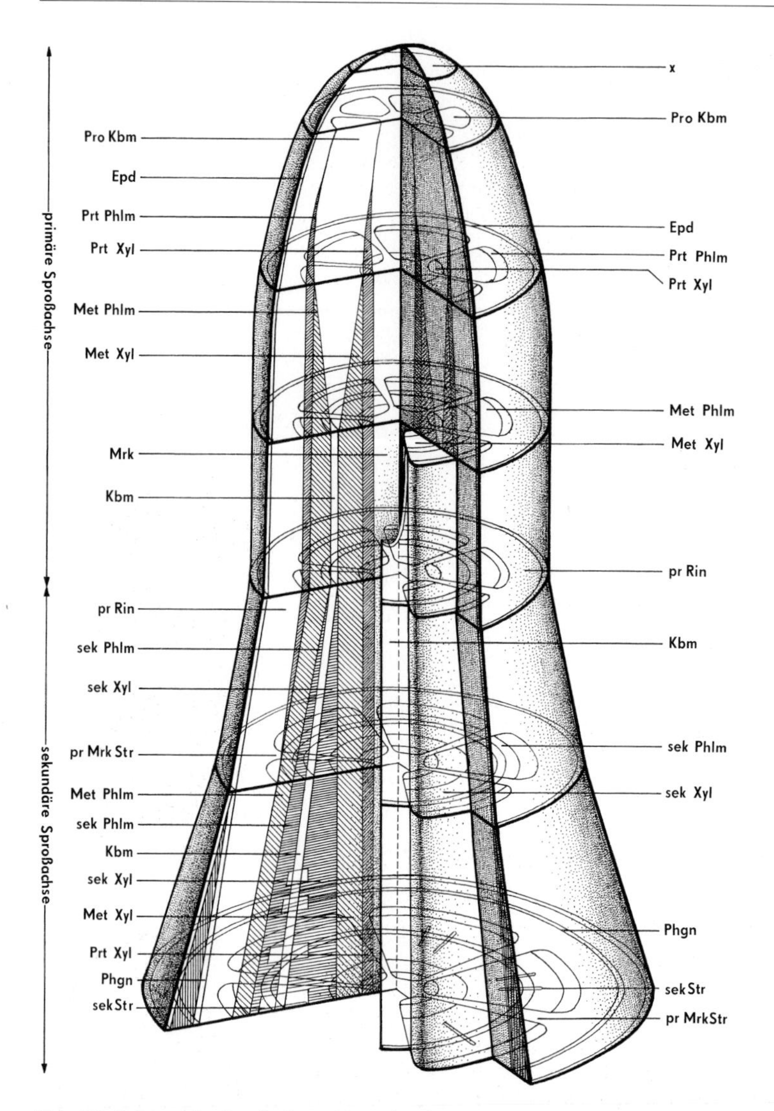

Abb. 20. Schema der Sproßspitze einer sekundär in die Dicke wachsenden dikotylen Pflanze. Differenzierung der primären Elemente und Sekundärzuwachs. **x** Apikalmeristem, **Prokbm** Prokambiumstränge, **Epd** Epidermis, **prRin** primäre Rinde, **Mrk** Mark, **Kbm** Kambium, **PrtPhlm** Protophloem, **PrtXyl** Protoxylem, **MetPhlm** Metaphloem, **MetXyl** Metaxylem, **sekPhlm** sekundäres Phloem, **sekXyl** sekundäres Xylem, **prMrkStr** primärer Markstrahl, **sekStr** sekundärer Strahl, **Phgn** Phellogen.

Der Bau der Organe

Die Anatomie der Organe beschreibt die Lage der verschiedenen Arten von Zellen, Geweben und Gewebesystemen im pflanzlichen Organismus und ihre Zuordnung zueinander. Trotz der unübersehbaren Mannigfaltigkeit der äußeren Erscheinung läßt sich der Bau der Samenpflanzen auf drei Grundorgane zurückführen: Wurzel, Sproßachse und Blatt. Die vielfältigen Abwandlungen in der Anatomie dieser Grundorgane lassen sich ebenfalls in wenige Grundtypen gruppieren.
Mit Kenntnis dieser Grundtypen ist es daher gut möglich, den Bau hier nicht behandelter Pflanzen zu verstehen und Abweichungen vom Grundbauplan selbständig zu analysieren.

1. Die Sproßachse – Theoretischer Teil –

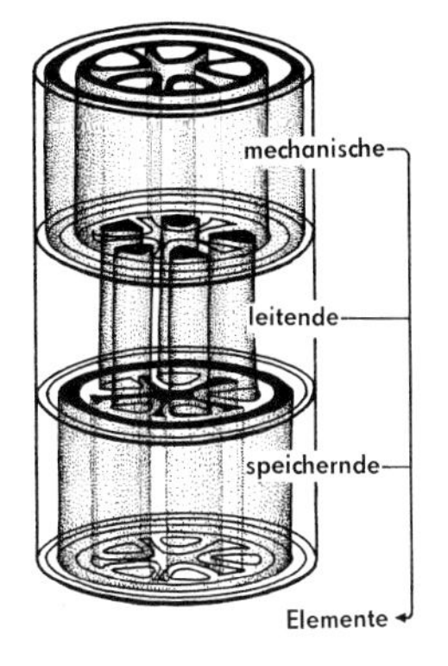

Der innere Aufbau (s. Abb. 19 und 20) entspricht den Hauptfunktionen: Sicherung des Stofftransportes von und nach den Wurzeln, Blättern und Wachstumszonen, Gewährleistung der Festigkeit zum Tragen der Blätter als wichtige Ernährungsorgane, Speicherfunktionen. Diesen Aufgaben entsprechen in der primären Sproßachse:
Leitgewebesystem, Festigungs- und Grundgewebe. Abkömmlinge von Folgemeristemen, die nach der Ausbildung der primären Elemente angelegt werden, sind sekundäre Elemente (die primäre Sproßachse wird zur sekundären Sproßachse).

1.1. Die Anatomie der primären Sproßachse

1.1.1. Herkunft und Differenzierung der primären Gewebe der Sproßachse

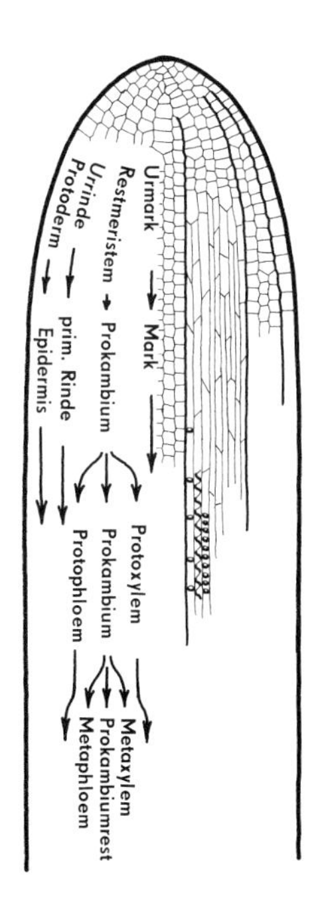

Embryonale Bildungszone der Sproßachse: An den Sproßspitzen gelegene **Initialzellen** bilden durch ihre Teilungstätigkeit den aus meristematischen Zellen (Ur- oder Promeristemzellen, Abkömmlinge des embryonalen Meristems) bestehenden **Vegetationskegel**, der die Hauptmasse des Zellmaterials für die Bildung der primären Sproßgewebe erzeugt (dieses später nur noch gering vermehrt). Er erstreckt sich von der äußersten Spitze meist nur über Bruchteile eines Millimeters. Nach rückwärts fließender Übergang in die ebenso schmale *Determinationszone*: Sonderung von morphologisch noch wenig unterscheidbaren Zellgruppen, aus denen in der weiteren Entwicklung die definitiven Abschluß-, Rinden-, Leitungs- und Markgewebe hervorgehen, in **Protoderm, Urrinde, Restmeristem** und **Urmark** (vgl. Histogentheorie und Corpus-Tunica-Theorie). Nach rückwärts fließender Übergang in die bis zu Zentimetern ausgedehnte *Differenzierungszone*: Ausgestaltung der primären jugendlichen Dauergewebe in ihre funktionstüchtige, bleibende Form (dabei meist auch Streckung der Zellelemente: Streckungszone): Urrinde und Urmark → Rinden- und Markparenchym; Protoderm → Sproßepidermis; Restmeristem → **Prokambiumring** oder einzelne **Prokambiumstränge** (Leitbündelinitialen). Danach Differenzierung der am weitesten zur Rinde gelegenen Prokambiumelemente in die Erstlinge des Siebteiles **(Phloemprimanen, Protophloem)** und etwas später die an das Mark grenzenden Prokambiumelemente in die Erstlinge des Holzteiles **(Xylemprimanen, Protoxylem).** Später zentripetal fortschreitende Differenzierung weiterer Prokambiumzellen in leistungsfähigeres **Metaphloem** bzw. **Metaxylem**.

1.1.2. Anordnung der Gewebe in der primären Sproßachse

Mit Abschluß der Differenzierungsprozesse der vom Urmeristem der Sproßspitze abstammenden Zellen ergibt sich meist folgende Anordnung dieser primären Dauergewebe im Sproßquerschnitt:

Dicotyledoneae und Coniferophytina: Zentrales Parenchym = Mark (chlorophyllfreies Speichergewebe; zuweilen mit eingelagerten Milchröhren und Idioblasten; durch frühes Ausdifferenzieren in der Nachbarschaft sich noch streckender Gewebe oft Zerreißen oder Auseinanderweichen der Zellen: Markhöhle; äußere Begrenzung durch Markscheide: durch Zellgröße und dickere Zellwände unterschiedene Markparenchymzellen). Konzentrisch um das Markparenchym angeordnet liegen die Leitungsbahnen entweder als geschlossener Leitgewebezylinder (viele Holzgewächse) oder als Ring einzelner Stränge (Leitbündelring; viele Kräuter, Stauden, Lianen).

Die Leitbündelstränge werden seitlich voneinander durch Parenchym getrennt bzw. die Leitgewebezylinder horizontal von diesem durchsetzt = **primäre Markstrahlen** (direkte Verbindung von Markparenchym und Rindenparenchym).

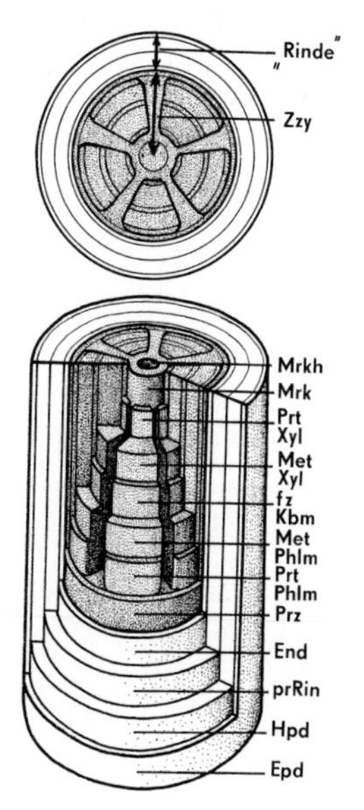

In der Regel folgende Anordnung der Gewebe innerhalb der Leitbündel von der Sproßmitte zur Peripherie gesehen: Protoxylem (dem Mark peripher unmittelbar aufliegend oder von diesem durch eine Bündelscheide getrennt) → Metaxylem → nicht differenzierter Rest des Prokambiums → Metaphloem → Protophloem.

Den äußeren Abschluß des Leitbündelringes bilden häufig Sklerenchymfasern (in dieser Lage **Bast** genannt: **primäre Bastfasern)** oder Parenchyme. Treten diese Gewebe scheidenartig als Zylindermantel auf (ein- oder mehrschichtig, aus Sklerenchym oder Parenchym oder aus beiden Anteilen), so heißen sie **Perizykel,** sofern sie histogenetisch keine Beziehung zum Phloem haben (über die histogenetische Stellung dieser Gewebe herrscht keine einheitliche Auffassung!). Hier mit Perizykel bezeichnete Gewebe bilden die äußere Begrenzung des **Zentralzylinders** (dieser umfaßt also alle bisher genannten Gewebe im Zentrum der Sproßachse).

Alle außerhalb des Zentralzylinders gelegenen Gewebe gehören zur **Rinde**. Hauptmasse: **Rindenparenchym** (interzellularenreiches Assimilations- und Speichergewebe; häufig mit Milchröhren, Harzgängen, Sklerenchym- und Kollenchymsträngen, Kristallzellen, Ölbehältern usw.). Ihre innerste Schicht (dem Perizykel unmittelbar anliegend) kann als gesonderte Scheide mit spezifischem Bau als **Endodermis** ausgebildet sein (echte Endodermen zeigen mindestens in der Jugend den Casparyschen Streifen oder später sekundäre oder tertiäre Zellwandveränderungen, s. S. 223; im Sproß der Spermatophyta selten, z. B. Erdsprosse, Sprosse von Wasserpflanzen) oder als – der Endodermis homologe – **Stärkescheide** (parenchymatische Zellen mit eingelagerten großen Stärkekörnern; häufig in den Sproßachsen der Spermatophyta). Das Rindenparenchym schließt nach außen durch eine nahezu interzellularenfreie Scheide aus Festigungsgewebe ab: meist kollenchymatische, seltener sklerenchymatische oder parenchymatische **Hypodermis**. Nach außen wird die Sproßachse durch die **Epidermis** begrenzt (mit festverbundenen, meist chlorophyllfreien Zellen, mit Kutikula, Spaltöffnungsapparaten, Trichomen usw.).

Monocotyledoneae: Einheitlicher und einfacher aufgebaut: Leitbündel über den Sproßquerschnitt zerstreut oder in mehreren Bündelringen angeordnet. Gleichmäßig in Parenchym eingebettet, das vom Zentrum der

Sproßachse bis zur Hypodermis reicht. Daher oft keine deutliche Grenze zwischen Zentralzylinder und primärer Rinde.
Das Leitgewebesystem ist für die anatomische Gliederung der Sproßachse der bedeutungsvollste Bestandteil. Seine Anordnung läßt vier Grundtypen von Querschnitten primärer Sproßachsen erkennen (s. Schema am Rand).

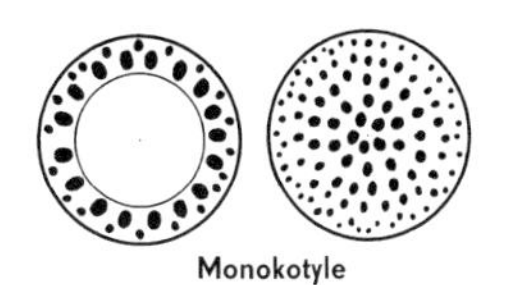

Monokotyle

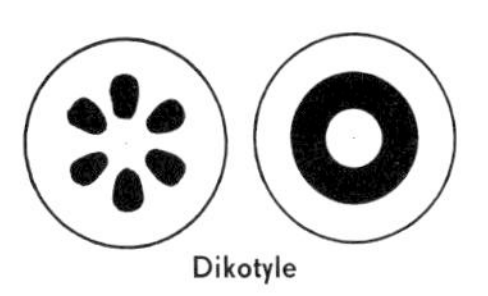

Dikotyle

1.1.3. Primäres Dickenwachstum

Große, längere Zeit wachsende Sprosse stellen hohe Anforderungen an das Leitungs- und Festigungsgewebe. Daher: Vor der Streckung des Achsenkörpers starke Dickenzunahme durch Vermehrung des Zellmaterials nahe der Vegetationsspitze (= **primäres Dickenwachstum, Erstarkungswachstum**), aus dem Leitungs- und Festigungsgewebe hervorgehen.

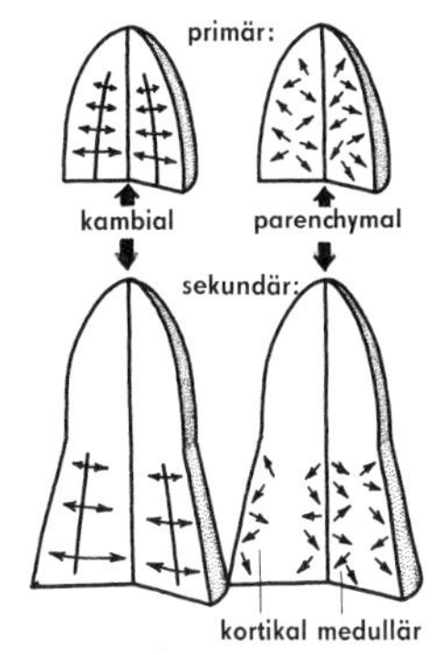

- Von einem mantelförmigen Meristem nahe dem Sproßscheitel ausgehend (bei Palmen lang anhaltende Tätigkeit mit besonders starker primärer Dickenzunahme): **Kambiale Form des primären Dickenwachstums** (bei Monokotyledonen).
- Durch unregelmäßige Zellteilungen im scheitelnahen Parenchym des Marks (medullär) oder in der primären Rinde (kortikal): **Parenchymale Form des primären Dickenwachstums** (bei Dikotyledonen und Coniferen).

Vermehrung des Zellmaterials bei verschiedenen Pflanzen auch nach der Differenzierung der primären Elemente (also scheitelfern) durch sekundären Zuwachs von Kambien aus oder durch Zellvermehrungen im Parenchym möglich (= kambiale bzw. parenchymale Form des sekundären Dickenwachstums, s. S. 131).

Der Bau der Organe – Praktischer Teil –

1. Die Sproßachse

1.1. Die Anatomie der primären Sproßachse

Beobachtungsziel: Morphologie des Sproßscheitels (Vegetationskegel)

Objekt: *Elodea* spec. (Hydrocharitaceae), Wasserpest. Sproßspitze.

Präparation: Von Frischmaterial die Sproßspitze kurz hinter dem Ansatz der vordersten, die Spitze umhüllenden Blättchen abschneiden und in einen Tropfen Wasser auf einen Objektträger legen. Unter dem Präpariermikroskop (oder der Präparierlupe) mit Hilfe spitzer Pinzetten oder Präpariernadeln nun sorgfältig Blättchen für Blättchen abtrennen, bis der farblose Sproßscheitel freipräpariert ist. Durch einen Schnitt diesen vorderen Teil vom dickeren Sproßachsenrest abtrennen und entweder bei stärkerer Vergrößerung weiter unter dem Präpariermikroskop beobachten oder als Totalpräparat zu einem Frischpräparat verarbeiten (Reg. 47). Eventuell Deckglassplitter oder andere geeignete Stützen unter dem Deckglas mit einbetten.

Weitere Präparationsmöglichkeiten: Mikrotomlängsschnitte ermöglichen eingehendere anatomische Untersuchungen der Zellanordnung, des Zellbaus und der Differenzierungsvorgänge..

Beobachtungen (Abb. 21): Zunächst unter dem Präpariermikroskop oder bei entsprechend geringer Vergrößerung unter dem Durchlicht-Mikroskop bei schräg auffallendem Licht beobachten. Der normalerweise von Blättchen dicht umschlossene Sproßscheitel von *Elodea* ist schlank-kegelförmig. Während der vorderste (jüngste) Abschnitt dieses Vegetationskegels einen fingerspitzenartig glatten Umriß erkennen läßt (an der Spitze die Initialzone), erheben sich nach hinten zu Höcker, die sich vergrößern und zu Wülsten verbreitern. Es sind die Blattanlagen (Blattprimordien). Bereits in diesem frühen Stadium der Entwicklung ist die spätere Blattstellung zu erkennen. Allmählich verbreitern sich die Wülste zu lappi-

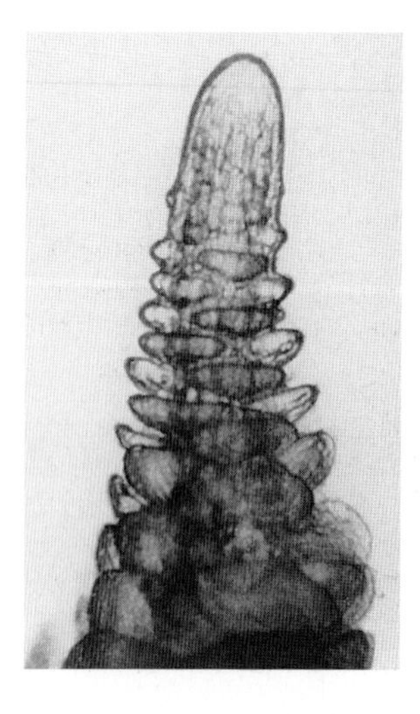

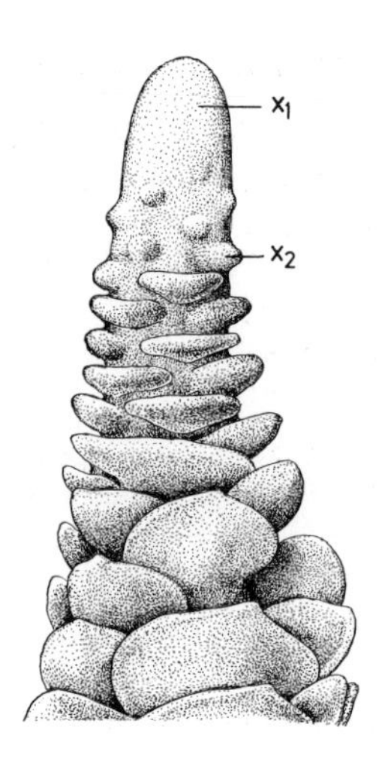

Abb. 21. *Elodea canadensis.* Sproßscheitel. An der Spitze die Initialzone des Apikalmeristems x_1, x_2 Blattanlagen. 100 : 1.

gen, löffelartigen Gebilden, bis schließlich eine starke Flächenvergrößerung zur Bildung der Blattspreite führt.
Die Blattanlagen entstehen aus den beiden äußersten Zellschichten (also exogen). Bei geeigneter Beleuchtung im Durchlicht ist die fortschreitende Differenzierung der Gewebe im Zentralzylinder zu beobachten (dunklere Stränge, Entstehung des Interzellularsystems).
In den Zellen des Sproßscheitels wird noch kein Chlorophyll gebildet, dieser Teil der Sproßspitze erscheint deshalb farblos.

S

Weitere Beobachtungen: An Mikrotomschnitten sind die plasmareichen, große Zellkerne enthaltenden Zellen der Initialschicht und die zelluläre Entwicklung der Blattanlagen zu erkennen. Die Zellen der beiden äußeren Schichten teilen sich nur antiklin, im Bereich der Blattanlagen aber auch periklin, was dann zu der beobachteten Höckerbildung führt. Die Zellen im Innern teilen sich periklin und antiklin.

Fehlermöglichkeiten: Nicht selten findet man an den Zweigen bräunlich verfärbte, »nekrotische« Sproßspitzen, denen dann auch die charakteristischen frischgrünen Knospenhüllblätter fehlen. Sie tragen meist kein entwickeltes Scheitelmeristem. Diese Sproßspitzen daher nicht verwenden!

Weitere Objekte:

Andere Wasser- bzw. Sumpfpflanzen sind ebenso günstige Objekte:

Egeria densa (Hydrocharitaceae), Dichtblättrige Wasserpest.

Hippuris vulgaris (Hippuridaceae), Gemeiner Tannenwedel.

Myriophyllum spec. (Haloragaceae), Tausendblatt.

Ceratophyllum spec. (Ceratophyllaceae), Hornblatt.
Totalpräparate wie bei *Elodea* oder Längsschnitte anfertigen. Blattentwicklung und frühzeitige Gliederung in Nodi und Internodi gut zu erkennen.

Vegetative Knospen verschiedener Landpflanzen:

Syringa vulgaris (Oleaceae), Gemeiner Flieder.

Evonymus europaea (Celastraceae), Europäisches Pfaffenhütchen.
Längsschnitte. Sproßscheitel nicht so pfriemartig gestreckt wie bei Wasserpflanzen, sondern von geringer Höhe.

Elemente der primären Sproßachse

1.1.1.1. Parenchyme

Beobachtungsziel: Photosyntheseparenchym der Rinde

Objekt: *Tulipa gesneriana* (Liliaceae), Garten-Tulpe. Blütenstiel.
Präparation: Vom nicht zu jungen Blütenstiel möglichst dünne Querschnitte herstellen (Reg. 114), die nicht über die ganze Fläche geführt werden müssen. Es genügt ein Abschnitt, der ein Stück aus der Peripherie der Sproßachse enthält. Wenn möglich, lebendes Material verwenden (infiltrieren, Reg. 64) und zunächst auch in diesem Zustand beobachten (Frischpräparat, Reg. 47). Eine anschließende Übersichtsfärbung der Zellwände mit verdünnter Hämalaunlösung (Reg. 55) erleichtert die weitere Beobachtung.

Weitere Präparationsmöglichkeiten: Geeignete Mehrfachfärbungen ermöglichen es, verschiedene Zellen und Zellbestandteile im gleichen Präparat farblich zu unterscheiden (Reg. 25). Die chemische Beschaffenheit der Zellwände läßt sich außerdem mit Hilfe von Cellulose- (Reg. 16) und Holzstoffreaktionen (Reg. 123) ermitteln.

Beobachtungen (Abb. 22): Bei schwächster Vergrößerung zunächst einen Überblick gewinnen: Das Zentrum der Sproßachse wird von gleichförmigen, vieleckigen, im erwachsenen Zustande stets abgerundeten Markparenchymzellen eingenommen, die mengenmäßig

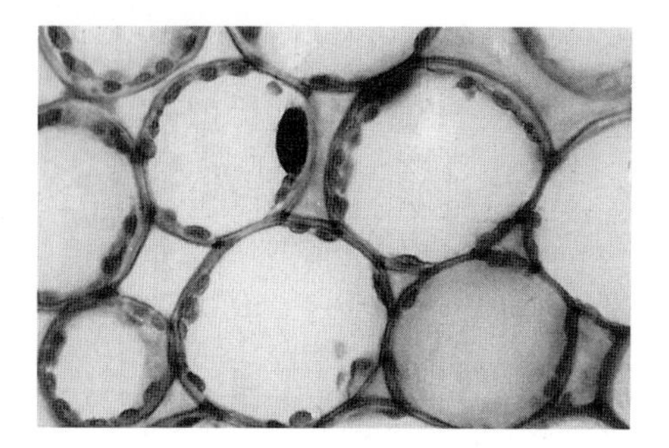

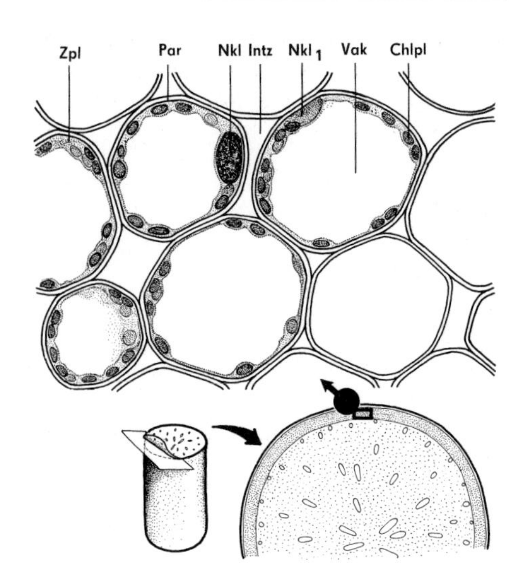

Abb. 22. *Tulipa gesneriana.* Ausschnitt aus dem Photosyntheseparenchym der Rinde. Hämalaunfärbung. Parenchymzellen **Par** von Interzellularen **Intz** begleitet. Zellinhalt: **Zpl** Zytoplasma, **Chlpl** Chloroplasten, **Nkl** Zellkern und **Vak** Vakuole. **Nkl$_1$**, außerhalb des Schärfebereiches liegender Zellkern. 260 : 1.

im Gesamtquerschnitt überwiegen. In dieses Grundgerüst zerstreut eingebettet einzelne Gruppen kleinerer, anders gestalteter Zellen (Leitbündel). Die an der Peripherie des Sproßachsenquerschnittes gelegenen Rindenparenchymzellen ähneln in ihrer Gestalt den Zellen des Markparenchyms. Sie sind durch einen Ring dickwandiger Zellen deutlich von diesen abgegrenzt und umschließen keine Leitbündel.
Beobachtung einzelner Rindenparenchymzellen bei stärkerer Vergrößerung: Dünnwandige, ursprünglich vieleckige Zellen **(Par)** stark abgerundet, oft im Querschnitt fast kreisförmig. Gegenseitiger Druck verformt die Zellen teilweise sekundär. Durch den Prozeß des Abrundens entstehen an den ehemaligen Ecken Hohlräume (Interzellularen, **Intz**), die sich durch ihre konkave Begrenzung, die geringere Größe und die abweichende Gestalt (im Querschnitt meist drei- und viereckig) leicht von den Zellen unterscheiden lassen. Sie entstehen durch Aufspaltung der Zellwände benachbarter Zellen in der gemeinsamen Mittelschicht (Mittellamelle), also in schizogener Weise (s. S. 77). Die so gebildeten Zwischenzell- oder Interzellularräume (Lage!) sind im Präparat zahlreich nachzuweisen; in räumlicher Sicht bilden sie ein zusammenhängendes Hohlraumsystem. Die Primärwände der Parenchymzellen sind überall nahezu gleich dünn, die Gesamtdicke der Wände zwischen den benachbarten Zellen ist doppelt so groß wie die Dicke der Wand zwischen Zelle und Interzellularraum (beim Zeichnen beachten!).
Das Zytoplasma **(Zpl)** dieser Zellen ist auf einen dünnen Wandbelag beschränkt. Es umschließt eine große, fast das gesamte Lumen der Zelle einnehmende zentrale Vakuole **(Vak).** Ein großer, abgeflachter Zellkern **(Nkl)** (oft auch der Nukleolus) und zahlreiche Chloroplasten **(Chlpl)** sind gut zu beobachten. Die Anzahl der Chloroplasten nimmt mit zunehmender Entfernung der Zellen von der Sproßoberfläche ab. Mit Ethanol fixiertes Material zeigt geschrumpfte, kollabierte Protoplasten, die sich von der Wand gelöst haben und dadurch in allen Strukturen deutlich, aber in veränderter, denaturierter Form erscheinen. Die Zellwände und besonders die Zellkerne färben sich mit Hämalaun kräftig blau.

Weitere Beobachtungen: Die Gleichförmigkeit der Wände des Markparenchyms wird in älterem Material in den Abschnitten, in denen sich zwei Zellen berühren, von schmalen Kanälen (einfachen

Tüpfeln) durchbrochen. Sich entsprechende Tüpfelkanäle zweier benachbarter Zellwände treffen an der Mittellamelle stets genau aufeinander (Funktion!). Mittellamelle und Primärwand sind als Schließhaut erhalten. In einigen Zellen, in denen die dem Betrachter zugewandte oder abgewandte, also nicht quer durchschnittene Zellwandfläche erhalten ist, sind die Tüpfel als unregelmäßige Flecken oder Poren in Aufsicht zu beobachten (Tüpfel fehlen in den Randgebieten der von der Fläche betrachteten Zellwand, da dort keine Zell-, sondern nur Interzellularen-Nachbarschaft!). Die Wände der Parenchymzellen sind, wie die empfohlenen Reaktionen zeigen, unverholzt und cellulosereich.

S

Fehlermöglichkeiten: Zu altes Material zeigt dickwandige, verholzende Rindenparenchymzellen. Chlorophyllverlust.

Weitere Objekte:

Es eignen sich viele Sproßachsen von Monokotylen und von nicht sekundär verdickten dikotylen Kräutern, Sträuchern und Bäumen, deren Rindenparenchym Chloroplasten enthält (besonders auch Blattstiele!), z. B.:

Sambucus nigra (Caprifoliaceae), Schwarzer Holunder
Querschnitt durch junge Sproßachsen. Chloroplastenreiches Rindenparenchym. In älteren Sprossen Anhäufung von Stärke.

Juncus effusus (Juncaceae), Flatter-Binse
Querschnitt durch die Sproßachse. Kleinzelliges Rindenparenchym.

Clematis vitalba (Ranunculaceae), Weiße Waldrebe
Querschnitt durch die Sproßachse. Rindenparenchym.

Cucurbita pepo (Cucurbitaceae), Garten- Kürbis
Querschnitt durch die Sproßachse. Rindenparenchym zwischen Sklerenchymring und subepidermalem Kollenchym.

Aristolochia macrophylla (Aristolochiaceae), Pfeifenwinde
Querschnitt durch junge Primärsproßachse, Rindenparenchym.

Tilia spec. (Tiliaceae), Linde
Querschnitt durch junge Primärsproßachse. Rindenparenchym.

Fraxinus excelsior (Oleaceae), Gemeine Esche
Querschnitt durch junge Primärsproßachse. Chloroplastenreiches Rindenparenchym, dickwandig.

Tussilago farfara (Asteraceae), Gemeiner Huflattich
Blattstielquerschnitt. Dickwandige, stark abgerundete Rindenparenchymzellen mit weiten Interzellularen und auffallend großen Chloroplasten.

Forsythia spec. (Oleaceae), Forsythie
Querschnitt durch junge Primärsproßachse. Chloroplastenreiches Rindenparenchym mit sehr dicken Zellwänden.

Ranunculus repens (Ranunculaceae), Kriechender Hahnenfuß
Querschnitt durch die Sproßachse. Chloroplastenreiches Rindenparenchym mit dicken Zellwänden. Zellen stark abgerundet, große Interzellularen.

Beobachtungsziel: Nichtspezialisiertes Markparenchym

Objekt: Zea *mays* (Poaceae), Getreide-Mais. Sproßachse.

Präparation: Dünne Querschnitte vom Internodium des vorher entblätterten Sprosses anfertigen (Reg. 114). Es genügen kleineTeilquerschnitte aus dem Zentrum eines Sproßstückes (dicke Stengel vorher entsprechend teilen!). Nach der Beobachtung des Materials in Wasser oder Glycerol-Wasser (Reg. 53) empfiehlt es sich, die Präparate mit Hämalaun zu färben (Reg. 55).

Weitere Präparationsmöglichkeiten: Cellulosereaktion (Reg. 16), Holzstoffreaktion (Reg. 123), Mehrfachfärbungen (Reg. 25), Reaktion auf Stärke mit Iodkaliumiodid-Lösung (Reg. 66, 1), radialer oder tangentialer Längsschnitt durch ein Sproßstück (Reg. 113).

Beobachtungen (Abb. 23): Zunächst Orientierung bei schwacher Vergrößerung: Fast der ganze Querschnitt des Stengels ist von großen Zellen des Grundgewebes (Markparenchym)

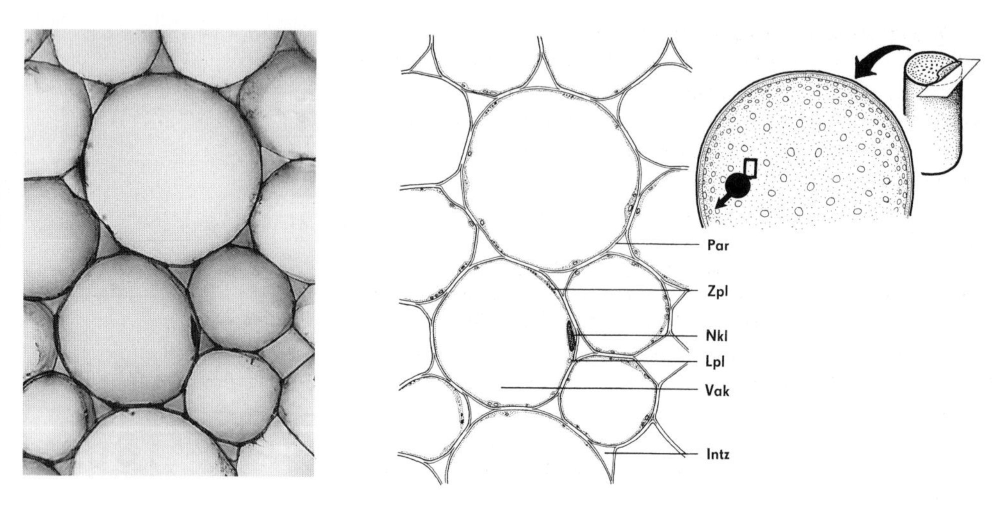

Abb. 23. *Zea mays*. Markparenchym. Hämalaunfärbung. Fast kreisrunde Parenchymzellen **Par** mit dünnen Wänden und Interzellularen **Intz**. **Zpl** Zytoplasma mit Leukoplasten **Lpl** und Zellkern **Nkl**. Große Vakuole **Vak**. 150 : 1.

ausgefüllt. Einzelne unregelmäßig eingestreute Gruppen kleiner Zellen gehören Leitbündeln an und bleiben hier unberücksichtigt. Bei mittlerer Vergrößerung den Bau der zwischen den Bündeln gelegenen Grundgewebezellen beobachten. Je nach dem Alter des Materials trifft man vieleckige bis stark abgerundete, aber stets sehr dünnwandige Zellen an **(Par)**. Die Wände benachbarter Zellen sind im Bereich der Ecken mehr oder weniger stark auseinandergewichen, so daß an diesen Stellen deutliche, regelmäßige, im Schnitt 3- oder 4eckig erscheinende, lufterfüllte Interzellularen **(Intz)** als Teil eines zusammenhängenden Interzellularsystems entstanden sind (schizogene Interzellularenbildung!). Im Inneren der Zellen ist der äußerst dünne, der Zellwand dicht anliegende Zytoplasmafilm **(Zpl)** nur mit Mühe an Hand einiger Einschlüsse zu beobachten. Am deutlichsten erkennt man bei diesen Untersuchungen den ziemlich großen wandständigen Zellkern (mit Nukleolus!), der in dieser Lage länglich oval erscheint **(Nkl)**. Ebenfalls der Zellwand eng angeschmiegt liegen mehrere etwa zellwanddicke und doppelt so lange Körperchen (Leukoplasten, **Lpl**). Zwischen diesen sind mit stärkster Vergrößerung nur im Plasma enthaltene kleine dunkle Körnchen zu entdecken, die die geringe Ausdehnung des dünnen Zytoplasma-Wandbelages erkennen lassen (Mitochondrien, Zytoplasmavesikel usw.). Der verbleibende große Raum des Zell-Lumens wird vom Zellsaftraum (Vakuole, **Vak**) eingenommen. Zellwände und Zellkerne treten besonders deutlich nach Hämalaunfärbung hervor.

Weitere Beobachtungen: Besonders die in der Nähe der Leitbündel gelegenen Markparenchymzellen enthalten reichlich Stärkekörner (Nachweis mit Iodkaliumiodid-Lösung, Reg. 66). Die empfohlenen Reaktionen und Färbungen zeigen, daß die zarten Wände der Parenchymzellen unverholzt und cellulosereich sind. Im Längsschnitt erscheinen die Markparenchymzellen gleichförmig, nahezu quadratisch und schließen sich fast lückenlos zu regelmäßigen längsgerichteten Zellreihen zusammen.

Fehlermöglichkeiten: Das Markparenchym sehr junger Stengel zeigt einen von dieser Beschreibung abweichenden Aufbau: Die Interzellularen sind klein oder fehlen völlig, auch die Vakuolen sind kleiner. Stärke ist meist nicht nachweisbar.

Weitere Objekte:

Zum Studium des Markparenchyms eignen sich viele Sproßachsen von Monokotylen und einjährigen oder noch nicht sekundär verdickten mehrjährigen Dikotylen. Besonders lohnende Objekte sind:

Hosta ventricosa (Liliaceae), Funkie
Querschnitt durch den Blütenstiel. Parenchymzellen noch stärker abgerundet als bei *Zea*.

Tulipa gesneriana (Liliaceae), Gartentulpe
Querschnitt durch den Blütenstiel, Parenchym entsprechend *Hosta*.

Sambucus nigra (Caprifoliaceae), Schwarzer Holunder
Querschnitt durch junge Sproßachsen. Großzelliges Markparenchym mit einfachen Tüpfeln.

Nicotiana tabacum (Solanaceae) Virginischer Tabak
Querschnitt durch die Sproßachse.

Lycopersicon esculentum (Solanaceae), Speise-Tomate
Querschnitt durch die Sproßachse.

Clematis vitalba (Ranunculaceae), Weiße Waldrebe
Querschnitt durch die Sproßachse. Markparenchym mit dicken Wänden. Gute Beobachtungsmöglichkeit der einfachen Tüpfel in Aufsicht und im Querschnitt.

Fraxinus excelsior (Oleaceae), Gemeine Esche
Querschnitt durch junge Sproßachsen. Wände der Markparenchymzellen von gut sichtbaren Tüpfeln durchsetzt.

Ranunculus repens (Ranunculaceae), Kriechender Hahnenfuß
Querschnitt durch die Sproßachse. Großzelliges, interzellularraumreiches Markparenchym mit dicken Wänden.

Beobachtungsziel: Durchlüftungsparenchym (Aerenchym) in Sproßachsen der Sumpf- und Wasserpflanzen

Objekt: *Juncus effusus* (Juncaceae), Flatter-Binse. Sproßachse oder Rundblatt.

Präparation: Die ausdifferenzierte Sproßachse oder das Rundblatt werden möglichst dünn quergeschnitten (Reg. 114). Ein kleines Teilstück des Querschnittes (das aber etwas schwammig-lockeres Mark enthalten muß) reicht für die beabsichtigten Untersuchungen aus. Die peripher gelegenen Schichten hartwandiger Zellen erschweren das Schneiden. Es ist deshalb auch möglich, mit der Pinzette kleinste Flöckchen des lockeren Markgewebes herauszuzupfen, nachdem der Stengel längs aufgeschlitzt oder entsprechend geteilt wurde (Zupfpräparat, Reg. 125).

Beobachtungen (Abb. 24): Bereits bei geringer Vergrößerung ist der Grund für das bei der Präparation bemerkte schwammige Gefüge des Markes zu erkennen. Das Gewebe besteht aus großen sternförmigen Markzellen **(Mrk)**, die ihre radial angeordneten »Strahlen« in alle Raumrichtungen strecken und zwischen diesen ein umfangreiches gasgefülltes Interzellularsystem **(IntzR)** freilassen (das Aerenchym wird aus diesem Grunde hier als »Sternparenchym« bezeichnet). Bei etwas stärkerer Vergrößerung erkennt man deutlicher, daß sich die Arme benachbarter Sternzellen an ihren Enden jeweils in voller Breite berühren. Die Querwand ist an diesen Berührungsstellen dünner als die übrige Zellwand (nur etwa ein Viertel der Dicke) oder bei gleicher Breite getüpfelt **(Tpf)** (Erleichterung des Stoffaustausches von Zelle zu Zelle). Die anderen Zellwandteile sind verhältnismäßig dick (etwa ein Drittel bis ein Viertel der lichten Weite der Fortsätze, ohne Zellwände) und gewährleisten dadurch eine gewisse Stabilität des lockeren Gefüges. Bei Wasser- und Sumpfpflanzen ist Durchlüftungsgewebe umfangreich ausgebildet. Es entsteht im vorliegenden Falle dadurch, daß die normal angelegten Interzellularen durch lokal begrenztes starkes Flächenwachstum der Zellwände auf das Mehrfache vergrößert werden und sich schließlich zu einem einzigen, den ganzen Pflanzenkörper durchziehenden Interzellularraum vereinigen. Die Zellen selbst erhalten dadurch das beobachtete sternförmige Aussehen.

Weitere Beobachtungen: Das peripher außerhalb der Leitbündelzone gelegene Parenchym ist ein regelmäßiges, chloroplastenreiches Photosyntheseparenchym.

Fehlermöglichkeiten: Die unscharfe Abbildung größerer Bezirke im Präparat oder – bei stärkerer Vergrößerung – einzelner Arme der Sternzellen ist kein Präparationsfehler. Die Fortsätze der Zellen erstrecken sich allseitig im Raum. Mit ihren anschließenden Nachbarzellen ist schon ab mittlerer

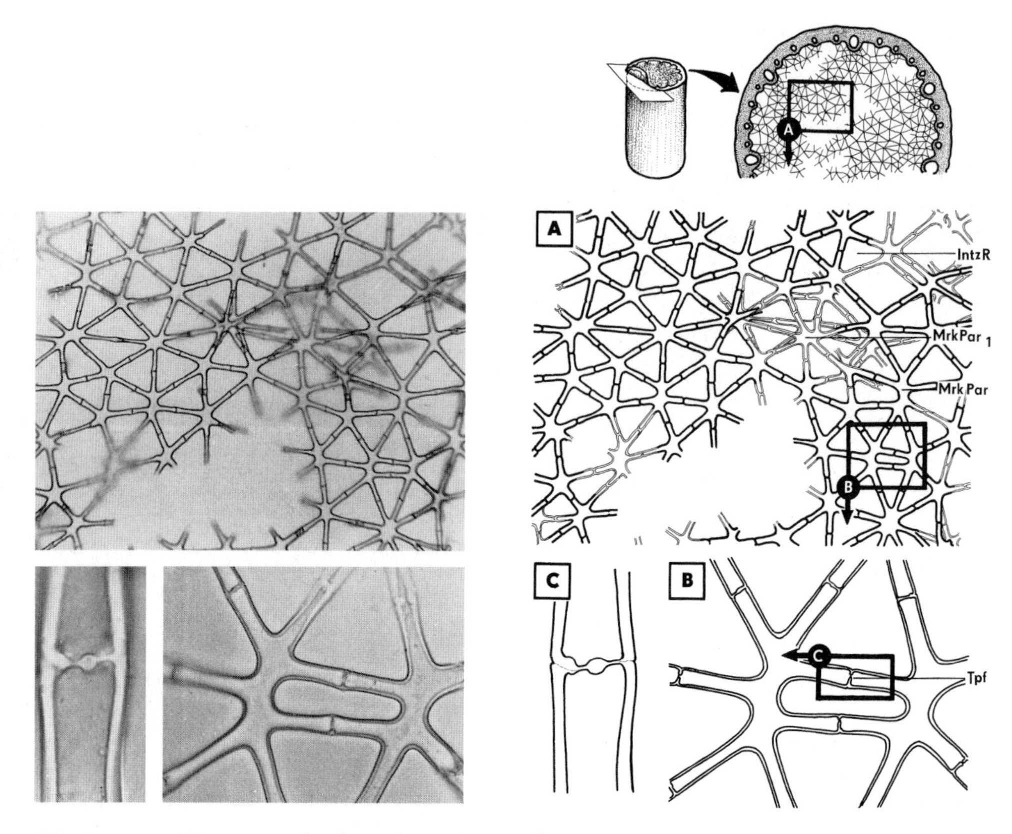

Abb. 24. *Juncus effusus.* Sternzellen des Markparenchyms. **A**: Übersicht über die räumliche Anordnung der Markparenchymzellen **MrkPar**, die teilweise außerhalb des Schärfebereiches liegen **MrkPar$_1$**. **IntzR** Interzellularraum. **B**: Zwei Zellen stärker vergrößert. **C**: Tüpfel **Tpf** an den Berührungsstellen der »Arme«.
A 90 : 1, B 220 : 1, C 1330 : 1.

Vergrößerung (80–100fach), selbst bei sehr dünnen Präparaten, ihre Tiefenausdehnung größer als die Schärfentiefe der Mikroskopoptik. Die genaue Form der Zellen und die Struktur des Gewebes muß durch häufiges Fokussieren ergründet werden.

Weitere Objekte:

Hippuris vulgaris (Hippuridaceae), Gemeiner Tannenwedel
Querschnitt durch die Sproßachse. Netzartige Anordnung der Zellen zu einem typischen Aerenchym.

Nuphar lutea (Nymphaeaceae), Gelbe Teichrose, Große Mummel
Querschnitt durch den Blattstiel. Zentral gelegenes Aerenchym aus netzartig angeordneten Zellketten. An den Knotenpunkten des Netzes häufig mit Calciumoxalat inkrustierte freie »Stern«-Sklereiden.

Myriophyllum verticillatum (Haloragaceae), Quirl-Tausendblatt
Querschnitt durch die Sproßachse. Aerenchym zwischen zentralem, leitendem Gewebe und peripher angeordnetem dichtem Parenchym. Radiale Zellreihen, die einen großen Interzellularraum durchziehen.

Eichhornia crassipes (Pontederiaceae), Wasserhyazinthe
Tropische Wasserpflanze, häufig in Gewächshäusern gehalten. Querschnitt durch die Schwimmknoten der Blattstiele. Aerenchym mit interessanten, Styloide führenden Idioblasten.

Trapa natans (Trapaceae), Wassernuß
Querschnitt durch die Schwimmknoten der Blattstiele. Aerenchym.

1.1.1.2. Festigungsgewebe

Beobachtungsziel: Ecken- oder Kantenkollenchym

Objekt: *Cucurbita* pepo (Cucurbitaceae), Garten-Kürbis. Sproßachse.

S

Präparation: Dünner Querschnitt durch die äußersten Schichten der Sproßachse (Reg. 114). Ältere Stücke vorher längs teilen. Beobachtung im ungefärbten Zustand und nach Färbung mit Hämalaun (Reg. 55).

Weitere Präparationsmöglichkeiten: Radiale oder tangentiale Längsschnitte zeigen die Fasernatur der Zellen und die strangförmige Anordnung des Gewebes.

Beobachtungen (Abb. 25): Bereits bei der Übersicht mit schwächster Vergrößerung ist unmittelbar unter der Epidermis ein Gewebe zu erkennen, dessen Zellen ungleichmäßig verdickte Wände besitzen, die auffallend hell, weiß-opal aufleuchten. Dieses Kollenchymgewebe ist in breite Stränge geteilt, die seitlich durch Parenchym getrennt sind. Das Grundgewebe reicht an diesen Stellen bis unmittelbar unter die Epidermis. Nach innen schließt sich eine schmale Zone assimilierenden Rindenparenchyms an, das direkt an einen geschlossenen, breiten Sklerenchymring grenzt.
Bei stärkerer Vergrößerung soll versucht werden, über den Aufbau der Kollenchymzellen genauere Auskunft zu erhalten. Die dunkel erscheinenden Felder sind die Lumina der Zellen (**Kol**), die nach den partiellen Wandverdickungen übriggeblieben sind. In jeder dieser Zellen sind die Kanten, also diejenigen Stellen, an denen mehrere benachbarte Zellen zusammentreffen, mit Zellwandsubstanz ausgefüllt worden. Die mittleren Flächen der Zellwände blieben dagegen unverdickt. Dadurch ist trotz der Verfestigung der Stoffaustausch benachbarter Zellen kaum behindert und das weitere Wachsen des lebenden Kollenchyms gewährleistet.
Dem Beobachter, der das Gewebe zum erstenmal sieht, bereitet das Verständnis der Konstruktion dieser Zellwandverhältnisse erfahrungsgemäß Schwierigkeiten. Die Erkenntnis aber, daß die hell leuchtenden Figuren gleichzeitig mehreren Zellen angehörende Wandverdickungen ihrer Zellecken darstellen, hilft meist, das Gesehene auch zeichnerisch richtig wiederzugeben. Die Mittellamellen (**Mlm**) der aneinander grenzenden Zellwände müssen demzufolge bis zur Mitte der »Verdickungsfigur« verfolgt werden (was ganz besonders nach Hämalaunfärbung gut beobachtet werden kann, vgl. Abb. 25), wo sie sich in einem Punkt treffen. Erst darin wird Form und Umfang der Kantenverdickung für jede Zelle getrennt festgelegt. Bei stärkster Vergrößerung kann man im Innern der Kollen-

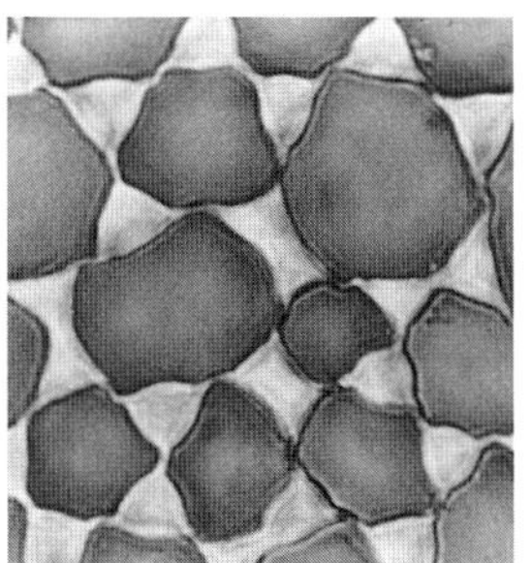
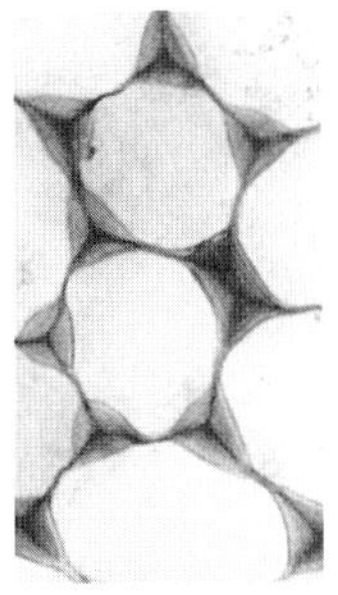
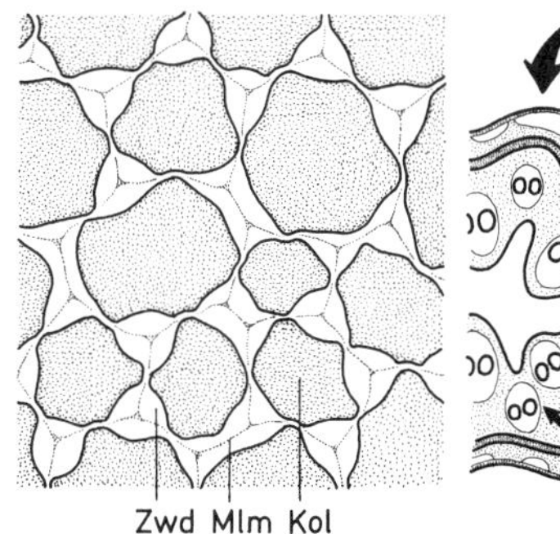

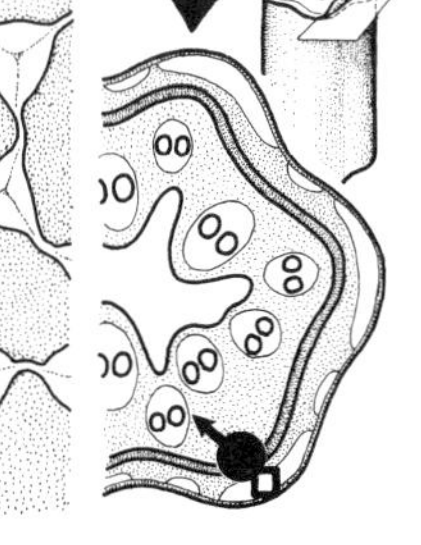

Abb. 25. *Cucurbita pepo.* Kantenkollenchym. Foto: Kollenchymzellen ungefärbt (links) und Ausschnitt nach Hämalaunfärbung (rechts; Hervortreten der Mittellamellen **Mlm**). Lumen der Kollenchymzellen **Kol**; Zellwandverdickung **Zwd**. 700 : 1.

chymzellen das Zytoplasma **(Zpl)** als dünnen peripher gelegenen Film entdecken. Bei Alkoholmaterial liegt das Plasma als koagulierte Masse im Zell-Lumen. In Zellen, die beim Schneiden günstig getroffen wurden, ist der relativ große Zellkern nicht zu übersehen (da die Zellen faserförmig langgestreckt sind, ist ein kernhaltiger Abschnitt im Querschnitt selten). Auch Chloroplasten sind im Zytoplasma des Kollenchyms regelmäßig anzutreffen.

Weitere Beobachtungen: Die Zellen des Kantenkollenchyms schließen in der Regel interzellularenfrei aneinander an. An den Stellen, wo mehrere Zellen zusammenstoßen, bilden sich in einigen Fällen (besonders in altem, ausgewachsenem Material) dunkle Stellen, die wie Interzellularen aussehen. Es handelt sich hierbei jedoch nicht um luftgefüllte Zwischenzellräume, sondern um Veränderungen der Mittellamelle. Im radialen oder tangentialen Längeschnitt erscheinen die Kollenchymzellen langgestreckt, mit zugespitzten Enden und verdickten Längskanten.

Fehlermöglichkeiten: Der Umfang der Verdickung der Zellkanten nimmt während des Wachstums des Pflanzenorgans kontinuierlich zu. In jungen Sproßachsen sind die Ecken daher nur sehr spärlich mit Wandsubstanz ausgefüllt. Zu altes Material läßt mehr und mehr ein Übergreifen der Kantenverdickung auf die Wandflächen erkennen, so daß ein »Zusammenfließen« vieler Verdickungen zu größeren unregelmäßigen Komplexen beobachtet werden kann.

Weitere Objekte:

Lamiaceae:
In den Kanten und leistenartigen Vorsprüngen der Sproßachsen stets gut ausgebildetes Kantenkollenchym. Es lohnen besonders Querschnitte durch diese Sproßteile von: *Lamium* spec. (Taubnessel), *Salvia* spec. (Salbei), *Mentha* spec. (Minze), *Stachys* spec. (Ziest).

Begonia rex (Begoniaceae), Schiefblatt, Begonie
Beliebte Zimmerpflanze. Querschnitt durch den jungen Blattstiel. Geschlossener Kantenkollenchymring unter der Epidermis. Besonders typische Ausbildung der Verdickungen. Verlauf der Mittellamelle gut zu beobachten. Verdickungen der Ecken stets deutlich von den unverdickten seitlichen Wandteilen abgesetzt.

Chenopodium bonus-henricus (Chenopodiaceae), Dorf-Gänsefuß, Guter Heinrich
Querschnitt durch die Sproßachse. Subepidermales Kantenkollenchym in den leistenartigen Vorsprüngen.

Beta vulgaris (Chenopodiaceae), Speise-Rübe
Querschnitt durch den Blattstiel. Subepidermales Kantenkollenchym.

Urtica dioica (Urticaceae), Große Brennessel
Querschnitt durch die Sproßachse. Kantenkollenchym subepidermal. Protoplasmatische Zellbestandteile, einschließlich Chloroplasten, gut zu beobachten.

Impatiens balsamina (Balsaminaceae), Garten-Springkraut, Balsamine, Gartenzierpflanze. Auch andere *Impatiens*-Arten sind geeignet.
Querschnitt durch die Sproßachse. Subepidermales, sehr regelmäßiges Kantenkollenchym.

Bryonia dioica (Cucurbitaceae), Rote Zaunrübe
Querschnitt durch die Sproßachse. Einzelne Kantenkollenchymstränge direkt unter der Epidermis.

Solanum tuberosum (Solanaceae), Kartoffel
Querschnitt durch die Sproßachse. Unmittelbar unter der Epidermis gelegener Kollenchymring weist alle Formen in kontinuierlichen Übergängen auf: Kanten-, Platten- und Lückenkollenchym.

Beobachtungsziel: Plattenkollenchym

Objekt: *Sambucus nigra* (Caprifoliaceae), Schwarzer Holunder. Junge Sproßachse.

Präparation: Querschnitte von jungen, noch grünen oder erst sehr schwach verholzten Sproßstücken anfertigen (Reg. 114). Besondere Aufmerksamkeit beim Schneiden muß den äußersten Rindenschichten gelten, die durch Abbröckeln leicht verlorengehen. Beobachtung des ungefärbten Präparates (Reg. 47) und nach Färbung mit Hämalaun (Reg. 55).

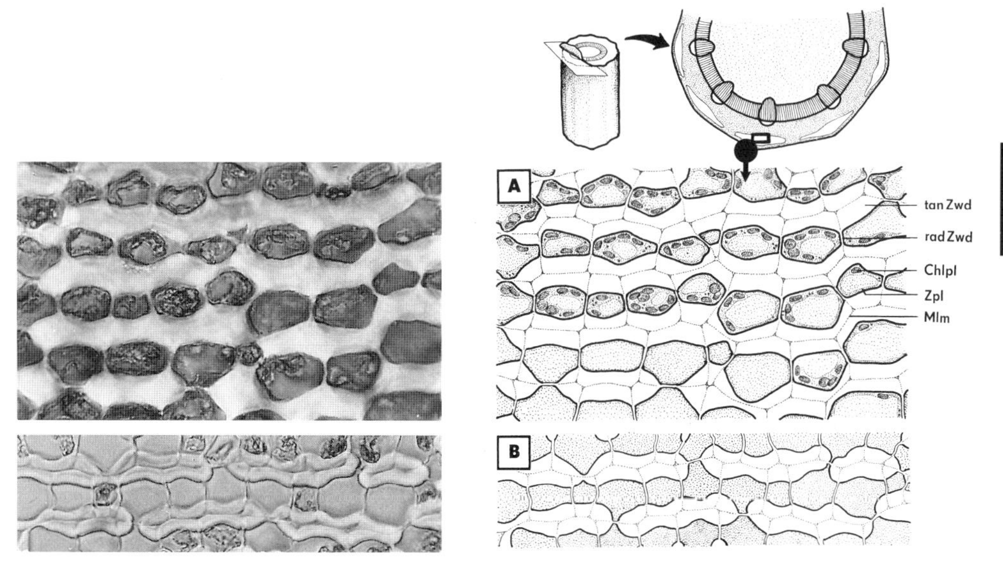

Abb. 26. *Sambucus nigra.* Plattenkollenchym. **A**: Älteres ausdifferenziertes Gewebe. **tanZwd** verdickte Tangentialwände, **radZwd** unverdickte Radialwände, **Mlm** Mittellamelle, **Chlpl** Chloroplasten, **Zpl** Zytoplasma. **B**: Früher Entwicklungszustand des Plattenkollenchyms. A 400 : 1, B 350 : 1.

Beobachtungen (Abb. 26): Schwache Vergrößerung genügt bereits, um die Lage des Kollenchyms im Sproßquerschnitt zu ermitteln. Dicht unter der Epidermis fallen die hellglänzenden Wandverdickungen der Zellen dieses Gewebes auf. Vielschichtig im Bereich der Stengelkanten und nur 2-3schichtig in den dazwischenliegenden Furchen umgibt es fast die gesamte Sproßachse in Form eines geschlossenen Zylinders. Nur in ganz jungen, grünen Stengeln liegt dieses Festigungsgewebe direkt unter der Epidermis. Ältere, äußerlich grau werdende Zweigabschnitte bilden zwischen der Epidermis und dem Kollenchym ein wenigzelliges, sehr regelmäßiges, dünnwandiges Gewebe aus (Peridermbildung, s. S. 138): Das Kollenchym ist dann tiefer zu suchen.
Stärkere Vergrößerung offenbart die typischen Merkmale des Gewebes: Die tangentialen Zellwände **(tanZwd)** zeigen Wandverdickungen von großer Mächtigkeit, während die Radialwände **(radZwd)** fast ausnahmslos unverdickt bleiben (besonders eindrucksvoll in sehr jungem Material, s. Teilbild B). Durch die regelmäßige Anordnung der Zellen begünstigt entstehen dadurch dicke, tangentiale Zellwandplatten, die dem Gewebe den Namen geben. Die zum Verständnis des Zellbaues notwendige Kenntnis der Lage der Mittellamellen gewinnt man leicht nach Hämalaunfärbung. In vielen Zell-Lumina sind die lebenden protoplasmatischen Bestandteile **(Zpl, Chlpl)** gut zu beobachten.

Weitere Beobachtungen: An einigen Stellen (besonders unter den Spaltöffnungen) ist der geschlossene Kollenchymring durchbrochen. Das Rindenparenchym reicht dann bis an die Epidermis heran. Auf das typisch ausgebildete Assimilationsparenchym der Rinde sei für zusätzliche Beobachtungen besonders hingewiesen (s. auch S. 91).

Fehlermöglichkeiten: Sproßabschnitte, die bereits stärkere Peridermbildung zeigen, sind für die Untersuchung des Plattenkollenchyms nicht geeignet. – In sehr jungen Zweigspitzen werden zunächst die Sproßkanten kollenchymatisch verfestigt. In den dazwischenliegenden Abschnitten fehlt dann das Kollenchym noch völlig.

Weitere Objekte:

Tussilago farfara (Asteraceae), Gemeiner Huflattich
Querschnitt durch den Blattstiel. Typisches Plattenkollenchym direkt unter der Epidermis. Einige Zellen ohne Wandverdickungen – Durchlaßzellen – eingestreut. Chloroplasten im Kollenchym überall auffallend.

Sanguisorba minor (Rosaceae), Kleiner Wiesenknopf, Bibernell
Querschnitt durch die Sproßachse. Plattenkollenchym direkt unter der Epidermis. In jungen Sprossen besonders in den vorspringenden Kanten.

Syringa vulgaris (Oleaceae), Gemeiner Flieder
Junge Sproßachse, Querschnitt. Subepidermales Plattenkollenchym.

Beobachtungsziel: Lückenkollenchym

Objekt: *Petasites hybridus* (Asteraceae), Rote Pestwurz. Blattstiel.

Präparation: Blattstielquerschnitte (Reg. 114). Dünne Schnitte gelingen besser, wenn man sich auf einen Ausschnitt aus dem äußersten Randbezirk beschränkt. Beobachtung im ungefärbten Zustand (Reg. 47) und nach Hämalaunfärbung (Reg. 55).

Beobachtungen (Abb. 27): Dicht unter der Epidermis, häufig von der zweiten subepidermalen Zellschicht an, ist ein mehrschichtiger, geschlossener Kollenchymring entwickelt. Schon bei mittlerer Vergrößerung fallen die helleuchtenden Wandverdickungen auf, die wie beim Kantenkollenchym in allen Ecken der Zellen ausgebildet werden. Im Unterschied zu diesem

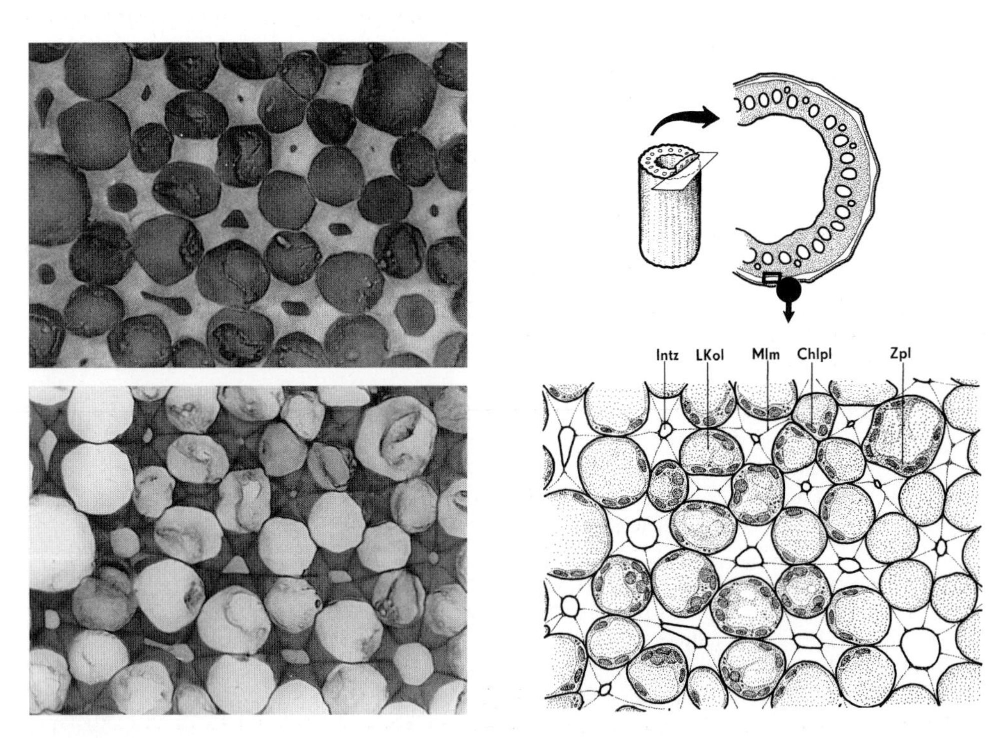

Abb. 27. *Petasites hybridus.* Lückenkollenchym. Die Ecken der Zellen **LKol** sind mit Wandsubstanz ausgefüllt und umschließen meist eine große Interzellulare **Intz**. **Mlm** Mittellamellen, **Chlpl** Chloroplasten, **Zpl** Zytoplasma. Foto: Gewebeausschnitt ungefärbt (oben) und die gleichen Zellen nach Hämalaunfärbung (unten). Die Mittellamellen treten deutlich hervor. 500 : 1.

sind hier die Verdickungen beim Zusammentreffen mehrerer benachbarter Zellen jedoch nicht lückenlos aneinandergefügt, sondern umschließen große Interzellularen **(Intz).** Die an diesen Stellen entstehenden Figuren erwecken beim flüchtigen Betrachten den Eindruck, als handele es sich um allseitig stark verdickte Zellen, besonders, da diese Gebilde in Größe und Form den Zellen **(LKol)** sehr ähneln. Die innerhalb der Verdickung bis zum Interzellularenrand zu verfolgende Mittellamelle **(Mlm)** der unverdickten Wand (besonders deutlich nach Hämalaunfärbung!) verrät jedoch den wirklichen Charakter der Bildungen: zusammengefügte Verdickungsleisten der Zellecken. Die Beziehungen zum Kantenkollenchym sind offenkundig. Die Ausbildung von Interzellularen an den Stellen, wo mehrere Zellen zusammenstoßen, ist auch bei älteren Kantenkollenchymen häufig zu beobachten. In fast allen Zellen erkennt man Teile des lebenden Protoplasten **(Zpl, Chlpl).** Die von den Verdickungsleisten umgebenen Interzellularen **(Intz)** sind dagegen stets frei von Einschlüssen. Die partiellen Wandverdickungen zeigen deutliche Schichtung (Beobachtung mit dem Immersionsobjektiv).

Fehlermöglichkeiten: Es bereitet anfangs Mühe, zwischen Interzellularräumen und Zell-Lumina zu unterscheiden (s. unter »Beobachtungen«).

Weitere Objekte:

Keines der folgenden Objekte erreicht eine so vollkommene Ausbildung des Lückenkollenchyms wie *Petasites.*

Nicoticana tabacum (Solanaceae), Virginischer Tabak
Querschnitt durch die Sproßachse. Lückenkollenchym direkt unter der Epidermis.

Solanum tuberosum (Solanaceae), Kartoffel
Querschnitt durch Sproßachse oder »Keime«. Das unmittelbar unter der Epidermis gelegene Kollenchym ist teilweise Lückenkollenchym.

Lactuca sativa (Asteraeeae), Grüner Salat
Querschnitt durch die Sproßachse. Lückenkollenchym unmittelbar unter der Epidermis.

Beobachtungsziel: Sklerenchymfaserstränge im Querschnitt

Objekt: *Nerium oleander* (Apocynaceae), Oleander. Im Mittelmeergebiet heimischer Strauch, als Zierpflanze weit verbreitet. Sproßachse.

Präparation: Querschnitte von einem nicht zu jungen Sproßstück (Reg. 114). Den peripher gelegenen Gewebeschichten ist dabei besondere Aufmerksamkeit zu widmen. In Wasser oder Glycerol-Wasser beobachten (Reg. 47).

Weitere Präparationsmöglichkeiten: Stärkenachweis mit Iodkaliumiodid-Lösung (Reg. 66). Einschluß in Neutralbalsam zum Nachweis der Bedeutung des Brechungsindex für die mikroskopische Auflösung feiner Strukturen (Reg. 92).

Beobachtungen (Abb. 28A): Die Übersicht über das Präparat bei schwächster Vergrößerung zeigt folgendes Bild: Unter den äußeren Abschlußgeweben fällt der mehrschichtige Kollenchymring auf, dessen Zellen dadurch leicht zu finden sind, daß ihre ungleichmäßig verdickten Zellwände charakteristisch hell leuchten. Nach innen schließt sich eine breite Zone parenchymatischer Zellen an (Rindenparenchym, **Par**), deren Inneres meist bereits in der Jugend völlig mit Stärke **(Stke)** angefüllt ist (Stärkenachweis!). In die inneren, dem Zentralzylinder genäherten Schichten dieses Gewebes sind einzelne Gruppen von Zellen mit allseitig sehr stark verdickter Wand eingelagert, die ähnlich wie beim Kollenchym hell aufleuchten. Es sind Bündel quergeschnittener Sklerenchymfasern (Bast), die bei stärkerer Vergrößerung genauer beobachtet werden sollen. Bereits in jungen Sproßabschnitten sind die Wandverdickungen **(Zwd)** oft so umfangreich, daß das Lumen der Zellen **(Lu)** bis auf einen winzigen Rest eingeengt ist. Das Verdicken der Wände erfolgt periodisch ungleichmäßig, der Querschnitt zeigt dadurch deutliche Schichtung: Auf die dünnen Primärwände

S

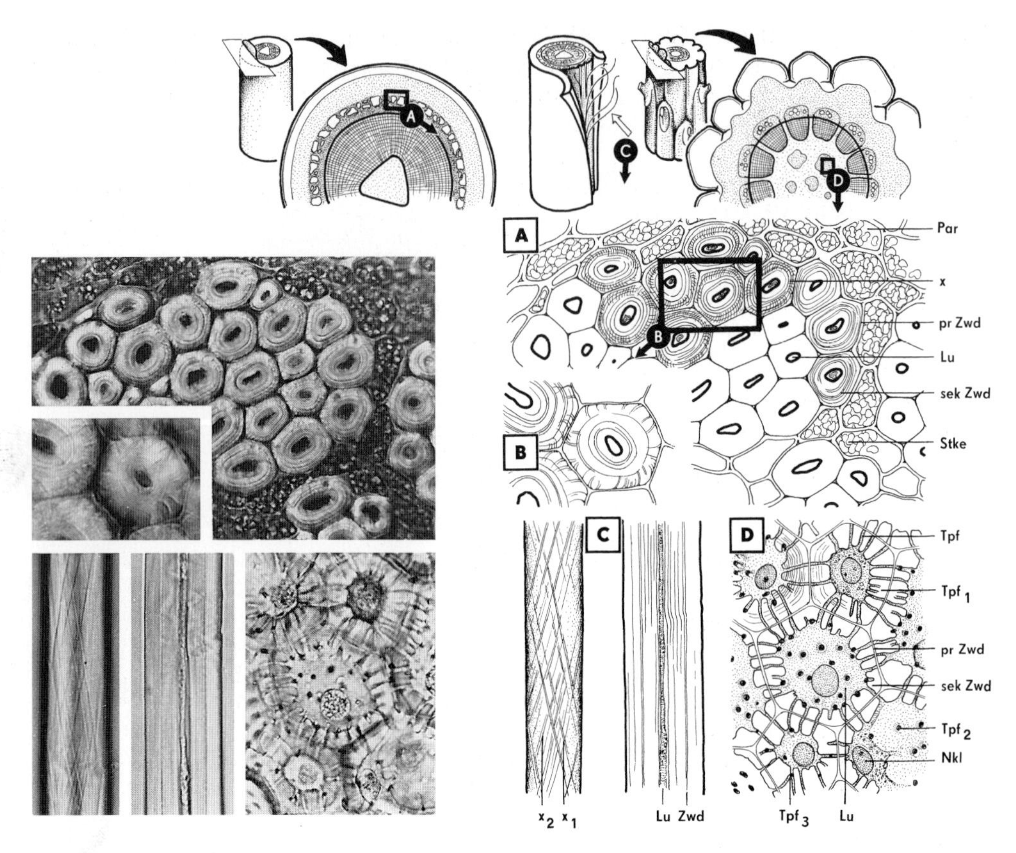

Abb. 28. Sklerenchyme. **A**: *Nerium oleander.* Sklerenchymfasern im Querschnitt. Lage: Gebündelt im stärkeführenden **(Stke)** Rindenparenchym **(Par)**. **Lu** Lumen-Rest, **prZwd** primäre Zellwand, **sekZwd** sekundäre Zellwand der Sklerenchymfasern. **x** radiale Streifung der äußeren Sekundärwandschichten. **B**: Ausschnitt aus A stärker vergrößert, Zellwandschichtung! **C**: *Nerium oleander.* Ausschnitte aus Sklerenchymfasern in Längsansicht. Rechts: Beobachtungsebene auf die Mitte der Faser eingestellt (=optischer »Längsschnitt«). **Zwd** geschichtete, stark verdickte Zellwand. **Lu** Lumen der Faser mit Resten des Protoplasten. Links: Beobachtungsebene auf die Oberfläche der Faser eingestellt. $\mathbf{x_1}$ und $\mathbf{x_2}$ gegenläufige, schraubige Streifung der äußeren Sekundärwandschichten. **D**: *Picea abies.* Sklereide. Stark mit Tüpfelkanälen **Tpf** durchsetzte Sekundärwände **sekZwd**. $\mathbf{Tpf_1}$ schräg zur Beobachtungsebene verlaufende Tüpfelkanäle. $\mathbf{Tpf_2}$ Tüpfelaustritt in Aufsicht auf die Zellwandfläche. $\mathbf{Tpf_3}$ Fusion zweier Tüpfelkanäle durch fortschreitende Wandverdickung; **prZwd** primäre Zellwand, **Nkl** Zellkern, **Lu** Lumen der Zelle.
A 320 : 1, B 520 : 1, C 400 : 1, D 530 : 1.

(prZwd) folgen mehrere sekundäre Verdickungsschichten **(sekZwd).** Innerhalb dieser Schichten beobachtet man eine charakteristische Streifung der Wände. Der zuerst auf die Primärwand aufgelagerte Zellwand-Hohlzylinder ist deutlich radial gestreift **(x).** Ähnlich wie die Speichen eines sich drehenden Rades bewegen sich diese Streifen beim Fokussieren gleichmäßig in einer Richtung. Ist eine solche Struktur auch in der nach innen folgenden Schicht vorhanden (nicht immer deutlich zu erkennen), so wandern diese jetzt in entgegengesetzter Richtung verlaufenden Linien beim Fokussieren im umgekehrten Sinne. Ursache der Erscheinung ist eine in Längsrichtung verlaufende spiralige Feinstruktur der Fasern, die durch unterschiedlichen Quellungsgrad der Zellwandelemente bedingt ist. Die durch den verschiedenen Wassergehalt entstehenden Streifen sind oft in zwei sich kreuzenden Systemen angeordnet, wodurch die zu beobachtende gegenläufige Bewegung der Querschnittsbilder erklärt wird. Die zuletzt aufgelagerten innersten Verdickungsschichten sind konzentrisch gestreift. Die Fasern enthalten beim Oleander in den meisten Fällen noch einen lebenden Protoplasten, da er hier lange erhalten bleibt und so das kleine Zell-Lumen dicht ausfüllt. Tüpfel, obwohl bei Sklerenchymfasern sonst häufig, sind in unserem Objekt kaum zu beobachten.

Weitere Beobachtungen: Der Nachweis, daß die Schichtung und Streifung der Zellwände auf verschiedenem Lichtbrechungsvermögen unterschiedlich gequollener Wandteile beruht, läßt sich leicht führen. Dringt zwischen diese Strukturen in der Zellwand ein Medium von gleicher Brechzahl ein wie die von Cellulosefasern (z. B. Neutralbalsam n_D^{20} etwa 1,53), so verschwinden die Streifen im mikroskopischen Bild.

S

Fehlermöglichkeiten: Schräg geschnittene oder zu dicke Präparate lassen sich nicht in einer Ebene scharf abbilden – sie sind unbrauchbar!

Weitere Objekte:

Linum usitatissimum (Linaccac), Saat-Lein, Flachs
Querschnitt durch die Sproßachse. Sklerenchymfaserstränge an der Grenze zwischen Rindenparenchym und Phloem. Starke Wandverdickung erst gegen Ende der Vegetationsperiode. Zellwandstrukturen nicht immer deutlich. Ring- und Längslamellierung. Lebender Protoplast bleibt lange erhalten. Wirtschaftliche Bedeutung der Fasern!

Cannabis sativa (Cannabinaceae), Gebauter Hanf
Querschnitt durch die Sproßachse. Dicke Sklerenchymfasern mit verholzten Wänden im äußeren Phloem. Wirtschaftliche Bedeutung!

Urtica dioica (Urticaceae), Große Brennessel
Querschnitt durch die Sproßachse. Sklerenchymfasern einzeln, fast über das gesamte Rindenparenchym zerstreut. Starke Wandverdickungen in konzentrischer Schichtung erst in älteren Pflanzen zu beobachten. Lebender Protoplast bleibt lange erhalten. Wirtschaftliche Bedeutung der Fasern!

Vinca minor (Apocynaceae), Kleines Immergrün
Alte Sproßachse, Querschnitt. Häufige Garten-Zierpflanze. Sehr schöne Sklerenchymfaserbündel im innersten Rindengebiet. Radiale und konzentrische Streifung deutlich. Protoplast bleibt lange erhalten.

Begonia rex (Begoniaceae), Begonie, Schiefblatt
Häufige Zimmerpflanze. Blattstielquerschnitt. Einzelne Sklerenchymfasern im Gebiet der Gefäßbündelscheiden, konzentrische Schichtung deutlich, ohne lebenden Inhalt, Tüpfelkanäle.

Malus domestica (Rosaceae), Garten-Apfelbaum, oder *Pyrus communis* (Rosaceae), Garten-Birnbaum
Fruchtstiel, Querschnitt. In der innersten Rindenschicht Sklerenchymfaserstränge – außerdem Skleréiden! – Sehr reich getüpfelt, enges Zell-Lumen, ohne lebenden Inhalt. Längsschnitte sehr lohnend!

Tilia platyphyllos (Tiliaceae), Sommer-Linde; *Betula pendula* (Betulaceae), Hänge-Birke; *Fraxinus excelsior* (Oleaceae), Gemeine Esche; *Ulmus laevis* (Ulmaceae), Flatter-Ulme
Querschnitte junger Sproßachsen. Umfangreiche Sklerenchymfaserstränge – »Bastfasern« – über die gesamte Rinde verstreut. Tüpfel und Schichtung der Zellwände deutlich.

Clematis vitalba (Ranunculaceae), Weiße Waldrebe, *Aristolochia macrophylla* (Aristolochiaceae), Pfeifenwinde, *Vitis vinifera* (Vitaceae), Edler Weinstock
Querschnitt durch die Sproßachse. Geschlossene Sklerenchymfaserstränge in der Rinde. Tüpfel deutlich.

Forsythia spec. (Oleaceae), Forsythie
Junge Sproßachse, Querschnitt. Sehr gut zu beobachtende Sklerenchymfasern mit deutlichen Tüpfeln am inneren Rande des Rindenparenchyms.

Beobachtungsziel: Längsansicht unverletzter Sklerenchymfasern

Objekt: *Nerium oleander* (Apocynaceae), Oleander. Sproßachse.

Präparation: Von kurzen, etwa 1–2 cm langen Achsenstücken (s. Zuführungsschema zu Abb. 28) wird ein Teil der Rinde wie folgt abgelöst: Mit einer Rasierklinge schneidet man das Sproßstückchen dicht nebeneinander zweimal längs ein, ohne den zentralen Leitgewebezylinder zu verletzen. Der zwischen den Einschnitten liegende Rindenabschnitt läßt sich nun von einer der Querschnittflächen her mit einer Nadel oder einem anderen geeigneten Instrument leicht abtrennen. Dabei fasert die Trennungsschicht auf, und es gelingt mühelos, mit der Pinzette einige Fasern herauszuzupfen. Das Auffasern wird gefördert, wenn man mit einer Nadel an den Abtrennungsstellen der Rinde oder der Einkerbung am Sproß quer zur Längsrichtung der Sproßachse etwas kratzt. Die so gewonnenen einzelnen Sklerenchymfasern sollen wie üblich auf einem Objektträger zu einem Präparat verarbeitet werden (Reg. 47).

Beobachtungen (Abb. 28C): Das Präparat vermittelt – am besten bei schwächster Vergrößerung – einen Eindruck von der Gestalt und Längsausdehnung der faserförmigen Zellen. Deutlich sind die scharf zugespitzten Enden zu erkennen, mit denen die Fasern ineinander verkeilt sind (Festigkeit!). Stärkere Vergrößerung läßt Strukturen erkennen, die das Verständnis der Querschnittsbilder (s. S. 102) vertiefen helfen: Überall sind die Zellwände extrem stark verdickt **(Zwd)**. Das Zell-Lumen **(Lu)** ist bis auf kleinste Reste zugunsten der Wandverdickungen eingeschränkt worden, es erscheint bei mittlerer Einstellung der Beobachtungsebene als enger, meist mit Protoplasma erfüllter Kanal. Auffallend sind einzelne, bauchig aufgetriebene Stellen der Fasern, an denen sich besonders reichlich Protoplasma ansammelt. Es sind die Stellen, an denen ein Zellkern liegt oder – bei Zellen, die schon mehr und mehr aus dem Stoffwechsel ausgeschieden sind – gelegen hat.
Die im Querschnitt beobachteten radialen Streifen der ersten, äußeren Verdickungsschichten erscheinen in der Längsansicht als zarte Schraubenlinien auf der Oberfläche der Fasern (**x_1**) (nur bei Scharfeinstellung auf die Oberfläche zu erkennen, Teilbild C, links). Senkt man den Mikroskoptubus etwas, so erscheinen häufig schraubig angeordnete Streifen, deren Windungen in entgegengesetzter Richtung laufen (**x_2**) (Streifung der nächst tiefer gelegenen Verdickungsschicht). Die Linien sind Ausdruck des Feinbaues der Faserzellwand, der ähnlich wie bei den Einzelfäden eines Seiles für erhöhte Zugfestigkeit sorgt (Aneinanderpressen, erhöhte Reibung). Ist der optische Schnitt durch die Längsachse der Faser (Abb. 28 C, rechts) scharf eingestellt, verschwinden die Streifen. Die Zellwand **(Zwd)** beiderseits des jetzt sichtbaren schmalen Lumens **(Lu)** erscheint nun deutlich parallel zur Oberfläche geschichtet. Es sind die gleichen Strukturen, die am Querschnitt als konzentrische Lamellierung der innersten, jüngsten Verdickungsschichten beobachtet werden konnten. Unabhängig von allen bisher geschilderten Strukturen erkennt man oft zusätzlich eine sehr zarte, dichte Streifung in den Wänden senkrecht zur Längsachse der Zellen.

Fehlermöglichkeiten: Zu junges Material zeigt nicht alle geschilderten Strukturen und Schichtungen. Am besten eignen sich die ältesten Teile der noch grünen Sproßachsen unmittelbar vor Beginn der Peridermbildung. Sind beim Präparieren keine Fasern zu gewinnen, ist die Rinde des Achsenstückes zu tief oder zu flach eingeritzt worden. Es ist vorteilhaft, sich vorher am Querschnitt über die Lage des Sklerenchyms zu informieren, um gut gezielt präparieren zu können.

Weitere Objekte:

Linum usitatissimum (Linaceae), Saat-Lein, Flachs
Präparation entsprechend *Nerium:* Rindenabzug und Auffaserung, Streifung nicht immer deutlich, Schichtung gut zu sehen.

Vinca minior (Apocynaceae), Kleines Immergrün
Altes, verholztes Sproßstück. Rindenabzug oder wiederholtes Knicken, Auffaserung der Bruchstelle: Fasern mikroskopisch beobachten. Wandstrukturen sehr deutlich.

Beobachtungsziel: Sklereide in Sproßachsen

Objekt: *Picea abies* (Pinaceae), Gemeine Fichte. Maitriebe.

Präparation: Es werden dünne Querschnitte nicht zu junger Maitriebe angefertigt (Reg. 114). Es ist vorteilhaft, die Nadeln vorher zu entfernen. Die beste Schnittqualität soll im

Bereich des Markes liegen. Der Einschluß erfolgt am einfachsten in Gycerol-Wasser (Reg. 47).

Weitere Präparationsmöglichkeiten: Phloroglucinol – Salzsäure-Reaktion zur Kennzeichnung verholzter Zellwände (Reg. 101). Kernfärbung nach der Heitzschen Kochmethode (Reg. 73).

Beobachtungen (Abb. 28D): Die Aufmerksamkeit gleich auf das im Zentrum der jungen Sproßachse gelegene Mark richten. In das großzellige Parenchym sind Nester dickwandiger Zellen eingefügt, deren Wände stark mit Tüpfelkanälen durchsetzt sind: Steinzellhaufen (Brachysklereide). Eine solche Gruppe Sklereiden bei stärkerer Vergrößerung genauer betrachten. Form und Größe der Zellen gleichen fast völlig denen der benachbarten Markparenchymzellen. Auffallend anders ist jedoch die Zellwand aufgebaut: Auf das deutlich sichtbare Netz der Primärwände **(prZwd)** sind sehr starke sekundäre Wandschichten **(sekZwd)** aufgelagert. Diese sekundären, schon frühzeitig verholzenden Wandverdickungen sind deutlich geschichtet. Alle Wände werden von zahlreichen, ziemlich weiten Tüpfelkanälen **(Tpf)** durchbrochen. Im Querschnitt erscheinen diese Tüpfel oft verzweigt **(Tpf_3)**, obwohl es sich hierbei in Wirklichkeit umgekehrt um eine Fusion mehrerer Tüpfel handelt, die bei fortschreitendem Wachstum durch das sich mehr und mehr verengende Lumen **(Lu)** verursacht wird. Scheinbar blind in der Sekundärwand endende Tüpfel **(Tpf_1)** verlaufen schräg zur Beobachtungs- bzw. Schnittebene und erreichen erst oberhalb oder unterhalb dieser das Zell-Lumen bzw. den Nachbartüpfel (beachte: Tüpfel stellen stets eine direkte Verbindung zwischen zwei Zellen her; Funktion! Sie enden daher nicht blind; Tüpfel benachbarter Zellen treffen genau aufeinander). Bei Sicht auf eine dem Beobachter zugewandte oder abgewandte Fläche der Zellwand erscheinen die Tüpfel als kreisrunde oder ovale Flecke **(Tpf_2)**, die zahlreich und deutlich zu beobachten sind. Der Zellraum wird lange Zeit von einem lebenden Protoplasten ausgefüllt, der erst mit der völligen Ausdifferenzierung der Steinzellen zugrunde geht. In unserem Objekt – kein zu altes Material vorausgesetzt – finden wir in fast allen Steinzellen auffallend große Zellkerne **(Nkl)**, deren Durchmesser ein Drittel und mehr der Zellraumbreite einnimmt.

Weitere Beobachtungen: Die Reaktion mit Phloroglucinol-Salzsäure ergibt deutliche Rotfärbung der Sekundärwände, was auf deren frühzeitige Verholzung schließen läßt. Das Studium der großen Zellkerne ist sehr lohnend. Nach Färbung mit Karminessigsäure fallen sie durch ihre kräftig dunkelrote Farbe besonders auf.

Fehlermöglichkeiten: Auf die richtige Deutung des Tüpfelverlaufes ist besonderer Wert zu legen. In sehr jungem Material mit geringen sekundären Wandverdickungen ist »Verzweigung« der Tüpfelkanäle nicht zu beobachten.

Weitere Objekte:

Malus domestica (Rosaceae), Garten-Apfelbaum, oder *Pyrus communis* (Rosaceae), Garten-Birnbaum
Fruchtstiel, Querschnitt. Brachysklereide im Rindenparenchym.

Fagus sylvatica (Fagaceae), Rot-Buche
Querschnitt durch die Sproßachse. Im Parenchym der Rinde und besonders der primären Markstrahlen im Bereich des Phloems große Steinzellen.

Quercus robur (Fagaceae), Stiel-Eiche
Borke, Querschnitt. Steinzellen im Parenchym eingebettet. Besonders häufig in den peripheren Borkeschichten.

Betula pendula (Betulaceae), Hänge- Birke
Querschnitt durch die Sproßachse. Lage der Sklereiden entsprechend *Fagus*.

Fraxinus excelsior (Oleaceae), Gemeine Esche
Querschnitt durch die Sproßachse. Lage der Sklereiden entsprechend *Fagus*.

Juglans regia (Juglandaceae), Echte Walnuß
Querschnitt durch die Sproßachse. Lage der Sklereiden entsprechend *Fagus*.

Zum Studium der Sklereide eignen sich verschiedene Früchte besonders gut. Lohnende Objekte, die meist auch leicht zugänglich sind, seien nachfolgend empfohlen, obwohl es sich bei diesen Zellen nicht um Bauelemente der Sproßachse handelt.

Pyrus communis (Rosaceae), Garten-Birnbaum
Querschnitt oder Quetschpräparat vom Fruchtfleisch, besonders nahe dem Kerngehäuse, umfangreiche Steinzellnester.

Cydonia oblonga (Rosaceae), Echte Quitte
Steinzellhaufen im Fruchtfleisch, Präparation wie bei *Pyrus*.

Cerasus avium (Rosaceae), Süß-Kirsche, Vogel- Kirsche
Quer- oder Oberflächenschnitte vom Kirschkern; Endokarp aus stark getüpfelten Steinzellen aufgebaut.

Juglans regia (Juglandaceae), Echte Walnuß
Nußschale, Oberflächenschnitt. Steinzellen mit dicken, getüpfelten Wänden.

1.1.1.3. Innere Scheiden

Beobachtungsziel: Stärkescheide im Querschnitt der Sproßachse

Objekt: *Hosta ventricosa* (Liliaceae), Funkie. Beliebte Zierpflanze, die in vielen Gärten kultiviert wird. Sproßachse.

Präparation: Dünne Querschnitte von der jungen Sproßachse herstellen (Reg. 114). Die Schnitte sollen sofort in Iodkaliumiodid-Lösung (Reg. 66) eingelegt werden. Nach dem Anfertigen eines entsprechenden Präparates Objekt entweder in dieser Lösung oder in Wasser bzw. Glycerol-Wasser beobachten (Reg. 47).

Weitere Präparationsmöglichkeiten: Radiale Längsschnitte durch die Sproßachse.

Beobachtungen (Abb. 29): Der Querschnitt zeigt zwischen den äußeren Leitbündeln und dem Rindenparenchym bereits beim Betrachten mit nur schwächster Vergrößerung einen auffallend blauschwarz gefärbten Ring **(StkeSch)**. Bei stärkerer Vergrößerung sind Lage und Eigenheiten dieser Zellschicht, der sogenannten Stärkescheide, genauer zu beschreiben: Sie ist der innerste Abschluß des großzelligen Rindenparenchyms **(RinPar)** gegen den Zentralzylinder **(Zzy)** hin, der hier in besonderer Weise differenziert ist. Die lückenlos aneinanderschließenden Zellen des Gewebes sind mit großen Stärkekörnern **(Stke)** angefüllt. Alle übrigen Zellen der Sproßachse sind dagegen nahezu stärkefrei. Bei Zusatz von

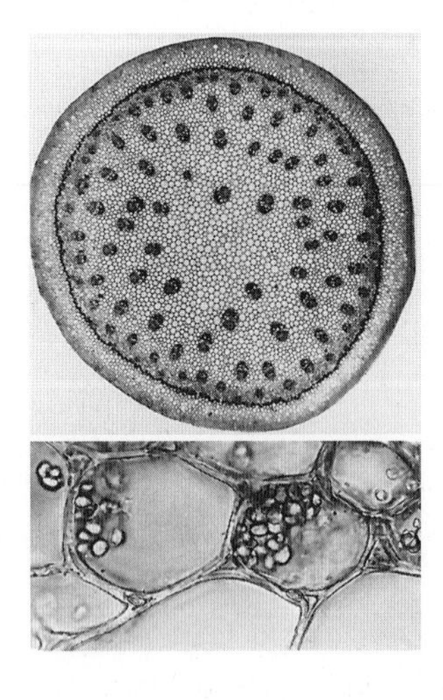

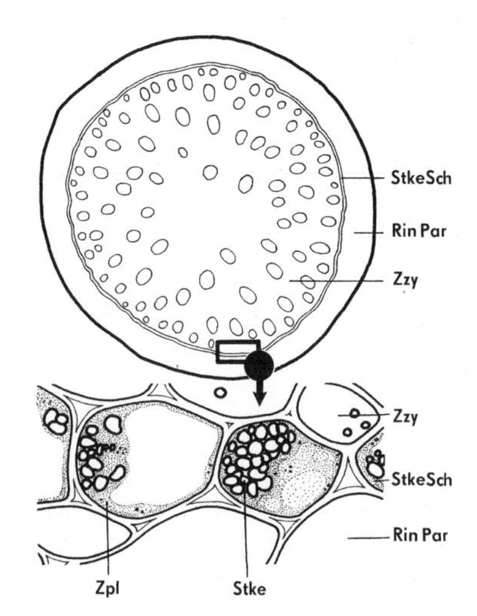

Abb. 29. *Hosta ventricosa.* Stärkescheide **(StkeSch)** zwischen Rindenparenchym **(RinPar)** und Zentralzylinder **(Zzy)**. **Zpl** Zytoplasma, **Stke** Stärkekörner. Oben 20 : 1, unten 390 : 1.

Iodkaliumiodid-Lösung tritt die Stärkescheide deshalb durch die Blaufärbung ihrer Einschlüsse (Iod-Stärke-Reaktion!) deutlich hervor.
Die Zellen dieser der Endodermis homologen Bildung besitzen einen lebenden Protoplasten (**Zpl**; besonders nach schlechter Fixierung auffallend!).

Weitere Beobachtungen: Durch die Behandlung der Schnitte mit Iodkaliumiodid-Lösung färben sich die sklerenchymatischen Gewebeteile dunkelgelb bis rötlichbraun. Sehr lohnend sind radiale Längsschnitte durch die Sproßachse. Der Charakter des Gewebes als Scheide wird hierbei besonders deutlich. Zellkern und alle Einschlüsse sind gut zu beobachten.

S

Fehlermöglichkeiten: Das Material wird am besten kurz vor dem Öffnen der ersten Blüten fixiert. Spätere Sklerenchymatisierung und Einlagerung verschiedener Zelleinschlüsse beeinträchtigen die Übersichtlichkeit und erschweren das Studium. Der Stärkereichtum der Zellen nimmt mit zunehmendem Alter ab.

Weitere Objekte:

Nicotiana tabacum (Solanaceae), Virginischer Tabak
Querschnitt durch die Sproßachse. Stärkescheide als innerste Schicht des umfangreichen Rindenparenchyms.

Lamium album (Lamiaceae), Weiße Taubnessel
Querschnitt durch die Sproßachse, Stärkescheide.

Petroselinum crispum (Apiaceae), Garten-Petersilie
Querschnitt durch die Sproßachse, Stärkescheide.

Helianthus annuus (Asteraceae), Gemeine Sonnenblume
Querschnitt durch die Sproßachse, Stärkescheide.

Impatiens parviflora (Balsaminaceae), Kleines Springkraut
Querschnitt durch die Sproßachse. Großzelliges wenigschichtiges Rindenparenchym grenzt mit gut ausgebildeter Stärkescheide an den Zentralzylinder.

1.1.1.4. Leitgewebesystem

Beobachtungsziel: Elemente des Phloems im Quer- und Längsschnitt

Objekt: *Cucurbita pepo* (Cucurbitaceae), Garten-Kürbis. Ältere Sproßachse.

Präparation: Von einem nicht zu nahe der Spitze (Mindestabstand etwa 50 cm) entnommenen Sproßstück dieser Kletterpflanze sind zunächst Querschnitte anzufertigen. Da das Ziel der Beobachtungen auf das Leitgewebe gerichtet ist, verfährt man beim Schneiden vorteilhaft in folgender Weise: Mit bloßem Auge sind rippenartig in das Innere des hohlen Stengels hervorspringende Kanten zu erkennen, die jeweils ein großes, für die beabsichtigten Untersuchungen besonders günstiges Leitbündel enthalten (die weitlumigen Gefäße dieses sich deutlich von der Umgebung abhebenden Gewebes sind ebenfalls schon ohne optische Hilfsmittel gut zu erkennen). Es werden nun diese Leitbündel enthaltenden Rippen durch entsprechende radiale Längsschnitte isoliert, so daß nur jeweils ein strangförmiger Sektor der hohlen Sproßachse für die Herstellung der Querschnitte durch die Leitbündel benutzt wird (s. Zuführung in Abb. 31). Diese Materialvorbereitung ist auch für den zweiten Arbeitsgang, die Anfertigung von Längsschnitten durch das Phloem, notwendig. Hierbei beginnt man am besten an der inneren, der Markhöhle zugewandten Kante. Die Schnittrichtung soll parallel der Außenkante, also tangential, liegen. Das Leitbündel ist bikollateral gebaut (s. S. 120). Deshalb kann man nach dieser Anweisung zweimal im Bereiche des Phloems schneiden: zu Beginn durch den inneren Siebteil und – nach Abtrennung des in der Mitte gelegenen Gefäßteiles – durch das Außenphloem. Der Längsschnitt kann auch radial durch das Bündel geführt werden. Gute Schnitte zu erhalten, gelingt bei wenig Übung hierbei jedoch seltener.

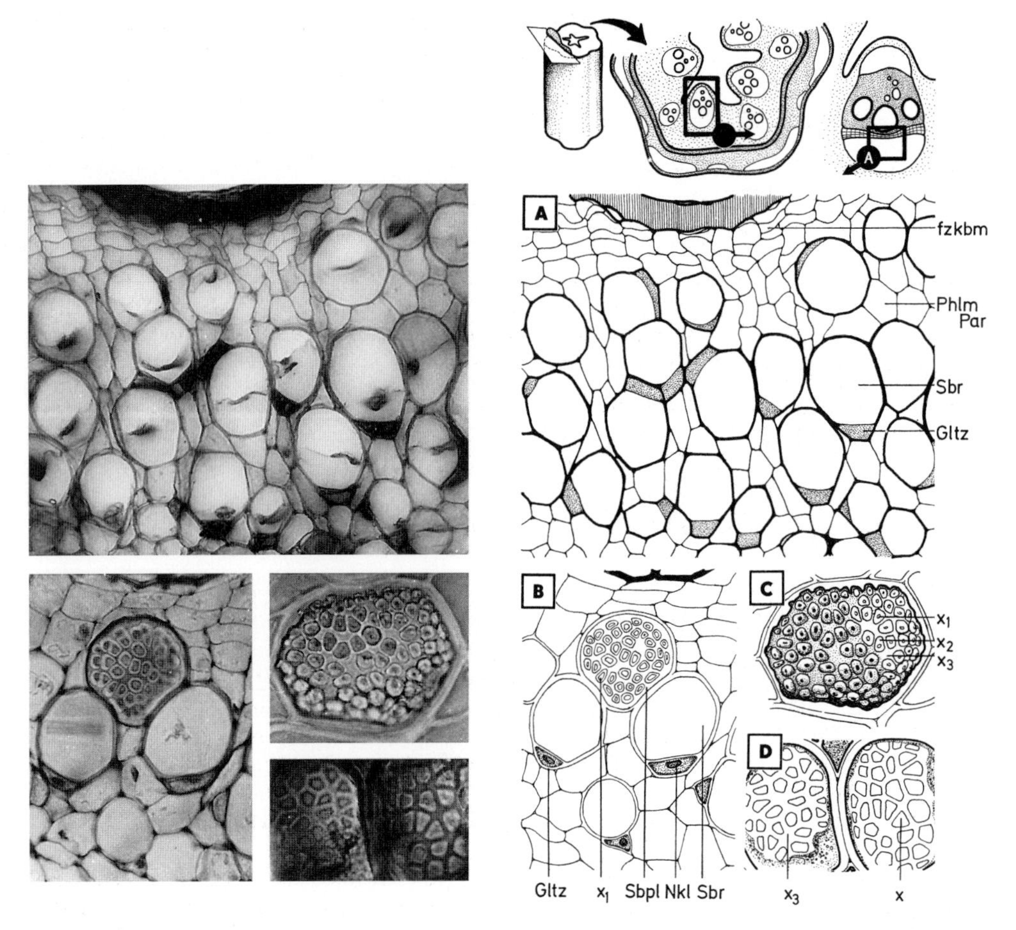

Abb. 30. *Cucurbita pepo.* Elemente des Phloems im Querschnitt. **A**: Übersicht über das Phloem mit angrenzendem faszikulärem Kambium **(fzKbm)** und Xylem (Rand einer Trachee angeschnitten; oberer Bildrand). **B**: Siebröhren **(Sbr)** mit ihren je einen Zellkern **(Nkl)** enthaltenden Geleitzellen **(Gltz)**, von Phloemparenchym **(PhlmPar)** umgeben. Eine der Siebröhren in Höhe der Siebplatte **(Sbpl)** geschnitten. $\mathbf{x_1}$ durch Kallose verengte Siebpore. **C**: Ältere Siebplatte nach Beginn der Kallose-Verstopfung: $\mathbf{x_1}$ durch Kallose verengte Siebpore, $\mathbf{x_2}$ Kallose-Belag, $\mathbf{x_3}$ Teile der Siebplatte ohne Kallose-Auflagerung. **D**: Zwei junge Siebplatten ohne Kallose-Auflagerung. **x** große siebartige Durchbrüche (Siebporen). $\mathbf{x_3}$ Gerüst der Siebplatte. A 200 : 1, B 250 : 1, C und D 320 : 1.

Ein Teil der so gewonnenen Quer- und Längsschnitte ist in dieser Form in Wasser oder Glycerol-Wasser zu beobachten (Reg. 47). Ein anderer Teil des Materials wird mit Anilinblau gefärbt (Reg.5) und zur Untersuchung in Glycerol eingebettet.

Weitere Präparationsmöglichkeiten: Auflösung des Protoplasten und der Kallose durch Behandlung mit Eau de Javelle (Reg. 27) oder Kalilauge (Reg. 68). Zur Färbung der Kallose eignet sich auch besonders gut eine Lösung von Korallin in Soda (Reg. 80). Mit Iodkaliumiodid-Lösung färbt sich Kallose gelbbraun (Reg. 66) und die in den Siebröhren enthaltene Stärke violett.

Beobachtungen: *Der Querschnitt* (Abb. 30): Die Übersicht über ein Leitbündel bei schwacher Vergrößerung gibt Auskunft über die Lage der Siebelemente: Bedingt durch den bikollateralen Bau (s. S. 120) ist ein inneres (an der Markhöhle gelegenes) und äußeres

Phloem (zum Rindenparenchym zu gelegen) anzutreffen. Zentral zwischen diesen beiden Teilen befindet sich das Xylem (leicht zu erkennen an den weiten Tracheen).
Tätiges, äußeres Phloem läßt sich am besten studieren. Die weitere Aufmerksamkeit ist daher vor allem auf dieses Gebiet zu konzentrieren. Bei stärkerer Vergrößerung fallen die weitlumigen Siebröhren **(Sbr)** auf, besonders an den Stellen, wo der Schnitt unmittelbar in der Nähe einer Siebplatte **(Sbpl)** geführt wurde, so daß diese im Präparat erhalten geblieben ist. Die Siebplatte, die horizontal oder schräg gestellte Querwand zwischen zwei Siebröhrengliedern, ist – hier auffallend grob – siebartig durchlöchert **(x)** (Plasmadurchtritt!).
Zunehmend mit fortschreitendem Altern wird Kallose auf die Platten aufgelagert (in den mit Anilinblau gefärbten Präparaten leuchtend blau gefärbt). Der Vorgang beginnt mit dem Verschließen der Poren. Bei starker Vergrößerung erkennt man in älterem Material daher meist eine konzentrische Strukturierung der Siebplatte im Bereich eines Porus.

Von innen nach außen sind folgende Zonen zu erkennen:
1. Der durch die Kalloseauflagerung verengte Porus $\mathbf{x_1}$.
2. Der von Kallose bereits verstopfte Teil des Porus, einschließlich dem Kallosebelag auf der Platte am Rande des Porus $\mathbf{x_2}$.
3. Noch unveränderte Siebplattenteile $\mathbf{x_3}$. Die Siebplatte selbst ist häufig felderartig strukturiert.

Die Siebröhren werden von kleinen, im Querschnitt meist viereckigen Zellen, den Geleitzellen **(Gltz)**, flankiert. Sie erscheinen im Mikroskop stets dunkler als ihre Nachbarzellen, da sie dicht mit Plasma angefüllt sind. Dadurch sind sie leicht aufzufinden. Nicht selten kann man im Inneren den großen Zellkern entdecken **(Nkl)**. Zwischen den Siebröhren mit ihren Geleitzellen liegt reichlich Phloemparenchym **(PhlmPar).**
Der Längsschnitt (Abb. 31): Der Längsschnitt zeigt die Siebröhrenglieder **(Sbr)** in ihrer vollen Längsausdehnung von Siebplatte zu Siebplatte **(Sbpl)**. Die Beobachtung ist wesentlich erleichtert, wenn wir das mit Anilinblau gefärbte Material zum weiteren Studium verwenden. Die Siebplatten mit ihren oft dicken Kallosebelägen **(x)** erscheinen tief blau gefärbt. Ebenfalls blau ist der Inhalt der Siebröhrenglieder: periphere, besonders in der Nähe der Siebplatte angehäufte Plasmareste und zentrale, von Platte zu Platte reichende Plasmafahnen **($\mathbf{x_1}$)** (im fixierten Material strangförmig). Etwas in Schnittrichtung geneigte Siebplatten kann man im Querschnitt und in der Aufsicht gleichzeitig sehen. Den Siebröhren seitlich dicht angeschmiegt liegen die viel engeren Geleitzellen **(Gltz)**. Einem Siebröhrenglied entsprechen meist mehrere übereinanderliegende Geleitzellen, die durch Teilung aus einer Mutterzelle hervorgegangen sind. Ihr Plasmareichtum fällt auch im Längsschnitt auf. Die Längswände der Siebröhren sind von zahlreichen Siebfeldern **($\mathbf{x_2}$)** durchsetzt. Wie die Siebporen der Platten werden auch sie beim Altern mit Kallose verstopft (Abb. 31 E, F, G). Zwischen den von Geleitzellen begleiteten Siebröhren liegt längsgestrecktes, dünnwandiges Phloemparenchym **(PhlmPar)**.

Weitere Beobachtungen: Bei Behandlung mit Eau de Javelle oder Kalilauge lösen sich die Kallusbeläge weitgehend auf. Die eigentliche Ausdehnung der Siebporen wird erkennbar. Häufig sind die Geleitzellen geteilt, so daß einer Siehröhre im Querschnitt zwei nebeneinanderliegende Geleitzellen angehören. Die Geleitzellen übereinanderliegender Siebröhrenglieder sind meist gegeneinander versetzt, bilden also keine kontinuierlichen Zellreihen.

Fehlermöglichkeiten: Abweichungen von der hier gegebenen Beschreibung sind meist durch extreme Altersunterschiede des Materials verursacht (besonders sehr schwache oder viel stärkere Kalloseauflagerung auf den Siebplatten). In der Dicke der Querschnitte ist ein Kompromiß anzustreben: Dicke Präparate enthalten viele Siebplatten, lassen aber kein Studium der Zellwandverhältnisse und der Geleitzellen zu. Bei sehr dünnem Schneiden ist die Wahrscheinlichkeit geringer, daß in dem Präparat die Siebplatte eines Siebröhrengliedes gut erhalten ist.
Ist der Schnitt genau in Höhe der Siebplatte geführt, kann man keine zu dieser Siebröhre gehörende Geleitzelle beobachten (Genese!). Erscheint neben der Siebplatte trotzdem eine Geleitzelle, so gehört

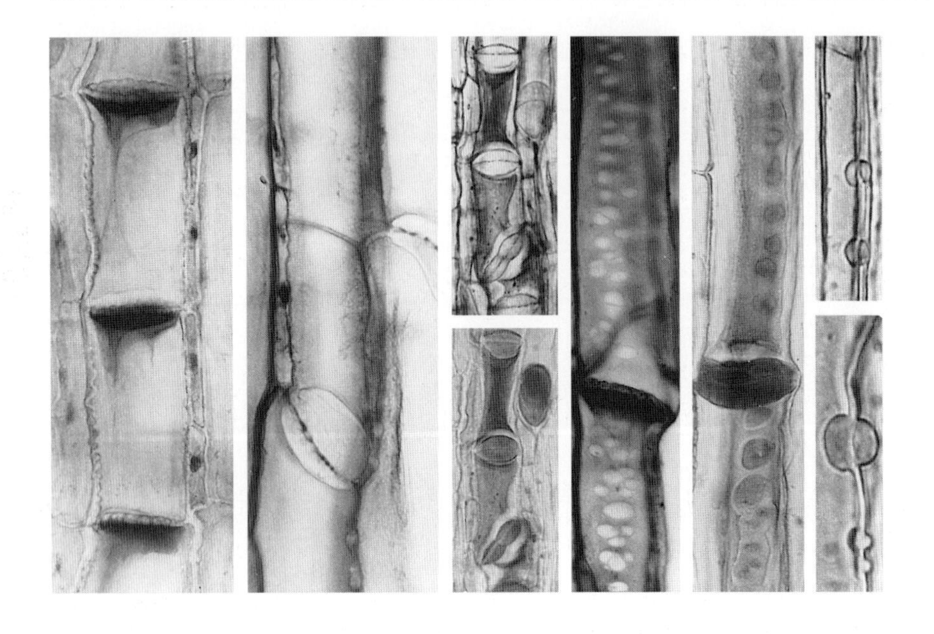

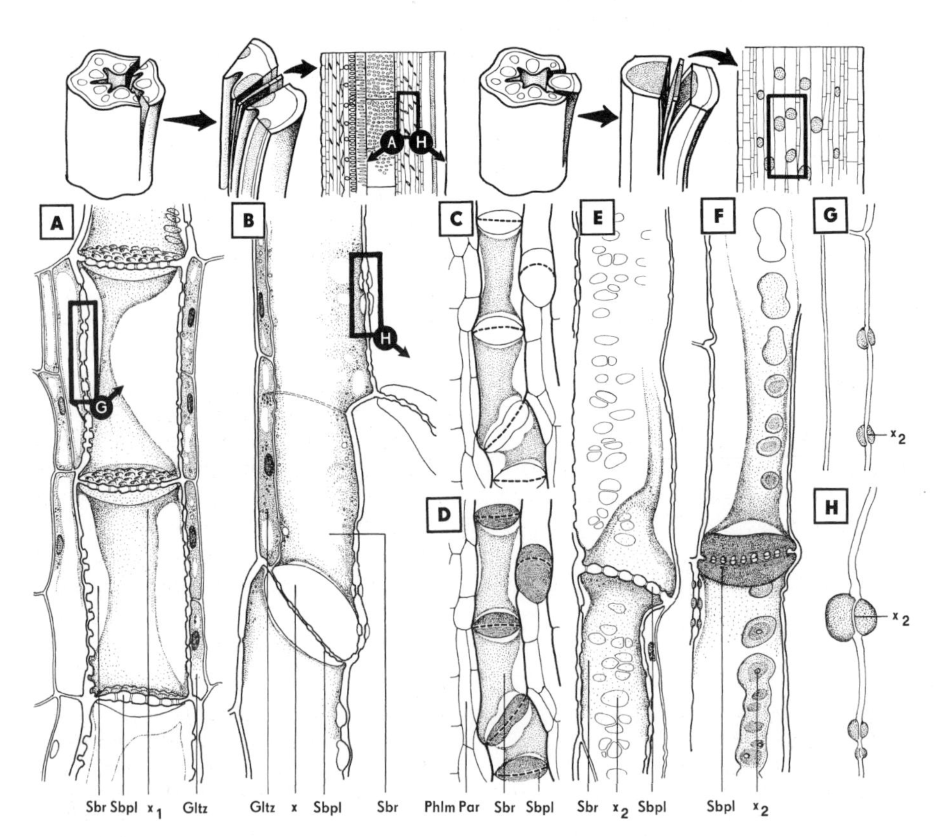
A
B
C
D
E
F
G
H
Sbr Sbpl x_1 Gltz
Gltz x Sbpl Sbr
Phlm Par Sbr Sbpl
Sbr x_2 Sbpl
Sbpl x_2
x_2

diese – auf Grund der Dicke des Präparates – dem über oder unter der Platte gelegenen Siebröhrenteil an.
Für den Längsschnitt sind immer dünnste Schnitte anzustreben.

Weitere Objekte:

Bryonia dioica (Cucurbitaceae) Rote Zaunrübe
Sproßachse, Quer- und Längsschnitte. Entsprechende Verhältnisse wie bei *Cucurbita.*

Vitis vinifera (Vitaceae), Edler Weinstock
Radialer Längsschnitt durch die Sproßachse: zusammengesetzte, aus mehreren getrennten Siebplatten bestehende Verbindungsplatte zweier Siehröhrenglieder im Querschnitt zu sehen. Tangentialschnitt durch das Phloem: Aufsicht auf diese zusammengesetzten Siebplatten.

Zea mays (Poaceae), Getreide-Mais
Querschnitt durch die Sproßachse. Siebröhren (die sehr feinporigen Siebplatten sind selten zu sehen) und Geleitzellen im außen liegenden Phloem der gleichmäßig über den Querschnitt verteilten Leitbündel. Phloemparenchym fehlt, wie bei Monokotylen üblich.

S

Beobachtungsziel: Elemente des Xylems im Quer- und Längsschnitt

Objekt: *Cucurbita pepo* (Cucurbitaceae), Garten-Kürbis. Ältere Sproßachse.

Präparation: Es werden Querschnitte, radiale Längsschnitte durch eines der großen Leitbündel und mazeriertes Material benötigt: Die Querschnitte sind in der gleichen Weise zu gewinnen, wie es im vorigen Kapitel beschrieben wurde.
Die Schnittebene für die Längsschnitte soll in radialer Richtung liegen und eine der großen, mit bloßem Auge sichtbaren Tracheen erfassen (eventuell mehrere Längsschnitte anfertigen!).
Zum Studium der verschiedenen Xylemelemente und deren Zellwandbildungen eignen sich besonders Gefäße, die durch Auflösen der Mittellamellen aus ihrem natürlichen Verband herausgelöst und isoliert wurden. Das geschieht durch Mazeration des Gewebes (Mazerationsverfahren nach Schulze: Reg. 85/2). Zur Beobachtung in der üblichen Weise mikroskopische Präparate in Wasser oder Glycerol-Wasser herstellen (Reg. 47).

Weitere Präparationsmöglichkeiten: Reaktion mit Phloroglucinol-Salzsäure (Reg. 101). Hämalaunfärbung (Reg. 55). Mehrfachfärbungen kennzeichnen verholzte und unverholzte Zellwände im gleichen Präparat (Reg. 25).

Beobachtungen: *Der Querschnitt* (Abb. 32): Zuerst ist eine Orientierung notwendig. Über Lage und Anordnung der Leitbündel im Querschnitt der Sproßachse unterrichteten wir uns bereits vor dem Anfertigen der Bündelquerschnitte. Jetzt ist bei geringer mikroskopischer Vergrößerung die Ausdehnung des Xylems innerhalb der Bündel deutlich abzugrenzen: Auffallend sind besonders einige (meist 2-4) ungewöhnlich weitlumige Tracheen **(Tre)**, die etwa die äußere Grenze des Holzteiles markieren (nach außen folgen: Parenchymzellen, das Kambium und dessen jüngste Abkömmlinge und das äußere Phloem). Zwischen diesen und nach dem Sproßinneren zu liegen ebenfalls weitlumige oder weniger auffallende Tracheen

Abb. 31. *Cucurbita pepo.* Elemente des Phloems im Längsschnitt. **A**: Junge Siebröhrenglieder **(Sbr)** und drei Siebplatten **(Sbpl)** mit geringem Kallose-Belag. **x_1**Schleim- und Zytoplasma-»Fahnen«. **Gltz** Geleitzellen. **B**: Gealterte Siebröhren **Sbr**. Siebplatte **(Sbpl)** mit dickem Kallose-Belag **(x)**. **C**: Kurze Siebröhrenglieder, deren Siebplatten dicke Kallose-Beläge zeigen. **D**: Die gleichen Gewebeteile nach Färbung mit Anilinblau. **PhlmPar** Phloemparenchym. **E**: Jugendliches Siebröhrenglied, dessen Längswände mit zahlreichen Siebfeldern **(x_2)** durchsetzt sind. Aufsicht auf die Längswand. **F**: Gealtertes Siebröhrenglied; Siebfelder **(x_2)** in den Längswänden. Siebfelder und Siebplatte mit Kallose bedeckt. **G, H**: Schnitt durch die Längswand einer Siebröhre. Die quer durchschnittenen Siebfelder **(x_2)** werden, mit dem Altern fortschreitend, durch Kallose verstopft. A, B, E, F 250 : 1, C, D 110 : 1, G, H 600 : 1.

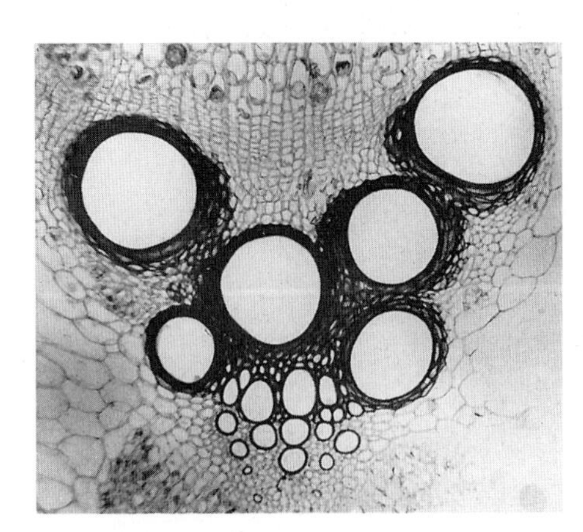

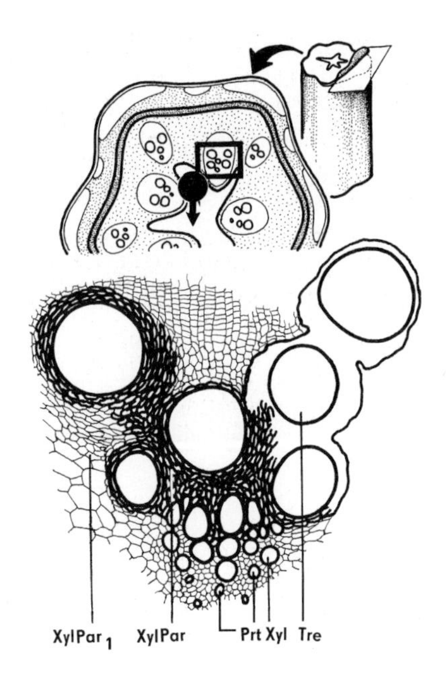

Abb. 32. *Cucurbita pepo.* Elemente des Xylems im Querschnitt. Phloroglucinol-Salzsäure-Reaktion. Übersicht über das Xylem: Weitlumige Tracheen **(Tre)** von verholztem Parenchym **(XylPar)** umgeben. **XylPar₁** nicht verholztes Parenchym. **prtXyl** Tracheiden des Protoxylems (= Xylemprimanen). 50 : 1.

und Tracheiden. Über die Art der Zellwandausgestaltung gibt der Querschnitt meist keine Auskunft. Am Innnenrande des Gefäßteiles haben die Leitungsbahnen das engste Lumen, es sind dies die ältesten Gefäße, die Xylemprimanen **(prtXyl).** Alle leitenden Elemente sind in Parenchym eingebettet, dessen Zellwände verholzt **(XylPar),** teilweise auch dünnwandig unverholzt **(XylPar₁)** sind. Die großen Gefäße sind allseitig von flachen, verholzten Parenchymzellen umgeben, die besonders regelmäßig angeordnet sind (sog. Belegzellen). Den Innenrand des Xylems kennzeichnet ein dünnwandiges Parenchym, dessen Zellen nicht teilungsfähig sind (weiter nach innen folgt unmittelbar das innere Phloem).
Der Längsschnitt (Abb. 33): Der Längsschnitt durch das Leitbündel zeigt die Tracheiden und Tracheen mit ihren charakteristischen nach innen vorspringenden Wandverdickungen. Die verschiedenartige Ausbildung der Wandverdickungen hängt mit dem Lebensalter und der der physiologischen Leistung entsprechenden Beanspruchung der Wasserleitungsbahnen zusammen. Dabei ist ständig ein Kompromiß nötig: ein möglichst ungehinderter Wasseraustausch in horizontaler und vertikaler Richtung, die Festigkeit der Gefäße (Gefahr des Zusammenfallens bei Unterdruck!) und die Dehnbarkeit im jungen, wachsenden Zustand müssen gewährleistet werden.
Durch die radiale Schnittführung im Präparat ist die Entwicklung dieser Gefäße in einer kontinuierlichen Reihe gut zu verfolgen. In der jungen Sproßachse werden zunächst wenig leistungsfähige Tracheiden angelegt, deren Wandaussteifungen aus weit auseinanderliegenden isolierten Ringen bestehen (sog. Ringtracheiden, $\mathbf{x_1}$). Die Weite des Gefäßes ist gering, und die Wände sind noch gut dehnungsfähig (die zwischen den Ringen gelegenen Wandteile sind sogar meist nach innen eingebuchtet). Wir finden diese Tracheiden im ältesten, innersten Teil des Leitbündels, dem Protoxylem.
Nach außen zu werden die Lumina der röhrenartigen Xylemelemente weiter und die ringförmigen Aussteifungen immer dichter. Es folgt eine Zone mit Leitgefäßen, deren

S

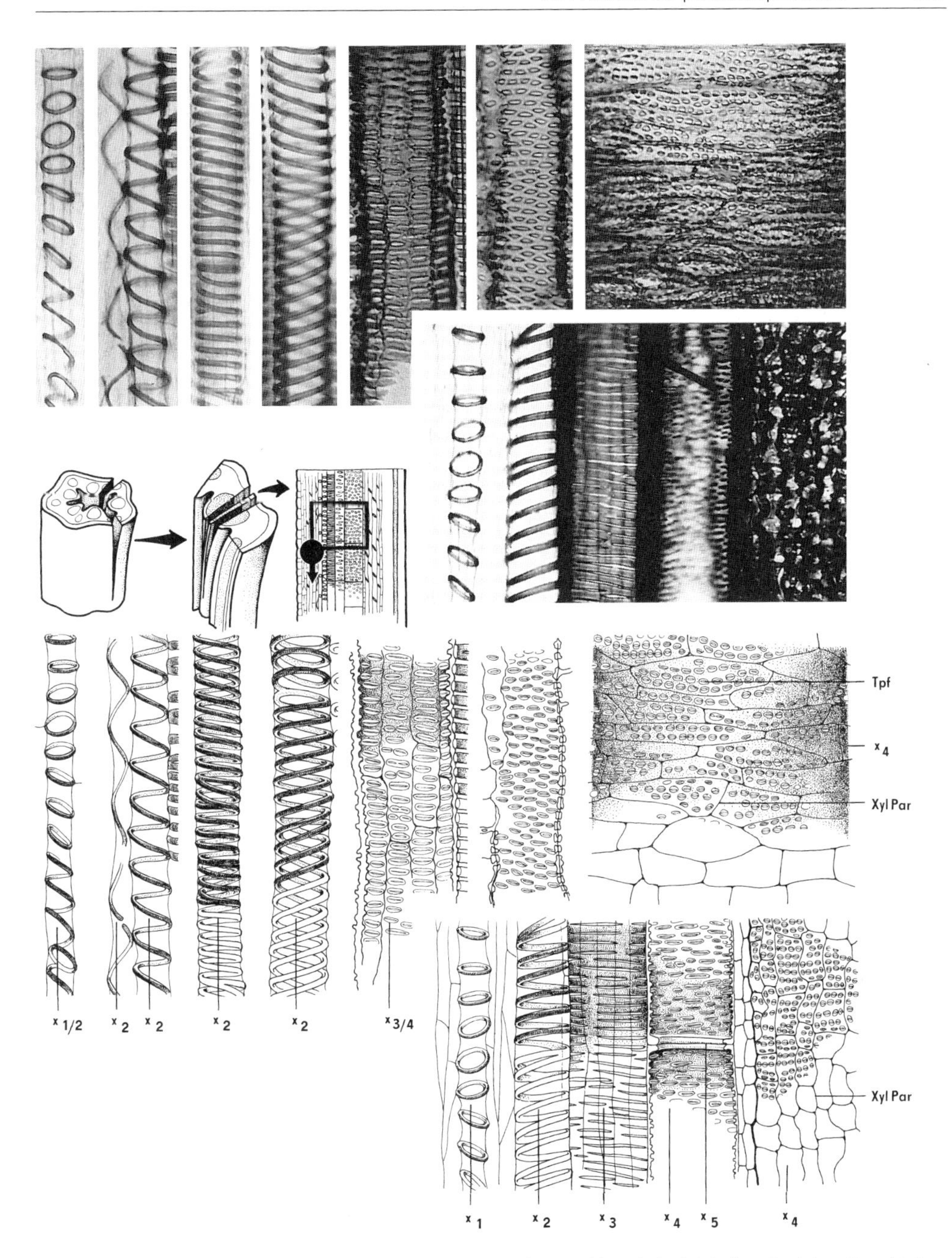

Abb. 33. *Cucurbita pepo.* Elemente des Xylems im Längsschnitt. Phloroglucinol-Salzsäure-Reaktion. Verschiedene Tracheiden und Tracheen von links nach rechts in der Reihenfolge ihrer natürlichen Entwicklung zusammengestellt (oben) und im natürlichen Gewebeverband (unten rechts). $\mathbf{x_1}$Ringgefäß, $\mathbf{x_2}$ Spiralgefäße verschiedener Entwicklungsstufen, $\mathbf{x_3}$ Netzgefäß, $\mathbf{x_4}$ Ausschnitt aus der Wand eines Tüpfelgefäßes, $\mathbf{x_{1/2}}$ und $\mathbf{x_{3/4}}$ Übergangsstadien, $\mathbf{x_5}$ Fusionsstelle zweier Tracheenglieder. **XylPar**: an die Trachee angrenzende Wände der Xylemparenchymzellen. **Tpf** Tüpfel. 140 : 1.

Wandverdickungen zusammenhängende Schraubenbänder darstellen (Schrauben- oder Spiraltracheiden, **x_2**). Diese schraubigen Verdickungsleisten sind in den ältesten Bündelteilen ebenfalls durch Dehnungsprozesse sehr stark gestreckt und auseinandergezogen. Später werden die Windungen immer enger. Sie berühren sich fast, Gabelungen und Fusionen benachbarter Windungen sind dann häufig zu beobachten. Auf diese Weise kann man sich die Entstehung der weiter außen anzutreffenden, sogenannten Netztracheen (**x_3**) erklären, deren Wandauflagerungen ein mehr oder weniger engmaschiges Netzwerk mit querliegenden Maschen bilden. Durch schrittweise Verringerung der Maschengröße entstehen die in den äußeren Bereichen des Xylems gelegenen Tüpfeltracheen (**x_4**). Das Endglied dieser Reihe stellen die zuletzt differenzierten, ganz außen liegenden, sehr weiten Tracheen dar. Diese Röhren bestehen aus kurzen Einzelgliedern, deren Längswände dicht behöft getüpfelt sind (**Tpf**). Die Reste der völlig aufgelösten Querwände dieser Röhrenglieder sind als wandständig vorspringender Doppelring (**x_5**) häufig zu erkennen.
Zwischen den genannten Haupttypen kommen alle Übergangsstufen vor (z. B. **$x_{1,2}$** und **$x_{3,4}$**). Alle Wandverdickungen sind Sekundärauflagerungen auf die dünne Primärwand, die in allen Fällen außerhalb der Verdickungsleisten und -schichten erhalten ist. Sie ist bei gewissenhafter Beobachtung und guten Präparaten stets deutlich zu sehen! Protoplasmatischer Inhalt ist in ausgewachsenen Zellen nie zu beobachten. Zwischen den Tracheiden und Tracheen liegt überall reichlich Xylemparenchym (**XylPar**). Die kurzen, schmalen Zellen sind im Bereich der Tüpfeltracheen sowohl untereinander als auch mit den Tracheen durch zahlreiche unbehöfte, einfache Tüpfel verbunden.
Nach dem Studium der natürlichen Anordnung und Aufeinanderfolge der Wasserleitungsbahnen im Leitbündel sollte der Bau der verschiedenen Tracheiden und Tracheen gewissenhaft noch einmal an isolierten Elementen betrachtet werden. Dazu am besten mazeriertes Material verwenden. Ungestört von allen Unzulänglichkeiten eines Schnittes kann man so die Architektur der Wandverhältnisse sehr schön studieren. Diese Arbeit setzt allerdings die Kenntnis der natürlichen Anordnung im Gewebeverband voraus. Ein Nachteil ist es, daß beim Mazerieren nicht nur die Mittellamelle, sondern oft auch die zarten Primärwände aufgelöst werden. Die Begrenzung der Zelle ist dann nicht mehr zu erkennen. Sehr junge Tracheiden können demzufolge so nicht untersucht werden.

Weitere Beobachtungen: Die sekundären Wandauflagerungen sind verholzt. Rotfärbung mit Phloroglucinol-Salzsäure gelingt allerdings nicht mehr, wenn mazeriertes Material für den Nachweis verwendet wird. Dann ist lediglich Cellulose nachweisbar (Chlorzinkiodreaktion!). Die Kennzeichnung verholzter und nicht verholzter Zellwände gelingt auch durch Färbung mit Hämalaun (verholzte Wände der Gefäße ungefärbt, alle anderen blau).

Fehlermöglichkeiten: In zu dicken Längsschnitten sind über den breiten Tüpfelgefäßen häufig Wandteile der Holzparenchymzellen erhalten. Sie täuschen Wandstukturen der Gefäße vor. Es sei besonders darauf hingewiesen, daß die Verdickungsleisten räumliche Gebilde sind, die auf die Primärwand aufgelagert werden (bei der zeichnerischen Wiedergabe zu beachten!).

Weitere Objekte:

Bryonia dioica (Cucurbitaceae), Rote Zaunrübe
Sproßachse, Quer- und Längsschnitt. Entsprechende Verhältnisse wie bei *Cucurbita.*

Zea may (Poaceae), Getreide-Mais
Längsschnitt durch die Sproßachse. Ring- und Spiraltracheiden gut zu beobachten, Netz- und Tüpfeltracheen nicht extrem weitlumig.

Impatiens parviflora (Balsaminaceae), Kleines Springkraut
Längsschnitt durch die Sproßachse.

Ranunculus repens (Ranunculaceae), Kriechender Hahnenfuß
Längsschnitt durch die Sproßachse.

Beobachtungsziel: Das geschlossene, kollaterale Leitbündel im Querschnitt

Objekt: *Zea mays* (Poaceae), Getreide-Mais. Sproßachse.

Präparation: Querschnitte durch eine junge Sproßachse werden benötigt (Reg. 114). Die Schnitte sollen durch das Internodium geführt werden, also nicht im Bereich der Knoten liegen. Zur Erleichterung der Orientierung sind Holzstoffreaktionen (Reg. 123) und Färbung mit Hämalaun (Reg. 55) erforderlich.
Mehrfachfärbungen, die die Unterscheidung verholzter und unverholzter Zellwände ermöglichen, werden empfohlen (Reg. 25).

S

Beobachtungen (Abb. 34): Auch mit bloßem Auge (besonders deutlich nach vorausgegangener Färbung der Präparate) sind die Leitbündel als unregelmäßig über den Sproßquerschnitt verstreute Punkte zu erkennen. An der Peripherie liegen diese Flecken dichter gedrängt, was besonders bei schwacher mikroskopischer Vergrößerung auffällt. Alle Bündel sind in das zartwandige Parenchym des Zentralzylinders eingebettet.
Die stärkere Vergrößerung einer geeigneten Stelle des Schnittes zeigt den Aufbau eines kollateralen, geschlossenen Leitbündels, das für Sprosse monokotyler Pflanzen typisch ist. Der nach innen zum Sproßachsenmittelpunkt zu gelegene Teil des Bündels wird vom Holzteil (Xylem) eingenommen, während nach außen zu der Siebteil (das Phloem) liegt. Mit Phloroglucinol-Salzsäure haben sich die Zellwände im Xylem intensiv rot gefärbt, ein Zeichen dafür, daß diese Wände verholzt sind. Die Zellwände im Phloem bleiben ungefärbt. Mit Hämalaun färben sich alle unverholzten Zellwände blau. Entsprechende Aussagen über verholzte und unverholzte Zellwände lassen die empfohlenen Doppelfärbungen zu. Im Xylem, dem zunächst die Aufmerksamkeit gelten soll, fallen besonders zwei große, weitlumige Tracheen **(Tre)** auf. Die verdickten Längswände dieser Gefäße sind dicht getüpfelt oder bestehen aus einem Netzwerk von Verdickungsleisten, wie ein Längsschnitt zeigen würde. Nicht selten beobachtet man an den Innenwänden dieser Gefäße ringförmige Verdickungen: Die Reste der aufgelösten Querwände. Ein weiterer Hohlraum innerhalb des Holzteiles, ein großer Interzellulargang **(IntzG)**, liegt nahe dem Innenrand des Leitbündels. Er entstand durch Zerreißen (rhexigen) der an dieser Stelle ursprünglich vorhandenen Xylemprimanen, nachdem diese beim Wachstum des Organs der zunehmenden Dehnung nicht mehr standhalten konnten. Meist ragen in die entstandene Gewebelücke noch einzelne Ringe (**x_1**) hinein, die solchen zerrissenen Ringtracheiden angehören (Ringe liegen oft höher oder tiefer als die benachbarten Zellen. Sie werden dann von den am Rande der Interzellulargänge gelegenen Zellen überlagert). Zwischen den großen Tracheen und dem Interzellulargang liegen weitere Ring-, Schrauben- und Netztracheiden **(Trde)**. Sie unterscheiden sich im Querschnitt deutlich von den benachbarten Zellen durch ihr größeres Lumen. Zwischen allen Tracheen und Tracheiden liegt verholztes, ziemlich dickwandiges Holzparenchym **(XylPar)**. Die Parenchymzellen des Protoxylems sind unverholzt **(XylPar$_1$)**.
Nur eine schmale Schicht Holzparenchym trennt die großen Gefäße von dem sich nach außen an das Xylem anschließenden Phloem. Ein Kambium fehlt. Alle Phloemzellen sind im ungefärbten Präparat an ihren hellen Wänden leicht zu erkennen.
Neben großen, zartwandigen Siebröhren **(Sbr)** befinden sich regelmäßig kleine, meist viereckige Geleitzellen **(Gltz)**. Ab und zu liegt eine feinporige Siebplatte in der Schnittebene. Die Geleitzellen sind dicht mit Protoplasma angefüllt und erscheinen dadurch stets dunkler. Nach außen wird der Siebteil durch einen schmalen Streifen verquollener Zellen begrenzt, deren Wände hell leuchten und als Ganzes den Eindruck verdickter Primärwände machen. Es handelt sich um die im Wachstumsprozeß zerquetschten Reste der Phloemprimanen **(PrtPhlm)** (zerdrückte Siebröhren und Geleitzellen).
Seitlich wird das Phloem von einer schmalen Schicht Parenchym umgeben, das den Anschluß an den parenchymatischen Teil der Gefäßbündelscheide herstellt. Nur in dieser Zone, in der Phloem und Xylem aneinanderstoßen, bleibt die interzellularenfreie Leit-

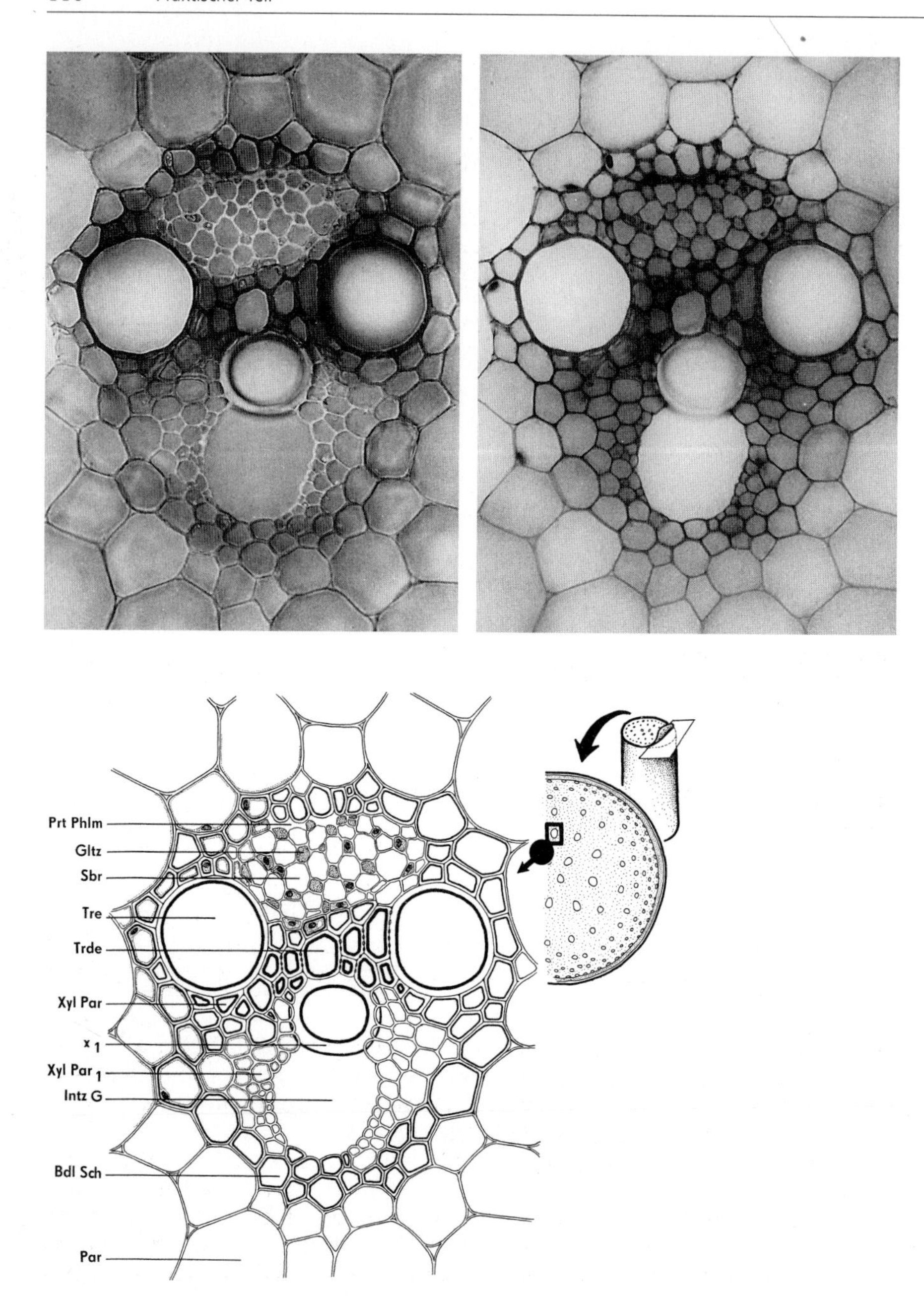

Abb. 34. *Zea mays*. Geschlossenes, kollaterales Leitbündel. Foto: links Färbung mit Phloroglucinol-Salzsäure; rechts das gleiche Leitbündel nach Hämalaunfärbung. Phloem: **Sbr** Siebröhren, **Gltz** Geleitzellen. **PrtPhlm** Protophloem. Xylem: **Tre** Tracheen, **Trde** Tracheiden, **XylPar** Xylemparenchym (Zellwände verholzt), **XylPar$_1$**Xylemparenchym (Zellwände unverholzt), **IntzG** Interzellulargang des Protoxylems, **x$_1$**Rest eines Ringgefäßes im Protoxylem. **BdlSch** Leitbündelscheide, **Par** großzelliges Markparenchym. 230 : 1.

bündelscheide oft unverholzt als sogenannter Durchlaßstreifen parenchymatisch. Das gesamte übrige Bündel ist von dicht geschlossenem verholzendem Sklerenchym umgeben, das besonders stark um den inneren und äußeren Teil des Bündels angelegt wird (Leitbündelscheide, **BdlSch**). Zu dem allseitig das Bündel umgebenden großzelligen Parenchym **(Par)** des Zentralzylinders besteht ein fließender Übergang.

Fehlermöglichkeiten: Die nahe der Peripherie liegenden Bündel sind etwas abweichend von der bisherigen Beschreibung gebaut: Den meist kleineren Leitbündeln fehlt der Interzellulargang des Protoxylems. An dieser Stelle liegen unverholzte Tracheiden. Besonders stark entwickelt sich hier die Gefäßbündelscheide am inneren Rand des Xylems als dicke Sklerenchymkappe. Das Phloem ist kleiner und in das Xylem eingesenkt, seitlich begrenzt von den zwei großen Tracheen. Für die Beobachtung daher besser ein Bündel auswählen, das weiter im Inneren der Sproßachse liegt. – Mit Phloroglucinol-Salzsäure gefärbte Schnitte eignen sich nicht zur Herstellung von Dauerpräparaten.

Weitere Objekte:

Avena sativa (Poaceae), Saat-Hafer
Auch Sprosse anderer Getreidearten bzw. Gräser. Halmquerschnitte. Leitbündel in zwei Ringen angeordnet. Aufbau entsprechend Mais.

Tulipa gesneriana (Liliaceae), Garten-Tulpe
Querschnitt durch den Blütenstiel. Leitbündel unregelmäßig über den Sproßquerschnitt zerstreut. Protophloem deutlich, Protoxylem nicht so stark aufreißend wie bei *Zea*. Leitbündelscheide aus großen, später meist verholzenden Parenchymzellen; einschichtig.

Hosta ventricosa (Liliaceae), Funkie
Querschnitt durch die Infloreszenzachse. Anordnung der Bündel entspricht der von *Tulipa*. Primanen fallen meist nicht auf.

Beobachtungsziel: Das offene, kollaterale Leitbündel im Querschnitt

Objekt: *Ranunculus repens* (Ranunculaceae), Kriechender Hahnenfuß. Sproßachse.

Präparation: Querschnitte durch den röhrenartig-hohlen Stengel werden benötigt (Reg. 114). Es genügen kleine Teile des Querschnittes, die dann zur Beobachtung präpariert werden (Reg. 47). Zur Gewebediagnose sind Holzstoffreaktionen (Reg. 123) unbedingt erforderlich, oder es werden dem gleichen Ziele dienende Doppelfärbungen durchgeführt (Reg. 25).

Beobachtungen (Abb. 35): Das Leitgewebe liegt in Bündelform vor. In ihrer Gesamtheit bilden die Einzelbündel einen einfachen Ring. Dieser aus größeren und kleineren Strängen gebildete Leitbündelring ist in chlorophyllfreies Markparenchym eingebettet (dessen innerster Teil im Wachstumsprozeß zerreißt: Markhöhle!).
Nach außen geht das Markparenchym fließend in das kleinerzellige chloroplastenreiche Rindenparenchym über (die Grenze liegt am äußeren Leitbündelrand). Nach dieser Orientierung ein gut ausgebildetes Bündel auswählen, um es genau zu studieren. Die Gliederung in Xylem (nach innen weisend) und Phloem (der äußere Teil des Bündels) ist bereits gut bei mittlerer Vergrößerung zu erkennen. Am Außenrand des Bündels fällt eine kräftige Kappe aus Sklerenchymfasern mit verholzten Wänden **(Skl)** besonders auf. Es ist ein Teil der – im Bereich des Xylems viel schwächer ausgebildeten – Leitbündelscheide **(BdlSch)**. Die in der jugendlichen Sproßachse zuerst angelegten Phloemelemente sind bei gewissenhafter Beobachtung unmittelbar unter dieser Sklerenchymhaube als zerdrückter Protophloemrest **(PrtPhlm)** zu erkennen (deutlich in großen Bündeln; starke Vergrößerung!).
Den an den hellen, dünnwandigen Zellen leicht kenntlichen Siebteil bauen im regelmäßigen Wechsel weite Siebröhren **(Sbr)** und enge, plasmareiche Geleitzellen **(Gltz)** auf. Ab und zu liegt eine Siebplatte in der Beobachtungsebene. Seitlich trennt eine Schicht dünnwandiger Parenchymzellen das Phloem vom Sklerenchym **(PhlmPar)**. Im Gegensatz zum geschlos-

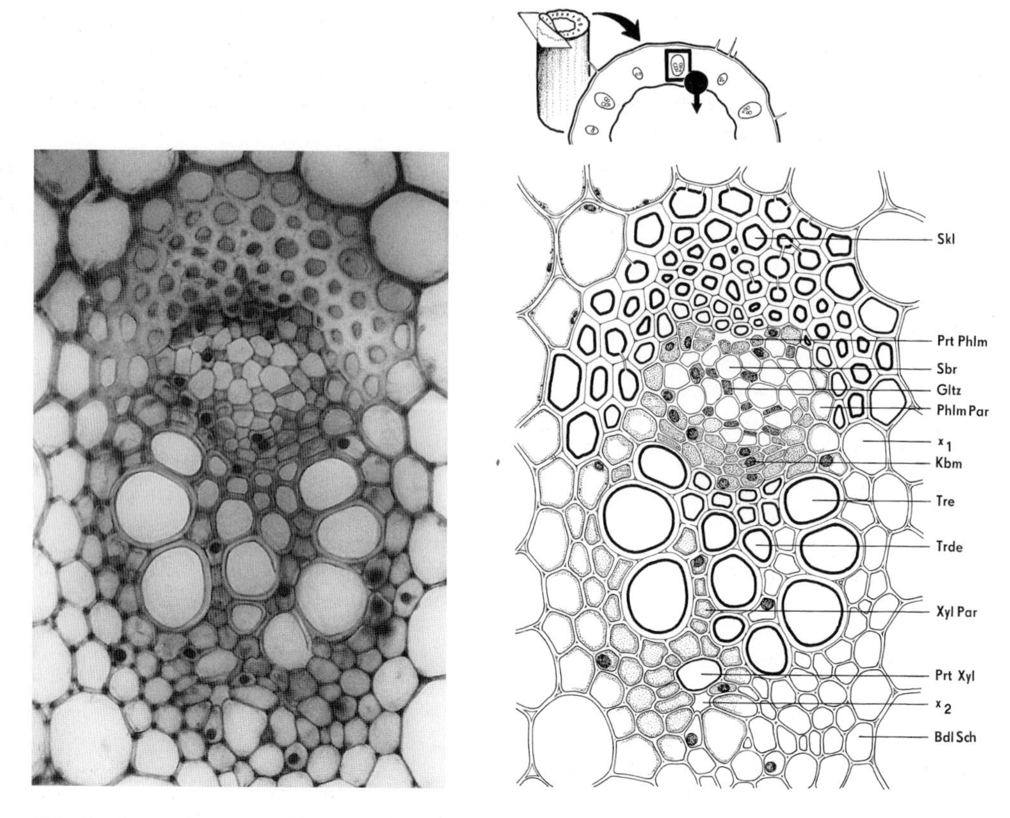

Abb. 35. *Ranunculus repens*. Offenes, kollaterales Leitbündel. Phloem: **PrtPhlm** Protophloem, **Sbr** Siebröhren, **Gltz** Geleitzellen, **PhlmPar** Phloemparenchym. Xylem: **PrtXyl** Protoxylem (bei x_2 zu einem Interzellulargang aufgerissen), **Trde** Tracheiden, **Tre**, Tracheen, **XylPar** Xylemparenchym, **BdlSch** Leitbündelscheide (bei x_1 Durchlaßzellen), **Skl** Sklerenchym, **Kbm** Kambium. 160 : 1.

senen Leitbündel ist im offenen Bündel das Phloem vom Xylem durch eine Zone schmaler, zartwandiger, im Querschnitt rechteckiger Zellen – dem Kambium **(Kbm)** – getrennt. In älteren Sproßachsen liegen flache Zellen in regelmäßigen Reihen so hintereinander, daß ihre radialen Wände genau aufeinandertreffen. So entstand durch kurze Tätigkeit des Kambiums ein mehrschichtiger Streifen plasmareicher Zellen. In krautigen Pflanzen ohne sekundäres Dickenwachstum (wie im vorliegenden Falle) erlischt die Teilungstätigkeit des Kambiums sehr früh. Die Zellen werden zu Parenchymzellen umgestaltet.
Die Leitbündelscheide ist in älteren Sproßachsen auch im Bereich des Xylems meist sklerenchymatisch, aber in der Höhe des Kambiums deutlich unterbrochen. Sie besteht hier **(x_1)** aus meist unverholzten, dünnwandigen Parenchymzellen (Durchlaßstreifen!). Eng anschließend folgt der Kambiumzone nach innen der funktionstüchtige Holzteil. In diesem Metaxylem schließen die weiten Tüpfeltracheen **(Tre)** und Netztracheiden **(Trde)** dicht aneinander. Parenchymzellen sind in diesem äußeren Teil des Xylems nur sehr vereinzelt zwischengelagert. Geht man mit der Beobachtung weiter in Richtung Markhöhle, nimmt der Anteil des Xylemparenchyms **(XylPar)** zu. Die Leitgefäße sind in diesem Gebiet oft auch im Querschnitt an Hand der beim Schneiden entstandenen Bruchstücke als Spiral- und Ringtracheiden zu diagnostizieren.

Die am weitesten zum Innenrand des Bündels zu gelegenen Leitelemente stellen die Erstlinge des Xylems dar (Protoxylem, **PrtXyl**). An diesen Stellen ist das Gewebe häufig etwas aufgerissen (**x_2**) und durch Bruchstücke von Verdickungsleisten oft unübersichtlich. Den inneren Abschluß des Bündels vor der Leitbündelscheide bildet eine Schicht dünnwandiger Xylemparenchymzellen.

S

Fehlermöglichkeiten: Es kommt vor, daß der vom Prokambium abstammende Meristemrest im Innern des Bündels sich direkt in Parenchym umwandelt, ohne vorher teilungsfähig gewesen zu sein (es werden keine radialen Zellreihen ausgebildet). Man kann dann strenggenommen nicht von Kambium sprechen, sondern muß diese Zone als Prokambiumrest oder dessen parenchymatischen Abkömmling bezeichnen.

Weitere Objekte:

Helianthus annuus (Asteraceae), Gemeine Sonnenblume
Querschnitt durch die Sproßachse.

Chelidonium majus (Papaveraceae), Großes Schöllkraut
Querschnitt durch die Sproßachse.

Pisum sativum (Fabaceae), Garten-Erbse
Querschnitt durch die Sproßachse.

Trifolium pratense (Fabaceae), Rot-Klee
Querschnitt durch die Sproßachse.

Beobachtungsziel: Das bikollaterale Leitbündel im Querschnitt

Objekt: *Cucurbita pepo* (Cucurbitaceae), Garten-Kürbis. Ältere Sproßachse.

Präparation: Von einem der fünf großen Leitbündel, deren Innenteil kantig in den zentralen Hohlraum der Sproßachse hineinragt, Querschnitte anfertigen (Reg. 114). Ältere Sprosse sind vorteilhafter zu verwenden als junge. Die Schnittführung ist erleichtert, wenn das Sproßstück durch geeignete Längsschnitte vorher in Sektoren aufgeteilt wird. Zur genauen Kennzeichnung der Gewebe sind Holzstoffreaktionen (Reg. 123) oder Mehrfachfärbungen (Reg. 25) nötig.

Beobachtungen (Abb. 36): Die großen Leitbündel des Innenkreises sind im Querschnitt leicht zu finden: Dichte Gewebekomplexe von ovalem Umriß, in die fünf Innenrippen der Sproßachse eingebettet, sind auch ohne Mikroskop deutlich zu sehen. Im Mittelteil dieser Gewebekomplexe liegen mehrere Löcher. Es sind auffallend weite Tracheen **(Tre)** des Xylems, wie man im Mikroskop bei geringer Vergrößerung ohne Mühe erkennt. (Die Bauelemente des Leitbündels von *Cucurbita* sind bereits bekannt, s. S. 107) Hier interessiert besonders die Lagebeziehung der Einzelteile zueinander.
Geht man in der Betrachtung von diesem Orientierungspunkt in Richtung zur Innenkante des Bündels, so nimmt die lichte Weite der Wasserleitungsbahnen immer mehr ab (Übergang von sehr großen Tüpfeltracheen des – hier schon sekundären – Xylems bis zur einfach gebauten Tracheide mit Ringaussteifungen an der Grenze zum Protoxylem, dazwischen Schrauben-, Netz- und Tüpfelgefäße des Metaxylems). In diesem Gebiet liegen sehr kleine parenchymatische Zellen mit unverholzten Wänden, in das aufgerissene, häufiger aber zerdrückte Xylemprimanen locker eingestreut sind (Protoxylem, **PrtXyl).** Damit ist die Lage des Xylems gekennzeichnet. Alle Leitungsbahnen sind allseitig von verholztem Xylemparenchym **(XylPar)** dicht umschlossen. Auch der gesamte Zwischenraum zwischen den Tracheen und Tracheiden ist von diesem Gewebe ausgefüllt. Innen und außen grenzen an das Xylem regelmäßige, radiale Reihen dünnwandiger, unverholzter Zellen: das innere **($fzKbm_2$)** und äußere **($fzKbm_1$)** faszikuläre Kambium (bzw. dessen unmittelbare Abkömmlinge). Eine nennenswerte Teilungsaktivität besitzt jedoch nur das äußere, während die

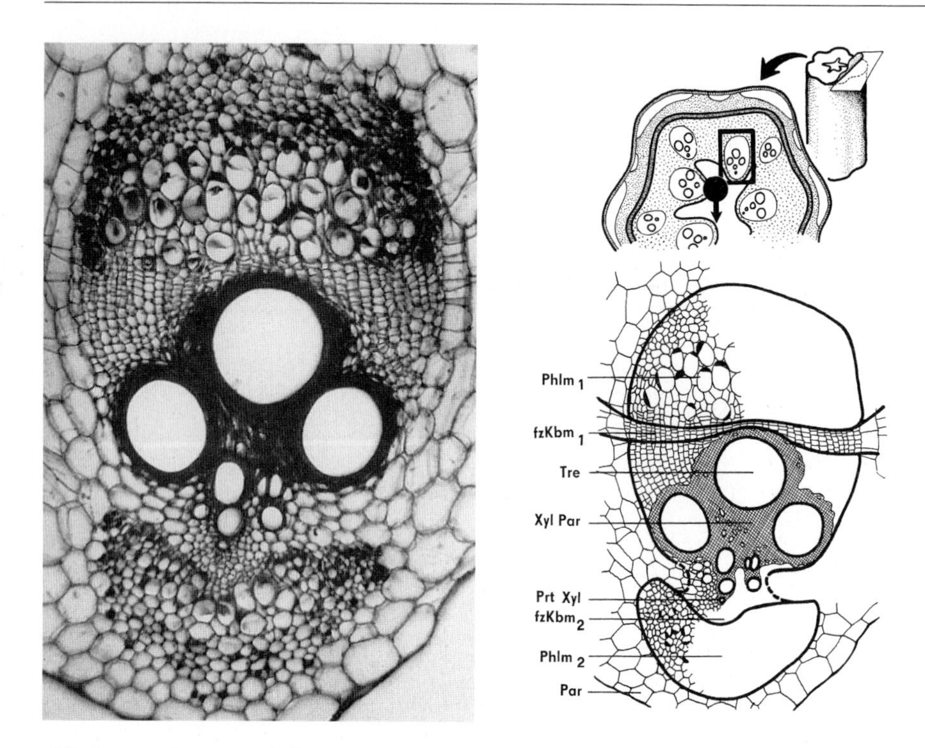

Abb. 36. *Cucurbita pepo.* Bikollaterales Leitbündel. Xylem (**Tre** Tracheen, **XylPar** Xylemparenchym, **PrtXyl** Protoxylem) von einem äußeren (**Phlm$_1$**) und einem inneren (**Phlm$_2$**) Phloem begrenzt. Das Xylem und die beiden Phloemteile sind durch ein äußeres (**fzKbm$_1$**) bzw. inneres **fzKbm$_2$**) Kambium voneinander getrennt. Das Bündel ist in Parenchym (**Par**) eingebettet. 50 : 1.

meristematischen Zellen am Innenrand des Holzteils sich frühzeitig zu zartwandigem Parenchym differenzieren (in diesem Zustand zu beobachten).
Nach außen und innen – den mittleren Holzteil beiderseits einschließend und durch Kambium getrennt – folgen die beiden für das bikollaterale Bündel charakteristischen Phloemteile. Das äußere (**Phlm$_1$**) liegt kappenartig auf dem Kambium, das innere (**Phlm$_2$**) umgibt halbmondförmig den Innenteil des Xylems. Die Elemente dieses Gewebes sind ebenfalls bereits gut bekannt (S. 107). Siebröhren (mit Siebplatten!) und Geleitzellen sind überall von Parenchym umgeben. Am innersten Rande des inneren Phloems und in der äußersten Region des Außenphloems sind einzelne zerdrückte Siebröhren zu erkennen (Phloemprimanen). Zwischen Bündel und umgebendem Parenchym (**Par**) ist keine Bündelscheide ausgebildet.

Weitere Beobachtungen: Außerhalb des Bündels, in der Nachbarschaft des äußeren, faszikulären Kambiums, sind in alten Sproßachsen Ansätze zur Bildung eines interfaszikulären Kambiums zu beobachten (in die großen Parenchymzellen sind dann regelmäßig tangentiale Wände eingezogen).

Fehlermöglichkeiten: Die Leitbündel sind in der Sproßachse von *Cucurbita* in zwei Ringen angeordnet. Die Bündel des äußeren Ringes sind kleiner und meist einfacher gebaut (z. B. ist die Trennschicht zwischen Xylem und innerem Phloem undeutlich und nicht als Kambium zu bezeichnen).

Weitere Objekte:

Bryonia dioica (Cucurbitaceae), Rote Zaunrübe
Querschnitt durch die Sproßachse. Anordnung und Aufbau der Bündel entsprechen den Verhältnissen bei *Cucurbita.*

Cucumis sativus (Cucurbitaceae), Garten-Gurke
Querschnitt durch die Sproßachse. Bündelaufbau wie bei *Cucurbita.*

Beobachtungsziel: Das konzentrische (perixylematische) Leitbündel im Querschnitt

Objekt: *Convallaria majalis* (Liliaceae), Maiglöckchen. Älteres Rhizom.

Präparation: Eine möglichst dicke Achse der Erdsprosse zur Präparation auswählen. Es eignen sich nur solche Stücke, die ein deutliches, wurzelfreies Internodium enthalten. Aus diesem internodialen Bereich Querschnitte herstellen (Reg. 114). Holzstoffreaktionen sind zur deutlichen Unterscheidung der Gewebe unerläßlich (Reg. 123). Mehrfachfärbungen werden empfohlen (Reg. 25).

Beobachtungen (Abb. 37): Der wenig verbreitete perixylematische Leitbündeltyp ist besonders in den Erdsprossen verschiedener monokotyler Pflanzen zu finden. Unter der vielschichtigen Rinde liegen die Bündel unregelmäßig über den ganzen Zentralzylinder-Querschnitt zerstreut angeordnet. Sie sind in großzelliges Parenchym eingebettet. Bei stärkerer Vergrößerung eines geeigneten Leitbündels sind dessen Charakteristika schnell zu erkennen: Das Zentrum der fast kreisrunden Gebilde wird von einem kleinzelligen Gewebe eingenommen, dessen Zellwände sich durch die Holzstoffreaktionen nicht angefärbt haben. Es ist das aus Siebröhren und kleinen, durch Plasmaanhäufung dunklen Geleitzellen aufgebaute Phloem **(Phlm).**
Konzentrisch wird dieser zentrale Leitgewebestrang von einem interzellularenfreien Xylemzylinder **(Xyl)** umschlossen, der ab und zu von Parenchym **(x_1)** durchbrochen wird (Durchlaßzellen!). Die Wände dieser Wasserleitungsbahnen sind etwa viermal so dick wie die der Phloemelemente, verholzt (Rotfärbung mit Phloroglucinol-Salzsäure!) und sehr

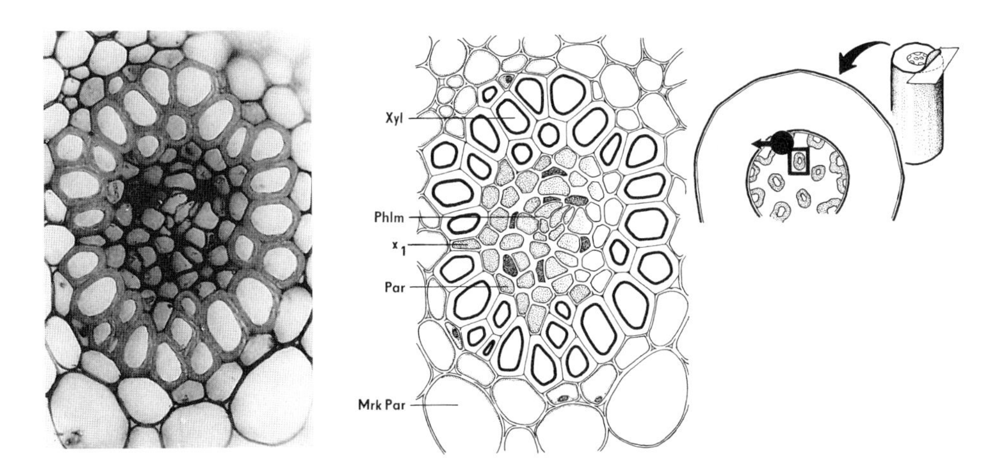

Abb. 37. *Convallaria majalis.* Perixylematisches Leitbündel. Zentrales Phloem **(Phlm)** konzentrisch von einem Xylemzylinder **(Xyl)** umgeben, in den einzelne parenchymatische Durchlaßzellen **(x_1)** eingeschaltet sind. Phloem und Xylem sind durch Parenchym **(Par)** getrennt. Leitbündel in großzelliges Markparenchym **(MrkPar)** eingebettet. 330 : 1

stark mit großen Tüpfeln durchsetzt, die auch im Querschnitt überall beim Zusammentreffen zweier Gefäße häufig beobachtet werden können.
Phloem und Xylem sind durch einen einschichtigen Parenchymzylinder **(Par)** getrennt. Außen grenzt unmittelbar großzelliges Markparenchym **(MrkPar)** an den Holzteil.

Weitere Beobachtungen: Der Zentralzylinder im Rhizomquerschnitt wird von einer gut ausgebildeten tertiären Endodermis (U-Scheide) umschlossen.

Fehlermöglichkeiten: Die an der Peripherie des Zentralzylinders gelegenen Leitbündel sind nicht perixylematisch, sondern kollateral mit außen liegendem Phloem. Sind im Querschnitt nur solche Bündel vorhanden, ist das Rhizom zu jung und für die vorliegenden Untersuchungen unbrauchbar. Älteres Material verwenden! Findet man im Querschnitt trotz gewissenhafter, gerader Schnittführung nur schräg angeschnittene Bündel, so wurde eine Wurzelbildungszone getroffen. Die Präparate sind nicht zu verwenden und aus dem Mittelteil eines wurzelfreien Internodiums neu anzufertigen.

Weitere Objekte:

Iris germanica (Iridaceae), Deutsche Schwertlilie
Rhizomquerschnitt. Perixylematische Leitbündel im Zentralzylinder zerstreut angeordnet. Xylem meist keinen geschlossenen Zylinder bildend, sondern in Einzelabschnitten.

Acorus calamus (Araceae), Echter Kalmus
Rhizomquerschnitt. Perixylematische Leitbündel im Zentralzylinder. Aufbau entsprechend *Convallaria*.

In den Rhizomen und Blattstielen von Farnen kommen **periphloematische Leitbündel** vor:

Pteridium aquilinum (Pteridaceae), Adlerfarn
Querschnitt durch junge Rhizomteile oder junge Blattstiele (Schnitt wird durch zahlreiche Sklerenchymfaserstränge erschwert!). Im Parenchym liegen einzelne periphloematische Leitbündel eingestreut. Diese enthalten zentral weitlumige, behöft getüpfelte Treppentracheiden (Längsschnitte!), die in stärkereichem Xylemparenchym eingebettet sind. Xylemprimanen im Zentrum des Bündels. Xylem mantelartig von Phloem umgeben (weitlumige Siebröhren und Phloemparenchymzellen). Bündel von einer parenchymatischen Leitbündelscheide umschlossen. Zwischen Leitbündelscheide und Phloem liegt eine lückenlose Schicht stärkehaltiger Parenchymzellen (topographisch auch als »Perizykel« bezeichnet, wobei die Bündelscheide dann als »Endodermis« aufgefaßt wird).

Beobachtungsziel: Querschnitt durch das reduzierte Leitbündel einer Wasserpflanze

Objekt: *Nymphaea alba* (Nymphaeaceae), Weiße Teichrose. Blüten- oder Blattstiel.

Präparation: Querschnitte durch Blüten- oder Blattstiele dieser weit verbreiteten Wasserpflanze sind leicht herzustellen (Reg. 114). Es genügen auch Teilquerschnitte. Einschluß in Wasser oder Glycerol-Wasser (Reg. 47).

Weitere Präparationsmöglichkeiten: Einlegen der Schnitte in Iodkaliumiodid-Lösung (Reg. 66).

Beobachtungen (Abb. 38): Die Leitbündel vieler Wasserpflanzen weichen in ihrem Aufbau stark von der »Norm« ab. Besonders das funktionell wenig beanspruchte Xylem wird reduziert bzw. fällt bei völlig submersen Pflanzen oft ganz weg.
Im Präparat liegen die Leitbündel zerstreut in dem mit großen Interzellularräumen durchsetzten Aerenchym. Ein Bündel mittlerer Größe weiter untersuchen (stärkere Vergrößerung). Das Xylem ist auf ein regelmäßiges Xylemparenchym **(XylPar)** beschränkt, das interzellularenfrei einen weiten, sogenannten »Gefäßgang« **(x_1)** umgibt. Dieser lakunenartige, fast kreisrunde Hohlraum ist durch die radiale Anordnung der umliegenden Parenchymzellen leicht zu finden. Es ist der Ort der bereits aufgelösten Xylemprimanen. Ein bis zwei einfachste tracheidale Elemente werden teilweise noch in unmittelbarer Nähe des Gefäßganges angelegt **(Trde).**

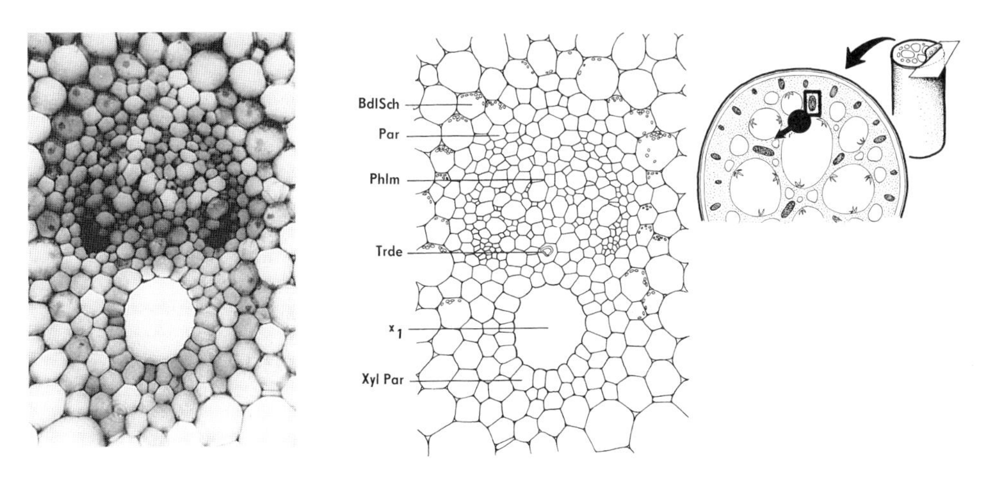

Abb. 38. *Nymphaea alba.* Reduziertes Leitbündel. Das Xylem ist durch einen großen »Gefäßgang« **(x_1)** gekennzeichnet. Außerdem im Xylem: Xylemparenchym **(XylPar)** und selten einfachste Tracheiden-Reste **(Trde)**. Gut entwickeltes Phloem **(Phlm)** mit Siebröhren, Geleitzellen und viel Phloemparenchym **(Par)**. Die Zellen der Leitbündelscheide **(BdlSch)** enthalten viel Stärke. 150 : 1.

S

Das Phloem **(Phlm)** ist dagegen umfangreich und normal entwickelt. Es schließt sich in den kleinen Bündeln den Xylemresten nach außen an. In den großen Bündeln wird der Gefäßgang nach innen und außen von einem Siebteil begrenzt (bikollateraler Charakter). Die äußeren Zellen des Phloems sind manchmal als Phloemprimanen zu identifizieren (Zellen zerdrückt, Zellwände verschleimt). Die Leitbündel, die außerdem reichlich Parenchym **(Par)** enthalten, sind von einer großzelligen, Stärke führenden Scheide **(BdlSch)** umgeben.

Weitere Beobachtungen: Mit Lugolscher Lösung treten die Stärkescheiden durch Blaufärbung ihres Zellinhaltes überall deutlich hervor. Grundgewebe von großen Interzellularräumen durchsetzt (daher Aerenchym!), in die verzweigte Sklereide hineinragen. Ihre Oberfläche trägt winzige Kristalle aus Calciumoxalat.

Weitere Objekte:

Nuphar lutea (Nymphaeaceae), Große Mummel
Blütenstiel- oder Blattstielquerschnitt. Alle bei *Nymphaea* geschilderten Beobachtungen auch bei *Nuphar* möglich.

Elodea canadensis (Hydrocharitaceae), Kanadische Wasserpest
Querschnitt durch ältere Sproßachsen. Nur ein Leitgewebestrang im Zentrum. Xylem auf Parenchym beschränkt, das einen zentralen Gefäßgang umgibt. Außerhalb davon konzentrisch parenchymatisches Gewebe angeordnet, das der Stoffleitung dient. Gut ausgebildete primäre Endodermis mit Casparyschen Streifen.

Ceratophyllum demersum (Ceratophyllaceae), Gemeines Hornblatt
Sproßachsenquerschnitt. Ähnlicher Aufbau wie bei *Elodea.*

Der Aufbau primärer Sproßachsen in der Gesamtschau

Beobachtungsziel: Die Lagebeziehung der Gewebe primärer Sproßachsen im Querschnitt

Hier sollen Grundkenntnisse über die Anordnung der primären Gewebe im Querschnitt einiger wichtiger Sproßachsentypen vermittelt werden. Ein weiterführendes Studium an beliebigen Primärsprossen wird danach leicht möglich sein.

Präparation: Weder zu junge noch übermäßig alte Sproßachsen der unten genannten Objekte werden im Bereich der Internodien so quer geschnitten, daß nahezu der gesamte unverletzte Sproßachsenquerschnitt beobachtet werden kann oder daß mindestens in einem größeren Abschnitt alle Gewebe von der Peripherie bis zum Mittelpunkt enthalten sind. Die Schnitte müssen so dünn sein, daß es möglich ist, alle vorkommenden Gewebe bei stärkerer Vergrößerung eindeutig zu identifizieren. Es ist ratsam, für diesen Zweck zusätzlich einige kleine Teilquerschnitte herzustellen, die besonders dünn sind.
Zur Orientierung und zur Sicherung der Diagnosen sind folgende Reaktionen unerläßlich: Nachweis verholzter Zellwände (Reg. 123), Cellulosereaktion (Reg. 16), Iod-Stärke-Reaktion durch Einlegen der Schnitte in Iodkaliumiodid-Lösung (Reg. 66), Färbung unverholzter Zellwände mit Hämalaun (Reg. 55). Außerdem sind Kontrastierungs- und Mehrfachfärbungen sehr zu empfehlen (Reg. 25).

Fehlermöglichkeiten: Auf die Variabilität in Einzelheiten, durch Standorts-, Alters- und Witterungsunterschiede bedingt, muß besonders hingewiesen werden. Der Aufbau der Pflanze folgt keinem strengen Schema. Obwohl die Grundkonstruktion genetisch fixiert ist, sind derart verursachte Modifikationen häufig (z. B. Lage und Mächtigkeit von Festigungsgewebe, Art und Menge von Zelleinschlüssen usw.). Auch viele krautige einjährige dikotyle Pflanzen wachsen kurze Zeit sekundär in die Dicke. Man findet demzufolge in älterem Material oft gut ausgebildete Kambien und sekundär von diesem gebildete Elemente in radialen Reihen angeordnet.

Objekt: *Avena sativa* (Poaceae), Saat-Hafer. Halm.

Beobachtungen (Abb. 39): Der für viele Monokotyle (Gräser!) charakteristische Sproßachsenquerschnitt ist sehr einfach und übersichtlich aufgebaut. Besonders auffallend ist die im

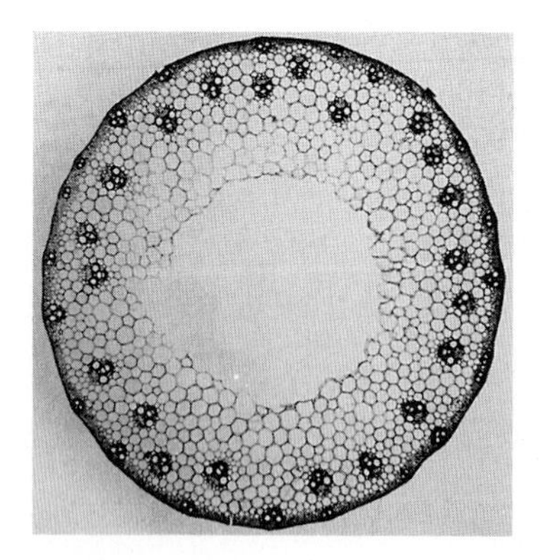

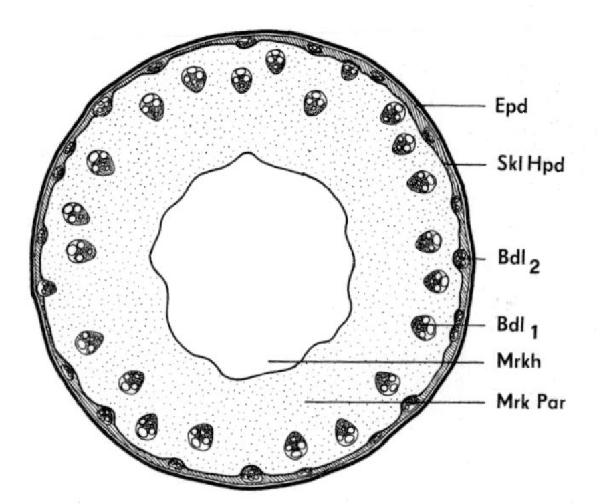

Abb. 39. *Avena sativa.* Übersicht über den Querschnitt der Sproßachse. **Epd** Epidermis, **SklHpd** sklerenchymatische Hypodermis, **Bdl_1** innere größere Leitbündel, **Bdl_2** äußere kleinere Leitbündel, **MrkPar** Markparenchym, **Mrkh** Markhöhle. 10 : 1.

Zentrum gelegene umfangreiche Markhöhle **(Mrkh)**, die Ursache der röhrenartigen Gestalt der Halme. Die zentrale Markhöhle wird von einem großzelligen, interzellularraumreichen Parenchym **(MrkPar)** umgeben, in das ein Ring gut ausgebildeter, kollateral-geschlossener Leitbündel **(Bdl_1)** eingelagert ist. Außer Teilen des Xylems haben sich durch Ligninreaktion auch die verholzten Zellwände der sklerenchymatischen Gefäßbündelscheiden leuchtend rot gefärbt. Die Bündel entsprechen in ihrem Aufbau denen des Mais, die bereits eingehend bearbeitet wurden (s. S. 115). An der Peripherie der Sproßachse liegt ein mehrschichtiges, kleinzelliges Gewebe, dessen Zellwände stark verholzt sind. Es ist die sklerenchymatische, interzellularenfreie Hypodermis **(SklHpd)**, die wesentlich zu der großen Biegungsfestigkeit der Halme beiträgt. In diesem äußeren Mantel aus Festigungsgewebe ist ein zweiter Ring von Leitbündeln **(Bdl_2)** eingelagert. Diese Bündel sind meist kleiner als die des inneren Ringes.

Eine einschichtige Epidermis **(Epd)** aus flachen Zellen mit dicken Außenwänden schließt die Sproßachse nach außen ab.

Eine Gliederung der Achse in Zentralzylinder und Rindengewebe ist nicht möglich. Der gesamte Gewebemantel, in dem Leitbündel eingebettet sind, bis direkt unter die Epidermis muß als Zentralzylinder bezeichnet werden.

Objekt: *Zea mays* (Poaceae), Getreide-Mais. Junge Sproßachse.

Beobachtungen (Abb. 40): Das Präparat zeigt ein zweites Bauprinzip von Sproßachsen monokotyler Pflanzen: Die Leitbündel **(Bdl)** sind über den größten Teil des Querschnittes »regellos« zerstreut angeordnet. Eine Markhöhle fehlt. Die quer durchgeschnittenen Leitungsbahnen liegen in großzelliges, dünnwandiges, an Interzellularen reiches Parenchym **(MrkPar)** eingebettet. Das Lumen dieser Zellen wird meist nach der Peripherie hin so lange kontinuierlich immer kleiner, wie Leitbündel im Parenchym eingelagert sind. In gleicher Weise finden wir im Zentrum die größten Bündel, am äußeren Rande dagegen die kleinsten, aber in dichterer Anordnung. Der Aufbau der Leitbündel ist bereits beschrieben worden (S. 115). Die verholzten Zellwände der Bündelscheiden und des Metaxylems treten nach entsprechender Färbung deutlich hervor. Verholzt sind auch die Wände der kleinzelligen, hypodermalen Zellschichten **(SklHpd)** (Festigungszylinder subepidermal, wie bei *Avena),* die durch wenige Lagen eines großzelligen Rindenparenchyms **(RinPar)** vom Zentralzylinder getrennt sind, in dem Leitbündel verlaufen. Häufig, besonders in älteren Sproßachsen, reicht das Gewebe des Zentralzylinders bis dicht an die Hypodermis heran, so daß die äußeren Leitbündel nur durch ein bis zwei Parenchymschichten von ihr getrennt

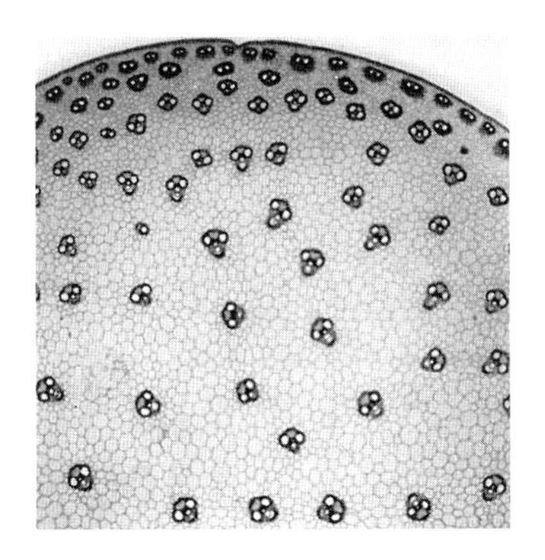

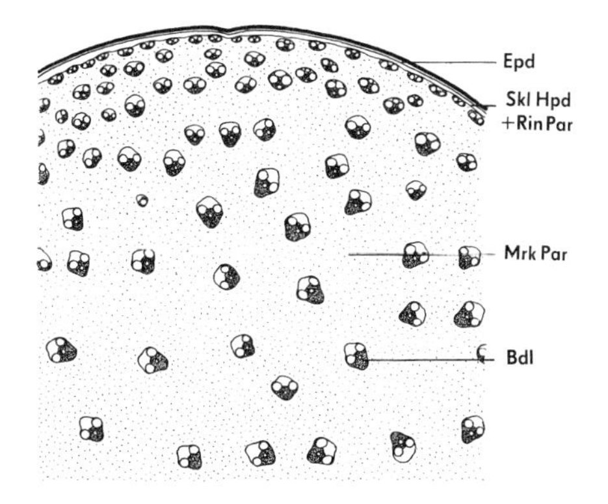

Abb. 40. *Zea mays.* Übersicht über den Querschnitt der Sproßachse (Ausschnitt). **Epd** Epidermis, **SklHpd** sklerenchymatische Hypodermis, **RinPar** Rindenparenchym, **MrkPar** Markparenchym, **Bdl** Leitbündel. 8 : 1.

sind. Die einschichtige Epidermis **(Epd)** aus liegend-tonnenförmigen Zellen bildet den äußeren Abschluß der Sproßachse. Sie liegt dem äußeren Sklerenchymzylinder direkt auf und enthält Spaltöffnungen, die gelegentlich beobachtet werden können.

Objekt: *Linum usitatissimum* (Linaceae). Saat -Lein, Flachs. Sproßachse.

Beobachtungen (Abb. 41): Der zu untersuchende Sproßachsenquerschnitt soll etwa so wie in der Abbildung aussehen. Der Aufbau ist typisch für eine Reihe von Primärsprossen dikotyler Pflanzen. Alle Gewebeschichten sind gleichmäßig konzentrisch um die Längsachse angeordnet. Außen umschließt eine feste, einschichtige Epidermis **(Epd)** schützend alle inneren Gewebe. Besonders die Außenwände (und teilweise auch die inneren tangentialen Wände) ihrer Zellen sind dick und meist deutlich geschichtet. Trotzdem sind Gasaustausch und gute Transpirationsmöglichkeit über die zahlreich eingefügten Spaltöffnungen gegeben. Unter der Epidermis liegt eine parenchymatische Hypodermis **(Hpd),** deren Zellen der Epidermis sehr ähneln, sich vom Rindengewebe aber deutlich abheben. Es folgen wenige Schichten großzelliges, chloroplastenreiches Rindenparenchym **(RinPar)**, das (besonders in jungen Sproßstücken) unter den Stomata zu weiten Interzellularräumen auseinanderweicht. Nach innen schließt sich an die Rinde ein in einzelne Abschnitte aufgeteilter Ring sklerenchymatischer Zellen **(Skl)** an. Die Zellwände dieses Gewebes leuchten im ungefärbten Präparat hell, sie sind unverholzt und extrem stark verdickt (Cellulose!), so daß meist nur ein sehr kleiner Rest des Zell-Lumens übriggeblieben ist. Ontogenetisch gehört dieses Gewebe zum Phloem. Nur deshalb sollte nicht von einem Perizykel, sondern von »Sklerenchymfasern des Phloems« (gegebenenfalls von »Bastfasern«) gesprochen werden. Die Sklerenchymstränge sind allseitig von parenchymatischen Zellen umgeben, die sich in der Entwicklung zu weiteren Sklerenchymfasern differenzieren können. Nach innen schließt sich nun unmittelbar ein ringförmiger, geschlossener Leitgewebezylinder an (**Phlm** Phloem, **Xyl** Xylem). Er enthält von außen nach innen: Protophloem (bald obliterierend, dann nur schwer zu erkennen), Metaphloem, das Kambium (bzw. das Restmeristem, **Kbm**), Metaxylem und Protoxylem. Die Primanen des Xylems erkennt man an den aufgerissenen Ringtracheiden auch in älteren Sproßachsen noch gut. Das Kambium nimmt schon sehr frühzeitig seine Funktion auf, so daß besonders das reichlich gebildete, verholzende Xylem bereits in sehr dünnen Sprossen schon Sekundärzuwachs darstellt (zu erkennen an der reihenförmig radialen Anordnung der Elemente). Innerhalb des Bündelzylinders liegt großzelliges Markparenchym **(MrkPar)**, dessen Zellen nach innen größer werden und

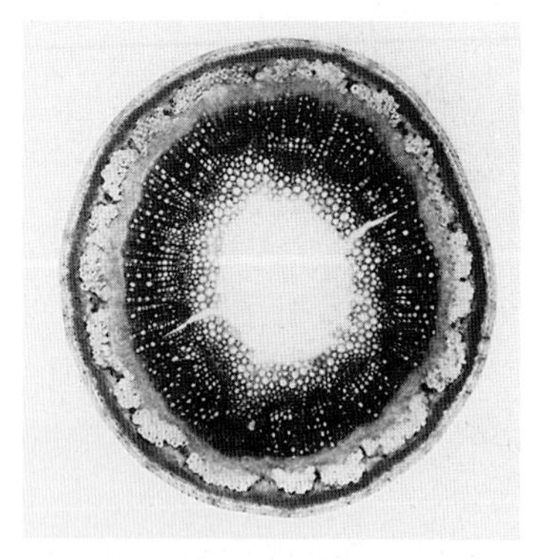

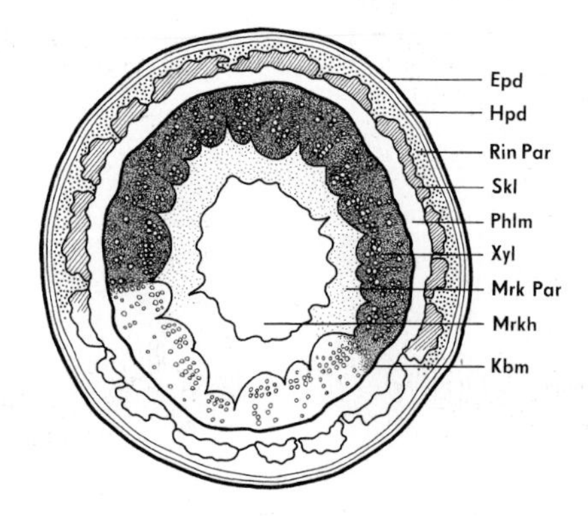

Abb. 41. *Linum usitatissimum.* Übersicht über den Querschnitt der Sproßachse. **Epd** Epidermis, **Hpd** parenchymatische Hypodermis, **RinPar** chloroplastenreiches Rindenparenchym, **Skl** Sklerenchymfasern, **Phlm** Phloem, **Xyl** Xylem, **Kbm** Kambium, **MrkPar** Markparenchym, **Mrkh** Markhöhle. 20 : 1

dessen Wände reich getüpfelt sind. Die Hauptmenge dieser Zellen zerreißt bereits in sehr frühen Entwicklungsstadien des Sprosses. Das Zentrum des Querschnittes besteht daher – der Umfang hängt vom Alter ab – aus einer großen Markhöhle **(Mrkh)**.

Objekt: *Lamium album* (Lamiaceae), Weiße Taubnessel. Sproßachse.

S

Beobachtungen (Abb. 42): Die Sproßachse ist deutlich vierkantig. Die Kanten werden völlig von einem stark entwickelten Kantenkollenchym **(KKol)** ausgefüllt. Die in der Jugend isoliert liegenden Stränge gewinnen später durch Ausbildung seitlicher subepidermaler Kollenchymlagen miteinander Kontakt. Da sich diese besonders differenzierte Gewebeschicht unmittelbar unter der Epidermis ausbildet, wird sie topographisch als Hypodermis **(Hpd)** bezeichnet. Die Epidermiszellen **(Epd)** tragen häufig Haare. Regelmäßig sind Spaltöffnungsapparate eingestreut. Unter den Stomata ist kein Kollenchym angelegt, sondern statt dessen sind große Interzellularräume im Parenchym zu finden. Zu den peripher gelegenen Geweben gehört schließlich noch das großzellige, interzellularenreiche, chlorophyllhaltige Rindenparenchym **(RinPar)**, dessen innerste Schicht als Stärkescheide **(StkeSch)** ausgebildet ist (Blaufärbung der Stärkekörner bei Behandlung mit Iodkaliumiodid). Nach innen schließt die Leitbündelzone an. Unterhalb der vier kollenchymatischen Sproßkanten liegt je ein großes Bündel **(Bdl)** und zwischen diesen mindestens noch jeweils ein kleineres von entsprechendem Bau (von außen nach innen: zartwandiges kleinzelliges Phloem **(Phlm)**; Kambium **(Kbm)** bzw. Restmeristem aus flachen, sehr dünnwandigen Zellen; Xylem **(Xyl)** mit großlumigen leitenden Elementen und kleineren, dickwandigen und verholzenden Holzparenchymzellen in radialen Reihen). Das Kambium bildet in älteren Sproßachsen auch über den Bereich der Bündel hinaus einen geschlossenen Zylinder. Die Tätigkeit beschränkt sich dann jedoch hauptsächlich auf die Erzeugung weniger verholzender Parenchymzellen **(x_1)**. In ihrer Gesamtheit stellen sie einen dichten Festigungszylinder dar, der auch durch die Leitbündel nicht unterbrochen wird (zum Xylem gehörend). Die größten Zellen des Querschnittes liegen zwischen der Innenkante des Leitgewebes und dem Markhöhlenrand. Es ist der Rest des Markparenchyms **(MrkPar)**. Der innere Anteil dieses Gewebes reißt frühzeitig zur zentralen Markhöhle **(Mrkh)** auf, wodurch die Sproßachse hohl wird.

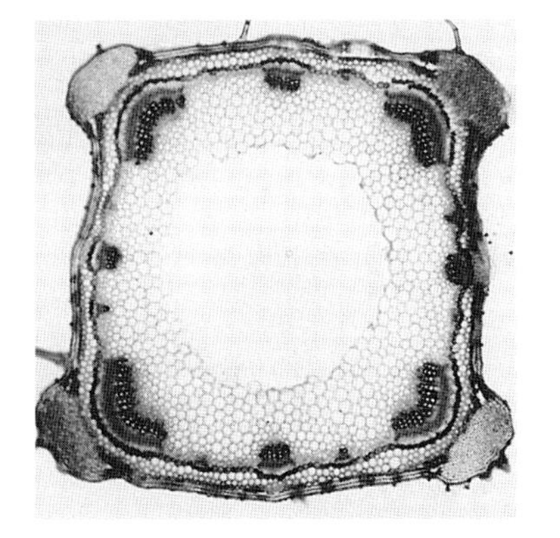

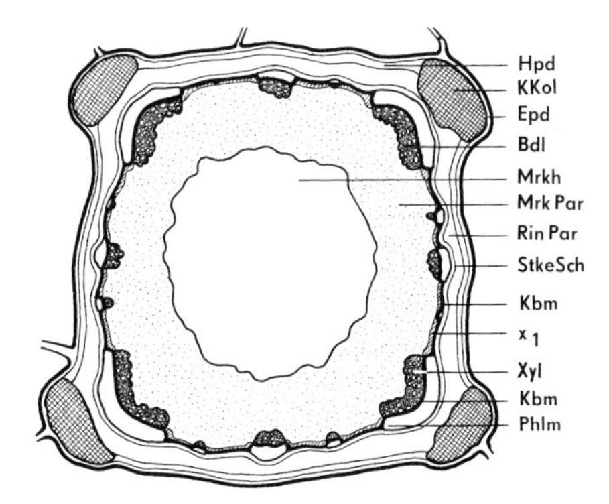

Abb. 42. *Lamium album.* Übersicht über den Querschnitt der Sproßachse. **Epd** Epidermis, **Hpd** kollenchymatische oder parenchymatische Hypodermis (in den Sproßkanten umfangreiches Kantenkollenchym **KKol**), **RinPar** Rindenparenchym, **StkeSch** Stärkescheide, **Bdl** Leitbündel (**Phlm** Phloem, **Kbm** Kambium, **Xyl** Xylem), x_1 Parenchymzellen mit verholzten Wänden (zum Xylem gehörend), **MrkPar** Markparenchym, **Mrkh** Markhöhle. 15 : 1.

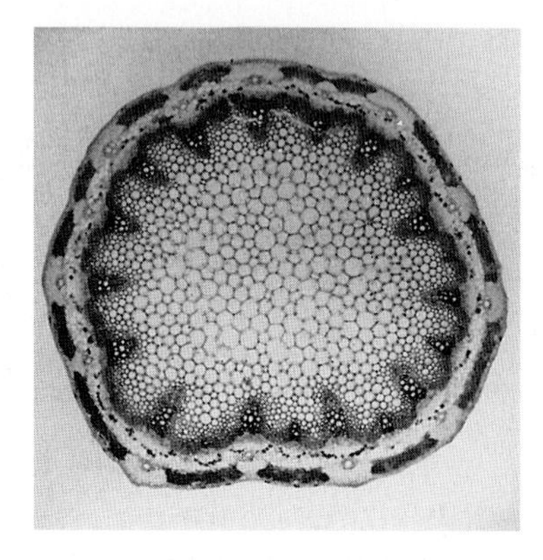

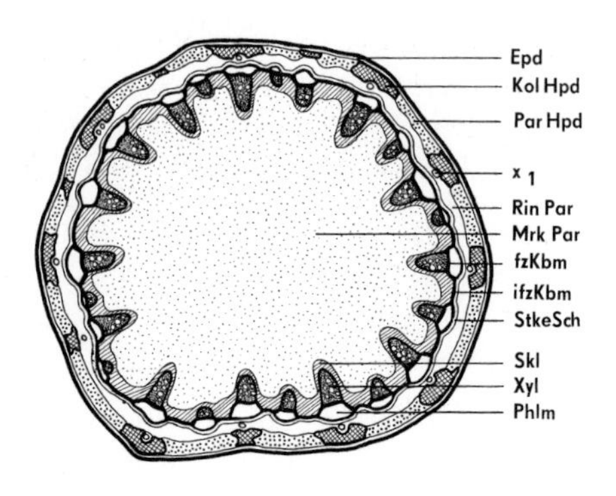

Abb. 43. *Petroselinum crispum.* Übersicht über den Querschnitt der Sproßachse. **Epd** Epidermis, **Hpd** Hypodermis (abwechselnd kollenchymatisch **KolHpd** und parenchymatisch **ParHpd**), **RinPar** Rindenparenchym, **fzKbm** faszikuläres Kambium, **ifzKbm** interfaszikuläres Kambium, **StkeSch**Stärkescheide, **Xyl** Xylem, **Phlm** Phloem, **Skl** sklerenchymatische Leitbündelscheide, **MrkPar** Markparenchym, $\mathbf{x_1}$ ätherisches Öl führende schizogene Exkretgänge. 15 : 1.

Objekt: *Petroselinum crispum* (Apiaceae), Garten-Petersilie. Sproßachse, Blattstiel.

Beobachtungen (Abb. 43): Der Querschnitt durch die Sproßachse von *Petroselinum* zeigt einige Eigenheiten, durch die seine Bearbeitung besonders interessant wird. An die einschichtige Epidermis **(Epd)**, die aus tangential gestreckten, dicht aneinanderschließenden Zellen mit dicken Außenwändern besteht, grenzen innen umfangreiche hypodermale Zellschichten an. Dieser Gewebemantel ist nicht einheitlich, sondern besteht regelmäßig abwechselnd aus nahezu gleich breiten Abschnitten Kollenchym **(KolHpd)** und Parenchym **(ParHpd)**. Das Festigungsgewebe ist ein Kantenkollenchym und liegt meist unter den flachen, rippenartigen Vorsprüngen der Sproßachse. Das Parenchym enthält zahlreiche Chloroplasten und im äußeren Teil häufig reichlich Interzellularraum. Nur an diesen Stellen wird die Epidermis von Spaltöffnungsapparaten unterbrochen.
Nach innen schließt sich großzelliges Rindenparenchym **(RinPar)** an diese hypodermalen Gewebekomplexe an, das sich von deren parenchymatischen Anteilen durch die größeren Zellen und den Mangel an Chloroplasten deutlich unterscheidet. Regelmäßig kann man im Rindenparenchym die für Doldengewächse charakteristischen schizogenen Exkretgänge **($\mathbf{x_1}$)** entdecken. Sie fallen auch bei geringerer Vergrößerung dadurch auf, daß sie scheidenartig von kleinzelligem Parenchym umschlossen werden. Die innerste Schicht des Rindenparenchyms weicht durch den Stärkereichtum ihrer Zellen vom übrigen Gewebe ab (**StkeSch**, Stärkescheide; Iod-Stärke-Reaktion!). Der Zentralzylinder ragt mit den äußeren Kanten der Leitbündel strahlenförmig in das Rindenparenchym hinein. Die Stärkescheide bildet dadurch eine Wellenlinie. Ebenso wellenförmig, aber genau entgegengesetzt orientiert, erscheint im Querschnitt das sehr gut zu beobachtende Kambium **(Kbm):** Innerhalb der Bündel **(fzKbm)** ist es nach innen eingesenkt, während es in den interfaszikulären Bereichen **(ifzKbm)** der Peripherie genähert liegt. Das Kambium und dessen unmittelbare Abkömmlinge bestehen aus zartwandigen, flachen Zellen in regelmäßiger, radialer Anordnung. Das Leitgewebe bildet einen Ring abwechselnd größerer und kleinerer isolierter Leitbündel, die schmal und in radialer Richtung langgestreckt sind. Die über dem Xylem liegenden verholzten Sklerenchymkappen **(Skl)** (Bündelscheide! Holzstoffreaktion!) ragen spitz-keilförmig weit in das Markparenchym **(MrkPar)** hinein. Der ebenfalls ziemlich umfangreiche äußere Anteil der Bündelscheide (die »Bastkappe«) ist abgerundet und bildet die bereits erwähnten kantenartigen Ausbuchtungen im Rindenparenchym.

Das innerhalb des Kambiums gelegene Xylem **(Xyl)** besteht vorwiegend aus Ring- und Spiralgefäßen sowie zahlreichen Holzparenchymzellen. Ganz im Innern findet man zerrissene Ringaussteifungen des Protoxylems. Außerhalb des Kambiums liegt das Phloem **(Phlm),** das sich aus Siebröhren, Geleitzellen und Parenchym zusammensetzt. Das zentrale, großzellige Gewebe ist das Markparenchym **(MrkPar),** das nach außen zu das die Leitbündel seitlich trennende Parenchym der primären Markstrahlen bildet. Auch im Markparenchym (besonders in der Nähe der Bündel) und innerhalb des Leitgewebes entdeckt man die bereits beschriebenen, ätherische Öle führenden Exkretgänge.

1.2. Das sekundäre Dickenwachstum und die Anatomie der sekundären Sproßachse – Theoretischer Teil –

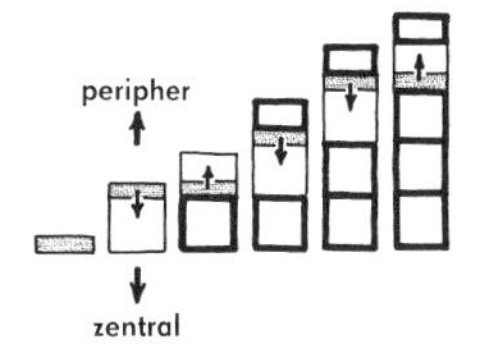

Bei den meisten Dikotylen und Coniferen (und einigen baumförmigen Monokotylen) genügt das primäre Dickenwachstum nicht den hohen Leistungsanforderungen an Leitungs- und Festigungsgewebe (Bäume, Sträucher!). Daher: Weitere Gewebe- und damit Dickenzunahme nach Abschluß des primären Dickenwachstums durch Tätigkeit eines scheitelfernen **Kambiumzylinders (= sekundäres Dickenwachstum).** Siehe Abb. 45-47.

1.2.1. Sekundäres Dickenwachstum der Dikotylen und Coniferen

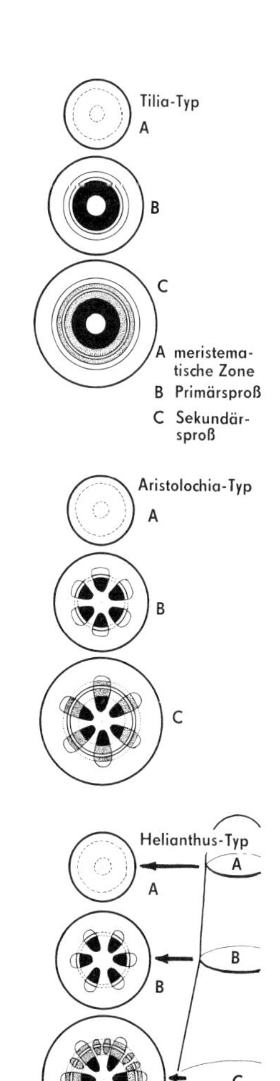

Zwischen primärem Phloem und primärem Xylem liegt oder bildet sich ein im Querschnitt ringförmiges Kambium, das nach außen sekundäres Phloem und nach innen sekundäres Xylem erzeugt.

1.2.1.2.1. Das Kambium

Bildung: In den offenen Bündeln primärer Sprosse liegt zwischen Phloem und Xylem ein nicht differenzierter Rest teilungsfähiger Prokambiumzellen.
Verwandlung zum typischen Kambium: Die Zellen strecken sich in Achsenrichtung und beginnen mit der Teilungstätigkeit durch Einziehen tangentialer Wände (Folge: Bildung regelmäßiger, gleich breiter, radialer Zellreihen).

Haupttypen des sekundären Dickenwachstums nach dem Entstehen des Kambiumzylinders:

Tilia-Typ: Prokambium von vornherein als geschlossener Zylinder angelegt (bei Pflanzen mit primär geschlossenem, nur von Markstrahlen unterbrochenem Leitgewebezylinder: bei *Tilia* u. a. Laubgehölzen; *Veronica, Nicotiana*).

Aristolochia-Typ: Prokambium primär in einzelnen Strängen angelegt. Kambiumbildung daher zunächst auf Leitbündel beschränkt (faszikuläres Kambium). Erst später schließt sich der Kambiumzylinder durch Ausbildung von Zwischenbündel- (interfaszikulären) Kambien im Bereich der primären Markstrahlen (bei Pflanzen mit primär getrennten Leitbündeln: Kräuter, Lianen).

Helianthus-Typ: Ähnlich *Aristolochia-Typ,* Bildung des Interfaszikulär-Kambiums erst nach vorheriger Einschaltung von Zwischenbündeln im Markstrahlenbereich möglich *(Helianthus, Vicia, Phaseolus).*

Ricinus-Typ: Primäres Leitgewebe ähnlich wie bei *Aristolochia* in Strängen angelegt; Sekundärzuwachs erfolgt jedoch von einem primär bereits geschlossenen Kambiumzylinder aus auch im interfaszikulären Bereich, so daß ein zusammenhängender Leitgewebe-Zylinder entsteht (*Coniferen, Sambucus*).

Charakteristik und Tätigkeit des Kambiums:
Kambium interzellularenfrei, Zellen langgestreckt, mit beiderseits zugespitzten Enden, im Querschnitt schmal rechteckig. Initialzone einschichtig, erste Tochterzellen jedoch oft weiter teilungsfähig. Alles vom Kambium nach innen erzeugte sekundäre Dauergewebe wird hauptsächlich zu **sekundärem Xylem** (topographisch kurz **»Holz«** genannt); alles nach außen

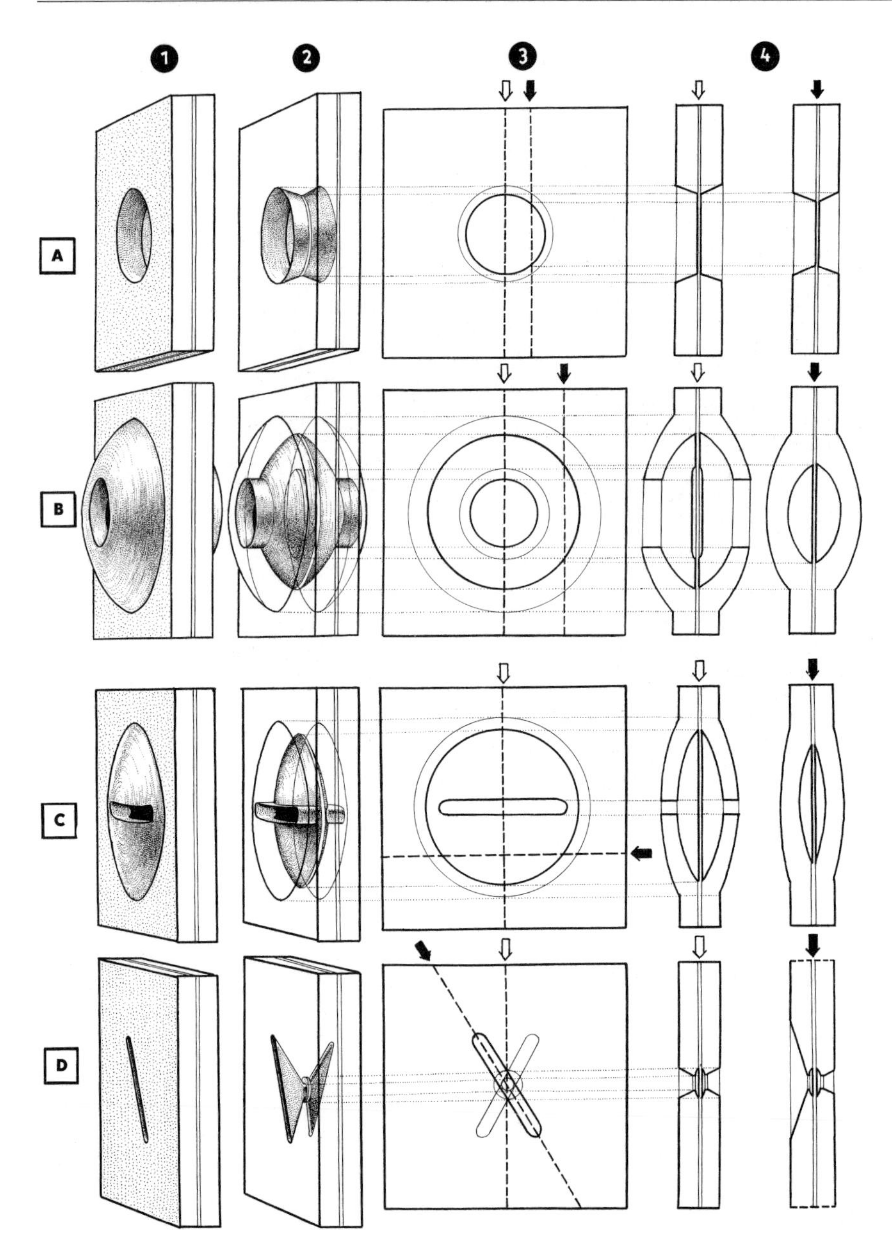

Abb. 44. Wichtige Tüpfeltypen. **A**: Einfacher Tüpfelkanal (z. B. in den Wänden von Parenchymzellen). **B**: Hoftüpfel in den Wänden der Tüpfeltracheiden im Coniferenholz. **C**: Hoftüpfel in den Wänden der Tracheen im Angiospermenholz. **D**: Schräg-spaltenförmiger Tüpfel in den Wänden der Libriformfasern. [Die äußere Gestalt der Tüpfel (1), die verschiedene innere Ausgestaltung der Tüpfel (2) und zwei verschiedene Tüpfel-Aufrisse (4) – entsprechende Projektionsebene durch verschiedene Pfeile in (3) gekennzeichnet –.]

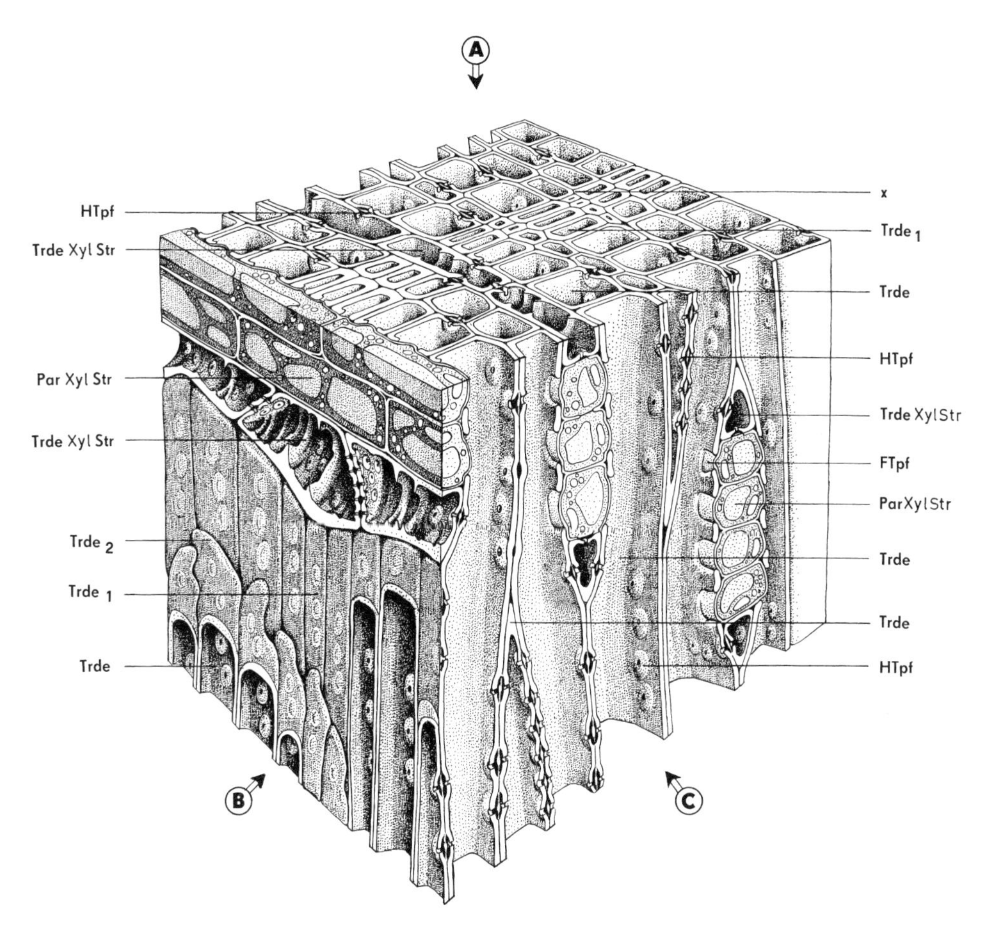

Abb 45. Coniferenholz *(Pinus)*. **A**: Querschnitt. **B**: Radialer Längsschnitt. **C**: Tangentialer Längsschnitt. **Trde** Tracheiden (Hoftüpfeltracheiden) mit weitem Lumen im »Frühholz«, **Trde$_1$** englumige »Spätholz«-Tracheiden, **Trde$_2$** zugespitztes Ende einer Tracheide, **x** Jahresgrenze, **TrdeXylStr** tracheidale Strahlzellen, **ParXylStr** parenchymatische Strahlzellen, **HTpf** Hoftüpfel **FTpf** »Fenster«-Tüpfel.

Dilatation des Kambiums

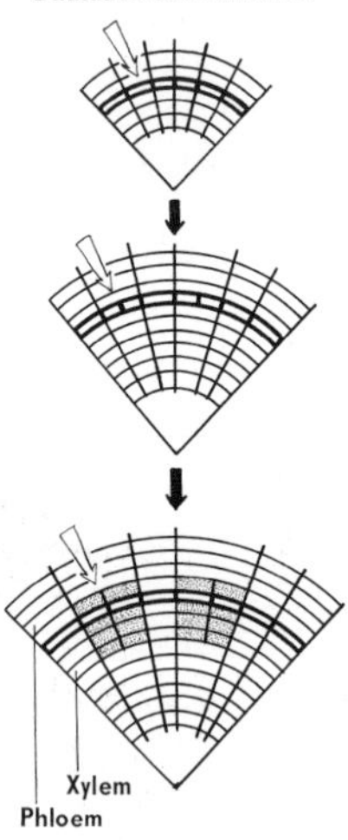

Bildung sekundärer Strahlen

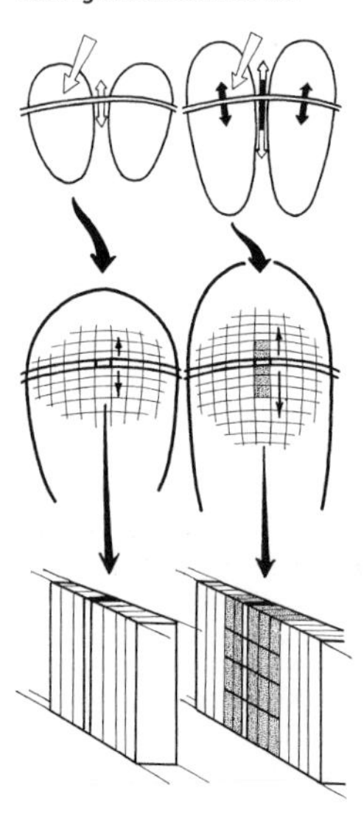

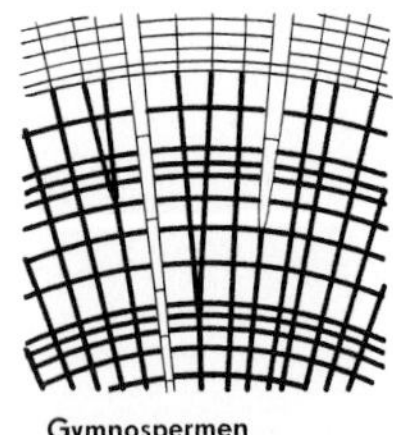

Gymnospermen

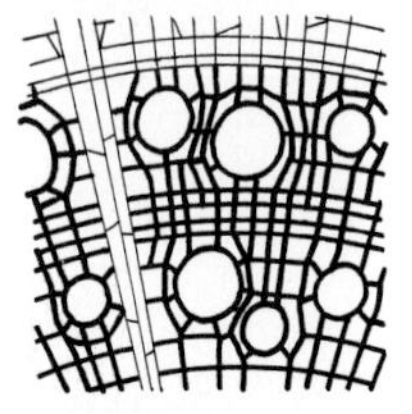

Angiospermen

erzeugte zu **sekundärem Phloem** (topographisch kurz »**Rinde**« oder »**Bast**« genannt; vgl. aber anatomische Bedeutung dieser Begriffe S. 88).
Die Menge des gebildeten sekundären Xylems übertrifft erheblich die des sekundären Phloems. Als Folge der Xylembildung ist eine Umfangserweiterung des Kambiumrings nötig (Dilatation: durch Einziehen radialer Wände). Im Bereich der Markstrahlen wird nach innen und außen Markstrahlenparenchym gebildet (Verlängerung der **primären Markstrahlen** und dadurch weiterhin Verbindung von Mark und Rinde). Bei weiterer Dickenzunahme von Phloem und Xylem werden später **sekundäre Strahlen** angelegt: »Holz-« und »Rindenstrahlen« (= Strahlen im Xylem bzw. im Phloem; sie beginnen daher blind im Phloem und Xylem und um so entfernter vom Kambium je früher sie angelegt wurden).

1.2.1.2.2. Das sekundäre Xylem (»Holz«)

Gewebearten und deren Funktionen:

Wasserleitungsbahnen: Tracheen und Tracheiden (als Tüpfel- oder Netzelemente, »Gefäße«).

Festigungsgewebe: Holz- oder Libriformfasern. Festigungsfunktion vielfach gleichzeitig im leitenden Gewebe verwirklicht: Tracheiden mit verholzten Sekundärwänden, besonders dickwandige englumige, lang zugespitzte Hoftüpfeltracheiden der Coniferophytina mit ausgeprägter Doppelfunktion: Festigung und Wasserleitung.

Speichergewebe: Reservestoffreiches, lebendes Holz- und Strahlenparenchym (letzteres dient auch zur Assimilat- und Wasserleitung in horizontaler Richtung).

- Anordnung der Gewebearten im sekundären Xylem der Coniferophytina (Abb. 45):

Die Masse des Holzes besteht aus **Tüpfeltracheiden** (entsprechend ihrer kambialen Entstehung in radialen Reihen angeordnet; Reihen nahezu gleich breit bleibend, da fast keine wachstumsbedingten Verschiebungen eintreten. Form der Zellen den Kambiumzellen ähnlich).
Wenig **Holzparenchym** (in dünnen Strängen, oft nur Harzkanäle umgebend). Zahlreiche meist nur eine Zellschicht breite **Strahlen** mit mehreren übereinanderliegenden Zellen. Obere und untere **Strahlzellen** im Xylem oft **tracheidal** (Wasseraustausch in radialer Richtung; Zellen ohne lebenden Protoplasten, Wände mit leistenartigen Verdickungen und Hoftüpfeln), die mittleren Strahlzellen **parenchymatisch** (Leitung und Speicherung von Assimilaten; Zellen in radialer Richtung gestreckt).

- Anordnung der Gewebearten im sekundären Xylem der Angiospermen (Abb. 46):

Der Wasserleitung dienen **Tracheiden** und vor allem **Tracheen** (ununterbrochene Röhrensysteme von Wurzelspitzen bis Sproßspitzen; der Anteil der Tracheiden an dieser Funktion wird in unterschiedlichem Maße eingeschränkt). Sehr viel Festigungsgewebe **(Libriformfasern),** reichlich **Xylemparenchym** (= Holzparenchym, längs verlaufende Stränge und Bündel; meist die Gefäße begleitend, dann Begleit- oder Peritrachealzellen genannt, mit ähnlichem funktionellen und ontogenetischen Zusammenhang wie Siebröhren und Geleitzellen) und radial verlaufende Xylemstrahlen (ein- oder mehrschichtig in Breite und Höhe; hier nur **parenchymatische Strahlzellen**).
Im Gegensatz zum Holz der Gymnospermen radiale Anordnung der Elemente gestört und oft kaum erkennbar als Folge starker Verschiebungen durch ungleichmäßiges Längen- und Dickenwachstum der verschiedenen Zellen. Eindruck der Regellosigkeit.

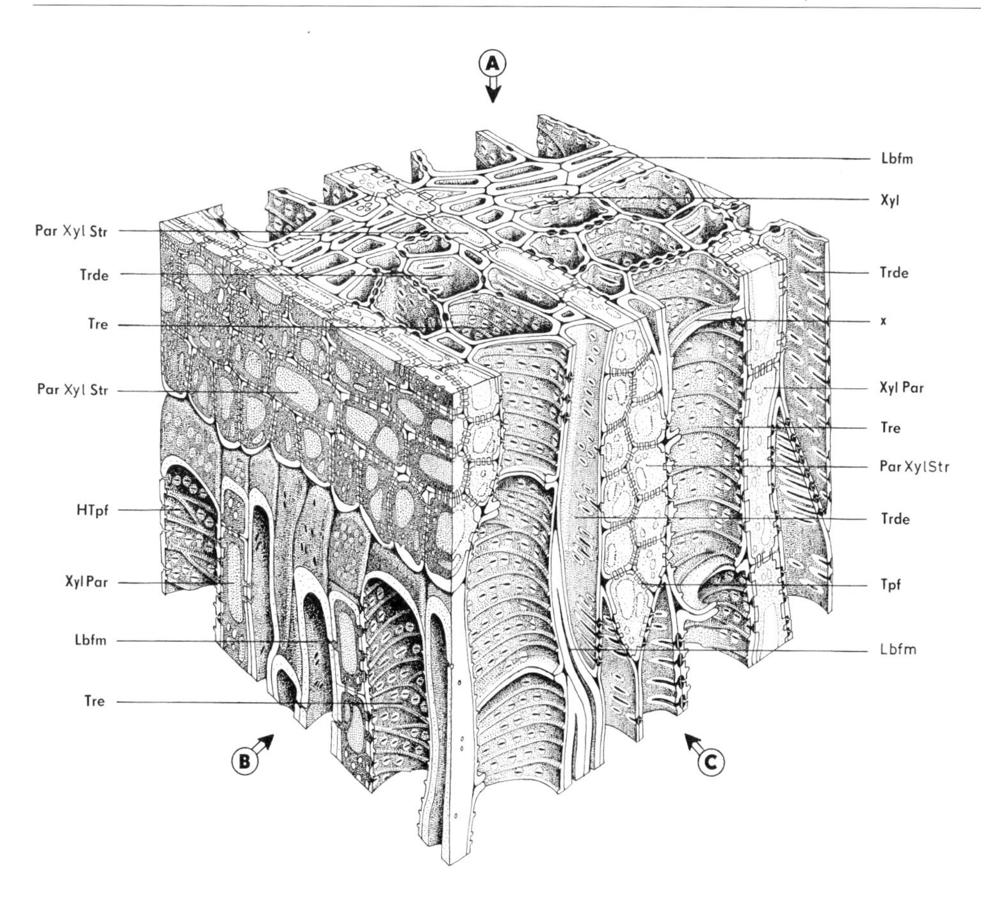

Abb. 46. Angiospermenholz *(Tilia)*. **A**: Querschnitt. **B**: Radialer Längsschnitt. **C**: Tangentialer Längsschnitt. **Tre** Tracheen (**x** Fusionsstelle zweier Tracheenglieder), **Trde** Tracheiden, **XylPar** Holzparenchym, **Lbfm** Libriformfasern, **ParXylStr** Xylemstrahl (aus parenchymatischen Strahlzellen aufgebaut), **Tpf** einfache Tüpfelkanäle, **HTpf** Hoftüpfel in den Wänden der Tracheen.

Bildung der Jahresringe:
Ringbildung auf Holzquerschnitten mit bloßem Auge sichtbar. Ursache: Periodizität in der Kambiumtätigkeit und der unterschiedlichen Differenzierung seiner Abkömmlinge.

Jahresgrenze: Plötzlicher Übergang von englumigen, dickwandigen Gefäßen zu weitlumigen, dünnwandigen. (Die englumigen Gefäße entstehen gegen Ende der Vegetationsperiode und dienen hauptsächlich der Festigung, während die weitlumigen den großen Anforderungen an die Leitungskapazität zu Beginn der Vegetationsperiode entsprechen.) Übergang von weitlumigem Frühholz zu englumigem Spätholz erfolgt dagegen allmählich. Zuwachs von Jahresgrenze zu Jahresgrenze = **Jahresring**. Sprung an der Jahresgrenze zeigt das Ende der Vegetationsruhe an (Jahreszeiten, Trockenzeiten u. a.). Altersbestimmungen möglich (aber Irrtümer: doppelter Austrieb, Fehlen der Ringbildung bei ununterbrochener Vegetation).

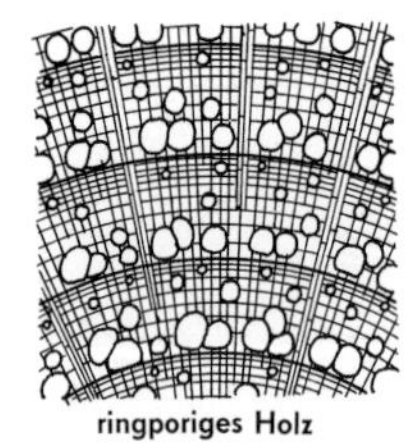
ringporiges Holz

Zerstreutporige Hölzer: Bildung annähernd gleich weiter Gefäße während der ganzen Vegetationsperiode (z. B. *Tilia)*.

Ringporige Hölzer: Weite Gefäße nur im Frühholz, im Spätholz englumige Tracheiden und Holzfasern (z. B. *Quercus)*.

Holzmaserung: Jahresringe (besser: Jahresschichten) im Längsschnitt. Spätere Veränderungen im sekundären Xylem: Lebende Zellen und Gefäße, die mit den Blättern der entsprechenden Vegetationsperiode in Verbindung stehen, meist auf äußerste (jüngste) Holzschichten beschränkt (= **Splint**- oder **Weichholz**). Innere (ältere) Holzschichten nur Festigungsfunktion (= **Kern**- oder **Hartholz**, technisch wertvollster Teil des Holzes). Im Inneren z. T. Verstopfung der Gefäße (**Thyllenbildung**, Tylosis: blasenartige Ausstülpung der Tüpfelschließhäute benachbarter Parenchymzellen) und Imprägnierung der Zellwände (Einlagerung von Gerbstoffen, Phlobaphenen, Harzen usw.; mit fungiziden und bakteriziden Eigenschaften: Schutz vor Zersetzung). Beim Ausbleiben der Verkernung: Hohlstämme.

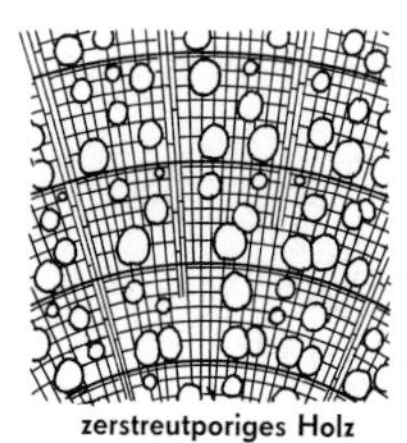
zerstreutporiges Holz

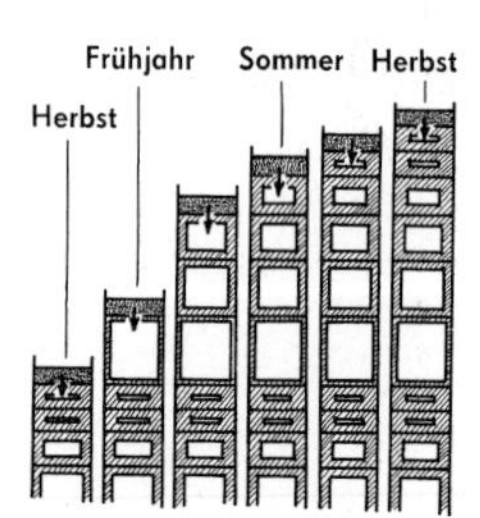

1.2.1.2.3. Das sekundäre Phloem (»Bast«)

Gewebearten und deren Funktion:

Leitungsbahnen für die Assimilate: Siebzellen und Siebröhren (zugespitzte, langgestreckte und über schräg gestellte Siebplatten miteinander verbundene Röhren. Bei Angiospermen mit plasmareichen Geleitzellen).

Festigungsgewebe: Sklerenchym in Form sehr langgestreckter, englumiger Bastfasern mit dicken, oft verholzenden Zellwänden.

Speichergewebe: Parenchymstränge in Längsrichtung verlaufend (lebendes, reservestoffreiches, dünnwandiges Phloemparenchym) und Strahlenparenchym, in radialer Richtung verlaufend (Rindenstrahlen, Phloemstrahlen).
Kristallzellen, Milchröhren.

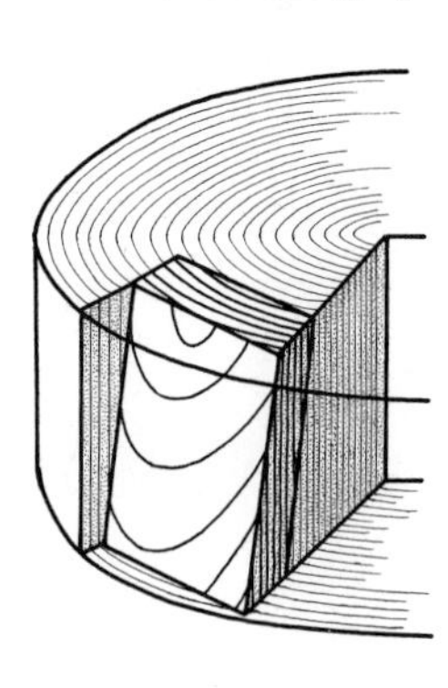

Anordnung der Gewebearten im sekundären Phloem (»Bast«):
Siebzellen und Siebröhren bilden ununterbrochene Leitungsbahnen zwischen Wurzelspitze und Sproßspitze. Elemente meist nur eine Vegetationsperiode funktionstüchtig. In Längsrichtung gestrecktes Parenchym und Sklerenchym (Bastfasern) in Strängen. Die Strahlen im sekundären Phloem sind die radiale Fortsetzung der Xylemstrahlen. Verbindungen zwischen Siebelementen und Parenchymzellen durch Tüpfel. Stränge mehr zerstreut (bei Angiospermen) oder in regelmäßigen Schichten angeordnet (bei Coniferen).

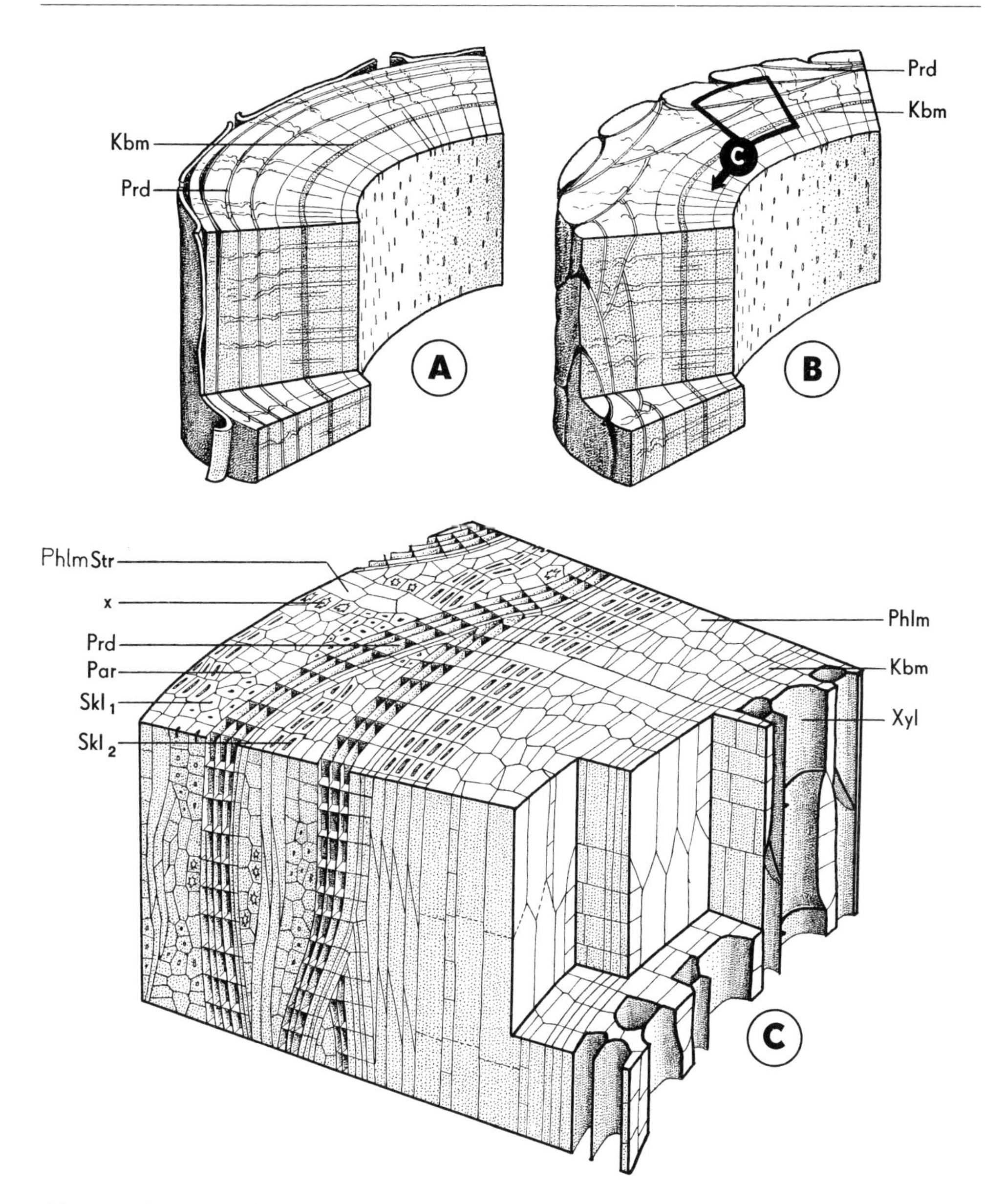

Abb. 47. Borke. **A**: Ringelborke. **B**: Schuppenborke. **C**: Ausschnitt aus B stärker vergrößert. **Prd** Periderme, **Kbm** Kambium, **Phlm** Phloem, **Xyl** Xylem, **PhlmStr** Phloemstrahl, **x** Kristall-Drusen enthaltende Zellen, **Par** Rindenparenchym, $\textbf{Skl}_1$ Sklereiden, $\textbf{Skl}_2$ Sklerenchymfasern (»Bastfasern«).

1.2.1.2.4. Durch sekundäres Dickenwachstum verursachte Veränderungen in der Rinde

Durch Kambiumtätigkeit nimmt der Sproßumfang zu (»sekundäres Dikkenwachstum«). Folge: Tangentiale Dehnung und Rißgefahr der außerhalb des Kambiums gelegenen Gewebe. Kompensierung: Einfügung neuer Zellen in tangentialer Richtung durch Bildung radialer Wände (besonders im Rinden- und Strahlenparenchym, auch im Kambium selbst = **Dilatation**) oder Ersatz der primären Gewebe durch sekundäre Neubildung (besonders die selten der Dilatation unterworfene Epidermis = **Peridem-** und **Borkebildung**; s. Abb. 47).

• Dilatation:
Tangentiale Vermehrung von Rinden-, Phloem- und Strahlenparenchym (seltener auch der Epidermis) durch Einfügung radialer (antikliner) Zellwände. Dehnungsspannungen werden durch neu entstehendes Parenchym ausgeglichen (z. B. primär geschlossene Sklerenchymringe nach sekundärem Dickenwachstum in einzelne Abschnitte zerteilt. Lücken durch Parenchym ausgefüllt). Parenchyme z. T. sekundär weiter differenziert (z. B. zu Steinzellen).

Dilatation der Rinde

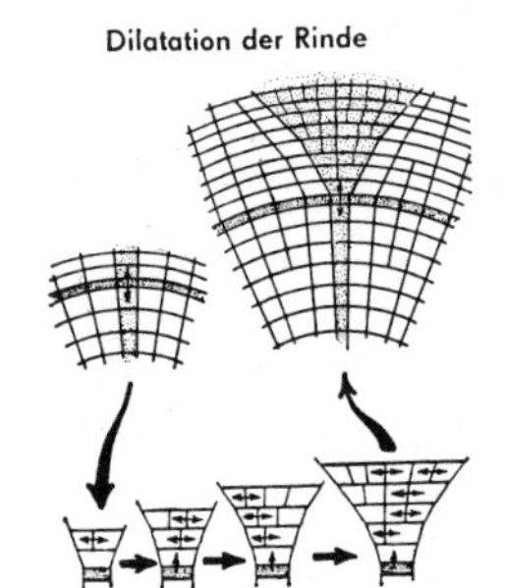

• Peridermbildung (sekundäres Abschlußgewebesystem):
Primäres Abschlußgewebe (Epidermis) dilatiert selten und wird deshalb durch sekundäres Abschlußgewebe, einen interzellularenfreien Korkmantel, ersetzt. Ausbildung schon vor dem Zerreißen der Epidermis durch Anlage eines sekundären Meristems:

Korkkambium (Phellogen). Es gliedert nach außen später absterbende, dann lufterfüllte Zellen in radialen Reihen ab, deren Wände »verkorken«: **Korkgewebe (Phellem)** und nach innen (weit weniger und nicht immer) **Korkrinde (Phelloderm,** unverkorkt, chloroplastenhaltig). Phellogen, Phellem und Phelloderm werden zusammen als **Periderm** bezeichnet. Die Funktion des sekundären Abschlußgewebes ist allerdings auf das Phellem beschränkt (vgl. die Bemerkung auf S. 75). Mächtigkeit bei verschiedenen Pflanzen und verschieden alten Organteilen stark variierend (vgl. technisch verwendeten Kork), Gas- und Wasserdurchtritt durch die Suberineinlagerung stark gehemmt. Daher besondere Durchlaßstellen ausgebildet (**Lenticellen** oder Korkwarzen: Eng begrenzte Stellen erhöhter Aktivität des Korkkambiums; zwischen den abgegliederten Korkzellen, den sog. Füllzellen, große Interzellularen; Anlage unmittelbar unter den Spaltöffnungen der primären Epidermis, die später abgestoßen wird). Phellogenbildung in der Epidermis bzw. – häufig – in der subepidermalen Rindenschicht **(= Oberflächenperiderme)** oder in tieferen Lagen der primären Rinde, dem Perizykel oder im Phloem **(= Tiefenperiderme)**. Außerhalb des Periderms gelegene Gewebeschichten gehen zugrunde (Unterbrechung der Nährstoffzufuhr). Bei vielen Bäumen stirbt erstes Phellogen ab und wird durch tiefer gelegene, sekundäre Korkkambien ersetzt (Borkebildung).

Tätigkeit des Korkkambiums

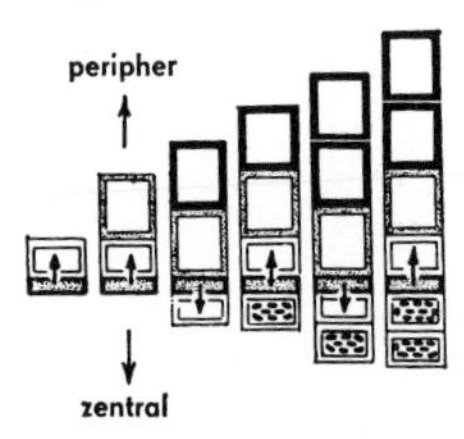

Lage des Korkkambiums:

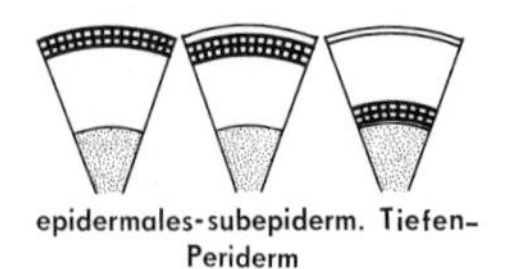
epidermales-subepiderm. Tiefen-Periderm

• Borkebildung:
Bei Pflanzen mit starkem sekundärem Dickenwachstum (Bäume, Sträucher) schrittweise Verlagerung der Periderme nach innen durch sukzessive Anlage neuer Korkkambien in tiefer gelegenen Gewebeschichten. Vorher stellen ältere Phellogene Teilungstätigkeit ein (Umbildung zu Korkzellen). Bildungszone der Korkkambien schließlich bis in das sekundäre Phloem verlagert. Alle auf diese Weise nach außen abgetrennten, primären und später nur sekundären absterbenden Gewebe, einschließlich der zwischenliegenden älteren Peridermschichten, werden als **Borke** bezeichnet (also ein durch die Tätigkeit von Tiefenperidermen nach außen abgetrenntes Mischgewebe, »tertiäres« Abschlußgewebe). Später Aufreißen und allmäh-

liches Abstoßen. Widerstandsfähigkeit durch mikrobenfeindliche Imprägnierung der Gewebe.
Je nach Ausbildung der Korkkambien entsteht **Ringelborke** (Periderme parallel der Organoberfläche als geschlossene Hohlzylinder angelegt; im Querschnitt konzentrische Anordnung, z. B. *Cerasus avium*), **Streifenborke** (ringförmige Peridermschichten von längs verlaufenden Parenchymschichten unterbrochen, z. B. *Vitis, Clematis*) oder **Schuppenborke** (jüngere Periderme schließen bogenförmig an ältere an; im Querschnitt dachziegelartige Anordnung; häufig z. B. *Quercus, Pinus*).

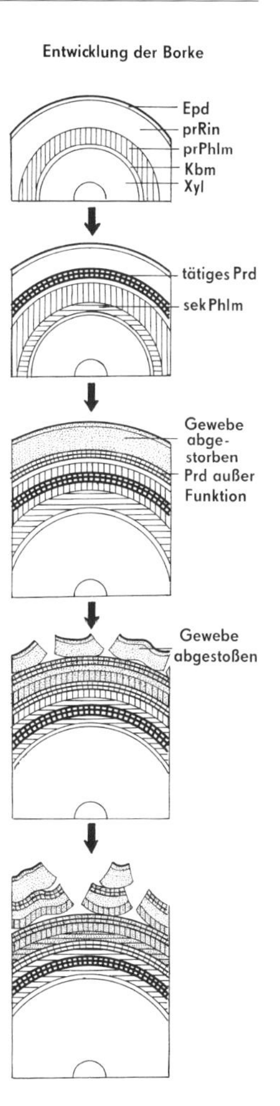

1.2.2. Sekundäres Dickenwachstum der Monokotylen

Fast nur auf einige baumförmige Liliifloren beschränkt (z. B. *Cordyline, Yucca, Aloe, Dracaena*).
Im Querschnitt ringförmiges Kambium zwischen primärer Rinde und Zentralzylinder (mit für Monokotyle typisch zerstreuter Anordnung der Leitbündel), das sich vom primären Meristemmantel ableitet. Nach außen (in geringerer Anzahl) abgegliederte Zellen werden zu Rindenparenchym. Nach innen (in großer Anzahl) abgegebene Zellen differenzieren sich entweder zu Leitbündeln (Xylem und Phloem) oder zu Parenchym.
Neben dieser **kambialen Form des sekundären Dickenwachstums** gibt es auch eine **parenchymale Form:** scheitelferne Zellvermehrungen im Grundgewebe; medullär (Zellteilungen im Markparenchym; z. B. *Impatiens*) oder kortikal (Zellvermehrungen in der primären Rinde).

1.2. Das sekundäre Dickenwachstum und die Anatomie der sekundären Sproßachsen - Praktischer Teil –

1.2.1.1. Dynamik der kambialen Form des sekundären Dickenwachstums

Beobachtungsziel: Lage und Form der Kambiumzellen im Sproßachsenquerschnitt

Objekt: *Kalanchoe daigremontiana* (Crassulaceae), Brutblatt. Ältere Sproßachse.

Präparation: Querschnitte durch das Sproßinternodium dieser weit verbreiteten Zier- und Zimmerpflanze anfertigen (Reg. 114). Besondere Sorgfalt ist beim Schneiden der peripher gelegenen, makroskopisch heller erscheinenden Leitgewebezone zu üben. Das Kambium ist leichter aufzufinden, wenn die Schnitte vor der mikroskopischen Beobachtung mit Phloroglucinol-Salzsäure behandelt werden (Reg. 101).

Weitere Präparationsmöglichkeiten: Für ein tieferes Verständnis des Baues und der Tätigkeit der Kambiumzellen wird das Studium radialer und tangentialer Längsschnitte durch die Kambiumzone sehr empfohlen (vgl. S. 146). Gute Schnitte, sofern sie mit der Hand angefertigt werden müssen, erfordern jedoch viel Übung und Geduld.

Beobachtungen (Abb. 48): Bei schwächster Vergrößerung die peripher gelegenen Teile des Sproßachsenquerschnittes betrachten. Es fällt besonders ein Doppelring von kleinen, sehr regelmäßig angeordneten Zellen auf, von dem sich der innere Teil mit Phloroglucinol-Salzsäure deutlich rot gefärbt hat. Der äußere, ungefärbte Gewebemantel besteht aus Kambiumzellen bzw. deren unmittelbaren Abkömmlingen, die nun bei stärkerer Vergrößerung genauer beobachtet werden können.
Das Kambium bildet in etwas älteren Teilen der Sproßachse einen geschlossenen Zylinder, der innerhalb der undeutlich begrenzten verschieden großen Leitbündel das Phloem **(Phlm)** und Xylem voneinander trennt. Die kambialen Zellen erscheinen im Querschnitt schmalrechteckig, in tangentialer Richtung etwas gestreckt, radial verkürzt. Entsprechend ihrer Teilungsform (Einzug tangentialer Wände) bilden ihre Abkömmlinge regelmäßige, in radi-

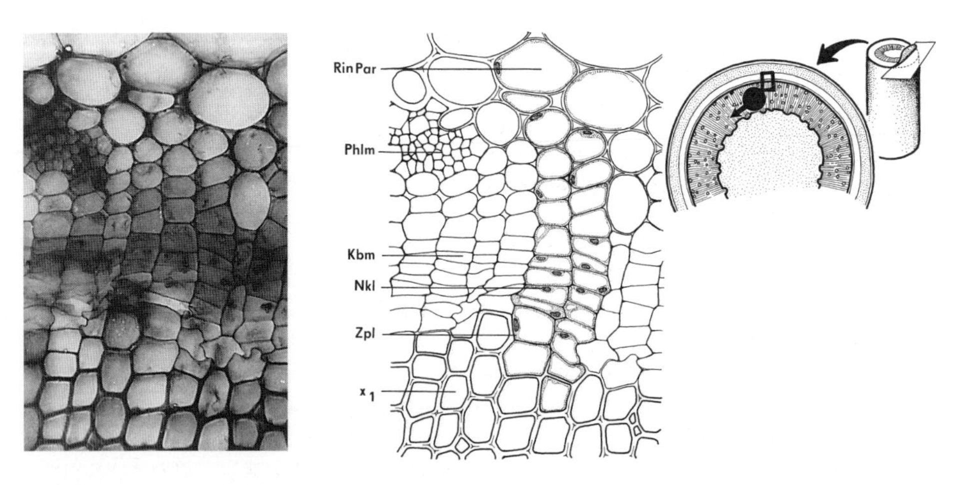

Abb. 48. *Kalanchoe daigremontiana.* Ausschnitt aus der Kambiumzone. **Kbm** Kambiumzone (Kambium und dessen unmittelbare Abkömmlinge. Zellen mit Zellkern **Nkl** und Zytoplasma **Zpl**) x_1 verholztes Parenchym im sekundären Xylem. **Phlm** Phloem, **RinPar** Rindenparenchym. 200 : 1.

alen Reihen hintereinanderliegende Zellketten. Da es bei der Differenzierung der abgegliederten Zellen zu keinen größeren Verschiebungen kommt, liegen alle radialen Wände jeder Reihe nahezu in einer Linie. Die Teilungsrate der Kambiumzellen ist in diesem Objekt meist sehr hoch, die Differenzierung schreitet dagegen relativ langsam fort. Daher trifft man fast stets eine breite, vielschichtige Kambiumzone an (= Kambium und seine jüngsten Abkömmlinge). Die Mehrzahl der Zellen wird nach innen abgegliedert. Es sind in diesem Beispiel Parenchymzellen mit verholzenden Zellwänden (Rotfärbung!), die in ihrer Gesamtheit einen geschlossenen Festigungszylinder bilden **(x_1)**. Sehr schön kann die Erweiterung des Interzellularraums mit zunehmender Entfernung vom Kambium verfolgt werden. Innerhalb dieses sekundären Zylinders und außerhalb der Kambiumzone findet man einzelne Zellgruppen des primären Xylems bzw. des primären Phloems. Der primäre Charakter ist an der regellosen Anordnung der Zellen leicht zu erkennen (Herkunft nicht aus Kambiumtätigkeit, sondern aus Prokambiumgewebe). Bei stärkster Vergrößerung sieht man in einigen Kambiumzellen den dünnen protoplasmatischen Wandbelag **(Zpl)** und gelegentlich auch den Zellkern **(Nkl)**.

Weitere Beobachtungen: Im Längsschnitt sind die Kambiumzellen langgestreckt; entweder mit horizontalen Querwänden (radial) oder oben und unten schräg zugespitzt (tangential). Alle Kambiumzellen sind etwa gleich lang und von der gleichen Größe wie ihre Derivate. Der plasmatische Zellinhalt und die großen Zellkerne sind im Längsschnitt im allgemeinen gut zu beobachten.

Fehlermöglichkeiten: In zu jungem Sproßmaterial ist das Kambium ungenügend entwickelt. Sekundäres Gewebe fehlt völlig.

Weitere Objekte:

Nicotiana tabacum (Solanaceae), Virginischer Tabak
Querschnitt durch die Sproßachse. Sehr gut zu beobachtende, regelmäßige Kambiumzone als geschlossener Ring zwischen Phloem und Xylem.

Vitis vinifera (Vitaceae), Edler Weinstock
Querschnitt durch die Sproßachse. Mehrschichtige, ringförmige Kambiumzone außerhalb des Holzkörpers.

Impatiens parviflora (Balsaminaceae), Kleines Springkraut
Querschnitt durch die Sproßachse. Klare, jedoch schmale Kambiumzone, besonders zwischen den Leitbündeln sehr gut zu beobachten.

Beobachtungsziel: Übergang vom primären Bau der Sproßachse zum Sekundärzustand am Beispiel des Aristolochia-Typs des sekundären Dickenwachstums

a) Der Primärsproß dieses Typs im Querschnitt.
b) Anlage eines geschlossenen Kambiumzylinders durch Ausbildung interfaszikulärer Kambien.
c) Die Anatomie der Sekundärsproßachse in der Gesamtschau.

Bemerkung:
Die prinzipiellen Vorgänge beim sekundären Dickenwachstum lassen sich am Beispiel des *Aristolochia*-Typs besonders übersichtlich demonstrieren, obwohl es sich um einen verhältnismäßig wenig verbreiteten Spezialfall handelt.

Zur Begründung sollen vor allem zwei Tatsachen genannt werden:

1. Es ist schwer, die zentrale Bedeutung des Kambiums für diese Vorgänge zu erkennen, wenn es von vornherein als ein geschlossener Zylinder vorliegt (z. B. beim *Tilia*-Typ). Der Zeitpunkt, an dem das Kambium seine Teilungstätigkeit aufnimmt, ist in diesem Falle nur schwierig zu erfassen, und das mikroskopische Bild ist wenig eindrucksvoll. Es könnten nur Endzustände demonstriert werden.

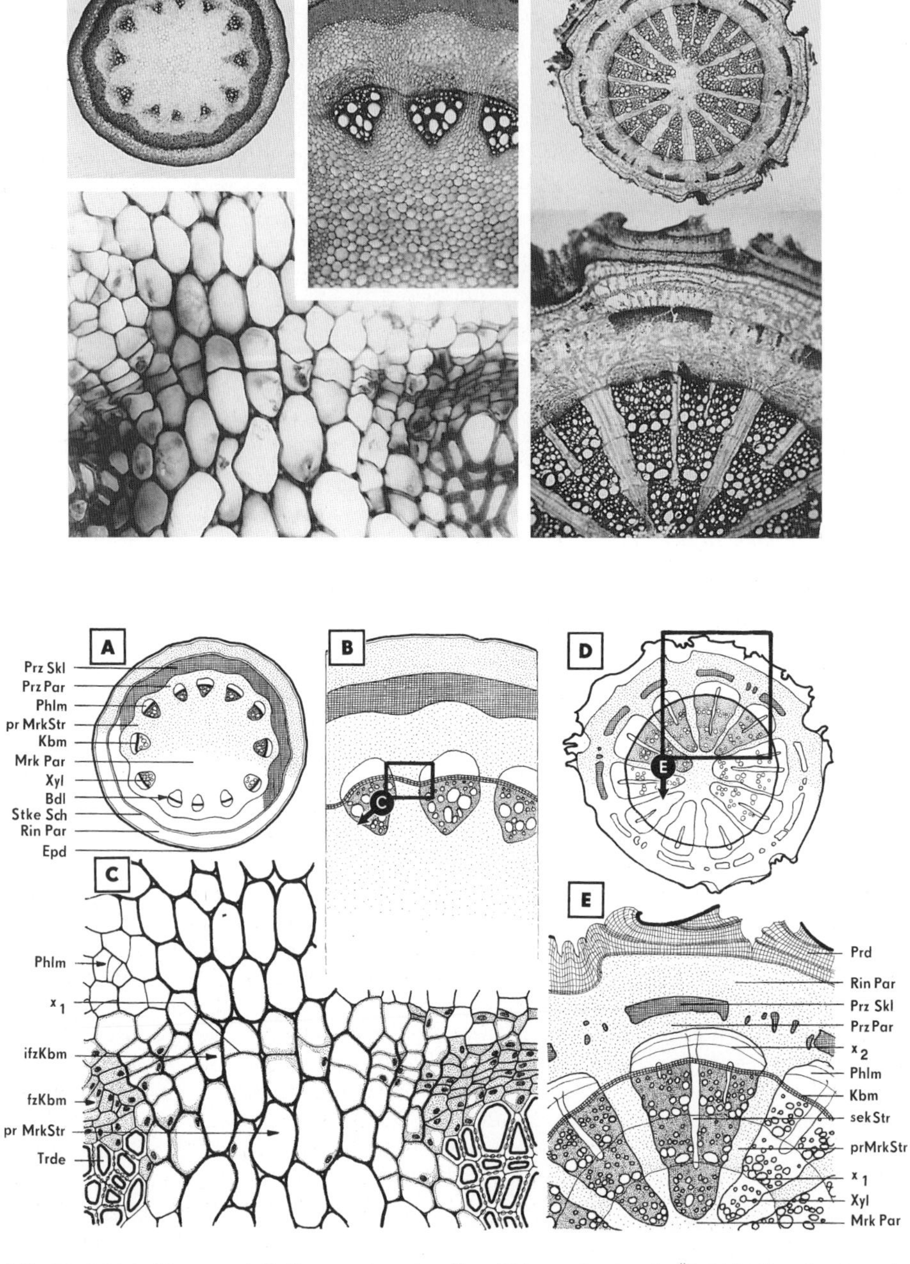

Abb. 49. *Aristolochia macrophylla.* Vorgang des sekundären Dickenwachstums. **A**: Übersicht über den Querschnitt der primären Sproßachse: **MrkPar** Markparenchym, **Bdl** Leitbündel (**Xyl** Xylem, **Kbm** Kambium, **Phlm** Phloem), **prMrkStr** primärer Markstrahl, **PrzPar** Perizykelparenchym, **PrzSkl** sklerenchymatischer Anteil des Perizykels, **StkeSch** Stärkescheide, **RinPar** Rindenparenchym, **Epd** Epidermis. **B**: Übersicht über ein späteres Entwicklungsstadium nach Ausbildung eines interfaszikulären Kambiums. **C**: Vergrößerter Ausschnitt aus B: Die faszikulären Kambien der Leitbündel **(fzKbm)** schließen sich durch Ausbildung interfaszikulärer Kambien **(ifzKbm)** zu einem geschlossenen Ring zusammen. Neu gebildete Zellwände **(x_1)** innerhalb der Parenchymzellen des primären Markstrahles **(prMrkStr)** deuten auf den

2. Durch das schnelle Wachstum der Schling- und Kletterpflanzen sind während längerer Zeit alle Entwicklungszustände »auseinandergezogen«; große Teile der langen Internodien befinden sich also im gleichen Entwicklungsstadium, so daß entsprechendes Material leicht und auch in größeren Mengen beschafft werden kann.

Objekt: *Aristolochia macrophylla* (Aristolochiaceae), Pfeifenwinde. Verschieden alte Sproßabschnitte.

Präparation: Drei verschieden alte Abschnitte der Sproßachse sind das Untersuchungsmaterial. Dünne Querschnitte jeweils durch die mittleren Bereiche der Internodien werden zu entsprechenden Präparaten verarbeitet (Reg. 114). Es kann nicht bindend gesagt werden, in welcher Entfernung von der Sproßspitze die entsprechenden Entwicklungsstufen anzutreffen sind, da die Wachstumsgeschwindigkeit örtlich und zeitlich unterschiedlich ist. Der erste Querschnitt muß jedoch immer nahe der Sproßspitze geführt werden.
Das Material wird am besten nach dem ersten starken Frühjahrsaustrieb, also Ende Mai/Anfang Juni, gesammelt und – wenn nötig – konserviert (Reg. 3). Weitere Hinweise über die Art des benötigten Materials sind im Abschnitt »Beobachtungen« zu finden.
Die zur Beobachtung gelangenden Schnitte werden vor dem Einbetten in Safranin (Reg. 105) gefärbt. Sollen keine Dauerpräparate angefertigt werden, ist die Phloroglucinol-Salzsäure-Reaktion vorzuziehen (Reg. 101).

Weitere Präparationsmöglichkeiten: Radiale und tangentiale Längsschnitte (Reg. 113); Iod-Stärke-Reaktion (Reg. 66); Färbung kutinisierter und verkorkter Zellwände mit Sudan III (Reg. 116).

Beobachtungen (Abb. 49):

a) *Der Aufbau der Primärsproßachse* (Abb. 49A)

Zur Beobachtung genügt schwache bis mittlere Vergrößerung, die nur zur Klärung von Einzelheiten erhöht zu werden braucht.
Nur in Querschnitten, die dicht hinter der Spitze geführt worden sind, wird die Sproßachse noch ausschließlich von primären Elementen aufgebaut. Ein einfacher Ring völlig getrennter Leitbündel **(Bdl)** umschließt das aus großen, abgerundeten Parenchymzellen bestehende Mark **(MrkPar).** Oft enthalten diese Zellen Stärke und große Calciumoxalatdrusen. Den zum Achsenzentrum hin gelegenen Teil der Leitbündel nimmt das Xylem **(Xyl)** ein (ganz innen zerdrückte Xylemprimanen und viel Xylemparenchym), in dem die weiten Hohlräume der Tüpfeltracheen und Tracheiden besonders auffallen. Durch eine Zone schmaler, dünnwandiger Kambiumzellen **(Kbm)** getrennt, schließt sich nach außen das Phloem **(Phlm)** an (ganz außen englumige Phloemprimanen). Das die Bündel seitlich trennende Parenchym wird als primärer Markstrahl **(prMrkStr)** bezeichnet. In Höhe des Phloems geht dieses Gewebe allmählich in ein anders differenziertes Parenchym über, das ringförmig den Leitbündelkranz außen umgibt: das Perizykelparenchym **(PrzPar)**. Weiter außen schließt sich ein scharf begrenzter Sklerenchymzylinder an, dessen Zellwände ungefärbt hell-opal erscheinen und die sich mit Safranin oder Phloroglucinol-Salzsäure, ebenso wie die verholzten Zellen des Xylems, leuchtend rot färben (sklerenchymatischer Anteil des Perizykels, **PrzSkl**). Dieser auffallende Festigungszylinder stellt die äußere Grenze des Zentralzylinders dar, der außen von chlorophyllreichem Rindenparenchym **(RinPar)** umgeben wird (große, radial gestreckte Zellen, Assimilationsparenchym; einzelne Zellen ent-

---

Beginn der Kambiumtätigkeit hin. **Trde** Tracheiden, **Phlm** Phloem. **D**: Übersicht über eine junge Sekundärsproßachse. **E**: Vergrößerter Ausschnitt aus D: **MrkPar** Markparenchym; **Xyl** Xylem (bei $x_1$eine Jahresgrenze); **prMrkStr** primärer Markstrahl, **sekStr** sekundärer Strahl; **Kbm** Kambium; **Phlm** Phloem (bei $x_2$eine Jahresgrenze); **PrzPar** Perizykelparenchym, **PrzSkl** Teil des zerrissenen Sklerenchymringes (Perizykel); **RinPar** Rindenparenchym; **Prd** Periderm.
A 20 : 1, B 50 : 1, C 200 : 1, D 3 : 1, E 10 : 1.

halten auffallend große Calciumoxalatdrusen). Die Zellen der innersten Schicht dieses Gewebes, die unmittelbar an den Sklerenchymzylinder grenzen, sind besonders regelmäßig geformt und stärkereich (Stärkescheide, **StkeSch**). An der Peripherie der Sproßachse schließt an das photosyntheseaktive Rindenparenchym kollenchymatisches Festigungsgewebe an. Unterhalb der Spaltöffnungen fehlt dieses Gewebe, und an dessen Stelle reicht interzellularraum- und chloroplastenreiches Parenchym bis an die Epidermis **(Epd)** heran, die die Sproßachse nach außen abschließt.

b) *Anlage eines geschlossenen Kambiumzylinders durch Ausbildung interfaszikulärer Kambien* (Abb. 49 B, C)

Der zu diesen Beobachtungen erforderliche Entwicklungszustand des wachsenden Sprosses tritt schon sehr früh ein, so daß entsprechende Querschnittsbilder ebenfalls dicht hinter der Spitze der Sproßachse angetroffen werden.
Bei stärkerer Vergrößerung zunächst das Kambium innerhalb eines Leitbündels **(fzKbm)** beobachten. Die in regelmäßigen, radialen Reihen angeordneten Zellen dieser Zone gehen nach innen zu allmählich in Tracheiden **(Trde)** und Xylemparenchym über, nach außen differenzieren sie sich zu Phloemelementen **(Phlm).** Verfolgt man nun das Kambium nicht in radialer, sondern in tangentialer Richtung, so stellt man – im Gegensatz zum rein primären Zustande – fest, daß jetzt auch seitlich außerhalb der Grenze des Bündels die schmalen dünnen Zellen des Gewebes zu finden sind. Das in Kambiumhöhe gelegene Parenchym des primären Markstrahls **(prMrkStr)** ist sekundär meristematisch geworden. Man erkennt diese Tatsache an den neugebildeten tangentialen Wänden innerhalb der alten Parenchymzellen **(x_1).** Die Bildung dieses Folgemeristems beginnt am Rande benachbarter Bündel, an das faszikuläre Kambium anschließend, und schreitet mit zunehmendem Alter zur Markstrahlmitte hin fort. So entstehen zusammenhängende interfaszikuläre Kambien **(ifzKbm),** die gemeinsam mit den faszikulären Kambien der Leitbündel im Endzustand einen zusammenhängenden Meristemzylinder bilden. Die Zellen dieses Gewebes teilen sich häufig und bilden einen geschlossenen, der Herkunft gemäß aus regelmäßigen radialen Reihen bestehenden Leitgewebezylinder, der nur an einigen Stellen durch Strahl-Bildung von Parenchymzellen durchsetzt wird. Das sekundäre Dickenwachstum hat begonnen.

c) *Die Anatomie der Sekundärsproßachse in der Gesamtschau* (Abb. 49 D, E)

Zur Untersuchung dient der Querschnitt eines Sproßachsenstückes, das bereits 3–4 Jahre lang sekundär in die Dicke gewachsen ist. Das gewünschte Pflanzenstück ist in diesem Alter oberflächlich graubraun und rissig, der Durchmesser beträgt ca. 8–10 mm.

Im Mikroskop ist folgendes Bild zu sehen: Die zentralen Zellen des Markparenchyms **(MrkPar)** wurden durch die sich stark entwickelnden peripheren Gewebe zerdrückt. In einzelnen, noch nicht zerquetschten Zellen sind Stärkekörner oder große Calciumoxalatdrusen enthalten, andere erscheinen leer und sind abgestorben. Die größte Volumenzunahme erfuhr das (mit Safranin rot gefärbte) Xylem **(Xyl).** Deutlich ist noch die Herkunft aus den primären Leitbündeln zu erkennen: nach wie vor liegen an den innersten Spitzen dieses Gewebes deformierte Xylemprimanen. Jährlich ist zum primären Xylem eine bedeutende Menge sekundärer Xylemelemente (hauptsächlich Tracheiden und Parenchym) hinzugefügt worden. Vom Beginn der Vegetationsperiode im Frühjahr an bis zum Ende im Hochsommer nimmt die Weite der neugebildeten Leitungsbahnen ab. Englumige, spät im Jahre differenzierte Zellen liegen deshalb scharf neben den bei Schlingpflanzen besonders weitlumigen Frühjahrsgefäßen des nächsten Jahres. Es kommt zu einer deutlichen Jahresringbildung **(x_1).**
An der äußeren Grenze des mit Safranin rot gefärbten Xylems erkennt man den geschlossenen Kambiumzylinder **(Kbm),** der bei schwacher Vergrößerung als bräunliche Wellenlinie erscheint. Außerhalb dieses Meristems, den Xylemteilen kappenförmig angelagert, ist das ebenfalls bräunlich gefärbte Phloem **(Phlm)** zu finden. Auch hier sind die Jahresringe **(x_2)** deutlich, da im Frühjahr besonders viel Parenchym gebildet wird, während

erst später der Zuwachs außerdem aus Siebröhren und Geleitzellen besteht. Der Anteil des Phloems an der Dickenzunahme ist geringer als der des Xylems, da einerseits weniger Zellen in dieser Richtung vom Kambium abgegliedert werden und zum anderen die empfindlichen Zellen häufig nach der Vegetationsperiode zerdrückt werden.
Da nicht nur in radialer, sondern auch in tangentialer Richtung der Zuwachs vom Kambium ausgeht, sind die Bündel in Kambiumnähe am breitesten. Die primären Markstrahlen **(prMrkStr),** die die primären Bündel seitlich voneinander trennten, sind auch im sekundären Zustand erhalten. Die vom Kambium an diesen Stellen abgegliederten Zellen differenzieren sich zu Parenchym und verlängern so ständig die primären Markstrahlen. Dadurch stellen sie nach wie vor eine Verbindung zwischen den außerhalb der Bündel gelegenen Parenchymen und dem Mark dar. Die Zellen dieses Gewebes sind radial langgestreckt, einzelne enthalten Stärke, andere Calciumoxalatkristalle. Die mittleren Zellen im inneren Teil der primären Markstrahlen sind durch den seitlichen Druck der sich vergrößernden Bündel zerquetscht. Außerhalb des Kambiums geschieht das Gegenteil: Die Markstrahlen verbreitern sich keilförmig durch Dilatation.
Im gleichen Maße, wie die Vergrößerung der Leitgewebe fortschreitet, werden im Innern der Bündel neue, sekundäre Strahlen **(sekStr)** angelegt. Die vom Kambium an bestimmten Stellen abgegliederten Zellen differenzieren sich dort nicht zu Phloem- bzw. Xylemelementen, sondern nach innen und außen zu Parenchym. Da diese Erscheinung zu einem beliebigen Zeitpunkt während der Sekundärverdickung einsetzt, beginnen diese sekundären Strahlen innerhalb des Xylems bzw. des Phloems, reichen also nicht bis zum Mark bzw. zur Rinde. Die Jahresgrenzen treten auch im Bereich der Strahlen deutlich hervor (Anlage einer Schicht radial verkürzter inhaltsreicher Zellen).
In dem außerhalb der Leitgewebezone gelegenen Perizykelparenchym **(PrzPar)** fallen keine Veränderungen auf. Doch der sich nach außen anschließende, ehemals geschlossene Sklerenchymzylinder konnte dem Druck der im Innern neu entstandenen Gewebemassen nicht mehr standhalten und ist in einzelne Stücke aufgesprengt worden **(PrzSkl)**. Die Lücken werden von Parenchymzellen ausgefüllt, die durch Teilung im benachbarten Parenchym entstanden sind.
Das Rindenparenchym **(RinPar)** zeigt keine auffallenden Veränderungen, da alle tangentialen Dehnungen durch Dilatation ausgeglichen wurden. Der hypodermale Kollenchymzylinder erlitt das gleiche Schicksal wie der Sklerenchymzylinder des Perizykels: Riß und danach Neubildung von Parenchym. Den äußeren Abschluß der Sproßachse bildet jetzt ein umfangreiches Periderm hypodermalen Ursprungs **(Prd).** Es besteht aus breiten Schichten großlumiger, dünnwandiger Korkzellen und schmalen Zellen des Phellogens, die nach innen wenig Phelloderm abgliedern. Alle Zellen sind gemäß ihrer kambialen Herkunft in regelmäßigen radialen Reihen angeordnet.

Weitere Beobachtungen: Kristallzellen (Drusen); Stärkescheide; Rindenparenchym aus großen inhaltsarmen Zellen und kleinen chloroplasten- oder stärkereichen Zellen aufgebaut; subepidermales Periderm. Aufbau der Gewebe (besonders der Markstrahlen) in Längsschnitten. Nur drei wichtige Stadien sind hier besprochen, das Studium weiterer Entwicklungsstufen ist sehr zu empfehlen.

Fehlermöglichkeiten: Grundsätzliche Abweichungen von der gegebenen Beschreibung kommen nur vor, wenn sich das zur Untersuchung gelangende Material nicht im entsprechenden Entwicklungszustand befindet.

Weitere Objekte:

Clematis vitalba (Ranunculaceae), Weiße Waldrebe. Sproßachse.
Ähnlich wie *Aristolochia,* aber nicht ganz so vorteilhaft.

1.2.1.2. Wichtige Gewebe der sekundären Sproßachse

1.2.1.2.1. Das Kambium (wurde bereits auf S. 140 behandelt)

1.2.1.2.2. Das sekundäre Xylem (das »Holz«)

Der großen biologischen und technischen Bedeutung wegen, vor allem aber auch als wertvolles Objekt zur Schulung des räumlich-anatomischen Vorstellungsvermögens, lohnt es sich, den Holzkörper der Bäume ausführlich zu studieren. Die grundsätzlichen anatomischen Unterschiede des Coniferen- und des Angiospermenholzes werden an je einem Beispiel erläutert. Die gründliche Bearbeitung der besprochenen Objekte ermöglicht es, auch beliebige weitere Holzarten selbständig zu untersuchen und den Aufbau zu verstehen.

Beobachtungsziel: Querschnitt, radialer und tangentialer Längsschnitt durch das sekundäre Xylem (das »Holz«) der Coniferen

Objekt: *Pinus sylvestris* (Pinaceae), Gemeine Kiefer, Föhre. Etwa 1–2 cm dickes Aststück.

Präparation (Abb. 50): Vorbereitend zerlegt man ein etwa 2-3 cm langes Aststück am besten so, daß die mit einer Säge oder einem starken Messer geführten Schnitte den drei anatomischen Hauptschnittrichtungen entsprechen: Der Querschnitt (**x_1**) ergibt sich aus der Teilung des Astes (genau senkrecht zur Längsachse schneiden!), der radiale Längsschnitt (**x_2**) führt durch die Längsachse des Klötzchens, während bei einer Schnittführung außerhalb der Längsachse senkrecht zu einem Radius und parallel der Längsachse die Sproßachse tangential längs (**x_3**) geteilt wird. Die unsauberen Schnittflächen werden mit einem scharfen, festen Messer gesäubert und geglättet, um für den eigentlichen Schneidevorgang präpariert zu sein. Für die Untersuchungen genügen jeweils kleine Schnitte durch den Holzkörper des Ästchens. Wenn man mit der Rasierklinge oder dem Rasiermesser schneidet, sind nur sehr kleine Schnitte gut. Größere, gleichmäßig dünne Schnitte erfordern ein Mikrotom. In jedem Falle wird die Arbeit erleichtert, wenn man das Material vorher in Ethanol-Glycerol konserviert hat (Reg. 38), die Holzstücke vor dem Schneiden in Ethanol-Glycerol kocht oder, falls ein Mikrotom verwendet werden kann, unter ständiger Einwirkung eines Wasserdampfstrahles präpariert (Reg. 60). Die Schnitte werden sofort mit

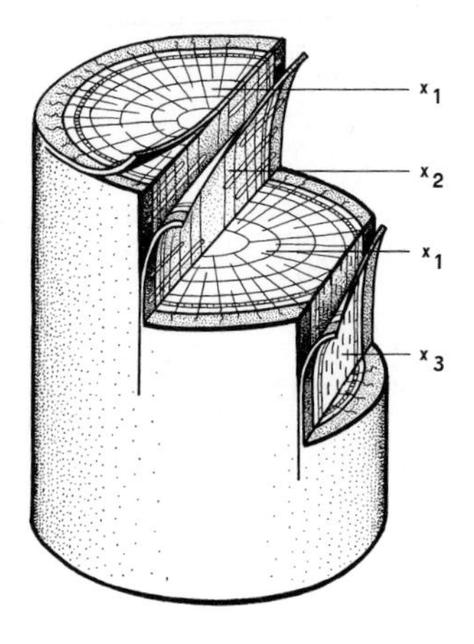

Abb. 50. Die drei Hauptschnittrichtungen durch einen Holzkörper für anatomische Untersuchungen: **x_1** der Querschnitt, **x_2** der radiale Längsschnitt, **x_3** der tangentiale Längsschnitt. Die jeweilige Lage und Ansicht der Xylemstrahlen besonders beachten!

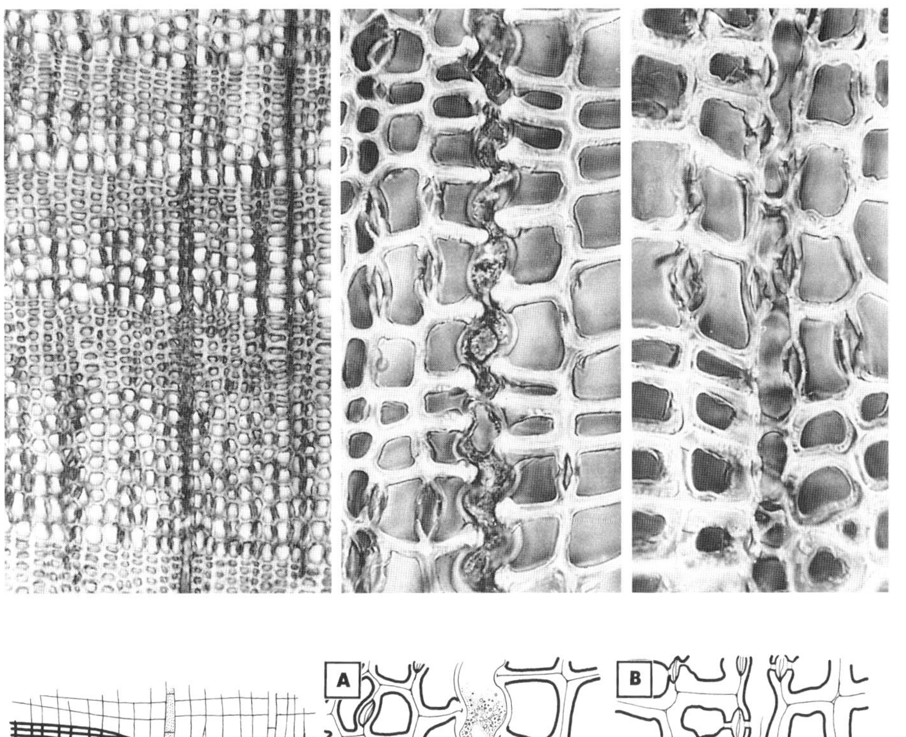

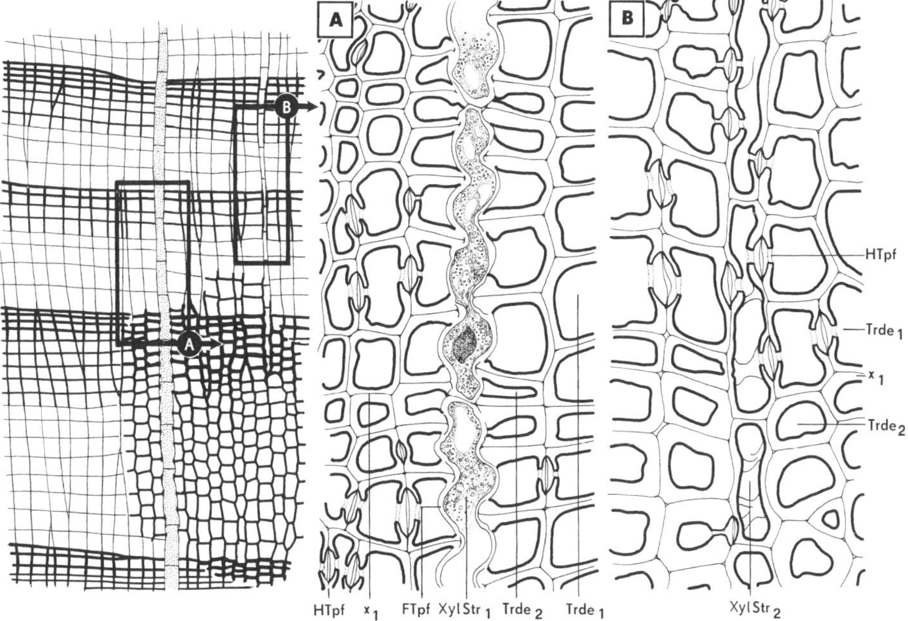

Abb. 51. *Pinus sylvestris.* Querschnitt durch das Holz. **A**: Ausschnitt, zwei Jahresgrenzen **(x_1)** enthaltend. Parenchymatische Strahlzellen **($XylStr_1$)** angeschnitten. **B**: Ausschnitt; ein Xylemstrahl wurde in Höhe tracheidaler Zellen **($XylStr_2$)** geschnitten. **$Trde_1$** weitlumige Tüpfeltracheide des Frühjahrs (»Frühholz-Tracheide«), **$Trde_2$** englumige Tüpfeltracheide vom Ende der Vegetationsperiode (»Spätholz-Tracheide«), **HTpf** Hoftüpfel an den radialen Wänden der Tracheiden, **FTpf** »Fenster«-Tüpfel zwischen Tracheide und parenchymatischer Strahlzelle. A, B 330 : 1.

Safraninlösung gefärbt (Reg. 105) und zur Bearbeitung durch Einbetten direkt in Glycerol, Glycerolgelatine (Reg. 52) oder Neutralbalsam (Reg. 92) dauerhaft haltbar gemacht.

Beobachtungen:

a) *Der Querschnitt* (Abb. 51): Monotonie der Zellelemente und strenge Regelmäßigkeit in deren Anordnung sind Merkmale im Bau des Coniferenholzes, die dem Mikroskopiker schon bei schwächster Vergrößerung auffallen. Diese Gleichförmigkeit wird lediglich durch Reihen radial gestreckter parenchymatischer oder tracheidaler Zellen (die Strahlen), parenchymumkleidete Hohlräume (Harzgänge) und den rhythmischen Wechsel zwischen weitlumigen und englumigen Zellen bei der Masse des Gewebes (Jahresringbildung) unterbrochen.
Zum genaueren Studium (stärkere Vergrößerung!) einen Ausschnitt im Bereich einer Jahresgrenze wählen, der außerdem einen Xylem-Strahl und möglichst auch einen Harzgang enthält. Die Hauptmasse des sekundären Xylems der Coniferen besteht aus Tracheiden **(Trde)**, die durch ihre kambiale Herkunft in regelmäßigen, geraden, radialen Reihen liegen, da eine spätere Verschiebung bei deren Differenzierung unterbleibt (sogenannte genetische Zellreihen). Ab und zu verdoppelt sich eine solche Reihe in Richtung zur Peripherie. An dieser Stelle erfolgte eine Dilatation der entsprechenden Kambiumzelle (Einzug einer radialen Wand). Im Frühjahr bilden große, weitlumige Zellen mit relativ dünnen Wänden **($Trde_1$)** den ersten Zuwachs. Im Verlauf der Vegetationsperiode nimmt das Lumen der folgenden Zellen an Größe mehr und mehr ab, während die Zellwände immer stärker verdickt werden. Im folgenden Frühjahr schließen sich an diese englumigen, dickwandigen »Spätholz«-Zellen **($Trde_2$)** unvermittelt wieder weitlumige, dünnerwandige »Frühholz«-Zellen an. Diese Jahresgrenze **(x_1)** ist im Präparat deutlich zu erkennen. Die Wasser leitenden und gleichzeitig der Festigkeit des Stammes dienenden Tracheiden sind im Querschnitt oft viereckig, die größeren jedoch auch fünf- und sechseckig. Die radialen Wände, besonders der weitlumigen Tracheiden, sind reichlich von Hoftüpfeln **(Htpf)** durchsetzt, deren Aufbau besser an Hand der Längsschnitte studiert wird. Im ausdifferenzierten Zustand sind die Zellwände stark verholzt (Färbung!). Die Zellen enthalten keinen lebenden Inhalt mehr. Zwischen den Tracheidenreihen eingebettet verlaufen, ebenfalls in radialer Richtung, die meist nur eine Zelle breiten Xylem-Strahlen **(XylStr).**
Sekundäre Strahlen beginnen inmitten des Holzkörpers. In Richtung der Sproßachse ist dieses Gewebe mehrschichtig und reihenweise aus zwei verschiedenen Zelltypen aufgebaut: einerseits lebende, stärkeführende parenchymatische, andererseits plasmaleere, tracheidale Strahlzellen. Je nachdem, in welcher Höhe der Querschnitt geführt ist, sind die tracheidalen Strahlzellen **($XylStr_2$** in Abb. 51B) oder die parenchymatischen Strahlzellen **($XylStr_1$** in Abb. 51A) angeschnitten. Die tracheidalen sind mit bizarr hervorspringenden Wandaussteifungen und mit Hoftüpfeln ausgerüstet, die parenchymatischen enthalten einen großen Kern und viel Plasma. Die Wände der lebenden, speichernden und Assimilate leitenden Zellen sind dünn. Die Verbindung zu den benachbarten Tracheiden ist durch große, fensterartige Tüpfel **(FTpf)** gewährleistet, die fast die ganze Breite der Wand einnehmen. Die tracheidalen Strahlzellen dienen der Wasserleitung.
Die schizogenen Harzkanäle, die unregelmäßig zwischen den Tracheiden eingestreut sind, werden von einer Schicht großzelliger, dünnwandiger, lebender Drüsenzellen (Harz!) ausgekleidet. Diese sind von lebendem, stärkeführendem Xylemparenchym umgeben. Die in vertikaler Richtung verlaufenden Harzkanäle stehen in Verbindung mit horizontalen, die im Innern großer, in diesem Falle auch in horizontaler Richtung mehrschichtiger Xylemstrahlen liegen.

b) *Der radiale Längsschnitt* (Abb. 52): Eine orientierende Übersicht bei geringer Vergrößerung zeigt bei dieser Schnittführung die gestreckten Tracheiden in ihrer Längsausdehnung (Präparat so einstellen, daß die Fasern senkrecht im Bildfeld liegen). Senkrecht dazu, bandartig querliegend, durchdringen die – in dieser Seitenansicht mehrschichtigen – Strah-

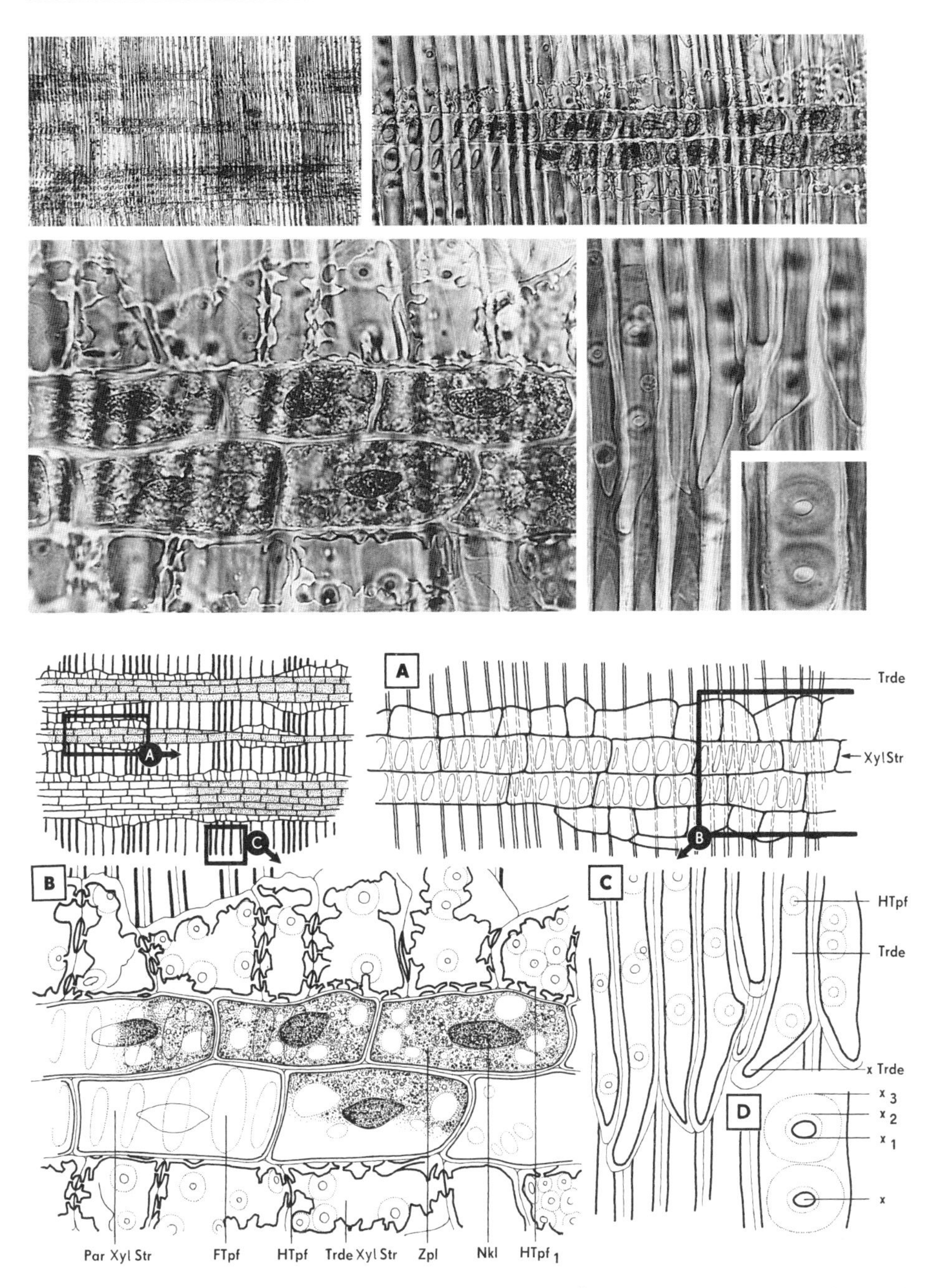

Abb. 52. *Pinus sylvestris.* Radialer Längsschnitt durch das Holz. **A**: Übersicht über die Anordnung der Gewebe im Bereich eines Xylemstrahles **(XylStr)**. **B**: Zellgetreuer Ausschnitt aus dem Strahl von Bildteil A. Zwei Schichten parenchymatischer Strahlzellen **(ParXylStr)** oben und unten von je einer Schicht tracheidaler Strahlzellen **(TrdeXylStr)** begleitet. **FTpf** »Fenster«-Tüpfel in den Radialwänden der parenchymatischen Strahlzellen, **HTpf** Hoftüpfel in den Wänden der tracheidalen Strahlzellen, **HTpf**$_1$ einseitig (auf der Tracheidenseite) behöfte Tüpfel zwischen tracheidalen und parenchymatischen Strahlzellen, **Zpl** Zytoplasma, **Nkl** Zellkern. **C**: Tüpfeltracheiden **(Trde)** und deren Enden **(xTrde)**. Aufsicht auf die mit Hoftüpfeln **(HTpf)** durchsetzten Radialwände. **D**: Stark vergrößerte Aufsicht auf zwei Hoftüpfel. **x** Porus, **x**$_1$ Rand des Porus, **x**$_2$ Rand des Torus, **x**$_3$ äußerer Rand des Tüpfels.
A 150 : 1, B 370 : 1, C 300 : 1, D 700 : 1.

len den Holzkörper. In den wenigsten Fällen wird der Schnitt ganz genau radial geführt sein, so daß die Strahlen nicht in ihrer vollen Ausdehnung von innen nach außen, sondern nur in einzelnen Abschnitten zu beobachten sind. Auch die breiten, in Längsrichtung verlaufenden Harzkanäle sind manchmal angeschnitten.
Zur intensiveren Beschäftigung mit dem Präparat jetzt mittlere Vergrößerung einschalten. Dazu eine dünne Stelle auswählen, an der ein Xylemstrahl getroffen worden ist und an der dieser Strahl möglichst vollständig erhalten blieb (Bildteil A). Im Mikroskop wird dann etwa folgendes Bild zu sehen sein: Senkrecht in Längsrichtung gestreckt verlaufen mit dicken parallelen Zellwänden faserartig die Tracheiden **(Trde).** Ihre Zellwände liegen im Bereich des Spätholzes eng beieinander und sind im Frühholz weiter gestellt. Die Enden der Zellen **(xTrde)** sind lang zugespitzt oder wellig abgerundet und immer miteinander verkeilt (Bildteil C). Die Spitzen benachbarter Zellen liegen häufig in einer Höhe – ein Hinweis auf die geringen Verschiebungen im Gewebe nach der Abgliederung vom Kambium. Durch die Art der Schnittführung bedingt, blicken wir auf die Flächen der reich mit Hoftüpfeln durchbrochenen Radialwände. In der Aufsicht erscheinen die Hoftüpfel **(HTpf)** als kreisförmige, blasenartige Auftreibungen in der Zellwand. Bei stärkster Vergrößerung (Bildteil D) sind zwei konzentrische Ringe zu sehen: Der innere kleinere Kreis **(x_1)** begrenzt die Durchbruchstelle des Tüpfels zum Zellraum, den Porus **(x);** der größere Kreis **(x_3)** kennzeichnet den äußeren Rand des Tüpfels, d. h. die Stelle, an der sich die vorwölbende Tüpfelwandung von der Primärwand abhebt. Diese Primärwand bildet im Tüpfelbereich die Schließhaut, die im zentralen Teil eine knotige Anschwellung, den Torus, trägt. Dessen Außenrand ist manchmal als eine weitere kreisförmige Zeichnung **(x_2)** zwischen den beiden obengenannten zu erkennen. Der Torus selbst erscheint als matter Fleck von etwa doppeltem Porusdurchmesser in der Mitte des Tüpfels.
Zum Studium der quer zur Tracheidenlängsachse verlaufenden Strahlen **(XylStr)** den Objektivrevolver jetzt wieder auf mittlere Vergrößerung umschalten (Bildteil B)! Die Zellen liegen in mehreren Reihen übereinander und sind in radialer Richtung langgestreckt, so daß – je nach Anzahl – mehr oder weniger breite Bänder entstehen. Es sind zwei verschiedene Zelltypen, die den Strahl aufbauen: parenchymatische **(ParXylStr),** meist in der Mitte gelegene Zellen mit protoplasmatischem Inhalt **(Zpl, Nkl),** und tracheidale **(TrdeXylStr),** meist oben und unten den Strahl begrenzende Zellen ohne protoplasmatischen Inhalt. Die Lage der Strahltracheiden weicht häufig von dieser Grundregel ab. Es gibt Fälle, bei denen die tracheidalen Elemente in der Mitte angelegt werden, andere, bei denen sie auf einer Seite oder ganz fehlen oder bei denen sie ausschließlich vorhanden sind. In den parenchymatischen Strahlzellen, die der horizontalen Stoffleitung und der Speicherung dienen, ist oft der auffallend große Zellkern **(Nkl)** zu erkennen. Häufig enthalten sie Stärkekörner. Große, fensterartige Tüpfel **(FTpf)** durchsetzen die tangentialen Wände dieser Zellen, wenn sie an weitlumige Frühholztracheiden grenzen. Zu den engen Spätholztracheiden sind es schmale, schlitzförmige Öffnungen. Durch sie ist Stoffaustausch zu allen angrenzenden Tracheiden gut möglich. Die tracheidalen Strahlzellen, die den Wasseraustausch in radialer Richtung ermöglichen, haben eigenartig verdickte Wände, deren Aussteifungen zackenartig in das Zellinnere hineinragen. Die Zellen sind untereinander und mit den angrenzenden Tracheiden durch zweiseitig behöfte Tüpfel **(HTpf)** und mit den parenchymatischen Strahlzellen durch einseitig (zur Tracheide) behöfte Tüpfel verbunden **($HTpf_1$).**

c) *Der tangentiale Längsschnitt* (Abb. 53): Zuerst bei geringer Vergrößerung versuchen, sich grob zu orientieren (Bildteil A). Die meist nur eine Zellage breiten Xylem-Strahlen **(XylStr)** sind jetzt quer durchschnitten. Ihr äußerer Umriß ist spindelförmig, da die etwa 3-10 übereinander angeordneten Zellreihen nach beiden Enden zu schmaler werden. Das Präparat so unter dem Mikroskop einrichten, daß die Strahlspindeln senkrecht im Blickfeld liegen. Die Strahlen werden von langgestreckten, an ihren Enden scharf zugespitzten Tracheiden **(Trde)** umgeben. Es sind die radialen Wände dieser Zellen, die jetzt quer

S

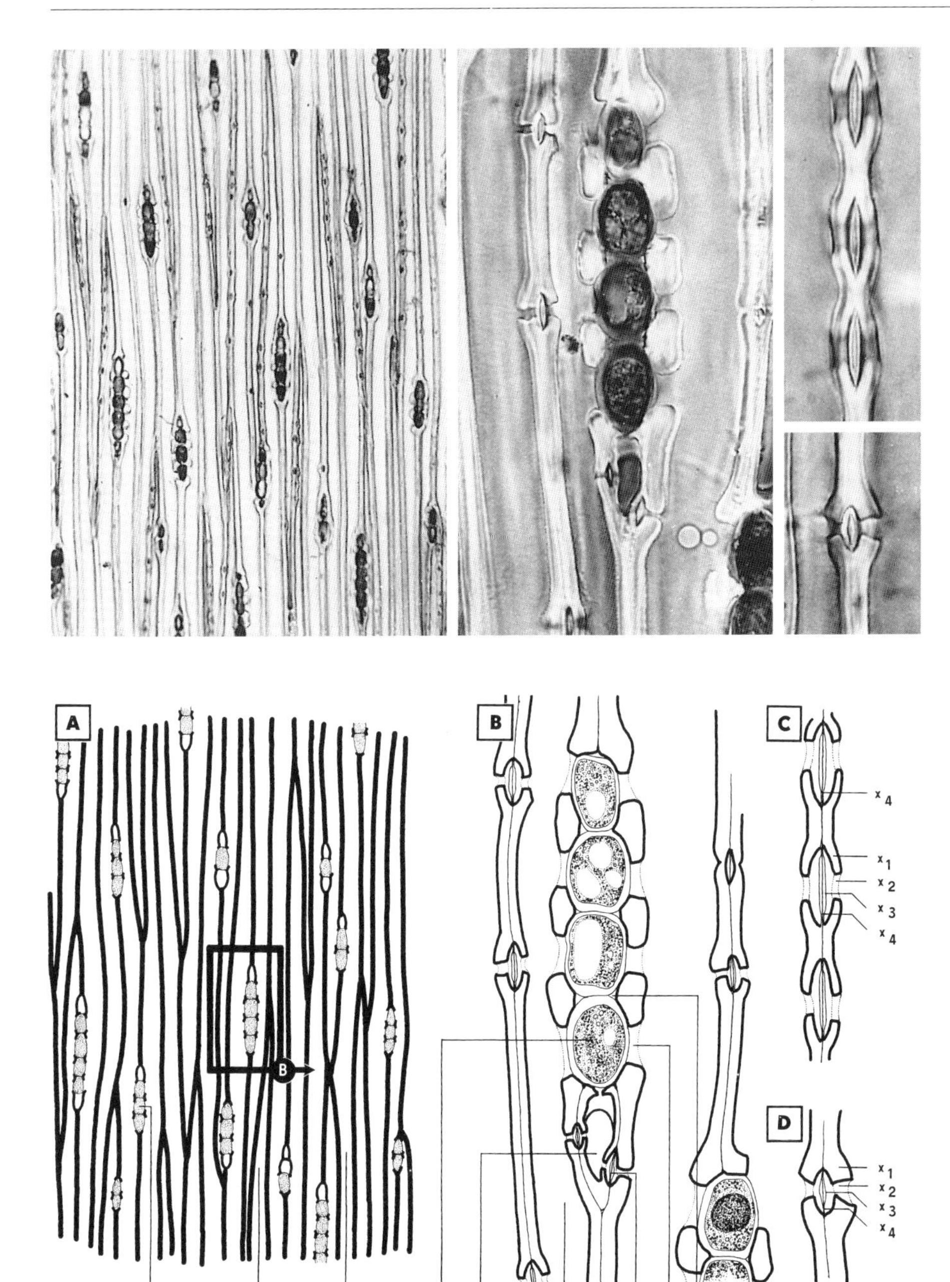

Abb. 53. *Pinus sylvestris.* Tangentialer Längsschnitt durch das Holz. **A**: Übersichtsbild. **XylStr** Xylemstrahlen, **Trde** Tracheiden. **B**: Ausschnitt aus A stärker vergrößert. Parenchymatische Strahlzellen **(ParXylStr)** mit »Fenster«-Tüpfeln **(FTpf)** und eine tracheidale Strahlzelle **(TrdeXylStr)** mit Hoftüpfeln **(HTpf)** zu den benachbarten Tracheiden **(Trde)**. **Intz** Interzellularen. **C**: Quer durchschnittene Hoftüpfel in den radialen Zellwänden der »Frühholz«-Tracheiden. **D**: Quer durchschnittener Hoftüpfel in der radialen Zellwand einer »Spätholz«-Tracheide. $\mathbf{x_1}$ den »Hof« bildende Außenwand des Tüpfels, $\mathbf{x_2}$ Porus, $\mathbf{x_3}$ Torus, $\mathbf{x_4}$ Margo, $\mathbf{x_3} + \mathbf{x_4}$ Schließhaut. A 115 : 1, B 570 : 1, C, D 900 : 1.

durchschnitten sind. Bei stärkerer Vergrößerung ist zu erkennen, daß sie von zahlreichen Hoftüpfeln **(HTpf)** durchsetzt sind, was am Querschnitt bereits beobachtet wurde. Um einen solchen Hoftüpfelquerschnitt genau zu untersuchen, die stärkste Vergrößerung zu Hilfe nehmen. Am besten eignen sich dafür die kleineren Hoftüpfel der dickwandigen Tracheiden (Bildteil D), da die großen Tüpfel der weiten Tracheiden (Bildteil C) oft keine frei ausgespannten, sondern einseitig anliegende Schließhäute zeigen. Deutlich ist zu sehen – entsprechend dünne Schnitte vorausgesetzt –, daß sich die Sekundärwand im Bereich des Tüpfels an beiden Seiten von der Primärwand abhebt **(x_1)**, so daß ein Hohlraum entsteht. Während in der Mitte der Sekundärwand jeweils ein Loch (der Porus **x_2**) zu finden ist, zieht sich die Mittellamelle mit ihren beiden anliegenden Primärwänden als Schließhaut unperforiert längs durch den Tüpfel. Geht der Schnitt genau durch das Zentrum des Hoftüpfels, so sieht man die Schließhaut in der Mitte zum Torus **(x_3)** verdickt. Den Teil der Schließhaut, der außerhalb des Torus liegt, bezeichnet man als Margo oder »Rand« **(x_4)**.
Nun wieder auf mittlere Vergrößerung umschalten, um den Aufbau der Xylem-Strahlen zu untersuchen (Bildteil B). Am besten geeignet sind hierfür kleinere, vier- bis fünfreihige Strahlen, die etwa wie folgt aufgebaut sind: In der Mitte liegen dünnwandige, stärkeführende und protoplasmareiche, parenchymatische Zellen **(ParXylStr)**. Die großen Fenstertüpfel **(FTpf)**, über die eine Verbindung mit der benachbarten Tracheide **(Trde)** hergestellt wird, sind als weite Aussparungen in der Wandverdickung zu erkennen (Wegfall der Sekundärverdickung auf der Tracheidenseite). Zwischen den bohnenförmig erscheinenden Wandteilen der Tracheiden und den reinen Primärwänden der Parenchymzellen liegen dort, wo zwei Parenchymzellen aneinanderstoßen, kleine Interzellularen **(Intz)**. Diese Hohlräume erstrecken sich in radialen ununterbrochenen Systemen von der Peripherie des Stammes bis in den Holzkörper. Dadurch wird der für die stoffwechselaktiven Parenchymzellen notwendige Gasaustausch ermöglicht. Am oberen und unteren Ende des Xylemstrahls liegt meist je eine Reihe tracheidaler Strahlzellen **(TrdeXylStr)**, deren Zell-Lumen wie eine Grotte aussieht. Die inneren, in tangentialen Lamellen angeordneten Wandvorsprünge liegen kulissenartig hintereinander. Klarheit über die genaue Lage der Verdickungsleisten gewinnt man nur durch scharfes Beobachten und gewissenhaftes Fokussieren. Die quergetroffenen radialen Wände sind oft von Hoftüpfeln **(HTpf)** durchsetzt.

Weitere Beobachtungen: Im Querschnitt und in radialen Längsschnitten durch einen älteren Holzkörper, dem sowohl Markgewebe als auch alle Elemente außerhalb des Kambiums fehlen, kann man die Richtung des Außenrandes leicht angeben: Die weiten Tracheiden des »Frühholzes« schließen immer außen an die engen Spätholzelemente an. Im Querschnitt liegt außerdem die erste Zelle einer neu eingezogenen Tracheidenreihe immer weiter innen als alle anderen Zellen dieser Reihe, da die Dilatation und der Zuwachs im Kambium stattfinden. Größere radiale Xylemstrahlen enthalten im Inneren, vom Parenchym dicht umschlossen, Harzgänge. Sie stehen mit den senkrecht im Holzkörper verlaufenden Harzkanälen in Verbindung, die auch in radialen und tangentialen Längsschnitten häufig angetroffen werden. Es sind breite, ringsum von Parenchymzellen begleitete, ungegliederte Kanäle. Die Schließhäute der Hoftüpfel treten besonders deutlich in Erscheinung, wenn man die Schnitte mit Hämalaun färbt (Reg. 55).

Fehlermöglichkeiten: Werden die Schnittrichtungen nicht peinlich genau eingehalten, ist solch unsauberes Präparieren meist die Ursache für unbrauchbare Beobachtungsvorlagen. Beim Querschnitt ist eine Schnittführung genau senkrecht zur Längsachse notwendig! Zu dicke Schnitte erschweren in jedem Falle die Beobachtung. Besonders das Studium der Tüpfel ist dann unmöglich. An Tüpfelquerschnitten, die außerhalb der Tüpfelmitte liegen, erkennt man den Wanddurchbruch und den Torus nicht. Es sind dann nur spindelförmige Hohlräume im Innern der Zellwand zu sehen.
Ausgespannte Schließhäute größerer Tüpfel (in weitlumigen Tracheiden) sind in älterem Holz und in Alkoholmaterial nicht zu finden, da diese dann meist der einen oder der anderen Tüpfelinnenseite anliegen.
Durch Witterungsverhältnisse beeinflußt treten die Jahresgrenzen schwächer oder stärker in Erscheinung.

Bei der Beobachtung radialer Schnitte besonders darauf achten, daß die Fenstertüpfel der parenchymatischen Strahlzellen immer eine Verbindung von Zell-Lumen zu Zell-Lumen herstellen. Liegt der Tüpfel scheinbar doch genau auf einer der längs verlaufenden Tracheidenwände, so muß durch Fokussieren genau geprüft werden, ob das Fenster nach der oberen, dem Betrachter zugewandten, oder der unteren, dem Betrachter abgewandten Tracheide zeigt. Tüpfellage und Zellwandlage werden sich in diesen Fällen nicht entsprechen. Die obere Begrenzung der tracheidalen Strahlzellen ist in radialen Schnitten oft unterschiedlich. Aufklärung über diese Verhältnisse geben die seltenen Mediansschnitte, bei denen sich die Oberkante in die radiale Wand der Tracheide fortsetzt. Die senkrecht zur Strahlrichtung verlaufenden Tracheidenwände täuschen manchmal Querwände in den Strahlzellen vor. Diese Zellen sind aber stets viel länger als die Lumenbreite einer Tracheide!

Beobachtungsziel: Querschnitt, radialer und tangentialer Längsschnitt durch das sekundäre Xylem (das »Holz«) der Angiospermen

Objekt: *Tilia cordata* (Tiliaceae), Winter-Linde. Zweigstücke, 1–2 cm dick.

Präparation: Die durch Einlegen in Ethanol-Glycerol (Reg. 38) zum Schneiden vorbereiteten Stücke werden entsprechend behandelt, wie es für das Coniferenholz beschrieben wurde (S. 146). Es werden gleichmäßig dünne Schnitte in den angegebenen Hauptrichtungen benötigt (Schnittrichtungen genau einhalten!). Nach Färbung mit Safranin (Reg. 105) Dauerpräparate herstellen (Reg. 21).

Beobachtungen: a) *Der Querschnitt* (Abb. 54): Bei schwacher mikroskopischer Vergrößerung zeigt der Querschnitt bereits deutlich die konzentrische Gliederung der Jahresringe. Die Dicke der einzelnen Schichten unterscheidet sich in zwei aufeinanderfolgenden Jahren oft beträchtlich. Stets ist die Jahresgrenze deutlich markiert: Im Frühjahr werden den englumigen, spät gebildeten Elementen des Vorjahres plötzlich sehr weitlumige Tracheen hinzugefügt. Die Zahl der großen Tracheen nimmt innerhalb der Jahresringe nach außen hin ab. Am Ende der Vegetationszeit bildet das Kambium nur schmale, englumige Elemente aus. Senkrecht zu Jahresringen und Jahresgrenzen, in radialer Richtung verlaufend, durchschneiden die Xylemstrahlen den Holzkörper. Sekundäre Strahlen enden »blind« im sekundären Xylem, während die primären bis zum zentral gelegenen Markparenchym verfolgt werden können, wenn es das Präparat ermöglicht.
Bei stärkerer Vergrößerung (Bildteil A + B) ist zu erkennen, daß alle Xylemstrahlen **(XylStr)** aus radial langgestreckten, meist in mehreren Reihen nebeneinanderliegenden Parenchymzellen aufgebaut sind. Diese Zellen sind oft mit Stärke angefüllt, und zahlreiche breite, einfache Tüpfelkanäle **(Tpf)** durchsetzen ihre Wände. Die Elemente des sekundären Xylems werden am besten in der Nähe einer Jahresgrenze untersucht. Bei der ersten flüchtigen Betrachtung fällt sofort die Vielfalt der Zellformen und Zellgrößen auf, die durch ungleichmäßige Differenzierung der einzelnen Elemente entstehen und das Bild verwirren.
Vier Zell-Typen sind zu unterscheiden: Tracheen, Tracheiden, Holzparenchymzellen und Holz- oder Libriformfasern.
Die weitesten Zellräume kennzeichnen die Lage der großen Tüpfeltracheen **(Tre)**. Die Tracheiden **(Trde)** unterscheiden sich von ihnen im Querschnitt nur durch die geringere Größe. Beide zeichnen sich dadurch aus, daß ihre Wände (nur wenn sie an andere Tracheen oder Tracheiden grenzen!) sehr reich mit beiderseits behöften Tüpfeln **(HTpf)** durchsetzt sind. Die Tüpfel liegen so dicht beieinander, daß die etwas tiefer im Präparat sich befindenden Hoftüpfel Beugungsbilder in den Zellwänden bzw. im Zell-Lumen verursachen. Die Wände sind dann nicht scharf abzubilden, sondern »verschwimmen«. Die Holzfasern **(Lbfm)** ähneln in der Gestalt teilweise den Tracheiden. Tüpfel findet man in ihren Wänden jedoch nur mit größter Mühe und nur als sehr feine Spalten. Von allen bisher genannten Elementen unterscheiden sich die Holzparenchymzellen **(XylPar)** deutlich durch

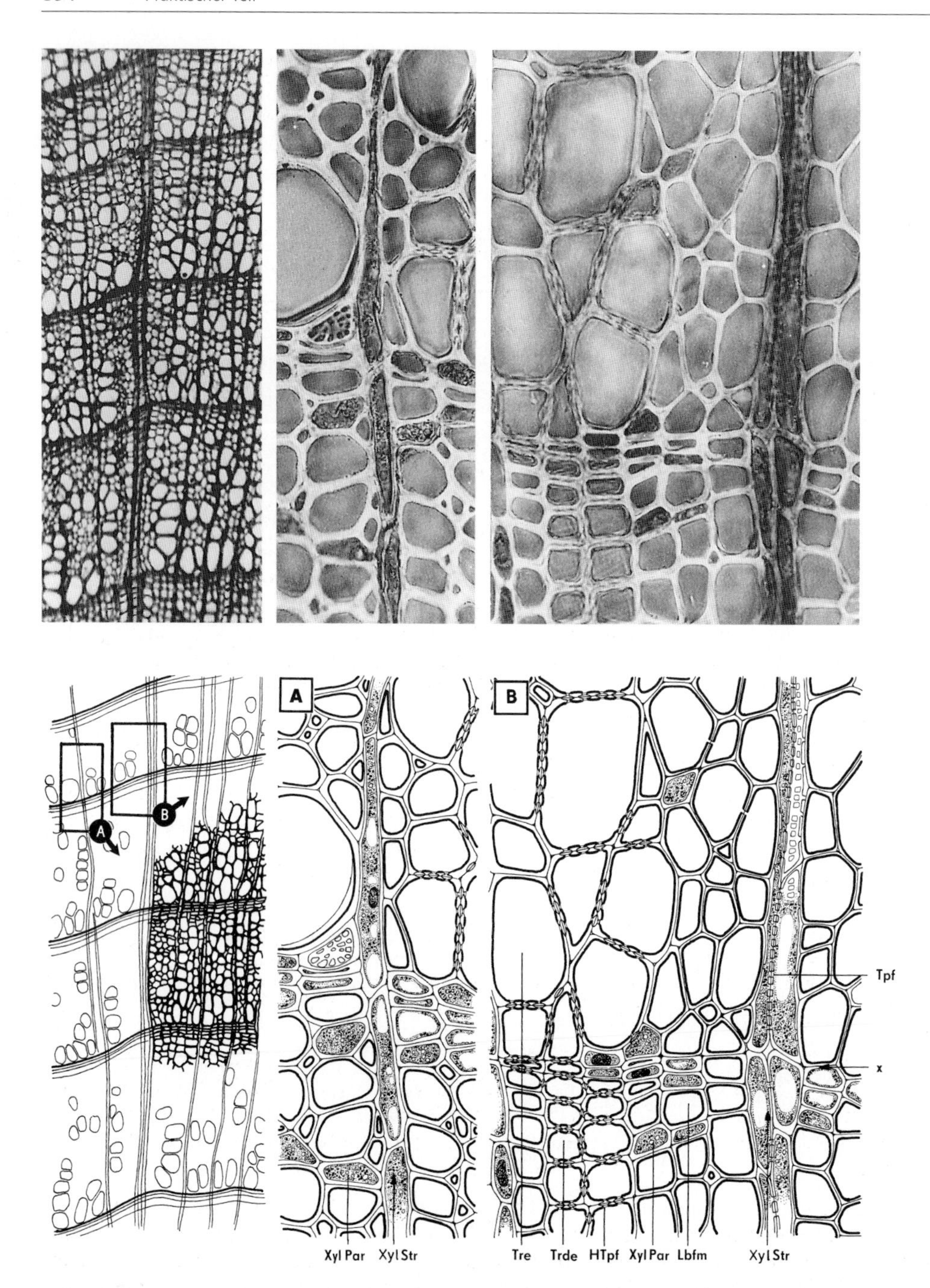

Abb. 54. *Tilia cordata.* Querschnitt durch das Holz. Ausschnitte aus dem Gewebe im Bereich eines einfachen (Teilbild **A**) und eines mehrschichtigen Xylemstrahles (Teilbild **B**) und einer Jahresgrenze **(x)**. **XylStr** Xylemstrahlen (Parenchymzellen der Strahlen durch einfache Tüpfelkanäle **Tpf** miteinander verbunden). Wände der Tracheiden **(Trde)** und Tracheen **(Tre)** mit Hoftüpfeln **(HTpf)** durchsetzt. **XylPar** Holzparenchym, **Lbfm** Libriformfasern. A, B 630 : 1.

ihren Inhalt: Dichte, im Präparat dunkel erscheinende Protoplasmamassen füllen nahezu den gesamten Zelleib aus. Im Herbst und Winter sind hier große Mengen Stärke gespeichert. Die an Tracheen oder Tracheiden grenzenden Wände sind von ziemlich breiten, einfachen Tüpfelkanälen durchbrochen. In der Zellform unterscheiden sich Holzparenchymzellen und Holzfasern im Querschnitt nicht.

S

b) *Der radiale Längsschnitt* (Abb. 55): Bei geringer Vergrößerung soll das Präparat zunächst so orientiert werden, daß die langgestreckten Röhren der Tracheen und Tracheiden senkrecht im Blickfeld liegen. Die mehr oder weniger breiten Bänder der Xylemstrahlen verlaufen dann im rechten Winkel zu diesen, also horizontal.
Einen dieser Strahlen, von denen oft nur kurze Stücke zu beobachten sind, jetzt zur näheren Untersuchung bei stärkerer Vergrößerung in die Mitte des Sehfeldes rücken (Bildteil B)! Die Breite der Bänder wechselt. Die parenchymatischen Zellen **(XylStr)**, aus denen der ganze Strahl besteht, sind radial nur wenig gestreckt, sehr protoplasmareich **(Zpl)** und oft dicht mit großen Stärkekörnern ausgefüllt. Der Zellkern liegt meist zentral. Die Wände dieser Zellen sind ungewöhnlich reich getüpfelt **(Tpf)**. Als einfache Kanäle ausgebildet, findet man die Tüpfel überall dort, wo die Zelle an Tracheen, Tracheiden oder andere Parenchymzellen grenzt. Senkrecht zu den Xylemstrahlen und mit diesen über Tüpfel verbunden, liegen die langen Röhren der Wasserleitungsbahnen (Bildteil A). Die Wände der beiden Typen dieser Elemente, der Tracheen **(Tre)** und Tracheiden **(Trde)**, sind dicht mit Hoftüpfeln **(HTpf)** durchsetzt, die in regelmäßigen Reihen liegen. Zwischen den Tüpfelreihen verstärken zusätzlich schmale, schraubenartige Verdickungsleisten die Zellwand. Die schmalen Tracheiden sind langgestreckt und an den querliegenden Endwänden behöft getüpfelt. Die Fusionsstellen der Tracheenglieder, wo deren Terminalwände aufgelöst wurden, sind noch häufig an einem deutlichen peripheren Ringwall zu erkennen.
In gleicher Richtung wie die Wasserleitungsbahnen liegen die langen, an den Enden zugespitzten Holzfasern **(Lbfm)**. Ihre Wände sind aber – im Unterschied zu jenen – von wenigen, sehr schmalen, spaltenförmigen Tüpfeln durchbrochen **(Tpf_1)**. Die schlitzförmigen Öffnungen liegen schräg zur Faserrichtung und erscheinen beim Fokussieren wie kleine Kreuze (über die Ursache dieser Erscheinung s. Abb. 44). Die Holzfasern sind abgestorben, lufterfüllt und dienen wohl ausschließlich zur Erhöhung der Festigkeit des Gewebes.
Auch die Stränge der Holzparenchymzellen **(XylPar)** folgen dem Verlauf der Wasserleitungsbahnen. Die Einzelzellen sind aber bedeutend kürzer als alle bisher beschriebenen Elemente. Sie sind schmal, sehr plasma- und stärkereich, lassen meist einen großen Zellkern erkennen und durchziehen in ununterbrochenen Strängen das Gewebe des Holzkörpers.
Sowohl die Holzparenchymzellen als auch die Holzfasern und wasserleitenden Elemente liegen jeweils gruppenweise beieinander. Alle Zellen erfahren nach ihrer Abgliederung vom Kambium eine unterschiedliche Ausgestaltung. Durch verschieden starkes Längen- und Breitenwachstum der einzelnen Zellen kommt eine regellose Anordnung der Elemente zustande, wie sie an allen Längsschnitten beobachtet werden kann.

c) *Der tangentiale Längsschnitt* (Abb. 56): Im tangentialen Längsschnitt sind die Elemente ähnlich wie im Radialschnitt angeordnet: Tracheen **(Tre)** und Tracheiden sind in Längsrichtung gestreckte Röhrensysteme (Querwände bzw. Fusionsstellen **(x)** gut zu beobachten!). In ihrer Umgebung liegen zahlreiche, lang zugespitzte Holzfasern **(Lbfm)** mit ihren charakteristischen schmalen, schrägliegenden Tüpfelspalten. Die kurzen, plasmareichen Holzparenchymzellen **(XylPar)** liegen meist in Reihen hintereinander, die ebenfalls der Längsrichtung der Sproßachse folgen. Ihr großer Zellkern **(Nkl)** ist oft deutlich zu sehen. Die äußeren Zellen dieser Ketten sind in dieser Ansicht keilförmig zugespitzt. Untereinander und mit benachbarten Strahlparenchymzellen und den Wasserleitungsbahnen stehen die Protoplasten der Holzparenchymzellen durch zahlreiche breite Tüpfelkanäle **(Tpf)** in

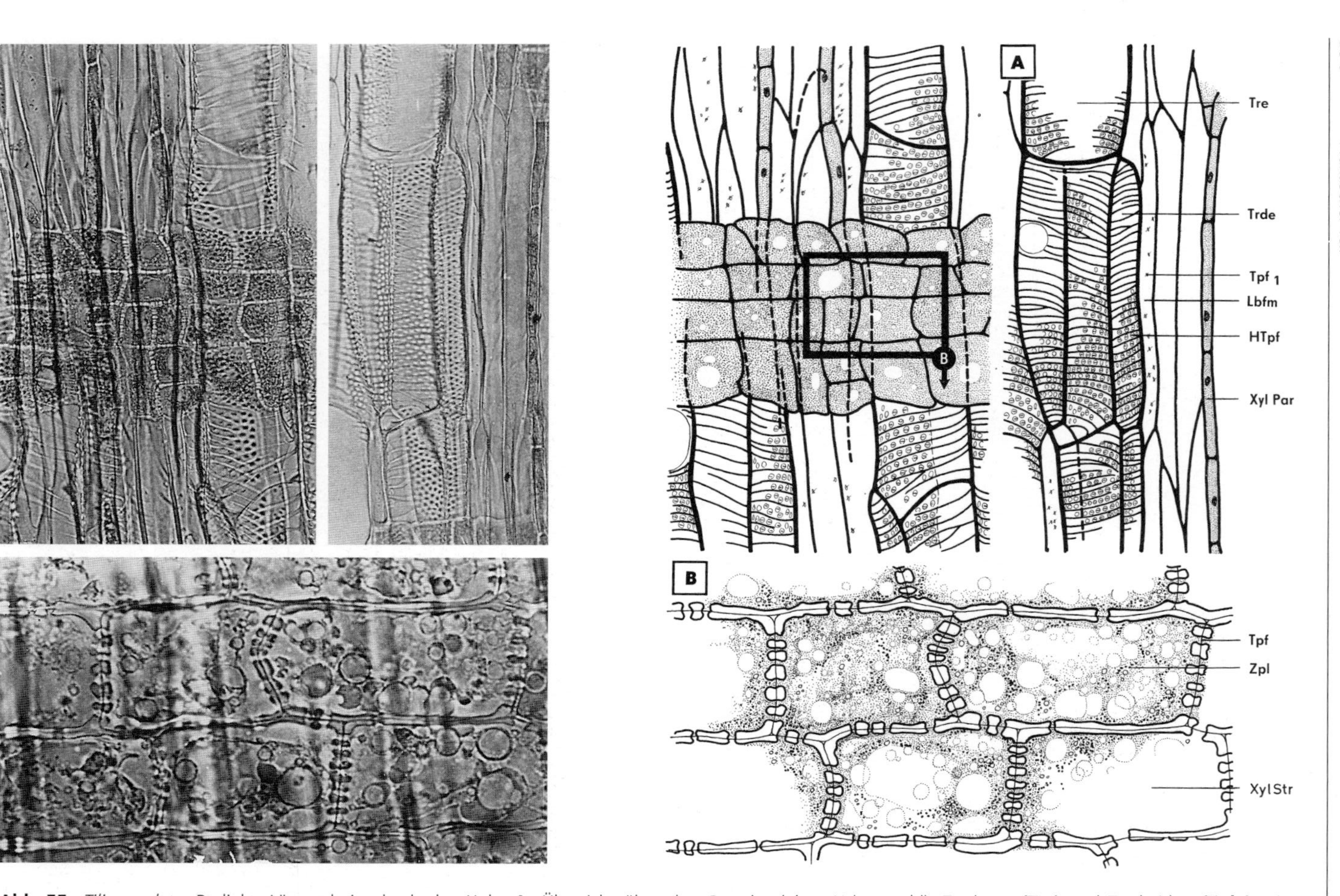

Abb. 55. *Tilia cordata*. Radialer Längsschnitt durch das Holz. **A**: Übersicht über das Gewebe (ohne Xylemstrahl). Tracheen **(Tre)** und Tracheiden **(Trde)** mit Hoftüpfeln **(HTpf)**. Libriformfasern **(Lbfm)** mit schräg gestellten, spaltenförmigen Tüpfeln **(Tpf$_1$)**. **XylPar** Holzparenchym. **B**: Ausschnitt aus einem Xylemstrahl. Die Parenchymzellen des Strahls **(XylStr)** mit Zytoplasma **(Zpl)** und reich getüpfelten Zellwänden **(Tpf)**. A 200 : 1, B 750 : 1.

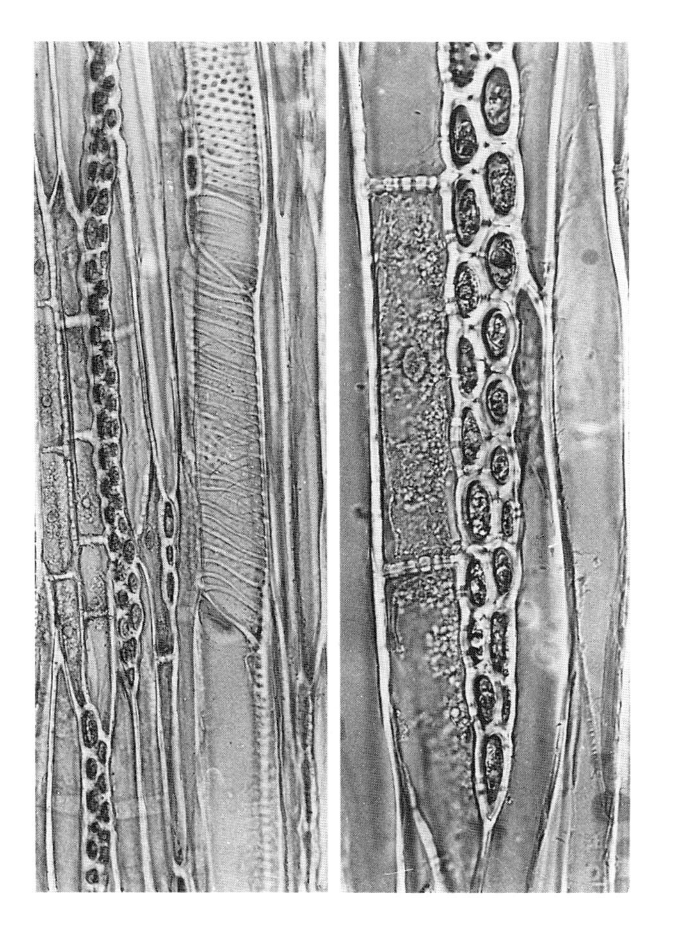

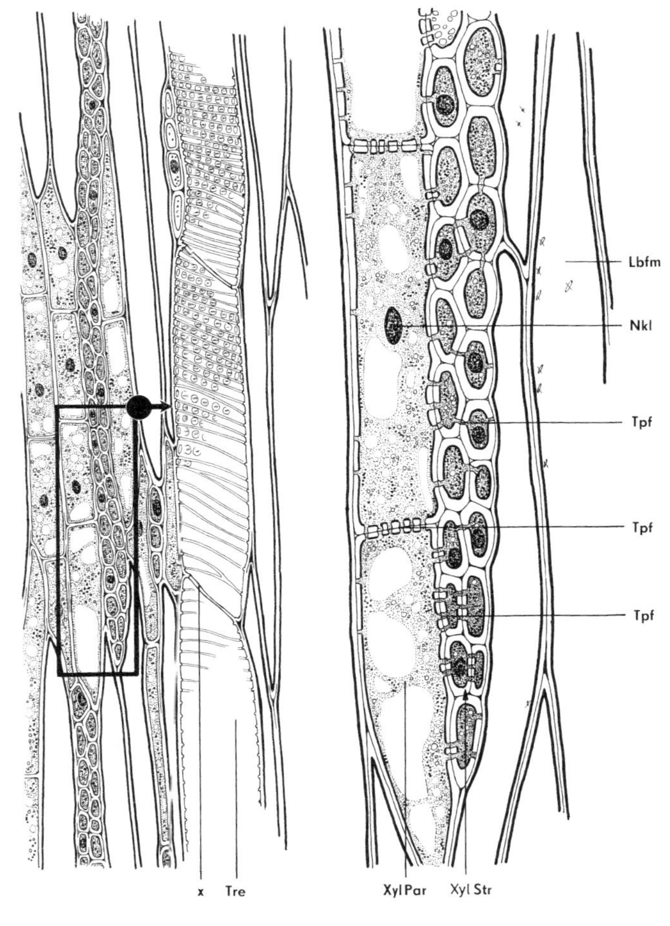

Abb. 56. *Tilia cordata.* Tangentialer Längsschnitt durch das Holz. **Tre** Trachee (bei **x** eine Fusionsstelle zweier Glieder), **XylPar** Holzparenchym, **Lbfm** Libriformfasern, **XylStr** Xylemstrahl, **Nkl** Zellkern, **Tpf** Tüpfel in den Wänden der Holzparenchym- bzw. Strahlparenchymzellen. Links 80 : 1, rechts 260 : 1.

Verbindung. Deutlich anders als im radialen Längsschnitt erscheint der Aufbau der jetzt quer durchschnittenen Xylemstrahlen **(XylStr)**. Es sind spindelförmige Gebilde, die aus Reihen kleiner, ziemlich dickwandiger Parenchymzellen zusammengesetzt sind. Je nach der Anzahl der übereinanderliegenden Zellreihen ändert sich die Höhe der Strahlen. Sie sind in der Breite entweder einschichtig oder aber – besonders im mittleren Teil – mehrschichtig. Die Wände der durch ihren Plasmareichtum dunkel erscheinenden Parenchymzellen sind mit kanalartigen Tüpfeln **(Tpf)** durchsetzt, soweit sie nicht an die Holzfasern grenzen.

Weitere Beobachtungen: Besonders lohnend ist das Studium der verschiedenen Tüpfelformen, sowohl in Aufsicht als auch im Querschnitt (vgl. dazu Abb. 44 u. 46)! Die Hoftüpfel der Tracheen und Tracheiden, die einfachen Tüpfelkanäle der Parenchymzellen (Aufsichten auf diese Tüpfel findet man nur in leeren Zellen, die ab und zu zufällig durch die Präparation entstehen) und die charakteristischen schiefen Spaltentüpfel der Holzfasern.
In allen Längsschnitten sind sehr schön die Fusionsstellen der einzelnen Tracheenglieder zu erkennen. Es sind schrägliegende, wandständige Verdickungsringe, die weiter als die Schraubenbänder in das Röhrenlumen hineinragen und auch durch ihre Größe und andere Lage ausgezeichnet sind. Meist sind diese Ringe durch den Schnitt halbiert.

Fehlermöglichkeiten: In Querschnitten »verschwimmen« meist die Zellwände der Tracheen und Tracheiden durch die dichtstehenden Hoftüpfel (Lichtbeugung). Die Erscheinung wird nur durch sehr dünnes Schneiden behoben, was aber mit den zur Verfügung stehenden Mitteln schwer zu erreichen ist und die Schnitte oft reißen läßt.
Das Aufreißen der Wasserleitungsbahnen und der durch Bruchstücke von Wandverdickungen verursachte verwirrende Eindruck bei Längsschnitten ist oft unvermeidbar, wenn man sehr dünn schneidet. Dicke Schnitte erschweren durch übereinanderliegende Gewebe die Beobachtung, besonders von Einzelheiten.

Beobachtungsziel: Thyllenbildung (Tylosis) in den weiten Tracheen bei angiospermen Bäumen

Objekt: *Robinia pseudoacacia* (Fabaceae), Weiße Robinie, Scheinakazie. 1–2 cm dickes Aststück.

Präparation: Dünne Querschnitte durch den Holzkörper eines Aststückes herstellen (Reg. 60). Besonders auf die peripheren Zonen des sekundären Xylems achten!
Hinweise auf S. 146 beachten!

Weitere Präparationsmöglichkeiten: Sehr dünne radiale oder tangentiale Längsschnitte durch das gleiche Material. Der tangentiale Längsschnitt soll im Bereich der äußeren Jahresringe liegen.

Beobachtungen (Abb. 57): In den Lumina der Tracheen **(Tre)** älterer Jahresringe fallen Strukturen auf (Teilbild A), die sich bei stärkerer Vergrößerung (Bildteil B) als dünne Zellwände erweisen. Sie bilden die sog. Thyllen **(x_1)**, die das Innere der Tracheen völlig ausfüllen, so daß der Wassertransport gehemmt oder ganz unterbunden wird. Durch Fokussieren erkennt man, daß sich die Wände **(x_2)** dieser Thyllen in die Tiefe des Rohres fortsetzen. In ihren querliegenden Wänden sind oft kleine, rundliche Tüpfel **(Tpf)** zu sehen.
Besonders in peripher gelegenen, jungen Tracheen kann man die Entstehung der Thyllen verfolgen (Bildteil C): Die Tracheen sind allseitig von Holzparenchymzellen **(XylPar)** umgeben, die durch Tüpfel mit diesen in Verbindung stehen. Bei der Thyllenbildung treten von allen Seiten kleine Bläschen in das Lumen der Wasserleitungsbahnen ein, die sich aus den Holzparenchymzellen ausstülpen **(x_1)**. Die Blasen vergrößern sich, gegenüberliegende stoßen bald aneinander, und durch den allseitigen Druck bilden sich schließlich ebene Berührungsflächen. Die Trachee ist dann vollkommen mit solchen blasenartigen Gebilden,

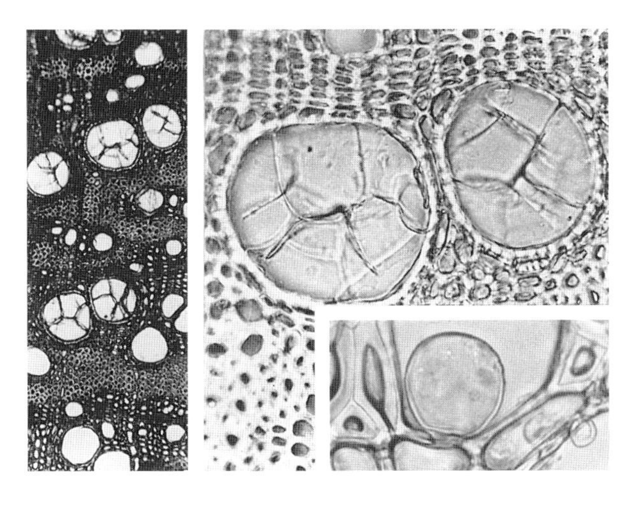

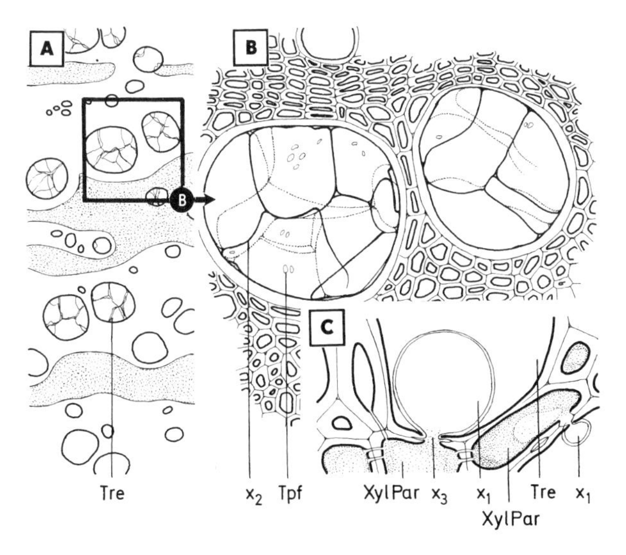

Abb. 57. *Robinia pseudoacacia.* Thyllen in den großen Tracheen; Querschnitt. **A**: Übersicht über das ringporige, sekundäre Xylem (das »Holz«). Weitlumige Tracheen **(Tre)** besonders auffallend. **B**: Ausschnitt aus A stärker vergrößert: $\mathbf{x_1}$ Thyllen, **Tpf** Tüpfel in der Thyllen-Wand. $\mathbf{x_2}$ Thyllen-Wand. **C**: Ausschnitt mit noch jungen, sich entwickelnden Thyllen **($\mathbf{x_1}$)**. Bei $\mathbf{x_3}$ eine Durchbruchstelle der Thylle durch die Tracheenwand (= Tüpfel zur benachbarten Parenchymzelle **XylPar**). A 60 : 1, B 230 : 1, C 1000 : 1.

den Thyllen, ausgefüllt, und es ist ein Zustand eingetreten, wie er oben beschrieben wurde und in den meisten der älteren Wasserleitungsbahnen vorliegt. Es sind die unverholzten Tüpfelschießhäute der benachbarten Parenchymzellen, die sich blasenartig in die Trachee einstülpen. Nur in besonders günstigen Fällen ist der Querschnitt genau in der Höhe des Tüpfels geführt, so daß die Durchbruchstelle **($\mathbf{x_3}$)** der Thylle sichtbar wird.

Weitere Beobachtungen: In Längsschnitten durch ältere Holzteile erscheinen die mit Thyllen verstopften Tracheen wie längsverlaufende, lockere, großzellige Parenchymstränge. Sie liegen inmitten der kleinen, dickwandigen Holzparenchymzellen und der Holzfasern, die die Masse des sekundären Xylems bilden. In jüngeren Stadien der Thyllenentwicklung (vor allem in äußeren Tangentialschnitten) sind die blasenförmigen Einstülpungen in die weiten Wasserleitungsbahnen besonders eindrucksvoll.

Weitere Objekte:

Quercus petraea (Fagaceae), Trauben-Eiche
Aststück. Holzquerschnitt. Thyllen in älteren Tracheen.

Vitis vinifera (Vitaceae), Edler Weinstock
Ältere Sproßachse. Holzquerschnitt. Thyllen in den älteren Wasserleitungsbahnen.

Urtica dioica (Urticaceae), Große Brennessel
Wurzelquerschnitt. Thyllen mit Stärke angefüllt.

1.2.1.2.3. Das sekundäre Phloem (der »Bast«)

Beobachtungsziel: Querschnitt durch das sekundäre Phloem der Coniferen

Objekt: *Pinus sylvestris* (Pinaceae), Gemeine Kiefer, Föhre. Etwa 1 cm dickes Zweigstück.

Präparation: Durch die Rinde eines etwa 1 cm dicken Zweigstückes werden dünne Querschnitte geführt. Vorteilhaft Material verwenden, das vorher einige Zeit in Ethanol-Glycerol gelegen hat (Reg. 38)! Zur Beobachtung in Glycerol-Wasser oder Glycerol einbetten (Reg. 47 u. 51).

Weitere Präparationsmöglichkeiten: Radiale Längsschnitte (Reg. 113); Färbung mit wäßriger Anilinblaulösung (Reg. 5) und Iod-Stärke-Reaktion (Reg. 66).

Beobachtungen (Abb. 58): Die erste Orientierung bei schwacher Vergrößerung über die Gewebe außerhalb des Holzkörpers ergibt folgendes Bild (Bildteil A): Am äußeren Rande des Holzkörpers liegt das Kambium. Die außerhalb dieser Zuwachsschicht gelegenen Gewebe unterscheiden sich durch die Anordnung ihrer Zellen: Der äußere Teil besteht aus regellos aneinandergefügten Parenchymzellen. Es ist die primäre Rinde. Den inneren Teil bauen streng radiale Reihen flacher Zellen auf. Es ist der Sekundärzuwachs des Phloems, dessen jüngere Teile bei stärkerer Vergrößerung näher untersucht werden sollen (Bildteil B). In geringerer Anzahl, jedoch mit der gleichen Regelmäßigkeit, wie sich vom Kambium aus nach innen Tüpfeltracheiden differenzieren, gliedert dieses Meristem nach außen Zellen ab, aus denen Phloemelemente hervorgehen. Da die Differenzierung der meisten Zellen auch hier gleichmäßig und ohne Verschiebung erfolgt, trifft man auch die sekundären Phloemelemente geordnet in geraden, radialen Reihen an. Die flachen, breit rechteckigen Zellen, die den Hauptteil des Gewebes aufbauen, sind Siebzellen **(Sbz)**. Nur eine schmale Zone in der Nähe des Kambiums enthält Leitelemente. Nach außen zu werden die Zellen mehr und mehr zusammengedrückt, ihre Wände werden faltig, und die ursprünglich geraden radialen Reihen verschieben sich wellenförmig. In diesen Zonen sind die Siebzellen nicht mehr tätig. Geleitzellen fehlen. Die Einförmigkeit des sekundären Phloems wird nur durch schmale, tangentiale Schichten von Phloemparenchym **(PhlmPar)** und die in radialer Richtung verlaufenden Strahlen (Phloemstrahlen, **PhlmStr**) unterbrochen. Die plasmareichen Zellen des Phloemparenchyms, die meist Stärke oder Kristalle enthalten, entwickeln sich beim Altern genau entgegengesetzt wie die Siebzellen, so daß sie schließlich als weitlumige, stärkeführende Zellen **($PhlmPar_1$)** zwischen den völlig zerquetschten Siebzellen **(Sbz_1)** liegen. Die Phloemstrahlen sind nur eine Zellage breit und bestehen aus kurzen oder aber radial langgestreckten Zellen, je nachdem, in welcher Höhe der Strang durchschnitten wurde. (Die Strahlen werden auch im Phloem von zwei verschiedenen Zelltypen aufgebaut: radial verkürzte, eiweißführende und radial langgestreckte, stärkeführende Parenchymzellen.)

Weitere Beobachtungen: Radiale Längsschnitte zeigen nach Anilinblaufärbung Siebfelder an den radialen Wänden junger Siebzellen. Die Strahlen erfahren beim Übergang vom Xylem zum Phloem eine Veränderung: An Stelle der tracheidalen Strahlzellen treten im Phloem radial verkürzte, in

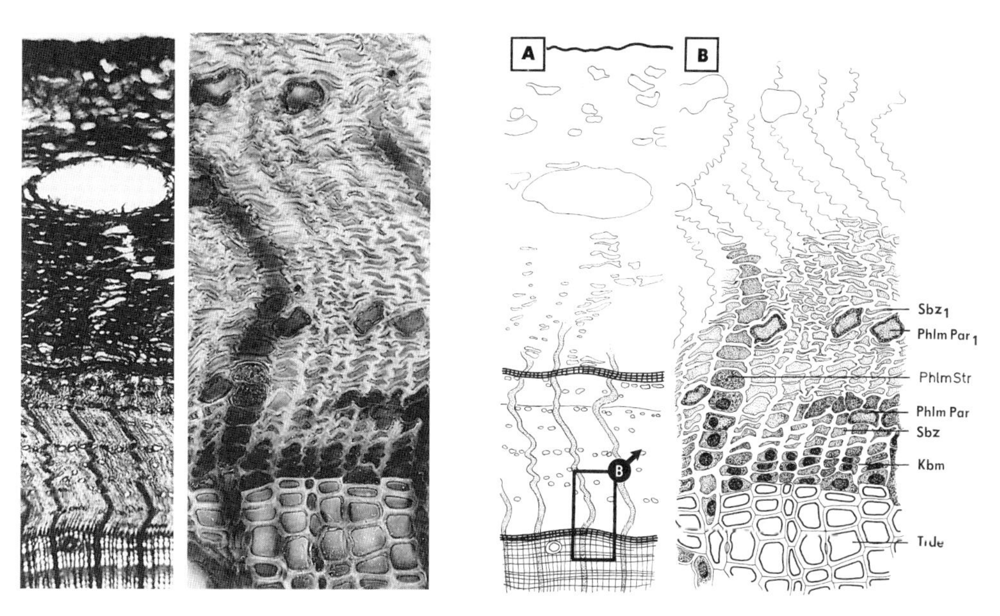

Abb. 58. *Pinus sylvestris.* Querschnitt durch das sekundäre Phloem. **A**: Übersicht über die Rindengewebe. Von außen (oben) nach innen (unten): primäre Rinde, Periderm, sekundäres Phloem, Kambium, sekundäres Xylem. **B**: Ausschnitt aus A stärker vergrößert: **Trde** Hoftüpfeltracheiden des sekundären Xylems, **Kbm** Kambium, **Sbz** tätige Siebzellen (**Sbz$_1$** gealterte, zerdrückte Siebzellen), **PhlmPar** Phloemparenchym (**PhlmPar$_1$** Phloemparenchym in gealtertem, sekundärem Phloem, dessen Siebzellen nicht mehr funktionstüchtig sind), **PhlmStr** Phloemstrahl.
A 20 : 1, B 120 : 1.

Längsrichtung gestreckte eiweißführende Strahlzellen auf. Die stärkeführenden parenchymatischen Stränge setzen sich geradlinig fort (Stärkenachweis durch Blaufärbung mit Iodkaliumiodid).

Beobachtungsziel: Querschnitt durch das sekundäre Phloem der Angiospermen

Objekt: *Tilia cordata* (Tiliaceae), Winter-Linde. Etwa 1 cm dickes Zweigstück.

Präparation: Von der Rinde eines jungen, etwa 1 cm dicken Zweiges sind Querschnitte erforderlich. Dünn schneiden! Das Material schneidet sich besser, wenn kurze Zweigstücke vorher in Ethanol-Glycerol aufbewahrt wurden (Reg. 38). In Glycerol beobachten oder sofort Dauerpräparate anfertigen (Reg. 52).

Weitere Präparationsmöglichkeiten: Radiale Längsschnitte durch das sekundäre Phloem

Beobachtungen (Abb. 59): Bereits mit bloßem Auge ist in dem außerhalb des Holzkörpers gelegenen Gewebe eine deutliche Gliederung zu erkennen: Helle, dreieckige Gewebekomplexe wechseln regelmäßig mit dunkleren, gleichgeformten ab. Bei schwacher mikroskopischer Vergrößerung (Bildteil A) sind die helleren Gebilde als Fortsetzung von Strahlen zu identifizieren, die sich außerhalb des Kambiums zunehmend keilförmig verbreitern (Ursache: Dilatation). Das jeweils seitlich benachbarte dunklere Gewebe, dessen größte Breite in Kambiumnähe liegt (durch Dilatation im Kambium!), baut sich aus abwechselnd helleren und dunkleren, in tangentialer Richtung angeordneten Schichten auf (hell glänzende Sklerenchymfaserstreifen, »Bastfasern«, wechseln mit anderen Phloemelementen ab). Außerhalb der bisher beobachteten Gewebe, die den Sekundärzuwachs kennzeichnen, liegt

die assimilierende, parenchymatische primäre Rinde. An der Grenze zwischen Rinde und Zentralzylinder häufen sich Zellen, die große Kristalldrusen enthalten. Den äußeren Abschluß des Querschnittes bilden dichte, dunkel erscheinende Peridermschichten.
Zytologische und histologische Einzelheiten im Sekundärzuwachs des Phloems sind nur bei stärkerer Vergrößerung zu studieren (Bildteile B und C). Zu diesem Zweck am besten einen Ausschnitt wählen, der in der Nähe des Kambiums liegt und Teile eines dilatierten Phloemstrahls umfaßt. Außerhalb des Kambiums fallen besonders die quer durchschnittenen, hell-opal erscheinenden Wände der Sklerenchymfasern **(Skl)** auf. Diese »Bastfasern« liegen gruppenweise in dichten, unregelmäßig begrenzten, tangentialen Lagen. Die einzelnen Zellen schließen sehr dicht aneinander. Ihre Wände sind so stark verdickt, daß nur noch kapillarähnlich enge Lumina zu erkennen sind (Wandverdickungen in der Nähe des Kambiums oft noch nicht abgeschlossen, größere Lumina, Plasmareste!). Die Zellwände sind deutlich geschichtet und häufig von sehr dünnen Tüpfelkapillaren durchsetzt. Die Räume zwischen den Sklerenchymfasersträngen füllen Siebröhren mit Geleitzellen und Parenchymzellen aus. Die Siebröhren **(Sbr)** sind weitlumig. Das Zellinnere ihrer bedeutend kleineren Geleitzellen **(Gltz)** ist dicht mit Protoplasma gefüllt. Charakteristisch ist die Lage der Geleitzellen: Es scheint, als ob durch sie jeweils eine Kante der Siebröhre abgeschnitten ist. Sowohl die Sklerenchymstränge als auch die Schichten der Siebröhren werden von Phloemparenchymzellen **(PhlmPar)** begleitet. Einzelne Zellen, an denen der plasmatische Inhalt durch Verletzung ausfloß, erlauben die Aufsicht auf die stark getüpfelten Wände **(x_1)**.
Im dilatierten Phloemstrahl **(PhlmStr)** trifft man großzellige, in tangentialer Richtung gestreckte Parenchymzellen **(Par)** an. Sie enthalten oft Stärke **(x_2)** oder große Kristalldrusen **(x_3)**. Die Grenze zu den Geweben des sekundären Phloems ist geradlinig und scharf.

Weitere Beobachtungen: Im Radialschnitt sind alle Elemente in ihrer Längsausdehnung zu beobachten: die dickwandigen, lang zugespitzten Sklerenchymfasern, die langgestreckten Siebröhren (auf Siebplatten achten!), die protoplasmareichen Geleit- und Parenchymzellen.

1.2.1.2.4. Peridermbildung (sekundäres Abschlußgewebesystem)

Beobachtungsziel: Bildung von Oberflächenperidermen, Phellogen in subepidermalen Zellschichten

Objekt: *Sambucus nigra* (Caprifoliaceae), Schwarzer Holunder. Verschieden alte Sproßstücke.

Präparation: Zur Untersuchung dienen Querschnitte durch mindestens drei verschieden alte Stücke der Sproßachse: durch die junge, noch grüne Sproßspitze, durch ein älteres Achsenstück, das gerade beginnt, äußerlich grau zu werden, und durch einen noch älteren, bereits graubraun verfärbten Zweig.
Meist genügen kleinste Ausschnitte aus dem Gesamtquerschnitt. Die äußersten Zell-Lagen müssen stets erhalten sein (Gefahr des Abbröckelns!). Trotzdem dünn schneiden! Objekte vor dem Schneiden vorteilhaft in verflüssigtes Paraffin eintauchen.
Geeignete Schnitte sofort mit Sudan III anfärben (Reg. 116). In Glycerol-Wasser beobachten (Reg. 47). Vor oder nach den mikroskopischen Untersuchungen ist das Weiterverarbeiten zu Dauerpräparaten möglich (Reg. 52).

Beobachtungen (Abb. 60): Zuerst die äußeren Gewebe desjenigen Querschnittes beobachten, der von dem jüngsten, grünen Sproßachsenabschnitt stammt (Bildteil A)! Außerhalb der Leitbündel herrscht das großzellige, Chloroplasten führende Rindenparenchym

S

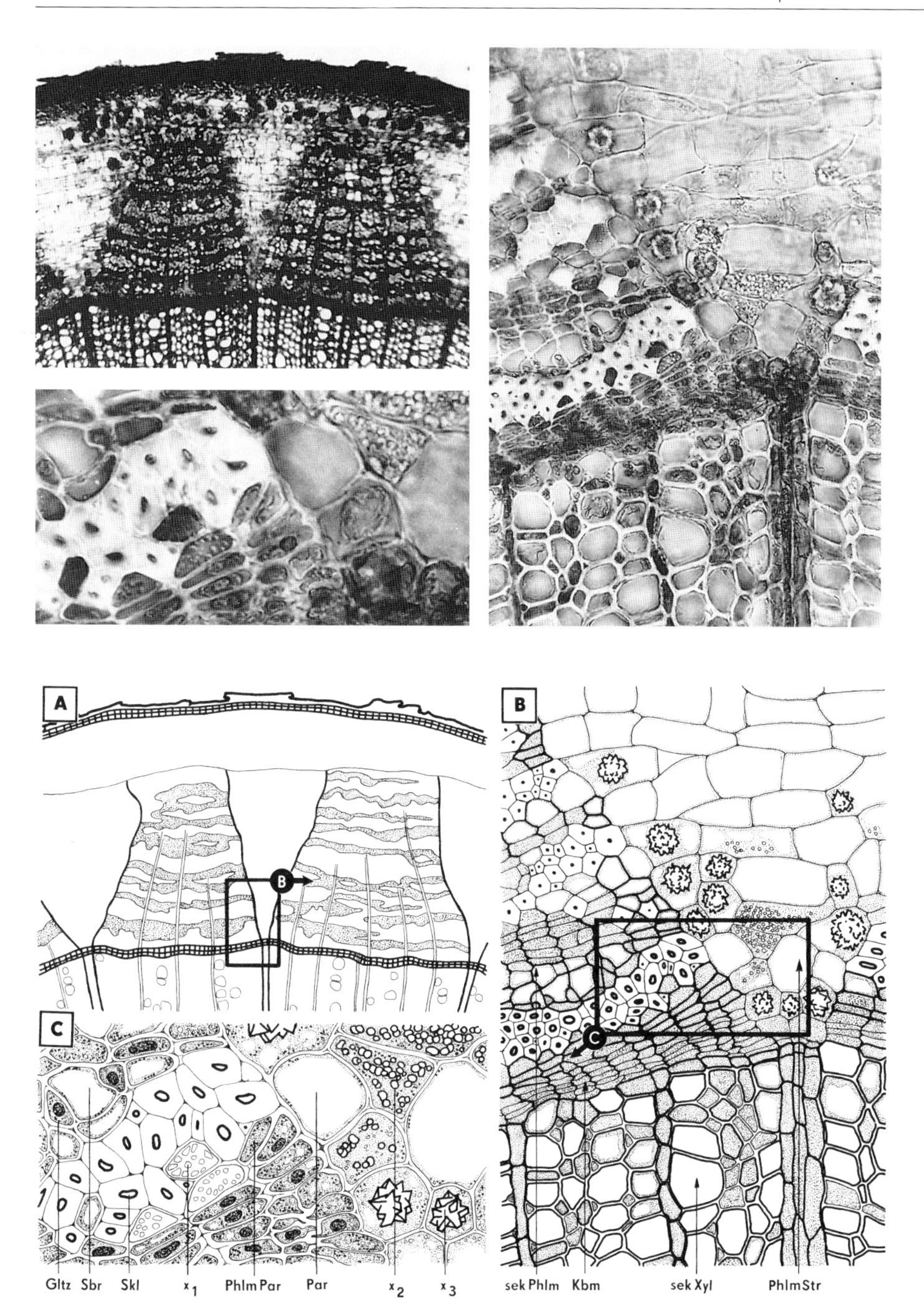

Abb. 59. *Tilia cordata*. Querschnitt durch das sekundäre Phloem. **A**: Übersicht über die Rindengewebe. **B**: Ausschnitt aus dem sekundären Phloem **(sekPhlm)** in der Nähe des Kambiums **(Kbm)**. Deutlich ist die Dilatation des Phloemstrahls **(PhlmStr)** zu erkennen. **sekXyl** sekundäres Xylem. **C**: Ausschnitt aus B stärker vergrößert: **Skl** Sklerenchymfasern (»Bastfasern«), **Sbr** Siebröhren, **Gltz** Geleitzellen, **PhlmPar** Phloemparenchym (bei $\mathbf{x_1}$ Aufsicht auf die getüpfelten Zellwände einer »leeren« Zelle), **Par** Parenchymzellen des Phloemstrahls ($\mathbf{x_2}$ eine Stärke führende , $\mathbf{x_3}$ eine Kristalldruse enthaltende parenchymatische Strahlzelle). A 40 : 1, B 380 : 1, C 750 : 1

vor. Nur unter den Spaltöffnungen reicht dieses Gewebe bis unter die Epidermis heran. An den übrigen Stellen ist zwischen Epidermis **(Epd)** und Rindenparenchym ein mehrschichtiger Streifen von hypodermalem Plattenkollenchym **(Kol)** eingeschoben.
Nicht weit von der Sproßspitze entfernt färben sich die Zweige äußerlich grau. In diesem Entwicklungszustand bildet sich das Periderm (Bildteil B). Anatomisch äußert sich der Beginn des Vorganges in der tangentialen Teilung der äußeren, unmittelbar unter der Epidermis gelegenen Zellen des Plattenkollenchyms. Die neugebildete perikline Wand **(Zwd)** trennt eine innere, meist kleinere Zelle **(x_1)** von einer äußeren **(x_2)**, die sich erneut tangential teilt (Bildteil C). Die mittlere der so erzeugten drei Zellen bleibt weiterhin teilungsaktiv (Phellogenzelle **Phgn**). Von ihr aus gliedern sich nach außen weitere Elemente ab, die sich radial dehnen und auf deren Wände Suberin aufgelagert wird, die Korkzellen (Phellem **Phlem**; Färbung mit Fettfarbstoffen, z. B. Sudan III). Die Zellen »verkorken« erst allmählich, so daß die jüngsten Wände noch ohne Suberinlamelle sind (nur durch die geringere oder fehlende Färbung zu erkennen, **$Phlem_1$**). Nach Abschluß der Suberin-Auflagerung auf ihre Wände enthalten die Zellen keinen lebenden Protoplasten mehr. Sie bilden einen interzellularenfreien, den Gas- und Wasseraustausch behindernden Abschluß. Die tangentiale Ausdehnung der Korkzellen ändert sich bei diesen Differenzierungsprozessen nicht (Anordnung daher streng in radialen Reihen, deren kambiale Herkunft unverkennbar erhalten bleibt).
Der innere Teil der ursprünglichen Kollenchymzelle bleibt als sogenannte Phellodermzelle **(Phdm)** erhalten. Zu ihr werden nur spärlich vom Korkkambium weitere Zellen hinzugefügt (die Phellodermzellen enthalten Chloroplasten und sind auch durch ihre Form von den stets radial verkürzten Phellogenzellen zu unterscheiden). In noch älteren Zweigstücken sind stark entwickelte Periderme zu finden, deren Korkschichten (durch Sudan III orangerot gefärbt) viele Zell-Lagen dick sind (Bildteil D). Die Epidermis **(Epd)** bleibt trotz Ausbildung dieser sekundären Abschlußgewebe lange Zeit unverletzt erhalten.

Fehlermöglichkeiten: Die Peridermbildung erfolgt meist nicht synchron. In geeigneten Querschnitten sind oft mehrere Stadien nebeneinander zu beobachten. Auch die Mächtigkeit der Korkzellschichten kann deshalb innerhalb desselben Querschnittes variieren. Wird in einem Querschnitt nicht das gewünschte Entwicklungsstadium angetroffen, so ist der Schnitt an jüngerem bzw. älterem Material zu wiederholen.

Weitere Objekte:

Peridermbildung subepidermal:

Cerasus vulgaris (Rosaceae), Sauer-Kirsche, Weichsel
Querschnitte durch verschieden alte Zweigstücke.

Betula pendula (Betulaceae), Hänge-Birke
Querschnitte durch verschieden alte Zweigstücke. Korkzellen radial verkürzt.

Laburnum anagyroides (Fabaceae), Gemeiner Goldregen
Querschnitte durch verschieden alte Zweigstücke. Korkzellen mit sehr stark verdickten Zellwänden, verkorkt und verholzt.

Parthenocissus inserta (Vitaceae), Fünfblättrige Zaunrebe
Querschnitte durch verschieden alte Zweigstücke.

Fagus sylvatica (Fagaceae), Rot-Buche
Querschnitte durch verschieden alte Sproßachsen. Gut zu beobachtendes Periderm. Anlage in der ersten subepidermalen Zellschicht. Flache Zellen.

Syringa vulgaris (Oleaceae), Gemeiner Flieder
Querschnitte durch die junge Sproßachse. Periderm in der ersten subepidermalen Zellschicht.
Korkzellen radial langgestreckt.

Solanum tuberosum (Solanaceae), Kartoffel
Querschnitte durch die Schale junger Sproßknollen. Subepidermales Periderm (Korkhaut). Regelmäßige, flache, sehr dünnwandige Zellen.

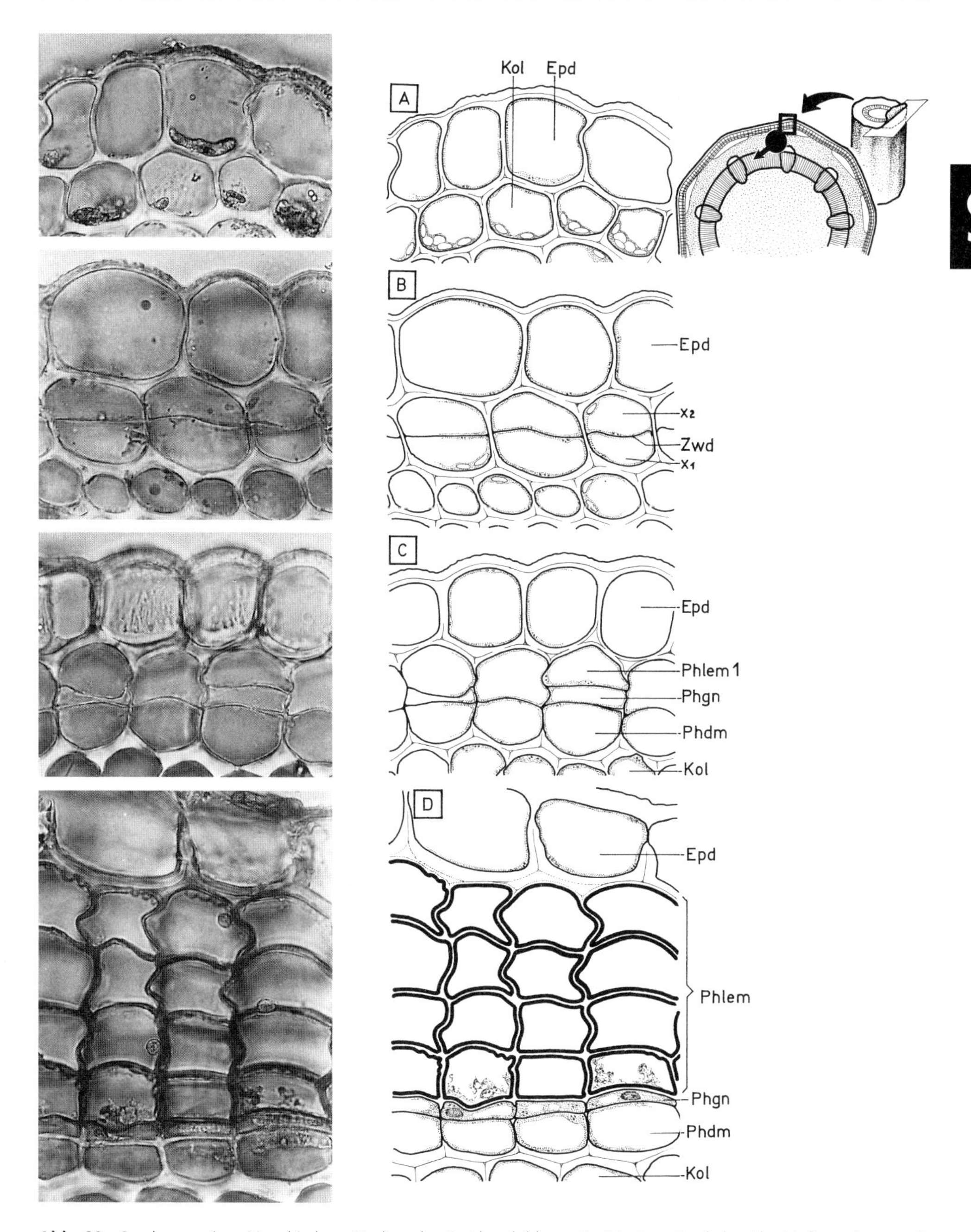

S

Abb. 60. *Sambucus nigra.* Verschiedene Stadien der Peridermbildung. **A**: Primärzustand des Abschlußgewebes, noch ohne Peridermbildung. **Epd** Epidermis, **Kol** subepidermales Plattenkollenchym. **B**: Beginn der Peridermbildung. In jeder Zelle des subepidermalen Kollenchyms wurde eine Tangentialwand **(Zwd)** gebildet, die Zellen haben sich geteilt (Tochterzellen $\mathbf{x_1}$ und $\mathbf{x_2}$) **C**: Späteres Stadium der Peridermbildung. Durch Teilung der Zelle $\mathbf{x_2}$ (Teilbild B) entstand eine Phellogenzelle **(Phgn)**, die nach außen Korkzellen abgliedert (**Phlem$_1$** noch unverkorkte Jungzelle des Korkgewebes). **Phdm** Phelloderm. **D**: Älteres Periderm mit mehrschichtigem Korkgewebe **(Phlem)**. A-D 360 : 1.

Peridermbildung von der Epidermis ausgehend:

Nerium oleander (Apocynaceae), Oleander
Querschnitte von jungen, noch grünen Zweigspitzen sowie älteren, grau werdenden und bereits dunkler graubraun verfärbten Zweigabschnitten des Zierstrauches. Peridermentwicklung beginnt in den mit stark verdickten Außenwänden versehenen Epidermiszellen. Sehr lohnendes Untersuchungsobjekt.

Solanum dulcamara (Solanaceae), Bittersüßer Nachtschatten
Querschnitte durch verschieden alte Stücke der Sproßachse. Peridermbildung entsprechend *Nerium.*

Pyrus communis (Rosaceae), Garten-Birnbaum
Querschnitte durch verschieden alte Stücke der Sproßachse. Peridermbildung teilweise aus der Epidermis heraus, teilweise auch aus subepidermalen Zell-Lagen.

Malus domestica (Rosaceae), Garten-Apfelbaum
Querschnitte durch verschieden alte Sproßachsen. Peridermbildung entsprechend *Pyrus.* Vom Phellogen auch Zellen nach innen abgegliedert: Phelloderm!

Viburnum lantana (Caprifoliaceae), Wolliger Schneeball
Querschnitte durch verschieden alte Sproßachsenabschnitte. Oft mächtige Peridermschichten.
Zellen radial gestreckt, meist sechseckig, gegeneinander verschoben.

Padus avium (Rosaceae), Gewöhnliche Traubenkirsche
Querschnitte durch verschieden alte Zweigstücke.

Beobachtungsziel: Querschnitt durch Lenticellen (Korkwarzen)

Objekt: *Sambucus nigra* (Caprifoliaceae), Schwarzer Holunder. Junge Sproßachse.

Präparation: Junges Sproßstück suchen, auf dessen Rinde sich gerade spindelförmige braune Erhebungen bilden. Querschnitte aus dieser Region anfertigen, dabei Warzen möglichst median durchschneiden. Schnitte mit Sudan III anfärben (Reg. 116). In Glycerol beobachten oder weiter zu Dauerpräparaten verarbeiten (Reg. 52).

Weitere Präparationsmöglichkeiten: Querschnitt durch wenig jüngere Sproßabschnitte, bei denen noch kein Durchbruch der Korkwarzen nach außen erfolgte.

Beobachtungen (Abb. 61): Zuerst bei schwacher Vergrößerung beobachten. Die Epidermis **(Epd)** ist an einigen Stellen durch im Inneren erzeugte, eruptiv nach außen tretende Zellmassen durchbrochen. Eine solche Durchbruchstelle (Lenticelle oder Korkwarze) jetzt stärker vergrößern. An Stellen, wo Lenticellen ausgebildet werden, fehlt das subepidermale Plattenkollenchym. Das Rindenparenchym **(RinPar)** grenzt in diesen Gebieten außen direkt an Phellodermzellen **(Phdm)**, die von einem uhrglasförmig sich nach innen wölbenden Lenticellenkambium (Lenticellenphellogen **Phgn**) abgegliedert worden sind.
Die Zellen dieser Zuwachsschicht (auch »Verjüngungsschicht« genannt) und deren jüngste Abkömmlinge sind radial verkürzt und schmal. Sie teilen sich sehr häufig. In der Regel bleibt nach jeder Zellteilung im Phellogen die innere der beiden Tochterzellen meristematisch, während die äußere sich allmählich abrundet, nicht verkorkt, aber braun wird und sich zur sogenannten Füllzelle **(x_1)** entwickelt. Es entsteht dadurch wesentlich weniger Phellodermgewebe nach innen als interzellularraumreiches Füllgewebe nach außen. Da die Erscheinung lokal sehr begrenzt (stets unterhalb einer Spaltöffnung) auftritt, zerreißt die Epidermis nur an diesen Stellen. Die staubartig lockeren Zellen des Füllgewebes ermöglichen durch ihre Interzellularen **(Intz)** Gasaustausch zwischen den inneren Geweben und der Außenluft, der nach der Anlage der Periderme sonst nicht mehr möglich wäre. Lenticellen bilden sich kurz vor oder während der ersten Teilung der seitlich gelegenen Kollenchymzellen, die den Beginn der Peridermentwicklung anzeigt.

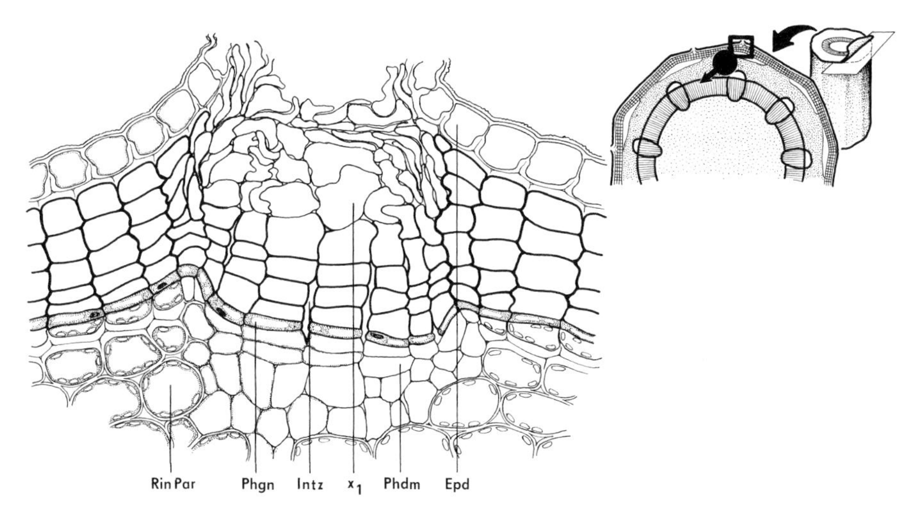

Abb. 61. *Sambucus nigra* Querschnitt durch eine Lenticelle. Das Lenticellenphellogen **(Phgn)** bildet nach außen interzellularenreiches **(Intz)** Füllgewebe **(x_1)**, nach innen Phelloderm **(Phdm)**. Die Epidermis **(Epd)** zerreißt. **RinPar** Rindenparenchym. 160 1.

Weitere Beobachtungen: In Querschnitten durch entsprechend jüngere Zweigstücke, bei denen noch kein Durchbruch der Lenticellen durch die Epidermis erfolgte, kann man ihre Entwicklung studieren: Anlage des Lenticellenkambiums im Rindenparenchym unterhalb einer Spaltöffnung. Allmähliches Emporwölben der Epidermis infolge sich bildender Füllzellen.

Weitere Objekte:

Cerasus avium (Rosaceae), Süß-Kirsche
Querschnitt durch jungen Zweig. Vom Lenticellenphellogen werden abwechselnd unverkorkte Füllzellen und verkorkende, aber Interzellularen enthaltende Zwischenschichten gebildet.

Salix alba (Salicaceae), Silber-Weide
Querschnitt durch jungen Zweig. Lockere Füllzellen nur am Beginn der Vegetationsperiode gebildet. Später dicht geschlossene Reihen verkorkter Zellen.

Forsythia suspensa (Oleaceae), Hängende Forsythie, Goldweide
Zierstrauch, Querschnitt durch junge Sproßachsen, Lenticellen.

Beobachtungsziel: Lage und Gewebeanordnung junger Tiefenperiderme

Objekt: *Ribes uva-crispa* (Saxifragaceae), Stachelbeere. Junge Sproßachse.

Präparation: Ein Stück eines jungen Zweiges auswählen, das sich äußerlich gerade hellrehbraun zu verfärben beginnt. Dünne Querschnitte durch dieses Achsenstück herstellen (Reg. 114). Auch innere Gewebe müssen gut erhalten sein. Schnitte mit Sudan III anfärben (Reg. 116). In Glycerol beobachten; eventuell in Glycerolgelatine oder Neutralbalsam dauerhaft einschließen (Reg. 52 u. 92).

Weitere Präparationsmöglichkeiten: Querschnitte durch jüngere Abschnitte der Sproßachse.

Beobachtungen (Abb. 62): Der gering vergrößerte Querschnitt durch die Sproßachse bietet dem Betrachter folgendes Übersichtsbild: Die Epidermis bedeckt einen breiten Mantel großzelligen Rindenparenchyms **(RinPar)**. Nach innen schließt sich das gelbbraun gefärbte Periderm an, dessen flache Korkzellen **(Phlem)** auch bei dieser geringen Vergrößerung gut

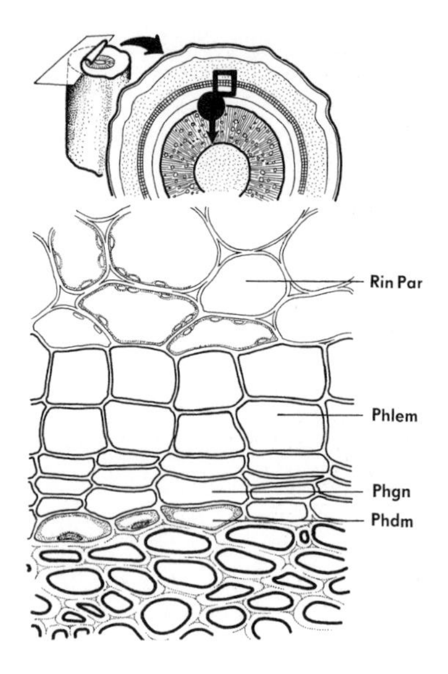

Abb. 62. *Ribes uva-crispa.* Querschnitt durch eine junge Sproßachse, Bildung von Tiefenperiderm. Das Periderm (**Phlem** Phellem, **Phgn** Phellogen, **Phdm** Phelloderm) bildet sich in den inneren Schichten des Rindenparenchyms **(RinPar)**, weit unterhalb der Epidermis. 400 : 1.

zu erkennen sind. Die nach innen folgenden breitovalen Zellen (Festigungsgewebe!) sehen durch Einlagerung verschiedener färbender Substanzen auch ohne künstliche Färbung ebenfalls gelbbraun aus. Innerhalb dieser Gewebe liegt der Zentralzylinder: ein geschlossener Ring hauptsächlich sekundärer Leitgewebe umschließt das stärkereiche Markparenchym. Epidermis und Periderm sind bei *Ribes* also durch umfangreiche Rindenparenchymschichten **(RinPar)** weit voneinander getrennt. In älteren Zweigstücken sterben die außerhalb der Korkschichten gelegenen Rindenzellen durch mangelnde Nährstoffzufuhr ab (fortschreitend von außen nach innen). Die Gewebe bräunen sich und werden nach außen abgestoßen. Bei stärkerer Vergrößerung des Periderms sind Korkzellschichten (Phellem **Phlem**), Korkkambiumzellen (Phellogen **Phgn**) und oft umfangreiche Phellodermschichten **(Phdm)** zu unterscheiden.

Weitere Beobachtungen: Querschnitte durch verschieden alte Abschnitte der Sproßachse ermöglichen es, die Bildung und Entwicklung des Tiefenperiderms zu verfolgen.

Weitere Objekte:

Ribes rubrum (Saxifragaceae), Rote Johannisbeere
Querschnitt durch junge Sproßachse. Peridermlage wie bei der Stachelbeere.

Clematis vitalba (Ranunculaceae), Weiße Waldrebe
Querschnitt durch junge Sproßachse. Peridermbildung in den inneren Schichten des Rindenparenchyms.

Aristolochia macrophylla (Aristolochiaceae), Pfeifenwinde
Querschnitt durch junge Sproßachse. Anlage der ersten Periderme wie bei *Clematis*.

Beobachtungsziel: Lage und anatomischer Bau der Borke im Querschnitt der Sproßachse

Objekt: *Quercus robur* (Fagaceae), Stiel-Eiche. Borke.

Präparation: Ältere, etwa 0,5–1 cm dicke Borke quer schneiden. Vorsicht, Schnitte fallen leicht auseinander! Material vorher in Ethanol-Glycerol aufbewahren. Dünne Schnitte in Glycerol-Wasser beobachten (Reg. 47).

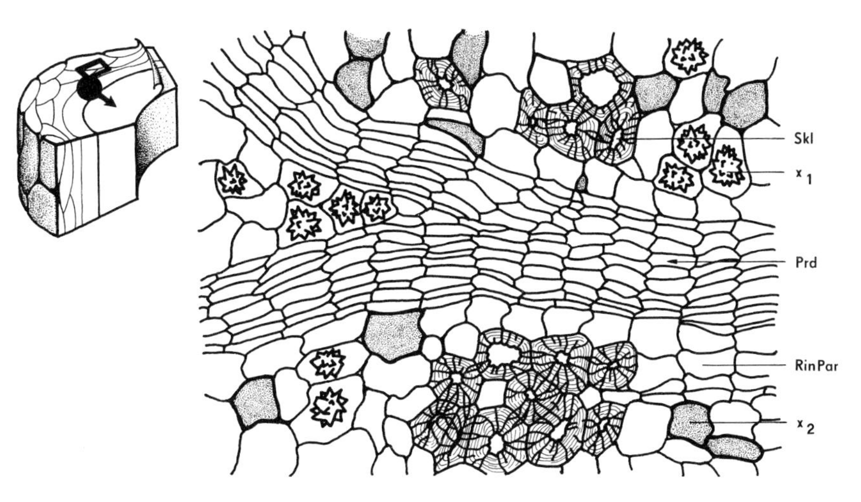

Abb. 63. *Quercus robur.* Ausschnitt aus den Geweben der Borke. **Prd** Peridermschichten, **Skl** Steinzellen, **RinPar** Rindenparenchymzellen (teilweise mit Calciumoxalatdrusen $\mathbf{x_1}$ oder mit Gerbstoffeinlagerungen $\mathbf{x_2}$). 170 : 1.

Beobachtungen (Abb. 63): Die Borke besteht aus einer Anzahl verschiedener, mehr oder weniger gelbbraun gefärbter, toter oder absterbender Zellen. Das Zugrundegehen dieser Mischgewebe wird durch wiederholt weiter innen neu angelegte Peridermschichten verursacht, die die außen liegenden Zellen von der Nährstoffzufuhr durch die Leitungsbahnen abschneiden. Bei mittlerer Vergrößerung des Präparates sind die breiten und dunklen, flachzelligen Korkschichten der oft verzweigten Periderme **(Prd)** gut zu erkennen. Sie durchziehen fachwerkartig alle Schichten der Borke. In jüngeren Stämmen schließt die kräftig entwickelte zuerst entstandene Peridermschicht die Borke nach außen ab (später übernimmt eine der tiefer angelegten Korkschichten diese Funktion). Sind primäre Schichten noch erhalten, so findet man Nester von Steinzellen **(Skl)** und zahlreiche Zellen mit Calciumoxalatdrusen **(x_1)** im Rindenparenchym **(RinPar)** eingebettet. In tieferen Schichten fallen besonders die Gruppen der querdurchschnittenen Sklerenchymfasern auf (ihre dikken Wandverstärkungen sind gelb bis braun gefärbt und lassen vom Zell-Lumen nur einen kapillaren Kanal übrig). Auch hier sind häufig einzelne Steinzellennester eingestreut (die Zellwände der Sklereiden leuchten hell und sind stark mit Tüpfelkanälen durchsetzt). Den Zwischenraum zwischen Sklerenchymfaserlagen und den Peridermschichten nehmen Parenchymzellen (Strahlparenchym und Phloemparenchym) und in älteren Borken auch Phloemelemente ein. Zellen mit eingelagerten Gerbstoffen **(x_2)** und Calciumoxalatdrusen **(x_1)** sind überall eingestreut.

1.2.1.3. Die parenchymale Form des sekundären Dickenwachstums

Beobachtungsziel: Sproßachsenverdickungen durch scheitelferne Zellvermehrung im Rinden- und Markparenchym

Objekt: *Impatiens wallerana* (Balsaminaceae), Fleißiges Lieschen. Sproßachse.

Präparation: Ältere, verdickte Sproßstücke der Zierpflanze quer schneiden (Reg. 114). Dünne Schnitte in Wasser oder Glycerol-Wasser einbetten (Reg. 47) und beobachten.

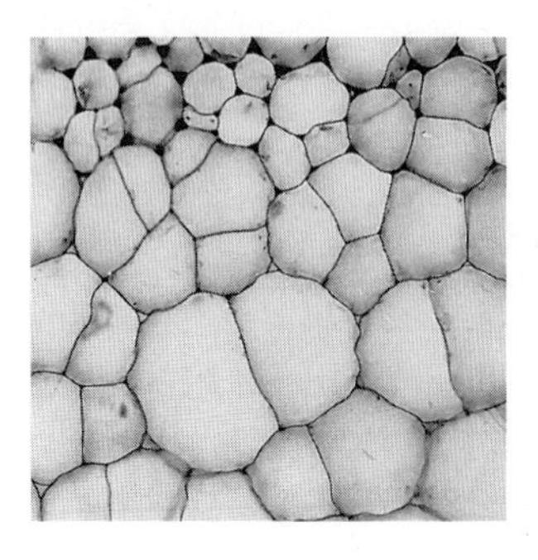

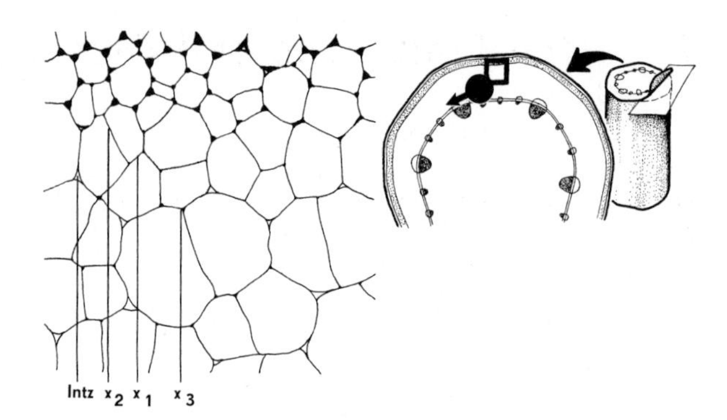

Abb. 64. *Impatiens wallerana.* Parenchymales Dickenwachstum in der Sproßachse. Mehrere Zellen des Rindenparenchyms haben sich sekundär geteilt (nacheinander neu gebildete Zellwände $\mathbf{x_1}$ und $\mathbf{x_2}$). An den Berührungsstellen alter Zellwände liegen Interzellularen **(Intz)**, Kontaktstellen der neuen Zellwände miteinander oder mit einer alten Zellwand sind interzellularenfrei **($\mathbf{x_3}$)**. 130 : 1.

Beobachtungen (Abb. 64): Bei mittlerer Vergrößerung die Zellen im Rinden- oder Markparenchym studieren. Fast alle Zellen dieser Gewebe haben sich nach ihrer parenchymalen Differenzierung sekundär wieder geteilt. Überall sind junge, dünne, neugebildete Zellwände zu beobachten **($\mathbf{x_1}$)**, die das Lumen der ehemaligen Parenchymzelle geradlinig durchschneiden. Die entstandenen Tochterzellen teilen sich häufig erneut. Die hierbei gebildeten Zellwände **($\mathbf{x_2}$)** verlaufen meist nicht parallel zur ersten Teilungswand **($\mathbf{x_1}$)**, sondern bekommen Kontakt mit dieser (meist mehr oder weniger rechtwinkliger Anschluß). Die Form der ehemaligen »Mutter«-Parenchymzelle ist stets gut zu erkennen. Wo mehrere alte Zellwände aufeinandertreffen, sind große Interzellularen **(Intz)** entstanden. Kontaktstellen mit jungen, nachträglich gebildeten Zellwänden sind dagegen interzellularenfrei **($\mathbf{x_3}$)**. Die ursprünglichen Wände der Parenchymzellen sind – im Gegensatz zu den jungen – dicker und meist auch gekrümmt.

2. Das Blatt – Theoretischer Teil –

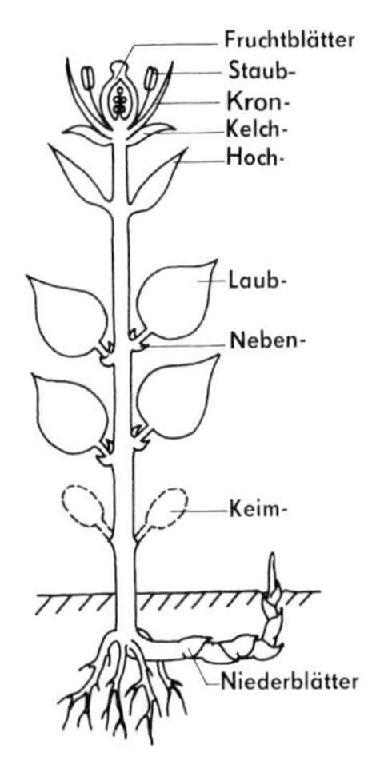

Seitliches Anhangsorgan der Sproßachse.

Verschiedene Blattbildungen von der Keimpflanze bis zur reproduktiven Phase möglich: Keimblätter, Niederblätter, Laubblätter (Primär-und Folgeblätter, mit oder ohne Nebenblätter), Hochblätter (Tragblätter, Deckblätter), Kelchblätter, Kronblätter, Staubblätter, Fruchtblätter.
Alle Formen sind meist als vereinfachte Abwandlungen der am vollständigsten entwickelten **Laubblätter** (Folgeblätter) anzusehen. Hier Beschränkung auf diesen Blatt-Typ.

Morphologie und Funktion des Laubblattes:

Zwei Hauptfunktionen: **Photosynthese** und **Transpiration**. Prinzip der Oberflächenvergrößerung und Regulationsmöglichkeit sowohl äußerlich (Belaubung) als auch im einzelnen Blatt (anatomischer Bau, s. unten) verwirklicht. Große morphologische Mannigfaltigkeit (Typen von Blattform und Blattrand, Metamorphosen). Laubblatt meist gegliedert: **Blattspreite** (**Lamina**; flächig, meist dünn), **Blattstiel** (achsenartig) und **Blattgrund** (als Blattscheide ausgebildet, Nebenblätter tragend oder unauffälliges Verbindungsstück zwischen Blattstiel und Sproßachse).
Blattspreite ist Hauptträger der Blattfunktionen. Hier Beschränkung auf Anatomie dieses Blatt-Teiles (s. Abb. 65).

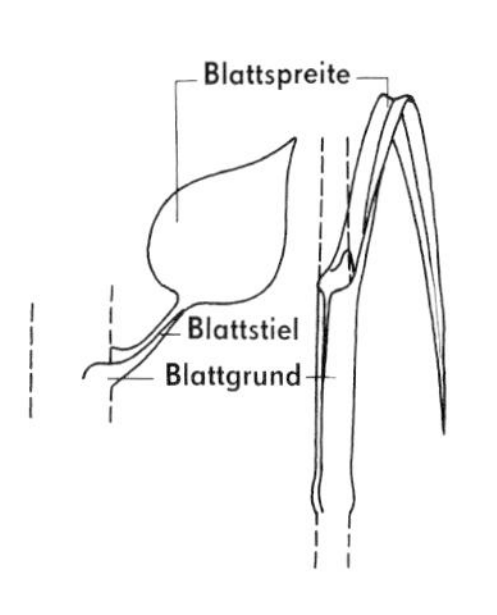

2.1. Angiospermenblatt

2.1.1. Anatomischer Bau der Laubblattspreite

2.1.1.1. Epidermis und ihre Derivate (s. auch S. 80f.)

Allseitige äußere Begrenzung. In der Regel einschichtig. Flache Zellen, oft mit seitlichen Ausbuchtungen (Verzahnung, erhöhte mechanische Festigkeit). Wellige Antiklinalwände an den Ausbuchtungen mitunter gespalten (Spalträume mit Interzellularsubstanz, Pectaten, ausgefüllt). Keine Interzellularen, aber oft einfache Tüpfel.
Zellen mit dünnem Plasmaschlauch, großen Vakuolen, Zellsaft farblos oder gefärbt (oft Anthocyane). Chloroplasten fehlen (Ausnahmen: Schließzellen der Spaltöffnungsapparate, einige Schattenblätter, Blätter von Hygrophyten, submerse Wasserblätter), dafür meist Leukoplasten. Stets von dünner oder dickerer Kutikula überzogen (teilweise gefältelt oder anderweitig strukturiert), Sekundärwand häufig verdickt und kutinisiert (Herabsetzung des Gas- und Wasserumsatzes). Auch zusätzliche Wachsauflagerungen können vorkommen (erhöhter Transpirationsschutz). Mitunter auch Verholzung der Epidermiszellwände.
Wasserdampfabgabe und lebensnotwendiger Gasaustausch über **Spaltöffnungsapparate** regulierbar: Differenzierungen der luftexponierten Epidermis. Verschließbarer Spalt **(Porus)** von zwei in Aufsicht meist bohnenförmigen Zellen **(Schließzellen)** umgeben. Das System Schließzellen/Porus wird **Spaltöffnung (Stoma)** genannt.
Stomata oft von **Nebenzellen** umgeben (von den Epidermiszellen unterschiedene, funktionell mit den Schließzellen verbundene Zellen). Spaltöffnung und Nebenzellen bilden den Spaltöffnungsapparat. Mittlerer, engster Teil zwischen den Schließzellen: **Zentralspalt**. Erweitert sich nach außen zum **Vorhof**, nach innen zum **Hinterhof**, der in einen großen, direkt unter dem Spalt gelegenen **Interzellularraum** mündet (früher unkorrekt als innere »Atemhöhle« bezeichnet). Spaltöffnungen mitunter unter das

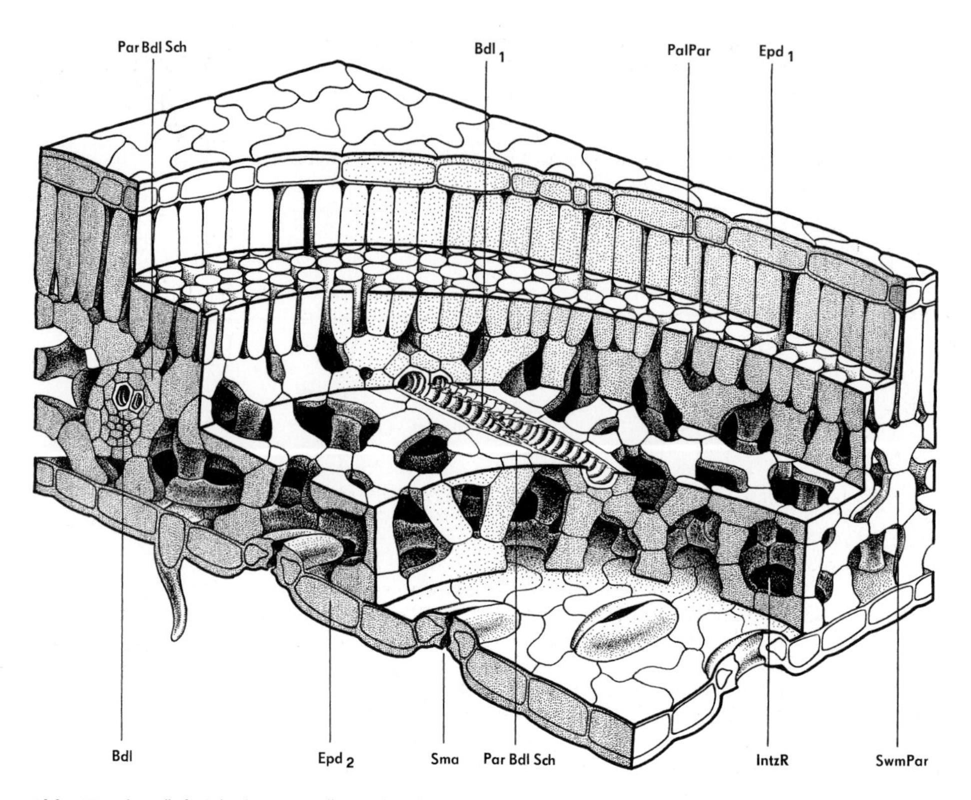

Abb. 65. Blatt (bifazial, dorsiventral). **Epd$_1$** obere Epidermis, **Epd$_2$** untere Epidermis, **Sma** Spaltöffnung (Stoma), **PalPar** Palisadenparenchym, **SwmPar** Schwammparenchym, **IntzR** umfangreiches Interzellularraumsystem im Schwammparenchym, **Bdl** Leitbündel mit interzellularenfreier Parenchymscheide (**ParBdlSch; Bdl$_1$** kleines, im Schwammparenchym blind endendes Leitbündel, nur aus wenigen Tracheiden bestehend).

Niveau der Epidermis eingesenkt. Schließzellen enthalten stets Chloroplasten, Zellwand ungleich verdickt (**Verdickungsleisten, Hautgelenke**). Verschiedener Bau der Schließzellen (unterschiedliche Bewegungsrichtung der Wände). Haupttypen:

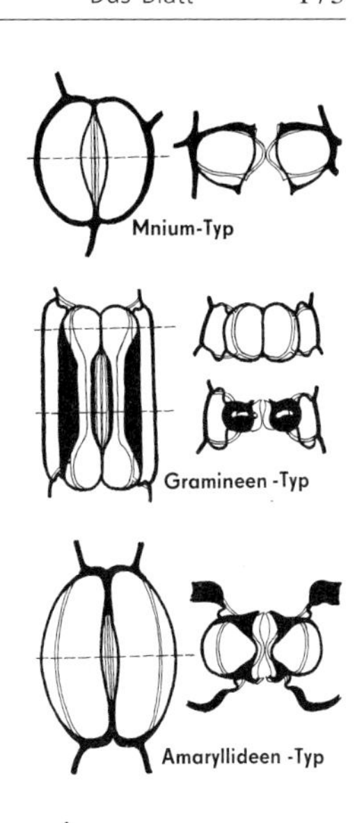

Mnium-Typ: Bauchwände dünn, Rücken-, Außen- und Innenwände verdickt oder unverdickt. Bewegung senkrecht zur Epidermisoberfläche.

Gramineen-(-Poaceen)-Typ: Hantelförmige Schließzellen; blasenförmige Enden dünnwandig, Verbindungsstück starr und dickwandig; passives Auseinanderweichen parallel zur Epidermisoberfläche.

Amaryllideen-Typ: Weit verbreitet, Zellen bohnenförmig, Verdickungsleisten an der Bauchwand, Rückwand dünn, Bewegung parallel zur Epidermisoberfläche.

Helleborus-Typ: Ähnlich Amaryllideentyp. Bewegung parallel und senkrecht zur Epidermisoberfläche.
Übergangsformen sind häufig.

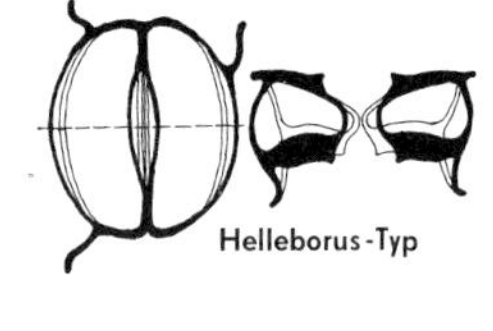

Andere Gliederungsprinzipien berücksichtigen z. B. die Genese der Stomata und die Zuordnung der Nebenzellen: Die Spaltöffnung bzw. der Spaltöffnungsapparat gehen

- entweder aus nur einer Protodermzelle hervor, als unmittelbarer Abkömmling (z. B. bei *Iris, Hyacinthus, Sambucus, Ruta*) bzw. erst nach mehreren Teilungen (z. B. bei Fabaceen, vielen Brassicaceen, Solanaceen)
- oder am Aufbau sind mehrere Protodermzellen beteiligt, wobei entweder nur die beiden seitlich angrenzenden (bei Gramineen) oder alle an die Schließzellmutterzelle grenzenden Zellen in die Nebenzellbildung einbezogen werden (z. B. *Commelina, Tradescantia, Ficus*).

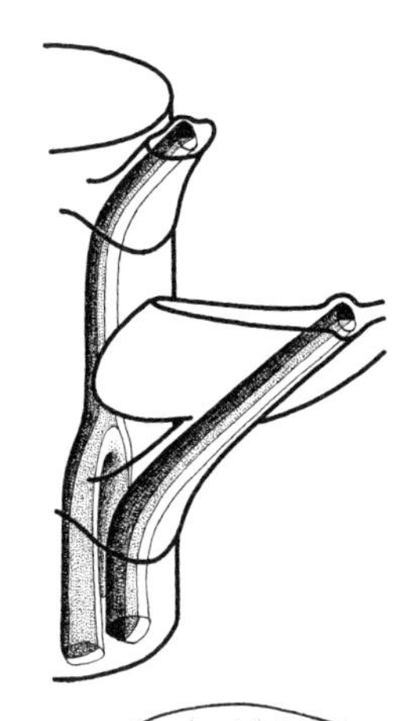

Blattypen nach der Verteilung der Stomata: Spaltöffnungen vorwiegend in der Epidermis der Blattunterseite (**hypostomatisch**), in der Epidermis beider Seiten (**amphistomatisch**) oder nur in der Blattoberseite (**epistomatisch**; bei Schwimmblättern).
Häufig epidermale Anhangsgebilde: **Haare (Trichome)** s. S. 80.
Beteiligung am Aufbau von **Emergenzen** (neben epidermalen auch subepidermale Zell-Lagen am Aufbau beteiligt: Stacheln, Drüsenzotten usw.).

2.1.1.2. Die Blattparenchyme (Mesophyll)

Obere und untere Epidermis umschließen das Photosyntheseparenchym (**Mesophyll**), das oft in Palisaden- und Schwammparenchym differenziert ist. Unter der Epidermis der Blattoberseite: **Palisadenparenchym** (chloroplastenreiches Photosyntheseparenchym, ein- oder mehrschichtig, interzellularenreich, Zellen senkrecht zur Oberfläche langgestreckt-zylindrisch), zwischen Palisadenparenchym und unterer Epidermis **Schwammparenchym** (chloroplastenärmer, unregelmäßig geformte Zellen mit armartigen Fortsätzen, von großem Interzellularraumsystem durchsetzt: Verbindung mit den großen stomatären Interzellularräumen, Transpiration! Gasaustausch!).

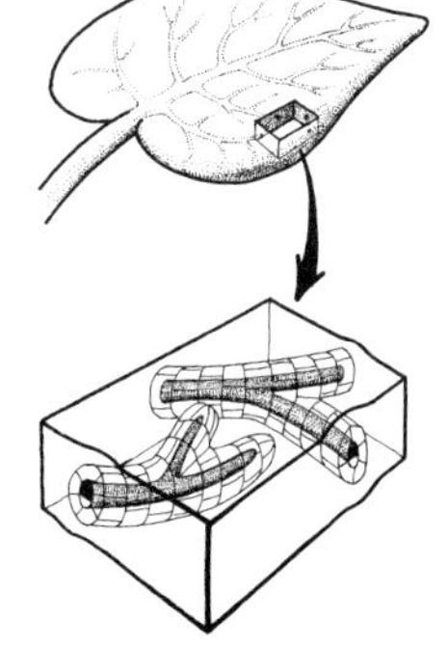

2.1.1.3. Leitbündel

Verlaufen oft an der Grenze der beiden Parenchyme, im oberen Teil des Schwammparenchyms.
Aufbau entspricht dem Leitbündelbau in der Sproßachse. Meist kollateral. Sproßbündel gehen ohne Drehung in Blattbündel über (vgl. dagegen Hypokotyl!): daher Xylem zur Blattoberseite, Phloem zur Blattunterseite

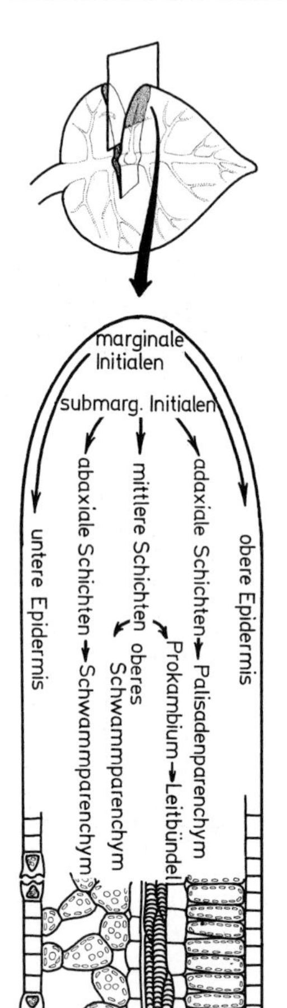

gerichtet. Leitbündel enden nach Reduktion blind im Mesophyll. Zuerst die immer enger werdenden Siebröhren, im Gefäßteil verbleiben nur noch Schraubentracheiden, bis auch diese blind enden (oft als Speichertracheiden). Leitbündel der Blätter lückenlos von interzellularenfreien, dünnwandigen, chlorophyllarmen Zellen umgeben (Parenchymscheiden). Leitbündel äußerlich als »Adern«, »Nerven« oder »Rippen« zu erkennen.

2.1.1.4. Festigungsgewebe

Sklerenchymstränge oft in Leitbündelnähe, zwischen den Bündeln und zur Verfestigung der Randbezirke. Teilweise subepidermale Kollenchymlagen.

2.1.2. Morphogenese und Histogenese des Laubblattes

Am Vegetationskegel werden exogen durch entsprechende Zellteilungen Höcker aus meristematischem Gewebe angelegt: Blattanlagen oder **Blattprimordien**.
Begrenztes Spitzenwachstum der Primordien. Spitzenmeristeme (akroplastes Wachstum) werden durch basal-interkalare Meristemzonen (basiplastes Wachstum) abgelöst. Trennung in einen sproßfernen vorderen, pfriemartigen Fortsatz **(Oberblatt)** und eine sproßnahe hintere, wulstige Basis **(Unterblatt)**. Aus dem Oberblatt entsteht durch Breitenwachstum randständiger Initialzellen die **Blattspreite**, aus dem Unterblatt der **Blattgrund** und die Nebenblätter. Der **Blattstiel** wird vom Oberblatt oder Unterblatt gebildet, meist durch interkalares Wachstum basaler Teile des Oberblattes.
Gewebe der Laubblattspreite entstehen aus randständigen **(marginalen) Initialen** (diese bilden obere und untere Epidermis) und **submarginalen Initialen**. Aus den submarginalen entwickeln sich **adaxiale**, **mittlere** und untere **abaxiale Derivate**. Die adaxialen Abkömmlinge werden zu Palisadenparenchym, die mittleren zu Gefäßbündeln und mittlerem Schwammparenchym und die abaxialen zu unterem Schwammparenchym (s. Schema am Rand). Mannigfache Abwandlungen.
Andere Ansichten gehen davon aus, daß das Spreitenwachstum nicht vom Rand aus erfolgt, sondern von der Mittelrippe nach außen fortschreitet.

2.1.3. Blatt-Typen (aus anatomischer Sicht)

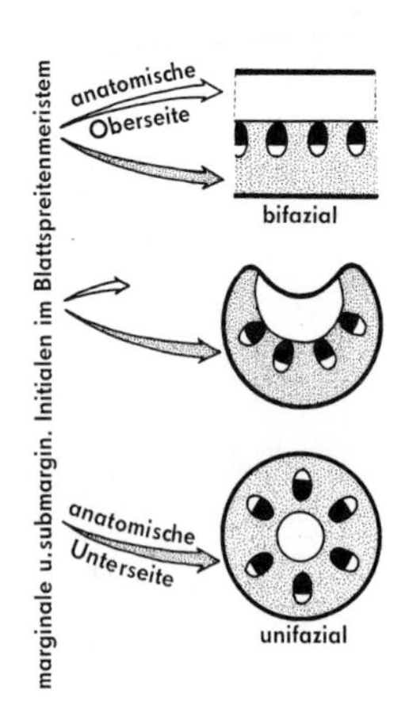

2.1.3.1. Gruppierung nach Herkunft und Anordnung der Gewebe

Bifaziale Blätter: Ober- und Unterseite gehen aus beiden entsprechenden Seiten der Primordien hervor. Ausbildung **dorsiventral** (häufig morphologische und anatomische Blattober- und -unterseite unterschiedlich: dorsal bzw. adaxial Palisadenparenchym, ventral bzw. abaxial Schwammparenchym) oder **äquifazial** (Palisadenparenchym dorsal und ventral, dazwischen Schwammparenchym, so daß sich morphologische und anatomische Ober- und Unterseite gleichen).

Unifaziale Blätter: Ober- und Unterseite des Blattes nur aus einer Seite (der Unterseite) des Primordiums hervorgehend (Monokotylenblätter: Rundblätter von *Allium*- und *Juncus*-Arten, Flachblatt von *Iris*). Erkennungsmerkmal: Leitbündel im Blattquerschnitt im Bogen oder als Ring angeordnet. Phloem nach außen weisend. Äußerlich mitunter sproßachsenähnlich. Auch hier dorsiventrale oder äquifaziale Ausbildung möglich.

2.1.3.2. Gruppierung nach ökologisch bedingter Ausbildung der Gewebe

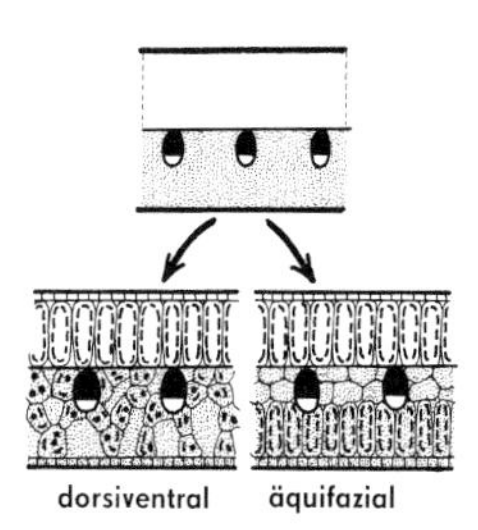

Den funktionellen Forderungen entsprechen Förderung oder Hemmungen der anatomischen Bildungen:
Extremer Lichteinfluß verursacht sog. Sonnen- oder Schattenblätter; extremes Feuchtigkeitsangebot Hygromorphie oder Xeromorphie; bei mittlerem Angebot an Licht und Feuchtigkeit Mesomorphie.

Sonnenblätter: Palisadenparenchym mehrschichtig, kleinzellig, Interzellularraum-Anteil im Schwammparenchym relativ gering. Oft verbunden mit **Xeromorphie** (Anpassung an physiologisch trockene Standorte): viel Sklerenchym; dicke Epidermiswände (dicke Kutikula oder kutinisierte Schichten, Wachsüberzüge); Einsenkung der zahlreichen Spaltöffnungen; Verschluß des substomatären Interzelluarraums mit Wachs; starker Besatz mit toten Haaren.

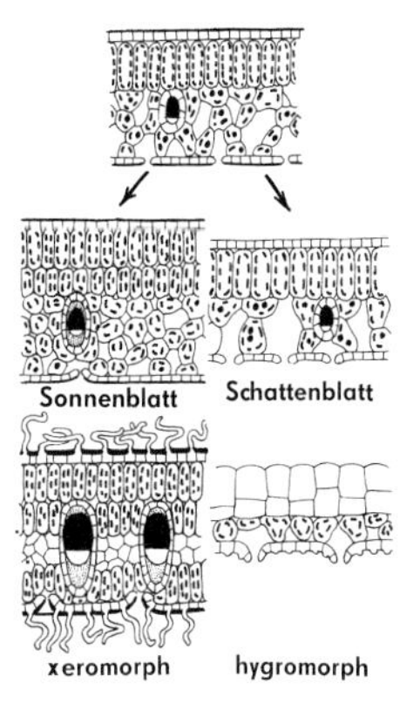

Schattenblätter: Reduktion des Palisadenparenchyms. Wenige Zellschichten, große Zellen, weiträumiges Interzellularsystem im Schwamm- und Palisadenparenchym. Palisadenzellen kegelförmig. Reduzierte Wasserleitungsbahnen.
Oft verbunden mit **Hygromorphie** (Anpassung an immerfeuchte Standorte): Große, dünnwandige, oft Chloroplasten führende Epidermiszellen (dünne Kutikula); Spaltöffnungen teilweise über das Niveau der Epidermis emporgehoben; aktive Wasserausscheidung zusätzlich durch entsprechende Drüsen.

Vielfältige Abwandlungen (z. B. Wegfall des Schwammparenchyms oder des Palisadenparenchyms; Inversion: Palisaden in der Blattunterseite).

2.2. Coniferenblatt

Xeromorphe Nadelblätter zeigen im Bau manche Ähnlichkeiten mit Achsen. Zentrale Leitbündel von sog. **Transfusionsgewebe** umgeben (teils tracheidales, teils parenchymatisches Gewebe; Vermittler im Stoffaustausch mit dem Mesophyll). Von dem allseitig außen angrenzenden Mesophyll durch **Endodermis** oder Parenchymscheide getrennt. Mesophyll einheitlich (teilweise mit leistenartigen Wandvorsprüngen: **Armpalisaden**) oder in Palisaden- und Schwammparenchym getrennt. Nach außen Abschluß durch Hypodermis und Epidermis.

2. Das Blatt – Praktischer Teil –

2.1. Angiospermenblatt

2.1.1. Elemente der Laubblattspreite

2.1.1.1. Epidermis und ihre Derivate

Beobachtungsziel: Ausdifferenzierte Epidermis des Blattes einer dikotylen Pflanze. Aufsicht

Objekt: *Impatiens parviflora* (Balsaminaceae), Kleines Springkraut. Ausdifferenziertes Blatt.

Präparation: Blattstückchen eines ausdifferenzierten Blattes (Frisch- oder Alkoholmaterial, Reg. 46 u. 3) mit Karminessigsäure färben (Reg. 73) und dann mit der Blattunterseite nach oben in Gemisch aus Glycerol-Wasser und Chloralhydrat 1:1 einbetten (Reg. 53 u. 17).

Weitere Präparationsmöglichkeiten: Kernfärbungen (Reg. 74) und Herstellung von Dauerpräparaten (Reg. 21).
Ein junges Blatt von 4–5 mm Länge, wie oben angegeben, präparieren.

Beobachtungen (Abb. 66A): Die Epidermiszellen **(Epd)** sind durch zahlreiche und weitläufige Ausbuchtungen innig miteinander verzahnt. Der Umriß der Zellen ist oft so unregelmäßig, daß er nur nach genauer Beobachtung erfaßt werden kann (unterschiedliche Wachstumsaktivität bestimmter Zellwandpartien während der Blattentwicklung! Oberflächenvergrößerung, erhöhte mechanische Festigkeit). Im Unterschied zu den Epidermiszellen über den Interkostalfeldern (Bereiche zwischen den »Blattnerven«) fehlen den prosenchymatisch gestreckten Zellen, die über den Leitbündeln liegen, die Ausbuchtungen. Die durch die Karminessigsäure rot gefärbten spindelförmigen Zellkerne **(Nkl)** besitzen zum Teil lang ausgezogene Spitzen. Sie erstrecken sich – oft von Ausbuchtung zu Ausbuchtung gespannt – durch das Zell-Lumen oder schmiegen sich einer Ausbuchtung dicht an. In jedem Zellkern treten mehrere Nukleoli deutlich hervor. Das Zytoplasma bildet in den Zellen nur einen dünnen Wandbelag. Wenige zarte Plasmastränge, oft von den Enden der Zellkerne ausgehend, durchziehen das Vakuom. Neben den Schließzellen des Spaltöffnungsapparates enthalten auch alle übrigen Epidermiszellen einzelne Chloroplasten im dünnen Zytoplasmafilm gleichmäßig verteilt **(Chlpl)**. Chloroplasten in den Epidermiszellen weisen auf die Hygrophytennatur einer Pflanze hin!

Weitere Beobachtungen: Bei starker Vergrößerung auf die Basis der Blattspreite eines jungen Blattes einstellen. Bei den meisten dikotylen Pflanzen erfolgt das Längenwachstum der Blattspreite basal-interkalar. Daher sind in dieser Zone die jeweils jüngsten Entwicklungsstadien der Gewebe zu finden. Die embryonalen Epidermiszellen sind noch um ein vielfaches kleiner als die ausdifferenzierten Zellen. Sie grenzen mit glatten Wänden aneinander, wobei drei- bis fünfeckige und unregelmäßig sechseckige Formen vorherrschen. Die großen Zellkerne füllen in den jüngsten Zellen fast das ganze Lumen aus. Ab und zu kann man in den interkalaren Wachstumszonen Kernteilungsstadien (Mitosen) finden. Neben dem Zellkern befindet sich in den Zellen noch reichlich Zytoplasma. Nach der Blattspitze zu werden die Zellen größer, und die anfangs glatten Wände buchten sich immer stärker aus. Im zuerst dichten Zytoplasma werden Vakuolen sichtbar. Anfangs entstehen mehrere kleine, die zu immer größeren verschmelzen, bis schließlich eine große Vakuole das gesamte Zell-Lumen ausfüllt und das Zytoplasma nur noch als dünner Belag die Zellwände auskleidet und mit wenigen zarten Plasmasträngen das Zell-Lumen durchzieht.

Aufbau des bifazial-dorsiventralen hygromorphen Blattes, Idioblasten mit Raphidenbündeln, Entwicklungsstadien des Schwammparenchyms (vgl. S. 194ff.). Gefäßbündel mit Parenchymscheiden, fadenförmige Zellkerne in den Zellen der Parenchymscheiden. Entwicklungsstadien der Stomata, Epithemhydathoden in den Blattzähnchen.

Weitere Objekte:

Einheimische und kultivierte *Impatiens*-Arten, wie z. B. *Impatiens noli-tangere,* Echtes Springkraut, *I. balsamina,* Garten-Balsamine, und die beliebte Topfpflanze *I. wallerana,* Fleißiges Lieschen. Transparentpräparate herstellen.

Cyclamen persicum (Primulaceae), Alpenveilchen
Epidermis der Blattunterseite läßt sich sehr leicht abziehen und in Wasser eingebettet beobachten. Zellwände an den Ausbuchtungen oft verstärkt. Auffallende Fältelung der Kutikula (vgl. S. 67).

Primula praenitens oder *P. obconica* (Primulaceae), Primel
Blattstücke können mit Chloralhydrat sehr leicht transparent gemacht und wie Blattstücke von *Impatiens* präpariert werden. Auch an der Epidermis der Blattunterseite viele Drüsenhaare, Fältelung der Kutikula.

Fagus sylvatica (Fagaceae), Rot-Buche
Blattstücke wie bei *Impatiens* angegeben im ganzen präparieren (s. S. 202).

B

Beobachtungsziel: Kurzzellenepidermis des Poaceenblattes

Objekt: *Zea mays* (Poaceae), Getreide-Mais. Junge Blätter.

Präparation: Kleine Stückchen (ca. 3 × 5 mm) von einem jungen Blatt aufhellen (Reg. 9, 27 u. 17) und nach Reg. 47 Präparat herstellen. Blattoberseite nach oben! Flächenschnitte (Reg. 43) lassen sich ebenso präparieren und liefern mitunter bessere Bilder.
Besonders gut eignen sich die basalen Blattabschnitte, die noch nicht oder nur schwach ergrünt sind.

Weitere Präparationsmöglichkeiten: Färbung, besonders bei Flächenschnitten, mit Hämalaun nach Mayer (Reg. 55), Safranin (Reg. 105) oder Karminessigsäure (Reg. 73).

Beobachtungen (Abb. 66B): Bei schwacher Vergrößerung fällt die Anordnung der Epidermiszellen in parallelen Längsreihen auf. Darüber hinaus herrscht eine bestimmte Ordnung in der Reihenfolge der einzelnen Zelltypen innerhalb einer Längsreihe. Die Kurzzellenepidermis eines Grasblattes bietet daher einen grundsätzlich anderen Anblick als die Epidermis des Laubblattes einer dikotylen Pflanze (S. 176). Von der Blattoberfläche heben sich einzelne sehr große, einfache Trichome deutlich ab. Die Haare folgen in größeren Abständen ebenfalls in Längsreihen aufeinander. Man kann sie mit bloßem Auge auf der Blattspreite gut erkennen. Die schlanken einzelligen Haare stecken mit dem sockelartig erweiterten Fuß zwischen den umgebenden großen Epidermiszellen (Blasenzellen, S. 207ff.) und laufen aus dem etwas keulenförmig erweiterten Grund allmählich spitz zu.
Die einzelnen Zellreihen setzen sich aus Langzellen und Kurzzellen, Langzellen und Stomata, Langzellen und verschiedenartigen Trichomen oder nur aus Langzellen zusammen. Mit den anderen Zelltypen wechseln die Langzellen in mehr oder weniger regelmäßigen Abständen. Details der einzelnen Zelltypen vermittelt das Beobachten bei stärkerer Vergrößerung: Den Hauptteil der Epidermis bilden die Langzellen – rechteckige, in der Organlängsrichtung gestreckte Zellen **(Epd)**. Die Längswände sind eng gefältelt. Dadurch entsteht hohe mechanische Festigkeit des Zellverbandes. In den Längsreihen, die mit den vorher beschriebenen großen Trichomen besetzt sind, haben die Epidermiszellen meist sechseckige Form und sind mit fast glatten Zellwänden versehen. Die Kutikula weist im Unterschied zu den anderen Zellen deutliche Längsfalten auf.
Wenn in einer Reihe zwei Langzellen aneinandergrenzen, so stoßen sie senkrecht oder mit abgeschrägten Stirnwänden zusammen. Schließen sie eine andere Zelle zwischen sich ein, so nehmen die Stirnwände entsprechende Form an.

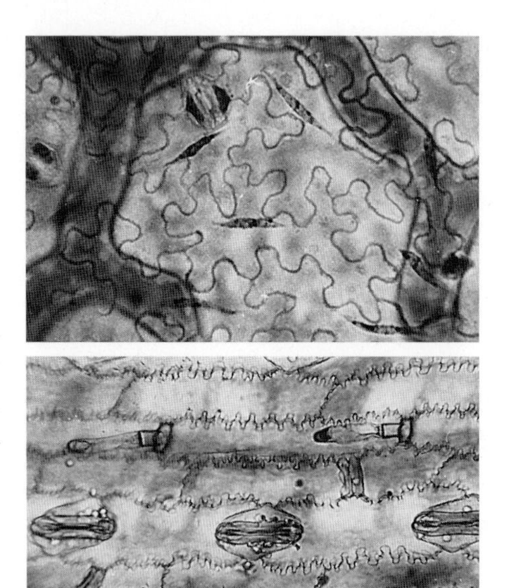

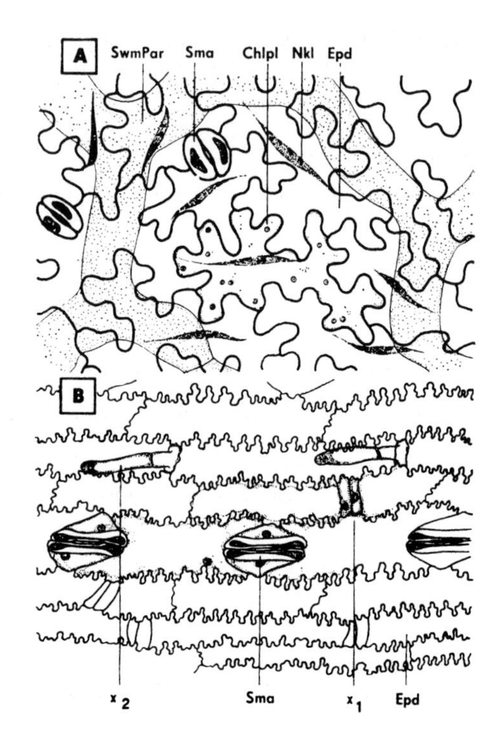

Abb. 66. A: *Impatiens parviflora*. Epidermis in der Aufsicht. Epidermiszellen mit unregelmäßig ausgebuchteten Zellwänden **Epd**, spindelförmige Zellkerne **Nkl** mit Nukleoli, Spaltöffnung **Sma**; unter der Epidermis sind die schlauchförmigen Zellen des Schwammparenchyms zu erkennen **SwmPar**. Chloroplasten **Chlpl**. **B**: *Zea mays* Kurzzellenepidermis in der Aufsicht. Epidermislangzellen mit stark gefältelten Längswänden **Epd**, Kurzzellen, oft in Paaren $\mathbf{x_1}$, Trichom mit Fußzelle und papillenförmiger Endzelle, die in der Spitze reichlich Zytoplasma enthält $\mathbf{x_2}$. Spaltöffnungen vom Gramineentyp **Sma** in einer Reihe angeordnet. A 400 : 1, B 250 : 1.

Die Stomata vom Gramineentyp sind im Präparat gut zu beobachten, sollen aber an anderer Stelle ausführlich behandelt werden (S. 189f.). Es sei hier nur auf häufig auftretende Anomalien verwiesen (Spaltöffnung mit nur einer oder mit drei Nebenzellen, zwei Spaltöffnungen zwischen nur zwei Nebenzellen usw.). Die Reihenfolge »Langzelle-Spaltöffnung-Langzelle« wird meist auf größere Strecken regelmäßig eingehalten. Die Kurzzellen treten bei Betrachtung mit schwacher Vergrößerung kaum in Erscheinung. Erst stärkere Objektive zeigen sie als selbständige schmale Zellen zwischen den Langzellen. Meist nehmen sie nicht einmal die gesamte Breite dieser Zellen ein, so daß sich die Langzellen an der Stirnseite verschmälern. Obwohl die Einzahl überwiegt, können die Kurzzellen auch paarweise auftreten ($\mathbf{x_1}$). Bei einzelnen Zellreihen entwickeln sich aus ihnen kleine, keulenförmige Haare. In diesem Falle ragt die eigentliche Kurzzelle etwas über die Epidermisoberfläche empor und knickt dann scharf um. An dem kurzen, knieförmig umgebogenen Ende sitzt noch eine längliche, keulen- oder papillenförmige Zelle, bei der das Zytoplasma hauptsächlich in der Spitzenregion lokalisiert ist ($\mathbf{x_2}$).
Besonders zu beiden Seiten der Zellreihen, die mit den langen Trichomen besetzt sind, liegen Kurzzellen in Form widerhakenartig gestalteter Haare. Im Gegensatz zu den papillösen Haaren sind sie nur einzellig und scharf zugespitzt. Sie biegen ebenfalls an der Epidermisoberfläche in der gleichen Richtung scharf um. Wie die übrigen Epidermiszellen, so enthalten auch sie nur sehr wenig Zytoplasma. Alle diese Verhältnisse lassen sich im Längsschnitt gut beobachten (S. 209f., Abb. 80).

Weitere Beobachtungen: Noch nicht völlig ausdifferenzierte und gut aufgehellte Blätter zeigen sehr gut die Entwicklungsstadien der Leitbündel (Ausbildung der typischen Wandversteifungen bei den Tracheen und Tracheiden); Leitbündel mit Leitbündelscheiden (S. 209 f.); Anastomosen; Stomata vom Gramineentyp (S. 189).

Weitere Objekte:

Viele Poaceen und Cyperaceen haben Kurzzellenepidermen. Präparation wie oben angegeben.

Beobachtungsziel: Xeromorphe Epidermis mit Kutikula und kutinisierten Schichten im Querschnitt

B

Objekt: *Clivia nobilis* (Amaryllidaceae), Riemenblatt. Ältere Blätter.

Präparation: a) Von Alkoholmaterial Querschnitte anfertigen (Reg. 14), mit Safranin (Reg. 105) bzw. Sudan III (Reg. 116) färben und entsprechend präparieren (Reg. 47 bzw. 51).
b) Auch von Frischmaterial Präparate von ungefärbten Schnitten anfertigen (Reg. 46).
c) Querschnitte von Alkoholmaterial in konzentrierte Schwefelsäure einlegen und sofort beobachten.

Weitere Präparationsmöglichkeiten: Kutinreaktion: a) Querschnitte mit 1 mol/l Kalilauge behandeln. Kutin färbt sich gelb.
b) Querschnitte mit Chlorzinkiodlösung behandeln (Reg. 20), Kutin färbt sich gelb bis gelbbraun.

Beobachtungen (Abb. 67): Die Epidermiszellen sind im Querschnitt rechteckig. Die innere Wand ist abgerundet, die äußere Wand auffallend verstärkt. Wenige, aber relativ große Tüpfel **(Tpf)** durchsetzen die antiklinen Zellwände. Bei den gefärbten Präparaten ist die Außenwand fast in ihrer halben Stärke rot bzw. orange gefärbt. Die Färbung mit dem Fettfarbstoff Sudan III weist auf die Einlagerung lipophiler Substanzen hin (Kutin, Wachs). Eine dünne Lage von Kutin – die Kutikula **(Kut)** - bedeckt als homogene Schicht die Oberfläche der Epidermis. Bei guten Präparaten kann sie intensiver als die darunterliegende Zellwandzone gefärbt sein. Mitunter ist sie nur schwer zu erkennen. An manchen Stellen hebt sie sich jedoch von der unteren Schicht ab und ist dann deutlich sichtbar. Während die Kutikula keine Cellulose enthält, sind in dem darunterliegenden Teil der Zellwand beide Substanzen nachweisbar. Meist nimmt der Kutingehalt nach innen zu ab. Diese kutinhaltigen Celluloseschichten bezeichnet man als »Kutikularschichten« oder »kutinisierte Schichten« **(Kut_1)**. Sie dringen bei den antiklinen Zellwänden entlang der Mittellamelle ein Stück nach innen und bilden ein sogenanntes »Leistennetz« **(Kut_2)**. Im Querschnitt erscheinen die Leisten wie spitze, nach unten gerichtete Zähne. Die Kutikularleisten dringen bei manchen Zellen bis zur Hypodermis vor **(Hpd)**.
Auf die Kutikularschichten folgt der Hauptanteil der Zellwand, der vorwiegend aus Cellulose besteht. Die kutinfreie Cellulosewand **(sekZwd)** ist deutlich geschichtet und in jeder Zelle an der Innenseite wie ein Torbogen gewölbt. Dadurch erscheint das Zell-Lumen im Querschnitt rund bis oval.

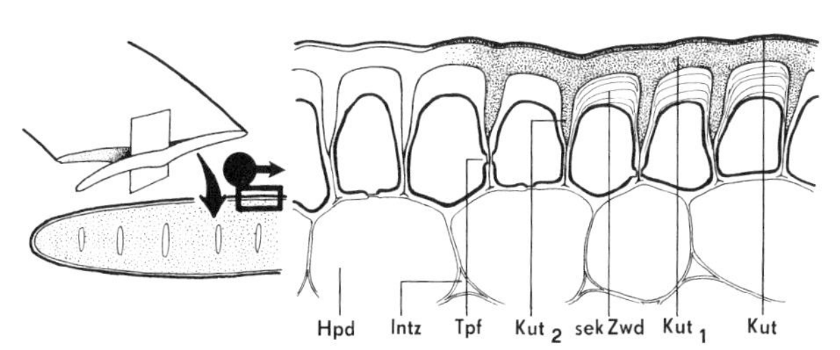

Abb. 67. *Clivia nobilis.* Xeromorphe Epidermis. Unter der Kutikula **Kut** die mächtigen kutinisierten Schichten **Kut_1**. Die Kutikularleisten **Kut_2** reichen fast bis an die Hypodermis **Hpd**. Tüpfel **Tpf**, Interzellularen **Intz.**, sekundäre Zellwand **sekZwd**. 250 : 1.

Sehr einfach und überzeugend läßt sich Kutin mit konzentrierter Schwefelsäure nachweisen. Legt man Querschnitte von Alkoholmaterial oder Frischmaterial in die Säure, so lösen sich allmählich alle Zellbestandteile auf, und nur das Kutin und die Kutikularschichten bleiben erhalten. Im Präparat ist dann nur noch das gezähnte Band der Kutikularschichten mit der Kutikula zu sehen.

Weitere Objekte:

Aloe spec. (Liliaceae), Aloe
Epidermisaußenwände der Blätter mit Kutikula, Kutikularschichten (mitunter alternieren kutinhaltige mit kutinfreien Schichten) und lamellierter Cellulosewand.

Allium cepa (Liliaceae), Küchen-Zwiebel
Epidermiszellen des Blattes mit starken Celluloseaußenwänden, die von deutlicher Kutikula bedeckt sind. Kutikularschichten mit nach außen zunehmendem Kutinanteil.

Ilex aquifolium (Aquifoliaceae), Stechpalme
Die Epidermiszellen vom Mittelnerv der Blattunterseite besitzen eine sehr starke, gestreifte Kutikularschicht, deren Leistennetz in Form von Grenzlamellen bis an die Hypodermis reicht.

Pinus nigra (Pinaceae), Schwarz-Kiefer, *P. sylvestris* Gemeine Kiefer
An den Nadeln sind die Wände der Epidermiszellen so verdickt, daß das Zell-Lumen fast verschwunden ist. Außenwände mit Kutikula, Kutikularschicht und Cellulosewand (S. 213f.).

Cycas revoluta (Cycadaceae), »Palmfarn«
Die Epidermiszellen der Blattfiedern besitzen Cellulosewände, die außen von einer starken Kutikula bedeckt sind. Keine Kutikularschichten! Von der Kutikula reichen Grenzstreifen bis zur Hypodermis. Die Außenwände der Epidermiszellen sind getüpfelt!

Beobachtungsziel: Verschiedenartige Trichome

Objekte: Werden einzeln unter dem Abschnitt »Beobachtungen« aufgeführt.

Präparation: Von Frisch- oder Alkoholmaterial eines geeigneten Pflanzenorgans Flächenschnitte (Reg. 43) und Querschnitte (Reg. 14 u. 114) anfertigen und nach Reg. 47 präparieren. Die Querschnitte müssen so geführt sein, daß der Fußteil des Haares bzw. die Fußzelle bei mehrzelligen Haaren vollständig zu sehen ist. Störende Luft in den Haaren läßt sich durch Infiltrieren (Reg. 64) oder durch Auftropfen von etwas Ethanol, eventuell unter schwachem Erwärmen, vertreiben. Die Trichome sind vorwiegend an den Blättern (hauptsächlich Blattunterseite) zu finden. Mitunter liefern auch die Querschnitte von Blattstielen und Sproßachsen gute Präparate.

Beobachtungen (Abb. 68): *Papaver rhoeas* (Papaveraceae), Klatsch-Mohn. Blatt, Blütenstiel.
Abb. 68 A, B. Mehrzellige, borstenförmige Haare an Blättern und Blütenstielen. Die Zellen bilden eine feste Achse, von der die Zellspitzen etwas abbiegen.
Oxalis acetosella (Oxalidaceae), Wald-Sauerklee. Blattrand, längshalbierter Blattstiel.
Abb. 68C. Einzellige, pfriemenförmige Haare, die wegen vieler kleiner Höcker auf der Außenwand »Feilenhaare« genannt werden. Die Haare sitzen mit dem Fußteil in der Epidermis und ragen mit dem Haarkörper über die Oberfläche der Epidermis empor. Rings um den Fuß des Haares können die Epidermiszellen rosettenförmig angeordnet sein. Man bezeichnet sie in solchen Fällen als Nebenzellen.
Avena sativa (Poaceae), Saat-Hafer. Blatt.
Abb. 68 D. Auf der Blattspreite einzellige sehr große und kleine widerhakenförmig abgewinkelte Haare. Daneben zweizellige Drüsenhaare (S. 177f.). Die Haare sitzen in der Epidermis über dem Leitbündel und sind besonders gut in Längsschnitten zu sehen, die Blattnerven trafen.
Verbascum spec. (Scrophulariaceae), Königskerze. Blattquerschnitt.

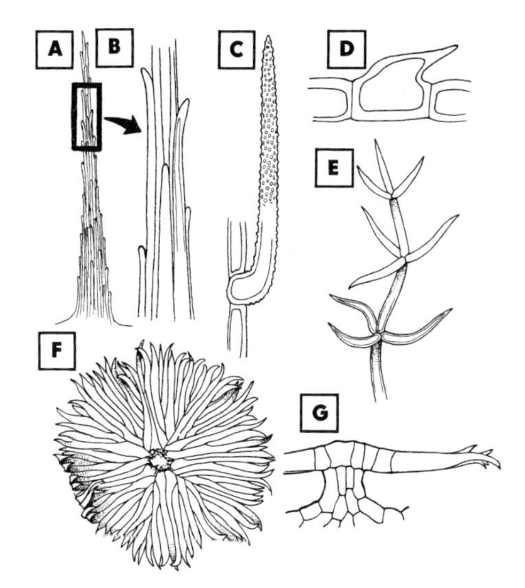

Abb. 68. Trichome. **A**: *Papaver rhoeas.* Borstenhaar, Zellenden etwas zurückgebogen (**B**). **C**: *Oxalis acetosella.* Pfriemförmiges Feilenhaar. **D**: *Avena sativa.* Widerhakenförmiges Haar. **E**: *Verbascum* spec. Mehrzelliges Flockenhaar. Jede Abzweigung besteht aus einer Zelle. **F**: *Elaeagnus angustifolia.* Vielzelliges Schuppenhaar in der Aufsicht, bei **G** in der Seitenansicht. Die flache, sternförmige Zellscheibe sitzt auf einem vielzelligen Stiel. A 20 : 1, B 120 : 1, C 100 : 1, D 220 : 1, E 30 : 1, F 85 : 1, G 110 : 1.

Abb. 68 E. Mehrzellige Etagen- oder Flockenhaare (gegliederte Haare). Die Haare sind bäumchenartig verzweigt, wobei jeder »Zweig« aus einer Zelle besteht. Da die Haare in ihrem Innern Luft enthalten, erscheinen sie in der Masse als weißer Filz (Transpirationsschutz!).

Elaeagnus angustifolia (Elaeagnaceae), Schmalblättrige Ölweide. Blatt.

Abb. 68 F, G. Flächenschnitt oder Schabepräparat und Blattquerschnitt. An der Blattunterseite erkennt man schon mit der Lupe weiße, am Rand leicht ausgefranste Scheibchen. Diese »Schuppenhaare« bestehen aus radial angeordneten Zellen, die fast bis zu den Enden miteinander verwachsen sind. Diese flache, sternförmige Zellscheibe sitzt auf einem mehrzeiligen Stiel, der als Emergenz (S. 173, 186) zu bezeichnen ist, da er aus hypodermalen Zellen und der Epidermis aufgebaut ist.

Weitere Objekte:

Primula obconica (Primulaceae), Primel
Mehrzellige Drüsenhaare (Köpfchenhaare), häufig mit Exkrettropfen auf der Köpfchenzelle (S. 182).

Symphytum officinale (Boraginaceae), Gemeiner Beinwell
Feilenhaare wie bei *Oxalis acetosella* an Blättern, Blattstielen und Sproßachse.

Cheiranthus cheiri (Brassicaceae), Gold-Lack
An Blättern und Stengeln spieß- oder wetzsteinförmige Haare. Die zugespitzten, mit kleinen Höckern versehenen Zellen sind in Organlängsrichtung gestreckt und sitzen auf runden Fußzellen.

Matthiola incana (Brassicaceae), Garten-Levkoje
Flächenschnitte von Blättern und Sproßachsen. Einzellige verzweigte Filzhaare. Die Verzweigungen liegen alle in einer Ebene, so daß die Haare in der Aufsicht sternähnlich aussehen.

Urtica dioica, U. urens (Urticaceae), Große und Kleine Brennessel
An Blättern und Sproßachsen einzellige Brennhaare (S. 184ff.).

Rosa spec. (Rosaceae), Rose
Blattstücke aufhellen. Einfache, glattwandige Trichome mit stark verdickter Zellwand.

Humulus lupulus (Cannabinaceae), Gemeiner Hopfen
Sproßachse mit zweiarmigen Klimmhaaren besetzt.

Salvia spec. (Lamiaceae), Salbei
Sproßachse und Blätter dicht mit einfachen, mehrzelligen Haaren besetzt. In den Zellen ist die Plasmazirkulation gut zu beobachten.

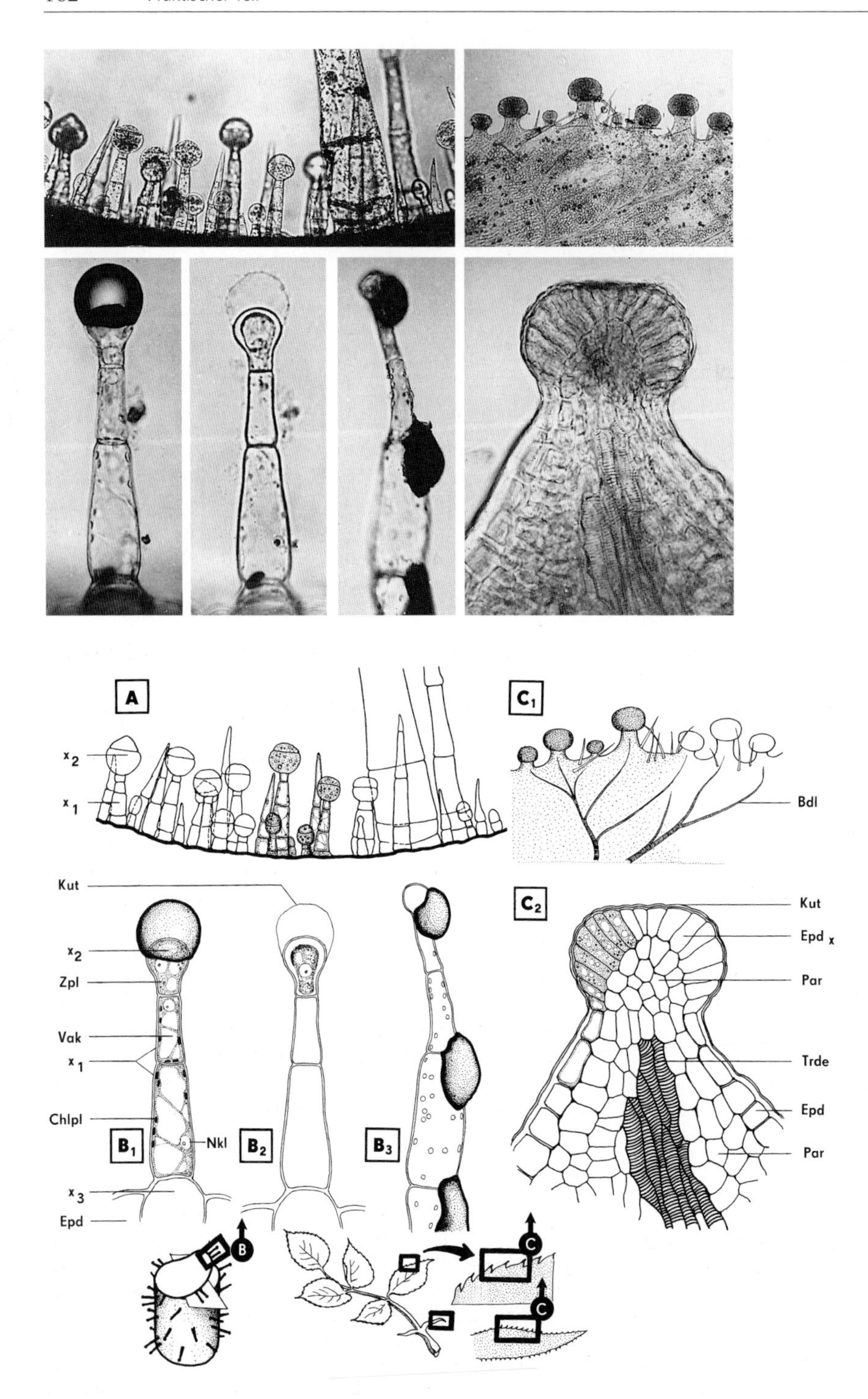
A
x_2
x_1
C_1
Bdl
Kut
x_2
Zpl
Vak
x_1
Chlpl
B_1
Nkl
B_2
B_3
x_3
Epd
C_2
Kut
Epd x
Par
Trde
Epd
Par
B
C
C

Cucurbita pepo (Cucurbitaceae), Garten-Kürbis
An Sproßachsen und Blattstielen große, mehrzellige Haare. In den Zellen deutliche Plasmazirkulation (S. 50f).

Hippophae rhamnoides (Elaeagnaceae), Gemeiner Sanddorn
Wie bei *Elaeagnus* ist die Unterseite der Blätter dicht mit Schuppenhaaren besetzt.

Wenn kein Wert auf den lebenden Zellinhalt der Trichome gelegt wird, lassen sich von Teemischungen stets lohnende Präparate gewinnen. Es gibt nur wenige Familien und Arten unter den höheren Pflanzen, die keine Trichome besitzen. Die oben angeführten Objekte sind nur Beispiele für deren große Mannigfaltigkeit.

Beobachtungsziel: Epidermale Drüsenhaare (Köpfchenhaare); Exkretproduktion

Objekt: *Primula obconica* (Primulaceae), Primel. Frische Blatt- oder Blütenstiele.

Präparation: Querschnitte von Blatt- oder Blütenstiel (besser geeignet) anfertigen, in Wasser übertragen und mit Deckglas abdecken. Nicht allzu dünn schneiden, damit genügend unverletzte Drüsenhaare vorliegen. Blattstiel mit den Fingern nicht zu knapp unter der Schnittstelle festhalten! Stiele vorher einige Zeit in Wasser stellen, damit zwischen den Haaren hängende Luftblasen verschwinden. Nach Beobachtung der lebenden Drüsenhaare allmählich unter gleichzeitigem Beobachten das Wasser durch 96%iges Ethanol verdrängen, dann Glycerol-Wasser zusetzen (Reg. 44).

Beobachtungen (Abb. 69 B_1und B_2): Schwache Vergrößerung einstellen. Die Epidermiszellen sind kleiner als die Rindenparenchymzellen, mitunter ist der Zellsaft durch Anthocyan purpurfarben. Zahlreiche Epidermiszellen sind zu Drüsenhaaren entwickelt, die radial vom Querschnitt weg nach außen zeigen. Die Drüsenhaare gliedern sich in Fußzelle **(x_3)**, mehrere Stielzellen **(x_1)** (meist 3-7) und eine Köpfchenzelle **(x_2)**. Bei stärkerer Vergrößerung Trichom beobachten, dessen Köpfchenzelle stärker lichtbrechend und relativ groß erscheint. Die Fußzelle unterscheidet sich nur wenig von den übrigen Epidermiszellen. Bei großen Drüsenhaaren ist sie größer als die Nachbarzellen und etwas über die Organoberfläche erhoben. Im Unterschied zu anderen Epidermisaußenwänden ist die Wand zwischen der Fußzelle und der ersten Stielzelle dünner. Die Stielzellen erscheinen im optischen Schnitt länglich rechteckig, zur Köpfchenzelle zu kleiner werdend und schwach konisch verjüngt. Die dünne periphere Plasmaschicht **(Zpl)** zirkuliert lebhaft. Sie enthält einzelne kleine Chloroplasten **(Chlpl)**. Auch hier kann der Zellsaft durch Anthocyan purpurfarben sein. Nukleus mit deutlichem Nukleolus. Die Stielzellen sind verschieden groß, meist zwei- bis dreimal so lang wie breit. Kleine, fünfzellige Köpfchenhaare sind mitunter nicht größer als eine Stielzelle eines großen Drüsenhaares. Die Köpfchenzelle ist ungefähr so lang wie die letzte Stielzelle oder etwas länger, schwach birnenförmig gewölbt und plasmareich mit großem Zellkern, Das in der Köpfchenzelle produzierte Exkret wird durch die Cellulose-

Abb. 69. Drüsenhaare und Emergenzen. **A**: *Cucurbita pepo.* Flächenschnitt vom Blattstiel, Epidermis dicht mit Drüsenhaaren und einfachen mehrzelligen Trichomen besetzt. Köpfchenhaare mit zweizelligem Köpfchen $\mathbf{x_2}$ und mehreren Stielzellen $\mathbf{x_1}$. $\mathbf{B_1}$: *Primula obconica.* Lebendes Drüsenhaar vom Blattstiel. Auf der Köpfchenzelle $\mathbf{x_2}$ großer Exkrettropfen, die Fußzelle $\mathbf{x_3}$ sitzt zwischen den Epidermiszellen **Epd**. Alle Zellen enthalten Zytoplasma **Zpl**, die Vakuole **Vak** wird von Plasmasträngen durchzogen. Stielzellen $\mathbf{x_1}$, Chloroplasten **Chlpl**. $\mathbf{B_2}$: Das gleiche Drüsenhaar wie in B_1, aber nach Behandlung mit Ethanol. Das Exkret ist herausgelöst, die verbliebene Kutikula **Kut** ist als feines Häutchen zu erkennen. $\mathbf{B_3}$: Älteres Drüsenhaar mit mehreren Exkrettropfen. $\mathbf{C_1}$: *Rosa* spec. Blattrand mit pilzförmigen Emergenzen und einfachen, pfriemförmigen Haaren. $\mathbf{C_2}$: Emergenz vergrößert. Das Drüsenepithel $\mathbf{Epd_x}$ überzieht das Parenchym, in das Gefäßbündel mit dicken Ringtracheiden **Trde** hineinreichen. Epidermis **Epd**, Parenchym **Par**.
A 130 : 1, B 200 : 1, C_1 50 : 1, C_2 250 : 1.

wand ausgeschieden und subkutikular gespeichert (Abb. $69B_1$). Allmählich hebt sich die gesamte Kutikula von der Zellwand ab. Dadurch erscheint der Zwischenraum stärker lichtbrechend und relativ groß. In diesem Zustand ist die Kutikula ohne weitere Präparation nicht erkennbar. Die Kutikula platzt ab, wenn ihre Wachstumskapazität und Dehnungsgrenze überschritten wird. Sie kann als schmaler Saum an der Köpfchenzelle zurückbleiben. Die harzigen Bestandteile des Exkrets fließen als zähflüssiger Tropfen von der Köpfchenzelle ab, der bei manchen Haaren in Form klumpiger Portionen an den Stielzellen haftet (Abb. $69B_3$). Man kann das abfließende Exkret noch am Hals der Köpfchenzelle, aber auch an unteren Stielzellen beobachten. Die Kutikula kann mehrmals erneuert werden. Mitunter tragen die Köpfchenzellen keine auffallende Exkrethaube.
Verhalten der Exkretklümpchen bei Ethanolbehandlung beachten. Unter gleichzeitiger Beobachtung des Köpfchenhaares das Wasser unter dem Deckglas durch Alkohol verdrängen: In den Zellen stagniert die Plasmazirkulation, das Zytoplasma koaguliert. Das subkutikular gespeicherte Exkret wird herausgelöst, und die Kutikula **(Kut)** ist nunmehr als zartes Häutchen zu erkennen (Abb. $69B_2$). Auch bei den Exkretklümpchen, die bereits abgeflossen sind, löst sich der Inhalt auf. Zurück bleibt ein zartes Häutchen.

Weitere Beobachtungen: Zellkern, Plasmazirkulation, in Rindenparenchymzellen Chloroplasten mit reichlich Assimilationsstärke, Rinden- und Markparenchym, Leitbündel im Blattstiel bzw. in der primären Sproßachse, wenn Blütenstiele verwendet wurden.

Weitere Objekte:

Drüsenhaare sind im Pflanzenreich weit verbreitet. Wenn bei einer Pflanzenart Drüsenhaare vorhanden sind, dann kommen sie meist an allen oberirdischen Pflanzenteilen vor.
Einheimische Lamiaceae und Solanaceae sind besonders reich mit Drüsenhaaren ausgestattet (z. B. *Lamium, Salvia, Mentha;* bzw. *Atropa, Nicotiana, Datura, Lycopersicon),* ebenfalls alle *Primula*-Arten. Flächen- und Querschnitte von Blättern oder Blatt- und Blütenstielen anfertigen.
Bei zarten Blättern (z. B. *Primula* spec.) können auch ganze Blattstückchen aufgehellt und in der Aufsicht untersucht werden.

Pelargonium zonale (Geraniaceae), Pelargonie
Mehrzellige Köpfchenhaare wie bei *Primula* an Blättern und Blattstielen.

Cucurbita pepo (Cucurbitaceae), Garten-Kürbis
Neben den großen mehrzelligen Haaren (S. 50 ff., Präparat für Protoplasmazirkulation) viele kleine Köpfchenhaare (Abb. 69A).

Syringa vulgaris (Oleaceae), Gemeiner Flieder

Thymus vulgaris (Lamiaceae), Echter Thymian
Acht- und mehrzellige Drüsenschuppen auf den Blättern, etwas in die Epidermis eingesenkt, Blattstückchen aufhellen und in der Aufsicht beobachten, Querschnitte anfertigen.

Beobachtungsziel: Brennhaare

Objekt: *Urtica dioica* (Urticaceae), Große Brennessel. Junge, kräftige Blätter.

Präparation: a) Bei kräftigen Blättern von den Rippen der Blattunterseite durch vorsichtigen Flächenschnitt (Reg. 43) einige Haare zusammen mit einem kleinen Epidermisstück abheben und in Wasser untersuchen. Die Haare sind mit bloßem Auge sichtbar.
b) Nachweis von Kalkinkrustierung der Zellwand mit Salzsäure (Reg. 106).
c) Nachweis verkieselter Zellwände mit konzentrierter Schwefelsäure und 20%iger Chromsäure.

Weitere Präparationen: Von ganz jungen Blättern Entwicklungsstadien der Brennhaare wie unter a) angegeben präparieren.

Beobachtungen (Abb. 70): Bei schwacher Vergrößerung ein ausdifferenziertes unversehrtes Brennhaar beobachten. Die Brennhaare sind hochspezialisierte Trichome. In einem Gewebebecher sitzt mit dem birnenförmig erweiterten Fußteil das spitz zulaufende Haar. Der Gewebebecher stellt eine Emergenz (S. 173) dar, denn er besteht aus einem hypodermalen Gewebesockel, der von der Epidermis überzogen ist. Eine dieser Epidermiszellen ist die eigentliche Brennhaarzelle. Die hypodermalen Zellen des Sockels enthalten Chloroplasten. Bei stärkerer Vergrößerung erkennt man, daß der erweiterte Fuß des Haares, der Bulbus, durch zahlreiche Tüpfel mit den umgebenden Zellen in Verbindung steht. Die Haarzelle enthält – ähnlich wie die Haarzellen bei *Cucurbita* (S. 50 ff.) – reichlich Zytoplasma **(Zpl)**, das besonders im Bulbus in zahlreichen Plasmasträngen zirkuliert. Auch der Zellkern ist meist im Bulbus zwischen kräftigen Plasmasträngen aufgehängt. Im Wandbelag bewegt sich das Zytoplasma mitunter in Form von Strömchen.

Die Kutikula der Haarzelle ist schräg aufsteigend gestreift. Die Wand des spitz zulaufenden Haarkörpers ist verdickt und durch Inkrustierung mit Kalk im unteren und Verkieselung im oberen Teil sehr spröde. Auch im Spitzenteil des Haares hat eine erstaunliche Differenzierung stattgefunden (Abb. 70B_1). Das unverletzte Brennhaar ist an der Spitze köpfchenartig erweitert, das Köpfchen abgewinkelt. An der leichten Einschnürung ist die Zellwand sehr dünn **(Zwd_1)**. An dieser Stelle kann das Haar bei der geringsten Berührung brechen und damit zu einer Mikrokanüle werden **(Zwd_2)**. Die scharfe Spitze dringt leicht in tierisches Gewebe ein, und durch die hohe Turgeszens in der Zelle in Verbindung mit der Elastizität der Bulbuswand wird der Zellinhalt (Natriumformiat, Acetylcholin, Histamin) injiziert **(x)**. Bei schwachem Druck auf das Deckglas kann man das Abbrechen des Köpfchens und das Austreten des Zellinhaltes unter dem Mikroskop beobachten (Abb. 70B_2).

Nachweis der Kalkinkrustierung mit Salzsäure: Setzt man während der Beobachtung dem Präparat etwas Salzsäure zu, so beweist das Entstehen von Gasblasen (CO_2) die Inkrustierung der Zellwand mit Kalk.

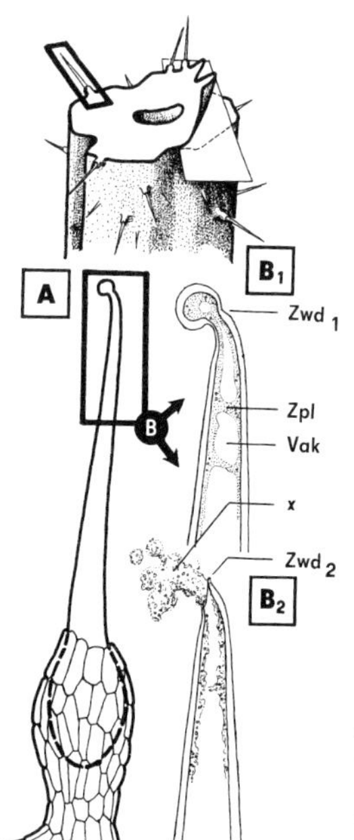

Abb. 70. *Urtica dioica.* Brennhaar. **A**: Brennhaar in Gesamtansicht. Das Haar sitzt mit dem verdickten Fuß (Bulbus) in einem becherförmigen Gewebesockel. **B_1**: Spitzenregion des Haares. Zellwand unter dem Köpfchen eingeschnürt **Zwd_1**. Zytoplasma **Zpl**, Vakuole **Vak**. **B_2**: Köpfchen abgebrochen. Zellinhalt **x** tritt aus. Bruchstelle wie die Spitze einer Mikrokanüle geformt **Zwd_2**. A 30 : 1, B 110 : 1.

Nachweis der verkieselten Zellwände mit konzentrierter Schwefelsäure und 20%iger Chromsäure: Nach Einwirkung der Reagenzien bleibt von der Haarzelle nur die Wand des Köpfchens und des oberen Spitzenteiles erhalten, wodurch die Verkieselung dieser Zellwandteile demonstriert wird. Von der restlichen Zelle und den anderen Zellen bleibt nur die Kutikula zurück, während sich die Cellulosewände auflösen.

Weitere Beobachtungen: Von jungen Blättern lassen sich die Entwicklungsstadien der Brennhaare präparieren. Die eigentliche Haarzelle entsteht aus einem Epidermis-Meristemoid. Nachträglich umwächst der Gewebesockel den Haarbulbus und hebt das Brennhaar über die Ebene der Epidermis empor. Mitunter können in den Präparaten noch einfache, borstenförmige Haare beobachtet werden.

Fehlermöglichkeiten: Werden die Blätter bei der Präparation nicht sorgsam behandelt, sind nur noch abgebrochene Brennhaare zu sehen. Die Spitzen der Brennhaare brechen sehr leicht ab!

Weitere Objekte:

Urtica urens (Urticaceae), Kleine Brennessel
Sie kann an geschützten Stellen auch im Winter gefunden werden und liefert die gleichen Bilder wie *Urtica dioica.*

Beobachtungsziel: Emergenzen (Drüsenzotten)

Objekt: *Rosa* spec. (Rosaceae), Rose. Rosenarten mit drüsig gewimperten Blättern (Fiederblättchen, Nebenblätter).
Man überzeuge sich durch Beobachtung der Blattränder mit einer Lupe (6fache Vergrößerung genügt), ob Drüsenzotten vorhanden sind.

Präparation: Den Blattrand von einem Fiederblättchen oder von einem Nebenblatt in einer Breite von 2–3 mm abschneiden. Die abgeschnittenen Blattränder aufhellen (Reg. 9 u. 10) und nach Reg. 47 Präparat anfertigen. Blattunterseite nach oben!

Beobachtungen (Abb. 69 C_1und C_2): Schwache Vergrößerung einstellen. Die unregelmäßigen Zähnchen des Blattrandes enden in pilzförmigen Emergenzen, die hier als Drüsenzotten ausgebildet sind. Bei den Nebenblättern sind die an sich glatten Ränder sehr dicht damit besetzt (Abb. 69 C_1). Auch die Unterseite der Blättchen weist Drüsenzotten auf, die hier besonders über den Gefäßbündeln stehen. Bei noch nicht allzu stark aufgehellten Blättchen erscheinen die Köpfchen der Emergenzen bräunlich gefärbt.
Bei starker Vergrößerung auf eine Emergenz am Ende eines Blattzähnchens einstellen (Abb. 69 C_2). Das Gefäßbündelende ragt mit den Ringtracheiden **(Trde)** bis in das Blattzähnchen hinein und endet im gedrungenen Stiel der Emergenz. Das Mesophyll hüllt das Gefäßbündelende ein und füllt als konisch zulaufender Gewebepfropf auch das Köpfchen der Drüsenzotte aus **(Par)**. Mitunter enthalten einzelne Mesophyllzellen der Emergenz schöne Calciumoxalatdrusen.
Bis zur Einschnürung unterhalb des Emergenzköpfchens haben die Epidermiszellen **(Epd)** mehr xeromorphen Charakter, der durch verdickte Außenwände und deutliche Kutikula zum Ausdruck kommt. Aber von der Einschnürung an ändert sich ihr Aussehen. Sie überziehen nunmehr als Drüsenepithel **(Epd_x)** den aus Mesophyllzellen aufgebauten Gewebekern. Die Zellen sind langgestreckt (ähnlich den Palisadenparenchymzellen) und reichlich mit Plasma angefüllt. Die dünnen Zellwände grenzen lückenlos aneinander. Weil die Zellen des Drüsenepithels oberhalb der Einschnürung länger sind als am Pol des Köpfchens, nehmen die Emergenzen Pilzform an. Die Kutikula überzieht die gesamte Emergenz. Zellkerne sind ohne besondere Präparation kaum zu erkennen. Die Stückfärbung des Blattes wird durch die derbe Kutikula erschwert. In der Aufsicht (Fokussieren!) erscheinen die Zellen des Drüsenepithels annähernd hexagonal, das Köpfchen der Emergenz ähnelt dadurch einem Facettenauge.

Weitere Beobachtungen: Verteilung der Leitbündel in der Blattspreite (Durchsicht durch das aufgehellte Blatt bei schwacher Vergrößerung): Bündelscheiden, Bündelenden mit Speichertracheiden; Calciumoxalatdrusen im Mesophyll; einfache, sehr englumige und dickwandige Trichome.

Weitere Objekte:

Viola wittrockiana (Violaceae), Garten-Stiefmütterchen
Drüsenzotten an den Zähnchen der Nebenblätter. Wie bei *Rosa* spec. angegeben präparieren.

Drosera spec. (Droseraceae), Sonnentau
Auf den Blättern Tentakel mit Drüsenepithel, das Proteasen sezerniert. Die Emergenzen in Wasser einbetten und beobachten.

Aesculus hippocastanum (Hippocastanaceae), Gemeine Roßkastanie
Leimzotten (Kolleteren) auf den Knospenschuppen. Die Tegmente in Benzen, Xylen oder einem anderen geeigneten organischen Lösungsmittel von den Klebestoffen (Gemisch aus Pflanzengummi und Harzen) befreien, dann Flächen- und Querschnitt herstellen und aufhellen (Reg. 14, 27 und 43). Bei vielen einheimischen Laubbäumen mit klebrig-harzigen Winterknospen sind auf den Tegmenten Leimzotten zu finden. Die Kolleteren sind den Emergenzen von *Rosa* ähnlich.

Beobachtungsziel: Spaltöffnungsapparat (modifizierter Amaryllistyp)

Objekt: *Lilium candidum* (Liliaceae), Weiße Lilie. Blätter.

Präparation: a) Querschnitte (Reg. 14) von Alkoholmaterial mit Sudan III anfärben und entsprechend präparieren (Reg. 116).
b) Flächenschnitte (Reg. 43) von Frisch- oder Alkoholmaterial mit Karminessigsäure anfärben (Reg. 73) und entsprechend präparieren.

Weitere Präparationsmöglichkeiten: Blattquerschnitte mit Safranin färben (Reg. 105) und Dauerpräparat anfertigen (Reg. 21).

Beobachtungen (Abb.71): *Blattquerschnitt* (Abb.71A). Bei mittlerer Vergrößerung eine Spaltöffnung suchen und dann bei starker Vergrößerung beobachten. Die großen Spaltöffnungen bestehen aus den beiden Schließzellen **(Schlz)** und dem zwischen ihnen verbleibenden Porus (Zentralspalt $\mathbf{x_1}$). Typische Nebenzellen fehlen. Die Schließzellen sind nur über einen kleinen Teil der Rückenwand mit den angrenzenden Epidermiszellen verwachsen. Der Querschnitt der Zellen ist elliptisch-eiförmig, wobei die Längsachse parallel zur Blattoberfläche liegt. Die Rückwand ist stumpfer gewölbt als die dem Porus zugekehrte Bauchseite. Durch Verstärkung von Außen-, Innen- und Bauchwand wird das Zell-Lumen im Querschnitt »dreieckig«. Die Basis des fast gleichschenkligen Dreiecks liegt an der Rückwand, die ebenfalls etwas verstärkt ist. Das Zell-Lumen ist dicht mit Chloroplasten **(Chlpl)** angefüllt, und auch im ungefärbten Präparat ist der Zellkern **(Nkl)** zu erkennen. Da der Nukleus in der Mitte der bohnenförmigen Schließzellen liegt, zeigt sein Vorhandensein im Schnitt gleichzeitig an, daß die Schließzelle median getroffen wurde. Die übrigen Epidermiszellen enthalten keine Chloroplasten. An der Bauchseite der Schließzellen bildet die Kutikula **(Kut)** vorspringende Leisten (Kutikularhörnchen), die besonders nach Färbung mit Sudan III gut zu sehen sind. Die äußeren Leisten **($\mathbf{Kut_1}$)** sind weit größer als die inneren, ihre scharfen Kanten berühren sich fast in der Mitte zwischen den beiden Schließzellen. Die Kanten erweisen sich im Querschnitt als die Spitzen der Kutikularhörnchen. Der Raum zwischen den äußeren Kutikularleisten und der engsten Stelle im Porus (Zentralspalt) wird als »Vorhof« bezeichnet. Dementsprechend nennt man den Raum zwischen Zentralspalt und innerer Kutikularleiste **($\mathbf{Kut_2}$)** »Hinterhof«. Der Vorhof kann – besonders bei Xerophyten – mit Wachskörnchen ausgefüllt sein. Die mit Sudan III gelborange gefärbte Kutikula erstreckt sich fast über die gesamte innere Wand der Schließzellen **(Kut)**. Am Zentralspalt ist die Kutikula schwach gezähnelt. Der Hinterhof geht in einen geräumigen Interzellularraum über **(IntzR)**. Für den Bewegungsmechanismus der Schließzellen sind »Hautgelenke« in den benachbarten Epidermiszellen von Bedeutung. Unter

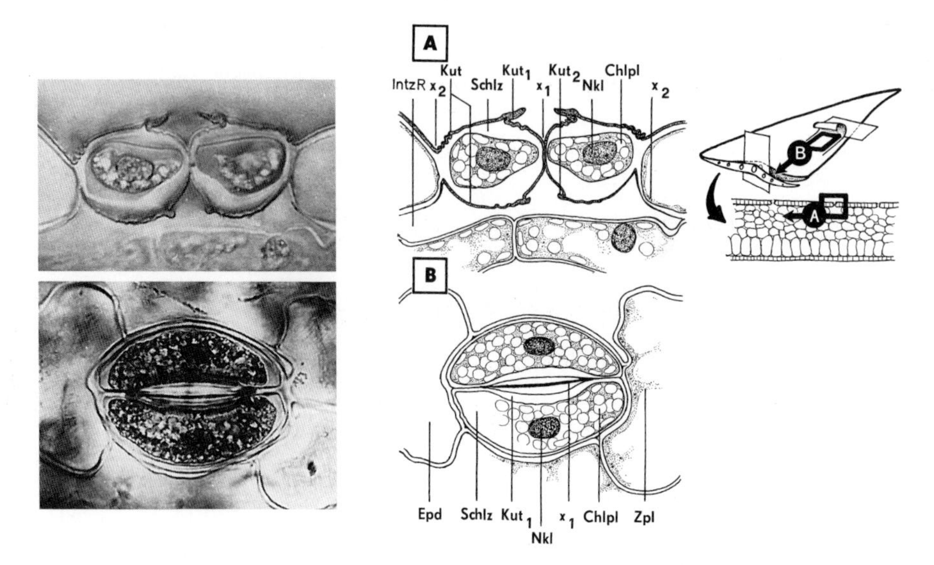

Abb. 71. *Lilium candidum.* Stoma. **A**: Spaltöffnung im Querschnitt. Schließzelle **Schlz**, äußere und innere Kutikularleisten **Kut₁**, **Kut₂**; zwischen **Kut₁** und Zentralspalt **x₁** der Vorhof, zwischen **x₁** und **Kut₂** der Hinterhof, Zellkern **Nkl**, Chloroplasten **Chlpl**, Kutikula **Kut**, Hautgelenk **x₂**, substomatärer Interzellularraum **IntzR**. **B**: Spaltöffnung in der Aufsicht. Bohnenförmige Schließzellen mit zahlreichen Chloroplasten und ovalem Zellkern. Zentralspalt **x₁** geschlossen. Epidermiszellen **Epd** enthalten reichlich Zytoplasma **Zpl**. A: Sudan-III-Färbung. B: Karminessigsäure-Färbung. A 550 : 1, B 370 : 1.

Hautgelenken versteht man hier engbegrenzte unverdickte Zellwandbereiche. Die Gelenke liegen dort, wo die Wände der Epidermiszellen kurz vor dem Ansatz der Schließzellen auffallend dünn sind (**x_2**). Bei Turgorschwankungen werden die Schließzellen um diese Gelenke hauptsächlich in vertikaler Richtung geschwenkt. Die Kutikula auf der Außenwand der Schließzellen ist kurz vor dem Hautgelenk faltig zusammengeschoben.

Flächenschnitt (Abb. 71 B). In der Aufsicht haben die langgestreckten Epidermiszellen gleichmäßig gewellte Wände. Die Zellen enthalten reichlich Zytoplasma **(Zpl)**, das in vielen Strängen das Zell-Lumen durchzieht. Zwischen den Epidermiszellen liegen die einfachen Stomata, die in der Aufsicht Ähnlichkeit mit Kaffebohnen haben. Sie heben sich aber nicht allein durch ihre Form, sondern auch durch den Gehalt an Chloroplasten **(Chlpl)** von den übrigen Epidermiszellen **(Epd)** ab. Mitten in der Schließzelle ist der Zellkern **(Nkl)** zwischen die Chloroplasten eingebettet. Besonders deutlich tritt er nach Färbung mit Karminessigsäure hervor. Er ist oval oder leicht spindelförmig.

Die gekrümmten Schließzellen sind an den Enden miteinander verwachsen. In der Mitte berühren sich die Zellwände nur lose, oder sie weichen auseinander und lassen den Zentralspalt (**x_1**) zwischen sich offen. Senkt man die Schärfenebene von oben nach unten durch die Spaltöffnung, so erscheinen zuerst die zarten Kanten der äußeren Kutikularleisten (**Kut_1**) und gleich darauf die Ansatzstelle der Leisten als stärker lichtbrechende Linie von flach linsenförmigem Umriß. Darauf folgt als gerader Streifen der Zentralspalt, und dann erscheinen wieder in linsenförmigem Umriß die inneren Kutikularleisten.

Weitere Beobachtungen: Zur Vertiefung der Kenntnisse ist das Studium des Längsschnittes durch die Spaltöffnung zu empfehlen.

Weitere Objekte:

Helleborus niger (Ranunculaceae), Schwarze Nieswurz
Blätter liefern auch im Winter Frischmaterial. Stomata vom Helleborustyp. Wie bei *Lilium* angegeben präparieren.

Hippeastrum spec. (Amaryllidaceae), Amaryllis, Ritterstern
Spaltöffnungen vom Amaryllistyp (vgl. auch *Clivia nobilis,* S. 190, und Abb. 2, S. 28). Wie bei *Lilium* angegeben präparieren.
Bei den meisten Angiospermen ähneln die Spaltöffnungen dem Helleborus- bzw. Amaryllistyp.

Beobachtungsziel: Spaltöffnungsapparat (Gramineentyp)

B

Objekt: *Avena sativa* (Poaceae), Saat-Hafer. Kräftige Blätter.

Präparation: Von ausdifferenzierten Haferblättern Flächen- und Querschnitte herstellen (Reg. 43 und 14). Mit Karminessigsäure (Reg. 73) oder mit Safranin (Reg. 105) färben und nach Reg. 47 bzw. 51 präparieren.

Weitere Präparationsmöglichkeiten: Längsschnitte wie oben angegeben präparieren. Mit Safranin gefärbte Objekte in Dauerpräparate überführen.

Beobachtungen (Abb. 72): *Flächenschnitt* (Abb. 72 A). Die Stomata sind in Richtung Blattachse in Reihen angeordnet. Es wechseln Stomata führende Reihen mit Zellreihen ab, in denen keine Spaltöffnungen liegen. Da die Schließzellen von zwei charakteristischen Nebenzellen eingefaßt sind, spricht man von »Spaltöffnungsapparaten«. Bei starker Vergrößerung auf einen Spaltöffnungsapparat einstellen. Am eindrucksvollsten sind die beiden hantelförmigen Schließzellen **($Schlz_{1,2}$)**, die den schlitzförmigen Zentralspalt **(x_1)** einfassen. Eine Schließzelle besteht aus dem geraden Zwischenstück und den keulig aufgetriebenen Enden. In der Aufsicht sehen die Enden ungefähr wie Löffel aus, weil eine Wandverstärkung von der äußeren Rundung der Zelle schräg zu den Porusenden hinzieht. »Schneidet« man eine Schließzelle durch Senken der Schärfenebene optisch längs durch, so erkennt man, daß sich zwischen den verstärkten Wänden ein dünner Kanal hinzieht, der die beiden aufgetriebenen Zellenden miteinander verbindet. An den kolbenförmigen Zellenden ist nur ein kleiner Abschnitt der Zellwand verstärkt (s. unten, Querschnitt). In dem Kanal liegt der mittlere Teil des rotgefärbten Zellkerns, der mit seinen ebenfalls etwas verdickten Enden bis in die blasigen Hohlräume der Zellen reicht. Nach Färbung mit Karminessigsäure und bei Alkoholmaterial schrumpfen die Zellkerne etwas ein. Im Unterschied zu den gestreckten Kernen **(Nkl_1)** der Schließzellen findet man in der Mitte der Nebenzellen einfache, runde Zellkerne **(Nkl)**. Wenn die keulenförmigen Pole der Schließzellen auf Grund von Turgorschwankungen sich aufblähen oder schrumpfen, rücken die starren stabartigen Mittelteile auseinander oder sie nähern sich. Durch diesen Mechanismus kann die Porusweite **(x)** der Spaltöffnungen variieren. Die zartwandigen, elastischen Nebenzellen **(Nz)** ermöglichen die Bewegungsvorgänge.
Blattquerschnitt (Abb. 72 B). Die Stomata liegen zu beiden Seiten der Gefäßbündel und der Blasenzellen **(Epd_1)**. Wie aus der Aufsicht zu ersehen ist, wird der Querschnitt durch den Mittelteil der Schließzellen ein anderes Bild ergeben als der Schnitt durch die Zellenden. Am häufigsten finden sich gute Schnitte durch die Zellenmitte (Abb. 72 B links): An zwei gegenüberliegenden Epidermiszellen neigen sich die zwei zartwandigen Nebenzellen entgegen, die an ihrer freien Seite wie zwei Anhängsel die Schließzellen tragen. Die Nebenzellen sind nur mit einem kleinen Teil ihrer Zellwand mit den Epidermiszellen verbunden. Der größere Teil der Zellen hängt frei in den darunterliegenden Interzellularraum **(IntzR)** hinein. Es leuchtet ein, daß die Nebenzellen auf diese Weise den Bewegungen der Schließzellen nachgeben können. Der stabförmige, im Querschnitt runde Mittelabschnitt der Schließzellen **($Schlz_2$)** färbt sich mit Safranin deutlich an. Das schmale kanalförmige Lumen ist im Querschnitt mandelförmig. In der Mitte dieses Lumens verläuft der faden-

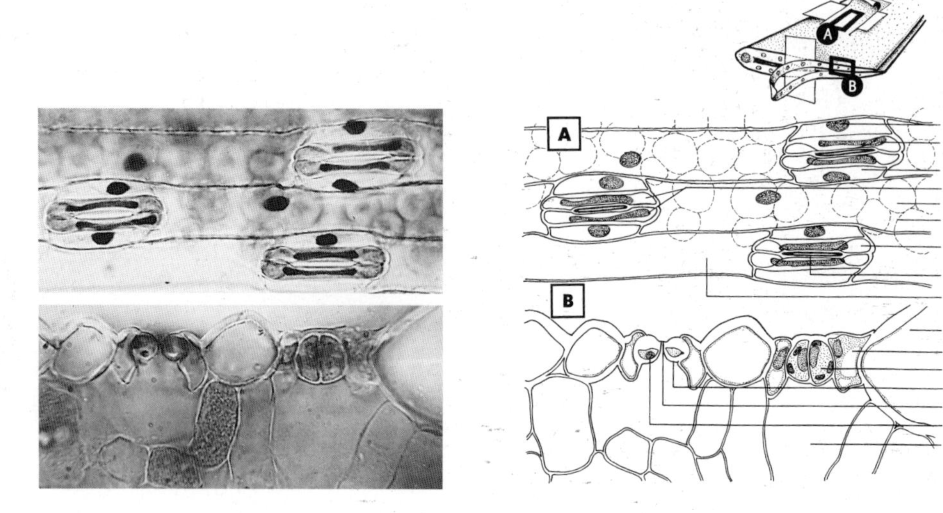

Abb. 72. *Avena sativa.* Spaltöffnungsapparat. **A**: Flächenschnitt, Stomata in der Aufsicht. Die Schließzellen der linken Spaltöffnung im optischen Längsschnitt dargestellt **Schlz**, fadenförmige Zellkerne **Nkl₁**. In den Nebenzellen **Nz** rundovale Zellkerne **Nkl**. Unter den langgestreckten Epidermiszellen sind die Armpalisadenzellen **PalPar** zu erkennen. Interzellularen **Intz**. **B**: Querschnitt. Links: Schließzellen **Schlz₂** in der Mitte, rechts: **Schlz₁** an den erweiterten Zellenden getroffen, Zentralspalt **x**, substomatärer Interzellularraum **IntzR**, Blasenzelle **Epd₁**. Karminessigsäure-Färbung. A 300 : 1, B 430 : 1.

dünne Abschnitt des Zellkerns, quergeschnitten als rundes, rotgefärbtes Scheibchen zu erkennen (**Nkl₁**). Im Querschnitt durch die blasigen Enden der Schließzellen haben sich die Proportionen verschoben. Die Schließzellen sind hier ebenso groß wie die Nebenzellen oder größer. Ihre Wände sind so zart wie die der Nebenzellen und nur im oberen Teil verstärkt. Unter jedem Spaltöffnungsapparat bleibt im Armpalisadenparenchym ein größerer Interzellularraum ausgespart.

Weitere Beobachtungen: Im Längsschnitt tritt die Hantelform der Schließzelle besonders deutlich in Erscheinung. Man könnte die Form der Zellen auch mit einem Knochen (Humerus) vergleichen. Die Wände der keuligen Zellenden sind hauptsächlich zum Interzellularraum hin dünn und ausgeweitet. Die Nebenzellen bleiben über die gesamte Länge im Lumen gleich weit und zartwandig.

Weitere Objekte:

Alle Poaceen. Besonders große Stomata findet man bei *Zea mays* (S. 178 ff.) und allen einheimischen Getreidearten.

Beobachtungeziel: Xeromorpher Spaltöffnungsapparat (Amaryllistyp)

Objekt: *Clivia nobilis* (Amaryllidaceae), Riemenblatt. Kräftige Blätter.

Präparation: Von Alkohol- oder Frischmaterial Blattquerschnitte anfertigen und wie auf S. 187 angegeben präparieren.

Beobachtungen (Abb. 73): Bei Xerophyten ist durch zytologische und anatomische Eigenheiten der Epidermis die Transpiration eingeschränkt. Die stark kutinisierten Außenwände der Epidermiszellen (**Kut, Kut₃**) unterbinden weitgehend die kutikuläre Transpiration,

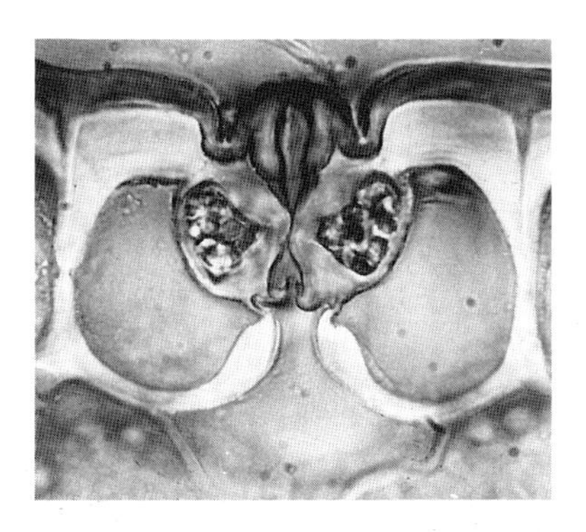

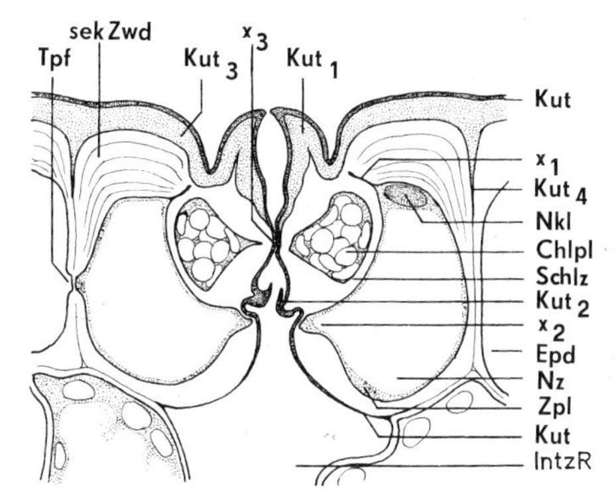

Abb.73. *Clivia nobilis.* Spaltöffnungsapparat quer. Kutikula **Kut**, äußere und innere Kutikularleisten **Kut_1**, **Kut_2**, kutinisierte Schichten **Kut_3**, kutikulare Grenzstreifen **Kut_4**, Zellkern **Nkl**, Chloroplasten **Chlpl**, Schließzelle **Schlz**, inneres und äußeres Hautgelenk **x_1**, **x_2**. Epidermiszelle **Epd**, Nebenzelle **Nz**, Zytoplasma **Zpl**, substomatärer Interzellularraum **IntzR**, geschichtete sekundäre Cellulosewand, die unter den kutinisierten Schichten reich an Pectin ist, **sekZwd**, Tüpfel **Tpf**. Zwischen äußeren Kutikularleisten und Zentralspalt **x_3** großer Vorhof, zwischen Zentralspalt und inneren Kutikularleisten Hinterhof. Sudan-III-Färbung. 520 : 1.

während der besondere Bau der Spaltöffnungen die stomatäre Transpiration herabsetzt. Mit Hilfe mittlerer Vergrößerung eine Stelle im Präparat suchen, die der Abb. 73 entspricht, und dann bei stärkerer Vergrößerung beobachten.

Im Gegensatz zu mesomorphen (S. 202) oder hygromorphen (S. 210) Spaltöffnungen sind bei Pflanzen trockener Standorte die Stomata immer mit Einrichtungen versehen, die die Diffusion des Wasserdampfes behindern. Bei *Clivia* sind die kleinen Schließzellen zwischen zwei große Epidermiszellen **(Nz)** eingebettet, so daß der Zentralspalt **(x_3)** unter das Niveau der Epidermisoberfläche zu liegen kommt. Mit ihrer dünnen Rückwand ragen sie relativ weit in das Lumen der Nachbarzellen hinein. Im Gegensatz zu den übrigen Epidermiszellen, die keine Chloroplasten enthalten, sind die Schließzellen **(Schlz)** prall mit diesen Plastiden angefüllt **(Chlpl)**.

Nach außen umgeben zwei mächtige Kutikularleisten, »Kutikularhörnchen« **(Kut_1)**, den tiefgelegenen Zentralspalt. Die fast senkrecht emporgezogenen Leisten neigen sich mit ihren Kanten über dem Porus einander zu und berühren sich fast mit den Spitzen in Höhe der Epidermisoberfläche. Zwischen dem Zentralspalt und den Leistenkanten entsteht so ein großer Vorhof, der noch mit Wachskörnchen angefüllt sein kann. Gefärbte Präparate zeigen, daß die Kutikula **(Kut)** auch die gesamte Bauchwand der Schließzellen bedeckt, an der entgegengesetzten Seite der Schließzellen nochmals Kutikularleisten ausbildet **(Kut_2)** und teilweise noch den großen substomatären Interzellularraum (früher »Atemhöhle« genannt) auskleidet. Die inneren Kutikularleisten erreichen beachtliche Größe und zeigen mit den Kanten zum Zentralspalt hin. Der Raum zwischen dem Zentralspalt und diesen Leisten bildet als Hinterhof nochmals eine Diffusionsschranke zwischen dem dahinterliegenden Interzellularraum **(IntzR)** und dem Zentralspalt. Der Bewegungsablauf beim Öffnen und Schließen des Porus wird durch besondere Ausbildungen der Zellwände ermöglicht. Einmal gibt die relativ dünne, elastische Rückwand der Schließzellen bei Turgorschwankungen nach, zum anderen ermöglichen Hautgelenke in der Wand der Nebenzellen das Bewegen der gesamten Schließzellen. Die äußeren bzw. inneren Hautgelenke liegen dort, wo die Epidermiszellen mit den Schließzellen verwachsen sind **(x_1, x_2)**.

Weitere Beobachtungen: Epidermis mit kutinisierten Schichten; Calciumoxalatkristalle in einzelnen Mesophyllzellen.

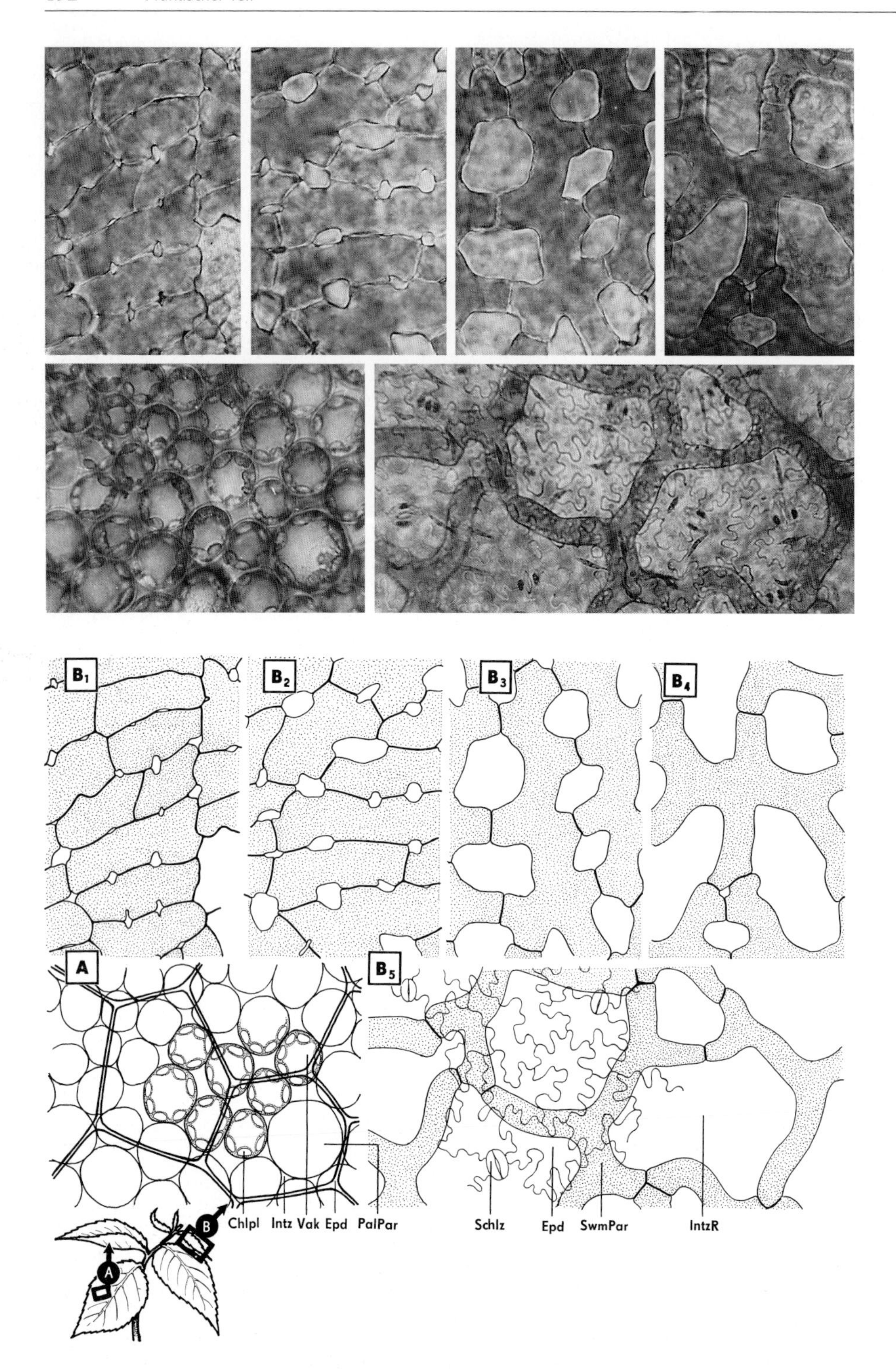
B1
B2
B3
B4
A
B5
B
A
Chlpl
Intz
Vak
Epd
PalPar
Schlz
Epd
SwmPar
IntzR

Fehlermöglichkeiten: Spaltöffnung schräg oder nicht genau median getroffen – unklare, schwer deutbare Bilder.

Weitere Objekte:

Dasylirion acrotrichum (Liliaceae)
Dekorationspflanze. Die Epidermis bildet über der eingesenkten Spaltöffnung einen äußeren, vor Luftbewegung geschützten Raum, der durch vorspringende Kutikularleisten in zwei Stockwerke gegliedert ist. Blattquerschnitt anfertigen.

Gasteria nigricans (Liliaceae), Gasterie
Sukkulente Kalthauspflanze. Spaltöffnung und Bau der Epidermis ähnlich wie bei *Clivia nobilis.*

Hakea suaveolens (Proteaceae), Hakea
Immergrüne, dornige Kalthauspflanze. Spaltöffnung vom Gramineentyp. Die Epidermiszellen bilden durch weit vorspringende Zellwände einen großen, äußeren Hohlraum über jeder Spaltöffnung.

Pinus spec. (Pinaceae), Kiefer
Spaltöffnungen s. S. 214. Bei den Nadeln liegen die Stomata am Grunde von Vertiefungen. Die äußeren Vorräume werden von den hohen Epidermiszellen begrenzt und sind mit Wachskörnchen ausgefüllt.

Nerium oleander (Apocynaceae), Oleander
Die Epidermis der Blattunterseite kleidet weite Vertiefungen aus, an deren Grund die Spaltöffnungen liegen. Außerdem wachsen dort zahlreiche einfache Trichome, die zusätzlich die Wasserabgabe hemmen.

Calluna vulgaris (Ericaceae), Gemeines Heidekraut
Rollblätter. Die Stomata liegen an der Blattunterseite in einer Furche, die mit Haaren ausgekleidet ist.

2.1.1.2. Die Blattparenchyme (Mesophyll)

Beobachtungsziel: Palisadenparenchym

Objekt: *Syringa vulgaris* (Oleaceae), Gemeiner Flieder. Blätter.

Präparation: Bei Blättern von Frisch- oder Alkoholmaterial von der Blattoberseite Flächenschnitte anfertigen (Reg. 43) und mit der Schnittfläche nach oben in Wasser untersuchen (Reg. 47). Da sich die Blätter in Ethanol stark braun färben, ist bei Alkoholmaterial Aufhellung in Eau de Javelle (Reg. 27) und nachträgliches Färben mit Safranin (Reg. 105) zu empfehlen.

Weitere Präparationsmöglichkeiten: Blattquerschnitte in Chloralhydrat aufhellen (Reg. 17) und in Glycerol-Wasser untersuchen (Reg. 47). Die Braunfärbung der Blätter in Ethanol kann verhindert werden (Reg. 3).

Beobachtungen (Abb. 74A): Die Flächenschnitte zeigen die Zellen des Palisadenparenchyms **(PalPar)** senkrecht zu ihrer Längsachse geschnitten. In großer Zahl erscheinen sie daher bei schwächerer Vergrößerung wie ein aus kreisrunden Zellen aufgebautes Gewebe. Die Durch-

Abb. 74. A: *Syringa vulgaris.* Palisadenparenchym im Querschnitt. Im Zytoplasmaschlauch der runden Palisadenparenchymzellen **PalPar** linsenförmige Chloroplasten **Chlpl**. Vakuole **Vak**, Interzellularen **Intz**. Über den Palisadenzellen die Zellwände der Epidermiszellen **Epd** eingezeichnet. **B_1-B_2**: *Impatiens parviflora.* Entwicklungsstadien des Schwammparenchyms **SwmPar** (punktiert). **B_1**: Schwammparenchymzellen noch annähernd rechteckig; kleine Interzellularen (weiß). **B_2-B_4**: Die .Schwammparenchymzellen bekommen armartige Ausbuchtungen, die Interzellularen werden zu Interzellularräumen **IntzR**. **B_5**: Schwammparenchym ausdifferenziert. Epidermis **Epd** mit stark gebuchteten Zellwänden angedeutet. Schließzellen **Schlz**. A 400 : 1, B_{1-3} 450 : 1, B_4 400 : 1, $B_5$220 : 1.

messer der einzelnen Zellen unterscheiden sich beträchtlich. Das ist einmal darauf zurückzuführen, daß viele von ihnen an beiden Enden konisch zulaufen, zum anderen führt auch ihre unterschiedliche Länge (meist differiert sie im Verhältnis 1 : 2) zu verschiedenen Querschnittgrößen: Die weniger häufigen kurzen Zellen sind meist dicker als die Masse der langen. Zusätzlich angefertigte Querschnitte durch das Blatt geben darüber Aufschluß, weil bei solchen Präparaten die Palisadenzellen in der Längsansicht vorliegen. Das Lumen der quergeschnittenen Palisadenparenchymzellen wird fast völlig von der Vakuole **(Vak)** ausgefüllt. In dem dünnen Protoplasmaschlauch sind die linsenförmigen Chloroplasten **(Chlpl)** gleichmäßig verteilt (Lichtausbeute). Die Form der im Querschnitt kreisrunden Zellen erklärt das Entstehen eines zusammenhängenden Interzellularsystems **(Intz),** das den zur Photosynthese und Atmung notwendigen intensiven Gasaustausch des Gewebes ermöglicht.
Bei dünnen Flächenschnitten sieht man unter den Palisadenzellen die Zellen der Epidermis und gewinnt einen Eindruck von der unterschiedlichen Zellzahl pro Flächeneinheit. Bei manchen Laubblättern liegen unter einer Epidermiszelle bis zu zehn Palisadenparenchymzellen (s. a. Abb. 79).
Die Differenzierung der einzelnen Gewebe ist auf verschiedene Teilungs- und Wachstumsintensität der einzelnen Zellschichten im Blatt und auf das unterschiedliche Streckungsvermögen einzelner Zellwandbezirke zurückzuführen.

Weitere Beobachtungen: Flächenschnitt: Faltenbildung der Kutikula, mehrzellige Drüsenschuppen; Blattquerschnitt: Aufbau des dorsiventral-bifazialen Laubblattes.

Weitere Objekte:

Fagus sylvatica (Fagaceae), Rot- Buche
S. 202 f.

Impatiens parviflora (Balsaminaceae), Kleines Springkraut
S. 176 f. u. 194 f.

Avena sativa (Poaceae), Saat-Hafer
S. 207 ff.

Dorsiventrale Laubblätter vieler Pflanzenarten können zur Untersuchung des Palisadenparenchyms herangezogen werden. Flächenschnitt, Aufhellung.

Beobachtungsziel: Entwicklung des Schwammparenchyms und ausdifferenziertes Schwammparenchym in der Aufsicht

Objekt: *Impatiens parviflora* (Balsaminaceae), Kleines Springkraut. Sehr junge und ältere, bereits ausdifferenzierte Blätter.

Präparation: a) Junges, ca. 4–5 mm großes Blättchen mit Karminessigsäure färben (Reg. 73) und als Ganzes in Wasser einbetten. b) Blattstückchen von ausdifferenziertem Blatt wie unter a) angegeben präparieren.

Beobachtungen (Abb. 74 B_1-B_5): Bei mittlerer Vergrößerung auf die Basis der Blattspreite des nach a) präparierten Blättchens einstellen. Für das Wachstum der Lamina gilt das auf S. 174 f. Gesagte. Die Schwammparenchymzellen **(SwmPar)** fallen meist durch gelblich-bräunliche Farbtönung auf. Im jüngsten Stadium bilden sie zusammenhängende Zellkomplexe, wobei die quadratische Form der Zellen vorherrscht. Die glatten Wände liegen lückenlos aneinander.
Mit zunehmendem Alter – also mehr zur Blattspitze zu gelegen – strecken sich die Zellen und gehen überwiegend in mehr rechteckige Form über (Abb. 74 B_1). An den Längsseiten der Zellen wächst die Zellwand verschieden schnell. Die späteren großen Interzellularräume **(IntzR)** sind in diesem Stadium bereits als kleine Interzellularen zu erkennen. Die unter-

schiedliche Wachstumsaktivität der Zellwand führt zu Ausbuchtungen, die sich immer mehr vergrößern (Abb. 74 B_2). Die Auswüchse strecken sich hauptsächlich parallel zur Organoberfläche. Nicht weit von der Blattbasis entfernt haben sie schon beträchtliche Ausdehnung erreicht. Die typische Wuchsform des Schwammparenchyms ist bereits zu erkennen. Gleichzeitig mit den Ausbuchtungen streckt sich der gesamte Zellkörper. Allmählich geht die anfangs rechteckige Grundform verloren (Abb. 74B_3, B_4).
Das Endstadium der Entwicklung des Schwammparenchyms finden wir in dem Präparat der ausdifferenzierten Blattspreite. Hier besteht das Schwammparenchym nur noch aus weitverzweigten, schlauchförmigen Zellen, die nichts mehr von der Ausgangsform erkennen lassen (Abb. 74B_5). Sie bauen ein außerordentlich lockeres Parenchym auf, das von einem zusammenhängenden großen Interzellularraum-System durchzogen ist. Wie die Epidermiszellen, so enthalten auch die Zellen des Schwammparenchyms schlanke, spindelförmige Zellkerne.

B

Weitere Beobachtungen: Entwicklung der Epidermis und des Palisadenparenchyms, Größenvergleich zwischen den einzelnen Zellarten während der Blattentwicklung, Vergleich der synchronen Entwicklungsstadien, Bündel mit Parenchymscheiden. Idioblasten mit Raphidenbündeln in Blättern und Blattstielen.

Weitere Objekte:

Alle auf S. 177 genannten *Impatiens*-Arten.

Beobachtungsziel: Lysigene Exkretbehälter

Objekt: *Ruta graveolens* (Rutaceae), Wein-Raute, Garten-Raute. Blätter.

Präparation: a) Blattstücke von Alkoholmaterial in Chloralhydrat aufhellen (Reg. 17) und beobachten. Am besten ein Fiederblättchen längs halbieren und die eine Hälfte mit der Unterseite, die andere mit der Oberseite nach oben einbetten.
b) Blattquerschnitt nach Reg. 14 präparieren.
c) Querschnitte von lebendem Material vergleichend betrachten.

Beobachtungen (Abb. 75): *Aufsicht und Durchsicht.* Die Exkretbehälter fallen schon bei schwacher Vergrößerung durch besondere Zellen, sogenannte »Deckzellen«, auf, die in ihrem Aussehen von den übrigen Epidermiszellen abweichen. Die Deckzellen – meist vier – nehmen die Mitte über den Exkretbehältern ein und stoßen mit glatten Wänden aneinander. Die übrigen Epidermiszellen zeigen die typischen gewellten Wände (S. 178, 204). An der Blattoberseite liegen die Deckzellen in kleinen Grübchen, da sie unter das Niveau der benachbarten Epidermiszellen eingesenkt sind (Fokussieren! Querschnitt vergleichend betrachten!). An der Blattunterseite sind die Deckzellen nicht so tief eingesenkt.
Bei starker Vergrößerung auf einen Exkretbehälter einstellen, dessen Deckzellen in der Epidermis der Blattunterseite liegen. Mit einiger Mühe läßt sich am aufgehellten Blatt unter gründlichem Fokussieren der Aufbau der Exkretbehälter ergründen. Dazu eignen sich die Behälter an der Blattunterseite besser, weil hier der Durchblick nicht durch das dichte Palisadenparenchym verschleiert wird. Auf die Deckzellen folgen die Wandzellen des Exkretbehälters. Sie liegen schalenförmig um den Hohlraum herum, der durch Auflösen der inneren Zellwände entstanden ist (lysigen!). Einzelheiten können am Blattquerschnitt besser beobachtet werden.
Blattquerschnitt. Das Blatt zeigt in seinem anatomischen Bau Merkmale eines äquifazialen und gleichzeitig eines dorsiventral-bifazialen Blattes. Die Exkretbehälter **(x)** grenzen entweder an die Blattoberseite oder an die Blattunterseite und reichen bis über die Mitte des Blattquerschnittes. Wie schon in der Aufsicht beobachtet, liegen die Deckzellen **(Epd_1)** unter dem Niveau der Epidermisoberfläche. Die äußeren Wandzellen **($PalPar_1$)** haben ziemlich dicke Wände und umgeben den Behälter wie ein Korb. Das wird besonders an solchen Exkretbehältern deutlich, die beim Schneiden nur gestreift wurden. Die äußeren

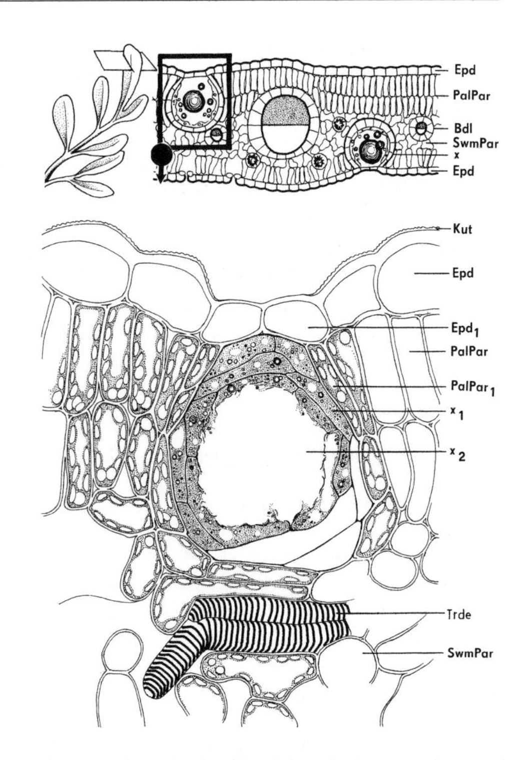

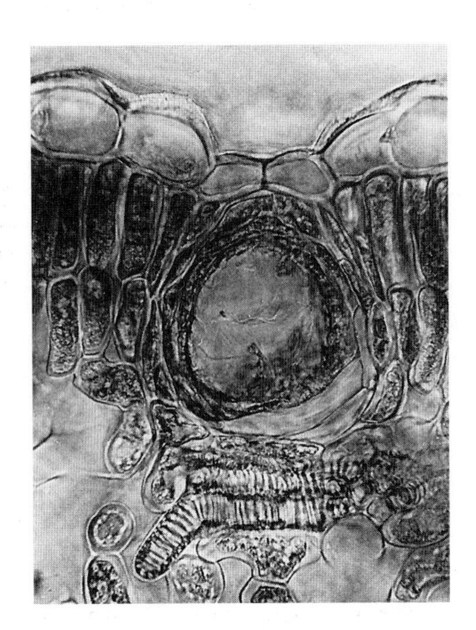

Abb. 75. *Ruta graveolens.* Lysigener Exkretbehälter. Oben: Blattquerschnitt in der Übersicht mit einem großen und zwei kleinen Leitbündeln **Bdl** und zwei Exkretbehältern **x**. Unter der Epidermis **Epd** das zweischichtige Palisadenparenchym **PalPar**. Im Schwammparenchym **SwmPar** mehrere Idioblasten mit Kristalldrusen. Unten: Exkretbehälter vergrößert. Die Deckzellen $\mathbf{Epd_1}$ sind in die Epidermis **Epd** eingesenkt. Die chloroplastenreichen Wandzellen $\mathbf{PalPar_1}$ umschließen interzellularenfrei den Exkretbehälter. Die Drüsenzellen $\mathbf{x_1}$ sind reich an Zytoplasma. Innere Drüsenzellen in Lyse. Im Lumen des Behälters $\mathbf{x_2}$ reichert sich das Exkret als gelber Tropfen an. Oben 100 : 1, unten 360 : 1.

Wandzellen enthalten Chloroplasten und reichlich Zytoplasma. Zum Inneren des Behälters zu werden die im Querschnitt schwach sichelförmigen Zellen immer flacher, plasmareicher, und die Zellwände werden dünner. Bei den innersten Zellen, die an den Hohlraum grenzen und in Lyse übergehen, sind die zentripetalen Wände nur sehr schwer zu erkennen. Meist sind sie gerissen oder schon aufgelöst ($\mathbf{x_1}$). Im Hohlraum reichert sich das Exkret zu einem Tropfen an (Frischpräparat betrachten; Abb. 75 oben).

Weitere Beobachtungen: Aufbau des nahezu äquifazialen Blattes: Epidermis, Palisaden- und Schwammparenchym, Idioblasten mit Kristalldrusen aus Calciumoxalat, Stomata mit großem Interzellularraum, Bündel des Blattes.

Weitere Objekte zum Studium verschiedener Exkretbehälter:

Dictamnus albus (Rutaceae), Weißer Diptam
Mitunter als Gartenpflanze angebaut; als Wildpflanze nur noch selten zu finden (geschützt!). Lysigene Ölbehälter im Blatt. Im reifen Exkretbehälter sind alle Drüsenzellen in der Höhlung aufgelöst. Die den Hohlraum umgebenden Parenchymzellen sind nach innen zu abgeplattet und grenzen lückenlos aneinander.

Hypericum perforatum (Hypericaceae), Tüpfel-Hartheu, Johanniskraut
Schizogene Exkretbehälter im Blatt. Die sezernierenden Zellen kleiden als Drüsenepithel den entstandenen Hohlraum aus. Die Ölbehälter reichen von der oberen bis zur unteren Epidermis und werden

von einer Schicht chlorophyllfreier Wandzellen umgeben, die verstärkte Zellwände haben. Von den dünnen Blättern lassen sich nur schwierig gute Querschnitte anfertigen.

Laurus nobilis (Lauraceae), Lorbeer
Einzellige Ölbehälter (Idioblasten) im Mesophyll. Die Zellwand des Idioblasten ist durch eine Suberinlamelle gegen die angrenzenden Zellen abgedichtet. Das Exkret wird in einen Beutel abgeschieden, der an einer napfförmigen Zellwandausstülpung befestigt ist.

Myrtus communis (Myrtaceae), Myrte
Schizogene Exkretbehälter im Mesophyll. Die Zellen des Drüsenepithels haben eine Suberinlamelle und werden von einer Schicht Wandzellen umgeben, deren Wände verstärkt sind.

Asarum europaeum (Aristolochiaceae), Braune Haselwurz
Einzellige Ölbehälter in der Epidermis der Rhizomschuppen und im Parenchym des Rhizoms. Aufbau der Idioblasten wie bei *Laurus nobilis*.

Beobachtungsziel: Ungegliederte, verzweigte Milchröhren

Objekt: *Euphorbia peplus* (Euphorbiaceae), Garten-Wolfsmilch. Blätter.

Präparation: Ausgebleichte Blätter von Alkoholmaterial verwenden. Kleine Blattstückchen von 4–5 mm Kantenlänge so in Glycerol-Wasser (Reg. 53) oder in ein Gemisch von Glycerol-Wasser und Chloralhydrat 1 : 1 (Reg. 17) einbetten, daß einzelne Blattstückchen mit der Oberseite, andere mit der Blattunterseite nach oben zeigen. Der günstigste Aufhellungsgrad tritt erst nach einigen Tagen ein. Bei Aufhellung in reinem Chloralhydrat wird das Gewebe zwar schneller transparent, das Bild wird aber meist zu kontrastarm.

Weitere Präparationsmöglichkeiten: Blattstückchen mit Karminessigsäure färben (Reg. 73) und entsprechend einbetten.

Beobachtungen (Abb. 76): Zuerst bei mittlerer Vergrößerung auf ein Blattstück einstellen, das mit der Oberseite nach oben zeigt. Durch Fokussieren das Präparat von oben nach unten durchmustern. Die Epidermiszellen sind annähernd isodiametrisch und heben sich durch die kräftigeren Wände deutlich vom Untergrund ab. Ziemlich regelmäßige, wellige Ausbuchtungen der antiklinen Zellwände kennzeichnen sie als typische Epidermiszellen **(Epd)**. Unter der Epidermis liegt das Palisadenparenchym **(PalPar)**. Meist stehen etwa 4-5 der zylinderförmigen Zellen unter einer Epidermiszelle. Sie sind im Querschnitt rundlich, jedoch nicht so gleichmäßig gerundet, wie bei *Syringa* (S. 193 f.). Bei Alkoholmaterial ist der Zellinhalt geschrumpft und hat sich in den meisten Zellen von der Zellwand abgehoben. Die Chloroplasten sind trotz der Aufhellung gut zu sehen. Die Anordnung bedingt, daß jede der abgerundeten Zellen an mehreren Stellen an das Interzellularsystem **(Intz)** grenzt. Der dichte Zellinhalt in den Palisadenzellen behindert die klare Durchsicht zum Schwammparenchym. Schon bei mittlerer Vergrößerung erkennt man über oder zwischen den Assimilationszellen die ungegliederten Milchröhren **(x)** als zarte farblose Schläuche. Die dickeren Stränge laufen bevorzugt unter den antiklinen Wänden der Epidermiszellen entlang.
Bei starker Vergrößerung (möglichst Immersionsobjektiv) auf solch eine Milchröhre einstellen, die optische Ebene von oben nach unten senken und dabei beobachten. Die Epidermis besitzt eine runzlige Oberfläche, die auf die Struktur der Kutikula zurückzuführen ist **(Kut)**. Man bemerkt beim Fokussieren, daß die Außenwände der Zellen in der Mitte emporgewölbt sind und zu den antiklinen, gewellten Wänden hin abfallen. Senkt man die optische Ebene tiefer, so verschwindet die Epidermis aus dem Gesichtsfeld und das Palisadenparenchym tritt hervor. Bei vorsichtigem Fokussieren sind in einer bestimmten Einstellebene die antiklinen Epidermiswände, die darunterliegenden Milchröhren und bereits die Umrisse der Palisadenzellen gleichzeitig zu sehen. Die Zellen des Palisadenparenchyms grenzen direkt an die Milchröhren und sind an den Berührungsstellen mit ihnen

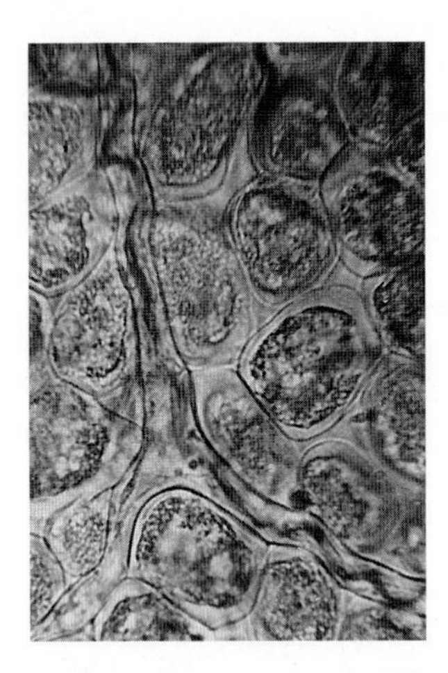

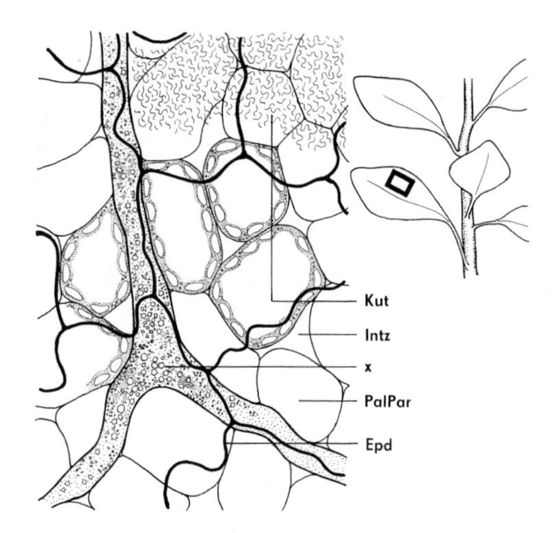

Abb. 76. *Euphorbia peplus.* Ungegliederte verzweigte Milchröhre. Durchsicht durch das aufgehellte Blatt von oben. Verzweigungsstelle der Milchröhre **x**, Zellwände der Epidermis **Epd**, Palisadenparenchym **PalPar**, Interzellularen **Intz**. Bei den Epidermiszellen rechts oben ist in der Zeichnung die Fältelung der Kutikula angedeutet **Kut**. 600 : 1.

verwachsen. Zwischen den beiden Zelltypen sind Interzellularen **(Intz)** ausgebildet (vergleiche dagegen die lückenlos anliegenden Parenchymscheiden um die Leitbündel!). Die Wände der Milchröhren sind ebenso zart wie die der Palisadenzellen. Unter den Milchröhren stoßen die Palisadenzellen wieder zusammen, an manchen Stellen sind weitere Zellen eingeschoben.

Bei vorsichtiger Objektführung nunmehr den Verlauf einzelner Milchröhren verfolgen. Auf längere Strecken verlaufen die glattwandigen Röhren direkt zwischen Epidermis und Palisadenparenchym in unregelmäßigen Windungen. Da es sich um ungegliederte Milchröhren handelt, sind keine Querwände vorhanden, wohl aber sind sie häufig verzweigt. Die abzweigenden Röhren sind teils gleichwertig, teils auffallend dünner im Querschnitt. Die schwächeren Röhren enden früher oder später als blinde Äste mit abgestumpften Enden im Mesophyll. An manchen Stellen dringt eine Milchröhre plötzlich zwischen den Palisadenparenchymzellen hindurch nach unten und kann dann in tieferen Schichten des Mesophylls weiter verfolgt werden. Häufig verlaufen die tieferliegenden Röhren dicht über, unter oder neben den Leitbündeln.

Diejenigen Blattstückchen, die mit der Unterseite nach oben eingebettet wurden, zeigen am besten die Lage der Milchröhren im Schwammparenchym. Im lockeren Gefüge dieses Gewebes sind sie lediglich mit den Ausbuchtungen und Armen der Schwammparenchymzellen verwachsen. Naturgemäß grenzen sie dabei an das Interzellularsystem.

Weitere Beobachtungen: Die Zellkerne färben sich mit Karminessigsäure in den Blattstückchen erst nach längerer Zeit an, können dann aber gut beobachtet werden. Die ausdifferenzierten Milchröhren haben Zellkerne von unregelmäßiger Form, die sich von den größeren, mehr runden Nuklei der Epidermis- und Palisadenparenchymzellen unterscheiden. – Aufbau des dorsiventralen Blattes in der Durchsicht: Leitbündel des Blattes mit Leitbündelscheide.

Weitere Objekte:

Blätter von einheimischen Wolfsmilcharten, wie z. B.
Euphorbia helioscopia, Sonnenwend-Wolfsmilch
Euphorbia platyphyllos, Breitblättrige Wolfsmilch
Euphorbia lathyris, Kreuzblättrige Wolfsmilch (aus Südeuropa, teilweise verwildert).

Die Blätter von tropischen Wolfsmilcharten, wie z. B.
Euphorbia milii, Christusdorn
Euphorbia pulcherrima, Weihnachtsstern.

2.1.1.3. Leitbündel

Beobachtungsziel: Leitbündel im dorsiventralen Laubblatt, Bündelende und Bündelscheide

Objekt: *Syringa vulgaris* (Oleaceae), Flieder. Blätter.

Präparation: a) Von der Unterseite frischer Laubblätter Flächenschnitte abtragen (Reg. 43), mit Wasser infiltrieren (Reg. 64) und in Wasser untersuchen. Danach mit Karminessigsäure färben (Reg. 73) und Präparat anfertigen. Schnittfläche nach oben. b) Alkoholmaterial wie unter a) angegeben präparieren, mit Eau de Javelle aufhellen (Reg. 27), mit Safranin färben (Reg. 105) und nach Reg. 47 Präparat anfertigen. Schnittfläche nach oben.

Beobachtungen (Abb. 77, s.a. Abb. 79): Die Nervatur der Blattspreite läßt sich am besten bei schwächster Vergrößerung an aufgehellten und mit Safranin gefärbten Präparaten beobachten. Die kräftig roten Tracheen und Tracheiden der Leitbündel heben sich von dem schwach gefärbten oder farblosen Mesophyll scharf ab. Durch kommunizierende Leitbündel unterschiedlicher Größenordnung wird die Blattspreite (Lamina) in Felder (Interkostalfelder) aufgegliedert. Die Interkostalfelder haben annähernd rechteckige, quadratische oder dreieckige Form. Der Transport von Stoffen wird in diesen Gewebebezirken durch einfache Leitbündel ermöglicht, die in den Feldern blind enden.
Bei schwacher Vergrößerung das Ende eines Bündels in das Blickfeld rücken und bei stärkerer Vergrößerung untersuchen. Die Leitbündel sind in Gewebe eingebettet, das quergeschnittenem Palisadenparenchym gleicht (S. 193f.). Wie der Querschnitt durch das Fliederblatt lehrt, verlaufen die kleineren Bündel in Höhe der zweiten Schicht des Palisadenparenchyms. Die Bündel werden im Flächenschnitt meist in der Höhe des Xylems getroffen. Sie laufen in Ring- oder Spiraltracheiden aus, die am Gefäßbündelende oft in Gruppen zusammenliegen und ein weiteres Lumen haben können als die zuführenden Tracheiden. Solche Zellen stellen Wasserspeicher dar und werden daher auch »Speichertracheiden« genannt. Das Bündel kann aber auch in einer einfachen Tracheide oder in zwei Tracheiden enden, die parallel aneinanderliegen. Während die Tracheiden gestreckt sind, können die Speichertracheiden unregelmäßig geformt sein. Alle Leitbündel sind bis in die letzten Enden von einer lückenlosen Schicht abgerundeter Zellen umgeben, die in ihrer Gesamtheit die Bündelscheide bilden. Zwischen der Bündelscheide und dem Leitstrang werden keine Interzellularen angelegt. Die Zwickel zwischen den Parenchymzellen der Bündelscheide werden von den Leitelementen ausgefüllt. Alle Gefäßbündel der Blätter sind immer von einer lückenlosen Bündelscheide umgeben! (Ausnahme: Pinselförmiges Auseinanderweichen der Gefäßbündelenden in den Epithemhydathoden.) Die Zellen der Bündelscheiden besitzen große Zellkerne, die vorwiegend der Zellwand anliegen, die an das Palisadenparenchym grenzt. Die Zellen erfüllen bei C4-Pflanzen besondere Aufgaben im Photosyntheseprozeß und sind entscheidend für den Stoffaustausch zwischen Leitbündel und Mesophyll. Während die Palisadenzellen ringsum mit Chloroplasten ausgekleidet sind, tragen die Zellen der Bündelscheiden nur an den Zellwänden, die an das Palisadenparenchym grenzen, diese Plastiden. Auch die Zellwand zwischen zwei Zellen der Bündelscheide ist frei von Chloroplasten. Viele Pflanzen enthalten in den Zellen der Bündelscheiden überhaupt kein Chlorophyll.
Bei genauem Durchmustern der Flächenschnitte – vorzugsweise der mit Karminessigsäure gefärbten – findet man auch Leitbündel, die in Höhe des Phloems getroffen wurden. Hier

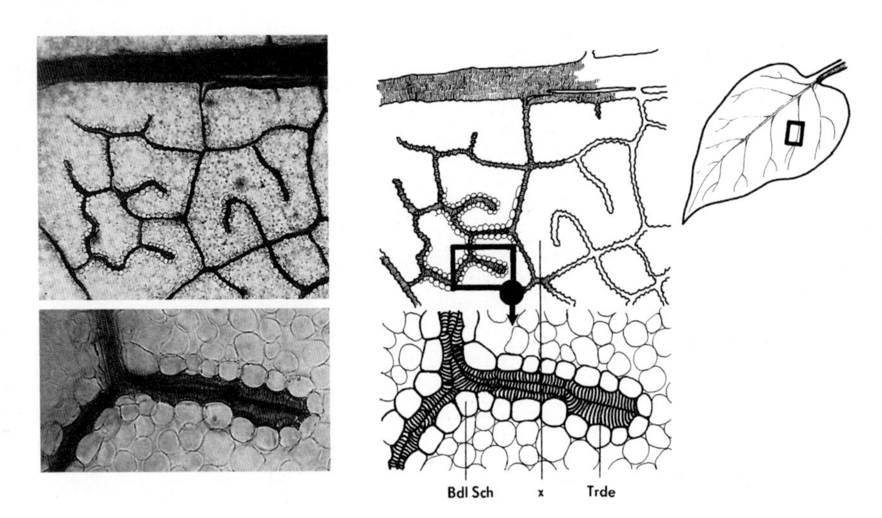

Abb. 77. *Syringa vulgaris.* Nervatur und Leitbündelende im Laubblatt. Oben: Ausschnitt aus der Blattspreite in der Durchsicht. Von stärkeren Leitbündeln ausgehend, verzweigen sich die feinen Bündel netzartig im Mesophyll. In den Interkostalfeldern **x** enden die Bündel blind. Unten: Leitbündelende vergrößert dargestellt. Die Bündel enden mit Tracheiden **Trde** und werden von Bündelscheiden **BdlSch** interzellularenfrei umschlossen. Oben 20 : 1, unten 140 : 1.

liegen an Stelle der Tracheiden langgestreckte, plasmareiche Zellen mit großen Zellkernen. In der Höhe der Bündelenden ist das Phloem nur noch durch Phloemparenchymzellen vertreten: die Siebröhren enden vorher. Das Bündelende selbst besteht nur noch aus Tracheiden.

Weitere Objekte:

Fagus sylvatica (Fagaceae), Rot-Buche
s. S. 202

Impatiens spec. (Balsaminaceae), Springkraut
Die Bündelenden lassen sich bereits am aufgehellten und gefärbten Blatt studieren.

Primula praenitens bzw. *obconica* (Primulaceae), Primel
Die Bündelenden lassen sich bereits am aufgehellten Blatt untersuchen. Ausgeprägte Speichertracheiden.

Rosa spec. (Rosaceae), Rose
Bei manchen Arten ist die Blattspreite von einem sehr dichten Leitbündelsystem durchzogen. Mitunter sind die Endtracheiden als Speichertracheiden ausgebildet.

Beobachtungsziel: Leitbündel im Blatt der Gräser (Poaceae), Anastomosen und Bündelscheide

Objekt: *Zea mays* (Poaceae), Getreide-Mais. Kräftige, nicht zu alte Blattspreiten.

Präparation: a) Alkoholmaterial. Von der Blattoberseite Flächenschnitte anfertigen (Reg. 43) und in verdünnter Safraninlösung färben (Reg. 105). Mit der Schnittfläche nach oben in Glycerol-Wasser einbetten (Reg. 53) oder Dauerpräparate herstellen (Reg. 21). Werden kleine Blattstückchen im ganzen mit Safranin stark überfärbt und mit Ethanol entfärbt, so lassen sich Stadien erfassen, in denen nur noch die Leitbündel mit den Bündelscheiden gefärbt sind.

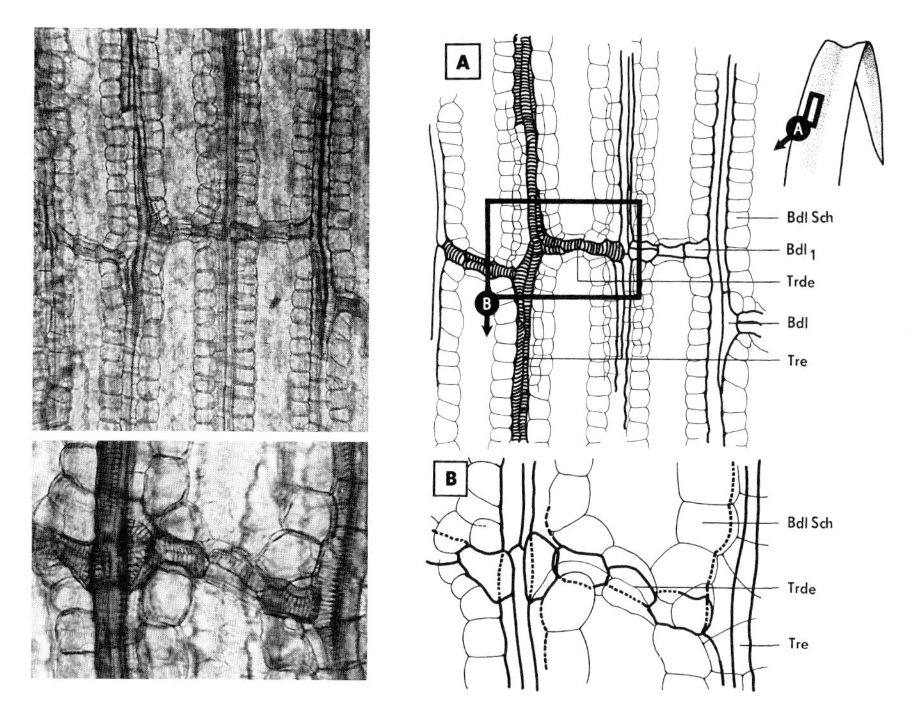

Abb. 78. *Zea mays*. Leitbündel im Gramineenblatt. **A**: Aufgehellte Blattspreite in der Durchsicht. Die parallelen Längsbündel sind durch Anastomosen **Bdl$_1$** miteinander verbunden. Jedes Leitbündel **Bdl** ist von einer parenchymatischen Bündelscheide **BdlSch** umgeben. Das Xylem der Anastomosen besteht aus Tracheiden **Trde**, das der Parallelbündel aus Tracheen **Tre**. **B**: Einzelne Anastomose, vergrößert. Der Übersichtlichkeit wegen wurden die Wandverstärkungen der Xylemelemente nicht eingezeichnet. Safraninfärbung, nach Aufhellung mit Chloralhydrat.
A 100 : 1, B 250 : 1.

b) Frischmaterial. Von der Blattoberseite Flächenschnitte herstellen und mit der Schnittfläche nach oben in Wasser einbetten. Die Blattstücke vorher mit Wasser infiltrieren (Reg. 64).

Weitere Präparationsmöglichkeiten: Von Alkoholmaterial Blattquerschnitte anfertigen (Reg. 14) und mit Safranin (Reg. 105) oder Hämalaun nach Mayer (Reg. 55) färben. Blattstücke oder Flächenschnitte vom Blatt von Alkohol- oder Frischmaterial in Aufhellungsgemisch (Reg. 17c) einbetten.

Beobachtungen (Abb. 78): Bei schwacher Vergrößerung ein Blickfeld auswählen, in dem mehrere verschieden starke »Parallelnerven« klar zu sehen sind. In guten Schnitten lassen sich leicht Stellen finden, wo ein stärkeres Leitbündel neben dünnen Bündeln verläuft, die in der überwiegenden Mehrzahl vorliegen.
Die parallel verlaufenden Bündel werden in ziemlich regelmäßigen Abständen durch sehr dünne und einfache Leitbündel quer miteinander verbunden (transversale Anastomosen). Die Blattspreite wird so von einem kontinuierlichen Leitbündelsystem durchzogen. Die Anastomosen verlaufen senkrecht, schräg oder schwach S-förmig gekrümmt von einem Leitbündel zum anderen.
Detailstudien bei mittlerer Vergrößerung durchführen. Bei den stärkeren Leitbündeln fallen weitlumige Tüpfel- und Treppentracheen (Metaxylem) besonders auf. In dickeren Schnitten sind an einzelnen Stellen über dem Metaxylem Ringtracheen und -tracheiden des Protoxylems zu erkennen (fokussieren!). Zwischen den großen Tracheen des Metaxylems liegen englumige, reich getüpfelte Elemente des Xylemparenchyms.

An den äußeren Flanken der Gefäße sind die Zellen der Bündelscheide **(BdlSch)** zu erkennen – gestreckte Parenchymzellen, die interzellularenfrei den Gefäßen anliegen. In Schnitten von Frischmaterial zeigen die Zellen der Bündelscheide zahlreiche große Chloroplasten (auf den Größenunterschied der Chloroplasten in der Leitbündelscheide und im übrigen Mesophyll achten! Chloroplasten ohne Grana; Rolle der Bündelscheide im spezifischen Photosynthesemechanismus der C4- Pflanzen).
Die Elemente des Phloems – Siebröhren und Geleitzellen – sind schwieriger zu beobachten als die des Xylems. Für deren Studium sind Blattquerschnitte besser geeignet. Die dünnen Leitbündel **(Bdl)** bestehen aus wenigen Reihen oder nur aus einer Reihe wasserleitender Elemente, Siebröhren können fehlen. Die Gefäße liegen teilweise nur als Netz- oder Treppentracheiden vor. Im Gegensatz zu den größeren Leitbündeln besteht hier die Bündelscheide nur aus unverholzten Parenchymzellen, die ebenfalls viele große Chloroplasten enthalten.
Den dünnsten Parallelnerven sind die transversalen Anastomosen ähnlich **(Bdl_1)**. Sie bestehen lediglich aus Tracheiden **(Trde)** und Siebröhren. Die letzteren können auch fehlen. Auch hier werden die Leitelemente von einer chloroplastenreichen Bündelscheide eingehüllt. Die Einmündungsstellen der Anastomosen in die Parallelnerven verdienen besondere Beachtung. Die Tracheiden der Anastomosen liegen mit breiter Fläche den Gefäßen der Parallelnerven an. Die Lumina beider Elemente stehen durch zahlreiche Tüpfel und meist noch durch eine große, runde bis ovale Perforation miteinander in Verbindung. Da die Leitelemente in den dünnsten Parallelnerven erst spät reifen, können alle Entwicklungsstadien der Wandverdickungen beobachtet werden. Die Leitbündel sind in zartwandiges Schwammparenchym eingebettet.

Weitere Beobachtungen: Es empfiehlt sich, die Kenntnisse der eben besprochenen Verhältnisse durch Studien an Blattquerschnitten zu ergänzen.

Weitere Objekte:
Alle Poaceenblätter können für die Untersuchung herangezogen werden. Die Blätter der Getreidearten sind besonders geeignet.

Aufbau des Angiospermenblattes in der Gesamtschau

Beobachtungsziel: Anatomie des mesomorphen, dorsiventral-bifazialen Laubblattes

Objekt: *Fagus sylvatica* (Fagaceae), Rotbuche. Sehr junge Blätter kurz nach dem Knospensprung und ausdifferenzierte Blätter.

Präparation: a) Blättchen bzw. Blattstücke mit Wasser infiltrieren (Reg. 64) und Querschnitte anfertigen (Reg. 14). Die Schnitte direkt in Aufhellungsgemisch (Reg. 17c) einbetten oder, besonders bei älteren Blättern, vorher mit Eau de Javelle behandeln (Reg. 27).
b) Kleine Stücke (3×3 mm) von ausdifferenzierten Blättern mit der Oberseite, andere im gleichen Präparat mit der Unterseite nach oben in Aufhellungsgemisch (Reg. 17c) einbetten.
c) Für vergleichende Betrachtung Frischpräparate (Reg. 47) von lebendem Material (Reg. 46) anfertigen.
Zur Präparation kann auch Alkoholmaterial (Reg. 3) verwendet werden.

Weitere Präparationsmöglichkeiten: a) Blattstücke und -querschnitte in Carnoyschem Gemisch fixieren (Reg. 42) und nach Kernfärbung mit Karminessigsäure (Reg. 73) in neutralisierte Chloralhydrat-Lösung (Reg. 17b) einbetten.

b) Von voll entwickelten, aber noch nicht aufgebrochenen Blattknospen Querschnitte anfertigen (vorher Knospenschuppen entfernen!), in Carnoyschem Gemisch fixieren, mit Hämalaun nach Mayer färben (Reg. 55) und in Glycerol-Wasser einbetten (Reg. 53).

Beobachtungen (Abb. 79A bis E): Den Querschnitt eines ausdifferenzierten Blattes bei einer solchen Vergrößerung betrachten, daß er in vertikaler Ausdehnung überschaut werden kann.
Die Epidermiszellen **(Epd)** erscheinen auf Grund der gewellten antiklinen Zellwände verschieden groß (mit Epidermis in Aufsicht vergleichen! Abb. 79B). Die Außenwand der oberen Epidermiszellen ist dicker als die übrigen Zellwände und von einer Kutikula überzogen. Die lebenden Zellen enthalten eine große Vakuole. Chloroplasten fehlen. Über den kleineren Leitbündeln senkt sich die Epidermis ein und grenzt dort an subepidermale Kristallidioblasten **(Kst)**. Unter der Epidermis liegt eine Schicht langgestreckter, schlanker Zellen, senkrecht zur Blattoberfläche orientiert – das Palisadenparenchym **(PalPar).** Die Zellen sind anscheinend dicht gedrängt, aber wegen ihres kreisrunden Querschnittes steht ein großer Teil der Oberfläche jeder Palisadenzelle mit dem Interzellularsystem in Verbindung; besonders deutlich ist das in der Blattaufsicht zu sehen (Abb. 79 C; s.a. S. 193f.). Die Chloroplasten liegen der Wandfläche an (höchste Lichtausbeute!). Wie bereits erwähnt, sind die subepidermalen Zellen über den Leitbündeln chlorophyllfreie Idioblasten, die solitäre Calciumoxalatkristalle enthalten (S. 72). Zwischen Palisaden- und Schwammparenchym liegen einzelne chlorophyllfreie Idioblasten mit kugelförmig-stacheligen Kristalldrusen (Abb. 79E). Bei ausgeprägten Sonnenblättern sind zwischen den schlanken, zum Teil zweischichtig angeordneten Palisadenzellen die Räume des Interzellularsystems eng; bei Schattenblättern dagegen sind die Palisadenzellen gedrungen und mehr kegelförmig, die Zwischenzellräume daher weitlumig (Abb. 79A stellt eine Übergangsform dar). Gefärbte Blattquerschnitte zeigen, daß die Zellkerne der Palisadenzellen etwa in gleicher Ebene liegen.
Unter dem Palisadenparenchym liegt das Schwammparenchym **(SwmPar)**, dessen Zellen ebenfalls von dünnen Wänden umgeben sind, aber weniger Chloroplasten enthalten. Die obersten Zellen des Schwammparenchyms haben mitunter die Form eines auf der Spitze stehenden Kegels (Trichter- oder Sammelzellen), auf dessen Grundfläche mehrere der schlauchförmigen Palisadenzellen stehen (Wasserzufuhr und Ableitung der Assimilate). Die leichte Krümmung des unteren Teils mancher Palisadenzellen demonstriert das unterschiedliche Streckungswachstum der verschiedenen Zellelemente bei der Differenzierung der Gewebe (Abb. 79A). Die unregelmäßig geformten Schwammparenchymzellen sind vorwiegend horizontal zu mehr oder weniger langen Fortsätzen ausgewachsen, deren Enden aneinanderstoßen (unterschiedliche Wachstumsaktivität der Zellwände während der Blattentwicklung; Abb. 79D, E; .s.a. S. 194ff.! Vergleichend Blattstücke in Aufsicht betrachten!). Dadurch entsteht zwischen den Zellen ein zusammenhängendes, weitlumiges Interzellularsystem **(Intz)** .
Die Epidermis der Blattunterseite gleicht weitgehend der der Oberseite, allerdings treten nur bei der ersteren Spaltöffnungen auf **(Schlz)**. Über den Stomata weitet sich das Interzellularsystem im Schwammparenchym stark aus **(IntzR).** Auch die untere Epidermis senkt sich an den kleineren Leitbündeln rinnenartig ein. Die kollateralen, geschlossenen Leitbündel begrenzen die Interkostalfelder und sind von Sklerenchymscheiden **(SklSch)** umgeben. Diese wieder werden von chloroplastenhaltigen Parenchymzellen eingehüllt, die die Verbindung der Leitelemente zum übrigen Schwammparenchym herstellen **(BdlSch)**. Zwischen den Zellen der Bündelscheiden und den Leitbündeln gibt es keine Interzellularen (Abb. 79D). Abschließend den Querschnitt durch ein junges, nicht ausdifferenziertes Blatt studieren (Abb. 79E): Die Zellen liegen noch dicht gepackt. Besonders zwischen den Palisadenzellen und den Zellen der obersten Schicht des Schwammparenchyms sind noch keine Interzellularen entstanden. Vermehrung der Palisadenzellen findet in diesem Entwicklungsstadium nicht mehr statt (vgl. Abb. 79B).

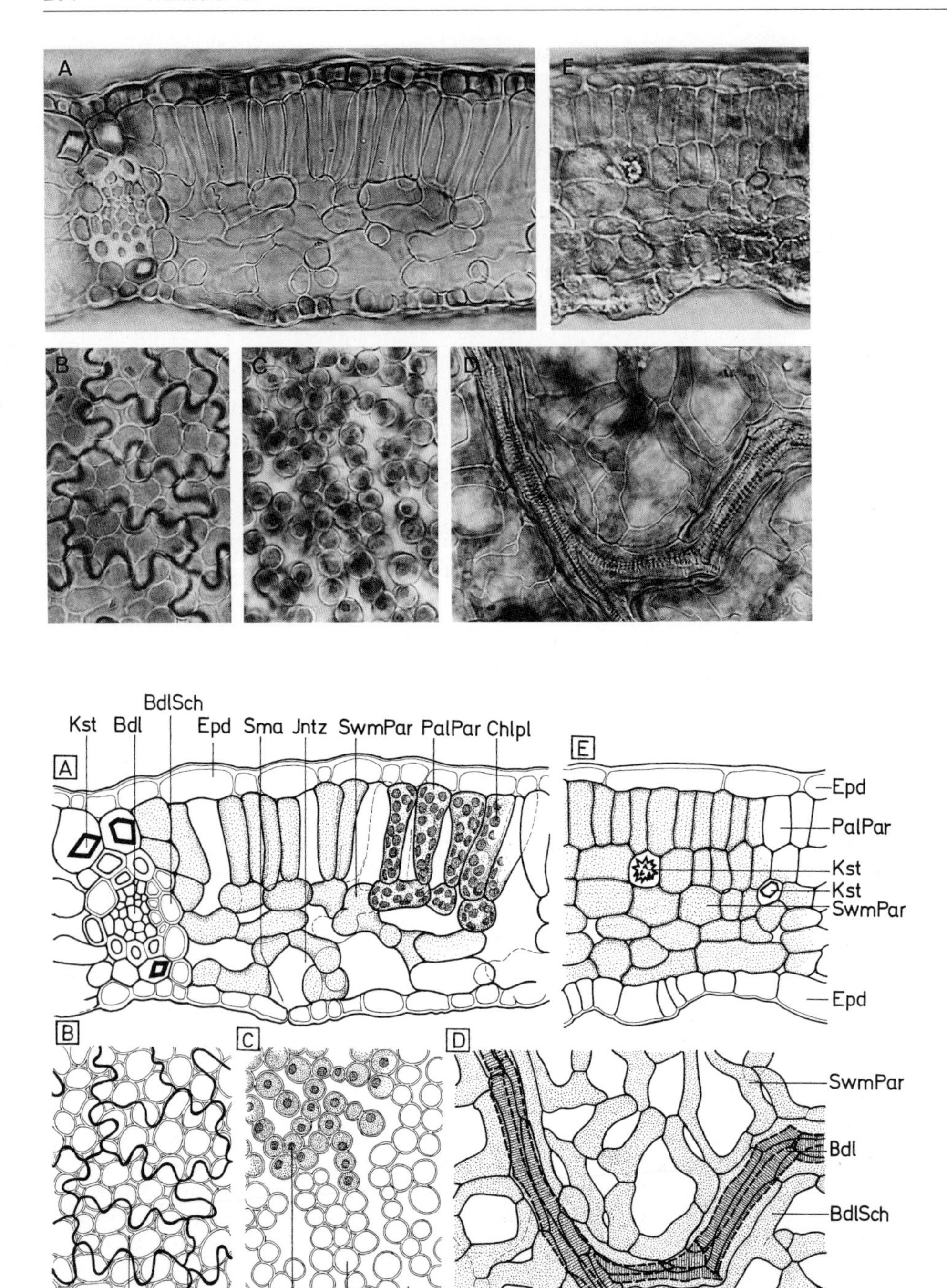

Abb. 79. *Fagus sylvatica.* **A**: Querschnitt durch das dorsiventral-bifaziale Blatt: Epidermis **Epd**; bei einigen Palisadenparenchymzellen **PalPar** Chloroplasten **Chlpl** eingezeichnet; Schwammparenchym **SwmPar** mit weitlumigem Interzellularsystem **Intz**, über den Spaltöffnungen **Sma** erweiterter Interzellularraum; Leitbündel **Bdl** mit Bündelscheide **BdlSch**, angrenzende subepidermale Zellen enthalten Solitärkristalle **Kst. B-D**: Aufsicht auf das transparente Blatt.

Weitere Beobachtungsmöglichkeiten: a) Aufgehellte Blattstücke eines noch nicht ausdifferenzierten Blättchens in der Aufsicht betrachten: Epidermiszellen annähernd isodiametrisch. Entwicklungsstadien der Stomata. b) Querschnitte von Blättern verschieden alter Knospen: Alle Zellen noch isodiametrisch, noch kein Interzellularsystem, Vermehrung der Zellen, aus denen die Palisadenzellschicht hervorgeht, hat noch nicht stattgefunden.

Weitere Objekte:

Helleborus niger (Ranunculaceae), Schwarze Nieswurz, Christ- oder Schneerose
Derbe Blätter, von denen sich leicht Querschnitte anfertigen lassen. Frischmaterial für die Wintermonate! Eignet sich neben der Untersuchung des Blattaufbaues auch für das Studium der Stomata.

Syringa vulgaris (Oleaceae), Gemeiner Flieder
Liefert bis weit in den Herbst hinein Frischmaterial. Blattquerschnitt: Palisadenparenchym zweischichtig, Schwammparenchym ziemlich dicht, in die Epidermis eingesenkt acht- bis mehrzellige Drüsenschuppen; Flächenschnitte zeigen sehr schön die Struktur des quergeschnittenen Palisadenparenchyms (Abb. 74). Die Leitbündel verlaufen in Höhe der zweiten Schicht des Palisadenparenchyms.

B

Raphanus sativus (Brassicaceae), Garten-Rettich
Palisadenparenchym dreischichtig, typische Trichterzellen.

Nerium oleander (Apocynaceae), Oleander
Immergrüner Strauch aus dem Mittelmeergebiet, häufige Zierpflanze; Epidermis und hypodermale Schichten bilden ein mehrschichtiges Wassergewebe, Palisadenparenchym zweischichtig, Stomata in Vertiefungen, die mit Haaren ausgekleidet sind (xeromorphe Pflanze!).

Typische Trichterzellen des Schwammparenchyms sind bei folgenden Arten zu finden:

Elaeagnus angustifolia (Elaeagnaceae), Schmalblättrige Ölweide

Pulmonaria officinalis (Boraginaceae), Echtes Lungenkraut

Hedera helix (Araliaceae), Gemeiner Efeu
Derbe, immergrüne Blätter, die auch im Winter günstiges Material liefern. Palisadenparenchym mehrschichtig; im Schwammparenchym Idioblasten mit großen Kristalldrusen; Exkretgänge entlang den Leitbündeln.

Beobachtungsziel: Anatomie des unifazialen Flachblattes einer monokotylen Pflanze

Objekt: *Iris germanica* (Iridaceae), Deutsche Schwertlilie. Jüngere Blätter.

Präparation: a) Von einem jüngeren Blatt einige Zentimeter unterhalb der Blattspitze Quer-, Längs- und Flächenschnitte anfertigen (Reg. 14 u. 43) und nach Reg. 47 präparieren. Die Flächenschnitte können auch erst aufgehellt werden (Reg. 27).
b) Blattquerschnitte mit Safranin färben (Reg. 105) und nach Reg. 47 präparieren.
c) Blattquerschnitte mit Phloroglucinol-Salzsäure behandeln (Reg. 101).

Beobachtungen (Abb. 5, S. 34): *Blattquerschnitt.* Der Anblick durch ein schwächeres Objektiv vermittelt am anschaulichsten den Aufbau des unifazialen Blattes. Im Gegensatz zum dorsiventralen Blatt (S. 202) entwickeln sich die Gewebe des unifazialen Blattes nur aus abaxialen Schichten des Primordiums. Darüber hinaus ist das Blatt äquifazial gebaut, es kann nicht zwischen einer Palisadenparenchymschicht und darunterliegendem Schwamm-

B: Epidermiszellen **Epd**, darunter Palisadenzellen **PalPar** mit Interzellularsystem **Intz**. **C**: Aufsicht auf das Palisadenparenchym, Schärfenebene in Höhe der Zellkerne **Nkl**. Interzellularsystem **Intz** beachten! **D**: Aufsicht auf ein Leitbündel **Bdl**, das in Höhe des Schwammparenchyms **SwmPar** verläuft; Bündelscheide **BdlSch**. **E**: Querschnitt durch ein junges Blatt. Durchgehendes Interzellularsystem noch nicht entwickelt, Gewebe noch nicht ausdifferenziert, aber Kristallidioblasten **Kst** bereits entwickelt. A 450 : 1, B 660 : 1, C 560 : 1, D 450 : 1, E 500 : 1.

parenchym unterschieden werden: Auf beiden Seiten liegen unter der Epidermis drei bis vier chloroplastenhaltige Zellschichten als eigentliches Photosyntheseparenchym. Die Zellen sind rund bis länglich-oval, das gesamte Gewebe ist von dem reichverzweigten Interzellularsystem durchzogen. Das Innere des Blattes besteht aus ziemlich großen, parenchymatischen Zellen, die wenige oder keine Chloroplasten enthalten. Die auffallenden Kristallidioblasten wurden bereits auf S. 69f. behandelt. Das unifaziale Blatt kann leicht an der Anordnung der Leitbündel erkannt werden: Sie sind im unifazialen Rundblatt im Ring, im unifazialen Flachblatt in zwei übereinanderliegenden Reihen (als flachgedrückter Ring denkbar) angeordnet. Bei einem mit Safranin gefärbten Präparat auf eine Stelle im Querschnitt einstellen, an der sich zwei größere Bündel gegenüberliegen. Im Unterschied zum dorsiventralen Blatt zeigt bei beiden kollateral geschlossenen Bündeln das Phloem nach außen, während das Xylem innen liegt. Diese Lage nehmen auch die kleinen Zwischenbündel ein. Das Phloem wird durch halbmondförmige Sklerenchymhauben geschützt, die sich mit Safranin besonders intensiv anfärben. Das starke Anfärben der sichelförmigen Sklerenchymkappen wie auch der Xylemelemente deutet auf Verholzung hin. Die Rotfärbung dieser Gewebe im Phloroglucinol-Salzsäure-Präparat ist für die Einlagerung von Lignin in die Zellwand charakteristisch.
Nach der allgemeinen Information über den Gesamtaufbau des Blattquerschnittes lohnt sich die eingehende Untersuchung von Details bei stärkerer Vergrößerung. Wie ein Flächenschnitt (s. unten) zeigt, besteht die Epidermis aus langgestreckten, an den Enden etwas verjüngten Zellen. Im Querschnitt weichen die Epidermiszellen daher nur wenig in der Größe voneinander ab. Alle Zellwände – besonders die äußeren – sind verdickt. Zahlreiche Röhrentüpfel ermöglichen den Stoffaustausch zwischen den Epidermiszellen und den Mesophyllzellen. Die Tüpfel durchbrechen vorwiegend die Verdickung der antiklinen Wände.
Nach Färbung mit dem Fettfarbstoff Sudan III tritt die Kutikula deutlich hervor. Über jeder antiklinen Wand ist die Epidermis leicht eingekerbt. Die Sklerenchymhaube über dem Phloem besteht aus Sklerenchymfasern mit dicken, wenig getüpfelten Wänden. Sie greift mit ihren Rändern ziemlich weit um das Phloem herum.
Das gesamte Bündel einschließlich Sklerenchymkappe ist von einer einschichtigen, parenchymatischen Bündelscheide umgeben. Zwischen Bündel und Bündelscheide treten kaum Interzellularen auf. Größere Bündel reichen mit den Sklerenchymkappen bis an die Epidermis. Oft ist die erste hypodermale Zellschicht aber nicht sklerenchymatisch und nicht verholzt. Auf das zartwandige Phloem folgt – durch wenige Parenchymzellen getrennt – das Xylem, dessen Protoelemente auf der dem Phloem abgewandten Seite zu finden sind (Näheres über den Bau der Leitbündel S. 82ff. u. 173).
Blattlängsschnitt. In der Schnittebene durch ein Interkostalfeld zeigt das Blatt einen relativ einförmigen Aufbau. Bei den gestreckten Epidermiszellen fallen die zahlreichen Röhrentüpfel in den antiklinen Zellwänden auf. Ihren unterschiedlichen Durchmesser erkennt man deutlich bei stärkerer Vergrößerung. Mitten auf jeder Epidermiszelle ist die Außenwand buckelförmig verstärkt. Die Stomata liegen in schwachen Vertiefungen. Alle Mesophyllzellen gleichen gewöhnlichen, wenig spezialisierten Parenchymzellen. Die inneren Zellen sind stärker in Richtung der Blattachse gestreckt und bedeutend größer als die äußeren. Die im Umriß mehr oder weniger rechteckigen Zellen grenzen fast lückenlos aneinander. Große runde bis ovale Löcher in den Längswänden der Mesophyllzellen finden bei der Betrachtung des Flächenschnittes ihre Aufklärung (s. u.). Von den gleichförmigen Parenchymzellen heben sich die Idioblasten mit den Styloiden deutlich ab. Im Längsschnitt durch das Leitbündel erscheint die Sklerenchymkappe wie ein dickes Bündel prosenchymatischer Sklerenchymfasern. Die reich mit Röhrentüpfeln versehenen dicken Zellwände umschließen ein sehr enges Zell-Lumen. Bei größeren Bündeln verdecken die übergreifenden Sklerenchymhauben das Phloem weitgehend. Günstig getroffene Xylemteile lassen vom deletierten Protoxylem bis zum charakteristischen Metaxylem alle Stadien der Zellwandentwicklung erkennen.

Flächenschnitt. Die Epidermis besteht aus langgestreckten, glattwandigen Zellen, die sich nach den Enden zu verschmälern. Die Zellreihen werden von einfachen Spaltöffnungen unterbrochen, die nur aus zwei bohnenförmigen Schließzellen bestehen. Nebenzellen fehlen. Unter der Epidermis liegt eine Schicht runder bis länglich ovaler Zellen, die in Reihen dicht aneinanderliegen, so daß nur kleine Interzellularen ausgebildet sind. Die Zellen enthalten viele Chloroplasten; das Gewebe entspricht dem Palisadenparenchym. Unter jeder Spaltöffnung ist im Palisadenparenchym der Interzellularraum stark erweitert (fokussieren!). In den tieferen Schichten sind die Zellen ebenfalls in Reihen angeordnet. Während sie im Quer- und Längsschnitt einfachen, nicht spezialisierten Parenchymzellen gleichen, sehen sie in der Aufsicht wie typische Schwammparenchymzellen aus. Sie sind hauptsächlich in Richtung der Blattadern gestreckt und tragen besonders an den Längswänden armartige Ausbuchtungen. Da die Wände nur parallel zur Blattoberfläche ausgebuchtet sind, sind sie sowohl im Quer- als auch im Längsschnitt nicht als typische Schwammparenchymzellen zu erkennen. Die großen Löcher in den Längswänden, die im Längsschnitt zu sehen waren, sind auf die abgeschnittenen Ausbuchtungen zurückzuführen.

B

Weitere Beobachtungen: Idioblasten mit Styloiden (vgl. S. 71 f.); Stomata. Bei *Iris* ist das Blatt an der Basis bifazial gebaut und mit der Blattoberseite nach oben zusammengeklappt. Das Blatt »sitzt« mit der Falte auf den jüngeren Blättern. Querschnitte aus entsprechenden Blattabschnitten bieten die Möglichkeit, alle Übergangsstadien vom bifazialen Blatt zum unifazialen Flachblatt zu untersuchen.

Weitere Objekte:

Unifaziale Flachblätter in der Gattung *Iris*

Typha angustifolia (Typhaceae), Schmalblättriger Rohrkolben
Unifaziale Flachblätter. Im Querschnitt des Blattes liegen Reihen verschieden großer Leitbündel, die alle mit dem Phloemanteil nach außen zeigen.

Unifaziale Rundblätter sind in der Gattung *Allium* (Liliaceae), z. B. *A. sativum*, Knoblauch, *A. schoenoprasum*, Schnittlauch, *A. cepa*, Küchen-Zwiebel, und in der Gattung *Juncus* (Juncaceae), z. B. *J. effusus*, Flatter-Binse, *J. inflexus*, Blaugrüne Binse, zu finden. Die Blätter sind im Querschnitt rund, und die ringförmig angeordneten Leitbündel zeigen mit dem Phloemanteil nach außen (wie meist bei primären Sproßachsen).

Sansevieria cylindrica (Liliaceae), Bogenhanf
Zimmerpflanze. Unifaziale Rundblätter.

Hyacinthus orientalis (Liliaceae), Garten-Hyazinthe
Die Blattspitzen sind rund-unifazial, während das übrige Blatt bifazial gebaut ist.

Cucurbita pepo (Cucurbitaceae), Garten-Kürbis
Bei embryonalen Blättern sind die Blattspitzen rund-unifazial und wie Träufelspitzen gestaltet.

Beobachtungsziel: Anatomie eines Poaceen-Blattes (Blasenzellen in der Epidermis, Parenchym- und Mestomscheide)

Objekt: *Avena sativa* (Poaceae), Saat-Hafer. Blätter.

Präparation: a) Von einem ausdifferenzierten Blatt Längs- und Querschnitte anfertigen (Reg. 14), in Eau de Javelle aufhellen (Reg. 27), mit Safranin (Reg. 105) färben und nach Reg. 47 Präparat herstellen oder mit Carnoyschem Gemisch fixieren (Reg. 42a) und dann in Aufhellungsgemisch (Reg. 17c) einbetten.
b) Blattquerschnitte mit Phloroglucinol-Salzsäure behandeln (Reg. 101).

Weitere Präparationsmöglichkeiten: Mit Hämalaun nach Mayer (Reg. 55) oder Karminessigsäure (Reg. 73) färben. Blattquerschnitt mit Sudan III färben (Reg. 116). Mit Hämalaun oder Safranin gefärbte Präparate in Dauerpräparate überführen.

Beobachtungen (Abb. 80): *Blattquerschnitt.* Der Querschnitt durch das Haferblatt bietet den Anblick eines für Gräser typischen Blattes, das weitgehend äquifazial aufgebaut ist. Bei schwacher Vergrößerung auf einen Teil der Blattspreite einstellen, der nur von kleinen Leitbündeln durchzogen ist (Abb. 80A). Im Gegensatz zum dorsiventral-bifazialen Laubblatt einer dikotylen Pflanze (S. 202ff.) gliedert sich das Mesophyll der Interkostalfelder nicht deutlich in Palisaden- und Schwammparenchym. Die Epidermen **(Epd)** bestehen aus großen und kleinen Zellen, wobei die größeren über dem Mesophyll der Interkostalfelder liegen. In der Epidermis der Blattoberseite sind diese Zellen auffallend groß. Es handelt sich um spezialisierte Epidermiszellen – sogenannte Blasen- oder Entfaltungszellen **(x_1)** –, denen man die Funktion der Wasserspeicherung und Mitwirkung bei der Entfaltungsbewegung der Blattspreite zuschreibt (Abb. 80B). Über den Leitbündeln, wo die Lamina etwas dicker ist, sind die Zellen der schwach emporgewölbten Epidermis relativ klein. Genau über den Bündeln liegen Zellreihen mit verholzten Wänden (Safraninfärbung, Phloroglucinolreaktion). Über größeren Leitbündeln sind besonders die Wände der subepidermalen Zellen stark verholzt. Zum Teil ragen hier die Epidermiszellen papillenartig über die Epidermisoberfläche hinaus. Daß es sich um spitze, in Längsrichtung des Blattes abgewinkelte zahnartige Trichome handelt, erkennt man am Längsschnitt. Alle Epidermiszellen besitzen verstärkte Außenwände mit deutlicher Kutikula **(Kut)**.
Die Stomata wurden bereits auf S. 189f. behandelt. Die großen Interzellularräume unter den Spaltöffnungen **(IntzR)** fallen besonders auf. Die zartwandigen Mesophyllzellen ähneln Schwammparenchymzellen, die nur kurze Auswüchse entwickelt haben **(SwmPar)**. Große ovale und kreisrunde Löcher **(x_3)** in den Zellwänden finden bei der Betrachtung des Längsschnittes ihre Erklärung. Wie bei vielen Poaceen, so besitzen auch die Leitbündel vom Hafer doppelte Bündelscheiden (Abb. 80D). Die äußere Scheide (Parenchymscheide) besteht aus weitlumigen Parenchymzellen mit dünner Wand **(ParBdlSch)**. Im Zytoplasma **(Zpl)** sind Chloroplasten **(Chpl)** eingebettet. Die Zellen der nach innen folgenden Mestomscheide **(x_2)** enthalten keine Chloroplasten. Mit Phloroglucinol-Salzsäure oder durch Safraninfärbung läßt sich nachweisen, daß die Zellwände verholzt sind. Bei größeren Bündeln sind die dem Leitbündel zugekehrten Zellwände der Mestomscheide verstärkt. Die Leitbündel im Grasblatt gehören dem geschlossenen kollateralen Typ an. In kleinen Bündeln besteht das obenliegende Xylem nur aus wenigen Elementen, wobei das Protoxylem **(PrtXyl)** der Phloemseite zugekehrt ist. Nur durch wenige parenchymatische Zellen vom Xylem getrennt, füllt das Phloem **(Phlm)** den übrigen Teil des Leitbündelquerschnittes aus. Besonders auf die sehr grobporigen Siebplatten achten! Die Epidermis der Blattunterseite unterscheidet sich von der oberen Epidermis nur durch das Fehlen der Blasenzellen.
Blattlängsschnitt (Abb. 80C).Das Studium der Längsschnitte schult in besonderem Maße das räumliche Vorstellungsvermögen. Überdenkt man beim Anblick des Querschnittes die verschiedenen Möglichkeiten der Längsschnitte, so wird verständlich, daß im Unterschied zum Querschnitt das längsgeschnittene Blatt je nach Schnittebene voneinander abweichende Bilder ergeben muß (Abb. 80A). Am einfachsten ist der Aufbau in der Schnittebene a. Der Schnitt geht durch ein Interkostalfeld und trifft dabei in der oberen Epidermis **(Epd)** die Blasenzellen. Die obere Epidermis besteht in einem solchen Präparat nur aus den weitlumigen Entfaltungszellen, die wie die Zellen der unteren Epidermis in der Längsachse des Blattes gestreckt sind. Die Blasenzellen stoßen mit geraden Stirnwänden aneinander. An der unteren Zellwand sind sie durch kurze Fortsätze mit den armförmigen Auswüchsen der subepidermalen Zellen verwachsen. Diese Zellen können ziemlich langgestreckt sein und durch ihre vertikalen Fortsätze nach oben und unten mehreren gewöhnlichen Palisadenzellen entsprechen. Man bezeichnet solche Zellen als »Armpalisadenzellen« (vgl. S. 175). Denken wir uns die Armpalisadenzellen quer geschnitten, so würden die Verbindungen zwischen den Fortsätzen **(x_3)** als große Öffnungen vorliegen, die aus dem Blattquerschnitt allein nicht erklärt werden konnten. Die Zellen der inneren Schichten sind von gedrungenerer Form, gleichen im Prinzip aber den Armpalisadenzellen. Hat der Längsschnitt die Parenchymscheide nur gestreift (Schnittebene b in Abb. 80A), so wird die

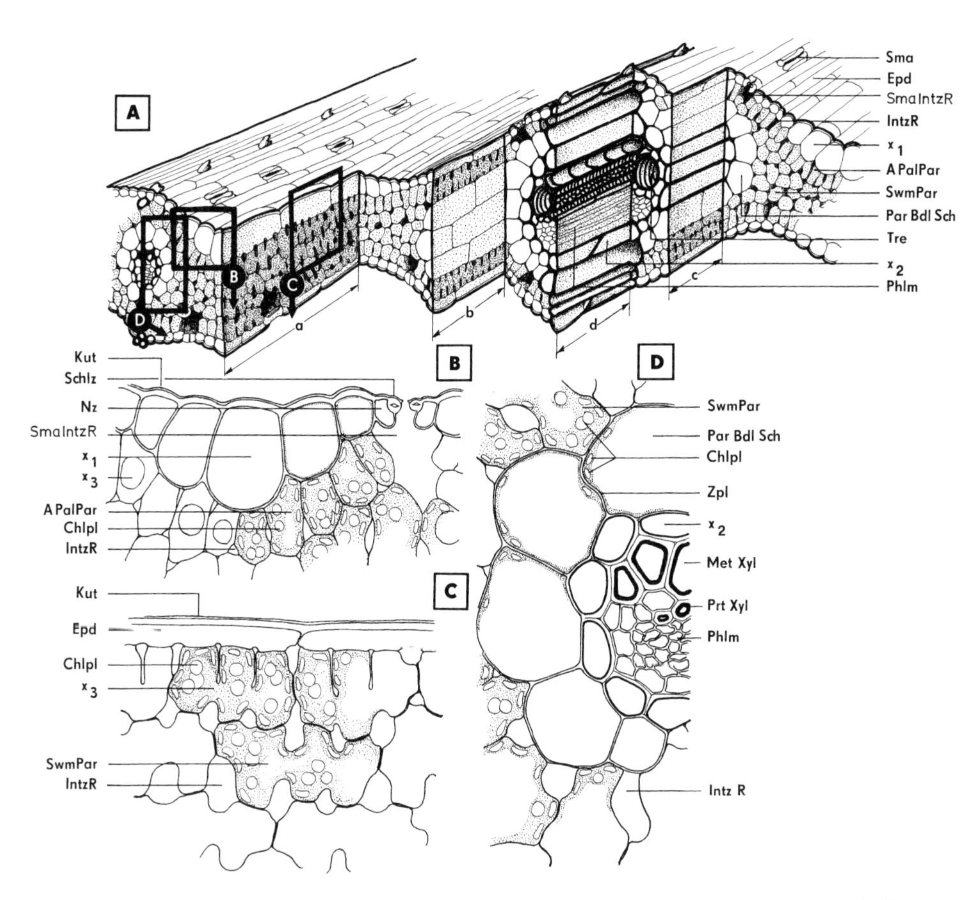

Abb. 80. *Avena sativa.* Bau des Grasblattes. **A**: Blatt in verschiedenen Ebenen angeschnitten. Spaltöffnung **Sma**, Epidermis mit langgestreckten Zellen **Epd** und weitlumigen Blasenzellen $\mathbf{x_1}$, Armpalisadenparenchym **APalPar** und das wenig davon abweichende Schwammparenchym **SwmPar**, parenchymatische Bündelscheide **ParBdlSch** mit Chloroplasten **Chlpl** im Zytoplasmawandbelag **Zpl**, verholzte Mestomscheide $\mathbf{x_2}$, Trachee **Tre**, Phloem **Phlm**. **B**: Blattquerschnitt im Bereich der Blasenzellen $\mathbf{x_1}$, die Löcher $\mathbf{x_3}$ in den Zellen des **APalPar** sind durch das Zerschneiden der englumigen Zellpartien entstanden (C: $\mathbf{x_3}$), unter der Spaltöffnung großer, substomatärer Interzellularraum **SmaIntzR**. **C**: Blattlängsschnitt. Zwischen den Armpalisadenzellen **APalPar** und den Zellen des Schwammparenchyms **SwmPar** besteht kein wesentlicher morphologischer Unterschied. Bei $\mathbf{x_3}$ die Stelle, die im Querschnitt als Loch erscheint. Interzellularraum **IntzR**. **D**: Kleinste Leitbündel im Querschnitt. Auffallender Größenunterschied zwischen den Zellen der parenchymatischen Bündelscheide und denen der Mestomscheide. B 280 : 1, C 290 : 1, D 330 : 1.

Lamina in der Mitte durch mehrere Lagen langgestreckter, weitlumiger Zellen geteilt, die mit geraden Stirnwänden aneinandergrenzen und wie die Blasenzellen aussehen. Ein weiterer Schnitt wäre noch in der Ebene c denkbar, wo die Parenchymscheide durchschnitten und die Mestomscheide nur gestreift wurde. Die vielfältigste Aussage ist aber bei der Schnittebene d möglich. Dabei werden die Epidermen in dem Bereich der englumigen, verholzten Zellen und das Leitbündel im Durchmesser getroffen. Die langgestreckten Epidermiszellen sind dickwandig und stoßen mit zum Teil abgeschrägten Stirnwänden aneinander. An den Radial- und Innenwänden vermitteln zahlreiche einfache Röhrentüpfel den Stoffaustausch. Auf die Epidermis folgen ein bis zwei Schichten von Armpalisadenparenchymzellen, die an die großen Zellen der Parenchymscheide stoßen. Zwischen Parenchymscheide und Xylem erkennt man die ebenfalls langgestreckten und verholzten Zellen der Mestomscheide **(x_2)**, deren Wände besonders reich getüpfelt sind (intensiver Stoffaustausch zwischen Leitbündel und Parenchymscheide). Je nach Größe des getroffenen Leitbündels können die Mestomzellen mehr oder weniger stark verdickte Wände besitzen. Das Leitbündel selbst gleicht im Grundaufbau dem auf S. 115ff. beschriebenen sproßeigenen Bündel von *Zea mays.*

Weitere Beobachtungen: In manchen Querschnitten können Anastomosen getroffen sein, deren Verlauf oder Einmündung in das Leitbündel zusätzlich untersucht werden können. In Blattlängsschnitten sind die Anastomosen quer getroffen und vermitteln die Kenntnis vom Aufbau eines sehr einfach gebauten Leitbündels.

Weitere Objekte:

Allgemein sind die Blätter von *Zea mays,* von den Getreidearten (z. B. *Triticum aestivum,* SaatWeizen; *Secale cereale,* Saat-Roggen; *Hordeum vulgare,* Zweizeilige Gerste) und von Gräsern (z B. *Dactylis glomerata,* Gemeines Knäuelgras; *Elytrigia repens,* Gemeine Quecke; *Poa annua,*Einjähriges Rispengras) zum Studium des Poaceenblattes geeignet.

Beobachtungsziel: Anatomie des hygromorphen, dorsiventral-bifazialen Laubblattes

Objekt: *Impatiens parviflora* (Balsaminaceae), Kleines Springkraut. Blätter.

Präparation: Blattquerschnitte anfertigen (Reg. 14) und nach Reg. 47 präparieren. Möglichst Frischmaterial verwenden!

Beobachtungen (Abb. 81): Nur wenige Zellschichten bauen die Blattspreite auf. Die Epidermis der Blattoberseite besteht im Unterschied zur unteren Epidermis aus Zellen mit weiterem Lumen. Das Studium der Epidermiszellen **(Epd)** in der Aufsicht (S. 176) zeigte, daß die Zellen in horizontaler Richtung zahlreiche Ausbuchtungen aufweisen. Aus diesem Grunde erscheinen die Zellen im Querschnitt verschieden groß, denn der Schnitt führt sowohl durch unterschiedlich weite Ausbuchtungen als auch mitten durch die Zellen.
Im Unterschied zu den mesomorphen und xeromorphen Pflanzen enthalten die Epidermiszellen hier einzelne Chloroplasten **(Chlpl)**, und ihre Außenwände sind dünn und nur von einer zarten Kutikula überzogen. Auf die Epidermis folgt eine Schicht großer, kegelförmiger Zellen – das Palisadenparenchym **(PalPar).** Die zartwandigen Zellen weisen die für Hygrophyten typische Kegelform auf und enthalten viele relativ große Chloroplasten, so daß es schwerfällt, den Zellkern zu finden. Große Interzellularräume **(IntzR)** erleichtern den Gasaustausch und die Transpiration. Ein außerordentlich weitmaschiges Schwammparenchym **(SwmPar)** verbindet das Palisadenparenchym mit der unteren Epidermis (S. 194ff.). Auch die zartwandigen Zellen des Schwammparenchyms enthalten zahlreiche Chloroplasten. Wie in den Epidermiszellen sind die spindelförmigen Zellkerne gestreckt und besitzen zum Teil sehr spitz ausgezogene Enden. Als einzige Zellderivate finden sich in der unteren Epidermis die wenig auffallenden Spaltöffnungen. Auch die Epidermiszellen der Blattunterseite erscheinen im Querschnitt ungleich groß. Regellos verstreute lange Kristallnadeln rühren von angeschnittenen Idioblasten her. Bei günstiger Schnittführung können quergeschnittene Raphidenbündel (S. 72) beobachtet werden. Die Leitbündel verlaufen zwischen Palisadenparenchym und Schwammparenchym und sind nur schwach entwickelt.

Weitere Beobachtungen: Epithemhydathoden in den Blattzähnchen.

Fehlermöglichkeiten: Für Dauerpräparate nicht geeignet.

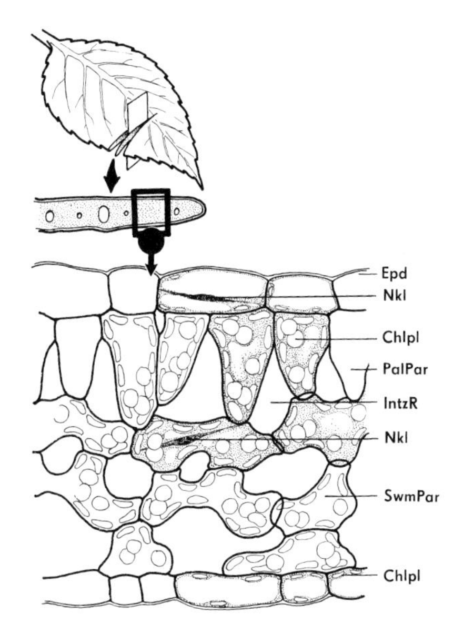

Abb. 81. *Impatiens parviflora.* Hygromorphes Laubblatt. Blattquerschnitt. Epidermis **Epd** mit dünner Kutikula, in einer Zelle der spindelförmige Zellkern **Nkl**. Sowohl in den oberen als auch in den unteren Epidermiszellen einzelne Chloroplasten **Chlpl**. Zellen des Palisadenparenchyms kegelförmig **PalPar**, dazwischen Anteile des großen Interzellularraumes **Intz**. Schwammparenchym **SwmPar** sehr locker. Auch hier spindelförmige Zellkerne **Nkl**. 230 : 1.

B

Weitere Objekte:

Dipteracanthus portellae (Acanthaceae), Ruellie
Warmhauspflanze. Typisches Hygrophytenblatt! Kegelförmige Epidermiszellen, lebende Trichome, Stomata emporgehoben.

Die auf S. 177 genannten *Impatiens*-Arten.

Lunaria rediviva (Brassicaceae), Ausdauerndes Silberblatt
Hygromorphe Schattenblätter.

Fagus sylvatica (Fagaceae), Rot-Buche
Im Unterschied zu den Sonnenblättern (S. 175ff.) zeigen die Schattenblätter hygromorphe Merkmale: Palisadenparenchym einschichtig. Zellen kegelförmig: Schwammparenchym locker, zwei-bis dreischichtig; die Epidermis ist nicht so zartwandig wie bei typischen Hygrophyten.

Elodea spec. (Hydrocharitaceae) Wasserpest
Hydrophytenblatt. Die Blattspreite ist bis auf die obere und untere Epidermis reduziert (vgl. S. 52f.).

Beobachtungsziel: Trennungszone (Abscissionszone) für den Blattfall

Objekt: *Juglans regia* (Juglandaceae), Echte Walnuß. Zweigstücke mit Blattstielbasen .

Präparation: a) In der Zeit von Mitte September bis Mitte Oktober Zweigstücke von etwa 2 cm Länge mit daran sitzenden Blattstielbasen in 70- bis 80%iges Ethanol einlegen (Reg. 3), oder besser mit Carnoyschem Fixiergemisch fixieren (Reg. 42), da das Material dann nicht so stark nachdunkelt. Ein Zweigstück mit Rasierklinge oder scharfem Messer so längs teilen, daß auch die Blattstielbasis median längs geteilt ist und die Hälften mit der Schnittfläche nach oben in Wasser oder Glycerol-Wasser (Reg. 53) in ein Blockschälchen legen und mit einer Glasplatte (Dia-Gläschen) abdecken. Die Flüssigkeit muß den gesamten Hohlraum ausfüllen. Mittels Lupe oder Stereomikroskop beobachten.
b) Für Beobachtung bei stärkerer Vergrößerung sind Freihandschnitte erforderlich (Reg. 45, 60, 113). Die Schnitte in Glycerol-Wasser (Reg. 53) übertragen und beobachten, evtl. in Glycerolgelatine (Reg. 52) einbetten.

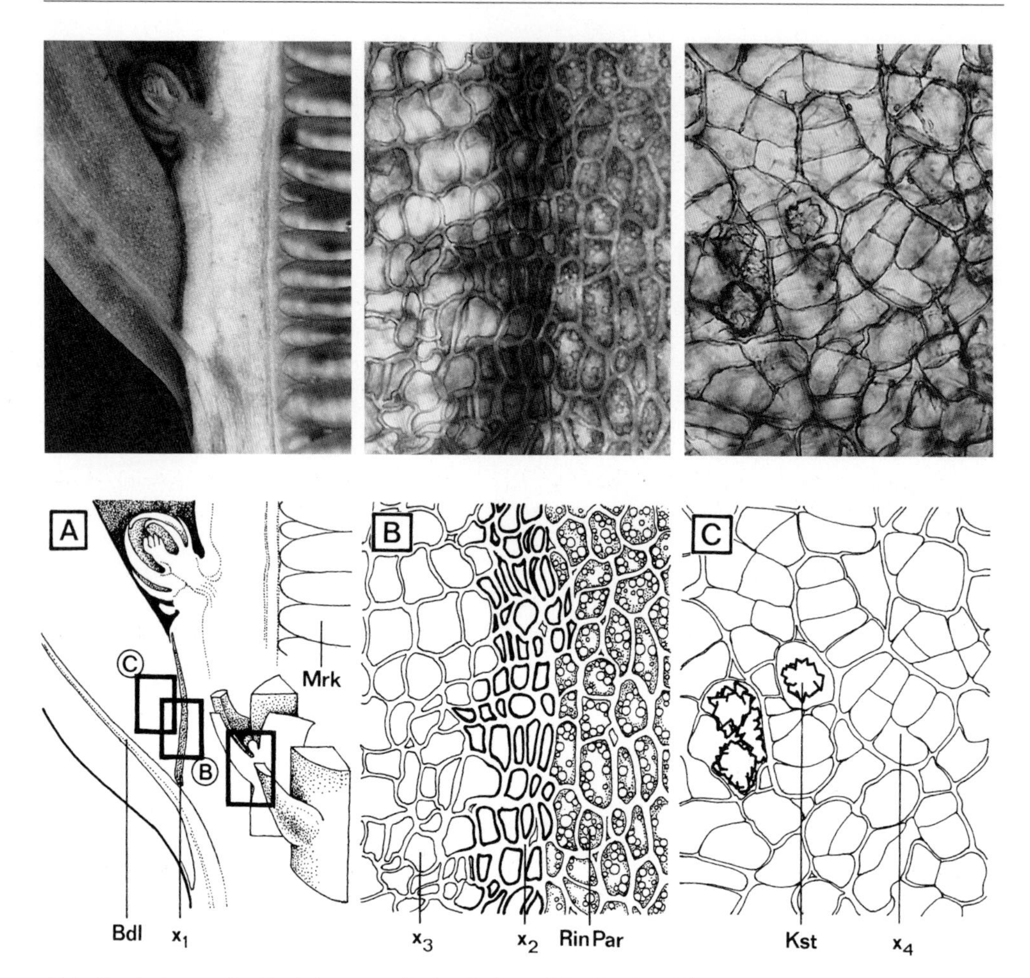

Abb. 82. *Juglans regia.* Abscissionszone. **A**: Sproßachsenstück mit Blattstielbasis im Längsschnitt. Lage der Abscissionszone durch dunkel gefärbte Zellschicht markiert **(x_1)**. **B**: Die dunkel gefärbte peridermartige Schutzschicht **(x_2)** trennt das stärkereiche Rindenparenchym **RinPar** vom eigentlichen Trennungsgewebe **(x_3)**. **C**: Ausschnitt aus dem Trennungsgewebe. Zellen dünnwandig, durch sekundäre Zellteilungen ungleich in Form und Größe **(x_4)**. In einzelnen Zellen Calciumoxalatdrusen **Kst**. A 7 : 1, B 160 : 1, C 400 : 1.

c) An Freihandschnitten Stärke mit Iodkaliumiodid-Lösung nachweisen (Reg. 66, 115).

Beobachtungen (Abb. 82): An der längshalbierten Sproßachse fällt besonders das Mark **(Mrk)** auf, das durch Diaphragmen wabenförmig unterteilt ist. Die Basis des Blattstiels ist durch eine schmale, ziemlich scharf begrenzte, dunkel gefärbte Gewebeschicht (Abscissionszone, **x_1**) vom Rindenparenchym der Sproßachse getrennt. In der Blattachsel ist adaxial über der Abscissionszone die für die nächste Vegetationsperiode bereits ausgebildete Knospe zu erkennen.
Am Präparat eines Freihandschnittes bei mittlerer Vergrößerung auf die Abscissionszone einstellen (Abb. 82 B). In dieser Zone kann man dünnwandiges, parenchymatisches Trennungsgewebe, in dem der Bruch erfolgt **(x_3)**, und die Schutzschicht unterscheiden. Im Präparat fällt die Schutzschicht als schwache, interzellularenfreie Gewebeschicht aus relativ

kleinen, regelmäßig gelagerten, bräunlich verfärbten Zellen auf **(x_2)**. Dieses peridermartige Gewebe (Suberinauflagerungen auf die Zellwände) schützt den Pflanzenkörper an der nach dem Blattfall entstandenen Narbe vor Wasserverlust und mikrobieller Infektion. An die Schutzschicht grenzt beidseitig parenchymatisches Gewebe: Adaxial ziemlich dickwandige (Tüpfel beachten!) und relativ gleichförmige Zellen **(RinPar)**, deren Lumen fast vollständig mit Stärkekörnern ausgefüllt ist (Speicherfunktion); blattstielseitig sind die an die Schutzschicht angrenzenden Parenchymzellen ziemlich groß, mehr oder weniger unregelmäßig geformt und mehrfach geteilt (junge, dünne Zellwände Abb. 82 C, **x_4**). Auf diese Weise entsteht in diesem Gewebebereich – dem Trennungsgewebe – eine Schwachstelle gegenüber mechanischer Beanspruchung, wodurch das Abtrennen des Blattstiels ermöglicht wird.
Der Blattfall selbst ist jedoch nicht nur ein mechanischer, sondern vor allem ein physiologischer Vorgang (Auflösung von Zellwandsubstanz durch Pectinase und Cellulase; Einfluß von Phytohormonen) .
Das Leitbündel des Blattstiels, das bis zuletzt die Abscissionszone durchzieht, bricht beim Blattfall einfach durch. Im Blattstielgewebe fallen zahlreiche Zellen auf, die Calciumoxalatdrusen enthalten (Abb. 82C **Kst**).

Weitere Objekte:

Bäume und Sträucher mit herbstlichem Blattfall.
Das Abtrennen des Blattstiels (»Blattfall«) ist bei krautigen Pflanzen mitunter durch Abschneiden des größten Teils der Blattspreite innerhalb weniger Tage zu induzieren (z. B. bei *Coleus* spec., Buntnessel).

B

2.2. Coniferenblatt

Beobachtungsziel: Anatomie der Coniferennadel (Beispiel für den xeromorphen Bau eines Blattes)

Objekt: *Pinus nigra* (Pinaceae), Schwarz-Kiefer. Nadeln.

Präparation: Quer- und Längsschnitte kräftiger Nadeln von Frisch- oder Alkoholmaterial nach Reg. 27 aufhellen oder direkt weiterbehandeln.

a) Kernfärbung: Schnitte mit Karminessigsäure (Reg. 73) oder Hämalaun nach Mayer (Reg. 55) färben.
b) Färbung kutinisierter und verholzter Zellwände: Schnitte mit Sudan III (Reg. 116) und Safranin (Reg. 105) färben und entsprechend präparieren.
c) Ligninreaktion: Schnitte mit Phloroglucinol-Salzsäure behandeln (Reg. 101).

Beobachtungen (Abb. 83): Es ist angebracht, bei der Untersuchung des Objekts die verschieden behandelten Präparate vergleichend zu betrachten. Die Coniferennadel ist eines der lehrreichsten histologisch-anatomischen Objekte, und man sollte für seine Bearbeitung nicht zuwenig Zeit ansetzen! Wie bei dem Studium des Grasblattes, so schult auch hier das geistige Koordinieren der Quer- und Längsschnitte das räumliche Vorstellungsvermögen.
Nadelquerschnitt (Abb. 83A). Zuerst soll das Studium des Schnittes bei schwacher Vergrößerung über den Gesamtaufbau informieren. Im Querschnitt ist die Nadel plankonvex, wobei die plane Fläche der Oberseite und die konvexe Fläche der Unterseite der Nadel entspricht. Die Nadeln stehen zu zweien an Kurztrieben und weisen mit den Oberseiten (Planseiten) zueinander. Von den sklerenchymatischen Abschlußgeweben **(Epd, Hpd, Skl)** und dem ungefärbten, ovalen Zentralzylinder setzt sich das chloroplastenführende Mesophyll ab **(Par).** In diesem Photosyntheseparenchym liegt in regelmäßigen Abständen eine

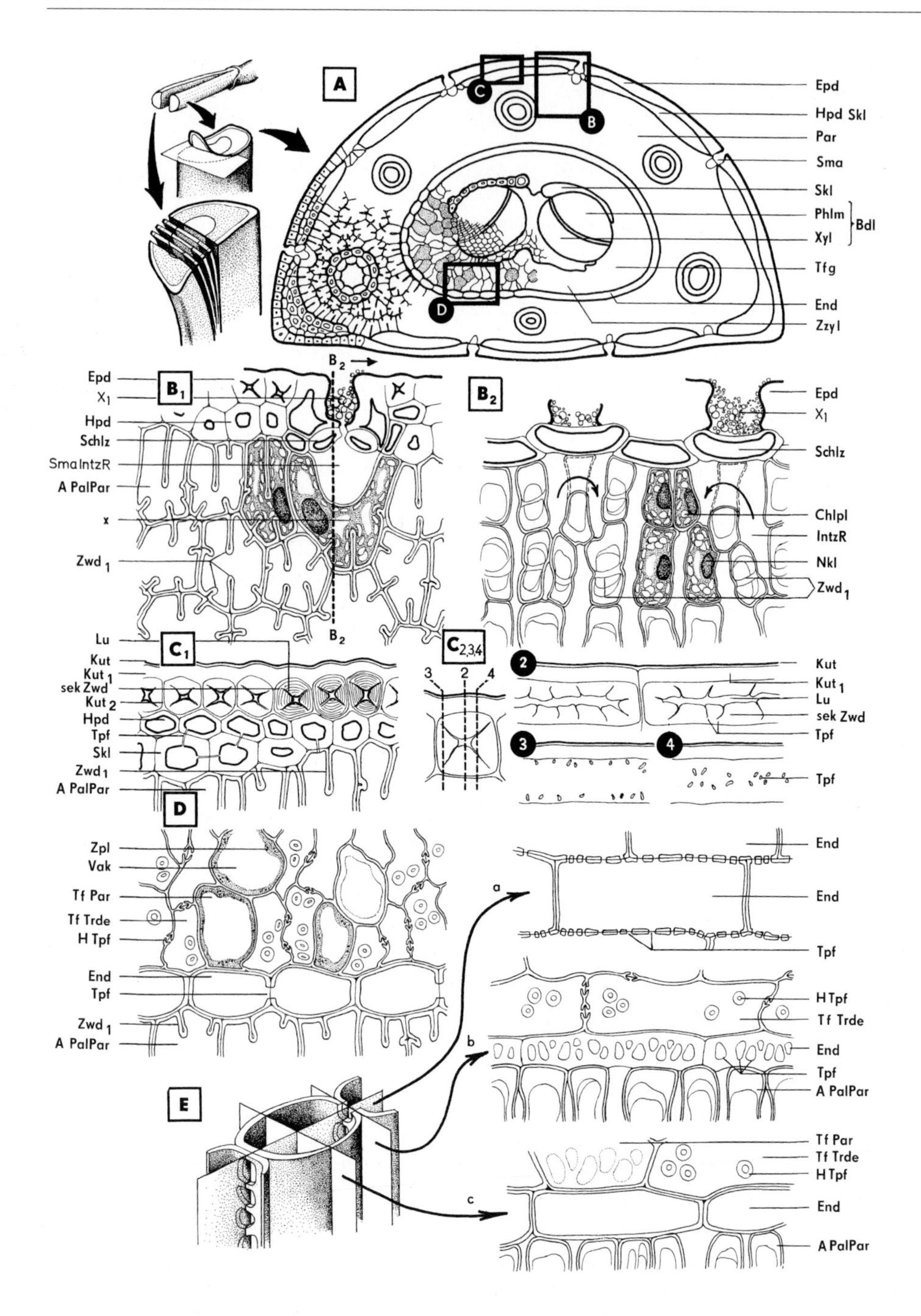

Abb. 83. *Pinus nigra*. Aufbau der Nadel. **A**: Nadelquerschnitt in der Übersicht. Epidermis **Epd**, Hypodermis und Sklerenchymfasern **HpdSkl**, im Mesophyll **Par** sechs Harzgänge, Stoma **Sma**, Sklerenchymfasern **Skl**, Phloem **Phlm**, Xylem **Xyl**, Leitbündel **Bdl**, Transfusionsgewebe **Tfg**, Endodermis **End**, Zentralzylinder **Zzyl**. **B$_1$**: Ausschnitt B, Querschnitt. Spaltöffnung und Armpalisadenparenchym. Vorhof **x$_1$** und substomatärer Interzellularraum **SmaIntzR**, Schließzellen **Schlz**, Armpalisadenparenchym **APalPar**, jochförmig gebogene Mesophyllzelle **x** unter der Spaltöffnung, Zellwandleisten **Zwd$_1$**. **B$_2$**.- Ausschnitt B, Längsschnitt. Zwischen den Mesophyllzellen große Interzellularräume **IntzR**,

wechselnde Anzahl Harzgänge, die ebenfalls quer geschnitten sind. Sie werden an anderer Stelle eingehend behandelt (S. 217). Zwei offen-kollaterale Leitbündel **(Bdl)**, etwas schräg und spiegelbildlich einander zugeneigt, nehmen den mittleren Teil des Zentralzylinders **(Zzyl)** ein.
Bei stärkerer Vergrößerung sollen die einzelnen Zellelemente und Gewebe der Nadel von außen nach innen fortschreitend näher untersucht werden.
Epidermis und hypodermale Zellschichten (Abb. 83C, C_1). Wie schon bei *Clivia* (S. 179f.) beobachtet, folgt auch hier auf die Kutikula **(Kut)** eine ausgeprägte kutinisierte Schicht **(Kut_1)**. Kutikulare Grenzstreifen **(Kut_2)** reichen bis an die Hypodermis **(Hpd)**. Die sekundäre Celluloseschicht der Epidermiszellen **(sekZwd)** ist allseitig so weit verstärkt, daß nur noch ein fast röhrenförmiges Zell-Lumen übrigbleibt **(Lu)**. Wie bei Sklerenchymfasern (S. 102) läßt die verdickte Wand konzentrische Schichtung erkennen. Röhrentüpfel, die vorwiegend zu den Zellkanten hin verlaufen, ermöglichen den notwendigen Stoffwechsel. Die Epidermiszellen an den Nadelkanten weichen durch besondere Größe von den übrigen Epidermiszellen ab. Da die Schließzellen der Stomata **(Schlz)** in die Ebene der Hypodermis versenkt sind, entsteht außen eine große, urnenförmige Höhle (Abb. 83 B_1: **X_1**), die mit Wachskörnchen ausgefüllt ist.
Unter der Epidermis liegt eine ein- bis mehrschichtige Hypodermis **(Hpd)**, deren Zellwände ebenfalls verstärkt sind. An mehreren Stellen – besonders an den Kanten der Nadel – folgen auf die hypodermalen Zellschichten noch dickwandige Sklerenchymfasern **(Skl)**. Mit Phloroglucinol-Salzsäure färben sich die Wände der Schließzellen und die Primärwände der Hypodermis und der Sklerenchymfasern intensiv rot, während die sekundären Verdikkungsschichten je nach der Lignineinlagerung nur rosa Farbtöne annehmen oder farblos bleiben. Die kutinisierten Schichten der Epidermis erscheinen bei dickeren Schnitten gelblich gefärbt (vgl. die Färbung mit Safranin !).
Mesophyll (Abb. $83B_{1,2}$): Der Raum zwischen den Abschlußgeweben und der Endodermis um den Zentralzylinder herum wird von eigenartig geformten Mesophyllzellen ausgefüllt. In das Lumen der Zellen ragen Zellwandleisten hinein, die die innere Oberfläche der Zellwand bedeutend vergrößern **(Zwd_1)**. Dadurch finden viele Chloroplasten auf kleinem Raum Platz. Auf diese Weise wird die fehlende Blattspreite kompensiert. Im Nadelquerschnitt gleichen diese Leisten Zellwandfalten. Bei den äußeren Mesophyllzellen ragen ein bis zwei große Zellwandleisten tief in das Zell-Lumen hinein. Sie liegen senkrecht zur Organoberfläche und teilen die Zelle in zwei bis drei »Arme«. Darum nennt man diese Assimilationszellen »Armpalisadenzellen« **(APalPar)**.
Bei den tiefer liegenden, annähernd isodiametrischen Mesophyllzellen dringen die Zellwandleisten ziemlich gleichmäßig von mehreren Seiten in das Zell-Lumen vor. Diese Art von Zellen werden »Armschwammparenchymzellen« genannt. Alle Zellen des Mesophylls besitzen die für Pinaceae typischen großen Zellkerne **(Nkl)**.
Besondere Beachtung verdienen die Armpalisadenzellen unter den Stomata **(x)**. Die Arme der Zellen weichen hufeisenförmig auseinander und lassen so einen großen substomatären Interzellularraum **(SmaIntzR)** unter den Spaltöffnungen frei. Im Querschnitt findet man zwischen den Mesophyllzellen kaum Interzellularen. Daß trotzdem ausreichender Gaswechsel stattfinden kann, zeigt erst der Längsschnitt (Abb. $83B_2$).

im **APalPar** viele Chloroplasten **Chlpl** und große Zellkerne **Nkl**, Zellwandleisten **Zwd_1**. Die Pfeile deuten auf die Verbindung zwischen dem inneren Interzellularsystem und dem substomatären Interzellularraum; Vorhof **x_1**. **C_1**: Epidermis und Hypodermis im Querschnitt (Ausschnitt C). Kutikula **Kut**, Kutikularschicht **Kut_1**, sekundäre geschichtete Cellulosewand **sekZwd**, kutikulare Grenzstreifen **Kut_2**. Zellwandleisten **Zwd_1**. **$C_{2,3,4}$**: Epidermiszellen in verschiedenen Ebenen längs geschnitten. Röhrentüpfel **Tpf**. **D**: Endodermis mit angrenzendem Transfusionsgewebe quer geschnitten. Transfusionsparenchym-Zellen **TfPar** mit Zytoplasma **Zpl** und Vakuole **Vak**, Transfusionstracheide **TfTrde**, Hoftüpfel **HTpf**. **E**: Nadel längs. Endodermis in verschiedenen Ebenen geschnitten.
A 50 : 1, $B_{1,2}$, $C_1$220 : 1, C 400 : 1, D 240 : 1, E 300 : 1.

Zentralzylinder (**Zzyl**; Abb. 83A, D, E): Eine lückenlose Zellscheide, die Endodermis **(End)**, grenzt das Mesophyll vom chlorophyllfreien Zentralzylinder ab. Ihre Zellen, die parallel zur Nadelachse gestreckt sind (Abb. 83E), erscheinen im Querschnitt oval. Besonders die Radialwände tragen große unbehöfte Tüpfel **(Tpf)** und sind auch stärker verholzt als die übrigen Wände der Endodermis. Außerdem ist Suberin eingelagert (Nachweis mit Sudan III bzw. konzentrierter Schwefelsäure). Den Raum zwischen Endodermis und den beiden Leitbündeln füllt ein Gewebe aus, das auf Grund seiner Funktion »Transfusionsgewebe« (**Tfg** in Abb. 83A) genannt wird (Abb. 83D). Es vermittelt den Stofftransport zwischen den Leitbündeln und dem Mesophyll. Das Gewebe ist ein Mischgewebe, denn es besteht aus verschiedenartigen Zellelementen. Plasmahaltige, lebende Zellen (Transfusionsparenchym **(TfPar)** wechseln mit leblosen, wasserführenden Tüpfeltracheiden (Transfusionstracheiden **TfTrde)** ab. Wie immer im Xylem, so sind auch hier nur Hoftüpfel ausgebildet, wo gleichartige, wasserleitende Zellen aneinanderstoßen. Die Leitelemente konzentrieren sich an den Außenflanken der Bündel. So münden die Transfusionstracheiden in einen Saum von Tracheiden am Xylem (Gefäßbündelsaum) und die Zellen des Transfusionsparenchyms an drüsenartigen, großkernigen Zellen am Phloem (Eiweißzellen oder Strasburger-Zellen). An der Endodermis besetzen die Transfusionstracheiden vorwiegend den Raum, wo die Endodermiszellen aneinanderstoßen. Die Transfusionsparenchymzellen sitzen der Zellwandmitte auf (Abb. 83D). Während die Leitbündel über den Leitbündelsaum und die Eiweißzellen mit dem Transfusionsgewebe in innigem Kontakt stehen, werden sie an den übrigen Seiten weitgehend gegen dieses Gewebe abgeschirmt. So wird das Xylem von einem Gewebesaum eingefaßt, der aus etwas kleineren Zellen besteht, deren Wände verkorkt sind. Das Phloem wird von einer Schicht dickwandiger Sklerenchymfasern abgedichtet, deren sekundäre Verdickungsschichten ebensowenig verholzt sind wie die der hypodermalen Fasern, welche die Harzgänge einfassen. Ihr Lumen ist weitgehend eingeengt und kann vom Zellkern vollständig ausgefüllt werden. Röhrentüpfel ermöglichen den Stoffaustausch. Die offen-kollateralen Leitbündel zeigen mit dem Xylem **(Xyl)** zur Planseite, mit dem Phloem **(Phlm)** zur Konvexseite der Nadeloberfläche. Durch die Tätigkeit des Kambiums (die nur auf zwei bis drei Jahre beschränkt ist) entstehen sowohl im Xylem als auch im Phloem genetische Zellreihen. Demzufolge liegen auch die Primanen an der Peripherie des Leitbündels. Holz- und Siebteil werden von einfachen Strahlen durchzogen.

Nadellängsschnitt. Aus dem reichdifferenzierten Bild des Nadelquerschnittes ist zu entnehmen, daß die Längsschnitte je nach ihrer Lage verschiedene Bilder zeigen werden. Hier Beschränkung auf Details, deren genaue Analyse dann zum Erkennen beliebiger Längsschnitte befähigt.

Die Epidermiszellen sind langgestreckt und stoßen senkrecht mit geraden Wänden aneinander. Sind nur die sekundären Verdickungsschichten getroffen, so erscheinen sie als derbe, stärker lichtbrechende Leiste, die von feinen Tüpfelporen und Tüpfelkanälen durchsetzt ist. Die Reihen der Tüpfelporen liegen je nach Lage des Schnittes verschieden weit auseinander (Abb. 83 $C_{2,3,4}$).

Das Zell-Lumen ist nur noch ein enger Kanal von unregelmäßiger lichter Weite, dessen Wand durch die Tüpfelkanäle mehr oder weniger zerklüftet ist. Besonders mächtig ist die Epidermis entlang der Stomatareihen ausgebildet (Abb. 83B_2). Über den Schließzellen, die im Längsschnitt dem Gramineentyp ähneln, neigen sich die Wände der Epidermiszellen einander zu, so daß eine nach außen enger zulaufende äußere Höhle entsteht **(x_1)**. Der Hohlraum ist mit Wachskörnchen ausgefüllt (Xerophyten!). Auf die Epidermis folgen ein bis mehrere Schichten prosenchymatisch zugespitzter Hypodermiszellen. Ihre Wände sind ebenfalls sekundär verdickt, lassen aber ein weiteres Lumen offen als in den Epidermiszellen. Nach innen zu können Sklerenchymfasern mit noch dickeren Wänden liegen. Das Lumen einzelner Hypodermiszellen und Sklerenchymfasern kann mit prismatischen, solitären Calciumoxalatkristallen vollständig ausgefüllt sein. Die Zellen des Mesophylls bilden Reihen, die sich senkrecht von der Hypodermis zur Endodermis erstrecken. Zwischen den Reihen bleiben durchgehende Interzellularräume frei. In Wirklichkeit handelt es sich um

Zellplatten, die im Nadellängsschnitt von der Kante gesehen werden. Wie im Querschnitt zu beobachten war, werden die Zellplatten aus Armpalisaden- und Armschwammparenchym kaum von Interzellularen durchbrochen. Die Kontinuität des Interzellularsystems wird hauptsächlich durch die stomatären Interzellularräume gewährleistet. Sie verbinden die Interzellularräume zwischen den Zellplatten miteinander. Wo die Leisten liegen, sind die radial gestreckten Zellen etwas eingeschnürt. Die Leisten selbst sehen im Längsschnitt wie stärker lichtbrechende Querwände aus (Abb. $83B_2$).
Die auffallend großen Kerne der Mesophyllzellen liegen – besonders im Armpalisadenparenchym – in Reihen ausgerichtet. Stark voneinander abweichende Bilder liefert die Endodermis und kann – auch weil sie immer gut zu erkennen ist – als lohnendes Detail für intensiveres Studium empfohlen werden (Abb. 83E). Ihre Zellen sind langgestreckt, grenzen mit senkrechten Stirnwänden aneinander und umgeben als lückenlose Zellscheide den Zentralzylinder in seiner ganzen Länge. Im Nadelquerschnitt sind die Endodermiszellen oval, und die kurzen, geraden Radialwände zeichnen sich durch große, unbehöfte Tüpfel aus. Die längsgeschnittenen Radialwände (Abb. 83 E, Ebene a) sehen wie Perlschnüre aus, weil die sekundären Verdickungsschichten durch die zahlreichen Tüpfel (von denen man im Querschnitt immer nur einen sehen kann!) unterbrochen sind. Liegt die optische Ebene in Höhe der Radialwand, so sieht man nur die schmale Wand, die von zahlreichen unbehöften Tüpfeln durchbrochen ist (Ebene b). Die Mittellamelle kann man in dieser Sicht nicht erkennen. Stellt man auf die Mittelebenen der Endodermiszellen scharf ein (Ebene c), so erscheinen die langgestreckten, rechteckigen Zellen weitlumig und ohne Tüpfel. Die Zellen des Transfusionsgewebes sind so lang wie die Endodermiszellen oder kürzer. Während das Transfusionsparenchym keine auffallenden Besonderheiten aufweist, kann man an den Transfusionstracheiden Hoftüpfel in der Aufsicht in instruktiver Klarheit beobachten.
Im Leitbündel selbst treten vorwiegend die wasserleitenden Elemente in Erscheinung. Während das Protoxylem aus Ring- und Spiralgefäßen besteht, setzt sich das Metaxylem aus Tüpfeltracheiden zusammen, die besonders an den ineinander verkeilten Spitzen mit zahlreichen großen Hoftüpfeln ausgestattet sind. Neben den Tracheiden treten noch die Zellen der Strahlen besonders hervor. Sie sind ebenso langgestreckt wie die Tracheiden und von annähernd gleicher Größe, aber an großen, unbehöften Tüpfeln sofort als Strahlzellen zu erkennen. Die dicht hintereinanderliegenden Tüpfel nehmen mitunter die gesamte Breite der Zellwand ein. Unverletzte Zellen enthalten reichlich Zytoplasma und einen großen Zellkern.
An der Peripherie der Leitbündel liegen einzelne schlauchförmige Idioblasten, die mit prismatischen, solitären Calciumoxalatkristallen angefüllt sein können.

Weitere Beobachtungen: Exkretlücken in Form von Harzkanälen im Mesophyll.

Weitere Objekte:

Die Nadeln der übrigen einheimischen Coniferen stellen ebenso reizvolle anatomische Untersuchungsobjekte dar, können aber in ihrem anatomischen Aufbau von dem hier behandelten Objekt stark abweichen.

Weitere Objekte für das Studium xeromorpher Blätter S. 193.

Beobachtungsziel: Schizogener Harzgang im Querschnitt

Objekt: *Pinus nigra* (Pinaceae), Schwarz-Kiefer. Nadeln.

Präparation: Von Alkoholmaterial Querschnitte anfertigen (Reg. 14),
a) mit Karminessigsäure färben (Reg. 73),
b) mit Phloroglucinol-Salzsäure behandeln (Reg. 101),
c) mit Safranin färben (Reg. 105)
und der Färbung entsprechend präparieren .

Weitere Präparationsmöglichkeiten: Längsschnitte wie unter a) bis c) angegeben präparieren. Quer- und Längsschnitte von Frischmaterial anfertigen. Dauerpräparate herstellen (Reg. 52 u.92).

Beobachtungen (Abb. 84): Bei mittlerer Vergrößerung einen genau senkrecht zur Längsachse geschnittenen Harzgang aussuchen und dann bei starker Vergrößerung weiter beobachten. Es empfiehlt sich, die verschieden präparierten Schnitte vergleichend zu betrachten. Der Gesamtaufbau der Nadel wird an anderer Stelle behandelt (S. 213ff.). Die schizogen entstandenen Harzkanäle sind ringsum von Armschwammparenchym umgeben. Sie können mitunter an die Hypodermis oder die Endodermis grenzen.
Der einzelne Harzgang besteht aus einer sklerenchymatischen Scheide **(Skl)**, dem Drüsenepithel **(x_1)** und dem eigentlichen Kanal, der bei Frischmaterial zähflüssige Harztröpfchen (zähflüssiges Stoffgemisch, besonders von Terpenderivaten; Bedeutung als Rohstoff) enthält **(x_2)**. Die dickwandigen Zellen der äußeren, sklerenchymatischen Schicht brechen das Licht stärker als die umgebenden Zellen und leuchten deshalb hell auf (typisches Merkmal für Kollenchym und Sklerenchym!). Die sekundären Verdickungsschichten lassen teilweise konzentrische Schichtung erkennen **(sekZwd)**. Im ungefärbten Präparat scheinen zum Drüsenepithel und zum Mesophyll hin Interzellularen ausgebildet zu sein. Der Ligninnachweis mit Phloroglucinol-Salzsäure und auch die Färbung mit Safranin zeigen aber, daß es sich um Räume handelt, die mit lignininkrustierter Interzellularsubstanz ausgefüllt sind. Die sekundären Verdickungsschichten färben sich nicht oder höchstens schwach rosa. Sie enthalten also kein oder nur sehr wenig Lignin. Zum engen Zell-Lumen hin ist die Verdickungsschicht der sklerenchymatischen Zellen durch zahlreiche Tüpfelmündungen unregelmäßig ausgebuchtet. Die einfachen Röhrentüpfel **(Tpf)** sichern den Stoffaustausch zwischen den lebenden Zellen. Einzelne Scheidenzellen werden oft zufällig in Höhe des Zellkerns geschnitten. Der Nukleus ist groß und füllt das Zell-Lumen fast vollständig aus. Auf den Sklerenchymring folgt nach innen das Drüsenepithel. Die dünnwandigen Zellen enthalten einen sehr großen Zellkern **(Nkl)** und reichlich Zytoplasma **(Zpl)** (charakteristische Merkmale für Drüsenzellen!). An den Radialwänden sind die Zellen nur ein kleines Stück miteinander verwachsen. Der freie Teil der Zellwand wölbt sich in den Hohlraum des Harzganges hinein.

Weitere Beobachtungen: Nadellängsschnitt. Am Längsschnitt interessieren besonders die Zellenden und die Form der Zellkerne. Sowohl die Drüsenzellen als auch die Zellen der Sklerenchymscheide sind nicht prosenchymatisch zugespitzt, sondern grenzen mit stumpfen Enden aneinander. Beide Zellarten sind etwa von gleicher Länge und – wie aus dem Querschnitt ersichtlich – von ungefähr gleichem Durchmesser. Die stark granulierten, walzenförmigen Zellkerne laufen an den Enden in kurze Spitzen aus. Am Längsschnitt sieht man, daß der Harzkanal mit vielen Interzellularräumen in Verbindung steht.

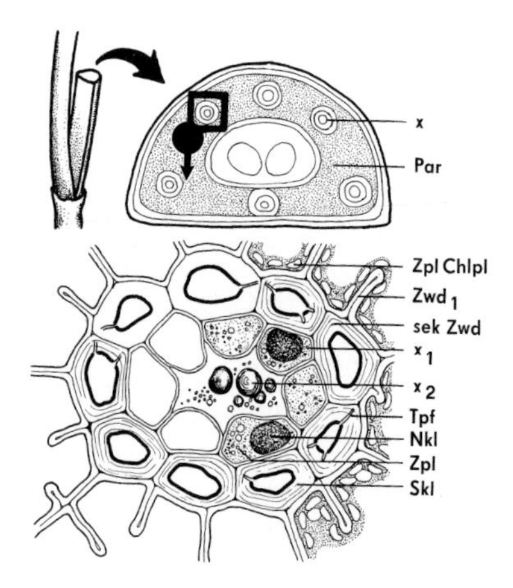

Abb. 84. *Pinus nigra.* Harzgang. Oben: Nadelquerschnitt in der Übersicht. Im Photosyntheseparenchym **Par** verlaufen hier sechs Harzgänge **x**. Unten: Harzgang im Querschnitt. In den angrenzenden Mesophyllzellen Zytoplasma und Chloroplasten **Zpl**, **Chlpl**, die Zellwände mit Leisten **Zwd_1**. Die getüpfelten **Tpf** sekundären Zellwände der Sklerenchymscheide **Skl** sind deutlich geschichtet. Drüsenepithelzellen **x_1** mit großem Zellkern **Nkl** und reichlich Zytoplasma **Zpl**. Im Lumen des Harzganges verschieden große Harztröpfchen **x_2**. 350 : 1.

Untersuchung von Frischmaterial (Harztröpfchen im Harzkanal !); Aufbau der Coniferennadel: Armpalisadenparenchym, Armschwammparenchym, Endodermis, Transfusionsgewebe.

Weitere Objekte:

In den Nadeln aller harzführenden Nadelbäume (die Eibe, *Taxus baccata,* besitzt keine Harzkanäle!). Auch im Holz der Coniferen sind die Harzkanäle gut zu beobachten.
Hedera helix (Araliaceae), Gemeiner Efeu
Exkretgänge in der primären Rinde, im Phloem der Sproßachse und entlang den Leitbündeln im Blatt.

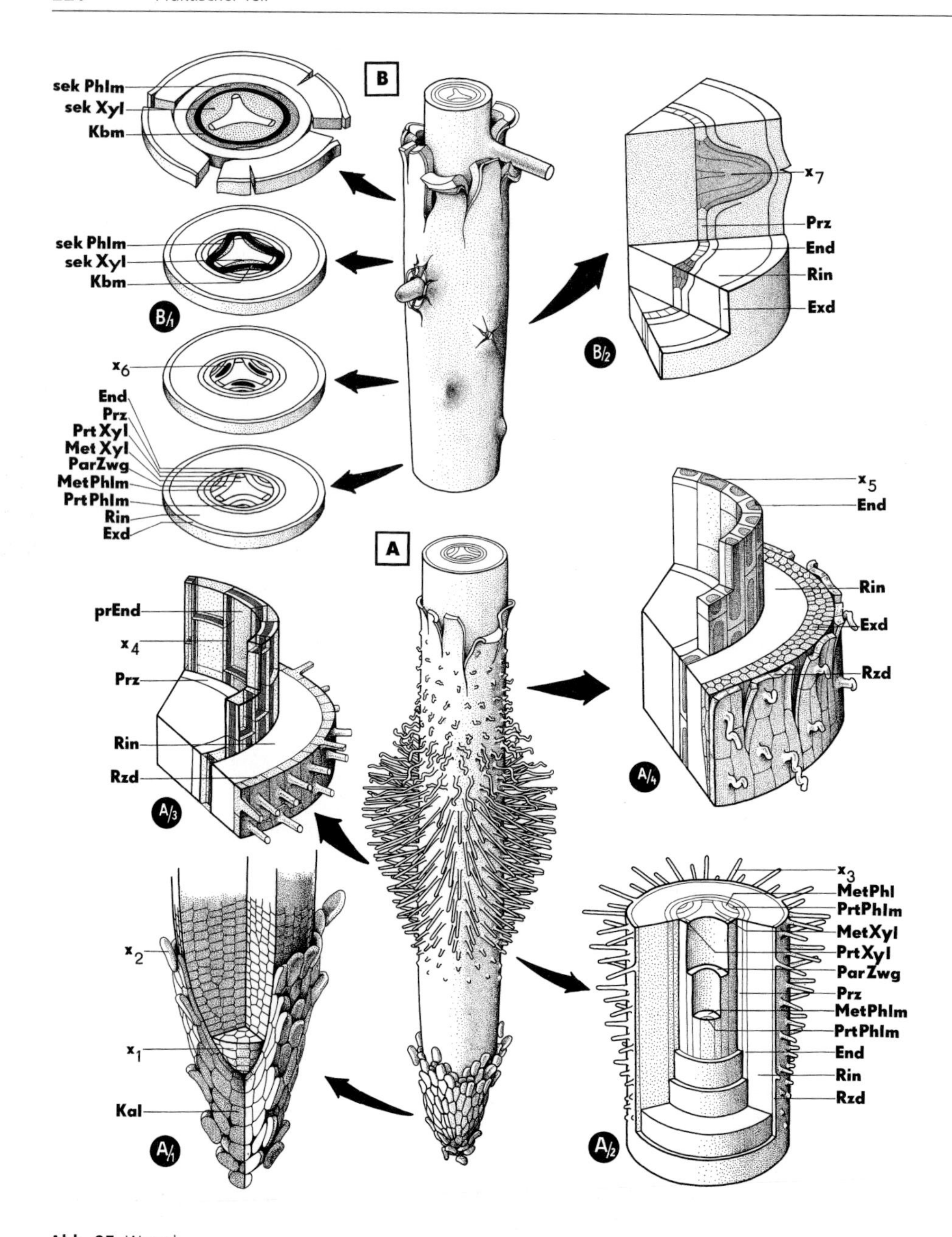

Abb. 85. Wurzel.

A Bau einer primären Wurzel von der Wurzelspitze (mit Kalyptra) bis zum Ersatz der Rhizodermis durch die Exodermis als Abschlußgewebe.

A/1 Vegetationskegel der Wurzelspitze **(x_1)** und Kalyptra **Kal**; $\mathbf{x_2}$ sich ablösende Zellen der Kalyptra.

A/2 Der Bau der Wurzel im Bereich der jungen Wurzelhaarzone. $\mathbf{x_3}$ Wurzelhaare, **Rzd** Rhizodermis, **Rin** Rinde, **End** Endodermis, **Prz** Perizykel, **PrtXyl** Protoxylem, **PrtPhlm** Protophloem, **MetPhlm** Metaphloem, **MetXyl** Metaxylem, **ParZwg** parenchymatisches Zwischengewebe.

(Fortsetzung s. S. 221)

A/3 Lage und Bau der primären Endodermis **prEnd** im Bereich der Wurzelhaarzone. x_4 Casparyscher Streifen, **Prz** Perizykel, **Rin** Rinde, **Rzd** Rhizodermis mit Wurzelhaaren.

A/4 Lage und Bau der tertiären Endodermis **End** in der älteren Wurzel. x_5 eine Durchlaßzelle, **Rin** Rinde, **Exd** Exodermis, **Rzd** Rhizodermis mit absterbenden Wurzelhaaren.

B Bau einer Wurzel im Bereich des beginnenden sekundären Dickenwachstums; Seitenwurzelbildung.

B/1 Übergang vom späten primären Zustand (unten) zum sekundären Bau der Wurzel (oben) **End** Endodermis, **Prz** Perizykel, **PrtXyl** Protoxylem, **PrtPhlm** Protophloem, **MetXyl** Metaxylem, **MetPhlm** Metaphloem **ParZwg** Parenchym zwischen Phloem und Xylem (parenchymatisches Zwischengewebe), **Rin** Rinde, **Exd** Exodermis. x_6 Beginn der Ausbildung des Kambiums **Kbm** aus Zellen des Parenchyms **ParZwg. Kbm** Kambium, **sekPhlm** sekundäres Phloem, **sekXyl** sekundäres Xylem.

B/2 Frühes Stadium der Seitenwurzelbildung **(x_7)**, **Prz** Perizykel, **End** Endodermis, **Rin** Rinde, **Exd** Exodermis.

3. Die Wurzel – Theoretischer Teil –

(s. Abb. 85)

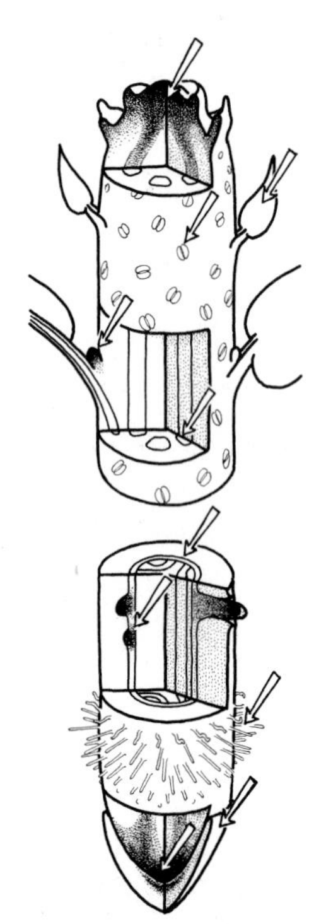

Organ zur Verankerung der Kormophyten im Boden und zur Wasser- und Nährsalzaufnahme. Viele Metamorphosen mit Sonderaufgaben: Speicherwurzeln (Wurzelknollen, Rüben), Stützwurzeln, Haft- und Kletterwurzeln, Wurzeldornen, Assimilations- und Atemwurzeln. Meist unterirdisch (Erdwurzeln), seltener oberirdisch (Luftwurzeln). Achsenartig, aber stets ohne Blätter und Stomata (allerdings stark reduzierte, vergängliche Stomata an Keimwurzeln beschrieben). Weitere wichtige Unterschiede zur Sproßachse: Besitz von Wurzelhaaren und einer Wurzelhaube (Kalyptra), Verzweigungen endogenen Ursprungs, primäres Leitbündelsystem radial angeordnet.
Von den Meristemen der Wurzelspitze abstammendes Zellmaterial baut die primären Gewebe der Wurzel auf. Die von Folgemeristemen den primären Elementen hinzugefügten Gewebe ergänzen zum sekundären Bau der Wurzel (bei Coniferen und Dikotylen).

3.1. Der primäre Bau der Wurzel

Meristem der Wurzelspitze im Inneren (subterminal), von **Wurzelhaube (Kalyptra)** geschützt: parenchymatische Kappe; äußerste Zellen werden durch Verschleimung der Mittellamellen laufend abgestoßen; entsprechend ständige Neubildung vom Vegetationspunkt aus; erleichtert das Vordringen der Wurzel im Boden. Nach rückwärts Abgliederung von Geweben, die nach Differenzierung die funktionstüchtige Wurzel aufbauen. Von außen nach innen:

Rhizodermis (Wurzelepidermis): einschichtig, dünne Außenwände, ohne lichtmikroskopisch erkennbare Kutikula und ohne Stomata. Im Bereich der Wurzelhaarzone haben die Zellen papillen- bis lang schlauchartige, meist unverzweigte, nicht durch eine Zellwand abgeteilte Ausstülpungen: **Wurzelhaare** (Oberflächenvergrößerung zur Förderung der Wasser- und Nährsalzaufnahme aus dem Boden; zarte, schleimige Zellwände, große Vakuolen, Kern und Plasma oft an der Haarspitze; entstehen an allen Rhizodermiszellen oder nur an bestimmten Haarbildnern, **Trichoblasten**; nur wenige Tage Lebensdauer: Neubildung in Richtung wachsender Wurzelspitze entspricht nach rückwärts kontinuierliches Absterben). Ohne Wurzelhaare: Wurzeln vieler Wasser- und Sumpfpflanzen, Luftwurzeln (hier der Rhizodermis entsprechende Bildung: Velamen radicum. Tote Zellen mit verholzten Wänden und leistenartigen Wandverdickungen zur Wasseraufnahme aus der Atmosphäre, ein oder mehrschichtig. Unter dem Velamen stets einschichtige Kurzzellenexodermis, s. unten). Rhizodermiszellen sterben wie die Wurzelhaare bald ab.
Noch vor dem völligen Verfall Ersatz durch **Exodermis**: hypodermale, interzellularenfreie Schutzschicht aus einer oder mehreren Lagen des äußersten Rindenparenchyms durch Ausbildung einer Suberinlamelle. Trotzdem mit lebendem Protoplasten. Oft neben Exodermiszellen mit verkorkten Wänden kleinere Durchlaßzellen ohne Suberineinlagerung (dann sog. Kurzzellenexodermis). Nach Abstoßen der verfallenen Rhizodermis den äußersten Abschluß der Wurzel bildend.

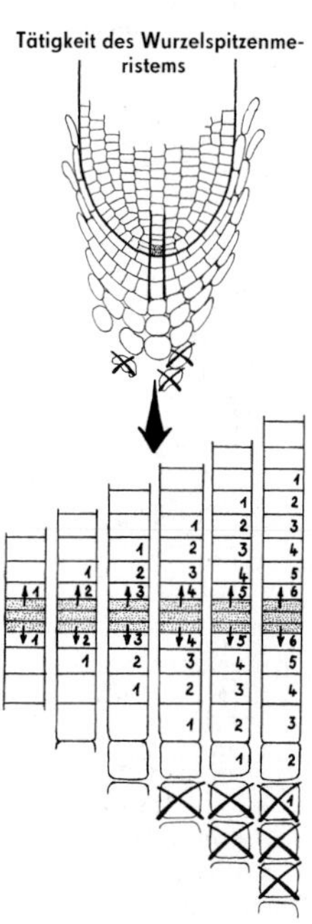

Tätigkeit des Wurzelspitzenmeristems

Wurzelrinde: farbloses Parenchym (Ausnahmen: Chloroplasten enthaltende Rinde der Luftwurzeln, Chromoplasten in der Wurzelrinde von *Daucus);* große schizogene Interzellulargänge. Einheitlich oder Differenzierung in eine Außen- und Innenrinde mit unterschiedlichen Zellformen.

Speichergewebe. Bei fehlendem sekundärem Dickenwachstum (viele Monokotyledoneae) auch Sklerenchym und Kollenchym.

Endodermis: Innerste Schicht der Rinde. Einschichtige Scheide lückenlos aneinanderschließender lebender Zellen. Besonders differenzierte Zellwände mit spezifischer Entwicklung. Je nach Stadium der Zellwandentwicklung: primärer, sekundärer und tertiärer Zustand der Endodermis (auch kurz: primäre, sekundäre und tertiäre Endodermis genannt).

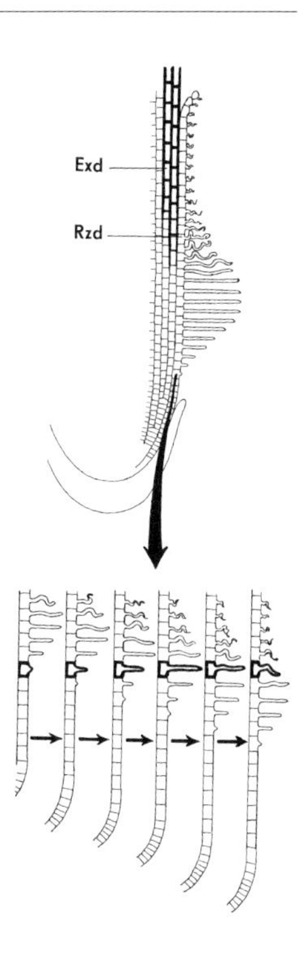

Primäre Endodermis: In den elastischen Radial- und Horizontalwänden ist »Endodermin«, ein suberinartiges Polymer, und Lignin in einer streifenartigen Zone an- bzw. eingelagert (sog. **Casparyscher Streifen**; im Querschnitt in den Radialwänden als Knoten oder Punkt erscheinend: Casparyscher Punkt). Durchlässigkeit dieser Wandteile für wäßrige Lösungen vermindert (radialer Transport hier nur durch den Protoplasten möglich). Bei Angiospermen mit sekundärem Dickenwachstum der Wurzel Endzustand der Endodermisentwicklung (danach Abwurf, s. unten).

Sekundäre Endodermis: Allseitige Auflagerung der suberinähnlichen Substanz. Einzelne Zellen als **Durchlaßzellen** mit unverkorkten Wänden. Endgültiger Zustand bei Coniferen; sonst nur Zwischenstufe zur Bildung der **tertiären Endodermis**: Weiterhin lebende Protoplasten lagern auf Suberinlamellen der sekundären Endodermis dicke Cellulosewände auf. Allseitige starke Verdickung (sog. O-Endodermen) oder tangentiale Außenwand unverdickt (verdickte Wände im Querschnitt U-förmig, daher U-Endodermen oder auch C-Endodermen genannt), Verdickungsschichten können verholzen. Durchlaßzellen über dem Xylem ohne diese Wandverstärkung. Typischer Endzustand der Endodermisentwicklung bei Monokotylen.

Perikambium (oder **Perizykel**): Durch Gestalt, Inhalt und Anordnung der Zellen sich deutlich von den benachbarten Geweben unterscheidende Schicht, der Endodermis unmittelbar nach innen folgend: Scheide aus lückenlos miteinander verbundenen, in Längsrichtung gestreckten Zellen. Reich an Zytoplasma und oft auch an Reservestoffen. Restmeristematisch oder parenchymatisch, dann häufig sekundär meristematisch; bei Monokotylen auch in Sklerenchym übergehend. Meist einschichtig, bei Monokotylen und Coniferen auch oft mehrschichtig. Ausgangsort für die Periderm- und Seitenwurzelbildung (diese im Gegensatz zur Sproßachse also endogen, geschützt, die Rinde durchbrechend). Maßgeblich am sekundären Dickenwachstum beteiligt (s. unten).

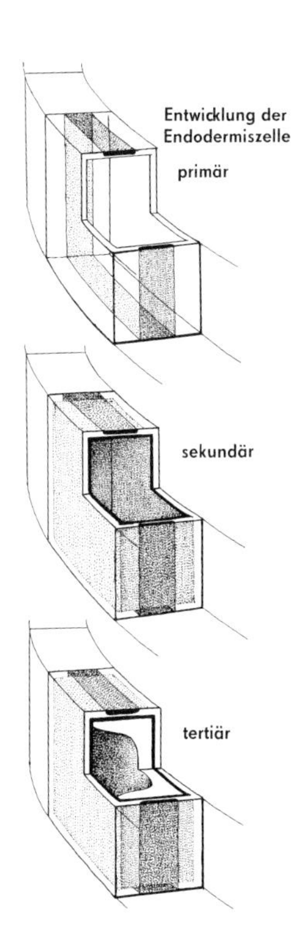

Leitbündel: Im Zentralzylinder Xylemteile strahlenförmig angeordnet. Dazwischen liegen, durch Parenchymschichten getrennt, die Phloemteile (sog. radiales Bündel; besser: **radiale Anordnung** der Teile im Leitbündelsystem, s. oben). Große Anzahl der Xylemstränge (vielsträngige oder polyarche Wurzeln, besonders bei Monokotylen) oder wenigsträngig (oligoarch; im Spezialfall: triarch, pentarch usw., besonders bei Dikotylen und Coniferen). Sowohl Phloem- als auch Xylemelemente differenzieren sich in zentripetaler Richtung, also von der Peripherie zur Achsenmitte fortschreitend (vgl. dagegen im Sproß).
Folge: Sowohl Protoxylem als auch Protophloem liegen peripher, unmittelbar unter dem Perikambium, später differenzierte Metaelemente (Gefäße mit größerem Lumen) weiter innen.
Der radiale Bündelstrang der Wurzel ist mit den meist kollateralen Bündeln der Sproßachse kontinuierlich verbunden. Die Übergangszone differenziert sich in verschiedener, komplizierter Weise während der Entwicklung des Hypokotyls.

Wurzelzentrum: Entweder von Speicherparenchym (dessen Wände später oft verholzen), von einem oder mehreren sehr weitlumigen Leitgefäßen oder von Sklerenchymsträngen eingenommen (mechanische Verfestigung).

Zentralzylinder der Wurzel
Leitbündelsystem

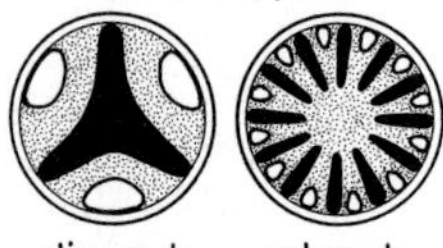

oligoarch polyarch

Durch die deutliche Differenzierung von Endodermis und Perikambium in primär gebauten Wurzeln topographisch stets strenge Gliederung der Gewebe in **Rinde** (von der Rhizodermis bis zur Endodermis) und **Zentralzylinder** (vom Perikambium bis zur Wurzelachse).

3.2. Das sekundäre Dickenwachstum und der sekundäre Bau der Wurzel

Reifung der Leitelemente

im Sproß: in der Wurzel:

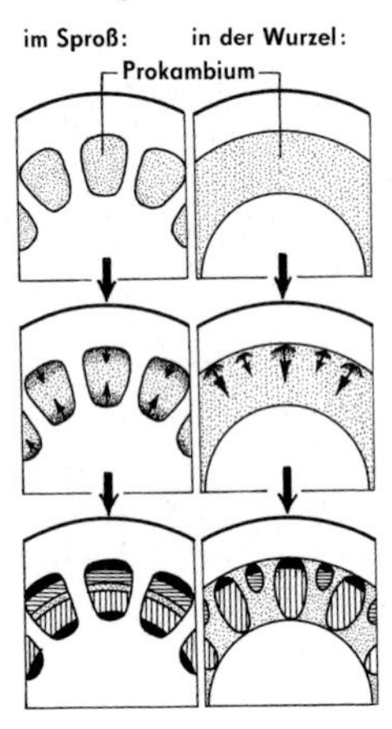

3.2.1. Der Zuwachs im Zentralzylinder

Die Wurzeln der Coniferen und Dikotylen wachsen wie die Sproßachse dieser Pflanzen durch die Tätigkeit eines Folgemeristemmantels sekundär in die Dicke (Bildung dieses Kambiums sekundär, oder unter Einbeziehung eines Restmeristemanteils vom Perikambium).
Das zwischen den radialen Xylem- und Phloemteilen gelegene Parenchym wird meristematisch (Einzug tangentialer Wände) und somit zum Ausgangsort der Bildung des Kambiums. Die über dem Protoxylem gelegenen Perikambiumzellen werden ebenfalls meristematisch und ergänzen zu einem geschlossenen, im Querschnitt sternförmigen Kambiummantel.
Abgliederung von Zellen nach innen (spätere Xylemelemente) und nach außen (spätere Phloemelemente). Stärkerer Xylemzuwachs bewirkt schnellen Ausgleich der Kambiumform zum Zylinder (im Querschnitt vom Stern zum Kreis). Primäre Markstrahlen und sekundäre Strahlen ähnlich wie in der Sproßachse.

Bildung des Kambiums aus
prim. u. sek. Meristemen in
Sproß: Wurzel:

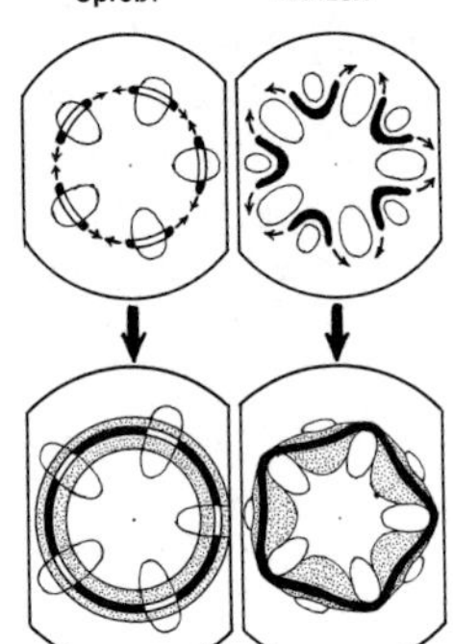

3.2.2. Die Veränderungen in der Rinde

Dem sekundären Zuwachs im Zentralzylinder folgen Dehnung und Riß der Rindengewebe.

Gegenwirkungen:
Dilatation (wenig wirksam; auf Endodermis beschränkt) und **Peridermbildung** (sekundäres Abschlußgewebe mit gleichem Aufbau und entsprechenden Eigenschaften wie in der Sproßachse; aber Unterschied in der Anlage: nicht peripher, sondern meist als Tiefenperiderm. Bildung aus den noch nicht in den Kambiummantel aufgenommenen Abschnitten des Perizykels). Bei Holzgewächsen später **Borkebildung** wie in der Sproßachse. Mehrere Jahre sekundär verdickte Wurzeln im Querschnitt kaum von einer entsprechenden Spoßachse zu unterscheiden (lediglich an radialer Anordnung der primären Leitelemente im Zentrum zu erkennen).

3. Die Wurzel – Praktischer Teil –

3.1. Der primäre Bau der Wurzel

3.1.1. Elemente der primären Wurzel

Beobachtungsziel: Äußere Gewebe des jüngsten Abschnittes der primären Wurzel (Kalyptra, Rhizodermis mit Wurzelhaaren)

Objekt: *Tradescantia* spec. (Commelinaceae) Tradescantia. Sproßbürtige Wurzeln aus einer Hydrokultur. Oder *Papaver* spec. (Papaveraceae), Mohn, Keimwurzeln. Oder *Valerianella locusta* (Valerianaceae) Gartenrapünzchen, Keimwurzeln.

Präparation: a) *Tradescantia* spec.: In Leitungswasser gestellte Sprosse von *Tradescantia* treiben bereits nach wenigen Tagen sproßbürtige Wurzeln. Um Algenbewuchs zu vermeiden, werden die Wurzeln in abgedunkelten Gefäßen gezogen. Die Wurzelspitzenzone in einer Länge von 5 bis 10 mm abschneiden, in Leitungswasser einlegen und beobachten. Wurzeln aus Hydrokulturen haben im Gegensatz zu Wurzeln, die in feuchter Kammer gezogen wurden, den Vorteil, daß in Frischpräparaten zwischen den Wurzelhaaren nicht störende Luftblasen hängen bleiben und die Wurzelhaare in Leitungswasser nicht platzen.
b) *Papaver* spec., *Valerianella locusta:* Samen auf feuchtem Fließpapier (Petrischale als feuchte Kammer) treiben nach etwa 5 Tagen 5 bis 10 mm lange Keimwurzeln. Mit Rasierklinge bzw. spitzer Schere die Keimwurzeln abtrennen und für Lebendbeobachtung Frischpräparat (Reg. 47) herstellen, dazu in 1,5- bis 3%ige Glucoselösung einbetten; noch günstiger ist es, die Wurzeln vorher mit Glucoselösung zu infiltrieren (Reg. 64). Die Protoplasmaströmung in den Wurzelhaaren bleibt bis zu 24 Stunden erhalten! Bei Stagnation frische Glucoselösung zugeben oder die Strömung durch Lichtreiz induzieren (Photodinese, s. S. 52). In Leitungswasser platzen die Wurzelhaare!
c) Dauerpräparate (Reg. 21): Wurzeln auf dem Objektträger in Abelsche Flüssigkeit (eine Mischung aus 96%igem unvergälltem Ethanol, 10%iger Ammoniaklösung, Glycerol und dest. Wasser im Verhältnis 5: 5: 3: 6) einlegen. Luft wird aus den Interzellularräumen ausgetrieben, die Wurzeln werden durchsichtig. Verdunstete Flüssigkeit durch frische Lösung ersetzen. Die Objekte werden auf diese Weise allmählich in reines Glycerol eingebettet. Die Abelsche Flüssigkeit verhindert das Schrumpfen oder Platzen der empfindlichen Wurzelhaare.
d) Wurzelspitzen mit Karminessigsäure färben (Reg. 73).
e) Stärkereaktion (Reg. 66, 115): Wurzelspitzen in Iodkaliumiodid-Lösung einlegen.

Beobachtungen (Abb. 86): Bei schwacher Vergrößerung sind an der primären jungen Wurzel drei Abschnitte zu erkennen: die Wurzelspitze mit der Wurzelhaube (Kalyptra), die glatte Streckungszone und die Wurzelhaarzone (Abb. 86 A). Während die ersten beiden Zonen jeweils nur 1 bis 2 mm lang sind, bleibt die Wurzelhaarzone bei Wurzeln aus Hydrokulturen im Gegensatz zu Erdwurzeln oft über die gesamte Länge der Wurzel erhalten.
Bei stärkerer Vergrößerung die einzelnen Zonen untersuchen. Die Kalyptra (Abb. 86 D, E) bedeckt als Schutzkappe das im Inneren der Wurzelspitze liegende Apikalmeristem der Wurzel. Durch Verschleimen der Mittellamellen lösen sich die großen, parenchymatischen Zellen an der Außenseite der Wurzelhaube fortwährend ab, während das Meristem immer neue Zellen liefert (»Schmierfunktion« der Kalyptra während des Wachstums der Wurzel im Boden!). Die ältesten, sich ablösenden Zellen liegen lose aneinander und können in

Hydrokulturen einen kompakten Zellhaufen (Abb. 86 E) bilden. Besonders zur Wurzelspitze zu enthalten die Zellen viele Stärkekörner (Statolithenstärke). Im Karminessigsäurepräparat hebt sich die Wurzelhaube deutlich vom eigentlichen Wurzelkörper ab.
In Abelsche Flüssigkeit eingebettete Wurzelspitzen sind nach ein paar Tagen so weit aufgehellt, daß der innere Aufbau studiert werden kann (Abb. 86 D). Gründliches »Einsehen« in das Präparat bei ständigem Fokussieren ist notwendig; die fotografische Darstellung des Wurzelscheitels fällt bei der empfohlenen Präparationsmethode unbefriedigend aus. Untersuchungen des zellulären Aufbaus der Wurzelspitze sind nur an gefärbten Mikrotomschnitten möglich. Zur Beobachtung muß die optische Ebene in die Längsachse (Mediane) der Wurzel gelegt werden.
Von den Initialzellen des Apikalmeristems werden Zellen abgegliedert, die spitzenwärts die Kalyptra und in entgegengesetzter Richtung den Wurzelkörper aufbauen (Abb. 86 D). Vom Initialkomplex ausgehend lassen sich von außen nach innen Protoderm, Rindenbereich und Zentralzylinder unterscheiden. Im Bereich der sich streckenden Wurzelhaare sind im Zentralzylinder auch die ersten Ringverstärkungen der Xylemprimanen (Ringtracheiden des Protoxylems) zu erkennen (Abb. 86A). An der aufgehellten Wurzel kann so im räumlichen Hintereinander das zeitliche Nacheinander der Gefäßentwicklung beobachtet werden. Protophloem, Endodermis und Perizykel sind bei der angegebenen Präpariertechnik kaum zu erkennen. Nach außen wird der Wurzelkörper durch die kurzlebige Rhizodermis abgeschlossen. Ihre zarten, dünnwandigen Zellen sind mit Zytoplasma angefüllt und durch einen großen Nukleus gekennzeichnet. Die Zellen der Streckungszone weisen mit fortschreitendem Alter zunehmend größere Vakuolen auf, so daß die verschiedenen Stadien der Vakuolisierung beobachtet werden können (Abb. 86 B). Im älteren Abschnitt dieser Zone sind die Zellen gestreckt, und die Wurzelhaare beginnen auszuwachsen. Dabei bildet sich zuerst an dem der Wurzelspitze zugekehrten Zellende eine Ausbuchtung Abb. 86 B), die immer weiter fingerartig auswächst und besonders in Hydrokultur beträchtliche Länge erreichen kann. Wurzelhaare werden im Unterschied zu Trichomen der Epidermis nicht durch eine Zellwand abgeteilt. Der Zellkern ist oft nahe der Wurzelhaarspitze zu finden (Abb. 86C). In der Wurzelhaarzone sind alle Entwicklungsstadien der Haarbildung zu beobachten. Das ausdifferenzierte Wurzelhaar erreicht in Hydrokultur beträchtliche Länge.
Bei *Tradescantia* (wie auch bei zahlreichen anderen Pflanzengattungen) entwickelt sich nicht an jeder Rhizodermiszelle ein Wurzelhaar. Durch inäquale Zellteilung entsteht aus einer Protodermzelle ein zytoplasmareicher Trichoblast und ein zytoplasmaärmerer Atrichoblast, wobei der Zellkörper des Trichoblasten weniger gestreckt ist als der des Atrichoblasten.
Bei Frischpräparaten (Lebendpräparaten) kann in den Wurzelhaaren eindrucksvolle Protoplasmabewegung studiert werden! In den Frühstadien der Wurzelhaarbildung wird das Zellumen noch von zahlreichen Protoplasmasträngen durchzogen, so daß die Protoplasmaströmung noch als Zirkulation anzusprechen ist (Vgl. S. 50). In den ausdifferenzierten Wurzelhaaren hingegen liegt Plasmarotation mit oft erstaunlich hoher Strömungsgeschwindigkeit vor.
In Hydrokulturen bleiben die Wurzelhaare lange funktionsfähig (Unterschied zu den Wurzelhaaren im Erdboden), so daß die Absterbezone nicht deutlich in Erscheinung tritt. Das Kollabieren und Deformieren der absterbenden Wurzelhaare läßt sich besser an Wurzeln beobachten, die in einer feuchten Kammer gezogen wurden. Beim Studium der Rhizodermis an Wurzeln aus Hydrokulturen oder feuchter Kammer ist zu bedenken, daß die im Boden gewachsenen Wurzeln wie auch die kurzlebigen Wurzelhaare nicht so regelmäßig geformt sind wie in den vorliegenden Präparaten.

Weitere Beobachtungen: Je nach den Bedingungen der Anzucht sind im Meristem der Wurzelspitze des Karminessigsäurepräparates mehr oder weniger zahlreiche Kernteilungsstadien (Mitosen) zu erkennen.

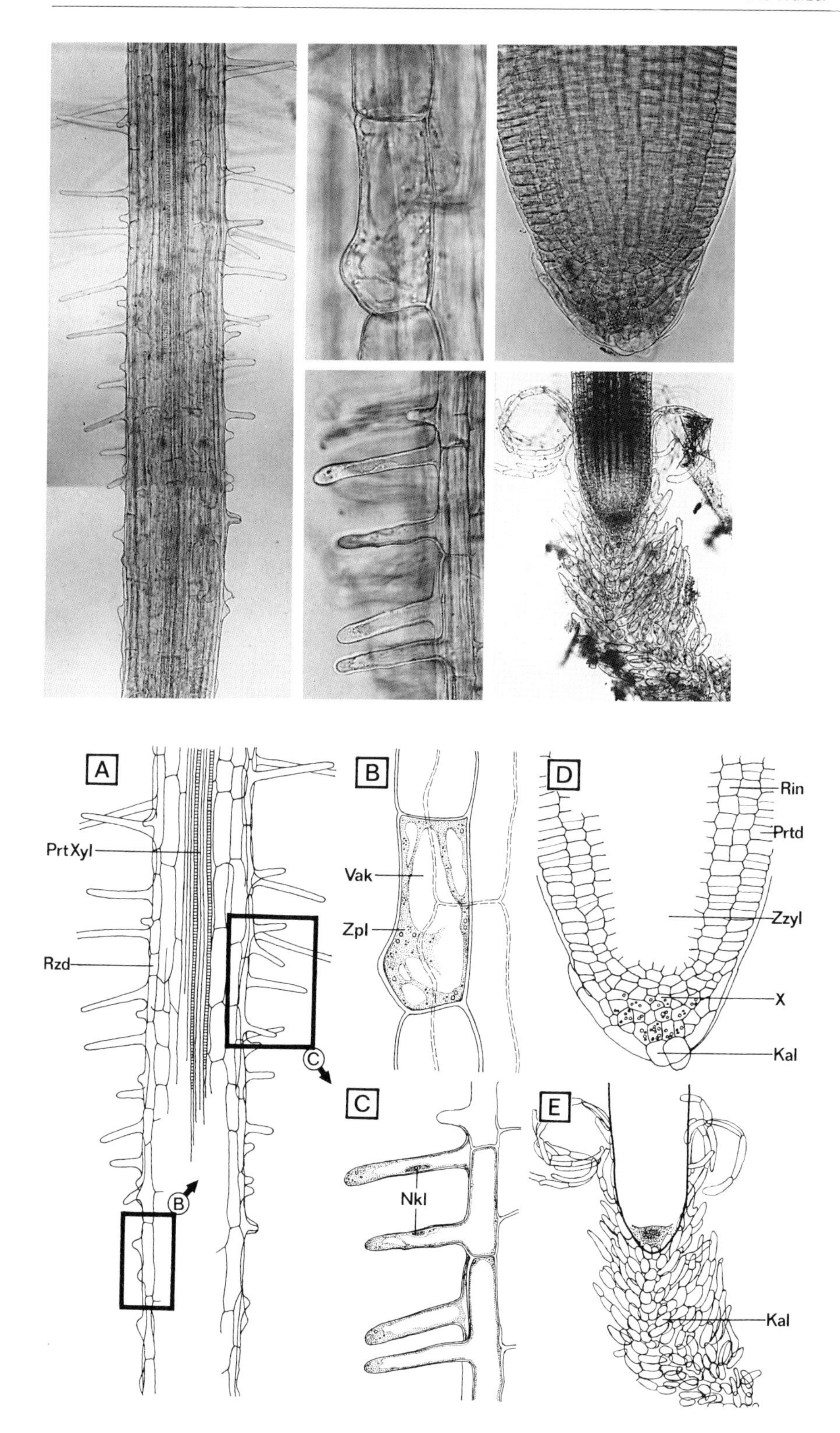
A
B
C
D
E
Prt Xyl
Rzd
Vak
Zpl
Nkl
Rin
Prtd
Zzyl
X
Kal
Kal

W

Weitere Objekte:

Hordeum spec. (Poaceae), Gerste
Keimwurzeln in feuchter Kammer ziehen. Die Kalyptra besitzt ein eigenes Meristem (Kalyptrogen) und ist dadurch besonders scharf von der übrigen Wurzel abgesetzt.

Zea mays (Poaceae), Getreide-Mais
Bildet besonders kräftige Keimwurzeln aus. In der feuchten Kammer entsteht ein dichter Flaum von Wurzelhaaren. Trichoblasten wechseln mit Atrichoblasten ab. Im Querschnitt durch die Keimwurzel zeigen die Wurzelhaare radial nach außen.

Sinapis alba (Brassicaceae), Weißer Senf
Rhizodermis besteht aus Tricho- und Atrichoblasten.

Papaver somniferum (Papaveraceae) Schlaf-Mohn
Zarte Keimwurzeln mit deutlicher Wurzelhaube. Lassen sich gut präparieren.

Lepidium sativum (Brassicaceae), Gartenkresse
In feuchter Kammer nach 2 bis 3 Tagen kräftige Keimwurzeln. Alle Rhizodermiszellen bilden Wurzelhaare.

Pisum sativum (Fabaceae), Garten-Erbse, *Vicia faba* (Fabaceae), Pferde-Bohne
Von den kräftigen Keimwurzeln lassen sich leicht Quer- und Längsschnitte anfertigen.
Nach Färbung mit Karminessigsäure können eindrucksvolle Bilder von Kernteilungsstadien (Mitosen) beobachtet werden. Auch Quetschpräparat!

Hydrocharis morsus-ranae (Hydrocharitaceae), Gemeiner Froschbiß
In den Wurzelhaaren Plasmarotation gut zu beobachten.

Limnobium stoloniferum (Hydrocharitaceae)
Sehr große, kräftige Wurzelhaare, in denen die Plasmarotation gut zu beobachten ist.

Beobachtungsziel: Mehrschichtige Exodermis im Wurzelquerschnitt

Objekt: *Iris germanica* (Iridaceae), Deutsche Schwertlilie. Wurzel.

Präparation: Von kräftigen Wurzeln (Alkoholmaterial, Reg. 3) Querschnitte (Reg. 114) herstellen, dabei besonders die peripheren Schichten dünn schneiden. Färben mit Sudan III (Reg. 116), und Ligninreaktion mit Phloroglucinol-Salzsäure (Reg. 101) durchführen.

Beobachtungen (Abb. 87C): Die junge primäre Wurzel wird nach außen zunächst von der zarten Rhizodermis abgeschlossen, die der Epidermis homolog ist. Es handelt sich um Absorptionsgewebe (Wurzelhaare!). Eine Kutikula ist lichtmikroskopisch nicht nachweisbar. Der Querschnitt durch die ältere Wurzel zeigt schon bei schwacher Vergrößerung ein anderes Bild: Das äußere Abschlußgewebe hat sich sowohl mit Phlorogucinol-Salzsäure als auch mit Sudan III angefärbt und ist mehrschichtig: Die Rhizodermis wird bei monokotylen Pflanzen bereits frühzeitig durch eine mehrschichtige Exodermis **(Exd)** ersetzt.

Abb. 86. Äußere Gewebe der primären jungen Wurzel. **A**: *Papaver* spec. Keimwurzel in Übersicht (aus Teilaufnahmen zusammengesetzt). Im unteren Teil noch wurzelhaarfreie Streckungszone, im oberen Teil ausdifferenzierte Rhizodermis **Rzd.** Mit dem Längenwachstum der Wurzelhaare beginnt im Zentralzylinder die Entwicklung der Protoxylemelemente **PrtXyl. B, D, E**: *Tradescantia* spec. **B**: Beginnende Wurzelhaarbildung bei gleichzeitiger Vakuolisierung **Vak** des Zytoplasmas **Zpl.** (Auf Grund zügiger Protoplasmaströmung Zellinhalt unscharf abgebildet.) **C**: *Valerianella* spec. Lebende, noch nicht voll entwickelte Wurzelhaare. Im Zytoplasmawandbelag ist der Zellkern **Nkl** zu erkennen. **D**: Wurzelspitze, Kalyptra **Kal** erst schwach ausgebildet. Vom Initialkomplex **(x)** ausgehend sind Protoderm **Prtd,** Rindenbereich **Rin** und Zentralzylinder **Zzyl** zu unterscheiden. **E**: Ältere Wurzelspitze. In Hydrokultur bleiben die kontinuierlich gebildeten Kalyptrazellen **Kal** als zusammenhängender Zellhaufen längere Zeit erhalten.
A 120 : 1, B 1120 : 1, C 400 : 1, D 400 : 1, E 160 : 1.

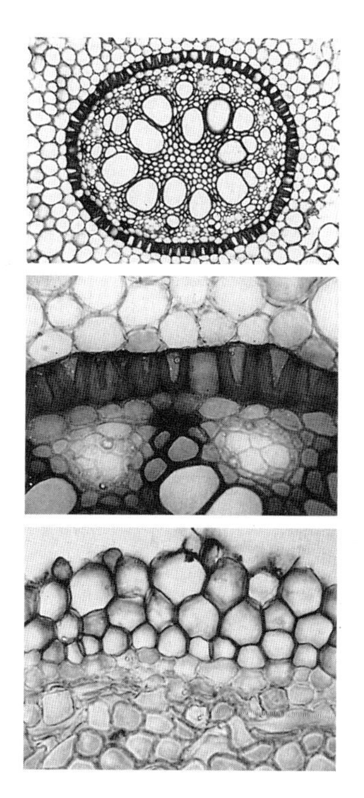

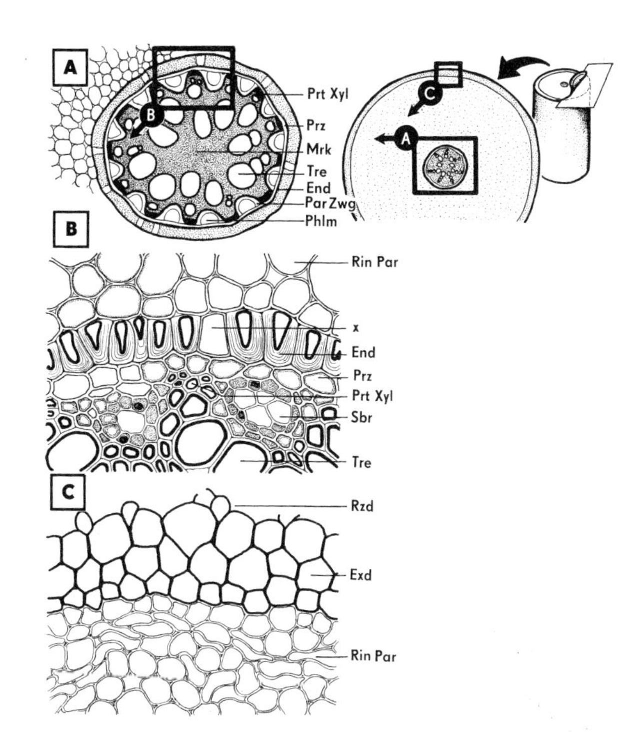

Abb. 87. *Iris germanica.* Gewebe der primären Wurzel im Querschnitt. **A**: Zentralzylinder mit polyarchem Leitbündel in der Übersicht. **PrtXyl** Protoxylem, **Prz** Perizykel, **Mrk** Mark, **Tre** Trachee des Metaxylems, **End** tertiäre Endodermis, **ParZwg** parenchymatisches Zwischengewebe, **Phlm** Phloem. **B**: Ausschnitt aus dem Zentralzylinder mit tertiärer Endodermis **End**, die als U-Scheide ausgebildet ist. Bei **x** über dem Protoxylem eine Durchlaßzelle, **Sbr** Siebröhre des Phloems. **C**: Ausschnitt aus der Exodermis **Exd**. **Rzd** Rest der abgestorbenen Rhizodermis. **RinPar** Rindenparenchym. Doppelfärbung Hämalaun/Safranin. A 60 : 1, B 150 : 1, C 75 : 1.

Nun ein stärkeres Objektiv einsetzen und die Exodermis beobachten: Die Zellen, die in etwa drei bis vier Lagen die Wurzel umgeben, sind mit einer Suberinlamelle ausgekleidet (mit Sudan III orange gefärbt) und grenzen lückenlos aneinander. Die Mittellamellen geben mit Phloroglucinol-Salzsäure die Ligninreaktion. Von der Rhizodermis finden sich nur noch spärliche, deformierte Reste (**Rzd**). Bei den ersten zwei bis drei Zellreihen des nach innen angrenzenden Rindenparenchyms (**RinPar**) sind die Zwickel zwischen den Zellen mit Interzellularsubstanz ausgefüllt.

Weitere Beobachtungen: S. 232 f.

Weitere Objekte:

Acorus calamus (Araceae), Echter Kalmus
Adventivwurzel mit zweischichtiger Exodermis.

Clivia nobilis (Amaryllidaceae), Riemenblatt
Unter einem mehrschichtigen Velamen einschichtige Kurzzellen-Exodermis. Die Kurzzellen funktionieren als Durchlaßzellen. Die Velamenzellen über den Kurzzellen mit spezialisierten Wandstrukturen (»Stabkörper«).

Luftwurzeln vieler tropischer Epiphyten (z.B. Orchidaceae) mit Velamen und Exodermis wie bei *Clivia* angegeben. Exodermen auch bei Rhizomen:

Carex arenaria (Cyperaceae), Sand-Segge
Mehrschichtige Exodermis unter der Epidermis des Rhizoms.

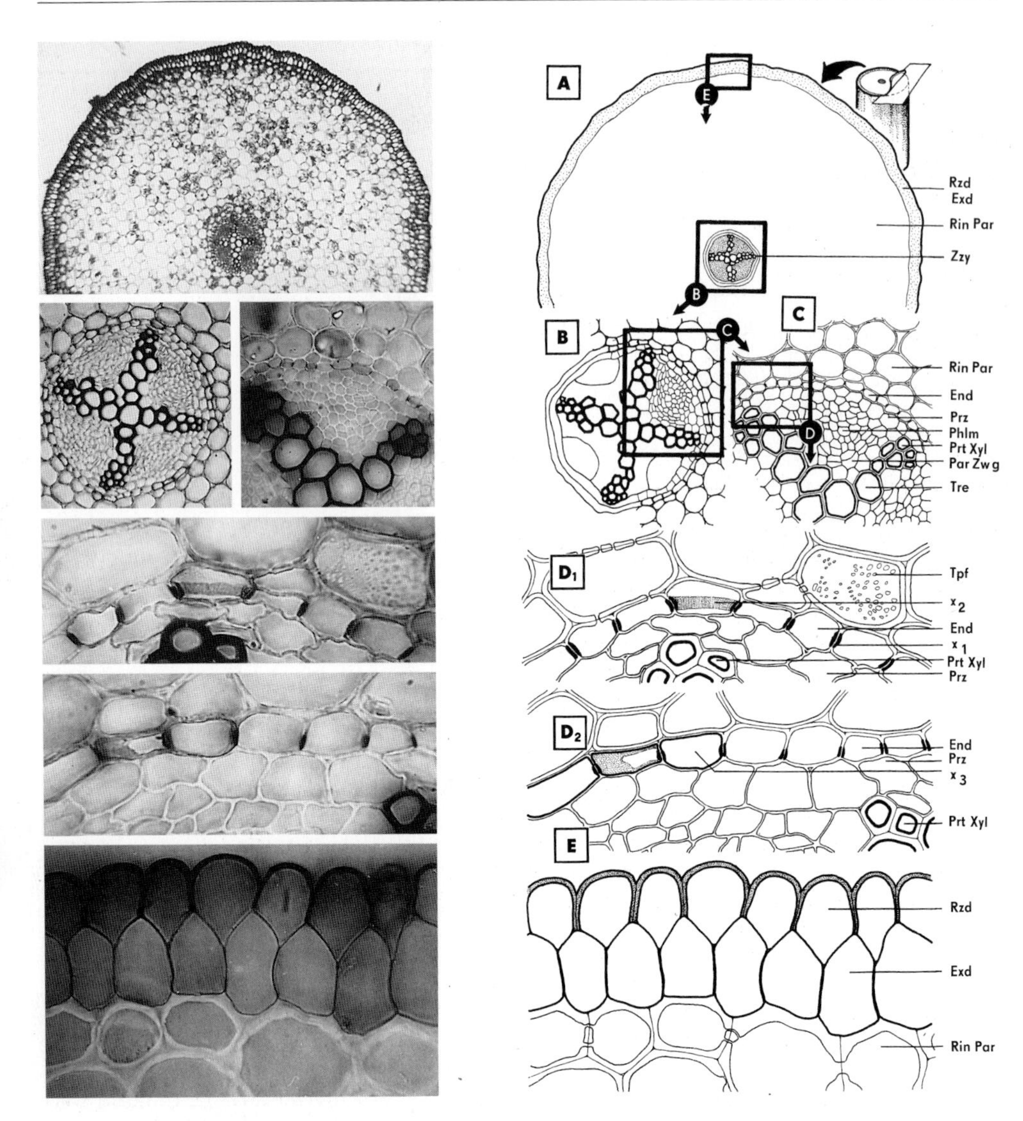

Abb. 88. *Caltha palustris.* Gewebe der Wurzel im Querschnitt. **A**: Übersicht. Unter dem Abschlußgewebe **Rzd, Exd** das mächtige Rindenparenchym **RinPar**. In dessen Mitte der Zentralzylinder **Zzy**. **B**: Zentralzylinder mit tetrarchem Bündel, vergrößert. **C**: Ausschnitt aus dem Zentralzylinder mit Endodermis **End**, Perizykel **Prz** und Phloem **Phlm**. Das Phloem ist von zwei Xylemstrahlen eingeschlossen, das Metaxylem vorwiegend aus Tracheen **Tre** gebildet, peripher das Protoxylem **PrtXyl**. Phloem und Xylem durch parenchymatisches Zwischengewebe **ParZwg** getrennt. **D₁**: Ausschnitt aus der primären Endodermis. Bei x_1 Casparyscher Streifen an antiklin-radialer Zellwand, bei x_2 Casparyscher Streifen in Aufsicht an antikliner Zellwand senkrecht zur Organlängsachse. **Tpf** Tüpfel in der Aufsicht auf die Wand einer Rindenparenchymzelle. **D₂**: Ausschnitt aus der Endodermis im Übergang zum sekundären Zustand. Bei x_3 sekundäre Endodermiszelle mit Suberinlamelle, links davon mit angeschnittener Zellwand in der Aufsicht. **E**: Ausschnitt aus dem Abschlußgewebe der Wurzel. Außen metadermisierte Rhizodermis **Rzd,** darunter die einschichtige Exodermis **Exd**, die interzellularenfrei an das Rindenparenchym grenzt. A 20 : 1, B 50 : 1, C 120 : 1, $D_{1,2}$ 450 : 1, E 300 : 1

Typha angustifolia (Typhaceae), Schmalblättriger Rohrkolben
Rhizom mit mehrschichtiger Exodermis.

Beobachtungsziel: Primäre und sekundäre Endodermis im Wurzelquerschnitt

Objekt: *Caltha palustris* (Ranunculaceae), Sumpf-Dotterblume. Wurzel.

Präparation: Von jüngeren Abschnitten kräftiger Wurzeln (Alkoholmaterial, Reg. 3) Querschnitte (Reg. 114) anfertigen. Dabei besonderen Wert auf Qualität des Schnittes im Zentrum der Wurzel legen. Einzelne Schnitte
a) mit Phloroglucinol-Salzsäure behandeln (Reg. 101),
b) mit Safranin färben (Reg. 105),
c) mit Sudan III färben (Reg. 116).

Weitere Präparationsmöglichkeiten: Von gut gelungenen Schnitten, die nach b) oder c) gefärbt sind, Dauerpräparate anfertigen (Reg. 21).

Beobachtungen (Abb. 88A bis D_2): Zunächst bei schwacher Vergrößerung an einem Schnitt orientieren, der möglichst viel vom Gesamtquerschnitt durch die Wurzel zeigt. Unter den beiden peripheren Hautschichten **(Rzd, Exd)** liegt das mächtige Rindenparenchym **(Rin-Par)**, dessen große Zellen viel Stärke enthalten. Es reicht bis zum Zentralzylinder **(Zzy)**, der besonders nach Behandlung mit Phloroglucinol-Salzsäure oder Safraninfärbung durch die radiale Anordnung der Leitbündel auffällt. Die Grenze zwischen Rindenparenchym und Zentralzylinder wird von zwei sich deutlich absetzenden Zellschichten gekennzeichnet: Der außen liegenden Endodermis **(End)** und dem innen liegenden Perizykel **(Prz)**. (Die beiden Zellschichten sind am leichtesten über den Xylemstrahlen aufzufinden.) Nun mit stärkerer Vergrößerung in günstigen Schnitten auf die Endodermis einstellen. Die physiologisch wichtige Endodermis stellt topographisch die innerste Schicht der Rinde dar. Ihre Zellen sind im Querschnitt länglich-oval und kleiner als die benachbarten Rindenparenchymzellen, die ihrerseits auch kleiner als die Masse der übrigen Rindenparenchymzellen sind. In jüngeren Wurzelabschnitten liegen die meisten Endodermiszellen im Jugendstadium als sogenannte »primäre Endodermis« vor. In dieser Phase zeichnen sich die Zellen durch eine eigenartige Wandstruktur – den Casparyschen Punkt oder Casparyschen Streifen – aus. Im Querschnitt scheinen die Radialwände in einem mehr oder weniger ausgedehnten Abschnitt verstärkt zu sein (Abb. 88 D, $\mathbf{x_1}$). Außerdem hebt sich der veränderte Zellwandteil im ungefärbten Präparat durch dunklere Tönung von der übrigen Zellwand deutlich ab. Mit Phloroglucinol-Salzsäure reagiert der Casparysche Streifen positiv, mit Safranin färbt er sich leuchtend kirschrot an. Die Reaktionen sind darauf zurückzuführen, daß die Mittellamelle an diesen Stellen nicht nur aus Pektinstoffen besteht, sondern noch mit einer Substanz imprägniert ist, die die Ligninreaktion mit Phloroglucinol-Salzsäure gibt und sich auch mit Sudan III färbt wie Suberin.
In der Aufsicht – also an den horizontalen, antiklinen Wänden – ist der Casparysche Streifen selten zu sehen **($\mathbf{x_2}$)**. In vielen Zellen wird er aber durch das geschrumpfte Zytoplasma markiert, das entlang des Casparyschen Streifens an der Zellwand haftet. Da der Streifen unelastisch ist, legt er sich nach dem Anschneiden der Zellwand in viele kleine Falten. Die Fältelung täuscht an den Radialwänden die Verdickung vor. Je nach dem Alter des präparierten Wurzelabschnittes sind mehr oder weniger viele Zellen in das Sekundärstadium übergegangen.
Sekundäre Endodermiszellen (Abb. 88D_2, $\mathbf{x_3}$) zeichnen sich neben dem Casparyschen Streifen durch eine Suberinlamelle aus, die nachträglich auf der Zellwand abgelagert wird, wobei der Protoplast jedoch am Leben bleibt. Die Zwickel zwischen den Zellen täuschen oft Interzellularen vor, sind aber mit Interzellularsubstanz ausgefüllt (bei Safraninfärbung offene Interzellularen des Rindenparenchyms mit ausgefüllten Interzellularräumen vergle-

chen!). Über den Xylemprimanen verbleiben die Endodermiszellen meist im Primärzustand (Durchlaßzellen). Da die Suberinlamellen bei den einzelnen Zellen zu verschiedenen Zeitpunkten angelegt werden, können in einem Querschnitt alle Übergangsstadien von der primären bis zur sekundären Endodermiszelle gefunden werden. In Handschnittpräparaten ist die Suberinlamelle als dünne, scharf gezeichnete rote Linie zu erkennen, die die gesamte Zelle umgibt (Safranin, Sudan III). Zuweilen gibt die Lamelle auch die Ligninreaktion (Phloroglucinol-Salzsäure). Casparyscher Streifen, ungefärbte Primärwand und Suberinlamelle sind in unseren Präparaten optisch kaum aufzulösen. Mit den Zellen des innen anschließenden Perizykels und des außen anschließenden Rindenparenchyms ist die Endodermis interzellularenfrei verbunden.

Weitere Beobachtungen: Im tangentialen Längsschnitt durch die Endodermis bietet der fein gefältelte Casparysche Streifen eindrucksvolle Bilder. Die Präparation geeigneter Schnitte erfordert etwas Geduld. Metadermisierte Rhizodermis (s. S. 230) und einschichtige Exodermis als Abschußgewebe, Gesamtaufbau der primären Dikotylenwurzel (S. 235 f.).

Weitere Objekte:

Allium cepa (Liliaceae), Küchen-Zwiebel
Wurzeln über Wasser anziehen. Je nach Alter der Wurzeln können alle drei Entwicklungsstadien der Endodermis beobachtet werden. Die tertiäre Endodermis ist als O-Scheide ausgebildet.

Clivia nobilis (Amaryllidaceae), Riemenblatt
Wurzel für das Studium der primären Endodermis sehr gut geeignet.

Ranunculus spec. (Ranunculaceae), Hahnenfuß
Je nach Alter der Wurzel sind alle drei Formen der Endodermis zu finden. In älteren Wurzeln sind meist nur noch die Endodermiszellen über den Xylemprimanen im Primärzustand. Stärkereiche Speicherwurzel! Stärke gegebenenfalls aus den Schnitten auswaschen.

Beobachtungsziel: Tertiäre Endodermis im Wurzelquerschnitt

Objekt: *Iris germanica* (Iridaceae), Deutsche Schwertlilie. Wurzel.

Präparation: Von kräftigen Wurzeln (Alkoholmaterial, Reg. 3) Querschnitte herstellen (Reg. 114) und einzelne Schnitte
a) mit Phloroglucinol-Salzsäure behandeln (Reg. 101),
b) in Eau de Javelle (Reg. 27) aufhellen und mit Safranin färben (Reg. 105).

Weitere Präparationsmöglichkeiten: Die Querschnitte eignen sich gut für eine Doppelfärbung: Zuerst mit Hämalaun färben (Reg. 55), dann mit Safranin nachfärben (Reg. 105). Dauerpräparate anfertigen (Reg. 52 u. 92).

Beobachtungen (Abb. 87 A und B): Bereits bei schwacher Vergrößerung fällt im safraningefärbten Präparat die Endodermis **(End)** als Scheide um den Zentralzylinder auf. Für Detailstudien stärkeres Objektiv verwenden. Im Querschnitt erscheinen die Endodermiszellen fast rechteckig, in radialer Richtung etwas gestreckt. Vor den Phloemabschnitten **(Phlm, Sbr)** des Leitbündels sind sie etwas größer als über dem Xylem **(PrtXyl)**. Während außen zwischen Endodermis und Rindenparenchym **(RinPar)** Interzellularen entstanden sind, grenzt der innen gelegene Perizykel **(Prz)** lückenlos an die Endodermis.
Schon frühzeitig geht bei *Iris* (wie bei sehr vielen Monokotyledonen) die Endodermis in den Tertiärzustand über. Vom Casparyschen Streifen des Primärzustandes (S. 231) ist nichts mehr zu erkennen. Wie die Phloroglucinol-Salzsäure-Reaktion und die Safraninfärbung zeigen, wird nahe den Mittellamellen rings um die Zellen Lignin in die Wände eingelagert. Diese Schichten treten als scharfgezeichnete rote Linien hervor. Der tertiäre Charakter der Endodermis wird durch mächtige Auflagerungen sekundärer Verdickungsschichten bestimmt (Appositionswachstum). Die sekundären Wandverdickungen sind deutlich geschichtet und lassen ein kleines, im Querschnitt meist dreieckig erscheinendes Zell-

Lumen übrig. Da die äußeren Tangentialwände in der Mitte unverdickt bleiben, sehen die Zellen im Querschnitt wie ein U oder C aus. So geformte Endodermen heißen daher U- oder C-Scheiden. Mit Phloroglucinol-Salzsäure reagieren bei diesem Objekt die sekundären Wandschichten nur sehr schwach oder überhaupt nicht. Vor den Xylemprimanen **(PrtXyl)** sind oft Endodermiszellen zu beobachten, deren Wände nicht verstärkt sind und die reichlicher Zytoplasma enthalten als die übrigen. Diese Zellen erleichtern den Stoffaustausch zwischen Zentralzylinder und Rindenparenchym. Ihrer Funktion entsprechend heißen sie »Durchlaßzellen« **(x)**.

Weitere Beobachtungen: Mehrschichtige Exodermis (S. 228 f.), Idioblasten im Rindenparenchym, polyarches Leitbündel der Monokotylenwurzel (S. 235).

Weitere Objekte:
Die Wurzeln der meisten monokotylen Pflanzen besitzen im ausgewachsenen Zustand eine tertiäre Endodermis.

Iris spec. (Iridaceae), Schwertlilien
Tertiäre Endodermis allgemein als U-Scheide ausgebildet.

Ranunculus spec. (Ranunculaceae), Hahnenfuß
Tertiäre Endodermis als O-Scheide ausgebildet.

Beobachtungsziel: Die radiale Anordnung der Leitbündel in der primären Wurzel (Querschnitt)

Objekt: *Caltha palustris* (Ranunculaceae), Sumpf- Dotterblume, Wurzel.

Präparation: Von jüngeren Abschnitten kräftiger Wurzeln (Alkoholmaterial) Querschnitte anfertigen (Reg. 114), die besonders im Zentrum gute Schnittqualität haben sollen. Mit Phloroglucinol-Salzsäure behandeln (Reg. 101) oder mit Safranin färben (Reg. 105).

Beobachtungen (Abb. 88 A bis C): Schon bei schwacher Vergrößerung fällt der von Rindenparenchym umschlossene Zentralzylinder **(Zzy)** auf. Er wird von der Endodermis **(End)** umhüllt und enthält nur den einschichtigen Perizykel **(Prz)** und die von diesem begrenzten radial angeordneten Leitbündel. Nach Behandlung mit Phloroglucinol-Salzsäure oder nach Safraninfärbung tritt der sternförmige Xylemanteil besonders eindrucksvoll hervor (Abb. 88 B). Das Bündelsystem ist wie bei allen Dikotylen oligoarch, bei *Caltha palustris* meist tetrarch oder pentarch. Je nach Anlage der Leitbündel grenzen vier oder fünf Xylemstränge mit den Xylemprimanen **(PrtXyl)** an den Perizykel. Die Xylemprimanen sind die Wasserleitungsbahnen mit dem kleinsten Zell-Lumen. Sie liegen peripher im Bündel, da sich – im Unterschied zur Sproßachse – das primäre Xylem in zentripetaler Richtung aus dem Prokambium differenziert. Im ausgereiften Leitgewebe besteht das Xylem aus wenigen weitlumigen, zentral gelegenen Tüpfeltracheen **(Tre)** und setzt sich nach außen in den Strängen in Schrauben- und Ringtracheen und -tracheiden mit immer geringer werdendem Lumen fort. Wenn das Leitgewebe noch nicht ausgereift ist, sind die zentralen großen Gefäße noch nicht oder nur unvollständig verholzt.
In den Winkeln zwischen den Xylemplatten ist das Phloem **(Phlm)** an seinen heller erscheinenden, zarten Zellwänden zu erkennen. Die Zellwände haben ein ähnliches Lichtbrechungsvermögen wie bei kollenchymatischen Zellen (S. 97). Auch die typischen Querschnittsbilder von Siebröhren/Geleitzellen markieren das Phloem. Siebplatten sind nur selten zu beobachten.
Phloem- und Xylemteile sind durch einfache, parenchymatische Zwischenzellen **(ParZwg)** voneinander getrennt. In diesen Zellen kann schwaches sekundäres Dickenwachstum eingesetzt haben. Zwischen dem parenchymatischen Zwischengewebe und dem Xylem liegen manchmal noch große »Parenchymzellen«. Hierbei handelt es sich jedoch um junge Tra-

cheen, deren Wandverdickungen noch nicht voll ausdifferenziert sind (vgl. auch Abb. 90 B_1).

Weitere Objekte:
Da bei den meisten höheren Pflanzen der Aufbau der Wurzel weitgehend übereinstimmt, sind viele Wurzeln im entsprechenden Entwicklungsstadium für das Studium des primären Baues geeignet.

Allium cepa (Liliaceae), Küchen-Zwiebel
Über Wasser treiben die Zwiebeln in wenigen Tagen zahlreiche Wurzeln. Das radiale Leitbündelsystem ist polyarch (Monokotyledoneae), die Xylemstrahlen grenzen an zentrale, weitlumige Gefäße.

Acorus calamus (Araceae), Echter Kalmus
Polyarches Leitbündelsystem mit zentralem Markparenchym. Im Zentralzylinder viel Stärke.

Clivia nobilis (Amaryllidaceae), Riemenblatt
Polyarches Leitbündelsystem mit unverholztem Markparenchym.

Ranunculus repens (Ranunculaceae), Kriechender Hahnenfuß; *Ranunculus acris* (Ranunculaceae), Scharfer Hahnenfuß
Der Wurzelquerschnitt gleicht weitgehend dem von *Caltha palustris*.

Vicia faba (Fabaceae), Pferde- Bohne
Die Wurzeln der Fabaceae zeichnen sich dadurch aus, daß die Phloemanteile des Leitbündelsystems durch Sklerenchymkappen geschützt sind.

3.1.2. Der Aufbau primärer Wurzeln in der Gesamtschau

Beobachtungsziel: Übersicht über die primäre Wurzel monokotyler Pflanzen im Querschnitt

Objekt: *Iris germanica* (Iridaceae), Deutsche Schwertlilie. Wurzel.

Präparation: Querschnitte durch die Wurzel anfertigen, die möglichst über die ganze Querschnittfläche gleichmäßig dünn sein sollen (Reg. 114). Sowohl mit Sudan III (Reg. 116) als auch mit Safranin (Reg. 105) färben. Wieder andere Schnitte mit Phloroglucinol-Salzsäure behandeln (Reg. 101).

Beobachtungen (Abb. 87): Bei schwacher Vergrößerung die verschieden gefärbten Schnitte, bei denen Schnitt und Färbung gut gelungen sind, vergleichend betrachten. Sofern es zur Diagnose der Gewebe und kleinerer Strukturen erforderlich ist, stärker auflösende Objektive zu Hilfe nehmen. Die Wurzel ist außen durch eine mehrschichtige Exodermis **(Exd)** abgeschlossen (vgl. S. 228f.), die auf ihrer Oberfläche oft noch Reste der Rhizodermis **(Rzd)** erkennen läßt. Nach innen folgt auf die Exodermis das Rindenparenchym **(RinPar).** Es stellt die Hauptmenge der Gewebe in der primären Wurzel. Außer den äußersten Schichten ist das gesamte Rindenparenchym von großen Interzellularen durchzogen. Die Zellen sind im Querschnitt rund und besitzen gleichmäßig verstärkte Cellulosewände. Einfache Tüpfel ermöglichen den Stoffaustausch. Die unterschiedlichen Durchmesser der Zellen deuten darauf hin, daß die Zellen in Organlängsrichtung gestreckt sind und sich an den Enden etwas verjüngen.
Wie im Blatt, so sind auch im Rindenparenchym der Wurzel Kristallidioblasten zu finden, die Styloide enthalten (S. 72f.). Die Idioblasten zeichnen sich durch sehr zarte Zellwände aus, die mit einer Suberinlamelle versehen sind (Sudan-III-Färbung). Die Styloide sind quergeschnitten und als helleuchtende Quadrate oder Rechtecke zu erkennen. Durch feine Linien erscheint die Schnittfläche der Kristalle schachbrettartig gemustert.
Im Gegensatz zur Speicherwurzel von *Caltha palustris* (S. 236) fehlen dem Rindenparenchym die Stärkekörner. Die innerste Schicht des Rindenparenchyms ist zu der für Wurzeln typischen Endodermis **(End)** differenziert. Es handelt sich – wie oft bei Monokotylen – um eine tertiäre Endodermis, die auf S. 232 genauer beschrieben ist. Zentripetal folgt auf die

Endodermis die erste Schicht des Zentralzylinders – der Perizykel **(Prz)**. Seine plasmareichen Zellen sind bedeutend kleiner als die der Endodermis und im Querschnitt nicht rechteckig, sondern in Richtung des Umfanges länglich-oval. Einfache Tüpfel fördern den Stoffaustausch zu den Nachbarzellen. Vor dem Phloem **(Phlm, Sbr)** sind die Zellen meist größer als vor dem Xylem **(PrtXyl)**. Der Perizykel grenzt interzellularenfrei an das Leitgewebe, das er lückenlos umschließt.
Im Gegensatz zu den wenigsträngigen (oligoarchen) Leitbündelsystemen der Dikotylen (S. 232f.) ist das Leitgewebe in den Wurzeln der Monokotylen durch zahlreiche Xylemstränge ausgezeichnet (polyarch). Außerdem haben sie im Gegensatz zu den Dikotylen zentrales Markparenchym **(Mrk)**. Die einzelnen Xylemplatten stoßen mit den englumigen Xylemprimanen **(PrtXyl**, Schrauben- und Ringtracheiden) an den Perizykel. In zentripetaler Richtung setzt sich das Xylem in wenigen großen Tüpfeltracheen **(Tre)** fort. Die Gefäße grenzen entweder mit stark getüpfelten Wänden direkt aneinander oder sie sind durch wenige Parenchymzellen voneinander getrennt. Das sklerenchymatische Mark füllt das Zentrum der Wurzel aus und zieht sich in Form von Markstrahlen bis zwischen die großen Gefäße hin. Mit Phloroglucinol-Salzsäure reagieren die Mittellamellen des Marks positiv, mit Safranin färben sich auch die sekundären Verdickungsschichten der Markparenchymzellen an.

Zwischen den Xylemsträngen fallen die Gewebekomplexe des Phloems **(Phlm)** durch die stärker lichtbrechenden Zellwände auf. Jeder Phloemstrang setzt sich aus wenigen (meist drei bis fünf) Siebröhren **(Sbr)** mit zugehörigen Geleitzellen und einzelnen Phloemparenchymzellen zusammen. Auch das Phloem grenzt mit seinen äußersten Zellen direkt an den Perizykel. Zwischen Xylem und Phloem ist das für Wurzeln charakteristische parenchymatische Zwischengewebe **(ParZwg)** eingeschoben.

Weitere Objekte:

Iris spec. (Iridaceae), Schwertlilien
Aufbau der Wurzel wie oben beschrieben.

Allium cepa (Liliaceae), Küchen-Zwiebel
Endodermis je nach Entwicklungszustand primär oder tertiär. Im Zentrum große Treppentracheen.

Hyacinthus orientalis (Liliaceae), Garten-Hyazinthe
Anatomie der Wurzel ähnlich *Allium cepa*.

Clivia nobilis (Amaryllidaceae), Riemenblatt
Polyarches Leitbündelsystem mit zentralem unverholztem Markparenchym. Endodermis primär. Äußere Abschlußgewebe.

Beobachtungsziel: Übersicht über die primäre Wurzel dikotyler Pflanzen im Querschnitt

Objekt: *Caltha palustris* (Ranunculaceae), Sumpf-Dotterblume. Wurzel.

Präparation: Wie S. 231. Es soll Wert darauf gelegt werden, einen guten Schnitt über den gesamten Wurzelquerschnitt zu erhalten. Schnitte vor dem Färben eventuell in Chloralhydrat aufhellen (Reg. 17).

Weitere Präparationsmöglichkeiten: Dauerpräparat herstellen: Je einen guten Schnitt nach Färbung mit Safranin (Reg. 105) bzw. Sudan III (Reg. 116) in einem Präparat vereinigen. Zweckmäßig Glycerolgelatine verwenden (Reg. 52).

Beobachtungen (Abb. 88): Einen gut gefärbten Wurzelquerschnitt von außen nach innen fortschreitend bei schwacher Vergrößerung betrachten. Sofern es zur genaueren Diagnose der Gewebe erforderlich ist, stärkere Objektive zu Hilfe nehmen. Zwei Hautschichten schließen die Wurzel nach außen ab. Die Zellen der ganz außen liegenden Rhizodermis **(Rzd)** haben einen Funktionswechsel durchgemacht (Abb. 88 E). Durch Subereineinlagerung in die Zellwände ist aus dem Absorptionsgewebe ein Abschlußgewebe mit Schutzfunktion geworden (Metadermisierung). Die metadermisierten Rhizodermiszellen besitzen verstärkte Außenwände. Unter der Rhizodermis hat zusätzlich die erste subepidermale Zellschicht als Exodermis **(Exd)** die Funktion eines Abschlußgewebes übernommen. Ihre Zellen grenzen lückenlos an das Rindenparenchym und erscheinen im Querschnitt vorwiegend fünfeckig. Nach Färbung mit Sudan III und besonders deutlich bei Safraninfärbung treten die dünnen Suberinlamellen hervor, die innen auf die Zellwände aufgelagert wurden.

Auf die einschichtige Exodermis folgt das vielschichtige Rindenparenchym **(RinPar)**. Die abgerundeten Zellen haben nur wenig verdickte Cellulosewände. Einfache Tüpfel ermöglichen den Stoffaustausch von Zelle zu Zelle. Das gesamte Rindenparenchym ist von einem kontinuierlichen Interzellularsystem durchzogen. Im Querschnitt jedoch erscheint es in der Form einzelner dreieckiger Interzellularen. Zwischen der ersten und zweiten Schicht des Rindenparenchyms sind die Räume des Interzellularsystems mit Interzellularsubstanz ausgefüllt. Alle unverletzten Rindenzellen sind immer dicht mit großen, muschelförmigen Stärkekörnern angefüllt (Speicherwurzel!).

Im Safraninpräparat tritt der rotgefärbte Zellkern deutlich zwischen den Stärkekörnern hervor. Der Nukleus hat einen großen Nukleolus und wird von den umgebenden Stärkekörnern mitunter stark deformiert. Aus angeschnittenen Zellen kann sich der gesamte Zellinhalt als tonnenförmiges Paket herauslösen, weil die Stärkekörner von dem koagulierten Plasmaschlauch zusammengehalten werden. An dem durch die Präparation herausgedrückten Zellinhalt erkennt man auch, daß die im Querschnitt runden Rindenparenchymzellen in der Organlängsrichtung gestreckt sind.

Die innerste Schicht des Rindenparenchyms ist die physiologisch und anatomisch interessante Zellage der Endodermis, die auf S. 231 f. genauer behandelt ist.

Nach innen folgt auf die Endodermis die erste Zellschicht des Zentralzylinders, der Perizykel **(Prz)**. Er stellt eine gewöhnlich einschichtige (nur ausnahmsweise über Xylem **(PrtXyl)** oder Phloem **(Phlm)** zweischichtige) Zell-Lage von außerordentlicher Bedeutung dar: In der entsprechenden Entwicklungsphase der Wurzel beginnen sich Zellen des Perizykels wieder zu teilen. Aus diesem Meristem entstehen dann endogen die Seitenwurzeln. In Handschnitten werden die Anfangsstadien der Seitenwurzelbildung, die diese Funktion des Perizykels klar demonstrieren, nur sehr selten gut getroffen (s. S. 237). Die Perizykelzellen sind im Querschnitt unregelmäßiger geformt als die Endodermiszellen und zu beiden Seiten der Xylemprimanen über den Phloemabschnitten des Leitbündels auch größer als die darüberliegenden Endodermiszellen.

Der Perizykel schließt das radiale Leitbündelsystem ein, dessen Xylemelemente (besonders eindrucksvoll nach entsprechender Färbung zu beobachten) strahlig angeordnet sind. Sein Aufbau ist auf S. 233 genauer dargestellt.

Weitere Beobachtungen: Zuweilen treffen die Querschnitte auf Seitenwurzelanlagen. Sind diese Anlagen noch sehr jung, zeigen sie sich als eng begrenzte, durch den Plasmareichtum der lebhaft sich teilenden Zellen dunklere Bezirke im Perizykel. Mit fortschreitendem Alter durchbrechen die Seitenwurzeln das Rindenparenchym, und ihr Leitgewebe erhält Anschluß an das radiale Bündel der Hauptwurzel.

Weitere Objekte:

Der Grundaufbau der Wurzeln stimmt bei den meisten höheren Pflanzen weitgehend überein. Daher sind viele Wurzeln im entsprechenden Alter für das Studium des Aufbaues primärer Wurzeln geeignet.

Ranunculus repens (Ranunculaceae), Kriechender Hahnenfuß; *Ranunculus acris* (Ranunculaceae), Scharfer Hahnenfuß

Der Wurzelquerschnitt gleicht weitgehend dem von *Caltha palustris.* Im Rindenparenchym große zusammengesetzte Stärkekörner. Die Teilkörner sehen wie unregelmäßige Kugelkalotten aus. In älteren Wurzeln meist nur noch die Endodermiszellen über den Xylemprimanen im Primärzustand; tertiäre Endodermis als O-Scheide ausgebildet.

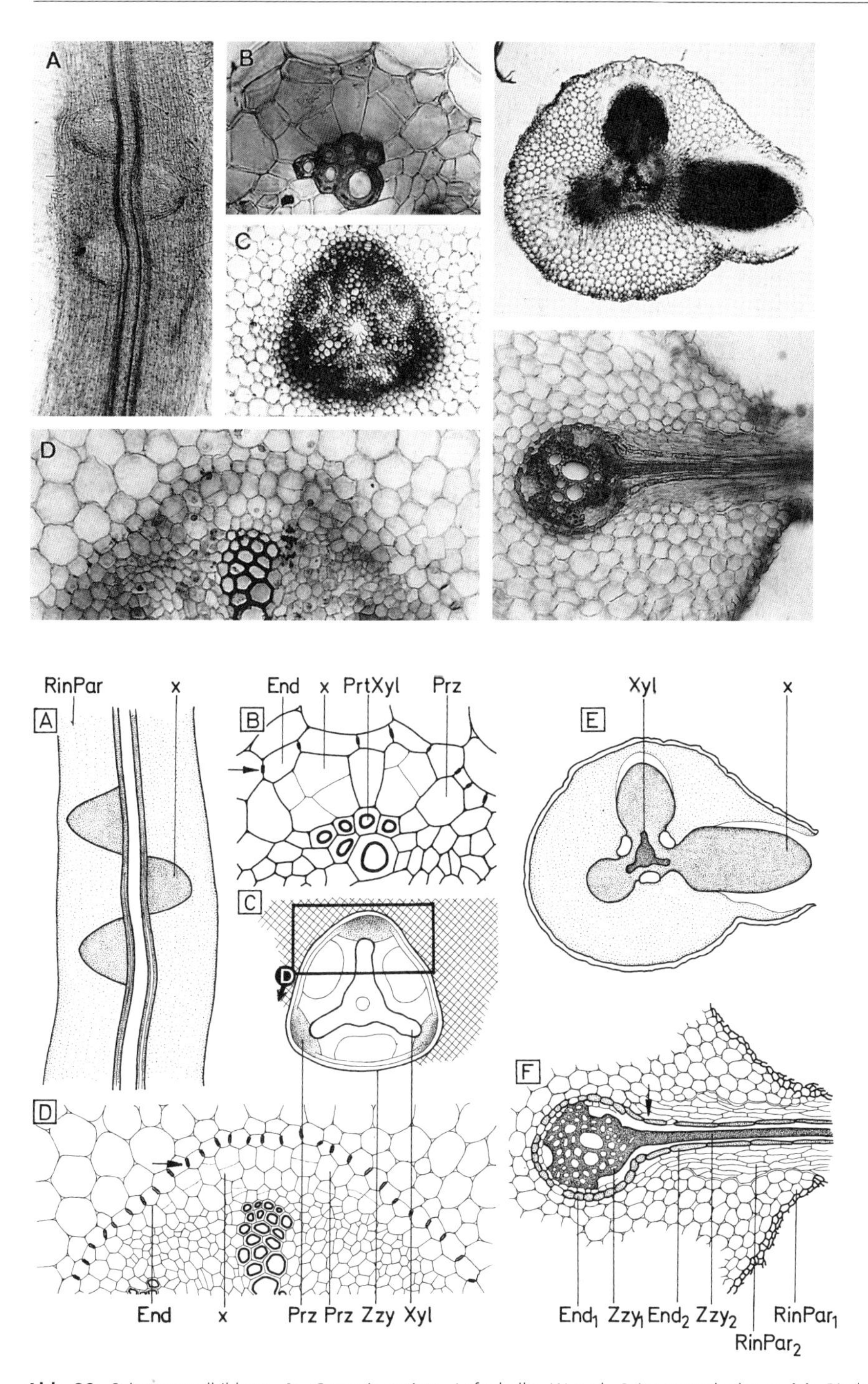

Abb. 89. Seitenwurzelbildung. **A**: *Cucumis sativus*. Aufgehellte Wurzel. Seitenwurzelanlagen **(x)**, Rindenparenchym **RinPar**. **B-F** : Wurzelquerschnitte. **B**: *Ranunculus bulbosus*. Erste Zellteilungen **(x)** im Perizykel **Prz,** Protoxylem **PrtXyl**, Endodermiszellen **End** mit Casparyschen Streifen (→). **C**: *Pisum sativum*. Zentralzylinder **Zzy**; über den Xylemsträngen **Xyl** einzelne Perizykelzellen **Prz** in Teilung. **D**: Vergrößerter Ausschnitt aus C. Endodermiszellen **End** mit Casparyschen Streifen (→), Perizykel **Prz**, über Xylemstrang erste Zellteilungen **(x)**. **E**: *Pisum sativum*. Vor den Xylemsträngen **Xyl**

Vicia faba (Fabaceae), Pferde-Bohne
Bei den Fabaceen sind über dem Phloem Sklerenchymkappen ausgebildet.

Brassicaceae (Kreuzblütler), auch *Foeniculum vulgare* (Garten-Fenchel), eignen sich wegen ihres einfachen, diarchen Leitbündelsystems zur anatomischen Untersuchung.

Beobachtungsziel: Entstehung von Seitenwurzeln bei dikotylen Pflanzen

Objekt: *Ranunculus* spec. (Ranunculaceae), Hahnenfuß. Junge Wurzeln. *Cucumis sativus* (Cucurbitaceae), Gartengurke, und *Pisum sativum* (Fabaceae), Weiße Erbse. Junge, in Hydrokultur gezogene Wurzeln (Entfernen der Wurzelspitze während der Anzucht fördert die Seitenwurzelbildung!).

Präparation: a) In gesäuberte Wurzeln Wasser infiltrieren (Reg. 64), dann mit der Lupe im durchscheinenden Licht solche Abschnitte aussuchen, an denen Seitenwurzelbildung stattfindet. Von diesen Abschnitten Querschnitte anfertigen (Reg. 114), in Carnoyschem Gemisch fixieren (Reg. 42a), dann mit Safranin färben und in Wasser oder in safraninhaltigem Glycerol-Wasser (Reg. 105) einbetten. Es ist mühsam, von Seitenwurzeln oder gar noch von jungen Seitenwurzelanlagen gute, median getroffene Handschnitte zu erzielen. Es empfiehlt sich daher, die Schnittfläche immer wieder mit Hilfe einer Lupe zu kontrollieren, um von Schnitt zu Schnitt das allmähliche Auftauchen einer Seitenwurzelanlage erkennen zu können. b) Ausgewählte Wurzelabschnitte im Stück mit Carnoyschem Gemisch fixieren (Reg. 42a) und ohne auszuwaschen direkt in Milchsäure einbetten (Deckglassplitter mit einlegen! Reg. 47).

Beobachtungen (Abb. 89 A bis F): Einen in Milchsäure aufgehellten Wurzelabschnitt, der Seitenwurzelanlagen aufweist, bei schwacher Vergrößerung untersuchen. In der durchsichtigen Wurzel fallen die Seitenwurzelanlagen **(x)** als Gewebehöcker auf, die dem Zentralzylinder aufsitzen (Abb. 89A). Da sie endogen im Bereich des Perizykels entstehen, müssen sie während ihres Wachstums die Endodermis, das Rindengewebe und die Rhizodermis durchstoßen. Der Widerstand der Rinde kommt in der Abbildung in der Verbiegung des Zentralzylinders zum Ausdruck.
Nunmehr mit schwacher Vergrößerung auf einen Wurzelquerschnitt einstellen, an dem junge Seitenwurzelanlagen zu erkennen sind (etwa wie in Abb. 89 C). Die Seitenwurzeln entstehen bei den meisten dikotylen Pflanzen vor den Xylemprimanen **(PrtXyl)** aus dem Perizykel **(Prz)** heraus. Die Abbildungen 89 B, C zeigen solche Stellen bei stärkerer Vergrößerung. Über den geteilten bzw. bereits vermehrten Perizykelzellen (dem Seitenwurzelmeristem) ist deutlich die Endodermis **(End)** mit den Casparyschen Streifen (s. S. 230) zu erkennen. Zellen des Perizykels (= Perikambium) werden wieder teilungsaktiv und bilden meristematische Gewebehöcker, die konusförmig durch die Rinde hindurchwachsen (Abb. 89 E). Bemerkenswert ist, daß die jungen Seitenwurzeln zunächst senkrecht vom Zentralzylinder der Hauptwurzel abzweigen, also noch nicht positiv geotrop reagieren.
Während des Wachstums differenzieren sich die Zellen im Innern des Gewebekonus entsprechend ihrer zukünftigen Aufgaben. Wie aus Abb. 89 F zu ersehen, sind bei der ausdifferenzierten Seitenwurzel deren Leitelemente an die entsprechenden Elemente des

Seitenwurzeln in verschiedenen Entwicklungsstadien. Die rechte Seitenwurzel **(x)** hat die Epidermis bereits durchstoßen. **F**: *Ranunculus bulbosus.* Medianschnitt durch entwickelte Seitenwurzel. Bei → Verbindung zwischen Endodermis der Hauptwurzel **End$_1$** und Endodermis der Seitenwurzel **End$_2$**. Zentralzylinder der Seitenwurzel **Zzy$_2$** schließt an Zentralzylinder der Hauptwurzel **Zzy$_1$** an. Rindenparenchymzellen der Hauptwurzel **RinPar$_1$** quer, die der Seitenwurzel **RinPar$_2$** längs geschnitten. A 30 : 1, B 400 : 1, C 60 : 1, D 210 : 1, E 30 : 1, F 75 : 1.

Zentralzylinders der Hauptwurzel angeschlossen. Die Endodermis wächst eine Zeitlang mit und gewinnt beim späteren Ausdifferenzieren der neuen Gewebe den Anschluß an die Endodermis der Seitenwurzel,

Weitere Objekte:
Alle Dikotyledonen, die sich in feuchter Kammer oder in Hydrokultur schnell und leicht aus Samen anziehen lassen. Die zu präparierenden Wurzeln sollten nicht zu dünn sein; z. B. *Lactuca sativa* (Asteraceae), Kopfsalat, oder *Vicia faba* (Fabaceae), Pferdebohne.

3.2. Das sekundäre Dickenwachstum und der sekundäre Bau der Wurzel

Beobachtungsziel: Das sekundäre Dickenwachstum der Wurzel – Ausbildung und beginnende Tätigkeit des Kambiums

Objekt: *Caltha palustris* (Ranunculaceae), Sumpf-Dotterblume. Kräftige Wurzeln.

Präparation: Von spitzennahen (jüngeren) und basalen (älteren) Abschnitten der Wurzel (Alkohol- oder Frischmaterial) Querschnitte herstellen (Reg. 114). Die Querschnitte in Eau de Javelle aufhellen (Reg. 27) und mit Hämalaun nach Mayer färben (Reg. 55). Nachfärbung mit Safranin (Reg. 105) ergibt noch kontrastreichere Bilder. In Glycerol-Wasser einbetten (Reg. 53) oder Dauerpräparat herstellen (Reg. 52 u. 92). Auch Aufhellung und Einbettung in Aufhellungsgemisch (Reg. 17c) lohnen. Querschnitte von jüngeren und älteren Wurzelabschnitten möglichst nebeneinander einbetten.

Beobachtungen (Abb. 90A bis B_2): Bei mittlerer Vergrößerung die Querschnitte von jüngeren und älteren Wurzelabschnitten vergleichend untersuchen. Der Zentralzylinder wird von der innersten Rindenschicht – der Endodermis **(End)** – lückenlos umschlossen, die in jungen Wurzelabschnitten meist im primären, in älteren Abschnitten meist im sekundären Stadium vorliegt (S. 231 f.). Zentripetal schließt sich an die Endodermis die erste Zellschicht des Zentralzylinders – der Perizykel **(Prz)** – an. Das radiale Leitbündelsystem ist oligoarch. Das Phloem **(Phlm)** – eingebettet zwischen die Stränge des Xylems **(Xyl)** – besteht aus wenigen Siebröhren und Phloemparenchymzellen. Nach außen grenzt das Phloem wie die Xylemprimanen **(PrtXyl)** an den Perizykel, seitlich und zentral an das parenchymatische Zwischengewebe **(ParZwg),** das in der Wurzel immer das Phloem vom Xylem trennt. Die Zellen des Phloems haben ein engeres Lumen als die Perizykel- und Zwischengewebszellen. In der Wandstärke unterscheiden sich die Zellen nicht.
Obwohl die Wurzel von *Caltha palustris* nur geringen sekundären Zuwachs zeigt und im allgemeinen den Charakter einer primären Wurzel beibehält, ist sie doch zur Demonstration des beginnenden sekundären Dickenwachstums gut geeignet.
Das Dickenwachstum beginnt an den Flanken der Xylemstränge im parenchymatischen Zwischengewebe (Abb. 90 B_1). Nachdem die Zwischengewebszellen wieder meristematisch geworden sind, beginnen sie, sich tangential zu teilen. Die Zellteilungen setzen in immer mehr Zwischenzellen ein, bis der ganze Zellbogen entlang dem Xylem meristematisch geworden ist (Abb. 90 B_2). Nach mehreren tangentialen Teilungen der Zwischenzellen bleibt das sekundäre Dickenwachstum bei *Caltha palustris* in diesem Stadium stehen. Einzelne neuentstandene Zellen differenzieren sich zu entsprechenden sekundären Leitelementen aus.
Bei Wurzeln mit ausgeprägtem Dickenwachstum werden noch die Perizykelzellen vor den Xylemprimanen einbezogen und ergänzen so das sekundäre Meristem zu einem geschlossenen, im Querschnitt sternförmigen Kambiummantel. Die Teilungstätigkeit des Kambiums ist in den Buchten des Xylemsterns anfangs intensiver als vor den Xylemprimanen. Dadurch glättet sich das Kambium zu einem Zylinder. (Die unterschiedliche Teilungsinten-

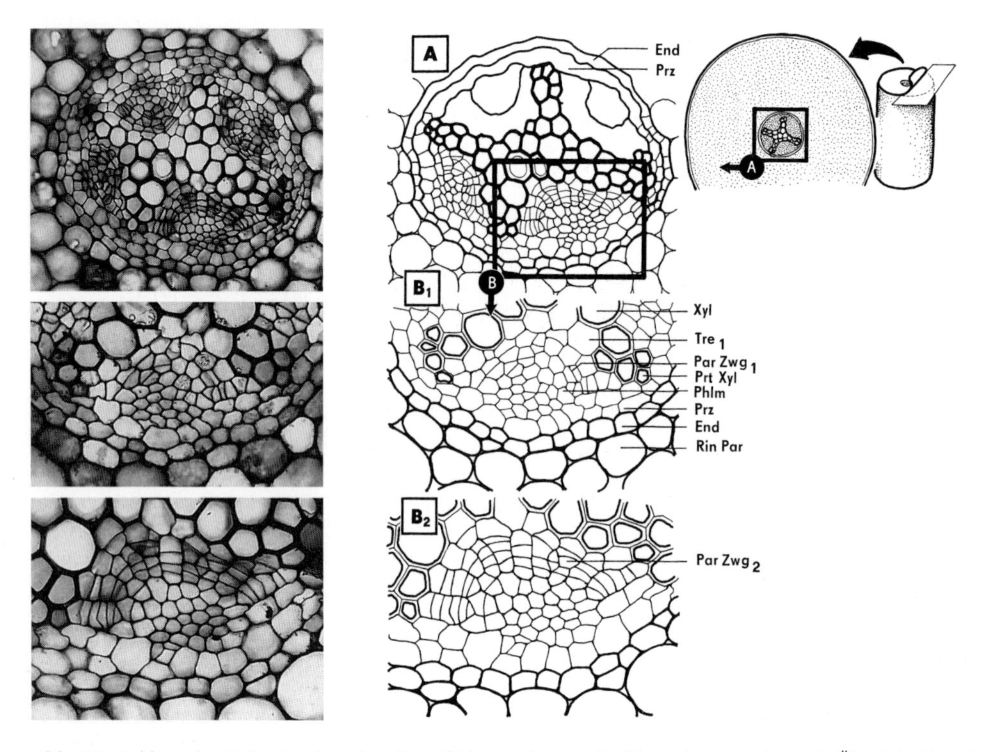

Abb. 90. *Caltha palustris.* Beginn des sekundären Dickenwachstums der Wurzel im Querschnitt. **A**: Übersicht über den Zentralzylinder, das Kambium in lebhafter Teilungstätigkeit. **B$_1$**: Ausschnitt aus dem Zentralzylinder einer Wurzel, in der das parenchymatische Zwischengewebe **ParZwg$_1$** begonnen hat, zum Kambium zu werden. **Xyl** Xylem, **Tre$_1$** noch nicht ausdifferenzierte Trachee, **PrtXyl** Protoxylem, **Phlm** Phloem, **Prz** Perizykel, **End** Endodermis, **RinPar** Rindenparenchym. **B$_2$**: Ausschnitt aus A. Bei **ParZwg$_2$** hat sich aus dem parenchymatischen Zwischengewebe ein lebhaft tätiges Kambium ausdifferenziert. Die kambiale Zone setzt sich bei diesem Objekt nicht im Perizykel über dem Protoxylem fort. A 100 : 1, B$_{1,2}$ 200 : 1.

sität kommt bei *Caltha palustris* lediglich dadurch zum Ausdruck, daß die Zellteilungen vor den Xylemprimanen gar nicht einsetzen.) Nach einiger Zeit ist im Querschnitt die sekundäre Wurzel von der sekundären Sproßachse kaum zu unterscheiden. Wichtigstes Unterscheidungsmerkmal ist der zentral gelegene primäre Xylemstern, der der Sproßachse fehlt (S. 131, 220).

Weitere Beobachtungen: Primäre und sekundäre Endodermis, eventuell Seitenwurzelbildung oder ausgewachsene Seitenwurzeln.

Weitere Objekte:

Ranunculus spec. (Ranunculaceae), Hahnenfuß
Wurzel. Sekundäres Dickenwachstum hört wie bei *Caltha palustris* nach wenigen Zellteilungen auf.

Vicia faba (Fabaceae), Pferde-Bohne
Wurzel. Günstiges Objekt zur Demonstration des sekundären Dickenwachstums. Es lassen sich alle Stadien der Kambiumbildung bis zum geschlossenen Ring verfolgen. Im Querschnitt älterer Wurzeln hat sich das anfangs im Querschnitt sternförmige Kambium durch unterschiedliche Teilungsaktivität zu einem Kreis abgerundet. Die Fabaceen haben als Ausnahme unter den Dikotyledonen vor dem Phloem auffallende Sklerenchymkappen, die beim Schneiden der zarten Wurzeln stören. Vorteilhaft Frischmaterial verwenden.

Phaseolus spec. (Fabaceae), Bohne

Medicago sativa (Fabaceae), Blaue Luzerne
Wurzel. Wie bei *Vicia faba*. Das Dickenwachstum führt bis zur Rundung des Kambiumrings.

Beta vulgaris var. *altissima* (Chenopodiaceae), Zucker-Rübe, Rübe.
Anomales Dickenwachstum. Zur Präparation eignen sich sehr junge Pflanzen am besten.Es werden nacheinander mehrere sekundäre Kambiumringe angelegt, die gleichzeitig tätig sind.Die Bildung von assimilatspeicherndem Parenchym überwiegt. Die Kambiumringe entstehen in jeweils neugebildetem Phloem.

Beobachtungsziel: Das sekundäre Dickenwachstum der Wurzel – Anatomie der älteren sekundären Wurzel im Querschnitt

Objekt: *Urtica dioica* (Urticaceae), Große Brennessel. Ältere Wurzel.

Präparation: Von Alkoholmaterial Querschnitte herstellen (Reg. 114).

a) mit Safranin färben (Reg. 105) und in Wasser oder Glycerol-Wasser (Reg. 47) beobachten,
b) nach Safraninfärbung in Glycerol-Wasser einlegen, dem etwas Iodkaliumiodid-Lösung zugesetzt wurde (Reg. 66),
c) mit Karminessigsäure färben (Reg. 73),
d) in Eau de Javelle aufhellen (Reg. 27) und mit Hämalaun färben (Reg. 55),
e) mit Phloroglucinol-Salzsäure behandeln (Reg. 101).

Beobachtungen (Abb. 91): Die verschieden präparierten Schnitte vergleichend betrachten. Bei schwacher Vergrößerung über den Gesamtaufbau des Wurzelquerschnittes informieren. Die von vielen Sklerenchymfasern durchsetzte Rinde wird von einem Periderm geschützt. Von der primären Rinde ist nichts mehr vorhanden, da sie durch das sekundäre Dickenwachstum restlos abgestoßen wurde. Vor den breiten Xylemstrahlen besteht die Rinde aus Phloem, vor den Markstrahlen aus Rindenparenchym. Eine breite kambiale Zone trennt die Rinde vom »Holz«. Je nach Anzahl der primären Xylemstrahlen **(prXyl)** ist das Holz in eine entsprechende Anzahl sekundärer Xylemstrahlen **(sekXyl)** bzw. primärer Markstrahlen **(prMrkStr)** gegliedert. Das primäre Xylem ist durch parenchymatisches Zwischengewebe **(ParZwg)** vom sekundären Zuwachs getrennt. Allerdings können die Wände der parenchymatischen Zellen später verholzen.
Bei mittlerer Vergrößerung die einzelnen Gewebe der Wurzel im Detail untersuchen. Das außen liegende Periderm **(Prd)** besteht aus wenigen Schichten dünnwandiger Zellen. Bei der Präparation reißt es oft ab. Die sekundäre Rinde **(sekRin)** bietet in der Form und Anordnung der Zellen ein sehr unregelmäßiges Bild. Im Rindenparenchym sind zahlreiche Sklerenchymfasern einzeln oder in Gruppen regellos verstreut eingebettet (Abb. 91 E, **Skl**). Während die Mittellamellen und die primären Zellwände nicht mit Phloroglucinol-Salzsäure reagieren, färben sich die äußeren Lagen der sekundären Verdickungsschichten intensiv rot (auch mit Safranin). Die inneren sekundären Schichten, die den Hauptteil der Verdickung bilden, sind wieder unverholzt. Je nach dem Abschnitt, in dem die prosenchymatisch zugespitzten Fasern getroffen wurden, ist ihr Durchmesser größer oder verschwindend klein. Vom eigentlichen Zell-Lumen bleibt meist nur ein nadelfeiner Kanal oder ein Schlitz übrig. Zwischen den Sklerenchymfasern befinden sich keine Interzellularen, und auch die benachbarten Parenchymzellen grenzen interzellularenfrei an die Fasern. Die Rindenparenchymzellen erlangen durch auffallendes Dilatationswachstum recht unterschiedliche Größe und Form. Viele Parenchymzellen haben sich tangential erheblich gestreckt und dünne Zellwände eingezogen. In zahlreichen Rindenzellen finden sich große Calciumoxalatdrusen.
Das Phloem liegt vor den breiten Xylemstrahlen und unterscheidet sich vom übrigen Rindenparenchym durch die typischen Siebröhren/Geleitzellenpaare. Im aufgehellten Präparat erkennt man die Zellpaare an der Form der »leeren« Zellen, im unbehandelten

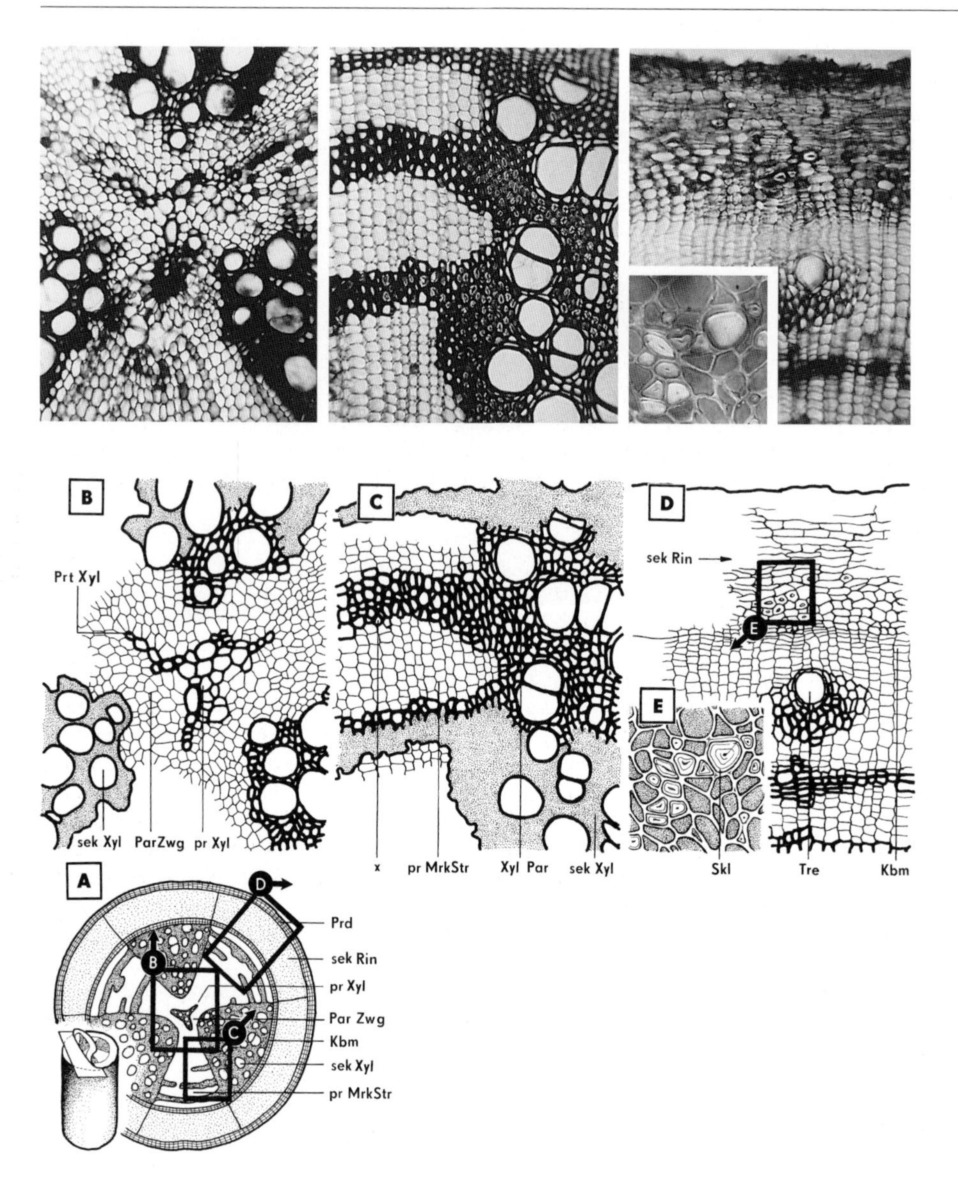

Abb. 91. *Urtica dioica.* **A**: Wurzelquerschnitt in der Übersicht. Periderm **Prd,** sekundäre Rinde **sekRin,** Kambium **Kbm.** Das triarche, primäre Xylem **prXyl** ist durch parenchymatisches Zwischengewebe **ParZwg** vom sekundären Xylem **sekXyl** getrennt. Die sekundären Xylemstrahlen alternieren mit breiten, primären Markstrahlen **prMrkStr**. **B**: Der zentrale, primäre Xylemstern. Vor dem Protoxylem **PrtXyl** liegen die primären Markstrahlen. Die sekundären Xylemstrahlen liegen vor den Einbuchtungen des primären Xylems. **C**: Grenze zwischen Markstrahl und sekundärem Xylem. Die Verholzung greift vom Xylemparenchym **XylPar** in schmalen Bändern auf das Parenchym der Markstrahlen über **(x)**. **D**: Übergang vom primären Markstrahl **prMrkStr** zur sekundären Rinde **sekRin**. Im jüngsten Teil des Markstrahls ist Xylemgewebe entstanden **Tre.** Kambium **Kbm.** **E**: Quergeschnittene Sklerenchymfasern **Skl** der sekundären Rinde, vergrößert. A 10 : 1, B-D 50 : 1, E 350 : 1.

Präparat zusätzlich an den dicht mit Plasma angefüllten Geleitzellen. Siebplatten werden nur selten angeschnitten.
Der Kambiumring **(Kbm)** scheidet die Rinde (»Bast«) vom sekundären Xylem (»Holz«). Er besteht aus mehreren Zellschichten, deren Zellen radial angeordnet und sehr dünnwandig sind. Die eigentliche Initialschicht ist von den kambialen Tochterzellen nicht zu unterscheiden. Vor den breiten primären Markstrahlen bleibt der zarte Kambiumring während des Präparierens meist besser erhalten als vor dem Xylem. Das »sekundäre Xylem« oder »Holz« (als topographisch-anatomischer Begriff) setzt sich aus den primären Markstrahlen und den Xylemstrahlen zusammen. Die Markstrahlen nehmen über den meist schon kollabierten Xylemprimanen **(PrtXyl)** ihren Ursprung. Daher entspricht die Anzahl der primären Markstrahlen den Strahlen des primären Xylems, das die Mitte des Wurzelquerschnittes einnimmt. Die Markstrahlen werden von radialen Zellreihen aufgebaut, die in genetischer Reihenfolge bis an den Kambiumring reichen, sich in diesem fortsetzen und zum Teil bis in die sekundäre Rinde zu verfolgen sind (Abb. 91 D). In den äußeren Abschnitten können Markstrahlzellen verholzen. Die Verholzung geht immer vom Xylem aus und kann sich bandartig bis zum nächsten Xylemstrahl ausdehnen. In diesen Bändern wird die regelmäßige Anordnung der Zellen durch Wandverdickungen und Zellstreckung gestört (Abb. 91 C). Im Xylem ist die Verschiebung der ursprünglich radialen Zellreihen durch spätere Differenzierung besonders augenfällig. Das Xylem besteht aus den weitlumigen Tracheen, deren Begleitzellen (Peritrachealzellen) und dem verholzten Xylemparenchym **(XylPar)**. Besonders dickwandige und langgestreckte Zellen (an den unterschiedlichen Durchmessern zu erkennen) sind als Libriformfasern zu bezeichnen. In den Tracheen können zahlreiche Thyllen ausgebildet sein, die oft dicht mit Stärkekörnern angefüllt sind. Durch Färbung mit Karminessigsäure kann in den Thyllen ein Zellkern nachgewiesen werden. Die Zellwände der flachen Begleitzellen sind dünner als die der umgebenden Holzparenchymzellen. So, wie im Xylem unverholztes Parenchym auftreten kann, können umgekehrt in den Markstrahlen Leitelemente ausgebildet werden (Abb. 91 D). Im Unterschied zur sekundär verdickten Sproßachse nehmen in der Wurzel die radialen Stränge des primären Xylems die Mitte des Querschnittes ein, wobei sich von außen nach innen fortschreitend zunächst Protoxylem, dann Metaxylem ausdifferenziert. Wichtiges Unterscheidungsmerkmal zur sekundär verdickten Sproßachse!
Im späteren Verlauf des sekundären Dickenwachstums werden über den Xylemprimanen die primären Markstrahlen (die aber aus sekundärem Zuwachs bestehen!) und vor den Einbuchtungen des primären Xylemsternes die sekundären Xylemstrahlen angelegt. Markstrahlzellen und Holzparenchym können dicht mit runden bis ovalen Stärkekörnern angefüllt sein. In einzelnen Markstrahlzellen große Calciumoxalatdrusen.

Weitere Objekte:

Cucurbita pepo (Cucurbitaceae), Garten-Kürbis
Wurzel. Anordnung der Gewebe ähnlich wie bei *Urtica*.

Tropaeolum majus (Tropaeolaceae) Große Kapuzinerkresse
Adventivwurzeln. Die primären Markstrahlen alternieren mit den sekundären Xylemstrahlen.

Taraxacum officinale (Asteraceae), Gemeine Kuhblume
Pfahlwurzel. Sekundäres Xylem wird als geschlossener Zylinder angelegt. Gegliederte Milchröhren mit Anastomosen.

Die zwei Haupttypen des sekundären Dickenwachstums in der Wurzel – Xylemstrahlen alternieren mit Hauptmarkstrahlen oder sekundäres Xylem als geschlossener Ring – liegen meist nicht in reiner Form vor.

4. Fortpflanzung

Samenpflanzen sind hochdifferenzierte Cormophyten, die Blüten tragen und Samen erzeugen. Alle Phasen ihres Generationswechsels sind unabhängig von tropfbarem Wasser. Die extrem reduzierten Gametophyten entwickeln sich im Schutze der Sporophyten, von denen sie ernährt werden. Die Spermatophyten sind somit die an das Landleben am besten angepaßten Cormuspflanzen und bilden heute die Hauptmasse der Landvegetation.

Bereits innerhalb der Gruppe der Pteridophyten läßt sich eine Reihe von Entwicklungstendenzen erkennen:

- Fortschreitende anatomische Differenzierung des (sporophytischen) Vegetationskörpers im Sinne der Anpassung an das Landleben
- Sporophylle treten zu Sporophyllständen zusammen, die Blüten vergleichbar sind
- Reduktion des Gametophyten
- Bei einigen fossilen Formen (Lepidospermae): Samenbildung.

Diese Tendenzen manifestieren sich im Fortgang der Stammesentwicklung zu typischen Merkmalen der Spermatophyten, die in die Gruppen der Coniferophytina (= Nadelblättrige Nacktsamer), der Cycadophytina (= Fiederblättrige Nacktsamer) und der Magnoliophytina (Bedecktsamer, Angiospermen) aufgeteilt werden. Vom Ablauf des Generationswechsels her ist keine scharfe Grenze zwischen Pteridophyten und Nacktsamern zu erkennen.

Die Blüten der Spermatophyten entsprechen Sprossen, die Sporophylle tragen. Es sind zu unterscheiden:

Mikrosporophylle (Staubblätter, Stamina) mit Mikrosporangien (Pollensäcken), in denen durch Reduktionsteilung aus den Mikrosporenmutterzellen (Pollenmutterzellen) haploide Mikrosporen (einzellige Pollenkörner) hervorgehen.

Megasporophylle (Fruchtblätter, Karpelle) mit Samenanlagen. Wesentlicher Teil einer Samenanlage ist das Megasporangium (Nucellus), das von ein oder zwei Integumenten (Homologie umstritten) umschlossen ist. Im Megasporangium entwickelt sich nach Reduktionsteilung der Megasporenmutterzelle (Embryosackmutterzelle) in der Regel nur eine haploide Megaspore (Embryosackzelle).

Außer den Sporophyllen ist oft eine Blütenhülle aus sterilen Perianthblättern vorhanden, die bei den Angiospermen meist auffällig gefärbt und gestaltet ist (Lockreiz für bestäubende Tiere).

Noch innerhalb des Mikrosporangiums beginnt im Innern der Mikrospore die Entwicklung des stark reduzierten, wenigzelligen, haploiden Mikroprothalliums (männlicher Gametophyt, bestäubungsreifer Pollen).

Die von den Geweben des Megasporangiums völlig umschlossene Megaspore differenziert sich zum reduzierten, haploiden Megaprothallium (weiblicher Gametophyt), das mindestens eine Eizelle erzeugt.

Der bestäubungsreife Pollen gelangt durch Wind oder von Tieren übertragen auf die weiblichen Organe (Bestäubung). Eine seiner Zellen wächst zum Pollenschlauch aus, der die weiblichen Gewebe durchdringend auf die Eizelle zuwächst. Gleichzeitig bilden sich die Mikrogameten (Spermazellen), die durch den Pollenschlauch wandern und die Befruchtung vollziehen (bei *Ginkgo* und Cycadeen noch Spermatozoiden!).
Aus der Zygote entwickelt sich ein Embryo, der aus einer Achse mit gegenüberliegenden Vegetationspunkten für Sproß und Wurzel und den Keimblättern besteht und von der Mutterpflanze ernährt wird. Aus den Integumenten der Samenanlage geht die Samenschale hervor. Innerhalb der Samenschale differenziert sich Nährgewebe. Samenschale, Nährgewebe und Embryo bilden zusammen den Samen, der sich nunmehr von der Mutterpflanze löst und nach vorübergehender Samenruhe keimt und zu einer neuen Pflanze heranwächst.

Wie die Vielzahl der anatomischen Differenzierungen des Vegetationskörpers kann auch die besondere Form des Generationswechsels der Spermatophyten als Anpassung an das Leben auf dem Lande (im Luftraum) angesehen werden:

- Die Entwicklung der gering differenzierten und wenig anpassungsfähigen Gametophyten ist ins Innere der Sporangien verlagert; sie sind meist durch austrocknungsresistente Sporenwände geschützt.
- Der empfindliche Befruchtungsvorgang sowie das Wachstum des Embryos vollziehen sich im Inneren des hochdifferenzierten Sporophyten.
- Die nach wie vor kritische Phase der Bestäubung erfolgt durch trocknungsresistenten Pollen. Auf diese Weise ist der Zyklus vom Vorhandensein tropfbar flüssigen Wassers unabhängig.

4.1. Fortpflanzung der Coniferophytina (Gabel- und Nadelblättrige Gymnospermen, Nacktsamer) – Theoretischer Teil –

Alle Coniferophytina sind Holzpflanzen (offene kollaterale Leitbündel, sekundäres Dickenwachstum, Masse des Xylems aus Tracheiden, Phloem ohne Geleitzellen, Blätter meist immergrün). Sie sind vorwiegend auf der nördlichen Hemisphäre verbreitet und dort als Waldbildner von größter wirtschaftlicher und klimatischer Bedeutung. Die Blüten sind eingeschlechtlich, ein- oder zweihäusig verteilt. Mikro- und Megasporophylle in unbestimmter Anzahl an der Blütenachse, häufig zusammen mit sterilen Schuppenblättern. Stark reduzierte weibliche Blüten sind oft zu zapfenartigen Blütenständen vereinigt. Die Samenanlagen sind – zumindest zur Zeit der Bestäubung – frei zugänglich und werden fast immer windbestäubt. Die embryonale Entwicklung wird im nachfolgenden (an die Verhältnisse bei *Pinus* angeglichenen) Schema erläutert, denn Einsicht und ordnender Überblick über die Coniferophytinaembryologie – auch bezogen auf nur eine repräsentative Art – sind nur dann mit geringem Aufwand zu gewinnen, wenn man die Wachstums- und Differenzierungsprozesse im weiblichen und männlichen Geschlecht miteinander vergleicht.

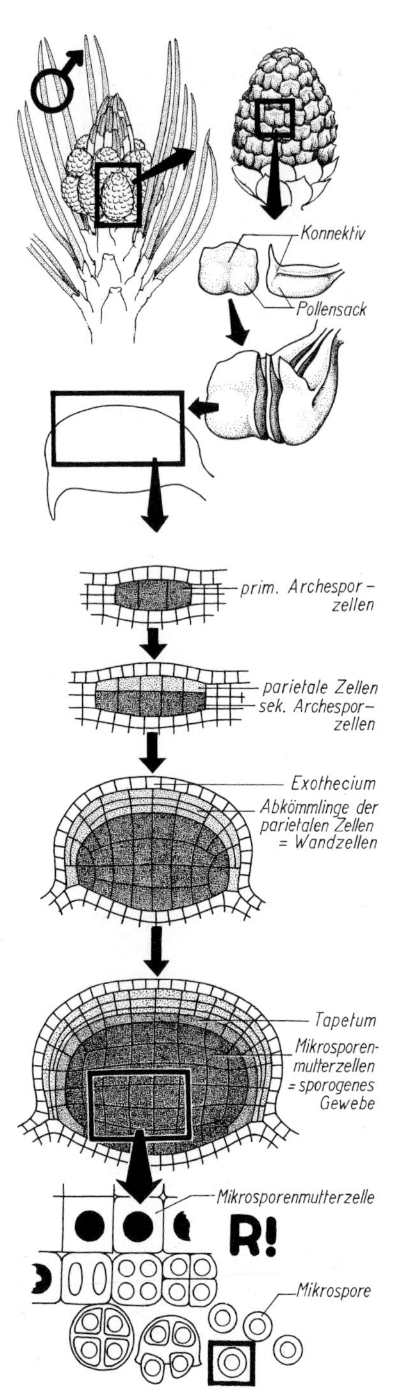

Schematische Übersicht: Die embryologische Entwicklung der Coniferophytina am Beispiel von *Pinus nigra* - männliches Geschlecht

a) Entwicklung der Mikrosporen in den Mikrosporophyllen der männlichen Blüte

Die männlichen, zapfenförmigen Blüten sitzen gehäuft am Grunde diesjähriger Triebe. Jede Blüte besteht aus einer kurzen Achse, die über einigen sterilen Schuppen zahlreiche **Mikrosporophylle** (= Staubblätter) in spiraliger Anordnung trägt. Sie entspricht einem Kurztrieb. Jedes Mikrosporophyll bildet an seiner Unterseite zwei **Mikrosporangien** (= Pollensäcke) aus, sein Ende ist schuppig aufgebogen. Bei der Reife reißt die Epidermis (= Exothecium) des Mikrosporangiums durch einen Kohäsionsmechanismus auf.

In geeigneten Längsschnitten durch die sehr junge Anlage eines Mikrosporophylls fällt eine Gruppe subepidermaler **primärer Archesporzellen** durch Größe und Inhalt auf. Jedes Mikrosporophyll enthält zwei solcher Gruppen primärer Archesporzellen, die sich einschließlich der Epidermis zu den beiden Mikrosporangien (=Pollensäcken) weiterentwikkeln:

Durch perikline Teilungen gehen aus den primären Archesporzellen eine äußere Schicht **parietaler Zellen** (= primäre Wandzellen) und darunter eine Schicht **sekundärer Archesporzellen** (= primäre sporogene Zellen) hervor.

Weitere perikline und antikline Teilungen führen zum Aufbau der mehrschichtigen Mikrosporangienwand aus nunmehr **sekundären Wandzellen** und zum Wachstum des Komplexes sekundärer Archesporzellen.

Die äußere Schicht der Masse sekundärer Archesporzellen differenziert sich zum **Tapetum.** Als drüsiges Gewebe ernährt es die innen gelegenen sporogenen Zellen **(Mikrosporenmutterzellen),** die sich weiterhin lebhaft teilen. Die Mikrosporangien der Coniferophytina sind **eusporangiat** (Wand mehrschichtig wie Sporangien der eusporangiaten Pteridophyten).

Nach Abschluß der Äquationsteilungen treten die Mikrosporenmutterzellen in die Meiose ein. Nach simultaner Zellteilung in die haploiden Mikrosporentetraden runden sich die jungen Sporen ab, die Exine ihrer Wand differenziert zwei Luftsäcke aus (im Schema nicht dargestellt): Die **Mikrosporen** werden zu primären Pollenzellen, die an Windbestäubung angepaßt sind.

Schematische Übersicht: Die embryologische Entwicklung der Coniferophytina am Beispiel von *Pinus nigra* - weibliches Geschlecht

a) Entwicklung der Megasporen in den Samenanlagen der weiblichen Blüten

Die weiblichen Blüten sind an einer Achse zu zapfenförmigen Blütenständen vereinigt (meist zwei Zapfen an der Spitze diesjähriger Triebe). Die einzelne Blüte ist zu einem vegetativen Schuppenanteil und zwei **Samenanlagen** an dessen Oberseite reduziert (dieser Komplex = **Samenschuppe).** Die Samenschuppe (nicht der ganze Zapfen!) entspricht einem Kurztrieb; sie ist mit seinem Tragblatt (= Deckschuppe) verwachsen. Die junge Samenanlage besteht aus dem **Nucellus** (homolog dem Megasporangium), der von einem **Integument** umhüllt und am Grunde mit ihm verwachsen ist. Das Integument läßt an der Spitze als Öffnung die **Mikropyle** frei und läuft in zwei Fortsätze aus (Zangenmikropyle).

Im medianen Längsschnitt durch eine sehr junge Samenanlage liegt subepidermal die einzige **primäre Archesporzelle.** Sie wird von zwei Gewebehöckern flankiert, die räumlich einem Ringwulst entsprechen, der die Nucellusanlage später überwächst und so zum Integument wird.

Weiteres Wachstum der Samenanlage:

Die primäre Archesporzelle teilt sich periklin in eine periphere **parietale Zelle** (= Deckzelle) und eine zentral gelegene **sekundäre Archesporzelle**.

Durch weitere perikline, später auch antikline Teilungen der parietalen Zelle wird die sekundäre Archesporzelle tiefer in den Nucellus verlagert. Ein interkalares Meristem, das an die Abkömmlinge der parietalen Zelle angrenzt, baut den mächtigen Nucellus auf (reife Samenanlage crassinucellat!).

Die sekundäre Archesporzelle teilt sich zu einem sporogenen Komplex. Dieser differenziert sich zu einem drei- bis fünfschichtigen **Tapetum** aus radial angeordneten drüsigen Zellen, das die in seinem Zentrum gelegene **Megasporenmutterzelle** umschließt. Die Samenanlage der Coniferophytina ist **eusporangiat** (wie das Sporangium der eusporangiaten Pteridophyten).

Nach Meiose der Megasporenmutterzelle entsteht eine Tetrade, von der sich nur eine Zelle zur haploiden **Megaspore** weiterentwickelt. Diese umhüllt sich mit einer Sporenwand, verbleibt aber in festem Verband mit dem umliegenden Tapetum. In diesem Entwicklungszustand wird die Samenanlage bestäubt. Der Pollen – durch den Wind verbreitet – gelangt durch die Mikropyle auf den Nucellus und beginnt zu keimen. Danach Verschluß der Mikropyle.

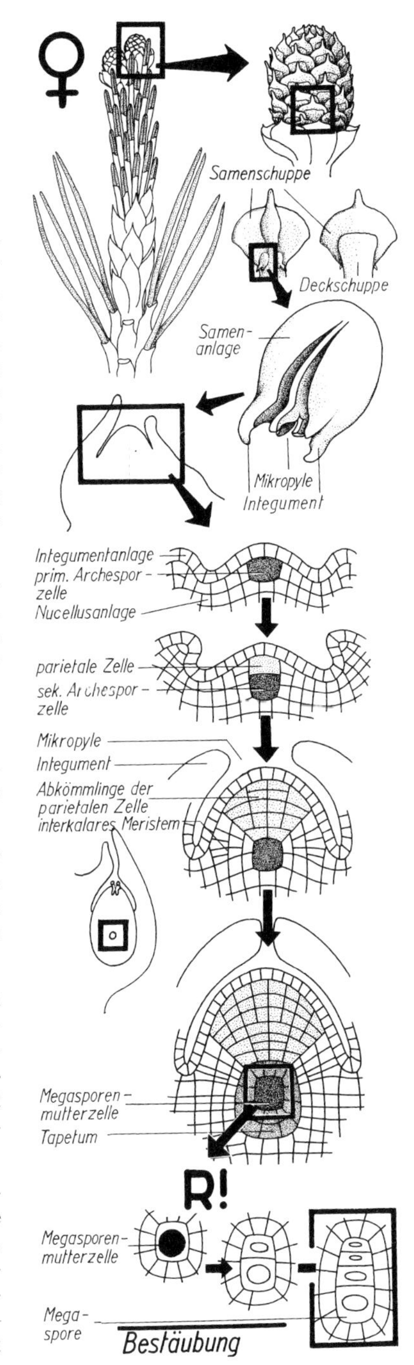

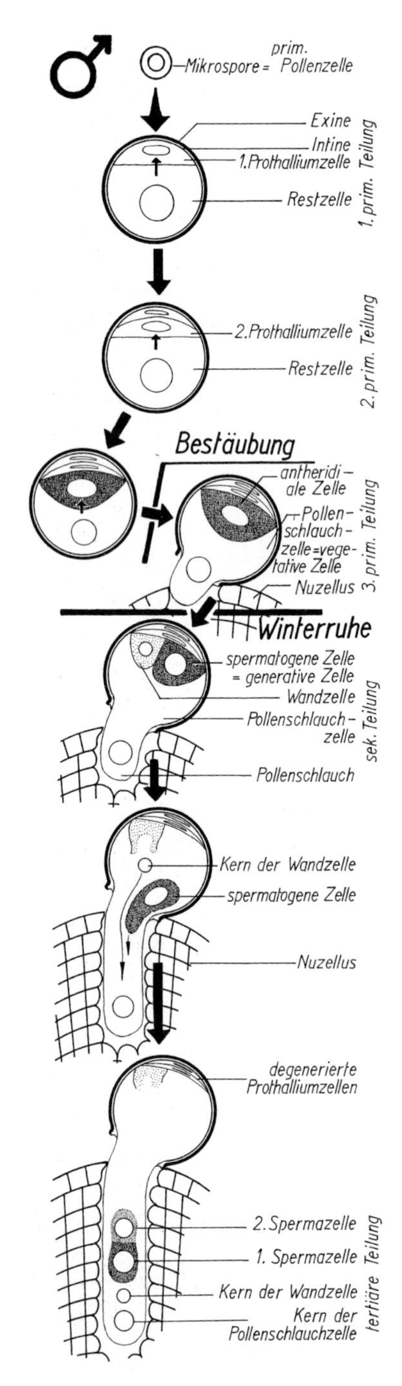

b) Die primären, sekundären und tertiären Zellteilungen in der Mikrospore

Erste Stufen der Ausbildung des **männlichen Gametophyten** erfolgen innerhalb der noch geschlossenen Mikrosporangien (Pollensäcke) und innerhalb der Mikrospore. Zuerst laufen **primäre Zellteilungen** ab nach dem Schema der Teilung einer Scheitelzelle: Sie gliedert Segmentzellen ab, ohne dabei ihre Individualität aufzugeben.

1. primäre Teilung: Abgliederung der **ersten Prothalliumzelle,** die gegenüber der Restzelle Merkmale der Degeneration erkennen läßt.

2. primäre Teilung: Abtrennung der **zweiten Prothalliumzelle,** die ebenfalls degeneriert. Erste Prothalliumzelle ist oft schon schwer nachweisbar.

3. primäre Teilung: Abgliederung der **antheridialen Zelle.** Die Restzelle wird dabei zur **Pollenschlauchzelle** (= vegetative Zelle). Der von der Sporenwand umhüllte junge Mikrogametophyt (Pollen) ist reif zum Ausstäuben. Nach Aufspringen der Mikrosporangien gelangt er durch den Wind in die weibliche Samenanlage auf den Scheitel des Nucellus und keimt: Die Exine sprengend wächst die Intine der Pollenschlauchzelle zum **Pollenschlauch** aus. Dann tritt die Winterruhe ein.

Im kommenden Frühjahr entwickelt sich der männliche Gametophyt weiter: Der Pollenschlauch dringt tiefer in das Nucellusgewebe vor, sein Kern wandert zur Spitze hin. Zugleich erfolgt die **sekundäre Teilung**: Aus der antheridialen Zelle gehen eine kleinere **Wandzelle** (= Stielzelle), die als Rest der Antheridienwand aufgefaßt wird, und eine größere **spermatogene Zelle** (= generative Zelle, Körperzelle) hervor. Auch die spermatogene Zelle verläßt das Pollenkorn und wandert in den wachsenden Pollenschlauch ein. Der Kern der Wandzelle folgt ihr und überholt sie.
Bevor die Pollenschlauchspitze die Eizelle erreicht, löst sich die Wand der spermatogenen Zelle auf, die Zelle vollzieht die **tertiäre Teilung** in zwei ungleich große **Spermazellen**, ohne daß zwischen den Tochterkernen eine Wand entsteht. Im ganzen erscheint die Genese des männlichen Gametophyten der Coniferophytina wie eine vereinfachte Variante der Verhältnisse bei den heterosporen Farnen: Auch diese bilden wenige Prothalliumzellen durch primäre Teilungen einer fiktiven Scheitelzelle, die freilich keine Pollenschlauchfunktion erhält (Wasserfarne!). Sekundäre Teilungen führen zu sterilen Wand- und fertilen spermatogenen Zellen, aus tertiären Teilungen gehen **Spermatozoiden** hervor.

Zusammenfassendes Entwicklungsschema:

```
              antheridiale Zelle
             /                  \
Wandzelle              spermatogene Zelle
 (steril)                /           \
           kleine Spermazelle    große Spermazelle
                  (beide potentiell fertil)
```

b) Entwicklung des Megaprothalliums durch freie Kernteilungen in der Megaspore. Differenzierung der Archegonien

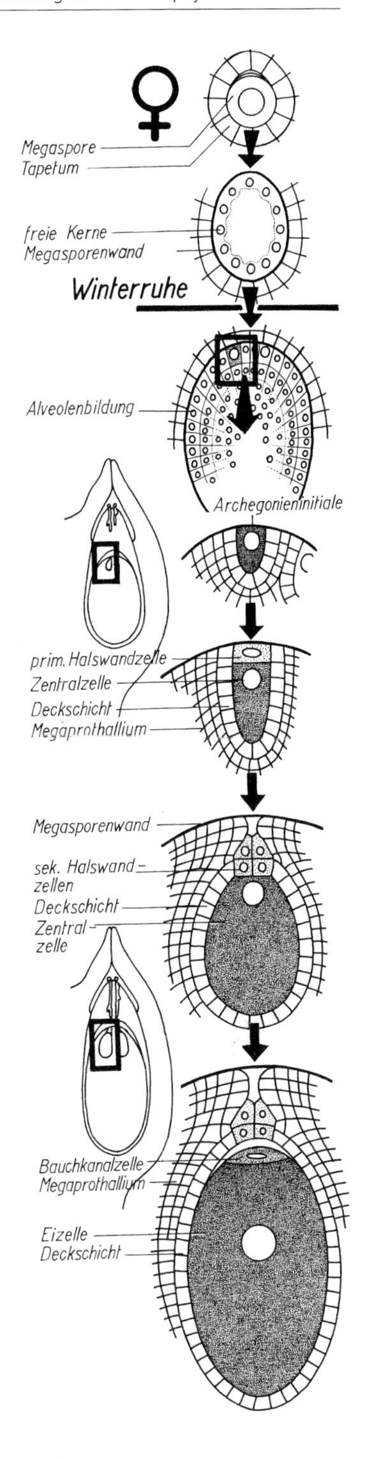

Der **weibliche Gametophyt** entwickelt sich innerhalb der Samenanlage und innerhalb der Megaspore. Die Megaspore ruht einige Wochen und vollzieht danach eine Reihe **freier Kernteilungen,** die anfangs synchron verlaufen. Es entstehen zunächst zweiunddreißig haploide Kerne. Sie liegen im wandständigen Zytoplasma, das eine zentrale Vacuole umschließt. Das jenseits der Megasporenwand angrenzende Tapetum erreicht seine maximale Ausbildung. Es folgt die erste Winterruhe. Im Frühjahr werden die freien Kernteilungen fortgesetzt, bis mehr als zweitausend Kerne vorhanden sind. Dann ziehen in zentripetaler Richtung zuerst antikline Zellwände ein. Die entstehenden **Alveolen** bleiben eine zeitlang zur Zentralvakuole hin offen. Perikline Wände vollenden den zelligen Bau des jungen **Megaprothalliums**.
Am mikropylaren Ende des Megaprothalliums differenzieren sich drei bis fünf **Archegoniuminitialen** aus. Jede ist in eine Schicht großkerniger (polyploider?) Zellen eingebettet (= Deckschicht), die zur Ernährung des heranwachsenden Archegoniums beitragen.
Die Archegoniuminitialen teilen sich periklin. Die jeweils mikropylar gelegene kleinere Tochterzelle ist die **primäre Halswandzelle,** die größere, zentralgelegene heißt **Zentralzelle.** Ihr Kern liegt charakteristischerweise stets am äußersten mikropylaren Pol der Zelle.
Aus der primären Halswandzelle gehen acht **sekundäre Halswandzellen** hervor, die in zwei Schichten zu je vier übereinanderliegen. Die Tendenz bei den Pteridophyten, daß die Archegonien tiefer in das Megaprothallium zu liegen kommen, ist auch bei den Coniferophytina deutlich: Die Gruppe der Halswandzellen wird von Prothalliumzellen überwachsen, so daß sie an den Grund eines Kanals zu liegen kommt. Inzwischen wächst die Zentralzelle zu einer großen, vakuolenreichen Zelle heran.
Endlich teilt sich die Zentralzelle in eine kleine, meist degenerierende **Bauchkanalzelle** und in die mächtige **Eizelle.** Der Eizellkern wandert zur Zellmitte und nimmt an Umfang zu. Die Eizelle ist reif zur Befruchtung. Der weibliche Gametophyt ist weniger reduziert als der männliche. Selbst die Archegonien der Coniferophytinaprothallien bleiben mit Halswandzellen, Bauchkanalzelle und Eizelle als solche kenntlich und denen der Pteridophyten vergleichbar.

Zusammenfassendes Entwicklungsschema:

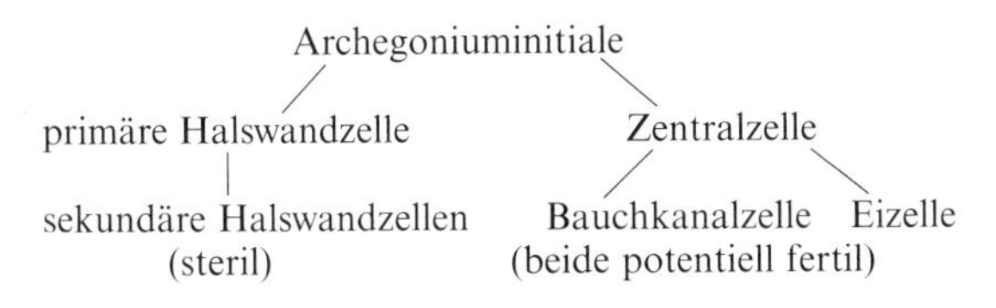

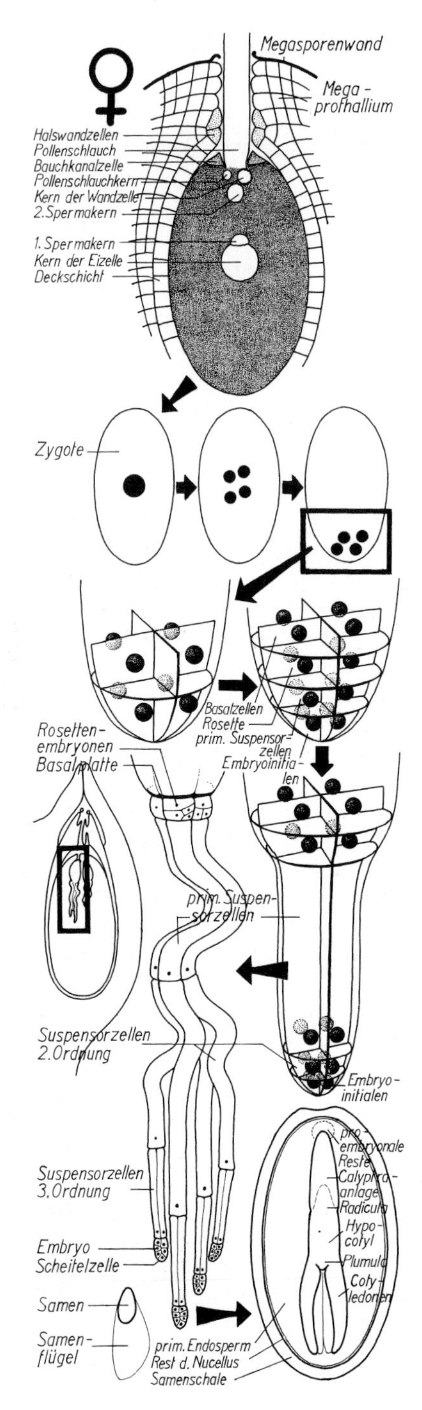

c) Befruchtung, Entwicklung der Proembryonen, Polyembryonie, Samenreife

Der Pollenschlauch durchwächst den Archegoniumhals und entleert seinen Inhalt in die Eizelle. Oft finden sich alle vier männlichen Kerne in der Eizelle vor. Der größere Spermakern wandert auf den Eikern zu und kopuliert mit ihm zum diploiden **Zygotenkern.** Zuweilen kopuliert auch der zweite Spermakern mit dem Kern der Bauchkanalzelle (potentielle Fertilität! Homologie zur doppelten Befruchtung der Angiospermen?).

Die Entwicklung der Zygote zu Proembryonen wird durch freie Kernteilungen eingeleitet. In zwei Teilungsschritten entstehen unter Bildung »intranukleärer Spindeln« inmitten jeder Zygote vier freie Kerne. Die Kerne wandern basalwärts und liegen, nach nochmaliger Teilung, in zwei Schichten zu je vier am Pol der Zelle. Danach entstehen Zellwände, die vier oberen Zellen bleiben aber nach oben hin offen. Nach Teilung aller Zellen sind vier Etagen zu unterscheiden: die vier offenen **Basalzellen,** darunter vier **Rosettenzellen,** vier primäre **Suspensorzellen**, am Pol vier **Embryoinitialen**.

Die primären Suspensorzellen strecken sich und drücken die Embryoinitialen tief in das Gewebe des Megaprothalliums. Dieser Prozeß wird fortgesetzt, indem alle vier Embryoinitialen weitere sich streckende Suspensorzellen zweiter und dritter Ordnung abgliedern, deren letztere sich auch längs teilen. Gleichzeitig differenzieren die Embryoinitialen Scheitelzellen aus. Diese erzeugen meristematische Zellkomplexe, aus denen die eigentlichen Embryonen hervorgehen. Auch in der Rosette, die vom Zygotenrest durch die Basalplatte abgeschirmt wird, entstehen sogenannte »Rosettenembryonen«, die ihr Wachstum bald einstellen. Der aus der Zygote entwickelte Komplex besteht aus vier Proembryonen.

In einer einzigen Samenanlage sind ebensoviele Befruchtungen möglich, wie Eizellen vorhanden sind. Aus jeder Zygote gehen wiederum vier Embryoanlagen hervor – die Rosettenembryonen nicht gerechnet. Folglich liegt **Polyembryonie** vor. Ernährungskonkurrenz führt dazu, daß sich von allen Embryoanlagen einer Samenanlage nur eine zum Embryo weiterentwickeln kann.

Von einer weiteren Winterruhe unterbrochen, vollendet die Samenanlage ihre Entwicklung zum **Samen:** Aus der »harten Schicht« des Integumentes geht die **Samenschale** hervor, unter Abbau des Nucellus differenziert sich das haploide Gewebe des Megaprothalliums zum aleuronreichen Nährgewebe (= **primäres Endosperm),** in das der **Embryo** eingelagert ist. Am samenreifen Embryo sind die mikropylar weisende Kalyptraanlage, die Wurzelanlage (Radicula), das Hypokotyl mit einer variierenden Anzahl von Keimblättern (Kotyledonen) und zwischen ihnen der Vegetationspunkt der Sproßachse (Plumula) zu unterscheiden. Nach der Reife löst sich der geflügelte Samen aus dem Zapfen.

4.1. Fortpflanzung der Coniferophytina – Praktischer Teil –

Beobachtungsziel: Die männliche Blüte; Entwicklung der Mikrosporen zu bestäubungsreifen Pollen

Objekt: *Pinus sylvestris* L. (Pinaceae), Wald-Kiefer, Föhre oder *Pinus mugo* Turra, Berg-Kiefer.

Materialbeschaffung: *P. sylvestris:* Männliche Blüten von Anfang Mai (Länge der Zapfen 3–4 mm) alle 5 bis 6 Tage ernten bis zur Bestäubungszeit Ende Mai bis Anfang Juni.

Einige Richtwerte:

bis 10. 5. Meiose, Mikrosporen
10. bis 20. 5. erste Prothalliumzelle
20. bis 25. 5. zweite Prothalliumzelle
bis 10. 6. antheridiale und vegetative Zelle

P. mugo: Stäubungszeit Juni. Die Art ist zwar weniger häufig als *Pinus sylvestris,* ihre Zapfen sind jedoch meist leichter zugänglich, die Pollenkörner sind größer und sehr gut zu beobachten.

Präparation: a) Einen Teil der jüngsten Zapfen in Carnoyschem Fixiergemisch 24 Std. fixieren (Reg. 42), nach Auswaschen eventuell in 70%igem Ethanol aufbewahren oder sofort für 24 Std. in Ethanol-Glycerol-Gemisch 1:1 übertragen. Möglichst dünne Median- und Tangentialschnitte parallel zur Zapfenachse anfertigen (die Tangentialschnitte zerfallen dabei), Schnitte in konzentrierte wäßrige Chloralhydratlösung einbetten (Reg. 17) und beobachten.
Entsprechende Mikrotomschnitte (Reg. 90), gefärbt mit Eisenhämatoxylin nach Heidenhain (Reg. 28), sind zur Beobachtung besonders geeignet.
b) Einen oder mehrere Zapfen aller Reifegrade sofort nach dem Ernten in Carnoyschem Fixiergemisch mit Spatel oder Skalpell ausdrücken, daß die Mikrosporen bzw. Pollen hervorquellen; grobe Bestandteile aus der Suspension herausfischen, die Suspension in enges Standglas (3–5-ml-Röhrchen) überführen und sedimentieren lassen. Nach 24 Std. dekantieren, Pollen in etwa 90%igem Ethanol resuspendieren und absetzen lassen. Mit 70%igem Ethanol so oft auswaschen, bis kein Essiggeruch mehr wahrzunehmen ist (wichtig!). Material so aufbewahren (Datum!) oder sofort färben.
Farblösung: 10 Teile nicht ganz gesättigte, neutralisierte (!), wäßrige Chloralhydratlösung (Reg. 17) mit 2 Teilen Stammlösung von Hämalaun nach Mayer (Reg. 55) gut durchmischen.
Mit Pipette Pollen aus dem Bodensatz des Vorratsglases entnehmen und in Farblösung übertragen. Es soll dabei möglichst wenig Alkohol in die Pipette gelangen; Materialvolumen zu Farblösungsvolumen nicht größer als 10:1. Färbezeit 1/2 bis mehrere Stunden. Einen kleinen (!) Tropfen der Farblösung mit den gefärbten Pollen auf Objektträger geben und mit nicht zu kleinem Deckglas bedecken. Die Schicht zwischen Objektträger und Deckglas muß dünn sein, damit sich die Pollenkörner auf die Seite legen und beim Verdunsten des Restwassers und Ethanols allmählich flachgedrückt werden. Ergebnis: Exine und Intine farblos, Zytoplasma zart blau, Chromatin tiefblau. Wenn die Deckgläser mit Lack umrandet werden (Reg. 117), ist die Färbung lange haltbar.

Weitere Präparationsmöglichkeiten: Handschnitte einige Tage in 5%ige Kaliumhydroxid-Lösung einlegen und in der gleichen Lösung beobachten.

Beobachtungen (Abb. 92): Zunächst Sitz, Anzahl und Homologieverhältnisse der männlichen Blüten am Zweig beachten (vgl. Schema S. 246 oben). Dann auf medianen Längsschnitt durch den männlichen Sporophyllstand mit schwächstem Objektiv einstellen. An einer spindelförmigen Achse sitzen die Mikrosporophylle über wenigen sterilen Niederblät-

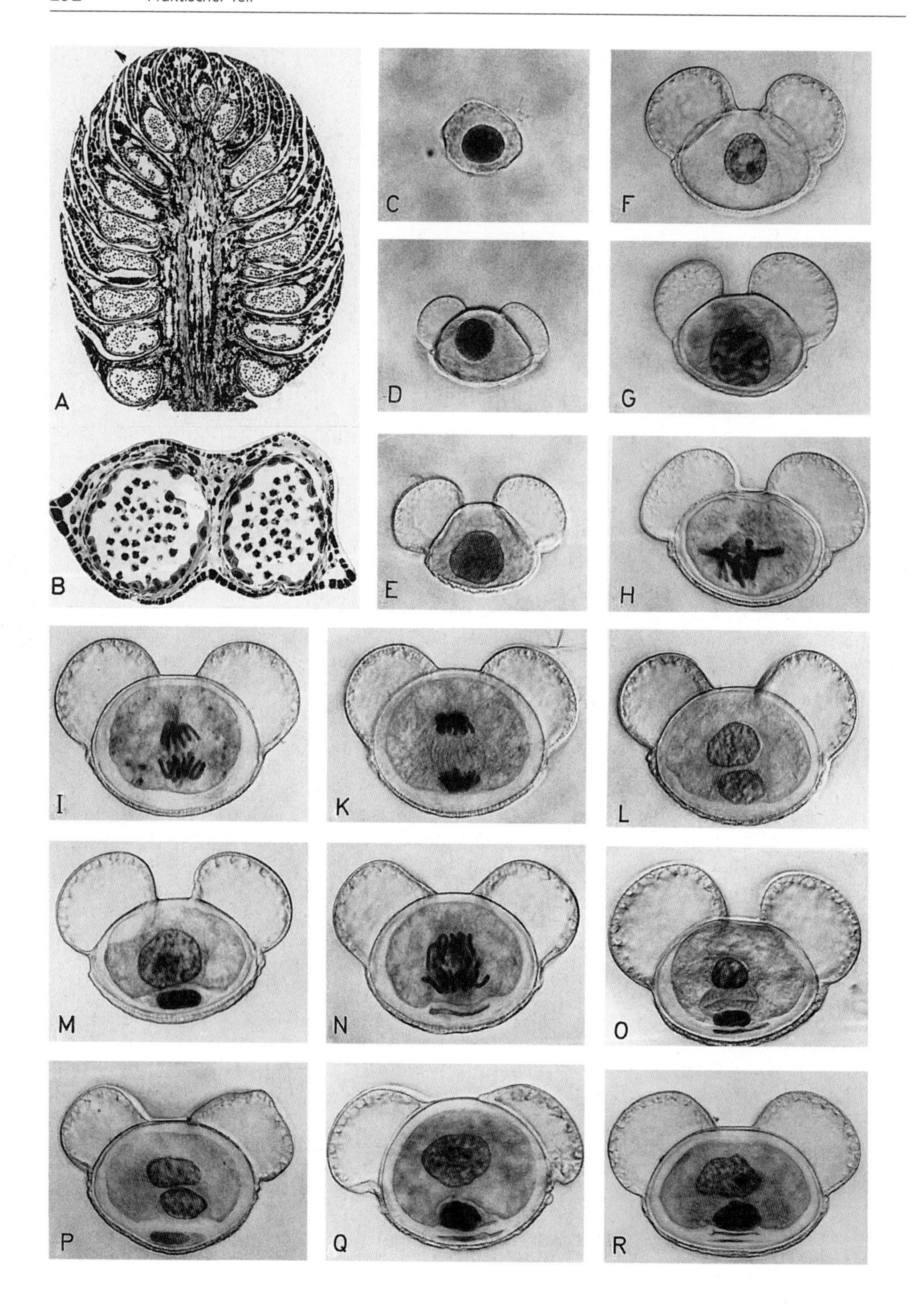
A
B
C
D
E
F
G
H
I
K
L
M
N
O
P
Q
R

tern dicht gedrängt in etwa 10 Etagen übereinander. Das Volumen der Sporophylle wird fast vollständig von den beiden Sporangien ausgefüllt. Jedes Sporophyll läuft an seinem abaxialen Ende in einen aufwärtsgerichteten Saum aus (Abb. 92 A). An dünnen Stellen des Präparates, deutlicher am tangentialen Schnitt, ist bei mittlerer Vergrößerung der feinere Aufbau der Sporophylle zu erkennen. Mehr oder weniger tief braune Färbung hebt die Epidermis hervor. Sie besteht aus derben, in Längsrichtung des Blattes gestreckten Zellen (Median- und Tangentialschnitt vergleichen!), deren Seitenwände durch Leisten verstärkt sind (Kohäsionsmechanismus. Vgl. Anulus der Farnsporangien.). Im medianen (Längs-) Schnitt erscheint die Epidermis an der Bauchseite der verschiedenen Sporophylle in unterschiedlicher Dicke. Dieser Umstand wird durch den tangentialen (Quer-)Schnitt erklärt: In einer schmalen Zone längs eines jeden der beiden Sporangien sind die Epidermiszellen äußerst klein. Entlang dieser Linie springen die Sporangien zur Zeit des Stäubens auf, um den Pollen zu entlassen (Abb. 92 B). Unter der Epidermis liegen wenige, je nach Reifegrad der Sporangien mehr oder weniger kollabierte Lagen von Zellen: Abkömmlinge der parietalen Zellen. Nach innen schließt sich eine unregelmäßige Schicht großer, heller Zellen an, die den Innenraum jedes Sporangiums rundum auskleiden. Im gefärbten Mikrotomschnitt erscheinen sie zwei- oder mehrkernig und geben sich dadurch als Tapetumzellen zu erkennen, die der Ernährung des sich innen entwickelnden sporogenen Gewebes dienen. In diesem Reifestadium ist die Meiose bereits erfolgt, und die Mikrosporen liegen dicht gepackt oder lose (durch die Präparation herausgefallen) im Tetradenverband oder einzeln im Lumen der Sporangien. Die beiden Sporangien eines Mikrosporophylls werden in der Mitte des Tangentialschnittes durch eine dünne, wenigschichtige Scheidewand voneinander getrennt. Zur Rückseite des Sporophylls hin erweitert sie sich zum Konnektiv, in das das quergeschnittene Leitbündel eingelagert ist. Im ganzen gesehen, zeigen die Mikrosporangien von *Pinus* den gleichen Bau, wie er für die Sporangien der eusporangiaten Pteridophyten typisch ist.

F

Starkes Objektiv (Trockensystem) auf eines der gefärbten Pollenpräparate einstellen. Schiefe Beleuchtung (Reg. 109). Beobachtungen bei den jüngsten Entwicklungsstadien beginnen.

Nachdem sich die jungen, rundlichen Mikrosporen aus den Meiosetetraden gelöst haben, sind sie noch klein. Sie enthalten einen großen Kern, ihre Wand erscheint einschichtig (Abb. 92 C). Während sie heranwachsen, spaltet die Sporenwand an zwei seitlich gelegenen Bezirken auf, und die Spalträume blähen sich zu Blasen, deren Oberfläche fein gefeldert ist (Abb. 92 D-F). Bei etwas reiferen lebenden Pollen, die in Wasser eingebettet wurden, erscheinen die Blasen schwarz; sie sind lufterfüllt und verbessern die Flugfähigkeit des Pollens, der nach vollendeter Reife durch den Wind auf die weiblichen Samenanlagen transportiert wird. Auch der Kern nimmt an Volumen zu und tritt bald in die erste primäre Teilung ein (Abb. 92 G-L). Zu diesem Zeitpunkt ist zu erkennen, daß die Sporenwand aus zwei Schichten besteht: aus der äußeren dünnen Exine und der inneren dicken Intine. Zugleich geht aus dem mikroskopischen Bild hervor, daß sich nur die Exine aufspaltete, als die Luftblasen gebildet wurden (Abb. 92 H). Die beiden entstehenden Tochterkerne sind vorerst gleichwertig (Abb. 92 L). Dann bildet sich zwischen ihnen eine Wand. Die abge-

Abb. 92. *Pinus mugo.* Entwicklung des Pollens. **A**: medianer Längsschnitt durch männliche Blüte kurz nach der Meiose. **B**: Querschnitt durch ein Mikrosporophyll (Blüte tangential geschnitten) mit 2 Sporangien. Perforationslinie der Epidermis unten, Konnektiv oben. Mikrotomschnitte, gefärbt mit Eisenhämatoxylin nach Heidenhain; A 15:1, B 80:1. **C**: Mikrospore kurz nach der Meiose. **D-F**: Wachstum der Mikrospore, Ausbildung der Luftsäcke. **G**: Prophase der ersten primären Pollenteilung. **H-L**: Meta-, Ana-, Telophase und Interkinese der ersten primären Pollenteilung, sichtbare Differenzierung der Sporenwand in Exine und Intine. **M**: Abgrenzen der ersten Prothalliumzelle durch Zellwand, ihr Kern beginnt zu degenerieren. **N-P**: Ana-, Telophase, Interkinese der zweiten primären Pollenteilung. **Q**: Abgrenzen der zweiten Prothalliumzelle durch Zellwand, ihr Kern degeneriert. **R**: Bestäubungsreifes Pollenkorn nach der dritten primären Pollenteilung, oben Kern der vegetativen (Pollenschlauch-) Zelle, darunter Kern der antheridialen Zelle, unten 2 degenerierte Prothalliumzellen. C-R Färbung mit Chloralhydrat/Hämalaun, schiefe Beleuchtung; 450 : 1.

gliederte neue Zelle legt sich der den Luftsäcken abgewandten Seite des Pollenkorns an, gleichzeitig degeneriert ihr Kern, und die Zelle gibt sich so als erste Prothalliumzelle zu erkennen (Abb. 92 M). In der gleichen Weise gliedert die Restzelle eine zweite Prothalliumzelle ab (Abb. 92 N-Q), die erste Prothalliumzelle ist inzwischen bei manchen Pollenkörnern schon nicht mehr nachweisbar. Aus der wiederum verbleibenden Restzelle geht daraufhin in der dritten primären Teilung die antheridiale Zelle hervor, die Restzelle heißt nun vegetative oder Pollenschlauch-Zelle (Abb. 92 R). Die einzellige Mikrospore hat sich zum jungen, vierzelligen Gametophyten entwickelt, der noch immer von der Mikrosporenwand umschlossen ist und nun Pollen genannt wird. Wie aus der Präparation hervorgeht, vollzieht sich dieser Abschnitt des Wachstums noch innerhalb der Mikrosporangien. Der Pollen ist nun bestäubungsreif. Seine weitere Entwicklung (Keimen der vegetativen Zelle zum Pollenschlauch, sekundäre und tertiäre Teilung, vgl. S. 248) erfolgt auf der weiblichen Samenanlage und ist weit schwieriger zu beobachten.

Weitere Beobachtungen: In den mit Kaliumhydroxidlösung aufgehellten Medianschnitten durch männliche Zapfen läßt sich der Leitbündelverlauf verfolgen.
Ausstriche des Inhalts von sehr jungen Mikrosporophyllen zeigen nach einem der üblichen Kernfärbungsverfahren (Reg. 74) sehr klare Mitosebilder (Mitose der Mikrosporenmutterzellen Ende März) oder Meiosestadien (Ende April bis Anfang Mai) mit großen Chromosomen bei simultaner Zellteilung.

Fehlermöglichkeiten: Wenn der Farbstoff während der Präparation ausflockt, ist zum Neutralisieren des Chloralhydrates verwendetes $CaCO_3$ in die Farblösung geraten. Färbt sich das Chromatin nur schwach schmutzigrosa, ist die Farblösung zu sauer. Chloralhydrat mit $CaCO_3$ neutralisieren, weniger Farbstammlösung zum Gemisch geben; der Überstand über dem Pollen im Sammelgefäß enthält noch Essigsäure, Konservierungsflüssigkeit gegen reines 70%iges Ethanol auswechseln.

Weitere Objekte:

Pinus nigra Arnold (Pinaceae), Schwarzkiefer. Männliche Blüten. Stäubungszeit Ende Mai bis Mitte Juni.

Beobachtungsziel: Die weibliche Blüte; Bau der jungen Samenanlage und ihre Enwicklung zum Samen

Objekt: *Pinus sylvestris* L. (Pinaceae), Gemeine (Wald-) Kiefer oder *Pinus mugo* Turra, Bergkiefer

Materialbeschaffung: Diesjährige weibliche Blütenstände (Zapfen) von der Spitze diesjähriger Langtriebe unterhalb der Endknospe zur Bestäubungszeit Ende Mai bis Anfang Juni und vorjährige weibliche Zapfen vom Grunde der diesjährigen Langtriebe von Ende April/Anfang Mai bis Anfang Juli alle 6 bis 7 Tage und etwa August/September ernten.

Einige Richtwerte (für Standorte im mitteleuropäischen Flachland).

vorjährige Zapfen:	25. 4. bis 5. 5.	freie Kernteilungen im Megaprothallium
	5. 5. bis 10. 5.	Archegoniuminitialen
	10. 5. bis 20. 5.	Halswandzellen
	20. 5. bis 5. 6.	Wachstum der Zentralzelle
diesjährige Zapfen:	25. 5. bis 10. 6.	Megaspore, Bestäubung
vorjährige Zapfen:	5. 6. bis 15. 6.	Bauchkanalzelle, Eizelle
	15. 6. bis 25. 6.	Befruchtung, erste Embryonalentwicklung
	25. 6. bis 10. 7.	Wachstum des Suspensors
	August/September	Samenreife

Präparation: a) Alle Reifestadien sofort nach dem Ernten in Pfeifferschem Gemisch fixieren (Reg. 42), die diesjährigen Zapfen im ganzen, von den vorjährigen nur die von der Zapfenachse einzeln abpräparierten Samenschuppen mit ihren beiden eiförmigen Samenanlagen. Auswaschen, Sammeln in 70%igem Ethanol. Hauptmasse der Samenschuppe mit

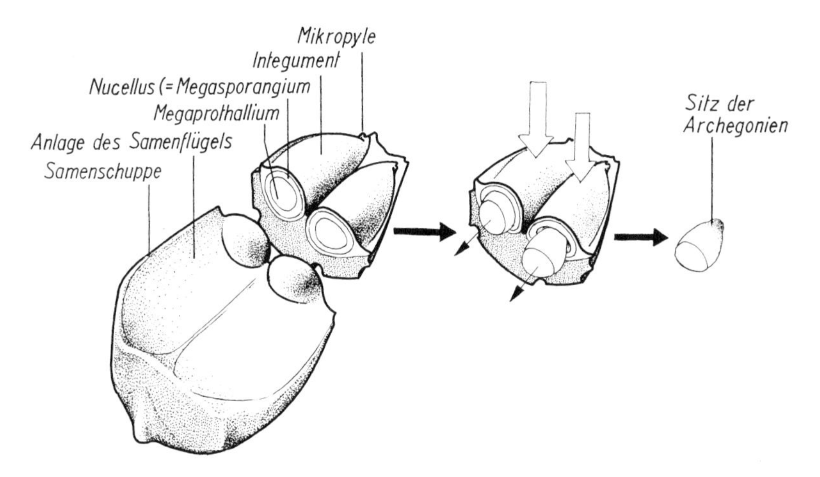

Abb. 93. *Pinus sylvestris,* ältere Samenschuppe mit Samenanlagen. Präparationsweg; vgl. Text.

Skalpell abschneiden. Einbetten in Paraffin. Mikrotomschnittserien anfertigen (Reg. 90), die fast reifen Samen müssen vor dem Einbetten aus der harten Samenschale herausgeschält werden. Die Objekte im Paraffinblock so orientieren, daß mediane Längsschnitte durch die Samenanlage (bei den diesjährigen Zapfen durch den ganzen Blütenstand) möglich sind. Alle Schnitte oberhalb und unterhalb des medianen Bezirkes verwerfen. (Lupenkontrolle der Schnittfläche des Paraffinblockes oder mikroskopische Kontrolle der gestreckten Schnittbänder mit schwachem Objektiv.) Färben mit Eisenhämatoxylin nach Heidenhain (Reg. 28), Einschließen in Neutralbalsam, mit hinreichend großen Deckgläsern abdecken (Reg. 1). Präparate sind haltbar.

b) Sofern kein Mikrotom verfügbar ist, können die Entwicklungsabschnitte nach der Bildung der Zentralzelle in folgender Weise präpariert und vorzüglich beobachtet werden:

Samenschuppen entsprechender vorjähriger Zapfen wie unter a) beschrieben fixieren und in 70%iges Ethanol überführen. Von den auf der Oberseite der Samenschuppen liegenden Samenanlagen mit scharfer Rasierklinge jeweils etwa ein Drittel der Länge der Samenanlage kappen, und zwar an dem Ende, das der Insertionsstelle der Schuppe an der Zapfenachse abgewandt ist. Bei vorsichtigem Druck auf das mikropylare Ende der Samenanlage (zwischen Daumen und Zeigefinger) tritt das Megaprothallium als weißliches, eiförmiges Gebilde aus dem angeschnittenen Integument heraus (Abb. 93). So gewonnene Megaprothallien in 45%ige Essigsäure überführen. Nach einigen Minuten in einem Tropfen Essigsäure zwischen Objektträger und möglichst kleinem Deckglas quetschen, Kontrolle mit Stereomikroskop, Lupe oder mikroskopisch mit schwachem Objektiv: Die gut sichtbaren Archegonien sollen in einer Ebene nebeneinander liegen, dürfen aber keinesfalls platzen oder zerquetscht werden. Auf diese Weise möglichst viele Präparate aller verfügbaren Reifegrade herstellen und sofort nach dem Quetschen horizontal in große, mit 96%igem Ethanol beschickte Petrischalen einlegen, so daß sie untertauchen. Einige Stunden oder über Nacht liegenlassen. Die Deckgläser können dann durch vorsichtiges Bewegen der Präparate (jedes einzeln! Reg. 2) abgeschwemmt und die flachen, gehärteten Prothallien mit Skalpell oder Lanzettnadel abgehoben werden. Prothallien in Blockschälchen mit 70%igem Ethanol überführen, nach 10-20 Minuten in destilliertes Wasser übertragen. Destilliertes Wasser mit Pipette nacheinander durch folgende Lösungen ersetzen:

destilliertes Wasser + Hämalaun nach Mayer (Stammlösung) etwa 50 : 1; etwa 1 bis 2 Std., Schnitte bewegen.
destilliertes Wasser; 3 min, 1- bis 2mal wechseln.
Leitungswasser; 1 bis 2 Std. (oder über Nacht), mehrmals wechseln, Farbumschlag nach Blau.
destilliertes Wasser; 2 min, 1- bis 2mal wechseln.
Ethanol 70%ig ; 1 Std., 1mal wechseln.
Ethanol 96%ig; 1 Std.
Ethanol 98–100%ig; 1 Std., 2mal wechseln, Blockschälchen zudecken.
Methylbenzoat (Reg. 86); 30 min, Blockschälchen zudecken.
Xylen; 1 Std., 2mal wechseln, zum letzten Xylen einige Tropfen Neutralbalsam, gut durchmischen, Blockschälchen zudecken.

Megaprothallien einzeln in Neutralbalsam unter kleine Deckgläser einschließen. Die Präparate können sofort beobachtet werden, gewinnen aber im Verlauf einiger Tage noch an Durchsichtigkeit. Beobachten mit Trockensystemen hoher Apertur; Zytoplasma der Zentral- bzw. Eizelle durchsichtig blau. Chromatin tiefblau. Die Präparate sind haltbar.
Nachteile des Verfahrens: Die frühen Entwicklungsstadien sind der Präparation nicht ohne weiteres zugänglich. Fotografische Dokumentation schwieriger.
Vorteile: Wesentlich geringerer präparativer Aufwand, die Prothallien bleiben als Ganzes erhalten und erlauben das Studium der räumlich topographischen Verhältnisse. Bei geglückter Präparation sind auch zytologische Details erkennbar.

c) Von unfixierten diesjährigen Zapfen oder entsprechendem fixiertem Alkoholmaterial Samenschuppen mit Samenanlagen unter dem Präpariermikroskop (Stereomikroskop) von der Zapfenachse abpräparieren und mit Präpariermikroskop beobachten.

Beobachtungen (Abb. 94–97):

Der Aufbau der weiblichen Blütenstände zur Zeit der Bestäubung; Samenanlage; Megaspore.
Bei der Präparation nach c) lassen sich die Samenanlagen tragenden Schuppen trotz der Kleinheit der Zapfen ziemlich gut ablösen. Vor der Bestäubungszeit hat sich die Zapfenachse gestreckt, so daß die Schuppen auseinanderrücken und so dem vom Wind herangetragenen Pollen den Weg zu den Samenanlagen freigeben. Die Schuppen selbst erweisen sich als zusammengesetzte Gebilde: In der Achsel jeder häutigen, am Rande ausgefransten Deckschuppe sitzt je eine kleinere, glattrandige, fleischige Samenschuppe. Beide Schuppen sind am Grunde miteinander verwachsen und lösen sich als Ganzes von der Zapfenachse ab. Auch die Samenschuppe ist ein Verwachsungsprodukt und ist als Kurztrieb anzusehen. Der ganze weibliche Zapfen entspricht folglich einem Blütenstand. Die Samenschuppe trägt oberseits einen auffälligen Kiel, der die Ränder des Schuppenkomplexes überragt. Es sind hauptsächlich diese abstehenden Kiele, die dem weiblichen

Abb. 94. *Pinus mugo.* Entwicklung der jugendlichen Samenanlagen bis zur Ausbildung der Zentralzellen. **A**: Medianer Längsschnitt durch diesjährigen weiblichen Blütenstand. Entsprechend ihrer spiraligen Stellung an der Zapfenachse sind die vier angeschnittenen Schuppenkomplexe jeweils in anderer Ebene getroffen: der unterste etwa median mit Deck- und Samenschuppe, Samenanlage nicht angeschnitten, entspricht Zone 1 im Schema Abb. 95; der darüberliegende entspricht der Zone 2 des Schemas; der mit ⇓ gekennzeichnete zeigt fast nur noch die median getroffene Samenanlage gemäß Zone 3 des Schemas; 20 : 1. **B**: Medianer Längsschnitt durch den Nucellus einer Samenanlage des in A dargestellten Blütenstandes, Mikropyle oben. Unterhalb der Mitte die Megasporenmutterzelle kurz vor der Meiose; 200 : 1. **C**: Detail aus Längsschnitt durch vorjährige Samenanlage, etwas außerhalb der Medianebene getroffen, so daß der junge Gametophyt eben angeschnitten wurde. Von der derben, gefalteten Megasporenwand umgeben der Gametophyt im Zustand der Vielkernteilung. Zellwandfreies Zytoplasma mit strahliger Struktur. 180 : 1. **D**: Längsschnitt durch mikropylar gelegene Zone des bereits zellig aufgebauten Megaprothalliums, oben Archegoniuminitiale, über ihr Megasporenwand zarter. **E**: wie D, Kern der Archegoniuminitiale in Prophase. **F**: wie D, 2 sehr junge Zentralzellen mit geringem Zytoplasmagehalt, darüber die zugehörigen primären Halswandzellen. **G**: Fortgeschrittener Zustand gegenüber F, Zentralzellen heranwachsend, locker schaumiges Zytoplasma. Differenzierung der großkernigen Deckschicht um die sich entwickelnden Archegonien. D-G 300 : 1. A-G Mikrotomschnitte, gefärbt mit Eisenhämatoxylin nach Heidenhain.

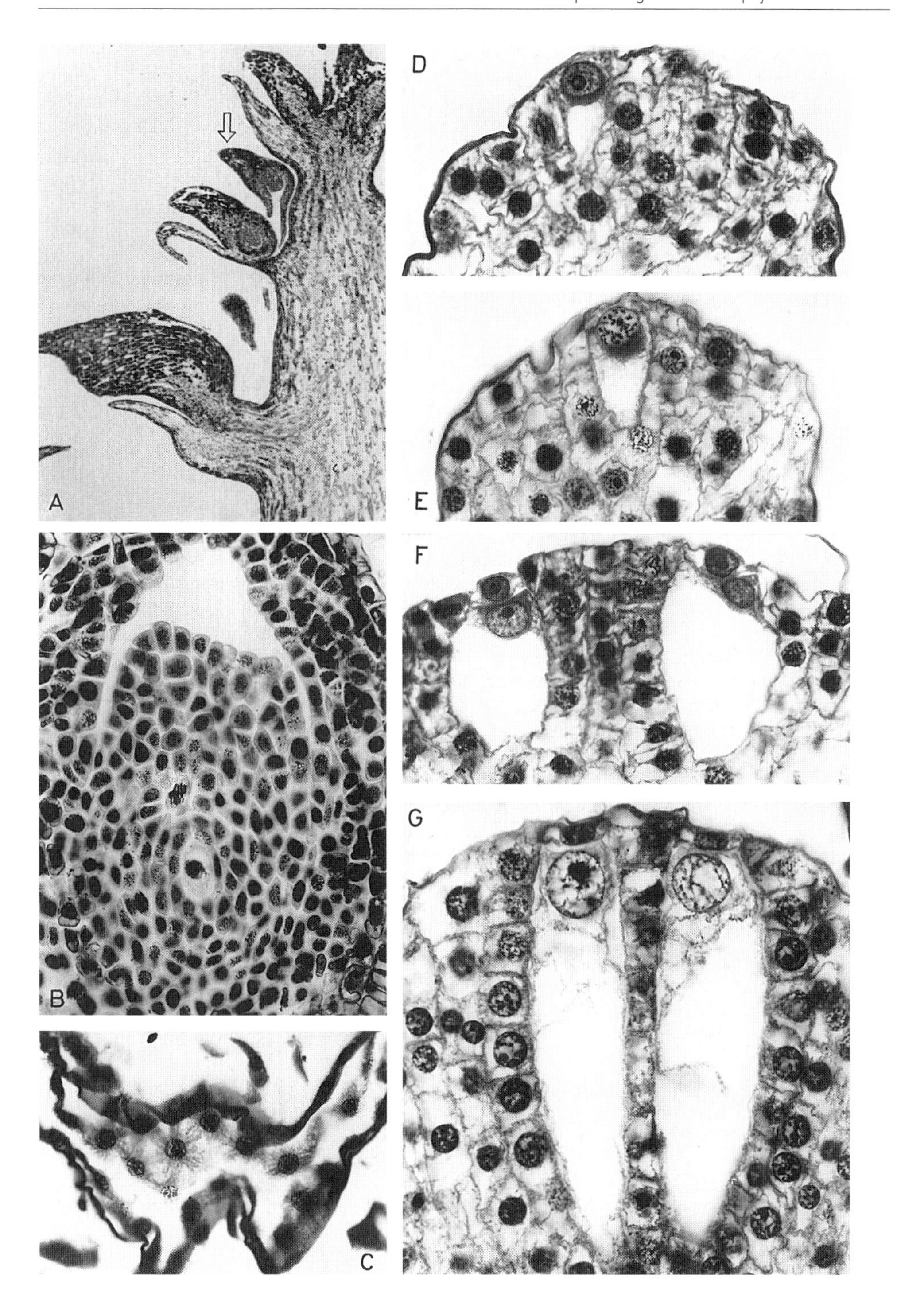

F

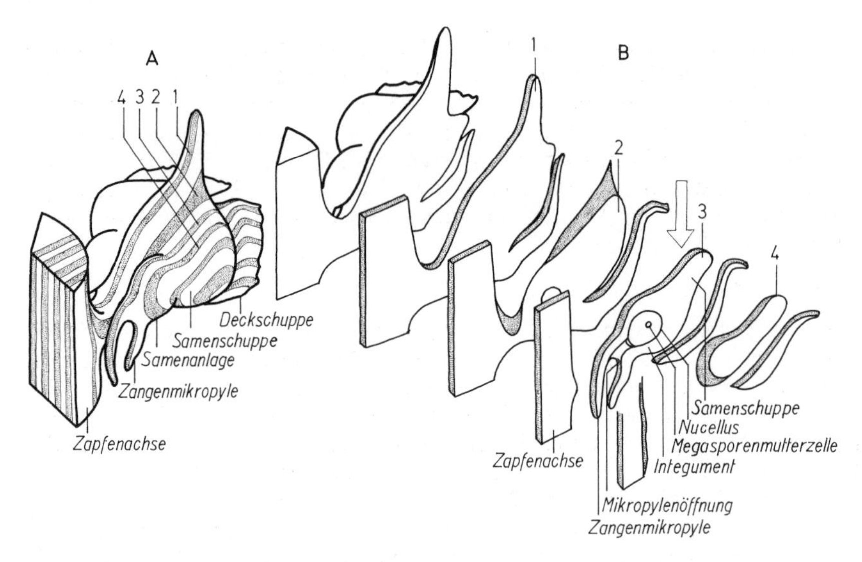

Abb. 95. *Pinus sylvestris.* Einzelne jugendliche Deck- und Samenschuppe mit Samenanlagen, an der Zapfenachse sitzend. Schema der Schnittfolge bei Mikrotomschnitten. Die bei **A** punktierten Zonen sind in **B** einzeln herausgezeichnet und auseinandergezogen. Am wichtigsten ist Zone 3.

Zapfen das für die Bestäubungszeit typische krausköpfige Aussehen verleihen. Der Grund jeder Samenschuppe wird oberseits von je zwei eirunden Höckern, den Samenanlagen, eingenommen (abgesehen von einigen sterilen Schuppen an der Basis des Zapfens und an seiner äußersten Spitze). Ihr mikropylares Ende weist in Richtung der Zapfenachse und etwas auswärts. Es ist an je zwei zarten Fortsätzen des Integuments zu erkennen. Diese Fortsätze fangen den in den Kielrinnen entlanggleitenden Pollen auf, trocknen später ein, rollen sich dabei zusammen und leiten den Pollen der Mikropylenöffnung zu, so daß er auf dem innen gelegenen Nucellus keimen kann.

Die Schuppen der vorjährigen Blütenstände lösen sich weit weniger leicht voneinander, denn die Samenschuppen haben ihr Wachstum so lange fortgesetzt, bis ihre Flächen fest aneinanderschließen und der ganze Zapfen einen kompakten Körper bildet. Dabei wird der Kiel nahezu völlig in die Masse der Samenschuppe eingeschmolzen und ist ebenso wie die nicht weiter mitwachsende Deckschuppe nur noch als Rudiment wiederzufinden.

Mikrotomschnitte durch die mediane Zone des blühenden Zapfens mit schwächstem Objektiv durchmustern (Gesamtvergrößerung nicht höher als 30x, sonst besser starke Lupe verwenden). Der räumliche Aufbau eines einzelnen Schuppenkomplexes (Deckschuppe plus Samenschuppe mit zwei Samenanlagen) läßt sich aus den im Präparat *nebeneinander* liegenden Schnitten rekonstruieren, indem man sich die Schnitte in übereinanderliegenden Ebenen vorstellt (die Arbeit des Mikrotoms rückläufig denkend). Er ist nicht sofort und ohne weiteres aus der Schnittserie abzulesen. So ist es z. B. zunächst überraschend, daß die Samenanlagen in entsprechenden Schnitten anscheinend lose neben der Zapfenspindel liegen (Abb. 94 A). Bei einigem Bemühen um räumliche Vorstellung klärt sich der Sachverhalt jedoch auf: Senkrecht zur Präparatebene liegen die Samenanlagen weiter auseinander als die Insertionsstelle der Schuppen an der Zapfenspindel breit ist (Abb. 95). Die sogenannte Zangenmikropyle ist deutlich zu sehen, ihre Fortsätze ragen bis in die Achsel der nächstunteren Schuppe hinein.

Der mediane Schnitt durch eine der Samenanlagen zeigt ihren Aufbau: Gewebe der Samenanlage und des übrigen, vegetativen Anteils der Samenschuppe sind nicht deutlich voneinander abgegrenzt. Das aus mehreren Zell-Lagen bestehende einfache Integument umhüllt den Nucellus und läßt die nur in diesem Entwicklungszustand offene Mikropyle frei. Im Gewebekomplex des Nucellus findet man viele Kernteilungsbilder. Die Meristeme, denen sie zugehören, sind verschiedenen Ursprungs, lassen sich in diesem Reifegrad jedoch nicht mehr voneinander abgrenzen (vgl. Schema S. 247). Inmitten des Nucellus liegt – an ihrer Größe erkenntlich – die Megasporenmutterzelle vor oder während der Meiose oder nach vollendeter Meiose die Megaspore selbst (Abb. 94 B). Da der Nucellus dem Megasporangium entspricht, liegen die Verhältnisse auch im weiblichen Geschlecht so wie bei den eusporangiaten Pteridophyten.

Die Entwicklung der Megaspore zum Megaprothallium

Schnittserien durch jüngste vorjährige Samenanlagen zeigen ein weiter fortgeschrittenes Bild: die Samenanlage ist beträchtlich herangewachsen. Das Integument ist nun deutlich vom vegetativen Gewebe der Samenschuppe abgesetzt und hat sich zu drei Gewebeschichten differenziert, von denen die mittlere sogenannte harte Schicht als dicht gepacktes Gewebe auffällt. Die Mikropyle ist durch Streckung und Teilung der ihren Kanal auskleidenden Zellen verschlossen. Die Fortsätze sind eingetrocknet. Der Nucellus ist bis auf die mikropylar gelegene freie Spitze mit dem Integument verwachsen. In dieser Zone ist an lytisch verändertem Gewebe das Vordringen der meist verzweigten Pollenschläuche zu erkennen, und mit etwas Glück lassen sich in diesem und in den späteren Reifegraden die weiteren Entwicklungsschritte des männlichen Gametophyten entdecken (vgl. Schema S. 248).

Die auffälligsten Veränderungen haben sich im Inneren des Nucellusbezirkes vollzogen, der der Mikropyle abgewandt ist. Hier wird das mit dem Integument verwachsene Nucellusgewebe vom heranwachsenden Megagametophyten nach außen verdrängt. Der junge Gametophyt wird von der mächtig entwickelten, im gefärbten Präparat braunen und meist gefältelten Megasporenwand umhüllt. Außerhalb der Wand liegen zerstreut große, zwei- und mehrkernige Zellen: das zwei- und dreischichtige Tapetumgewebe auf dem Höhepunkt seiner Aktivität. Es grenzt außen an den Nucellus. Innerhalb der Spore liegen von dichtem Zytoplasma umhüllte große Kerne oder synchrone Kernteilungsfiguren frei im Raum, ohne vorerst durch Zellwände voneinander getrennt zu sein. Dieser Entwicklungsabschnitt der freien Kernteilungen hat schon im Vorjahr (etwa 6 Wochen nach der Meiose) begonnen und wird nun – nach der Winterruhe – fortgesetzt (Abb. 94 C). Dabei lagern sich die neugebildeten Kerne und das Zytoplasma zunächst innen an die Megasporen an. Der Binnenraum des entstehenden Bläschens enthält Flüssigkeit und wird erst später durch Einziehen von Zellwänden zum Gewebe. Die zuerst entstehenden Zellwände sind stets antiklin orientiert und die von ihnen umschlossenen Prothalliumzellen zur Zentralvakuole hin vorerst offen (Alveolen).

Die Entwicklung der Archegonien

Präparate von späteren Reifestadien mit schwachem Ojektiv durchmustern, günstige mediane Schnitte durch das Megaprothallium mit mittlerem Trockensystem beobachten. Das noch immer von der Sporenwand umhüllte Prothallium ist zu einem vielzelligen ellipsoiden Körper herangewachsen. Am mikropylaren Ende ist die (bei der Präparation zuweilen zerrissene) Sporenwand deutlich dünner. Hier ist das Prothalliumgewebe aus kleineren, in Reihen angeordneten, dicht gepackten Zellen zusammengesetzt, aber einzelne oberflächlich gelegene Zellen (drei bis fünf, über mehrere benachbarte Schnitte verteilt) fallen durch ihre Größe und durch die Größe ihrer Kerne auf. Es sind die Archegoniuminitialen (Abb. 94 D, E). Sie wachsen bald weiter heran, ihr Kern wandert in Richtung der Mikropyle an die Peripherie der Zelle, dann gliedert sich die primäre Halswandzelle ab (Abb. 94 F). Die Restzelle wird damit zur Zentralzelle. Die Halswandzelle teilt sich, desgleichen ihre Abkömmlinge, die schließlich in ein oder zwei dicht geschlossenen Etagen zu je vier über der Zentralzelle liegen und den Archegonienhals bilden. Im weiteren Fortschreiten der Entwicklung sind sie dort nicht immer ohne weiteres zu erkennen, denn auch das benachbarte

F

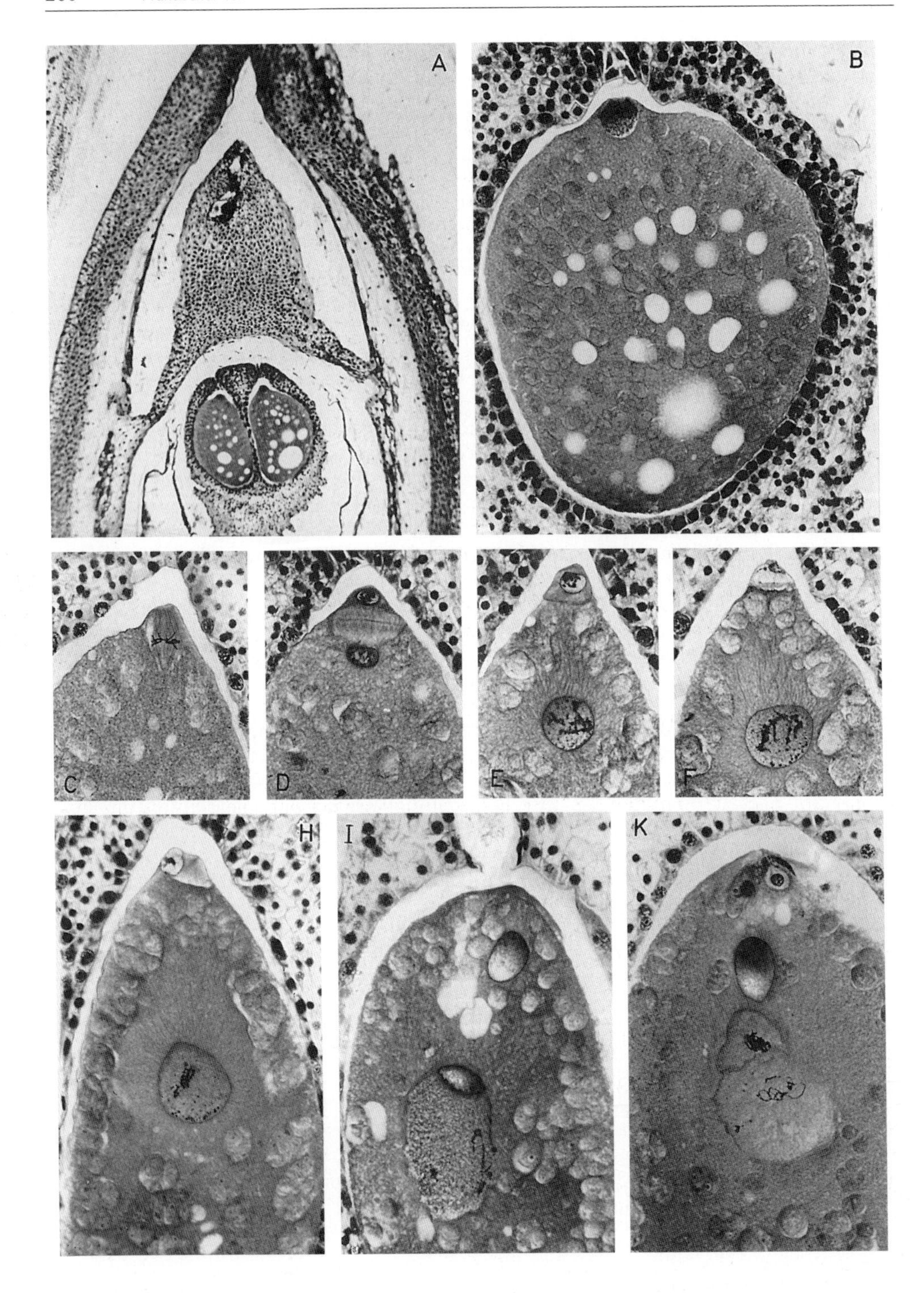
A
B
C
D
E
F
H
I
K

Prothalliumgewebe wächst weiter und überholt das Wachstum der Halswandzellen, so daß diese zur Zeit der Archegonienreife am Grunde eines engen Kanals aus Prothalliumgewebe liegen und schwierig auszumachen sind. (Tendenz, die Archegonien zu versenken siehe S. 249 und Abb. 96 A.) Im Verlauf der Evolution verschloß sich der freie Zugang zur Eizelle. Nunmehr gelangen die Gameten durch den Pollenschlauch zum Eikern.
Die zunächst kleine, von locker schaumigem Protoplasma erfüllte Zentralzelle wächst nun rapide heran. Ihrer Ernährung dienen benachbarte Zellen des Megaprothalliums, die sich zur auffälligen, großkernigen Deckschicht differenzieren (Abb. 94 G). Schließlich entwickelt sich die Zentralzelle zu einem mächtigen, von dichtem Protoplasma gefüllten ovalen Gebilde. Ihre zahlreichen kleineren und größeren Vakuolen füllen sich mit stark färbbaren Reservestoffen (Eiweißvakuolen), die nicht mit kernähnlichen Körpern verwechselt werden dürfen. Der relativ zum Zellvolumen noch kleine Kern bleibt stets am äußersten, mikropylar gerichteten Ende liegen (Abb. 96 B). Am Schluß dieses Entwicklungsabschnittes gliedert die Zentralzelle die kleine Bauchkanalzelle nach außen ab und wird dadurch zur Eizelle (Abb. 96 C-F). Damit ist das Archegonium aufgebaut. Es besteht aus dem Archegoniumhals, der von den Halswandzellen (bis acht) repräsentiert wird, aus der Bauchkanalzelle und der Eizelle. Es ist gegenüber dem kompletten Archegonium der Pteridophyten zwar reduziert, aber doch noch deutlich als solches zu erkennen.
Die Bauchkanalzelle degeneriert meist kurz nachdem sie entstanden ist. Währenddessen wandert der Eizellkern zur Mitte der Eizelle hin. Er umhüllt sich mit strahlig fibrillärem Zytoplasma und wächst rasch heran. Damit ist die Eizelle befruchtungsreif (Abb. 96 H).

Befruchtung, Entwicklung der Proembryonen

Entsprechende Schnittserien durchmustern, geeignete mediane Schnitte durch die Eizelle bzw. Zygote aussuchen und beobachten. In Mikrotomschnitten ist das gesamte Geschehen während und nach der Befruchtung nur zu überschauen, wenn man in lückenlosen Schnittserien die Bilder nebeneinander liegender Schnitte kombiniert, denn alle wesentlichen Elemente sind höchst selten in einem einzigen Schnitt getroffen. Nach b) präparierte Objekte bringen hier Vorteile.
Die Befruchtung erfolgt kurz nachdem die Bauchkanalzelle abgegliedert wurde und mehr als ein Jahr nach der Bestäubung. Der Befruchtungsvorgang und die Entwicklung der Zygote zu den Proembryonen sind im Schema auf S. 250 und in den Abbildungen 96–98 dargestellt.

Folgende Besonderheiten seien hervorgehoben:

Es lohnt sich oft, den Pollenschlauch nach weiteren Entwicklungsstadien des männlichen Gametophyten zu durchsuchen. Um sie gut darzustellen, müßte während des Färbe-

Abb. 96. *Pinus mugo.* Entwicklung der Zentralzelle bis zur Befruchtung der Eizelle. **A**: Medianer Längsschnitt durch den mikropylaren Pol einer vorjährigen Samenanlage, Übersicht. Innerhalb des Integumentes der Nucellus; an seiner Spitze durch den vordringenden Pollenschlauch lytisch verändertes Gewebe. An der Basis wird der Nucellus vom wachsenden Megaprothallium verdrängt. Im Megaprothallium 2 große Zentralzellen mit zahlreichen Vakuolen. 35 : 1. **B**: Vollentwickelte Zentralzelle, die meisten Vakuolen bereits mit Reserveeiweiß gefüllt. Der Zellkern kurz vor Abgliederung der Bauchkanalzelle am äußersten, mikropylar gelegenen Pol, darüber 4 Halswandzellen. An die Zentralzelle grenzendes Gewebe des Prothalliums zur großkernigen Deckschicht differenziert. **C-F**: Abgliederung der Bauchkanalzelle. Von den zunächst gleich erscheinenden Tochterkernen wächst der Eizellkern bedeutend heran und wandert zum Zentrum der Eizelle, die Bauchkanalzelle und ihr Kern degenerieren. **H**: Befruchtungsreife Eizelle. **I**: Eizelle während der Befruchtung. Prothalliumgewebe oben vom Pollenschlauch durchbrochen. Kern der Eizelle angeschwollen und färberisch verändert, der fertile Spermakern sitzt ihm als stark gefärbte Kappe auf. Im oberen Pol der Eizelle der aufgequollene sterile Spermakern und »Befruchtungsvakuolen«. **K**: Eizelle während der Kernverschmelzung. Die Grenzen zwischen weiblichem und männlichem Kern verschwimmen, Ausbildung von Prophasechromosomen. Über den verschmelzenden Kernen der große sterile Spermakern, am Pol der Eizelle der hellbehöfte Kern der Stielzelle, links davon der degenerierende Pollenschlauchkern, die alle mit in die Eizelle eingedrungen sind. B-K 140 : 1. Mikrotomschnitte, gefärbt mit Eisenhämatoxylin nach Heidenhain.

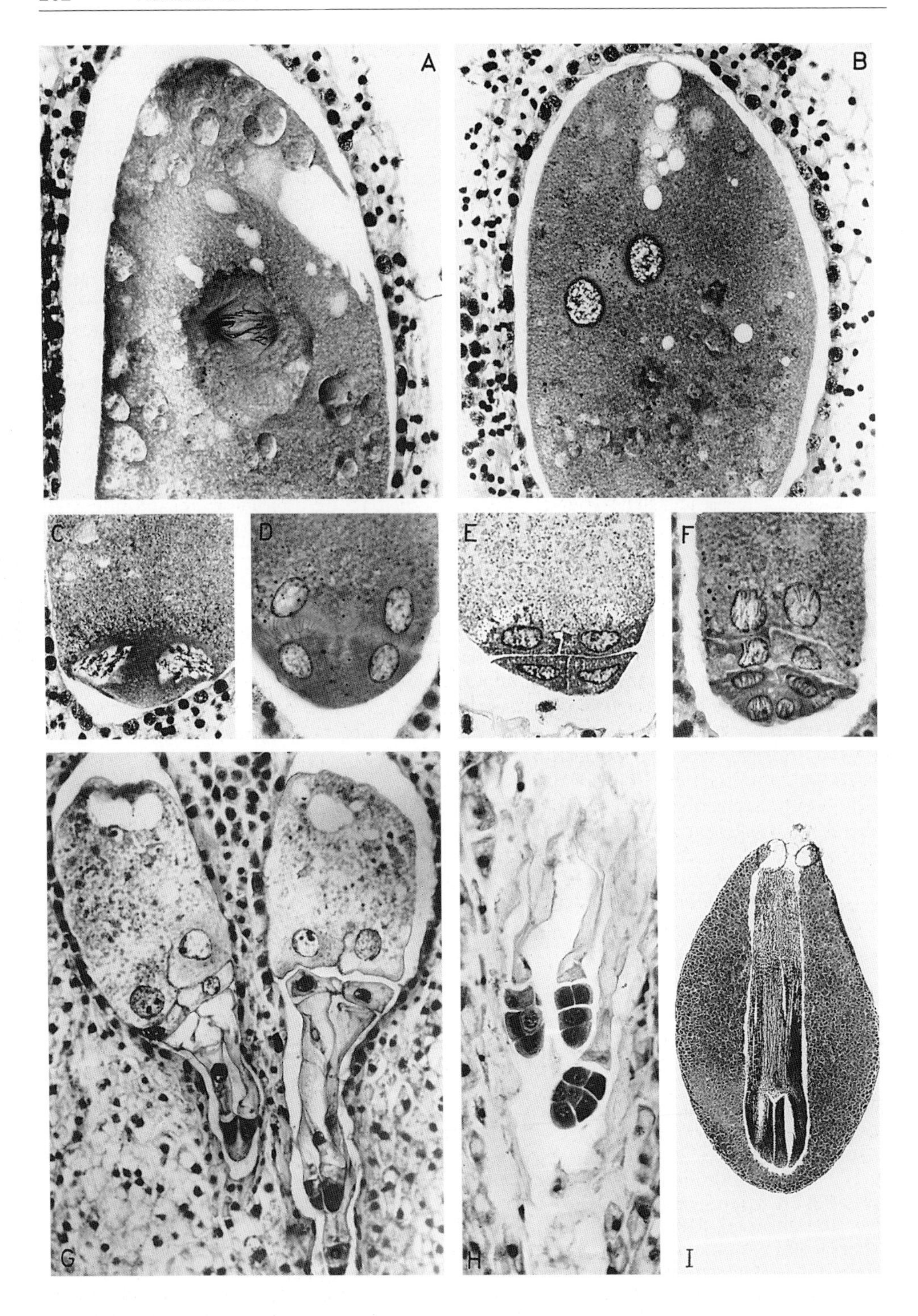
A
B
C
D
E
F
G
H
I

prozesses der Mikrotomschnitte allerdings länger differenziert werden, als es für eine gute Präparation des Archegoniums erforderlich ist. Ein Pollenschlauch befruchtet stets nur eine Eizelle. An der Spitze des Pollenschlauches befindet sich der Pollenschlauchkern (= Kern der vegetativen Zelle). Der in der Nähe liegende Kern der Stielzelle ist kleiner. Die beiden Spermakerne sind ungleich groß. Der größere vollzieht die Befruchtung, indem er mit dem Eizellkern verschmilzt. Oft befinden sich alle vier Kerne während der Befruchtung in der Eizelle. Vom befruchtenden Spermakern abgesehen dringt der kleinere Spermakern am weitesten vor (Abb. 96 K). Während ihres Weges in der Eizelle schwellen die Spermakerne beträchtlich an (Abb. 96 I, K).
Zum Zeitpunkt der Befruchtung bildet sich an der Spitze der Eizelle eine Empfängnisvakuole. Wie tiefgreifend der Befruchtungsprozeß die Zytophysiologie der Eizelle beeinflußt, zeigt sich am interessanten färberischen Verhalten ihres Zytoplasmas, das sich zu diesem Zeitpunkt stark verändert. Das wird besonders in Schnitten deutlich, in denen eine befruchtete und eine unbefruchtete Eizelle nebeneinander liegen und trotz identischer Präparation in Farbton und -intensität sehr voneinander abweichen. Bei den beiden ersten Embryonalteilungen auf die »intranukleäre Spindel« achten (Abb. 97 A)!
Die ersten embryonalen Teilungsschritte in der Zygote verlaufen als freie Kernteilungen. Nachdem sich die Kerne basal in zwei Etagen zu je vier angeordnet haben, sind sie vorerst durch faserige plasmatische Bildungen voneinander getrennt (Pseudowände). Die echten Zellwände werden erst danach eingezogen, wobei die obere Etage zum Zygotenrest hin offen bleibt (Abb. 97 D, E).
Nur die ersten Stadien der Suspensorstreckung sind in Mikrotomschnitten gut überschaubar, da die Suspensorzellen nicht geradlinig in das Gewebe des Megaprothalliums hineinwachsen, sondern sich in verschiedenen Ebenen hin und her winden. Lediglich die vier embryonalen Zellkomplexe an ihrer Spitze bleiben in der Regel nahe beieinander und sind auch in Mikrotomschnitten leicht aufzufinden. Lytisch verändertes Gewebe des Megaprothalliums (jetzt primäres – haploides – Endosperm!) in der nächsten Umgebung der embryonalen Zellgruppen beachten! Auf diese Weise wird es dem Suspensor mechanisch möglich, die embryonalen Zellgruppen in die Tiefe des Endospermgewebes hineinzudrücken (Abb. 97 G). Bei Objekten, die nach b) präpariert wurden, läßt sich das Suspensorwachstum besser beobachten (schwache Objektive, schiefe Beleuchtung, vgl. Reg. 109).
Beim Studium des Samens nicht außer acht lassen, daß die aus dem Integument entwickelte Samenschale bei der Präparation entfernt wurde.
Nach dem Studium des gesamten verfügbaren Materials sollten bei Mikrotomschnitten die interessanten Einzelschnitte der Serie auf dem Deckglas mit Tusche durch einen Punkt oder besser durch ein den Schnitt einrahmendes Rechteck gekennzeichnet werden. Präparate gründlich beschriften (Reg. 13).

Abb. 97. *Pinus mugo.* Entwicklung der Zygote zum Proembryo. **A**: Erste Embryonalteilung der Zygote mit intranukleärer Spindel, Chromosomen in Anaphase. **B**: Proembryo mit 4 freien Kernen (2 außerhalb der Schnittebene); am oberen Pol Befruchtungsvakuolen. **C**: Basaler Pol des Proembryos. 4 Kerne in verdichtetem Zytoplasma (2 außerhalb der Schnittebene). **D**: Basaler Teil des Proembryos im 8kernigen Zustand (4 Kerne außerhalb der Schnittebene). Zwischen den Kernen faserige »Pseudowände«. **E**: wie D nach Einzug der Zellwände; die obere Zelletage bleibt nach oben hin offen. **F**: 16kerniger Zustand des Proembryos (8 Kerne außerhalb der Schnittebene). Die Kerne liegen zu je 4 in 4 Etagen. Von oben nach unten: Basalzellen (nach oben offen), Rosette, primäre Suspensorzellen, Embryoinitialen. A-F 140 : 1. **G**: 2 Proembryonen während der Streckung des Suspensors. Basalzellen und Rosette gegenüber F kaum verändert. Proembryo links mit gestreckten, aber noch primären Suspensorzellen (im Schnitt sind nur 2 erfaßt), die die dunkel gefärbten Embryoinitialen an ihrer Spitze tiefer in das Prothalliumgewebe versenken (primäres Endosperm). Rechter Proembryo bereits mit Suspensorzellen zweiter Ordnung (die kürzeren Suspensoren vorn liegend) und dritter Ordnung längs geteilt (der längere Suspensor, hinten liegend); 100 : 1. **H**: Gruppe junger Embryonen in lytisch verändertem Prothalliumgewebe. Embryo rechts unten mit deutlicher Scheitelzelle; 140 : 1. **I**: Medianer Längsschnitt durch reifen Samen (Testa entfernt!), Embryo mit Radicula (oben), Hypokotyl und 4 im Schnitt getroffenen Kotyledonen (unten) im primären Endosperm eingebettet; 12 : 1. A-I Mikrotomschnitte, gefärbt mit Eisenhämatoxylin nach Heidenhain.

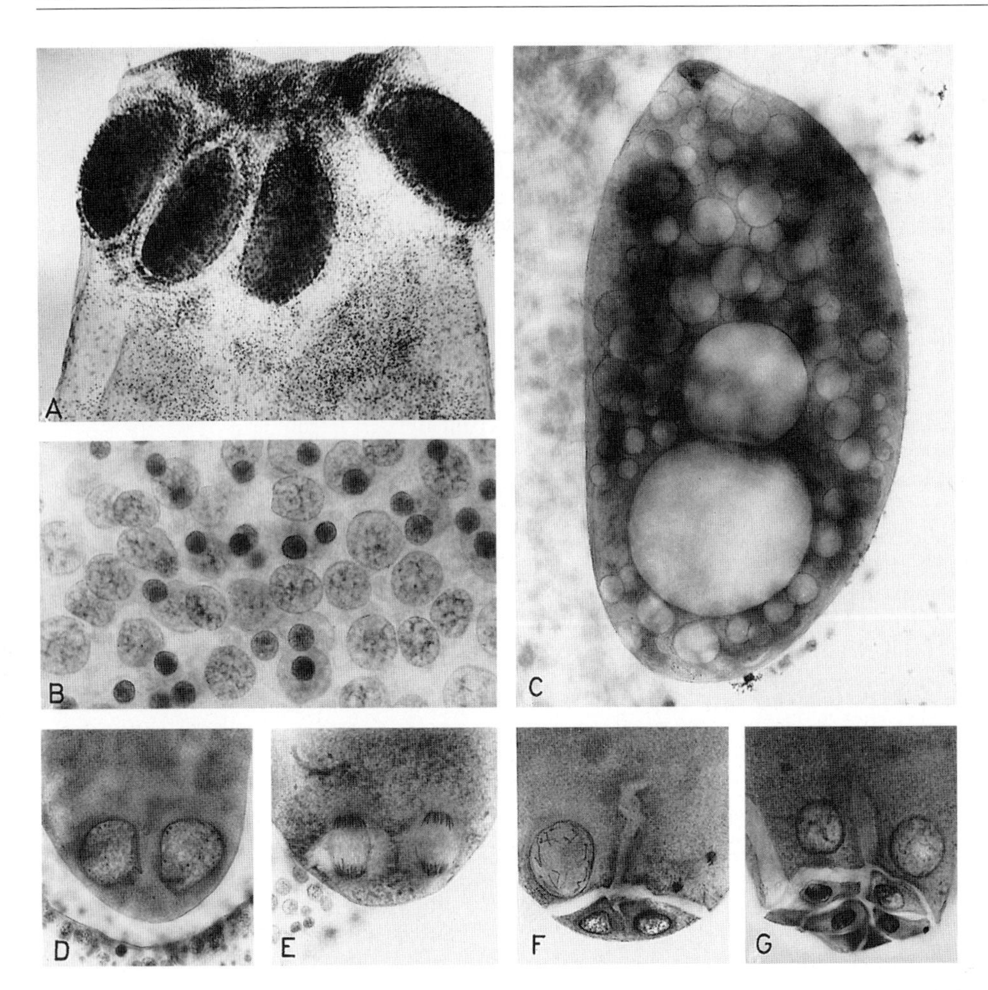

Abb. 98. *Pinus mugo.* Einige embryonale Entwicklungsstadien in den Samenanlagen nach hämalaungefärbten Quetschpräparaten (Präparation nach Variante b, S. 255). **A**: Zur Mikropyle weisender Abschnitt des Megaprothalliums mit 4 sich entwickelnden Archegonien, Übersicht; 45 : 1. **B**: Aufsicht auf die Gewebe des weiblichen Gametophyten im Bereich der Archegonien. Große Kerne der stoffwechselaktiven Zellen der Deckschicht; kleine dichtere Kerne der Masse der Zellen des Megaprothalliums; 450 : 1. **C**: Zentralzelle (wie Abb. 96B) mit zahlreichen großen und kleinen Vakuolen, am äußersten Zellpol oben ihr Kern. **D**: 4 freie Kerne an der Basis des Proembryos (wie Abb. 97C), 2 davon außerhalb des Schärfentiefebereichs des Objektivs. **E**: Synchrone Anaphase beim Übergang vom 4- zum 8-Kern-Stadium des Proembryos, 2 Mitosefiguren außerhalb der Schärfentiefe. **F**: Embryonalmitose nach der Zellwandbildung, oben links Prophase, oben rechts Telophase. **G**: 16zelliger Proembryo (wie in Abb. 97F), fehlende Zellen außerhalb der Schärfentiefe des Objektivs; C-G 180 : 1.

Weitere Beobachtungen: Die lytischen Prozesse im Endosperm erlauben es, heranwachsende Embryonen mit Hilfe von Präpariernadeln und Lupe oder Stereomikroskop aus dem Megaprothallium frei- und herauszupräparieren. Die einzelnen Differenzierungsschritte des Suspensors und der embryonalen Zellgruppe sind ausgezeichnet zu verfolgen (Karminessigsäurefärbung). Querschnitte durch die der Mikropylarzone abgewandte Basis des reifen Samens zeigen die Anzahl der Kotyledonen.
In Mikrotomschnitten durch sehr junge Samenanlagen vor oder zur Zeit der Bestäubung sind zahlreiche gut zu beobachtende Kernteilungsfiguren zu finden Die Chromosomen sind groß, und mit Immersionsobjektiven kann der Ablauf der Mitose verfolgt werden.

Fehlermöglichkeiten: Mikrotomschnittserien, die man nicht selbst hergestellt hat, ist nicht immer anzusehen, ob sie lückenlos alle erforderlichen Schnitte enthalten. In solchen Fällen können bestimmte Objektdetails fehlen, die in benachbarten Schnitten aufeinander folgen müßten.

Weitere Objekte:

Pinus nigra Arnold (Pinaceae), Schwarzkiefer, weibliche Zapfen.
Picea abies (L.) Karsten (Pinaceae), Gemeine Fichte, Stäubungszeit Mitte April bis Anfang Mai. Befruchtung schon etwa sechs Wochen später im gleichen Jahr! Samenreife im Oktober. Material von Mitte April alle 6 bis 7 Tage bis Ende Juni ernten. Jeder Proembryo bildet nur einen Suspensor mit einer embryonalen Zellgruppe aus.

4.2. Fortpflanzung der Magnoliophytina (Angiospermen, Bedecktsamer) – Theoretischer Teil –

einfache Infloreszenzen

Traube Ähre Kolben Dolde Köpfchen

zusammengesetzte Infloreszenzen

Traube Rispe Doppeldolde

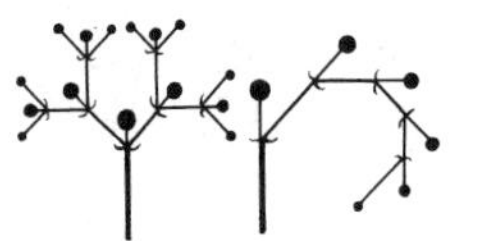

Dichasium Monochasium (Sichel)

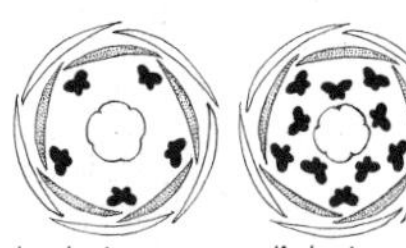

haplostemon diplostemon

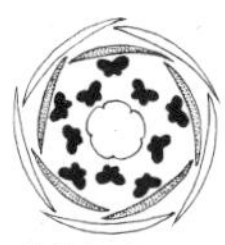

obdiplostemon

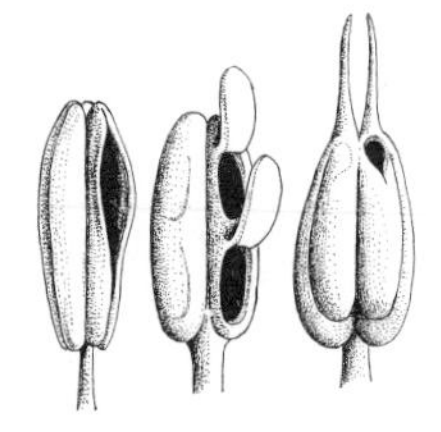

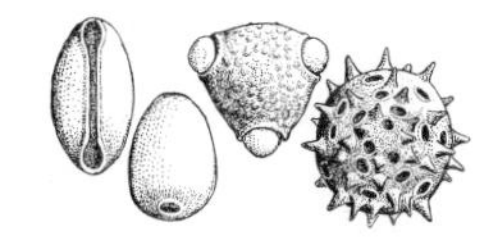

Morphologisch und anatomisch sind die Angiospermen die am vielfältigsten differenzierte Pflanzengruppe mit der höchsten Artenzahl (etwa 225 000). Sie bilden die Hauptmasse der über die Erde verbreiteten Landvegetation, und zu ihr gehören nahezu alle Kulturpflanzen.
Die Blüten stehen meist zu mehreren in Blütenständen zusammen. Unterdrückung der Blätter und Vielfalt der Verzweigungsformen sind typische Kennzeichen des sie tragenden Sproßsystems. Auch die einzelne Blüte entspricht einem Sproß (oder Sproßsystem), aber einzelne Blütenteile sind so tiefgreifend umgewandelt, daß ihre stammesgeschichtliche Zuordnung mit Unsicherheiten belastet ist. Daher gibt es für die Angiospermen vielfach eine besondere Nomenklatur.
Der Grundtyp der Angiospermenblüte ist zwittrig. Aufbau und embryologische Entwicklung sind durch die folgenden Besonderheiten ausgezeichnet:

1. Jede Blüte besteht aus schraubig oder meist in mehreren Wirteln angeordneten freien oder miteinander verwachsenen Blättern, die in zahlreichen Symmetrievarianten an einer Achse (gestauchter Sproßabschnitt) angeordnet sind.
2. Die äußeren Blätter bilden das **Perianth** (Blütenhülle). Sie schützen die inneren Blütenteile und sind bei zoidiogamen Formen zum Anlocken bestäubender Tiere in besonderer Weise ausgestaltet (Farbe, Größe, Form). Sind alle Perianthblätter gleich, ist die Blütenhülle ein **Perigon**, ihre Glieder heißen **Tepalen.** Meist ist die Blütenhülle aus äußeren unscheinbaren grünen **Sepalen** (Kelchblätter) und nach innen folgend aus auffällig gefärbten **Petalen** (Kronblätter) zusammengesetzt. Das Perianth wird stammesgeschichtlich aus Hochblättern (→ meist Kelchblätter) oder aus Staubblättern (→meist Kronblätter) abgeleitet.
3. Nach innen folgen die **Mikrosporophylle** (Staubblätter). Ihre Gesamtheit bildet das **Androeceum.** Jedes Staubblatt besteht aus einem **Filament** (Staubfaden) und einer **Anthere.** Das Filament setzt sich als Konnektiv (steriles Mittelstück) in der Anthere fort und bildet ihre Achse. Beiderseits des Konnektivs sitzen zwei **Theken** mit je zwei Pollensäcken. Die Staubblätter entsprechen Mikrosporophyllen mit vier Sporangien. Die Sporangienwand ist mindestens vierschichtig: Epidermis, Faserschicht, Zwischenschicht(en), Tapetum (vgl. eusporangiate Farne!). Aus den im Inneren des Sporangiums liegenden Zellen des Archespors gehen nach der Meiose die **Mikrosporen** hervor (Wandbildung vgl. S. 303). Die Mikrosporen entwickeln sich zu Pollen. Schon in den Sporangien erfolgt die erste Pollenmitose zu einer größeren **vegetativen Zelle** und zu einer kleineren linsenförmigen **antheridialen** (generativen) **Zelle,** die zunächst der Pollenwand anliegt und sich später frei im Zytoplasma der vegetativen Zelle befindet. Die Pollenwand differenziert sich in **Exine** (außen) und **Intine** (innen). Die Exine ist äußerst widerstandsfähig und vielgestaltig in ihrer Oberflächenstruktur (Stacheln, Leisten, Waben, Poren mit Deckeln. Pollenanalyse). Beim Austrocknen falten sich dünnere Bezirke der Exine ein (bei Liliopsida und Magnoliopsida monosulcat, d.h. mit einer Keimfurche, bei Rosopsida mit drei Keimfurchen, tricolpat). In diesem Reifezustand erfolgt in der Regel die Bestäubung. Nach dem Öffnen der Pollensäcke wird der Pollen durch den Wind (staubförmiger Pollen) oder aber durch Insekten oder andere Tiere (Pollen durch Kitt krümelig verklebt) auf die Narbe übertragen. Die Intine der vegetativen Zelle wächst an den durch dünne Wandbezirke der Exine vorgezeichneten Stellen zum **Pollenschlauch** aus, der das Narbengewebe durchdringt. Indessen teilt sich die generative Zelle

in der zweiten Pollenmitose zu den beiden wandlosen **Spermazellen,** die später die Befruchtung vollziehen.
Der **Mikrogametophyt** der Angiospermen ist so stark reduziert, daß er kaum als solcher zu erkennen ist. Prothalliumzellen fehlen, lediglich die generative Zelle kann als Rest eines Antheridiums aufgefaßt werden.
4. Die innersten Blätter sind die **Megasporophylle** (Fruchtblätter, Karpelle). Ihre Gesamtheit bildet das **Gynoeceum** der Blüte. Die Karpelle sind immer zu geschlossenen Fruchtknoten verwachsen, in deren geschütztem Inneren die Samenanlagen liegen. Die Fruchtknoten tragen apikal meist Griffel und Narben, die der Aufnahme und Keimung der Pollen und der Leitung und Ernährung der Pollenschläuche dienen. Karpelle und Samenanlagen fügen sich in vielfältigen Varianten zum Fruchtknoten zusammen. Nach dem Grade der Verwachsung mehrerer Karpelle untereinander sind **apokarpe** und **coenokarpe** Fruchtknoten zu unterscheiden. Varianten des coenokarpen Typs sind **synkarpe** und **parakarpe** Verwachsung. Durch »nachträglichen« Einzug sogenannter unechter Scheidewände kommt es zum Aufbau gefächerter parakarper Fruchtknoten (s. Randschema).

Fruchtknotentypen nach Varianten der Verwachsung der Karpelle untereinander

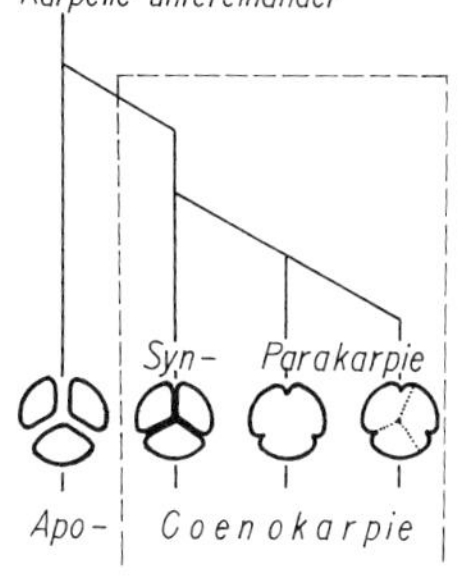

Habitusvarianten

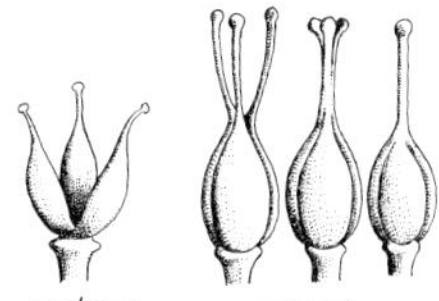

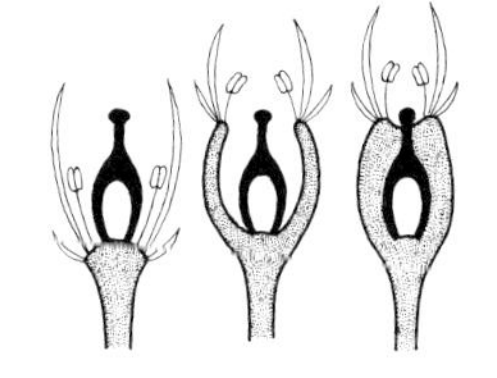

Die Fruchtblätter entwickeln sich an der Blütenachse zuletzt und stehen folglich über den übrigen Blättern der Blüte (Fruchtknoten oberständig, Perianth hypogyn). Die Achse überwächst jedoch den Fruchtknoten oft und hebt die Blütenhülle und die Staubblätter über ihn hinaus (Fruchtknoten mittelständig, Perianth perigyn). Wenn das Achsengewebe in diesem Fall mit den Karpellen verwächst, ist der Fruchtknoten unterständig und das Perianth epigyn (Maskierung apokarper Fruchtknoten!).
Als Folge der verschiedenartigen Verwachsungsmöglichkeiten der Karpelle untereinander ergeben sich Varianten im Sitz der Samenanlagen. Die Samenanlagen entwickeln sich meist auf Wucherungen am Karpellrand (Placenta). Sie sind dann **marginal** inseriert. **Laminale** Insertion (auf der Fruchtblattspreite) ist seltener. Sitzen die Samenanlagen der Fruchtknotenwand an und weisen ins Innere des Fruchtknotens (z. B. bei Parakarpie), handelt es sich um **parietale** Placentation. Bei synkarpen Fruchtknoten liegen die marginalen Placenten in der Mitte; das führt zu zentralwinkelständiger Placentation, die Samenanlagen weisen dann nach außen. Wenn aber die sogenannten Querzonen peltat angelegter Karpelle in geeigneter Weise verwachsen, kann im Zentrum auch parakarper Fruchtknoten eine vertikale Mittelsäule entstehen, die die Samenanlagen trägt (freie zentrale Placentation).

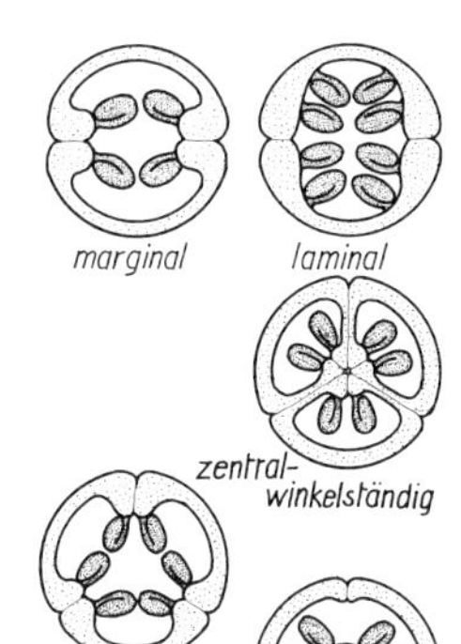

Die Samenanlagen selbst sind je nach ihrer Stellung zum **Funiculus** – dem Stielchen, mit dem sie der Placenta angeheftet sind – **atrop, anatrop** oder **campylotrop** (vgl. Randschema).
Der **Nucellus** wird meist von zwei **Integumenten** umhüllt, die durch Verwachsung oder Verlust auf eins reduziert sein können. Im Nucellus liegt subepidermal – oder von einer subepidermalen Zelle herstammend weiter innen – die **Megasporenmutterzelle** (Embryosackmutterzelle), die bald die **Meiose** durchläuft. Danach entwickelt sich die der Mikropyle abgewandte, nun haploide Tetradenzelle **(Megaspore)** in drei mitotischen Schritten zu einer achtkernigen Zelle, die sich zum **Megagametophyten** (Embryosack) formiert: Drei mikropylar gelegene Kerne werden von Zytoplasma umhüllt und durch Zellwände gegeneinander abgegrenzt. So entstehen zwei **Synergiden** und eine **Eizelle**, die zusammen den Eiapparat bilden. Auf die gleiche Weise differenzieren sich am Gegenpol des Embryosackes die drei **Antipodenzellen** aus. Die restlichen beiden sogenannten **Polkerne** verschmelzen in der Mitte des Embryosackes zum **diploiden** sog. sekundären Embryosackkern. In diesem Zustand ist der weibliche Gametophyt befruchtungsreif.
Neben dem normalen Ablauf der Entwicklung gibt es mehrere abgeleitete Differenzierungsformen: Die Anzahl der Kernteilungen im Embryosack ist verringert, Kerne verschmelzen, zwei oder alle vier meiotischen Megasporenkerne werden in den Aufbau des Embryosackes einbezogen.

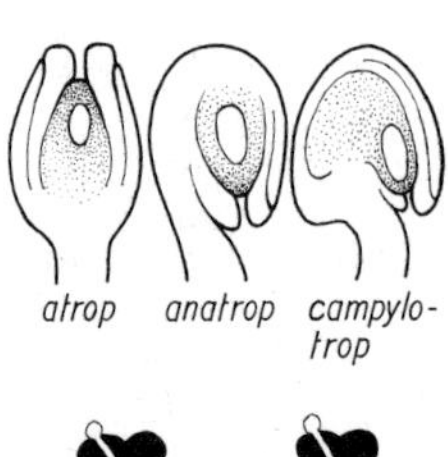

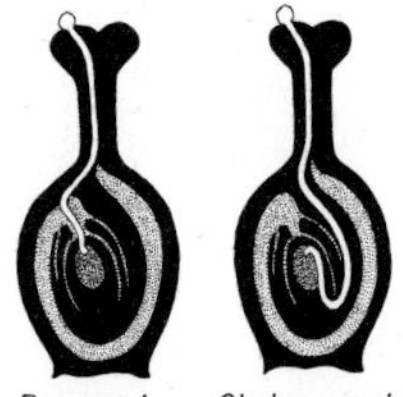

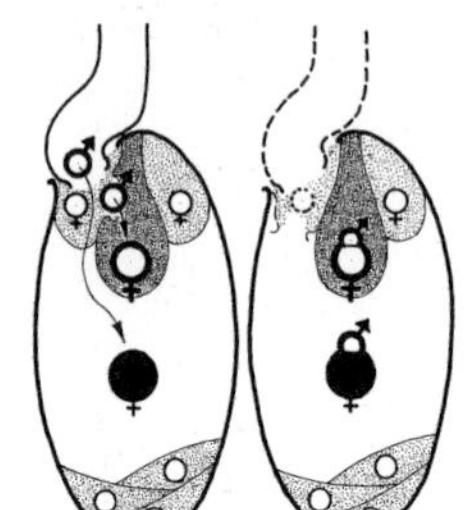

Wie bei den Samenanlagen der Gymnospermen entspricht der Nucellus der Angiospermen einem eusporangiaten Sporangium. Der Megagametophyt ist jedoch vergleichsweise so stark reduziert, daß es größte Schwierigkeiten macht, Homologien abzuleiten.

5. Das Wachstum des Pollenschlauches durch das Narben-, Griffel- und Nucellusgewebe bereitet die **Befruchtung** vor. Die Spitze des Pollenschlauches dringt porogam oder aporogam (z. B. chalazogam) zum Embryosack vor (vgl. Randschema). Sobald sie den Eiapparat erreicht hat, entläßt sie eine der Spermazellen in eine Synergide (nie direkt in die Eizelle!). Von hier aus dringt die Spermazelle in die Eizelle ein und vollzieht die Befruchtung. Der Kern der zweiten Spermazelle vereinigt sich mit dem sekundären Embryosackkern zum nun triploiden **sekundären Endospermkern.** Bei den Angiospermen haben also beide Spermazellen befruchtende Funktionen. Das Ergebnis der doppelten Befruchtung ist die diploide Zygote, die sich zum Embryo entwickelt, und der triploide Endospermkern in der Restzelle des Embryosackes als Initiale für die Bildung des sekundären Endosperms. Dieses für Angiospermen typische Nährgewebe entsteht also nur im Zusammenhang mit der Befruchtung (vgl. dagegen Gymnospermen!).

6. Die Befruchtung gibt den Anstoß zu vier parallel ablaufenden Entwicklungsprozessen:

a) Aus der Zygote entwickelt sich der Embryo.
b) Das Endosperm baut sich auf.
c) Die Integumente differenzieren sich zur Samenschale. Durch diese Vorgänge wird aus der Samenanlage der Samen.
d) Als Gehäuse, in dem der Samen sitzt, bildet sich die Frucht, in der Regel aus den Fruchtblättern.

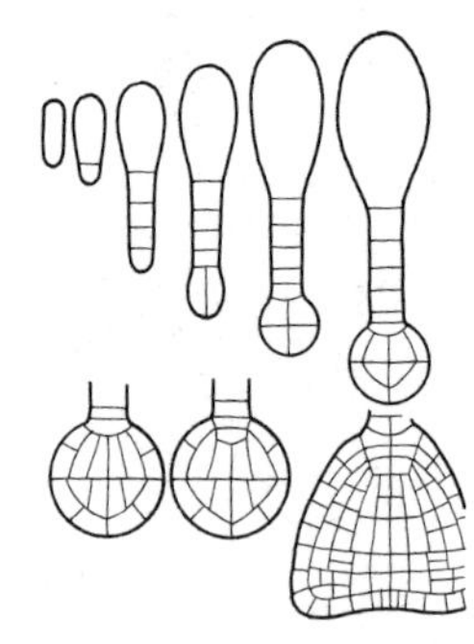

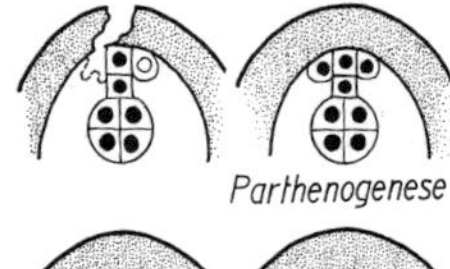

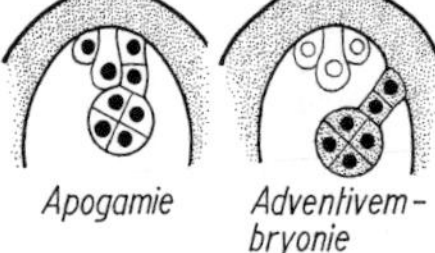

Die **Zygote** durchläuft eine Anzahl von Mitosen, deren Ergebnis zunächst eine Zellreihe ist. Der mikropylare Abschnitt stellt den **Suspensor** dar, der die äußerste Zelle dieser Reihe, die in Richtung der Chalaza liegt, in die Tiefe des Embryosackes vorschiebt. Diese Zelle ist die **Embryoinitiale,** das ganze Gebilde ist der **Proembryo**. Meist entwickelt sich nur die Embryoinitiale durch lebhafte Teilungstätigkeit zum eigentlichen **Embryo,** bei dem sich schließlich die mikropylar weisende **Radicula** (Wurzelanlage), das **Hypokotyl,** die **Kotyledonen** (Keimblätter, bei Dicotylen zwei, bei Monocotylen eins) und die **Plumula** (Sproßvegetationspunkt) herausdifferenzieren.

Der Aufbau des Embryos wird bei manchen Angiospermensippen sehr frühzeitig abgebrochen, so daß die Samen nur kleine, wenig gegliederte Embryonen enthalten; in anderen Sippen wird der Samen erst reif, wenn der vielzellige Embryo schon fast den ganzen Samen ausfüllt. Embryonen können sich auch ohne Befruchtung entwickeln **(Apomixis)**:

Parthenogenese liegt vor, wenn der Embryo aus einer unbefruchteten Eizelle hervorgeht. Diese kann dabei haploid sein oder auch diploid, wenn die Meiose unterblieb (Apomeiose) oder wenn sie in einem Embryosack liegt, der sich aus irgendeiner diploiden Zelle der Samenanlage (z. B. des Nucellus) entwickelte.

Apogamie liegt vor, wenn der Embryo ohne Befruchtung aus irgendeiner Zelle des Embryosackes (Synergiden, Antipoden), aber nicht aus der Eizelle entsteht.

Bei **Adventivembryonie** entsteht der Embryo direkt aus Zellen des Sporophyten (Nucellus, Integumente).

Meist schon vor der ersten Zygotenteilung beginnt die Bildung des **Endosperms.** Am häufigsten erfolgt sie nach dem **nukleären Typ.** Vom triploiden Endospermkern ausgehend, kommt es in rascher Folge zu freien mehr oder weniger zahlreichen Kernteilungen im zunächst wandständigen Protoplasma des Embryosackes, das eine schnell wachsende Vakuole umschließt. Erst später werden Zellwände eingezogen und der Binnenraum

des Embryosackes mit zelligem Gewebe ausgefüllt. Die Zellwände können sich auch sukzedan bilden **(zellulärer Typ)**, oder der Embryosack teilt sich in zwei Zellen, von denen die mikropylar gelegene in ihrer weiteren Entwicklung zunächst dem nukleären Modus folgt **(helobialer Typ).**
Den für die hohe Syntheseleistung erforderlichen Stofftransport besorgen oft sogenannte **Haustorien,** einzelne Zellen oder speziell gebildete zellige Fortsätze, die Kontakt mit den umliegenden Geweben (meist Nucellus) aufnehmen. Als Haustorien können z. B. die Synergiden, die Antipoden, der Suspensor oder Teile des Embryosackes selbst fungieren.
Das Endosperm dient der Ernährung des wachsenden Embryos. Es wird vom Embryo weitgehend aufgebraucht, der dann bis zur Samenreife seinerseits Speichergewebe ausbildet (meist in den Cotyledonen), oder der klein bleibende Embryo liegt zur Samenreife in zu Speichergewebe differenziertem Endosperm eingebettet. Auch der Nucellus kann Speicherfunktion übernehmen **(Perisperm).**
Gleichzeitig entwickelt sich die **Testa** (Samenschale) aus den Integumenten. Sie ist von einer Kutikula überzogen und übernimmt Schutzfunktion. Die Wände ihrer Zellen verkorken, oder sie differenzieren sich zu verschiedenartigen Formen von Sklerenchymzellen. Die Samenschale bildet oft Einrichtungen aus, die der Verbreitung der Samen dienen (Flügel, Haare, Schleim). Die Abbruchstelle vom Funiculus ist am reifen Samen äußerlich als Nabel (Hilum) sichtbar. Bei anatropen Samenanlagen bleibt eine Narbenlinie zurück (Raphe).
Parallel zum Samen reift auch die **Frucht**. Meist die Karpelle, oft auch andere Teile der Blüte (Achse, Perianth), werden umgestaltet, so daß sie die Samen umschließen und deren Verbreitung dienen oder Keimhilfe leisten. Die Fruchtwand **(Perikarp)** ist in der Regel dreischichtig; ein **Exokarp** (außen) und ein **Endokarp** (innen) begrenzen das dazwischen liegende, oft vielschichtige **Mesokarp.** Im Zusammenhang mit der verschiedenartigen Verbreitungsweise sind die Gewebe äußerst mannigfaltig ausgestaltet (z. B. Speicher- , Stein- , Schwimmgewebe; Öffnungs-, Klett-, Flugeinrichtungen). Die Vielfalt im Aufbau der Früchte in den einzelnen Pflanzensippen ist nahezu unübersehbar und wird in verschiedener Weise nach anatomischen und ökologischen Gesichtspunkten geordnet.

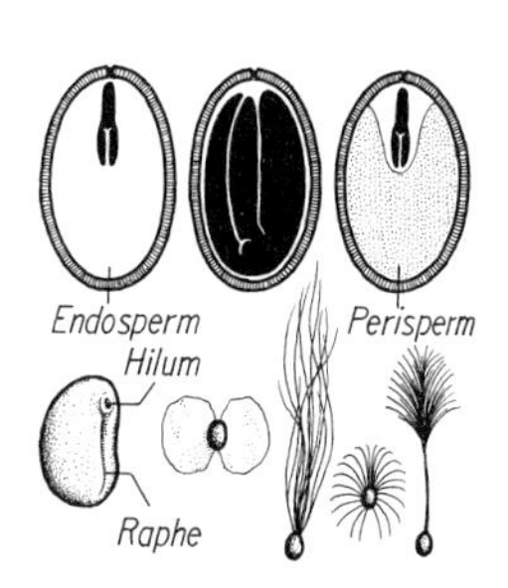

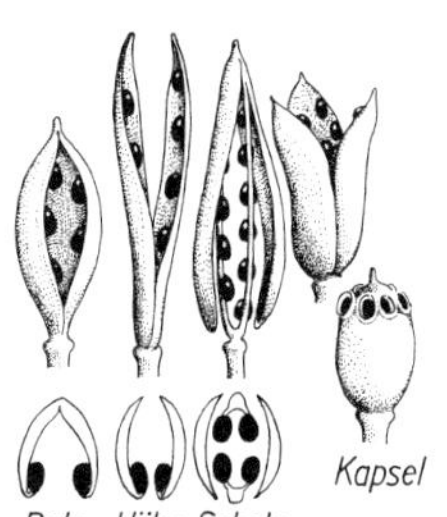

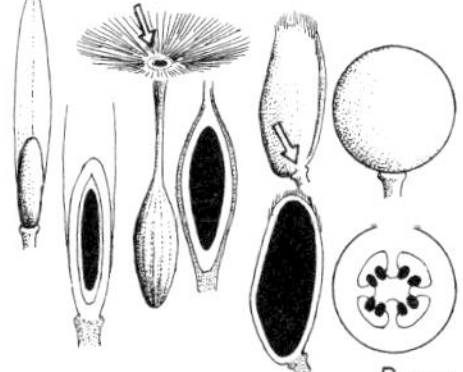

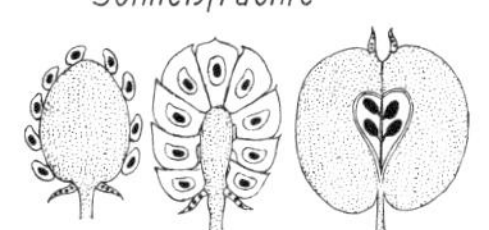

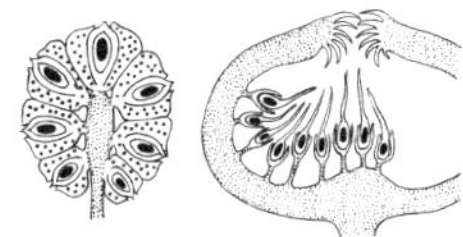

Wichtige Typen:

chorikarpe Früchte (gehen aus apokarpen = chorikarpen Fruchtknoten hervor)

jeder einzelne Fruchtknoten bildet eine Frucht: Einblattfrüchte, z. B. Hülsenfrüchte (Leguminosen), Einblatt-Balgfrüchte (Pfingstrose), -Beeren (Dattel), -Steinfrüchte (Kirsche), -Nußfrüchte (Hahnenfuß)
mehrere apokarpe Fruchtknoten verwachsen zu einer Frucht: Sammelfrüchte, z. B. Sammel-Balgfrüchte *(Spiraea)*, -Nußfrüchte (Erdbeere), -Steinfrüchte (Himbeere)

coenokarpe Früchte (gehen aus coenokarpen Fruchtknoten hervor)
Samen ausstreuend: Streufrüchte, z. B. Kapseln (Mohn), Schoten (Raps)
Samen nicht ausstreuend: Saftfrüchte (Walnuß, Johannisbeere, Kürbis), Zerfallsfrüchte (Malve, Taubnessel),
Nußfrüchte (Buche, Hopfen)

Fruchtstände (phylogenetisch heterogene Fruchtformen, Früchte eines ganzen Blütenstandes dauernd miteinander verbunden)
z. B. Maulbeere, Ananas, Feige.

Im ganzen gesehen gibt es zwischen der Embryologie der Magnoliophytina (=Angiospermae) und den stammesgeschichtlich älteren Gruppen (Pteridophytina und Entwicklungsstufe der Gymnospermae: Ginkgophy-

tina, Cycadophytina, Coniferophytina, Gnetophytina) so viel Übereinstimmendes, daß die Kontinuität der Entwicklung als sicher gilt. Andererseits ergeben sich im einzelnen aber auch tiefgreifende Unterschiede (z. B. abweichende Ausbildung der Megagametophyten, doppelte Befruchtung und die erst durch sie ausgelöste Bildung des triploiden Endosperms bei den Angiospermen, aber auch abweichende doppelte Befruchtung bei den Gnetophytina), so daß genauere Ableitungslinien vorest nur als hypothetische Varianten angesehen werden können. Eine gesichertere Interpretation der abgelaufenen Prozesse erhofft man sich von den Ergebnissen derzeit weltweit angewandter molekularer Methoden in der Systematik.
Auch die weitere Gliederung der Angiospermen und die näheren Beziehungen zwischen den Monocotylen und Dicotylen erfuhren durch diese Methoden in Kombination mit morphologisch-palynologisch-phytochemischen Daten eine neue Sicht. Danach kann die bisherige Zweigliederung der Blütenpflanzen nicht mehr aufrecht erhalten werden; derzeit werden mindestens drei Klassen der Angiospermae (=Magnoliophytina) diskutiert (Magnoliopsida = Einfurchenpollen-Zweikeimblättrige, Rosopsida = Dreifurchenpollen-Zweikeimblättrige, Liliopsida = Monocotyledoneae, Einkeimblättrige).
Kaum noch Zweifel bestehen an einer monophyletischen, also gemeinsamen Abstammung aller angiospermen Blüten(= Frucht)pflanzen.

4.2. Fortpflanzung der Magnoliophytina (Angiospermen, Bedecktsamer) – Praktischer Teil –

Beobachtungsziel: Der Bau der Staubblätter

Objekt: *Lilium candidum* L. (Liliaceae), Weiße Lilie, Madonnen-Lilie.
Staubblätter aus jüngeren und älteren, noch geschlossenen Knospen. Frisch- oder Alkoholmaterial.

Präparation: Durch den mittleren Abschnitt der Antheren werden mit scharfer (!) Rasierklinge dünne Querschnitte senkrecht zur Längsachse der Antheren angefertigt, die dünnsten ausgewählt und in Wasser beobachtet. Frischmaterial vor dem Schneiden mit Wasser infiltrieren (Reg. 64).

Beobachtungen (Abb.99): Schon vor dem Schneiden über den Aufbau des intakten Staubblattes aus Filament und Anthere mit Konnektiv und zwei Theken mit je zwei Pollensäcken (Sporangien) orientieren. Mikoskopische Beobachtungen mit schwachem Objektiv an Schnitten durch jüngere Antheren beginnen.
Das Bild enstpricht etwa der Abbildung 99 A und zeigt die von einer mehrschichtigen Wand umschlossenen vier Sporangien. Sie werden durch das Konnektiv miteinander verbunden, in dessen Zentrum ein Leibündel verläuft.
Bei höherer Auflösung lassen sich in der Antherenwand mehrere definierte Zellschichten unterscheiden (Abb. 99 B). Außen liegt die Epidermis aus rundlichen, auswärts gewölbten Zellen. In jedem Querschnitt sind – für Blattepidermen typisch – Spaltöffnungsapparate zu finden. Unter der Epidermis liegt eine Schicht ziemlich großer Zellen, die sich später radial strecken und zur sogenannten Faserschicht differenzieren. Weiter innen folgen zwei bis drei Lagen tangential gestreckter flacher Zellen, die Zwischenschicht. Die Zellen der späteren Faserschicht und der Zwischenschicht sind mit vielen Stärkekörnern beladen. Die Zwischenschicht grenzt an die einschichtige Lage der Tapetumzellen, die an ihrem dichten Inhalt kenntlich sind und jedes Pollenfach rundum auskleiden. Im Zusammenhang mit der sekretorischen Funktion des Tapetums enthält jede Tapetumzelle in jungen Antheren einen auffallend großen Kern, in älteren Antheren jeweils zwei (polyploide) Kerne. Entsprechend der mehrschichtigen Wand sind die Mikrosporangien der Angiospermen dem eusporangiaten Typ zuzuordnen. Je nach dem Alter der geschnittenen Antheren ist das Lumen der Pollensäcke mit großkernigen sporogenen Zellen ausgefüllt, die noch im kompakten Gewebeverband oder schon vereinzelt vorliegen. Hat die Meiose schon stattgefunden, sind Mikrosporentetraden oder lose Mikrosporen zu sehen.
In Schnitten durch ältere Antheren hat sich die Faserschicht auffällig verändert (Abb. 99 C). Die Zellen sind größer geworden, auf die Innenfläche ihrer Wände sind Verdickungsleisten aufgelagert. Diese verlaufen vorzugsweise in radialer Richtung, sind aber auch häufig schraubig gewunden und durch Anastomosen miteinander vernetzt. Bei sorgfältigem Beobachten (starkes Trockensystem, Fokussieren!) stellt sich heraus, daß die Leisten zur Peripherie des Sporangiums hin zart sind und oft in normale Wandstärke auslaufen, während sie zum Tapetum hin verstärkt, also etwa U-förmig gestaltet sind. Beim Austrocknen dieser Zellen wirkt ihre Gesamtheit als Kohäsionsmechanismus, der die Sporangienwand aus konvexer in konkave Form zieht (vgl. Anulus der Farnsporangien, Epidermis der Gymnospermenmikrosporangien). Richtet man das Augenmerk auf die Stelle, in der die beiden Sporangienaußenwände ein und derselben Theka mit ihrer inneren Scheidewand verbunden sind, fällt eine besondere Differenzierung auf (Abb. 99 D). Unter den hier besonders hohen Epidermiszellen endet die Faserschicht, und die Zwischenschicht ist zu wenigen sehr kleinen Zellen reduziert. An dieser »Perforationszone« reißt das Sporangium auf, wenn der Kohäsionszug nach der Pollenreife hinreichend kräftig geworden ist. In der

F

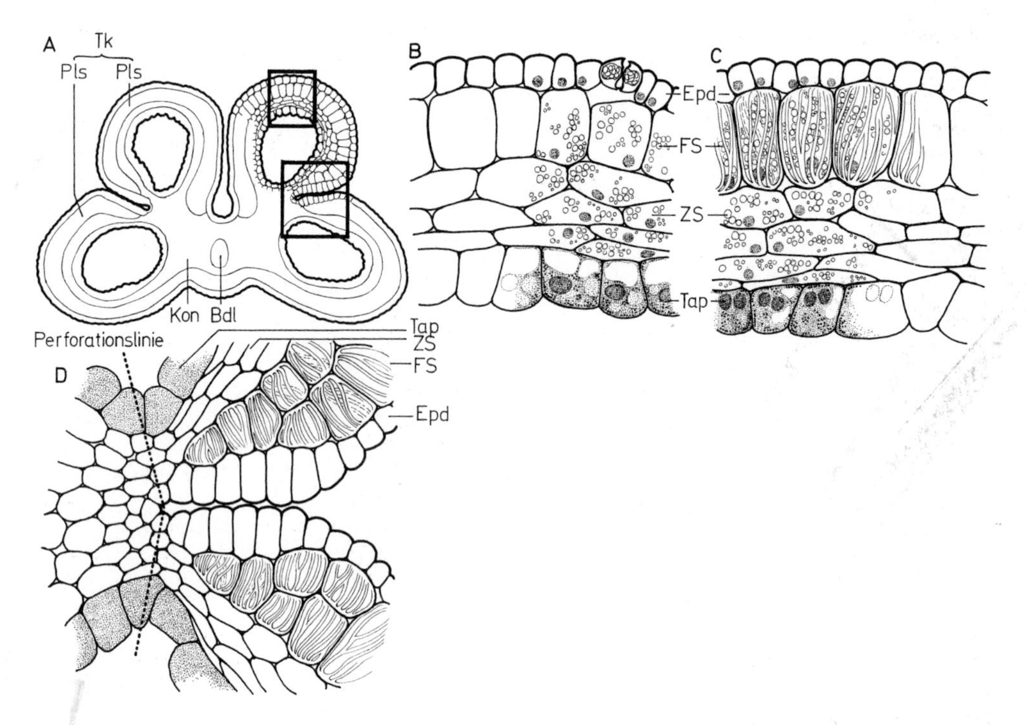

Abb. 99. *Lilium candidum.* Bau des Staubblattes. **A**: Querschnitt durch das Staubblatt, Übersicht. Je 2 Pollensäcke **Pls** bilden eine Theka **Tk**. Die Theken sind durch das Konnektiv **Kon** (mit dem Leitbündel **Bdl**) miteinander verbunden, 20:1. **B**: Querschnitt durch die Sporangienwand vor der Reife, Ausschnitt von A. **C**: wie B, kurz vor der Blütenentfaltung. **Epd** Epidermis, **FS** Faserschicht, **ZS** Zwischenschichten, **Tap** Tapetum. **D**: Querschnitt durch die Sporangienwand vor der Blütenentfaltung; Perforationszone, in der die Außenwände der beiden Sporangien einer Theka zusammentreffen; B-D 125 : 1.

Tat liefern Schnitte reiferer Antheren derartige Bilder, wenn die empfindliche Zone dem Druck der schneidenden Klinge nicht standhielt. Vom Tapetum finden sich später nur noch Reste. Die Zellwände haben sich lytisch geöffnet, der Zellinhalt ist in den Sporangienraum gedrungen und hat sich zwischen die lebhaft wachsenden Pollenkörner verteilt.

Weitere Objekte:

Hemerocallis fulva L. (Liliaceae), Rotgelbe Taglilie, Feuerlilie und andere, oft in Gärten kultivierte großblütige Lilienarten. *Hemerocallis*-Antheren frühzeitig öffnend und mit (im Tapetum erzeugtem) gelborange farbenem, öligem Sekret.
Tulipa gesneriana L. (Liliaceae), Gartentulpe. Präparation wie bei *Lilium candidum;* die Antheren sind sehr ähnlich denen von *Lilium* aufgebaut.

Beobachtungsziel: Der Pollen. Entwicklung des Mikrogametophyten

Objekte: *Allium schoenoprasum* L. (Liliaceae), Schnittlauch. Antheren aller Knospenstadien, die nach dem Öffnen der ersten Blüten einer Scheindolde im Blütenstand zu finden sind. Lebender Pollen aus eben geöffneten Antheren (Juni bis August).
Tulipa gesneriana L. (Liliaceae), Gartentulpe. Antheren aus noch fest geschlossenen Blüten (April, Mai).

Epilobium angustifolium L. (Oenotheraceae), Schmalblättriges Weidenröschen. Antheren kurz vor der Anthese, lebende blühende Pflanzen (Juli, August).
Althaea rosea (L.) Cav. (Malvaceae), Stockrose, Roter Eibisch, Gartenmalve. Narben, die zusammen mit den Staubblättern aus schon einige Tage geöffneten, bestäubten Blüten gelöst werden (Juni bis Oktober).
Pisum sativum L. (Fabaceae), Garten-Erbse. Lebender Pollen aus frisch geöffneten Blüten (Mai bis Juli).

Präparation: a) *Allium schoenoprasum:* Möglichst frühmorgens geerntete Knospen aller Reifestadien in Carnoyschem Gemisch fixieren, nach 2 bis 24 Stunden auswaschen (Reg. 42) und in 70%igen Alkohol überführen. So aufbewahren oder sofort weiterverarbeiten. Antheren aus verschieden alten Knospen in einem Tropfen Wasser herauspräparieren (Lupe) und im Blockschälchen in möglichst wenig destilliertem Wasser mit der Nadel Pollen herausquetschen. Antherengewebe aus der Pollensuspension herauslösen. Einen Teil der Pollensuspension im Blockschälchen mit drei Teilen Farblösung gut durchmischen. Farblösung: 1 Teil Stammlösung von Hämalaun nach Mayer (Reg. 55) auf 20 Teile konzentrierte, wäßrige, neutralisierte (!) Chloralhydratlösung (Reg. 17). Mit der Pipette einen kleinen Tropfen der den Pollen enthaltenden Farblösung auf Objektträger übertragen, mit großem Deckglas abdecken. Die präparierte Schicht muß dünn sein. Es dauert einige Minuten, bis die Pollenkörner durchgefärbt sind. Nach Umranden mit Lack oder Paraffin ist die Färbung lange haltbar.

b) *Tulipa gesneriana, Epilobium angustifolium, Althaea rosea:* Aus dem gesammelten, in Alkohol aufbewahrten Material (Frischmaterial in Carnoyschem Gemisch fixieren, Reg. 42) Pollen entnehmen und in Phenolglycerol (Reg. 100) beobachten. Auch bestäubte Narben von *Althaea* vereinzeln und in Phenolglycerol beobachten.

c) *Pisum sativum:* Deckgläser mit einem Film aus frisch angesetzter 2,5%iger Gelatine versehen, die 30% Saccharose enthält (verfestigte Gelatine in kleiner Portion auf Deckglas bringen, durch Auflegen des Deckglases auf eine Wärmequelle Gelatine verflüssigen und mit Nadel ausstreichen). Antheren aus eben geöffneten lebenden Blüten vorsichtig mehrmals auf Gelatinefilm auftupfen, der festhaftende Pollen darf nicht zu dicht liegen. Deckglas mit Schicht nach unten sinngemäß nach Reg. 96 zu feuchter Kammer montieren. Sofort bei schiefer Beleuchtung (Reg. 109) beobachten.

d) *Allium schoenoprasum:* Aus frisch geöffneten Antheren Pollen wie unter c) beschrieben in feuchter Kammer zum Keimen bringen (2,5%ige Gelatine mit 10% Saccharose). Mikroskopische Kontrolle, bis die Pollenschläuche nicht mehr weiterwachsen. Danach Deckglas ablösen, Gelatine 5 Minuten lang mit einigen Tropfen 96%igem Ethanol überschichten (Gelatine verfärbt sich weiß), Alkohol vorsichtig ablaufen lassen, dafür einen Tropfen der unter a) beschriebenen Farblösung aus Chloralhydrat und Hämalaun auftropfen und das Deckglas-Schicht nach unten – blasenfrei auf Objektträger legen (Reg. 1). Durchfärben der Pollenschläuche nach wenigen Minuten. Nach Umranden Färbung lange haltbar (Reg. 117).

Weitere Präparationsmöglichkeiten: *Epilobium angustifolium:* Frühmorgens alle bereits geöffneten Blüten der Traube einer lebenden Pflanze entfernen, den Rest des Blütenstandes in Folienbeutel einhüllen und so vor Bestäubung schützen. Von den Blüten, die sich am gleichen und nächsten Tag öffnen, Antheren mittels Schere entfernen (Proterandrie!) und wieder einbeuteln. Sobald sich die vier Lappen der Narben dieser Blüten spreizen, Narben sparsam mittels Pinsel mit Pollen benachbarter *Epilobium*-Pflanzen bestäuben und wieder einbeuteln. Diese Narben eine, zwei und vier Stunden nach der Bestäubung abschneiden und sofort in Carnoyschem Gemisch fixieren. Nach vier bis 24 Stunden auswaschen und zur Aufbewahrung in 70%iges Ethanol überführen. Zur weiteren Präparation Narben aus Alkohol für eine halbe Stunde in etwa 8 mol/l Natronlauge einlegen, mehrmals gründlich wässern (5 Minuten) und danach für eine bis fünf Stunden (oder bis einige Tage) in 0,1%ige wäßrige Lösung von Anilinblau wasserlöslich (Chinablau) überführen (Kallosefärbung). Überschüssige Farbe in destilliertem Wasser abspülen. Narben in Wasser oder reines (!) Glycerol einbetten, durch Nadeldruck auf

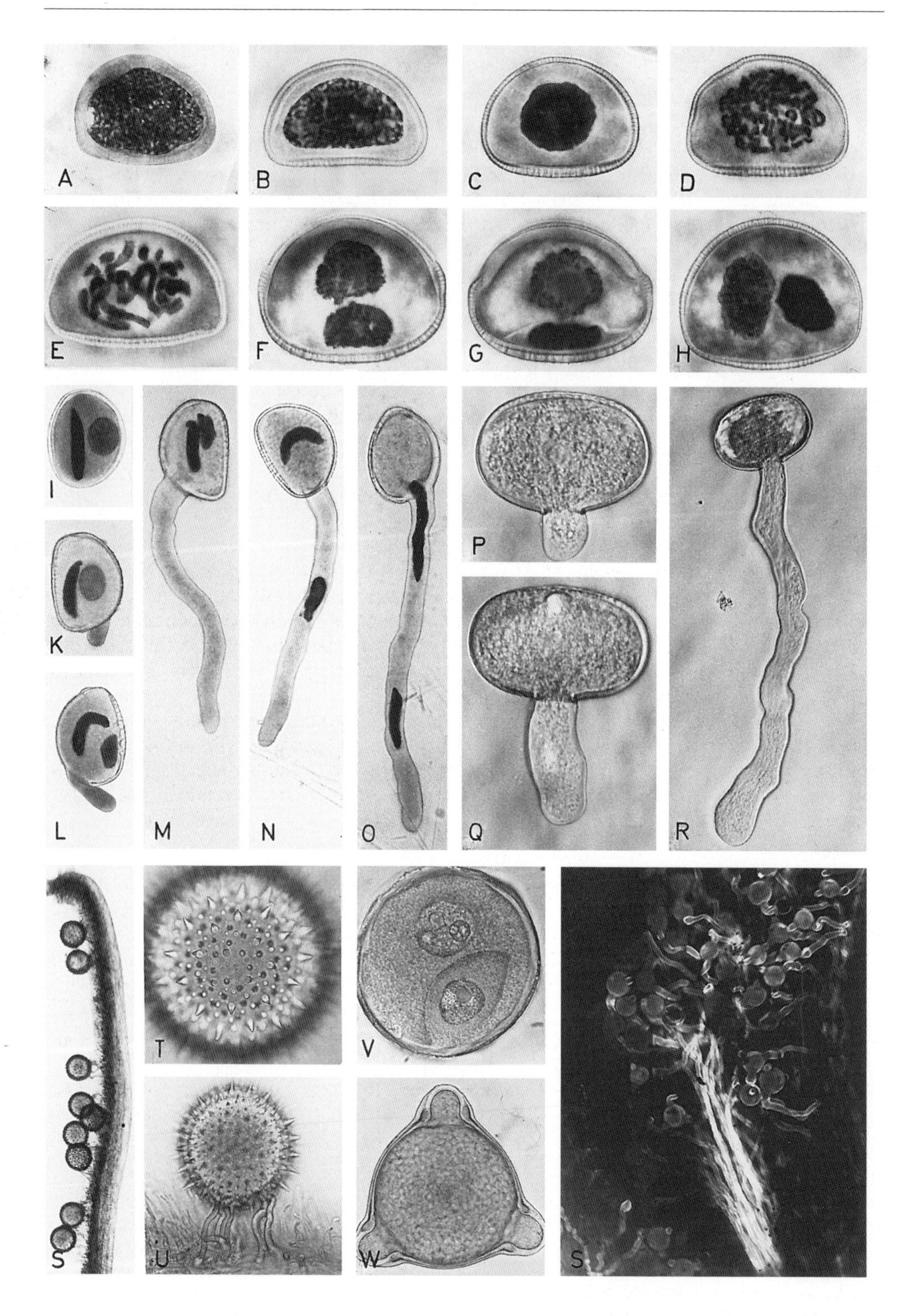
A
B
C
D
E
F
G
H
I
K
L
M
N
O
P
Q
R
S
T
U
V
W
S

das Deckglas leicht quetschen und unter dem Fluoreszenzmikroskop beobachten (Filter für Blauanregung). Die Fluoreszenz bleicht auch bei langer Bestrahlung nicht aus. Glycerolpräparate lange haltbar.

Beobachtungen (Abb.100): 1. Das nach a) hergestellte Präparat wird vorteilhaft bei schiefer Beleuchtung beobachtet (Reg. 109). Wenn richtig gearbeitet wurde, enthält es alle Stadien der Pollenentwicklung von jugendlichen Mikrosporen bis zum zweikernigen bestäubungsreifen Pollen. Die Pollenkörner liegen zumeist »auf der Seite«, Chromatin tiefblau, Zytoplasma hellblau, die aus Exine und Intine zusammengesetzte Pollenwand farblos und nur durch die schiefe Beleuchtung optisch kontrastiert. Präparate nach aufeinanderfolgenden Reifestadien durchmustern.
Die jüngsten Mikrosporen liegen oft noch im meiotischen Tetradenverband zusammen. Die Zellen sind noch ziemlich klein, der Kern füllt fast ihr ganzes Volumen aus, die Wand ist zart und kaum kontrastiert (Abb. 100 A). Die Pollenwand differenziert sich jedoch bald, die Mikrospore wächst, während sich ihr Kern verdichtet und an Volumen abnimmt (Abb. 100 B, C). Dann wird durch die Prophase die erste mitotische Teilung des Pollens eingeleitet und damit die Bildung des Mikrogametophyten, der freilich aufs äußerste reduziert bleibt (Abb. 100 D). Das Ergebnis der Mitose (Abb. 100 E, F) sind zwei zunächst gleichartige Kerne. Einer von ihnen legt sich an die Pollenwand an, wird durch Einzug einer Zellwand von der Restzelle abgegrenzt, flacht linsenförmig ab und wird auffällig stark färbbar. Diese neugebildete Zelle ist die generative (antheridiale) Zelle, aus der – meist erst nach der Bestäubung im wachsenden Pollenschlauch – durch die zweite mitotische Pollenteilung die beiden Spermazellen hervorgehen. Die Restzelle mit dem größeren, durchsichtiger gefärbten Kern wird gleichzeitig zur vegetativen (Pollenschlauch-) Zelle (Abb. 100 G). Später löst sich die generative Zelle von der Pollenwand ab, liegt dann als selbständiges Gebilde frei im Raum der vegetativen Zelle und ist an ihrem spindel- oder sichelförmigen tiefblauen Kern zu erkennen (Abb. 100 H, I). Bei dieser Art der Präparation ist von ihrem Zytoplasma nichts mehr wahrzunehmen.
Während dieser Vorgänge wächst das Pollenkorn weiter heran. Daß die für Monocotyle typische Falte nicht sichtbar wird, liegt ebenfalls an der Präparation: Chloralhydrat wirkt stark quellend. Die Falte bleibt stets nach außen vorgewölbt, sie entspricht der Flanke des Korns, an der die strukturierte Exine dünn, die hyaline Intine aber besonders dick ausgebildet ist (Abb. 100 G).

F

Abb. 100. Angiospermenpollen: Entwicklung des Mikrogametophyten. A-O *Allium schoenoprasum.* Färbung mit Chloralhydrat/Hämalaun, schiefe Beleuchtung. **A**: Mikrospore kurz nach der Meiose. **B, C**: Differenzierung der Sporenwand, Verdichtung des Zellkernes. **D**: Prophase der Pollenmitose, **E**: Prometaphase, **F**: Telophase der Pollenmitose, oben Kern der Pollenschlauchzelle, unten der generativen Zelle, beide Kerne morphologisch einander noch gleich. **G**: Abgrenzen der generativen Zelle durch Einzug einer Zellwand, Verdichtung des Kernes. **H**: Ablösen der generativen Zelle von der Pollenwand; A-H 600 : 1. **I**: Bestäubungsreifes Pollenkorn, Kern der Pollenschlauchzelle rund, durchsichtig, Kern der generativen Zelle spindelförmig, dicht; 300 : 1. **K-O**: Keimen des Pollenschlauches. **K-M**: Beginnende Keimung. **N**: Kern der vegetativen Zelle wandert zur Spitze des Pollenschlauches. **O**: Einschlüpfen der generativen Zelle in den Pollenschlauch (Grenzen der Zelle nicht sichtbar); 300 : 1. **P-R**: *Pisum sativum.* Keimender Pollenschlauch nach lebendem Präparat, schiefe Beleuchtung. Bei Q: zwei der insgesamt 3 Keimporen sichtbar; P, Q 450 : 1, R 250 : 1, **S-U**: *Althaea rosea.* Pollen in Phenol-Glycerol. **S**: Narbe mit keimenden Pollen: 25 : 1. **T**: Reifes Pollenkorn, Aufsicht. Kegelförmige und stumpf papillöse Oberflächenstruktur der Exine, kleinste Kreise in der Bildmitte: Keimporen; 200 : 1. **U**: Polysiphonal keimendes Pollenkorn auf der Narbe. Zwischen den zugespitzten Narbenpapillen fünf derbere Pollenschläuche; 100 : 1. **V**: *Tulipa gesneriana.* Pollen in Phenol-Glycerol, »optischer Schnitt«. Rechts unten Differenzierung der Pollenwand in Exine (dunkler, außen) und Intine (heller, innen) sichtbar; oben Kern der vegetativen Zelle mit vakuolisierten Nukleoli, darunter spindelförmige generative Zelle mit Kern; 400 : 1. **W**: *Epilobium angustifolium.* Reifer Pollen in Phenol-Glycerol. 3 Keimporen, Pollenwand deutlich in Exine und Intine differenziert, Exine über den Keimporen äußerst dünn; 250 : 1. **S**: (rechts) *Epilobium angustifolium.* Ausschnitt eines Narbenlappens mit keimenden Pollen im Fluoreszenzbild. Mehrere Körner keimen aus 2 oder 3 Poren. Die das Wachstum fortsetzenden Pollenschläuche vereinigen sich zu Strängen, die abwärts in Richtung des Fruchtknotens führen; 40 : 1.

2. Reifer Pollen kann nach Aufhellen in Phenolglycerol auch ohne aufwendige präparative Kunstgriffe studiert werden. Allerdings beobachtet man zweckmäßig mit starkem Immersionssystem, um mit geringer Schärfentiefe gute »optische Schnitte« zu erhalten.
Der Pollen von *Tulipa* ist im gequollenen Zustand rund und wendet dem Beobachter auch bei dünner Schicht des Einbettungsmittels keine bevorzugte Seite zu. Bei sorgfältigem Fokussieren – während die Schärfenebene vertikal durch die beobachteten Körner wandert – fallen zunächst die beiden Zellkerne auf, meist mit scharf abgesetzten Nukleoli, die ihrerseits noch winzige Vakuolen enthalten können. Einer dieser Kerne ist von einer Zone sehr feinkörnigen Zytoplasmas umgeben, das sich von der gröber granulierten Hauptmasse des Plasmas deutlich absetzt. Es handelt sich um den generativen Kern in der generativen Zelle. Die Gestalt der generativen Zelle wechselt von rundlicher zu spindelförmiger Form, je nachdem, wie das Pollenkorn im Präparat liegt: Zeigt die Längsachse der generativen Zelle auf den Beobachter, erscheint sie klein und rund, steht sie quer zu ihm, sieht sie größer und spindelförmig aus (Abb. 100 V).
Epilobium hat sehr großen Pollen mit für Dicotyle typischer Gestalt (Abb. 100 W). An günstig liegenden Körnern ist ihr gleichseitig dreieckiger bis rundlicher Umriß zu erkennen. An den drei Ecken springen die warzenförmigen Keimporen vor (zuweilen sind vier, selten fünf Keimporen vorhanden). In der Aufsicht sieht man die feine Oberflächenstruktur der Exine, im optischen Schnitt die Gliederung der Pollenwand in Exine und Intine. Über den Keimporen ist die Exine äußerst dünn, die Intine besonders dick. Rund um die Basis jeder Keimpore springt die Intine wie ein Ringwall ins Innere des Pollenkorns vor. Reife Pollen sind dicht mit Stärkekörnern beladen (Nachweis mit Iodkaliumiodid-Lösung möglich, Reg. 66), die die innere Differenzierung der Pollenkörner (vegetativer Kern, generative Zelle) maskieren.
Auch der kugelige *Althaea*-Pollen ist sehr groß. Seine Exine ist mit vielen Stacheln besetzt, zwischen denen kleinere stumpfe Papillen eingestreut sind (Abb. 100 T). Auf der Oberfläche sind zahlreiche kleine Kreise zu erkennen: die Keimporen. Schließlich ist die Exine noch fein punktiert. Die Bedeutung der vielen Keimporen wird klar, wenn man in Phenolglycerol eingebettete bestäubte Narben betrachtet (Abb. 100 S, U). Die Narben sind dicht mit schlanken Papillen besetzt, durch die die Pollenkörner festgehalten werden. Zwischen den Papillen sind die von den Pollenkörnern ausgetriebenen Pollenschläuche zu unterscheiden, und zwar jeweils mehrere, die von einem Pollenkorn ausgehen. Der Pollen ist polysiphonal. Die Kerne des Pollenkorns (die im dichten, mit Reservestoffen angefüllten Zytoplasma der Körner nicht ohne weiteres zu erkennen sind) wandern jedoch schließlich nur in einen der Pollenschläuche ein, und nur dieser erreicht den Embryosack. Die Betrachtung des optischen Medianschnittes durch ein Pollenkorn bestätigt den Schluß: Stacheln und Papillen sind Oberflächenbildungen der Exine, die kleinen Kreise entsprechen feinen Durchbrüchen durch die Exine, in die die zarte Intine von innen her hineinragt und durch die sie beim Treiben des Pollenschlauches hindurchwächst.
3. Die nach c) präparierten *Pisum*-Pollen sofort nach der Aussaat mit schiefer Beleuchtung (Reg. 109) beobachten. Der Pollen ist groß, von abgeplattet-elliptischer Gestalt mit drei Keimporen, die um den »Äquator« angeordnet sind. Der Pollen erscheint zunächst dunkel. Während der sofort einsetzenden Quellung hellt er aber zusehends auf, und nach etwa zehn Minuten setzt die Keimung ein, die stets nur von einer Keimpore ausgeht (Abb. 100 P, Q, R). Die an dieser Stelle dünne Exine wird gesprengt, und die Intine beginnt, den Pollenschlauch zu treiben. Jetzt entscheidet sich, ob glücklich präpariert wurde und die osmotischen Bedingungen richtig getroffen sind. Die Intine von *Pisum* ist besonders robust, aber Pollenschläuche sind empfindliche Gebilde. Stellen sie ihr Wachstum bald ein oder bleibt das Keimen aus, enthält die Gelatine zu viel Zucker. Deckglas abheben, mehrmals anhauchen und wieder aufsetzen. Platzen nicht nur einige, sondern die meisten Pollenschläuche, ist zu wenig Zucker vorhanden. Neu präparieren, besäte Deckgläser vor dem Aufsetzen auf die feuchte Kammer wenige Minuten offen liegenlassen.
Die Pollenschläuche wachsen in ein bis zwei Stunden zu beträchlicher Länge heran und so

schnell, daß man ihre Größenzunahme beobachten kann (geeichte Okularmeßplatte, Uhr!). In ihrem Inneren herrscht lebhafte Protoplasmaströmung, und zwar vom sogenannten Springbrunnentyp: Innen im Schlauch strömt das Zytoplasma zur Spitze hin, in der peripheren, wandnahen Zone fließt es in Richtung Pollenkorn zurück. Bei sorgfältigem Beobachten ist – besonders an den Strömungsverhältnissen – die Lage der beiden ziemlich kleinen Zellkerne zu ermitteln, die bei fortgeschrittenem Wachstum, nach etwa einer Stunde, in den Pollenschlauch einwandern, und zwar der Pollenschlauchkern voran. Schließlich entleert sich der Inhalt des Pollenkorns fast ganz in den Pollenschlauch. Im frei werdenden Raum bilden sich Vakuolen.
Die nach d) präparierten Pollen von *Allium* haben eine dünnere Intine und sind empfindlicher als *Pisum*-Pollen. Aber eben dadurch lassen sich die Pollenschläuche weit günstiger anfärben, wenn die Kernverhältnisse studiert werden sollen. Die frisch ausgesäten Pollen sind vor der Quellung noch dunkel und zeigen ihre Keimfalte (monocotyler Typ). Während der Pollen aufhellt, wölbt sich die Intine der Keimfalte vor, und nahe dieser Stelle beginnt sehr rasch die Keimung. Während des Wachstums bleiben die Kerne unsichtbar. In gefärbten Präparaten finden sich alle Phasen des Einwanderns der großen Kerne. Der rundliche, durchsichtiger gefärbte vegetative Kern tritt zuerst in den Pollenschlauch ein. Der spindel- bis sichelförmige, tiefer gefärbte generative Kern folgt bald nach (Abb. 100 I-O). Beim Einschlüpfen nehmen die Kerne oft bizarr in die Länge gezogene, fädig verzweigte Formen an, die auf ihren Solzustand *in vivo* hinweisen.
Zuweilen (aber nicht ohne Mühe!) gelingt es, die Entwicklung des Pollenschlauches so weit zu treiben, daß sich der generative Kern in die beiden Spermakerne teilt. In diesem Fall enthält der Pollenschlauch drei Kerne, der vegetative liegt der Pollenschlauchspitze am nächsten.

Weitere Beobachtungen: Das fluoreszenzmikroskopische Bild mit Objektiv kleiner Maßstabszahl und möglichst hoher Apertur (Apochromate) beobachten. Die Filterkombination ist richtig gewählt, wenn die Fluoreszenz auf dunklem Untergrund erscheint.
Die schwach blaugrün fluoreszierenden papillenbedeckten Narbenflügel sind mehr oder weniger dicht mit rötlichbraun fluoreszierenden Pollenkörnern besetzt. Die Keimporen der Pollenkörner leuchten hellgelb, und meist aus zwei oder drei dieser Keimporen je Pollenkorn ist ein lebhaft gelbgrün leuchtender Pollenschlauch herausgewachsen. Nur einer davon wächst in der Regel bis in tiefere Lagen des Narbengewebes vor. In diesem Bezirk (fokussieren!) vereinigen sich die Pollenschläuche der Körner zu dichten Strängen, die den ganzen Griffel durchsetzen. Je nach der Dauer zwischen Bestäubung und Fixierung haben die Pollenschläuche den Grund des Pistills schon erreicht oder enden vorher mit besonders hell leuchtender Spitze. Bei stärkerer Vergrößerung ist leicht zu sehen, daß der Pollenschlauch im Fluoreszenzbild leer, aber in gewissen Abständen mit fluoreszierender Substanz verstopft ist. Es handelt sich dabei um Kallosepfropfen, durch die der sich vom Narbengewebe ernährende Pollenschlauch nach rückwärts verschlossen wird.
Bei geeigneter Präparation ist es möglich, die Pollenschläuche bis zu den Samenanlagen zu verfolgen. So erlaubt diese Technik die Diagnose, ob die Bestäubung bei der Hybridenzucht oder zwischen Bastarden zur Befruchtung führt oder Inkompatibilität vorliegt. Sie ist in der züchterischen Praxis von Bedeutung.
Im nach a) präparierten Material sind möglicherweise auch Archespor-Mitosen und Meiosestadien vorhanden. Die Chromosomen sind groß und in der Meta- und Anaphase gut zählbar, dürfen aber nicht mit den pollenmitotischen Stadien verwechselt werden. Interessant sind die Endomitosen in Tapetumzellen, die im Präparat vorkommen können. Die Chromosomen teilen sich in ihre Chromatiden, die aber nicht auf zwei Tochterkerne verteilt werden, so daß polyploide Kerne entstehen.
In reifen Pollenkörnern, die in 5-bis 10%iger Saccharoselösung eingebettet sind, kann mit färberischen Mitteln Intine und Exine gut differenziert werden. Wäßriges Methylenblau: Exine grünblau, Intine violettblau; wäßriges Safranin: Exine karminrot, Intine orangerot.

Fehlermöglichkeiten: Bei Präparation nach a) und d) bleibt die Färbung schwach schmutzig-rosa. Vgl. dazu Fehlermöglichkeiten S. 254.

Weitere Objekte:

Zur Darstellung der Pollenmitose:

Allium cepa L. (Liliaceae), Küchen-Zwiebel (Juni bis August), und andere *Allium*-Arten. Präparation wie bei *Allium schoenoprasum* angegeben.

Hemerocallis flava L. (Liliaceae), Gelbe Taglilie (Mai, Juni). Junge Knospenstadien. Generative Zelle klein, scharf zugespitzt spindelförmig, ihr Kern in reifen Pollen schon mit Prophasestruktur zur zweiten mitotischen Teilung.

Pollenformen:
Nahezu alle reifen Pollen sind zur Beobachtung geeignet; Aufhellen in Phenolglycerol.

Cucurbita pepo L. (Cucurbitaceae), Flaschen-Kürbis (Juni bis August). Pollen mit Deckeln auf den Keimporen.

Berberis vulgaris L. (Berberitaceae), Berberitze (April bis Juni). Pollen mit spiraligen oder ringförmigen Falten.

Zur Pollenkeimung:

Allium cepa L. (Liliaceae), Küchen-Zwiebel (Juni bis August) und andere *Allium*-Arten. 2,5%ige Gelatine, 10% Saccharose.
Schnell keimend, gut färbbar, große Kerne.

Lupinus polyphyllus Lindl. (Fabaceae), Vielblättrige Lupine (Juni bis August). 2,5%ige Gelatine, 25% Saccharose. Oft an zwei Keimporen keimend, Pollenschlauch zuweilen verzweigt.

Hemerocallis flava L. (Liliaceae), Gelbe Taglilie (Juni), oder *Hemerocallis fulva* L., Rotgelbe Taglilie (Juli, August). 2,5%ige Gelatine, 10% Saccharose. Pollenschlauch breit, mit körnigem, lebhaft strömendem Protoplasma; Lage der feingranulierten Kerne auch ungefärbt deutlich.

Balsamina sultani (Balsaminaceae), Fleißiges Lieschen. 2,5%ige Gelatine, 5% Saccharose. Pollen mit 4 Keimporen, meist nur aus einer keimend. Sehr rasches Wachstum des Pollenschlauches.

Papaver spec. (Papaveraceae), Mohn. 2,5%ige Gelatine, 50% Saccharose, keimt etwa 30 min nach Aussaat.

Lysimachia nummularia L. (Primulaceae), Pfennig-Gilbweiderich (Mai bis Juli).

Nicotiana tabacum (Solanaceae), Virginischer Tabak (Juni bis September). Pollen keimt in destilliertem Wasser, zögerndes Keimen kann durch Anwärmen auf 25 °C beschleunigt werden.

Gramineenarten: Pollen trocken aussäen, an den Grund der feuchten Kammer (seitlich!) einen Tropfen Wasser geben.

Zur fluoreszenzmikroskopischen Beobachtung:
Alle Formen mit dünnen Griffeln lassen sich leicht präparieren, natürliche Bestäubung muß nicht ausgeschlossen werden.

Beobachtungsziel: Fruchtblätter und Samenanlagen. Frühe Embryonalentwicklung

Objekt: *Delphinium elatum* L. (Ranunculaceae), Hoher Rittersporn.
Noch fest geschlossene Knospen, frisch geöffnete und abgeblühte Blüten, junge Früchte (Juni bis August).

Präparation: Sofort nach dem Ernten Fruchtknoten aus Knospen und Blüten freipräparieren, mit Carnoyschem Gemisch 4 bis 24 Stunden fixieren, dann auswaschen (Reg. 42). Zur Aufbewahrung in 70%iges Ethanol überführen oder sofort weiterverarbeiten.
Schneiden: a) mit scharfer (!) Klinge eine nicht zu kleine Anzahl von dünnen Querschnitten durch einen der (zwei bis drei) Fruchtknoten unterschiedlich alter Blüten herstellen. Die Schnittebene muß genau senkrecht zur Längsachse des Fruchtknotens liegen. Die übrigen Fruchtknoten, an denen das Objekt festgehalten wurde, verwerfen. Oder
b) Fruchtknoten nach Reg. 49 in Gelatine einbetten und Gelatineblock mit alkoholbenetzter Klinge schneiden. Die Schnitte werden sehr dünn und gleichmäßig.

Schnitte in Blockschälchen übertragen, das 70%iges Ethanol enthält. Mit der Pipette das Ethanol nacheinander durch die Lösungen ersetzen, die in der Arbeitsvorschrift auf S. 255f. angegeben sind. Die in Xylen liegenden Schnitte mit der Lupe durchmustern und ungeeignete verwerfen. Ausgewählte Schnitte in Xylen-Balsam-Gemisch vor dem Abdecken mit schwachem Objektiv daraufhin kontrollieren, ob die obere oder die untere Seite die besseren Bilder liefert. Günstige Seite nach oben wenden, Schnitt mit einem Tropfen Neutralbalsam und kleinem Deckglas bedecken. Die Präparate sind gut gefärbt, wenn sich die Kerne kräftig blau und scharf vom sehr durchsichtig hellblauen Zytoplasma abheben. Präparate haltbar.

Beobachtungen (Abb.101): Schon vor dem Schneiden erweist sich das Gynoeceum von *Delphinium* als oberständig apokarp: Die drei Karpelle bilden drei getrennte Fruchtknoten. Bei jungen Früchten ist an der der Mittelachse des gesamten Gynoeceums zugewandten Seite die Verwachsungsnaht der Karpellränder auch ohne Lupe zu erkennen. Zur Spitze zu läuft der bauchige eigentliche Fruchtknoten in einen Griffel aus, der in einer unscheinbaren Narbe endet.
Querschnitte durch den Mittelteil eines einzelnen Fruchtknotens aus Knospen oder Blüten, mit schwacher Optik betrachtet, zeigen den Aufbau noch deutlicher (Abb. 101 A). Die äußeren Gewebe sind dem Karpell zuzuordnen. Der kräftige Mittelnerv (der Bauchnaht gegenüber) und das Vorhandensein von Spaltöffnungsapparaten in seiner äußeren und inneren (!) Epidermis belegen, daß es sich um ein Blatt handelt, das zusammengerollt ist und dessen Ränder miteinander verwachsen sind. Nahe der Naht sind die Karpellränder zu den beiden Placenten angeschwollen. Hier entspringen die Funiculi der ins Innere ragenden Samenanlagen; ihr Sitz ist folglich marginal, und sie sind in zwei vertikalen Reihen angeordnet. Die Samenanlagen sind eine Strecke mit ihrem Funiculus verwachsen, und ihre Mikropyle weist zur Placenta hin; sie sind anatrop. Die peripheren Gewebe einer Samenanlage gehören den beiden Integumenten an, die bei *Delphinium* miteinander verwachsen sind und sich nur in der Mikropylenregion auf der dem Funiculus abgewandten Seite als Doppelintegument zu erkennen geben. Die Integumente hüllen – die offen bleibende Mikropyle ausgenommen – den Nucellus ein, der dem Megasporangium entspricht. An seiner Basis liegt eine stark färbbare Zone, die Chalaza. Hier mündet ein feines Leitbündel, das über den Funiculus ernährungsphysiologisch wichtigen Kontakt mit der Placenta herstellt. Im Zentrum des Nucellus hat sich aus der Megaspore bereits der Embryosack gebildet. Zu seinem Studium müssen geeignete Schnitte ausgesucht und stärkere Objektive eingesetzt werden.
Als erste Differenzierung des Embryosackes fallen die drei am chalazalen Pol liegenden Antipodenzellen auf, die bei den Ranunculaceen beträchtliche Größe erreichen, hoch polyploid und stark färbbar sind (Abb. 101 B, C, D). Sie bleiben auch nach der Befruchtung, während sich schon der Embryo entwickelt, lange erhalten und haben offensichtlich Haustoriumfunktion. Am entgegengesetzten Pol des Embryosackes befindet sich der weit weniger auffallende Eiapparat, der sich ebenfalls aus drei Zellen zusammensetzt. Diejenige der drei Zellen, die am tiefsten in den Embryosack hineinragt, ist die Eizelle. Sie hat einen größeren Kern und an ihrem mikropylaren Ende eine (meist schwer sichtbare) Vakuole. Die beiden kleineren Synergiden neben der Eizelle enthalten Kern und Vakuole in umgekehrter Anordnung: Ihre Vakuolen weisen zum Embryosack hin, die kleineren Kerne befinden sich nahe der äußersten Spitze des Embryosackes. Nahe dem Zentrum des Embryosackes sitzen, von einer Plasmatasche eingehüllt, die beiden noch haploiden Polkerne, sofern hinreichend jugendliches Material geschnitten worden ist (Abb. 101 B), oder nach ihrer Vereinigung schon der diploide sekundäre Embryosackkern (Abb. 101 C).
Die sechs Zellen und zwei freien Kerne innerhalb des Embryosackes stellen den befruchtungsreifen Megagametophyten der Angiospermen dar. Seine Reduktion gegenüber den Pteridophyten oder auch den Gymnospermen, die noch deutliche Archegonien erkennen lassen, ist hier so weit getrieben, daß nähere Homologisierungen einstweilen unmöglich scheinen.

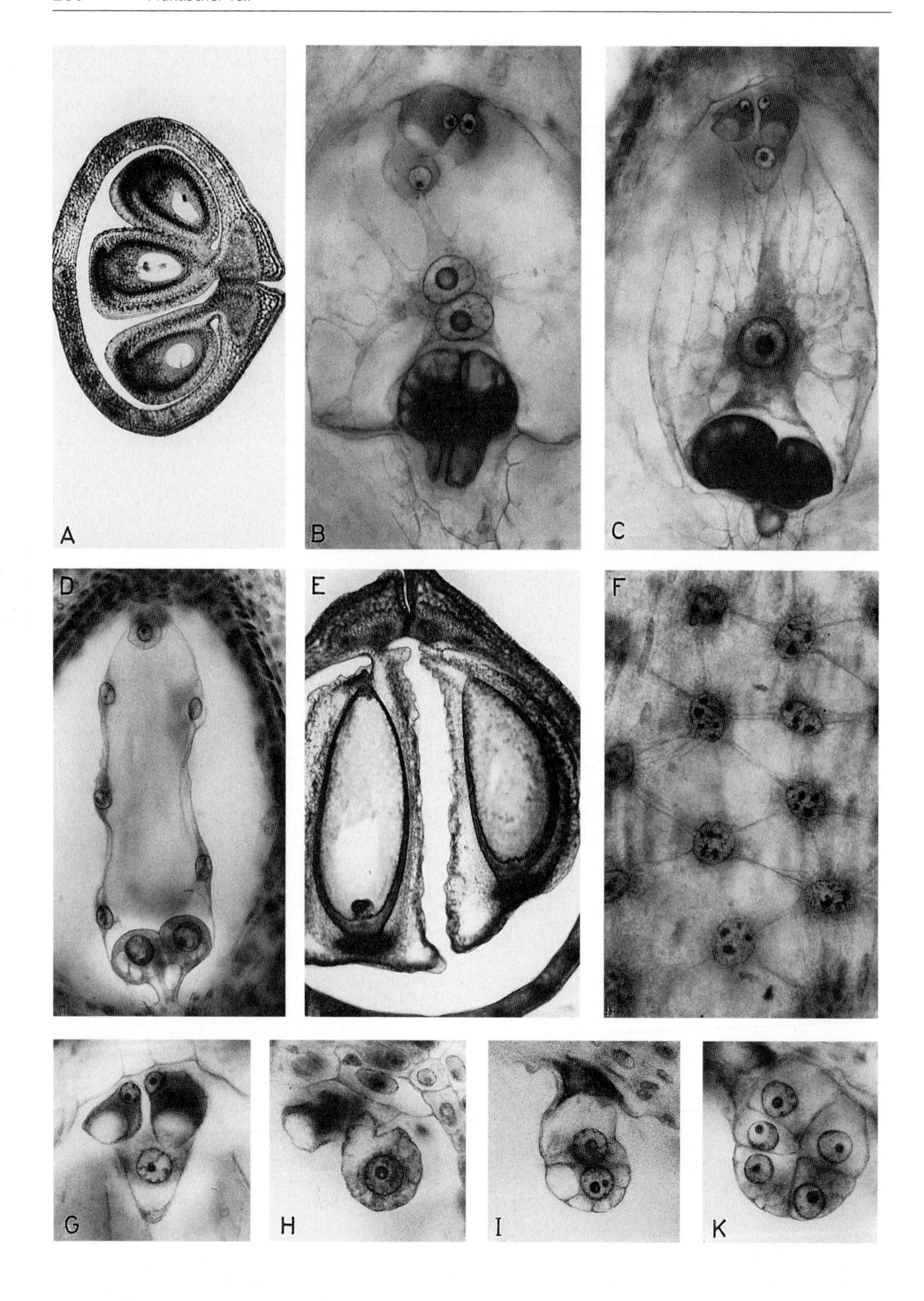
A
B
C
D
E
F
G
H
I
K

Wenn die Pollenschlauchspitze Kontakt mit dem Eiapparat erhält, vollzieht sich die Befruchtung so rasch, daß nach den Regeln der Statistik entsprechende mikroskopische Bilder nur selten zu erhalten sind. Die Befruchtung ist doppelt und betrifft die Eizelle und die Embryosackzelle mit ihrem sekundären Kern. Der von diesen beiden Zentren ausgehende Ablauf der weiteren Geschehnisse ist im befruchteten Material nun wieder gut mikroskopisch zu verfolgen. Zuerst wird der nach der Befruchtung triploide Endospermkern aktiv. Er teilt sich in rascher, ziemlich synchroner Folge nach dem Modus der freien Kernteilungen. Bei diesem Objekt bildet sich das Endosperm folglich nach dem nukleären Typ (s. S. 268). Die Tochterkerne liegen im zarten Plasmabelag an der Peripherie des Embryosackes und schließen eine große Vakuole ein (Abb. 101 D). So kann man mit Glück oder Fleiß die gesamte Peripherie des Embryosackes voller Mitosefiguren finden, die vom chalazalen Ende mikropylenwärts entstanden sind. Während der Interkinese bleiben die frei im Plasma liegenden Kerne durch plasmatisch fibrilläre Strukturen verbunden (Abb. 101 F). Erst später entstehen Zellwände, und die zentralen Bezirke des Endosperms werden zu solidem Gewebe.
Durch die Befruchtung ist aus der Eizelle eine diploide Zygote geworden, die sich durch die derbere Wand von der Eizelle unterscheidet. Die Synergiden degenerieren (Abb. 101 H). Erst wenn die Endospermbildung schon in vollem Gange ist, setzen die ersten Teilungen der Zygote ein (Abb. 101 D, E). Am jungen Embryo ist kein ausgeprägter Suspensor zu unterscheiden (Abb. 101 I, K).
Während dieser Vorgänge wachsen die Samenanlagen und entsprechend auch die sie umhüllenden Karpelle heran (vgl. Größe der reifenden Früchte an der intakten Pflanze; Abb. 101 E, Abbildungsmaßstab!), und die Integumente beginnen, sich zur festen Samenschale zu differenzieren.

Weitere Beobachtungen: Doppelte Befruchtung, wenn dem Kern der Eizelle und dem Embryosackkern je ein kleiner, stark färbbarer Spermakern anliegt; später Verschmelzungsstadien.

Weitere Objekte:

Aconitum napellus L. (Ranunculaceae), Blauer Eisenhut (Juni bis August). Präparation und embryonale Verhältnisse wie bei *Delphinium*. Samenanlagen mit zwei getrennten Integumenten, äußeres mit dem Funiculus verwachsen.

Papaver rhoeas L. (Papaveraceae), Klatsch-Mohn (Mai bis August). Nicht zu dünne Querschnitte durch die nach Carnoy fixierten Fruchtknoten aus Knospen verschiedener Reife und aus offenen Blüten in Chloralhydrat einbetten. Schiefe Beleuchtung. Fruchtknoten vielblättrig parakarp, zahlreiche Samenanlagen parietal, marginal, anatrop; Frucht Porenkapsel.

Abb. 101. *Delphinium elatum*. Fruchtblätter und Samenanlagen; Beginn der Embryonalentwicklung. **A**: Querschnitt durch ein Karpell des als Ganzes apokarpen Fruchtknotens, Übersicht. Rechts Verwachsungsnaht, links Mittelnerv des Fruchtblattes; innen 3 marginale, anatrope Samenanlagen mit Integumenten, Nucellus und angeschnittenem Embryosack; 25 : 1. **B**: Längsschnitt durch den Embryosack (Mikropyle der Samenanlage oben liegend; oben Eiapparat mit 2 Synergiden (Kern oben, Vakuole unten) und eine Eizelle (Kern am tiefsten in den Embryosack hineinreichend, Vakuole oberhalb des Kerns, im Schnitt nicht sichtbar), darunter 2 haploide Polkerne vor der Verschmelzung, eingebettet in Zytoplasmastränge, unten 2 stark angefärbte Antipoden (die 3. im Schnitt nicht sichtbar); 350:1. **C**: wie B, aber nach Verschmelzung der Polkerne zum diploiden sekundären Embryosackkern befruchtungsreif; 300 : 1. **D**: Längsschnitt durch den Embryosack nach der Befruchtung. Oben Zygote, Synergidenrest außerhalb der Schärfentiefe; unten 2 Antipoden; dazwischen jugendliches nukleäres Endosperm, dessen triploide Kerne frei in wandständigem Zytoplasma des Embryosackes liegen (Zytoplasmaschlauch durch Präparation kontrahiert); 150 : 1. **E**: Querschnitt durch ein Karpell während der Samenentwicklung. Linke Samenanlage mit wenigzelligem Embryo (oben) und Antipoden (unten), Embryosack herangewachsen, Beginn der Differenzierung der Samenschale; 20:1. **F**: Detail von E, auf das nukleäre Endosperm fokussiert, das den Embryosack auskleidet; triploide Endospermkerne noch frei im Zytoplasmaschlauch, durch fibrilläre zytoplasmatische Strukturen miteinander verbunden; 250:1. **G**: Befruchtungsreifer Eiapparat. **H**: Zygote und Rest einer Synergide. **I**: Zweizelliger Embryo. **K**: Mehrzelliger Embryo, bei *Delphinium* Suspensor undeutlich; G-K 450 : 1. A-K Handschnitte, gefärbt mit Hämalaun.

Fruchtknoten ∅ 3 mm: Samenanlagen noch atrop, Nucellus fast nackt, Anlage der Integumente als basaler Doppelringwulst.
∅ 4 mm: Doppeltes Integument Nucellus überwachsend.
∅ 5 bis 6 mm: Samenanlagen anatrop, Embryosack 2- bis 8zellig, sekundärer Embryosackkern großen Antipoden aufliegend.
∅ 8 mm: Nach der Befruchtung nukleäres Endosperm, wenigzelliger Embryo. Beim Quetschen des Samens treten Antipoden, Endosperm und Embryo als Ganzes aus den Integumenten aus.

Viola spec., (Violaceae) Veilchenarten (März bis Juli).
Präparation wie bei *Papaver* angegeben. Fruchtknoten parakarp, Samenanlagen parietal, marginal, anatrop; Frucht lokulizide Kapsel.

Epilobium angustifolium L. (Oenotheraceae), Schmalblättriges Weidenröschen. Juli, August.
Präparation wie bei *Papaver* angegeben; Samenanlagen aus Längsschnitten vereinzeln. Fruchtknoten synkarp, zahlreiche Samenanlagen zentralwinkelständig. anatrop; Frucht lokulizide, septifrage Kapsel. Junge Samenanlagen mit brillant sichtbarer, allmählicher Differenzierung der beiden Integumente; Entwicklung langer Samenhaare aus papillösen Anlagen; Integumente mit Raphidenbündeln.

Monotropa hypopitys L. (Pyrolaceae), Gewöhnlicher Fichtenspargel (Juni, Juli).
Material in mit Salzsäure leicht angesäuertem 50%igem Ethanol mit wenig Kaliumdisulfit aufbewahren. Samenanlagen aus Fruchtknoten geöffneter Blüten in Wasser oder 45%iger Essigsäure beobachten. Da ein Nucellus fehlt, ergeben sich sehr klare Bilder des unbefruchteten und befruchteten Embryosackes und der frühen Embryonalentwicklung.

Auch die oft als Zierpflanzen kultivierten *Gloxinia*- und *Saintpaulia*-Arten (Usambaraveilchen) und andere Formen der Gesneriaceen zeigen den Bau des Embryosackes besonders deutlich. Beobachtung der vorher vereinzelten Samenanlagen ohne weitere Präparation in Wasser oder 45%iger Essigsäure.

Solanum tuberosum L. (Solanaceae), Kartoffel (Juli bis Oktober).
Präparation wie *Papaver.* Fruchtknoten zweifächerig synkarp; Samenanlagen zentralwinkelständig, campylotrop. Integumente verwachsen. Frucht ist eine Beere.

Linum usitatissimum L. (Linaceae), Saat-Lein, Flachs (Juni, Juli).
Präparation wie *Papaver.* Fruchknoten zweifächerig synkarp mit fünf falschen Scheidewänden; Samenanlagen zentralwinkelständig, anatrop. Heterostylie. Placenta bildet spezielles, der Leitung des Pollenschlauches dienendes Gewebepolster aus (Obturator). Frucht septizide Kapsel. Samenschale verschleimend, Cotyledonen des Embryos ölreich.

Primula spec. (Primulaceae), Primelarten (Februar bis Juli).
Mediane Längsschnitte durch den Fruchtknoten in Chloralhydrat einbetten. Fruchtknoten fünfblättrig parakarp. Samenanlagen zentral, campylotrop mit zwei Integumenten. Heterostylie mit wechselseitiger »Paßgröße« von Pollen und Narbenpapillen. Frucht Porenkapsel.

Polygonum orientale L. (Polygonaceae), Morgenländischer Knöterich (Juli bis September).
Dünne mediane Längsschnitte durch Fruchtknoten in Chloralhydrat einbetten (gegebenenfalls mit Hämalaun, vgl. S. 273). Fruchtknoten parakarp, je eine Samenanlage zentral, atrop. Zwei klar abgegliederte Integumente. Nach Färbung instruktive Bilder von Aufbau und Entwicklung des Embryosackes vor und nach der Befruchtung.

Myosurus minimus L. (Ranunculaceae), Zwerg-Mäuseschwänzchen (April bis Juni).
Dünne mediane Längsschnitte durch den Blütenstand (eventuell Gelatinetechnik, Reg. 49) in Chloralhydrat (gegebenenfalls mit Hämalaun, vgl. S. 273). Blütenachse bildet während des Flors laufend weitere Fruchtknoten aus, so daß in einem Schnitt zahlreiche Entwicklungsstadien von der Meiose der Megasporenmutterzelle an bis zur Embryo- und Endospermbildung zugleich beobachtet werden können. Fruchtknoten apokarp. Samenanlagen marginal, anatrop.

Beobachtungsziel: Tetrasporer Embryosack

Objekt: *Lilium candidum* L. (Liliaceae), Weiße Lilie, Madonnenlilie (Mai bis Juli).
Blütenknospen unterschiedlicher Reife (mit zwei bis drei Zentimeter Länge beginnend), geöffnete und abgeblühte Blüten.

Präparation: Schon während des Erntens (frühmorgens!) den Knospen und Blüten die Fruchtknoten entnehmen und sofort (!) in Carnoysches Fixiergemisch geben und 24 Std.

fixieren (Reg. 42). Nach Auswaschen zur Aufbewahrung in 70%iges Ethanol überführen. Schneiden: Von Alkoholmaterial mit alkoholbenetzter scharfer Klinge zügig (Turgeszenz!) viele möglichst dünne Querschnitte herstellen (Schnitte genau senkrecht zur Fruchtknotenachse führen!) und in Blockschälchen mit destilliertem Wasser übertragen. Mit Pipette dest. Wasser nacheinander durch folgende Lösungen ersetzen:

destilliertes Wasser + Hämalaun nach Mayer (Stammlösung) etwa 50 : 1; etwa 1 bis 2 Std., Schnitte bewegen.
destilliertes Wasser; 3 min, 1- bis 2mal wechseln.
Leitungswasser; 1- bis 2 Std. (oder über Nacht), mehrmals wechseln, Farbumschlag nach Blau. destilliertes Wasser; 2 min, 1- bis 2mal wechseln.
Ethanol 70%; 1 Std., 1mal wechseln.
Ethanol 96%; 1 Std.
Ethanol 98 bis 100%; 1 Std., 2mal wechseln, Blockschälchen zudecken.
Methylbenzoat (Reg. 86); 30 min, Blockschälchen zudecken.
Xylen; 1 Std., 2mal wechseln, zum letzten Xylen einige Tropfen Neutralbalsam, gut durchmischen, Blockschälchen zudecken.

Auswahl und Orientierung der Schnitte auf dem Objektträger unter mikroskopischer Kontrolle mit schwachem Objektiv (s. S. 279). Die Schnitte werden im Laufe einiger Tage noch durchsichtiger.

Beobachtungen (Abb.102): Jüngste Stadien mit schwachem Objektiv beobachten und Übersicht gewinnen. Es handelt sich um einen dreiblättrigen synkarpen Fruchtknoten (Abb. 102 A). Die schwächeren drei der insgesamt sechs äußerlichen Furchen des Fruchtknotens kennzeichnen die Naht, an der die Karpelle miteinander verwachsen sind. Die anatropen Samenanlagen sitzen zentralwinkelständig. Denkt man sich eines der Fruchtblätter aus dem Fruchtknoten gelöst und aufgerollt, erweisen sich die Samenanlagen als marginal, in je zwei vertikalen Reihen auf den Placenten an beiden Rändern des Karpells sitzend. Um die Entwicklung des Embryosackes kennenzulernen, durchmustert man die Schnitte mit stärkerem Trockensystem möglichst hoher Apertur (»optisches Schneiden« durch geringe Schärfentiefe) und ordnet die vorgefundenen Stadien. In hinreichend jungem Material sind die noch diploiden Megasporenmutterzellen (Embryosackmutterzellen) leicht aufzufinden (Abb. 102 B). Sie liegen subepidermal an der Spitze der jungen Samenanlagen und fallen durch ihre Größe, ihr dichtes Zytoplasma und die Größe ihres Kernes auf. Der lebhaft wachsende Nucellus, in den sie eingebettet sind, enthält viele Kernteilungsstadien. Die Megasporenmutterzelle nimmt an Größe zu, ihr Kern zeigt die typischen Figuren der meiotischen Prophase (Abb. 102 C) und tritt schließlich in die Meiose ein (Abb. 102 D, E, F). Das Ergebnis ist eine Zelle mit vier nun haploiden, im Zellraum verteilten Kernen (Abb. 102 G), ein Zustand, der der Megasporentetrade entspricht, ohne daß allerdings Zellwände eingezogen werden. Im Gegensatz zum »Normalfall« beteiligen sich im nachfolgenden Geschehen alle vier Tetradenkerne am Aufbau des Embryosackes. Gegen Ende des sogenannten primären Vierkernstadiums steht ein einzelner Kern am mikropylaren Pol des Embryosackes drei Kernen am Gegenpol gegenüber. Bei allen vier Kernen setzt Mitose ein. Aber es bilden sich nur zwei Spindeln, denn die Chromosomen der Kerne am chalazalen Pol ordnen sich alle in nur eine einzige Spindel ein, so daß die Mitose hier zu nur zwei Zellkernen mit dreifachem Chromosomensatz führt (Abb. 102 I). Im Ergebnis entsteht abermals ein vierkerniger Embryosack, das sogenannte sekundäre Vierkernstadium mit zwei haploiden und zwei triploiden Kernen, die an Größe und Anzahl ihrer Nukleoli kenntlich sind (Abb. 102 K); übrigens enthält der chalazanächste Kern mehr Nukleoli als sein triploider Partner, und bei sorgfältigem Beobachten sieht man zuweilen Bilder, bei denen einzelne Nukleoli aus dem Kern ins Zytoplasma ausgeschleust zu werden scheinen. Zu diesem Zeitpunkt bilden sich im Zytoplasma des Embryosackes Vakuolen, die im Fortgang der Dinge an Volumen zunehmen, bis schließlich das Zentrum des Embryosackes ganz von wenigstens einer Vakuole eingenommen wird. Das Material läßt sich dadurch

F

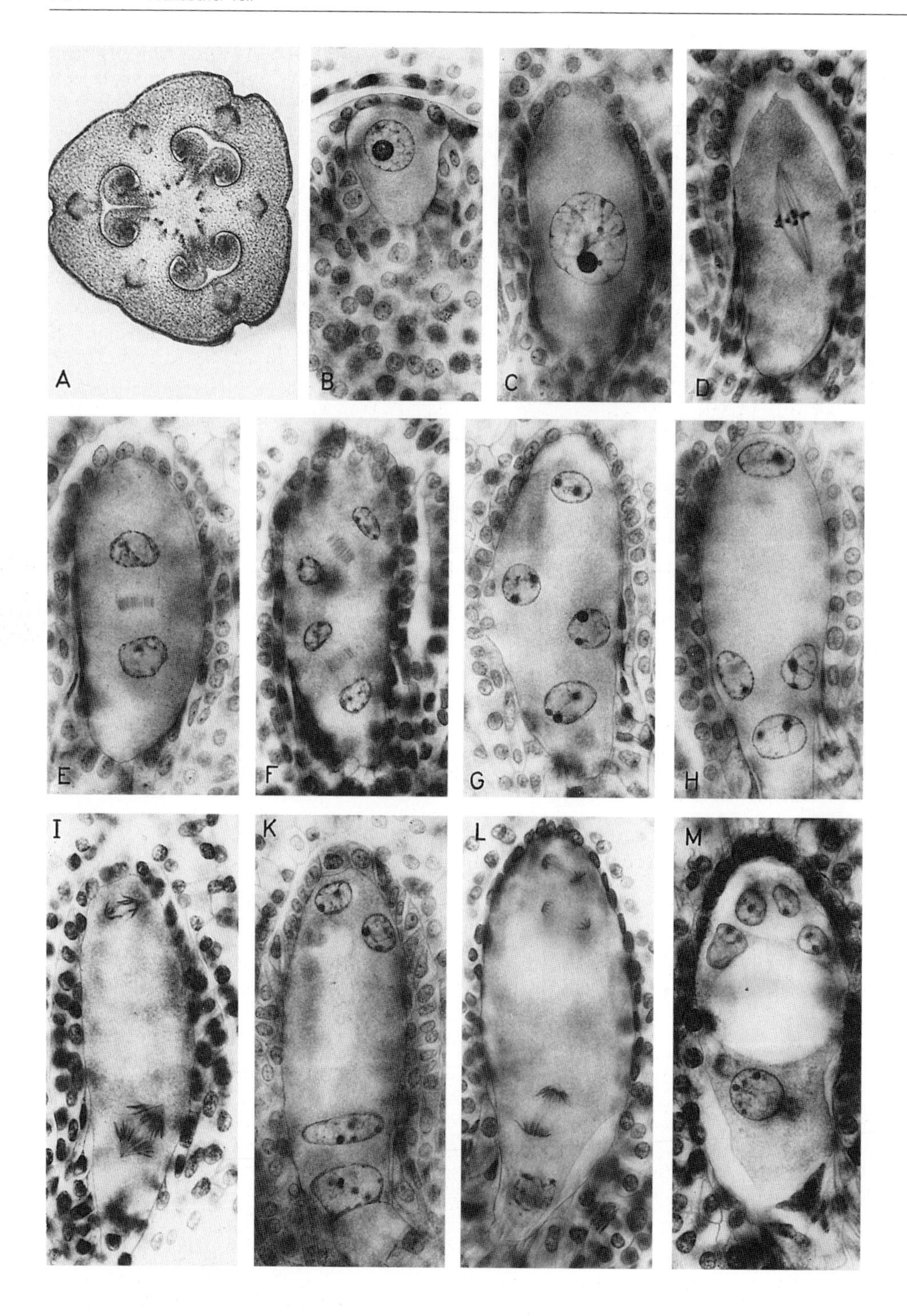
A
B
C
D
E
F
G
H
I
K
L
M

weit weniger gut schneiden, und die Bilder verlieren an Übersichtlichkeit. Eine weitere Mitose aller Zellkerne führt schließlich zum achtkernigen Embryosack. Aber auch sie verläuft nicht in allen Details normal. An den Teilungsfiguren der mikropylaren Kerne ist nichts Auffälliges zu entdecken. Hier werden der haploide Eiapparat und einer der Polkerne gebildet. Aus dem mehr zentral gelegenen Kern der chalazalen Gruppe gehen ein triploider Antipodenkern und der zweite Polkern hervor, der allerdings ebenfalls triploid ist. Der am weitesten chalazal gelegene Kern erreicht bei seiner Mitose nur das Stadium einer normal aussehenden Prophase. Dann aber bildet sich nur »Chromosomenbruch« aus (Abb. 102 L). Die anschließende Anaphase macht einen gestörten Eindruck, der auf einen unausgeglichenen Chromosomenbestand dieses Kernes schließen läßt. Im Ergebnis entstehen zwei kurzlebige Antipodenkerne, die frühzeitig degenerieren (Abb. 102 M). Schließlich grenzen sich die Kerne des Eiapparates und wenigstens eine Antipode durch Zellwände ab, und der haploide und triploide Polkern verschmelzen zum tetraploiden primären Endospermkern. Damit ist der Embryosack befruchtungsreif.
Die Befruchtung führt zu einem pentaploiden Endospermkern, und das aus ihm hervorgehende Endosperm besteht aus pentaploiden Zellen.

Weitere Beobachtungen: Bei der Auswahl brauchbarer Schnitte sind zuweilen »Zwillinge« zu sehen. Sie gehen aus zwei Megasporenmutterzellen hervor, die in einer Samenanlage vorhanden sein können. Meistens entwickeln sich beide Embryosäcke normal bis zur Befruchtungsreife.

Fehlermöglichkeiten: Die im Xylen liegenden Schnitte sind nicht hinreichend durchsichtig, um den Embryosack zu sehen: Zu dick geschnitten, unvollständig entwässert oder zu tief gefärbt. Bei Überfärbung Schnitte in 70%iges Ethanol zurückführen. Sehr vorsichtig in salzaurem Ethanol differenzieren (mikroskopische Kontrolle!) und über dest. Wasser erneut in Leitungswasser entwickeln.

Weitere Objekte:

Hosta ovata (Liliaceae), (Juli bis September).
Vereinzelte Samenanlagen eben geöffneter Blüten nach Fixierung in Carnoyschem Gemisch in Chloralhydrat; schiefe Beleuchtung; Längsschnitte durch Samenanlagen älterer Stadien, eventuell nach Färbung in Chloralhydrat/Hämalaun 50:1, Embryosack mit großem Eiapparat. Befruchtung. Später (Fruchtknoten 10 bis 30 mm lang) in der mikropylaren Zone Nucellarembryonie (Adventivembryonie). Reifende Samen mit mehreren Embryonen.

Beobachtungsziel: Entwicklung des Samens

Objekt: *Capsella bursa-pastoris* (L.) Med. (Brassicaceae), Gemeines Hirtentäschel. Geöffnete Blüten, Früchte aller Reifegrade das ganze Jahr über.

Präparation: Geerntetes Material drei Stunden in Carnoyschem Gemisch fixieren (Reg.42) und nach Auswaschen zur Aufbewahrung in 70%iges Ethanol überführen. Zur weiteren Präparation sind mehrere Wege möglich:

Abb. 102. *Lilium candidum.* Entwicklung des tetrasporen Embryosacks. **A**: Querschnitt durch jugendlichen synkarpen Fruchtknoten. Übersicht. 3 Karpelle, 6 marginale, zentralwinkelständige, anatrope Samenanlagen; 20 : 1. **B-M**: Längsschnitte durch Samenanlagen verschiedenen Alters; Mikropyle oben; 250 : 1. **B**: Diploide Megasporenmutterzelle subepidermal im Nucellusgewebe eingebettet, **C**: Megasporenmutterzelle herangewachsen, Kern in Meioseprophase. **D**: Metaphase 1 der Meiose. **E**: Interkinese der Meiose, zwischen den Kernen Faserstruktur der Teilungsspindel. **F**: Telophase 2 der Meiose. **G**: »Primäres 4-Kern-Stadium« mit 4 haploiden Kernen (= Megasporenkernen) als Abschluß der Meiose. **H**: 3 der Kerne wandern in chalazale Position. **I**: Synchrone Mitose aller 4 Kerne. Die Chromosomen der 3 chalazal gelegenen Kerne ordnen sich gemeinsam in eine Spindel ein. **K**: »Sekundäres 4-Kern-Stadium« mit 2 mikropylar gelegenen haploiden und 2 chalazal gelegenen triploiden Kernen. **L**: Synchrone Mitose aller 4 Kerne; die Mitose des Kernes, der der Chalaza am nächsten liegt, bleibt in der Prophase stecken, seine Abkömmlinge degenerieren. **M**: Embryosack kurz vor der Befruchtungsreife. Oberhalb der zentralen Vakuole 3 kleinere haploide Kerne des Eiapparates, ein größerer als haploider Polkern; unter der Vakuole ein triploider Polkern; unten eine dunkel gefärbte Antipodenzelle, die übrigen Antipoden nur als Rudimente; A-M Handschnitte, gefärbt mit Hämalaun.

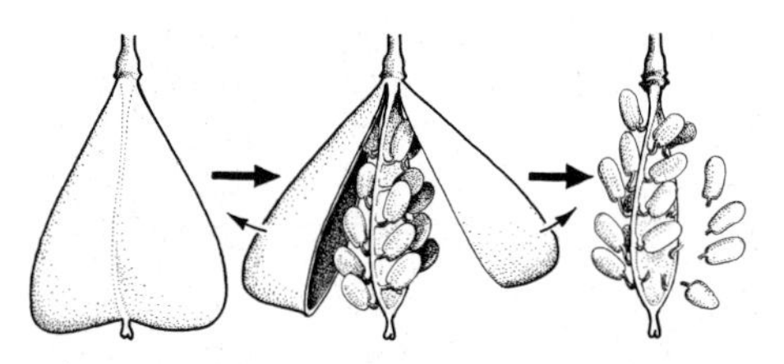

Abb 103. *Capsella bursa-pastoris.* Schötchen mit Samenanlagen. Präparationsweg.

a) Fruchtknoten und Früchte einige Tage in 5%ige Kalilauge einlegen. Karpelle bzw. Fruchtwände des Schötchens in einem Tropfen Kalilauge auseinanderziehen und Samenanlagen isolieren (Abb. 103), bei sehr jungem Material Stereomikroskop oder Lupe zu Hilfe nehmen. Samenanlagen in Kalilauge beobachten, Deckglassplitter oder Angelschnurstückchen geeigneter Dicke mit einbetten. Schiefe Beleuchtung (Reg. 109)!
b) Samenanlagen aus den Früchten in einem Tropfen Wasser isolieren, in nicht ganz konzentrierter wäßriger Lösung von Chloralhydrat zusammen mit Deckglassplittern oder Angelschnur einbetten und etwa nach einer Stunde beobachten. Schiefe Beleuchtung (Reg. 109)!
c) Samenanlagen in Wasser isolieren. In Farblösung aus neutralisiertem wäßrigem Chloralhydrat (Reg. 17) und Hämalaun nach Mayer (Stammlösung) 50:1 übertragen. Junge Stadien nach Minuten, ältere nach einigen Stunden, reife Samen nach ein bis zwei Tagen (mikroskopische Kontrolle!) zusammen mit Deckglassplittern oder Angelschnur in reines neutralisiertes Chloralhydrat einbetten. Gewebe durchsichtig hellblau, Zytoplasma des Embryos dichter, Kerne tiefblau (Aperturblende öffnen oder schiefe Beleuchtung nach Reg. 109).

Beobachtungen (Abb. 104): Zum »Einsehen« zunächst Samenanlagen mittleren Reifegrades auswählen und mit Objektiv geringerer Maßstabszahl, aber möglichst hoher Apertur beobachten (»optisches Schneiden«). Bei ungefärbtem Material ist im normalen Hellfeld nur wenig zu unterscheiden. Durch schiefe Beleuchtung Kontrast optimieren! Es stellt sich überraschend scharfer Kontrast ein. *Capsella* zeigt typisch campylotropen Aufbau der Samenanlagen. Sie werden von zwei deutlich voneinander abgesetzten Integumenten umschlossen, von denen das äußere zweischichtig, das innere überwiegend dreischichtig ist (Abb. 104 A). Der Nucellus ist völlig resorbiert, so daß das innere Integument direkt an den Embryosack grenzt. Der chalazale Pol des Embryosackes wird durch den Verlauf der Endtracheiden des Leitbündels charakterisiert, das sich vom Funiculus her in die Samenanlage fortsetzt. Es endet in einem kompakten Gewebekomplex, der sich mit Hämalaun undurchsichtig tiefblau anfärbt (Abb. 104 K, L). Gegenüber, am mikropylaren Pol, liegt der

Abb. 104. *Capsella bursa-pastoris.* Entwicklung des Samens. **A**: campylotrope Samenanlage während der Samenreife im »optischen Schnitt« 2schichtiges äußeres, 2-3schichtiges inneres Integument. Nucellus resorbiert, rechts in den Embryosack hineinragend der Proembryo mit basaler Blasenzelle, Suspensor und rundlichem Embryo; 130 : 1. **B**: Mikropylare Zone einer jüngeren Samenanlage mit noch wenigzelligem Proembryo. Die Terminalzelle ist die Embryoinitiale. **C**: wie B, etwas weiter fortgeschritten. **D**: wie C, die Färbung beweist, daß der Embryo bereits 2- (oder 4–) zellig ist. **E**: Zahl der Suspensorzellen vermehrt, Embryo im 8-Zellen-Stadium (4 Zellen außerhalb der Schärfentiefe). **F**: Differenzierung der peripheren Zellschicht und der Hypophyse (siehe ↓ bei I), **G**: wie F nach weiterem Wachstum des Embryos. **H**: Beginn der Differenzierung der Kotyledonen; B – H 170 : 1. **I**: Embryonalbezirk der Samenanlage bei fortgeschrittener Reife; heranwachsende Kotyledonen. Im wandständigen Zytoplasma des Embryosackes freie Zellkerne des nukleären Endosperms; 130 : 1. **K, L**: Gefärbte Samenanlage mit beginnender und fortgeschrittener Entwicklung des nukleären Endosperms, chalazaler Bezirk und Embryo Farbstoff speichernd; 80 : 1. **M**: Samen kurz vor der Reife. Endosperm fast völlig vom Embryo resorbiert. Embryo voll entwickelt, rechts Radicula und Hypokotyl, oben Insertionsstelle der nach links abwärts geknickten Kotyledonen, dazwischen die Plumula; 35 : 1. A, B, E, G, I ungefärbt in Chloralhydrat; C, F, H in Kaliumhydroxid; D, K, L, M mit Hämalaun/Chloralhydrat gefärbt.

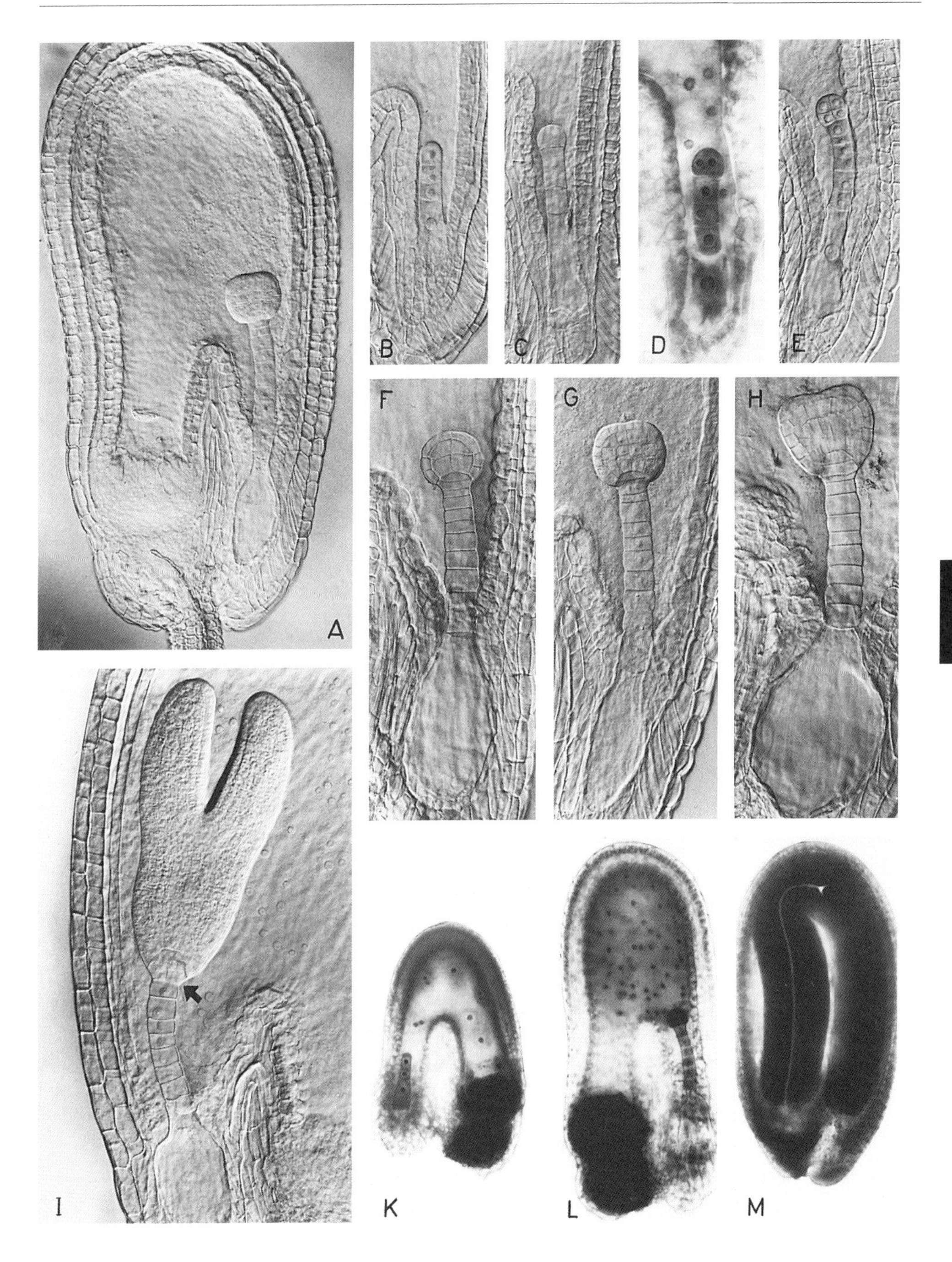

F

Proembryo. Seine Basis nimmt eine auffällig voluminöse Blasenzelle ein, die ernährungsphysiologische Bedeutung hat, während der weiteren Entwicklung konstant erhalten bleibt und selbst in reifen Samen noch unterschieden werden kann.
Die subtilen Einzelheiten des Embryos zeigen sich je nach der Präparationsweise unterschiedlich:
Unter dem Einfluß von Kaliumhydroxid verquillt der gesamte Zellinhalt, bis die Lumina aller Zellen homogen und optisch leer erscheinen; dadurch treten die Zellwände deutlich hervor (Abb. 104 C, F, H). Chloralhydrat hellt physikalisch auf, indem lediglich die Brechzahlen aller Zellkomponenten und der Umgebung einander angeglichen werden; der Zellinhalt bleibt erhalten (Abb. 104 A, B, E, G, I). Zu weiterer Differenzierung des Zellinhaltes führt das Färben (Abb. 104 D, K, L). Kaliumhydroxidpräparate sind daher hervorragend geeignet, den sukzessiven Zuwachs im Proembryo während der Samenreife anhand der Zellgrenzen zu verfolgen. Chloralhydratpräparate erlauben dagegen eine Analyse des Zellinhaltes, speziell der Zellkerne, die über den Aufbau des Embryosackes – auch sehr jugendlicher Stadien – und die Entwicklung des Endosperms, von der ersten Teilung des befruchteten Endospermkerns an, Auskunft geben.
Man kann folglich in Chloralhydratpräparaten bei sorgfältigem Fokussieren leicht den großen Zellkern der Blasenzelle erkennen, der gewöhnlich in ihrer Mitte liegt. Auf der der Mikropyle abgewandten Seite setzt sich die Blasenzelle in eine längere Zellreihe fort, in den Suspensor. An seinem Ende sitzt der eigentliche, nahezu kugelige Embryo (Abb. 104 A).
Nach dieser Orientierung findet man sich auch in den schwieriger zu analysierenden jüngeren Stadien zurecht, so daß der Aufbau des Proembryos bzw. Embryos in mehr oder weniger lückenloser Folge beobachtet werden kann (vgl. dazu auch Randschema, S. 268).
In sehr jungen Samenanlagen wird – aus der Zygote hervorgehend – zunächst der anfangs zartwandige Suspensor aufgebaut. Seine terminale Zelle, die Embryoinitiale (Abb. 104 B), wird bald durch Längswände in zwei Hälften (Abb. 104 D), darauf in Quadranten geteilt. Eine Querwand durch alle vier Zellen führt zum Oktanten (Abb. 104 E). Nachfolgend gliedert sich eine periphere Zellschicht ab, die stets einschichtig bleibt und aus der später die Epidermis der Keimpflanze hervorgeht. Gleichzeitig differenziert sich an der Anheftungsstelle des Embryos am Suspensor eine Zelle, die sogenannte Hypophyse (Abb. 104 F), deren Abkömmlinge sich am Aufbau der Wurzel und der Wurzelhaube beteiligen. Aus den zentral gelegenen Gewebeabschnitten gehen Meristeme hervor, die später das Rindenparenchym und den Zentralzylinder der Sproßachse des Keimlings aufbauen werden. Danach bilden sich – dem Suspensor abgewandt – zwei Gewebehöcker aus, die Anlagen der Kotyledonen (Abb. 104 H). Ihr weiteres Wachstum bestimmt die Gestalt der späteren Entwicklungsstadien; der Embryo erhält bald herzförmigen Umriß (Abb104 H, I).
Bereits vor der ersten Teilung der Zygote findet man in entsprechend jungem Material mitten im Lumen des Embryosackes zwei große Kerne vor. Es sind die triploiden Tochterkerne des Endospermkernes; sie dürfen nicht mit den haploiden Polkernen der unbefruchteten Samenanlage verwechselt werden. Während der Entwicklung des Embryos vermehrt sich die Zahl der Endospermkerne bedeutend (Abb. 104 I), und durch Fokussieren ist leicht zu ermitteln, daß sie vorerst alle in einer peripheren, den Embryosack auskleidenden Schicht liegen. In gefärbtem Material treten sie deutlich hervor (Abb. 104 K, L). Das weitere Wachstum des Samens ist ohne Mikrotomtechnik schwer zu verfolgen. Gefärbtes Material kurz vor der Samenreife läßt den komplettierten Embryo erkennen, der das Endosperm fast völlig resorbiert hat und den Binnenraum des Samens nahezu ausfüllt. Die Radicula weist zur Mikropyle hin. Bei der Keimung wird sie später die Mikropyle (am reifen Samen ist ihr Rest äußerlich als Hilum kenntlich) durchbrechen, so daß beim keimenden Samen immer zuerst die junge Wurzel sichtbar wird. Die Radicula setzt sich in das Hypocotyl fort, an dessen Spitze die abwärts gebogenen Kotyledonen ansetzen. An dieser Stelle ist zwischen den basalen Abschnitten der Kotyledonen die Plumula als kleiner Hügel erkennbar, das Urmeristem, aus dem sich später der Sproß der neuen Pflanze entwickelt (Abb. 104 M).

Weitere Beobachtungen: Querschnitte durch ausgereifte Samen in Alkohol zeigen den drei- (bis vier)schichtigen Bau der Testa. Nach Zutritt von Wasser setzt Verschleimung der äußeren Zell-Lage ein (keimungsphysiologische Bedeutung!).

Fehlermöglichkeiten: Im Embryosack können reichlich Ca-Oxalat-Kristalle auftreten, die das Bild in Kaliumhydroxidpräparaten maskieren. Material eines anderen Standortes verwenden oder in Chloralhydrat einbetten.
Vorsicht beim Färben. Überfärbte Präparate sind zur Beobachtung ungeeignet.

Weitere Objekte:

Ornithogalum umbellatum L. (Liliaceae), Doldiger Milchstern (Juni, Juli). Querschnitte durch reifen Samen. Endosperm mit verdickten, stark getüpfelten Zellwänden aus Reservehemicellulose.

Phoenix dactylifera L. (Arecaceae), Dattel. Dünne (sehr kleine) Quer- und Oberflächenschnitte durch den Samen. Verdickte, getüpfelte Zellwände des Endosperms aus Reservehemicellulose. Im Dunkelfeld (s. S. 21) brillante Darstellung der Plasmodesmen.

Pisum sativum L. (Fabaceae), Garten-Erbse (Juli, August). Dünne Querschnitte durch Kotyledonen fast reifer Samen in Glycerolwasser (eventuell Färbung mit Methylgrünfuchsin, Reg. 87). Parenchymzellen dicht mit kleinen Aleuron- und großen Stärkekörnern angefüllt.

Malus domestica Borkh. (Rosaceae), Garten-Apfelbaum. Dünne Querschnitte durch den reifen Samen. Aufbau der Testa von außen nach innen: farblose Epidermis mit in Wasser verquellenden Außenwänden. Mehrschichtige Lage polyedrischer Zellen mit braunen verdickten Wänden, Schichten tangential gestreckter farbloser Zellen (aus Integumenten hervorgegangen). Innerste Schicht: stark verdickte Außenwände der äußersten Zellen des Nucellus. Darunter mehrschichtige Lage von Aleurongefülltem Endosperm. Hauptmasse des Samens bildet der Embryo.

Phaseolus vulgaris L. (Fabaceae), Garten-Bohne. Makroskopische Betrachtung des Embryos nach Schälen des vorgequollenen reifen Samens: Kotyledonen, Hypokotyl, Radicula, Plumula mit ersten Laubblattanlagen. Querschnitte durch den Samen zeigen den vielschichtigen Bau der Testa: Epidermis aus zylindrischen, radial gestreckten Zellen mit stark verdickten Wänden, darunter einschichtige Lage kubischer Zellen mit großen Kristallen. Innen mehrschichtiges Gewebe aus zerdrückten, tangential gestreckten Zellen. Gewebe der Kotyledonen aus polygonalen Zellen, die neben Aleuronkörnern große, geschichtete Stärkekörner mit zentralen Rissen führen.

Ricinus communis L. (Euphorbiaceae), Rizinus. Dünner Querschnitt durch das Endosperm des geschälten Samens in 96%igem Ethanol. Große, zusammengesetzte Aleuronkörner in den polygonalen Endospermzellen. Aleuronkörner bestehen aus ovaler Albuminmatrix, darin eingebettet Proteinkristalloid und kleinere runde Globoide (organische Ca-Mg-Phosphate). Öl des Endosperms löst sich im Ethanol, daher nicht sichtbar.

Beobachtungsziel: Die Karyopse

Objekt: *Triticum aestivum* L. (Poaceae), Saatweizen. Karyopsen zur Zeit der »Milchreife«.

Präparation: Karyopsen in Alkohol einlegen oder in Carnoyschem Gemisch fixieren (Reg. 42) und zur Aufbewahrung in 70%iges Ethanol übertragen. Sie lassen sich besser schneiden, wenn man sie einige Tage zuvor in ein Gemisch von Glycerol und 70%igem Ethanol 1 : 1 einlegt. Danach
a) dünne Querschnitte anfertigen, die nur einen kleinen Abschnitt der Frucht- und Samenwand zu erfassen brauchen. Schnitte in Wasser, besser in Glycerol beobachten;
b) dünne mediane Längsschnitte durch die Basis des Korns anfertigen, die den Keimling enthält:
Das Korn zunächst entlang der Furche längs halbieren (Abb. 105 A). Eine der Kornhälften *fest* zwischen die Kuppen von Daumen und Zeigefinger so betten, daß die Längsachse des Kornes in Richtung des Daumens liegt, der Keim der Daumenkuppe zugewandt ist und von der Hand wegweist. (Wenn das Korn richtig gehalten wird, ist es nun nicht mehr zu sehen!) Danach scharfe mit Glycerol angefeuchtete Rasierklinge vorsichtig zwischen Daumen und Zeigefinger hindurchziehen. Man erhält eine Schnittfläche, die ziemlich parallel

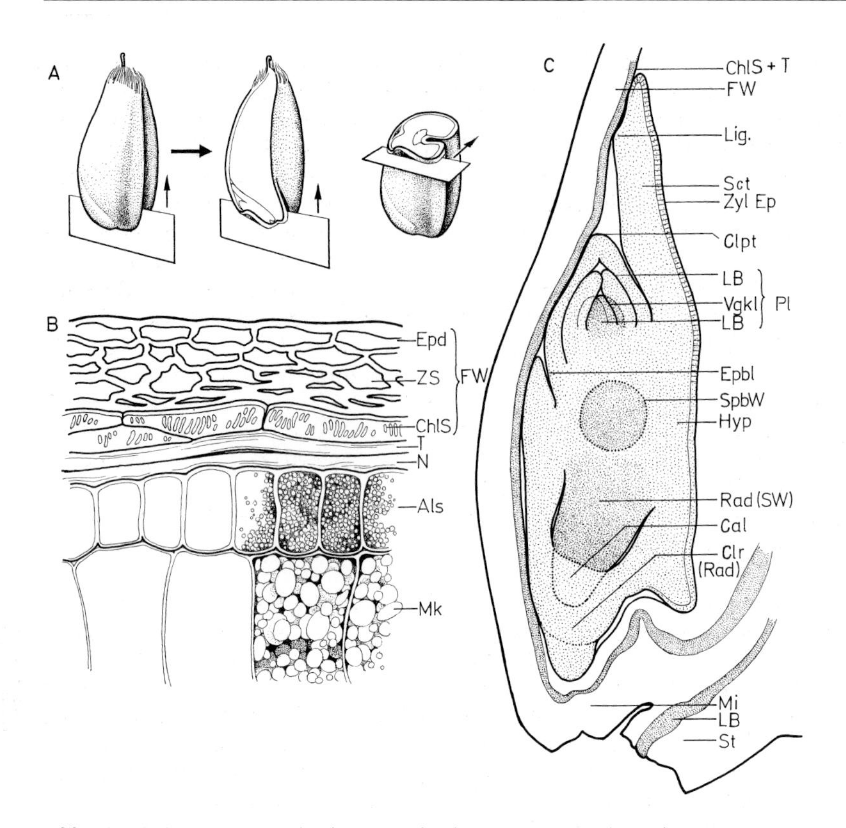

Abb. 105. *Triticum aestivum*. Periphere Gewebe der Karyopse, Bau des Embryos. **A**: Präparationsweg. **B**: Querschnitt durch die Karyopse, Bau der Fruchtwand, der Samenschale und der peripheren Endospermschichten.Epidermis **Epd**, Zwischenschichten **ZS** und Chlorophyllschicht **Chls** bilden die Fruchtwand **FW**; **T** aus dem inneren Integument hervorgegangene Testa; **N** Nucellusrest; Kleberschicht **Als** und Zellen des Mehlkörpers **MK** repräsentieren das Endosperm; 250:1. **C**: Längsschnitt durch den Embryonalbezirk des Kornes. Keimling aufgebaut aus: Keimblatt **Sct** (Scutellum), mit Ligula **Lig**, Zylinderepithel **ZylEp**; Plumula **Pl**, die sich aus Sproßscheitel **Vgkl** und Laubblattanlagen **LB** zusammensetzt und von der Koleoptile **Clpt** umschlossen ist; Hypokotyl **Hyp** mit Epiblast **Epbl** und Anlage sproßbürtiger Wurzeln **SpbW**; Radicula **Rad** mit Kalyptra **Cal**, eingeschlossen von der Koleorrhiza **Clr**. Die Radicula kann auch als endogene Seitenwurzel (**SW**) aufgefaßt werden, dann ist die Coleorrhiza die ursprüngliche Radicula (**Rad**). **Mi** Mikropylenzone, **LB** Leitbündel des Stielchens **St** der Karyopse. Übrige Bezeichnungen wie bei B; 30 : 1.

dem ersten Schnitt verläuft, der das Korn halbierte. Das Präparat ist meist noch zu dick, so daß die Manipulation wiederholt werden muß. Beobachtung in wäßrigem konzentriertem Chloralhydrat, wenn das Präparat hinreichend durchsichtig geworden ist. Schiefe Beleuchtung (Reg. 109).

Weitere Präparationsmöglichkeiten: Anfärben der Quer- und Längsschnitte mit Karminessigsäure (Reg. 73) durch Zugeben der Farblösung vom Deckglasrand her. Einsaat von lebenden, reifen Weizenkörnern in feuchte Sägespäne.

Beobachtungen (Abb.105): Der Querschnitt durch das Weizenkorn zeigt Frucht- und Samenwand miteinander verbunden. Das Korn ist eine Frucht. Diese Fruchtform, die für die Familie der Gräser typisch ist, heißt Karyopse (ähnlich gebaute Früchte gibt es bei den Asterales; sie gehen allerdings aus unterständigen Fruchtknoten hervor: Achaene).

Bei mittlerer Vergrößerung lassen sich die einzelnen Wandschichten gut voneinander abgrenzen (Abb. 105 B). Unter der Epidermis liegt die Zwischenschicht **(ZS)**, einige Lagen mehr oder weniger desorganisierter Zellen der Fruchtwand. Nach innen folgt eine gut differenzierte ein- (bis zwei)schichtige Lage tangential gestreckter Zellen, die sogenannte Chlorophyllschicht **(ChlS)**, die durch gelbbräunliche Einschlüsse kenntlich ist. Ihre tangentialen Außenwände sind verstärkt, die antiklinen Wände von zahlreichen länglichen Tüpfeln durchsetzt. Diese Chlorophyllschicht ist die innerste Schicht der Fruchtwand. Unter ihr liegt eine schmale, hell erscheinende Zone, die nur selten ihren ehemals zelligen Charakter verrät. Bei genauem Beobachten ist festzustellen, daß sie durch eine Trennlinie in zwei Lagen geschieden ist **(T, N)**. Die äußere ist der Rest des inneren Integumentes der Samenanlage und stellt folglich die Testa dar, die darunter gelegene ist der Rest des Nucellus. Nach innen schließt sich eine ziemlich mächtige Lage radial gestreckter, lückenlos aneinanderschließender, inhaltsreicher Zellen an. Es ist die Kleber- (Aleuron-)Schicht **(AlS)**. Sie ist für die Backfähigkeit des Mehles und wegen ihres Eiweißreichtums für die menschliche Ernährung von größter Bedeutung, denn der Zellinhalt besteht im wesentlichen aus dicht gepackten Aleuronkörnern. Die Kleberschicht grenzt direkt an den Mehlkörper **(MK)** des Kornes, das Endosperm, das aus großen, mit Stärkekörnern angefüllten Zellen besteht und die Masse des Korns ausmacht.

In geeigneten, median getroffenen Längsschnitten durch die Basis des Kornes fällt der Keimling auf, der vorteilhaft bei schiefer Beleuchtung und zunächst mit schwachem Objektiv beobachtet wird (Abb. 105 C).

Der Keimling liegt dem Endosperm an der Basis des Kornes seitlich und etwas schräg an. Nach außen grenzt er ohne zwischengelagerte Kleberschicht unmittelbar an die Samenschale, nach innen direkt an den Mehlkörper an. Der Kontakt zum ernährenden Endosperm wird auf großer Fläche durch das Keimblatt besorgt, das als Saugorgan ausgebildet ist und Scutellum **(Sct**, Schildchen) genannt wird. Mit stärkerer mikroskopischer Auflösung zeigt sich seine dem Mehlkörper zugewandte Seite als einschichtiges, großzelliges Zylinder- oder Palisadenepithel **(ZylEp)**. Während der Keimung vermittelt es die vom fermentativ aufgeschlossenen Endosperm zufließenden Nährstoffe an die heranwachsende junge Pflanze. Dabei lösen die Epithelzellen ihre Verbindung untereinander auf und vergrößern ihre Absorptionsfläche, indem sie zu langen, haarförmigen, zytoplasmareichen Gebilden auswachsen. Seiner Funktion als Haustorium entsprechend bleibt das Scutellum während des Keimungsablaufes in der Fruchtwand eingeschlossen, ohne selbst weiterzuwachsen.

An der Spitze des Scutellums ist bei hinreichend jungem Material ein zentrifugal orientierter Höcker zu erkennen, der als Ligula **(Lig)** angesehen werden kann.

Der oberen Hälfte des Scutellums liegt nach außen zu die Plumula **(Pl)** an. Sie besteht aus dem Sproßscheitel **(Vgkl)** und den Anlagen von meist 4 Laubblättern **(LB)**, die ihn umhüllen. Die Plumula ist ihrerseits von einer rundum geschlossenen Scheide, der Coleoptile **(Clpt)**, eingehüllt. Sie ist eine Sonderbildung der Gräser, möglicherweise als zum Keimblatt gehörige Scheide aufzufassen, und wird, nachdem sie sich während der Keimung des Kornes selbst bedeutend gestreckt hat und ergrünte, schließlich vom rascher wachsenden Laubblatt gesprengt. Auf der Außenseite des Keimes, nahe der Basis der Plumula und dem Scutellum gegenüber, fällt ein Fortsatz auf, der einer Blattanlage nicht unähnlich sieht. Es ist der Epiblast **(Epbl)**, von dem nicht sicher ist, ob er als Rest eines zweiten Keimblattes gedeutet werden kann.

Plumula und Epiblast entspringen dem kurzen Hypokotyl **(Hyp)**, das die Mitte des Keimes einnimmt.

Nach unten zu – also in Richtung zur Mikropyle **(Mi)** – setzt sich das Hypokotyl in die Radicula **(Rad)** fort. Zunächst scheint es so, als wiederholten sich im Aufbau der Wurzelanlage die Verhältnisse der Sproßknospe: Auch die junge Wurzel, vom umhüllenden Gewebe an den Flanken scharf abgesetzt und an der Spitze mit deutlicher Kalyptraanlage **(Cal)**, wird von einer speziellen Hülle, der Koleorrhiza **(Clr)**, rundum eingeschlossen. Indessen gibt es Gründe, die Koleorrhiza selbst als eigentliche Radicula aufzufassen, in deren Innerem sich, der Regel entsprechend endogen, die erste Seitenwurzel nebst Kalyptra bildet. In diesem Falle übt die Radicula (Koleorrhiza) ihre Funktion als Keimwurzel nicht

mehr aus; sie fungiert lediglich als schützende Scheide ihrer Seitenwurzel. Diese ist es, die als erstes Zeichen des Keimens die Koleorrhiza, die Mikropyle und die Fruchtwand durchbricht und als Keimwurzel in Erscheinung tritt.
Schließlich hebt sich inmitten des Hypokotyls, nahe dem Epiblast, eine kreisrunde Zone dicht gepackter Zellen ab. Es ist eine im Schnitt erfaßte Anlage der ersten sproßbürtigen Wurzel **(SpbW)**. Der Keim enthält vier solcher Anlagen, die paarweise einander gegenüberstehen. Im Zustand der Milchreife ist das der Plumula nächststehende Paar bei dieser Art der Präparation jedoch noch nicht auszumachen. Bei der Keimung überwachsen diese sproßbürtigen Wurzeln die Hauptwurzel (die aus der Radicula hervorgeht) sehr rasch. Dieses Verhalten führt zur sekundären Homorrhizie und ist für Monokotyle typisch.

Weitere Beobachtungen: In Schnitten durch den Keim, die mit Karminessigsäure gefärbt wurden, tritt der Verlauf der Prokambiumstränge im Scutellum, im Hypokotyl und den schon differenzierten Zonen der Plumula und Radicula deutlich hervor. Zahlreiche Mitosefiguren. In Querschnitten durch die Außenzone des Kornes färben sich die Zellkerne der Chlorophyllschicht, der Kleberschicht und der stärkehaltigen Endospermzellen, später auch die Aleuronkörner, die sich damit als Proteinkörner zu erkennen geben.
Die in Sägespänen keimenden Weizenkörner erlauben die genaue Beobachtung des Keimungsablaufs: Austritt der Keimwurzel nach Durchstoßen der Koleorrhiza, Wachstum der sproßbürtigen Wurzeln; Streckung und Ergrünen der Koleoptile, Durchbruch des ersten Laubblattes.
Mikroskopische Beobachtung von enzymatisch korrodierter Stärke aus dem Endosperm.

Weitere Objekte:

Der Aufbau der Karyopsen der übrigen häufigen Getreidearten

Secale cereale L. (Poaceae), Saat-Roggen
Hordeum vulgare L. (Poaceae), Mehrzeilige Gerste,
Hordeum distichon L. (Poaceae), Zweizeilige Gerste,
Avena sativa L. (Poaceae), Saat-Hafer,
ist dem des Weizens im ganzen ähnlich. Die Früchte sind kleiner und lassen sich weniger gut handhaben. Den Keimpflanzen von *Secale* und *Hordeum* fehlt der Epiblast.

5. Mitose und Meiose bei Cormophyten

5.1. Die Mitose

Zellen bzw. Zellkerne vermehren sich durch Teilung. Die Weitergabe der – in der Hauptmenge – im Zellkern in Form der DNA lokalisierten Erbinformation auf Tochterkerne bzw. in Tochterzellen muß eine weitestgehend identische Übergabe dieses Materials garantieren. Die Verteilung der im Interphasekern zunächst identisch reduplizierten Substanz geschieht nach einem Mechanismus, der in der überwiegenden Mehrzahl der tierischen wie pflanzlichen Zellen ziemlich gleichartig abläuft: der Mitose. Im Prinzip geht es dabei um das Überführen der Kernstrukturen, die die DNA enthalten (Chromosomen), in eine Transportform und eine Form, die eine identische Verteilung ermöglichen.
Der Mitoseverlauf ist kontinuierlich. Man hat ihn in 4 Phasen zergliedert:

Prophase
Metaphase
Anaphase
Telophase.

Der prämitotische Interphasekern einer teilungsbereiten Zelle erscheint nach Färbung mehr oder weniger fein granuliert, enthält einen Nukleolus (oder mehrere) und ist von einer (lichtoptisch nicht auflösbaren) Kernhülle umgeben. Die Granulierung rührt von stärker färbbarem **»Chromatin«** und schwächer färbbarer **»Karyolymphe«** her. Das Chromatin stellt im wesentlichen die DNA-Protein-Komplexe dar, die in langen, fein verknäuelten Fäden die Karyolymphe durchsetzen und die genetische Information des Kerns in Form linear angeordneter Gene tragen.

M

Zu Beginn der mitotischen

Prophase

verlagern sich Mikrotubuli aus peripheren Bereichen des Zytoplasmas in die Äquatorialebene der Zelle und um den Kern herum zum sogenannten Präprophaseband, ein Vorgang, der mit einfachen lichtmikroskopischen Mitteln nicht zu beobachten ist. Dann verkürzen und verdicken sich die Nukleoproteinfäden, indem sie sich spiralisieren. Es wird ein Zustand erreicht, in dem die Fäden lichtoptisch analysierbar werden, und in günstigen Fällen ist zu sehen, daß es sich um eine artspezifische Anzahl solcher Fäden mit artspezifischer, definierter Länge handelt. Es sind die **Chromosomen**, die im Fortgang der Prophase allmählich deutlicher erkennbar werden. Zunächst kann man bei fortschreitender Spiralisierung schon während der Prophase beobachten, daß jedes Chromosom einen Längsspalt, den sogenannten Chromatidenspalt aufweist und somit jeweils zwei **Chromatiden** umfaßt, die sich schraubig umwinden. Die Chromatiden eines jeden Chromosoms sind genetisch identisch. Im Verlauf der Prophase lösen sich die Nukleoli als Struktur auf. Gegen Ende dieser Phase sind die Chromosomen stark verkürzt und dick. In Form mäandernder Schleifen verlagern sie sich an die Peripherie des Kernes. In den meisten Fällen lassen sie in diesem Zustand morphologische Besonderheiten erkennen, an denen man sie unterscheiden kann. Ein Merkmal, das jetzt in Erscheinung tritt, ist z. B. die **»primäre Einschnürung«**, ein nicht färbbarer Chromosomenabschnitt, der keinem Chromosom fehlt. Hier sitzt das **Centromer** (Kinetochor), das sog. Bewegungszentrum des Chromosoms. Wenn das Centromer in der Mitte des Chromosoms liegt (metazentrisch), hat das Chromosom zwei gleichlange Schenkel; sitzt es außerhalb der Mitte (akrozentrisch), sind die Chromosomenschenkel ungleich; in seltenen Fällen ist das Chromosom nur einschenkelig, nämlich dann, wenn das Centromer endständig ist.

Inzwischen zerfällt die Kernhülle in einzelne Zisternen, die in das Zisternensystem des endoplasmatischen Reticulums einbezogen werden (Kerneröffnung). Gleichzeitig beginnt der Aufbau der Kernspindel. Er geht von tubulären Strukturen an den Zellpolen aus (Polkappen). Die Kernspindel wird als faserige Zytoplasmastruktur sichtbar (Bündel submikroskopischer Mikrotubuli), die die Zelle bald von Pol zu Pol durchzieht und im ganzen meist spindelförmig gestaltet ist.

Metaphase

Die Chromosomen ordnen sich so in der Äquatorialebene der Zelle an, daß ihre Arme nach außen und ihre Centromeren zentralwärts weisen. Während ein Teil der Spindelfasern durch die Äquatorialebene hindurch von Zellpol zu Zellpol reicht (Zentralfasern), erhält ein anderer Teil Kontakt zu den Centromeren der Chromosomen (Chromosomenfasern). Die Chromosomen sind in dieser Phase maximal kontrahiert, sehr dicht und zeigen den Chromatidenspalt besonders deutlich. Nachdem sich in jedem Chromosom das Centromer geteilt hat und somit jede Chromatide über ein Bewegungszentrum verfügt, beginnt die

Anaphase.

Sie läuft sehr rasch ab. Die Chromatiden trennen sich voneinander (Beginn in der Centromerenregion). Je ein kompletter Satz von Chromatiden wandert zu den Zellpolen. Dabei spielen die Chromosomenfasern der Kernspindel offenbar eine wesentliche Rolle. Jedoch ist der Mechanismus, nach dem sich der Transport der Chromatiden (jetzt **Tochterchromosomen**) vollzieht, noch nicht sicher geklärt. Während der Anaphase wird die Zentralregion der Zelle übersichtlicher, so daß nun die am Transport der Tochterchromosomen unbeteiligten Zentralfasern hervortreten. Die Chromosomenwanderung endet nahe den Zellpolen. Damit wird die

Telophase

eingeleitet. Die Tochterchromosomen verdichten sich zu kompakten Komplexen. Danach entspiralisieren sie sich in einer Weise, die die Vorgänge während der Prophase rückläufig wiederholt. Nachdem neue Nukleoli und Kernhüllen gebildet wurden, gleichen die Tochterkerne schließlich dem Mutterkern, aus dem sie hervorgingen.
Während der **Rekonstruktion** der Kerne teilt sich (meist) die Zelle. Im Bereich der vorerst erhalten bleibenden Zentralfasern der Spindel verdichtet sich das Zytoplasma und bildet den meist tonnenförmigen **Phragmoplasten** aus. Inzwischen sammeln sich zahlreiche Golgi-Vesikel, aus denen sich die Mittellamelle und Plasmamembran entwickeln. Auf diese Primordialwand kondensiert nachfolgend das Baumaterial der neuen Zellwand. Der Phragmoplast dehnt sich in zentrifugaler Richtung aus und nimmt die Gestalt eines Ringes an, der größer werdend schließlich die angrenzenden Zellwände der Mutterzelle erreicht. Gleichzeitig wächst die junge Primordialwand in zentrifugaler Richtung, bis sie rundum Anschluß an die Mutterzellwand findet. Der nunmehr vollendeten Mitose folgt die **Interphase,** während der die Zelle die bei der Teilung halbierten Substanzmengen durch Synthese auffüllt.
Neben diesem normalen Gang kann die Mitose in besonderen Zellen und Geweben auch anders ablaufen. Verzögerung oder Ausbleiben der Zellteilung nach der Kernteilung führt zu vorübergehend oder beständig mehrkernigen Zellen (z. B. im jungen Megaprothallium der Gymnospermen und im nukleären Endosperm der Angiospermen. Dauernde Mehrkernigkeit im Antherentapetum der Angiospermen, in Milchröhren und bei übergroßen Zellen, z. B. bei einigen niederen Pflanzen). Wenn sich während der Mitose die Kernhülle nicht auflöst und sich keine Spindel bildet, kommt es durch **Endomitose** zur **Polyploidie** (doppelter bis vielfacher Chromosomensatz in ein und demselben Kern), da sich nach der (meist maskiert verlaufenden) Chromatinverdoppelung keine Tochterkerne bilden können

(häufig in stoffwechselaktiven Zellen, z. B. im Antherentapetum und im Bereich der Samenanlagen mancher Angiospermen, auch bei Characeen).

Beobachtungsziel: Mitose

Objekt: *Allium cepa* L. (Liliaceae), Zwiebel-Lauch, Küchen-Zwiebel. Wurzelspitzen.

Präparation: Kräftige, trockene Zwiebeln auf wassergefüllte Standgläser (z. B. runde Färbeküvetten) aufsetzen, daß der Zwiebelboden die Wasseroberfläche fast berührt. Bei Zimmertemperatur treiben die Zwiebeln nach wenigen Tagen Wurzeln. Das Treiben der Wurzeln wird gefördert, wenn der »Zwiebelkuchen« am Rande mit der Rasierklinge geritzt wird. Wenn eine lohnende Anzahl Wurzeln etwa 1 cm lang ist, Gefäße etwa 2 Std. kühl stellen (etwa 10 °C). Danach das abgekühlte Wasser durch warmes (etwa 25 °C) ersetzen. Nach ungefähr 30 min Wurzeln abschneiden und sofort nach Carnoy (Reg. 42) fixieren. Die »abgeernteten« Zwiebeln treiben weitere Wurzeln, die nach Fixierung in 70%igem Ethanol gesammelt werden können. Zwiebelwurzeln aus dem 70%igen Ethanol (oder sofort aus dem Carnoyschen Gemisch) in Karminessigsäure übertragen, nach Reg. 73 weiter präparieren und sofort beobachten. Die Präparate sind nicht haltbar.

Weitere Präparationsmöglichkeiten: Zwiebelwurzeln nach Nawaschin (Reg. 42) oder nach Lavdowski (Reg. 42) fixieren. Weitere Präparation nach Reg. 29 oder 93. Vorteile des erhöhten Aufwandes: Fixierung lebensnaher, wesentlich brillantere Bilder, bei Feulgenscher Nuklealreaktion reine DNA-Darstellung, bei Färben mit Eisenhämatoxylin nach Heidenhain Aufbau der Spindel und Vorgänge bei der Zellteilung dargestellt. Die Verfahren führen zu sehr haltbaren Dauerpräparaten.
Zwiebelwurzeln nach Fixieren im Gemisch nach Nawaschin (Reg. 42) oder Lavdowski (Reg. 42) mit dem Mikrotom längs und in geringerer Anzahl auch quer schneiden (Reg. 90) und nach Reg. 28 oder 93 färben und einbetten.

Beobachtungen (Abb. 106, 107); Präparate bei mittlerer Vergrößerung durchmustern und so lange weiterpräparieren, bis Bilder gut liegender und klarer Mitosestadien gelungen sind. Dann mit stärkstem Objektiv beobachten.
Der Ablauf der Mitose ist auf S. 293 und 294 beschrieben, und die wesentlichen Stadien sind in Abb. 106 dargestellt. Bei den einzelnen Phasen auf folgende Details besonders achten:

M

Prophase: Die Prophase beginnt mit nahezu unmerklicher Vergröberung der granulären Strukturen, die schon in den Interphasekernen zu sehen sind (Abb. 106 A, B). Bei geglückter Präparation befinden sich die meisten Zellkerne des präparierten Meristems in der Prophase. Das ist ein Hinweis auf die rasche Teilungsfolge der Zellen des untersuchten Gewebes und darauf, daß die Prophase ziemlich lange andauert. In der Vielzahl der Prophasestadien sind alle Bilder zu finden, die die allmähliche Kontraktion der Chromosomen (Verdichtung, Verdickung, Verkürzung) zeigen, bis sich die Chromosomen als breite, hin und her gewundene Bänder an der Oberfläche des Kernraumes ansammeln (Abb. 106 C). Auch in späten Stadien sind die Chromosomen noch kaum als Individuen zu erkennen, sehr wohl aber ihr Aufbau aus zwei Chromatiden (Abb. 106 D). Gleichzeitig verschwindet der (schwächer angefärbte) Nukleolus.

Frühe Metaphase: Das Stadium findet man ebenfalls ziemlich häufig
(Hinweis auf relativ lange Dauer). Es ist durch die dichte Anfärbung der Chromosomen leicht aufzufinden. Chromatidenspalt weniger deutlich. Die Chromosomen wandern zur Äquatorialebene der Zelle hin und füllen oft den größten Teil des Zellraumes aus, ein Indiz dafür, daß die Kernhülle inzwischen aufgelöst wurde (Abb. 123E).

Metaphase: Als kurz dauernder Endzustand der Prometaphase relativ selten. Die Bilder sind im hier beobachteten Material ziemlich unübersichtlich, da die Metaphasechromosomen bei *Allium* auch bei stärkster Kondensation noch recht lange Arme haben und die Teilungsfigur fast immer nur von der Seite zu sehen ist. An Chromosomenarmen, die aus

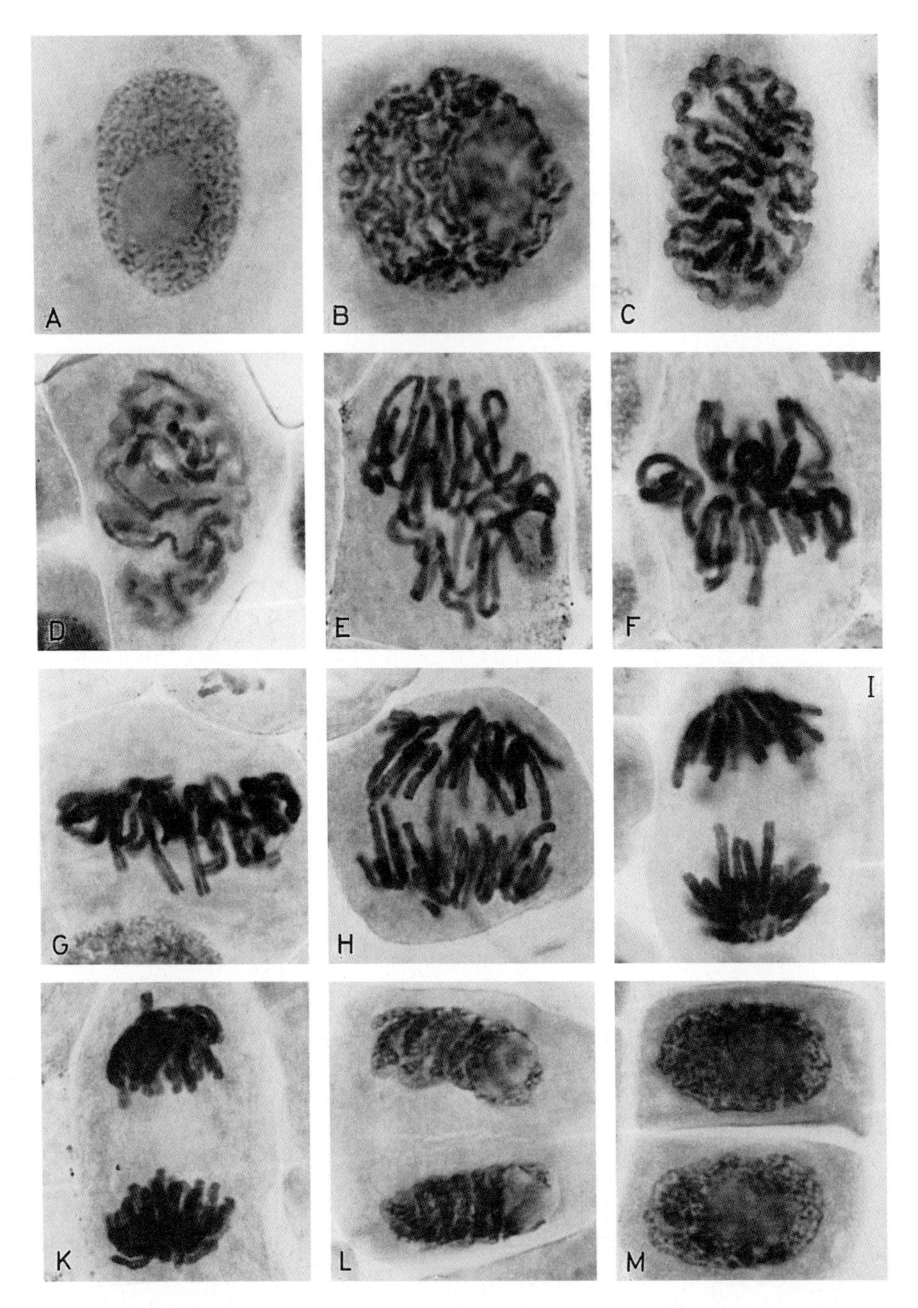

Abb. 106. *Allium cepa.* Mitotische Kernteilung in Zellen des Wurzelspitzenmeristems. Quetschpräparate nach Färbung in Karminessigsäure; 1500 : 1. **A**: Prämitotischer Interphasekern. **B**: Frühe Prophase. **C, D**: Fortgeschrittene Prophase, in D Chromatidenspalt sichtbar. **E**: Übergang zur Metaphase. **F, G**: Metaphase, Chromosomen mit Chromatidenspalt. **H-K**: Fortschreitende Anaphase, in I unten bereits erneute Auftrennung der Tochterchromosomen in Chromatidenpaare. **L**: Telophase. **M**: Beginnende Interphase der Tochterkerne. (Plasmatische Spindelfiguren und Zellteilung bleiben bei dieser Art der Präparation undeutlich).

der dichten Äquatorialzone herausragen, ist der Chromatidenspalt inzwischen nicht mehr zu übersehen (Abb. 106 F, G). An zufällig einzeln liegenden Chromosomen kann man die »primäre Einschnürung« als Sitz des Centromers erkennen. Sie liegt bei den meisten *Allium*-Chromosomen nahe der Chromosomenmitte. Die Kernspindel ist nur in nach Heidenhain gefärbten Präparaten sichtbar. Gewöhnlich ist in ein und derselben Zelle entweder die Kernspindel oder der Chromatidenspalt in den Chromosomen gut dargestellt, je nachdem, ob kürzer oder länger differenziert wurde (Abb. 107 A). Die Aufsicht auf Metaphaseplatten ist auch in längs orientierten Mikrotomschnitten sehr selten, aber in entsprechenden Querschnitten häufig. (Bei anderen Objekten sind die Metaphasen oft übersichtlicher, so daß man diese Phase gern zum Zählen der Chromosomen und Beurteilen ihrer Gestalt heranzieht – Karyotypanalyse.)

Anaphase: Rasch ablaufend, daher weniger häufig in den Präparaten zu finden. Bei geglückter Präparation ist schon der neue Chromatidenspalt der Tochterchromosomen auszumachen (Abb. 106 I). In Hämatoxylinpräparaten werden im Bereich der Zellmitte die Zentralfasern der Spindel sichtbar (Abb. 107 B).

Telophase: Bilder der Telophase sind häufig (lange Dauer, aber kürzer als Prophase). Die undurchsichtig kompakten Komplexe der Tochterchromosomen hellen zunehmend auf, bis

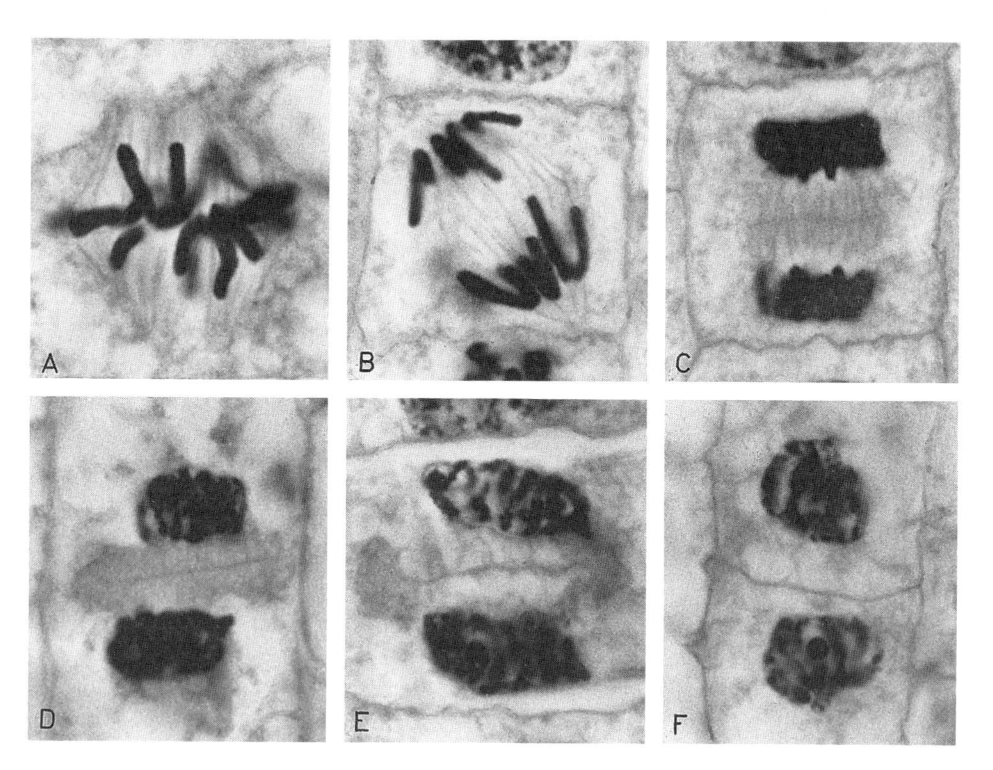

Abb. 107. *Allium cepa.* Mitotische Spindelfiguren und Zellteilung im Wurzelspitzenmeristem. Mikrotomschnitte, gefärbt mit Eisenhämatoxylin nach Heidenhain; 1500 : 1. **A**: Metaphase mit Teilungsspindel. **B**: Anaphase, ein Teil der Spindelfasern setzt nicht an den Centromeren der Chromosomen an, sondern durchzieht die Zelle von Pol zu Pol (= Zentralfasern). **C**: Telophase, Beginn der Ausbildung des Phragmoplasten und der Primordialwand. **D**: Fortgeschrittene Telophase, zentrifugales Wachstum des Phragmoplasten und der Primordialwand. **E**: Fortgeschrittene Telophase, weitere Differenzierung der jungen Zellwand. Der Phragmoplast hellt zentral auf und gestaltet sich zu einem zwischen den Tochterkernen liegenden Ring um. **F**: Junge Tochterzellen; die neue Zellwand ist an die Wand der Mutterzelle angeschlossen.

M

Bilder entstehen, die denen der Prophase ähneln (Abb. 106 L). Die Kerne nehmen ovale Gestalt an und grenzen sich scharf gegen das Zytoplasma ab. Das läßt darauf schließen, daß neue Kernhüllen gebildet wurden. Gleichzeitig erscheinen die Nukleoli. Der Übergang zum typischen Bild der Interphasekerne vollzieht sich in feinen Stufen, die sich nur schwer voneinander unterscheiden lassen. Mit Hämatoxylin gefärbte Präparate liefern nähere Information über die parallel verlaufende Zellteilung: Die Zentralfasern der Spindel zwischen den telophasischen Chromosomenkomplexen verdichten sich, der Phragmoplast wird sichtbar; gleichzeitig erscheint die zarte Primordialwand in der Äquatorialebene der Mutterzelle (Abb. 107 C). Zuweilen sind in ihrem Bereich winzige stärker lichtbrechende »Tröpfchen« zu sehen. Es folgen zentrifugales Wachstum des Phragmoplasten und der Primordialwand (Abb. 107 D), zentrales Aufhellen des Phragmoplasten, der dadurch (in dreidimensionaler Ausdehnung gedacht) ringförmige Gestalt annimmt (Abb. 107 E), Anschluß der jungen Zellwand an die Wand der Mutterzelle und Auflösen des Phragmoplasten (Abb. 107 F).

Weitere Beobachtungen: Eine einzige Zellreihe, die die Wurzelspitze genau axial längs durchzieht (in median getroffenen Mikrotomlängsschnitten leicht zu finden), besteht aus besonders großen Zellen mit polyploiden Kernen. Nach Feulgenreaktion bleiben die Nukleoli der Kerne unsichtbar. Sie enthalten keine DNA.

Weitere Objekte:

Zum Studium der Mitose eignen sich viele Objekte, z. B. Wurzelspitzenmeristeme vieler höherer Pflanzen. Man geht zweckmäßig vom Samen aus, der auf feuchtem Filterpapier in geschlossenen Petrischalen zum Keimen gebracht wird.

Vicia faba L. (Fabaceae), Sau-, Pferde-, Puffbohne. Chromosomen groß, Trabantchromosomen.
Hordeum vulgare L. (Poaceae), Mehrzeilige Gerste.
Triticum aestivum L. (Poaceae), Saatweizen.
Secale cereale L. (Poaceae), Saatroggen.

Mitose der Mikrosporenmutterzellen in Antheren der Angiospermen. Von sehr jungem Material ausgehen! Die Mikrosporenmutterzellen vollziehen später die Meiose, die nicht mit der Mitose verwechselt werden darf. In mitpräparierten Tapetumzellen sind zuweilen auch Endomitosen zu beobachten. Die Objekte eignen sich besonders gut für Quetschtechniken.

Lilium candidum L. (Liliaceae), Weiße Lilie, Madonnenlilie,
Frittillaria imperialis L. (Liliaceae), Kaiserkrone.
Hemerocallis flava L. (Liliaceae), und *H. fulva* L., Gelbe und Rotgelbe Taglilie.

Zahlreiche, meist synchron ablaufende Mitosen finden sich im jungen Endosperm des nukleären Typs, das aus befruchteten Samenanlagen herauspräpariert werden kann. Triploidie. Quetschen!

Delphinium elatum L. (Ranunculaceae), Hoher Rittersporn.
Aconitum napellus L. (Ranunculaceae), Blauer Eisenhut.
Eranthis hiemalis (L.) Salisb. (Ranunculaceae), Winterling, Gelber Winterstern (Februar, März!).
Fritillaria imperialis L. (Liliaceae), Kaiserkrone.

Synchron ablaufende Mitosen im jungen Megaprothallium der Gymnospermen, vgl. S. 259!

Der Ablauf der Mitosen ist in lebenden Haaren oft gut zu beobachten.
Tradescantia virginiana L. (Commelinaceae) oder *Zebrina pendula* Schnizl (Commelinaceae), Staubfadenhaare aus ungeöffneten Blüten herauspräparieren. in 3%ige Saccharoselösung legen und beobachten (Feuchtkammer. Aperturblende weitgehend schließen oder Phasenkontrast bzw. Interferenzkontrast, s. S. 21 benutzen).

5.2. Die Meiose

Das Wesentliche aller sexuellen Vorgänge ist die Verschmelzung zweier Gameten zu einer Zygote. Dabei verschmelzen auch die Zellkerne der Gameten (Karyogamie), so daß der Zygotenkern je einen kompletten Satz »mütterlicher« und »väterlicher« Chromosomen enthält. Im Kern der Zygote ist jedes Chromosom zweimal vorhanden (**homologe Chromosomen**), er ist diploid. Zu irgendeinem Zeitpunkt der Ontogenese zwischen Zygote und erneuter Gametenbildung ist ein Mechanismus notwendig, der den doppelten Chromosomensatz (2 n) von solchen Zellen oder Zellkomplexen, aus denen wieder Gameten hervorgehen, auf den einfachen Satz (n) zurückreguliert. Die Anzahl der Chromosomensätze würde sich sonst in der Generationsfolge vervielfachen. Diese Reduzierung der Chromosomenzahl auf den einfachen Satz erfolgt durch die Meiose (»Reduktionsteilung«). Im Unterschied zur Mitose werden nicht identisch replizierte DNA-Stränge (Chromatiden), sondern ganze Chromosomen (die Homologen der Eltern) auf die Tochterkerne verteilt. Weil die Chromosomen Träger der Gene sind, führen Einzelheiten im Verlauf der Meiose zu Folgen, die über die Funktion der Reduzierung der Chromosomenzahl hinausgehen: Sie sichern durchgreifende Neukombinationen und Austausch des genetischen Materials. Damit ist die Meiose von grundlegender Bedeutung für die Evolution.

Der Prozeß kann in einzelne Abschnitte mit charakteristischen Merkmalen untergliedert werden (Abb. 108):

Prophase I
 Leptotän
 Zygotän
 Pachytän
 Diplotän
 Diakinese
Metaphase I
Anaphase I
Telophase I
} heterotypische Teilung

Meiotische Interkinese

Prophase II
Metaphase II
Anaphase II
Telophase II
} homöotypische Teilung

Eine Reihe wichtiger genetischer Ereignisse, zu denen die Meiose führt, werden in der Prophase I eingeleitet. Ihr Ablauf ist komplizierter und dauert länger als bei der Mitose. Sie beginnt mit dem

Leptotän:

Die im promeiotischen Kern weitgehend entspiralisierten Chromosomen beginnen sich zu spiralisieren und werden als feine, aber definierte Fäden sichtbar. Ihr Aufbau aus je zwei Chromatiden je Chromosom ist noch nicht zu erkennen (Abb. 108 B). Aber in günstigen Fällen sind auf den Fäden DNA-reiche, stark färbbare »Punkte« unterschiedlicher Größe und Gestalt zu unterscheiden, die **Chromomeren,** die in artspezifischem Muster perlschnurartig auf den Chromosomen aufgereiht sind. Im darauffolgenden

Zygotän

beginnt die Paarung der homologen Chromosomen (= Synapsis). Die jeweils von der Mutter und vom Vater stammenden Homologen legen sich – von einem Ende, einem beliebigen Punkt oder von mehreren Orten aus beginnend – nebeneinander und umwinden

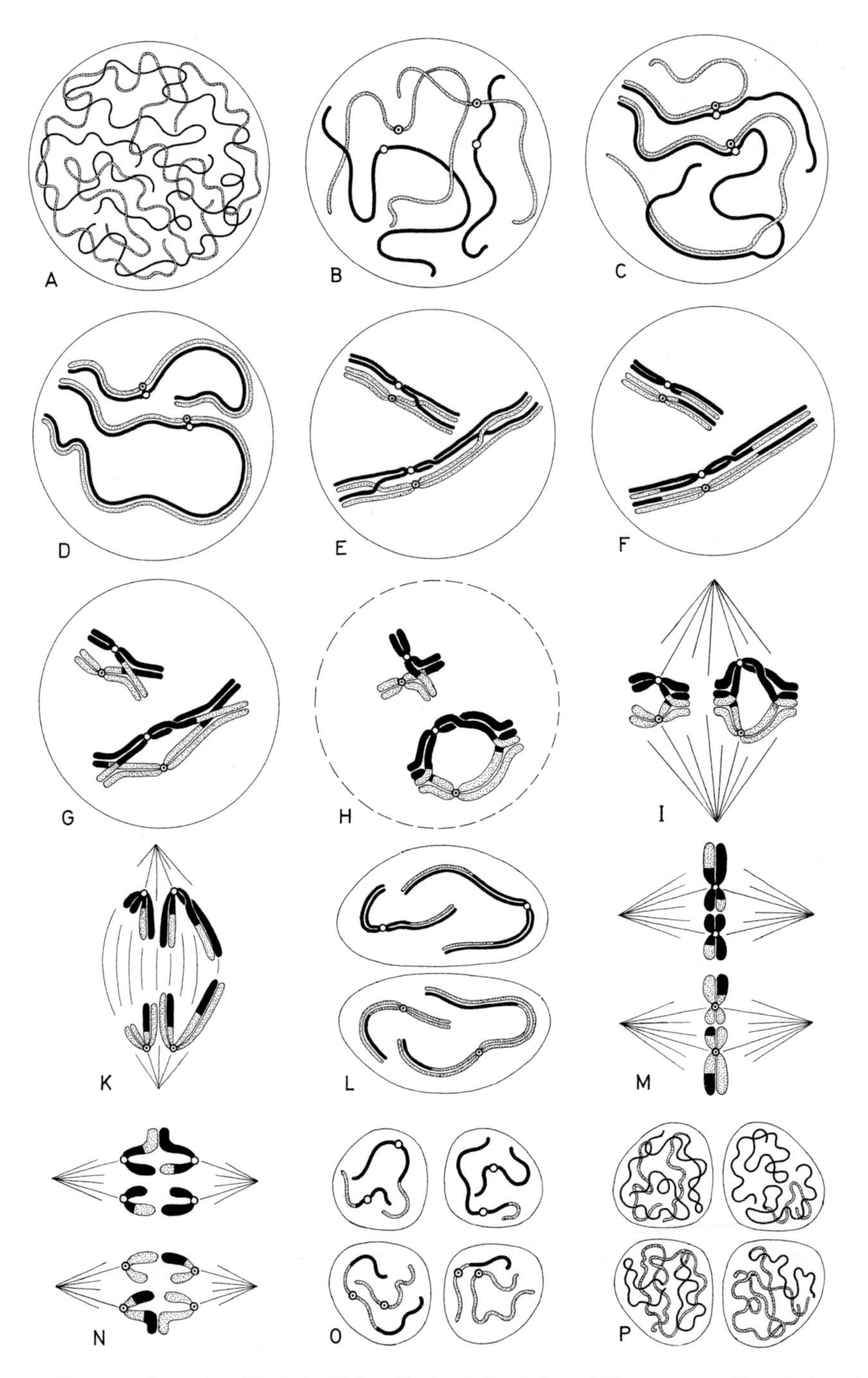

Abb. 108. Schema des Ablaufs der Meiose für eine Zelle mit 2n = 4 Chromosomen. Einer der homologen Partner der Mutterzelle jeweils schwarz, der andere punktiert und mit Punkt im Centromer. **A**: Prämeiotischer Kern. **B**: Leptotän. **C**: Unvollendetes Zygotän (= Amphitän). **D**: Vollendetes Zygotän (= frühes Pachytän). **E**: Pachytän mit Crossing-over der (hier dargestellten) Chromatiden der Homologen. **F**: Pachytän nach Reparatur der Chromatidenbrüche – die Vorgänge in E und F vollziehen sich in Wahrheit zu früheren Zeitpunkten der meiotischen Prophase. **G**: Diplotän. **H**: Diakinese. **I**: Metaphase 1. **K**: Anaphase 1. **L**: Prophase II. **M**: Metaphase II. **N**: Anaphase II. **O**: Telophase II. **P**: Postmeiotische Tetrade. Einzelheiten im Text.

sich in der Regel (Abb. 108 C). Anhand des Chromomerenmusters wird deutlich, daß sich die Homologen in genau entsprechenden Abschnitten paaren. Das unvollendete Zygotän mit gepaarten und ungepaarten Abschnitten der Homologen wird auch als *Amphitän* bezeichnet. Während des Fortgangs der Paarung wird der Prozeß des Spiralisierens und Verkürzens der Chromosomen fortgesetzt. Sobald die Homologen in ihrer ganzen Länge nebeneinanderliegen, beginnt das

Pachytän:

Der Kern enthält jetzt so viele Paarungsverbände **(Bivalente, Gemini)**, wie dem haploiden Chromosomensatz entspricht. Sie spiralisieren sich weiter, werden kürzer und dicker (Abb. 108 D-F). Feinere Prozesse innerhalb der Bivalente, die sich während dieser Phase (wohl auch schon während des Zygotäns) abspielen, werden im zytologischen Bild jedoch erst im

Diplotän

deutlich. Die in den Bivalenten vereinigten Homologen beginnen, wieder auseinanderzuweichen (Reduktionsspalt). Aber an bestimmten Punkten, den **Chiasmata**, bleiben sie aneinander haften. In vielen Fällen ist jetzt zu erkennen, daß jedes Einzelchromosom aus zwei Chromatiden besteht, ein Bivalent also aus vier Chromatiden (Chromatidentetrade). An den verbleibenden Haftpunkten überkreuzen sich einzelne Chromatiden, so daß das Bivalent nicht auseinanderfallen kann (Abb. 108 G). Die Chiasmata werden durch das schon im Pachytän oder früher stattfindende **crossing over** verursacht. Schon in diesen Phasen kommt es zu Überkreuzungen der dicht beeinander liegenden **homologen Chromatiden** (Abb. 108 E). Nahe den Kreuzungspunkten können die Chromatiden brechen. Die Bruchstellen heilen nach reziprokem Austausch wieder zusammen (Abb. 108 F). Wenn die Homologen im Diplotän wieder auseinanderweichen, ist das an den crossing-over-Punkten einleuchtenderweise nicht mehr möglich. Während der darauffolgenden

Diakinese

liegen die nahezu maximal spiralisierten Bivalente nahe der Kernhülle. Die Trennung der Homologen setzt sich in der Weise fort, daß sich die beiden Centromeren jedes Bivalentes möglichst weit voneinander entfernen, so weit, wie es die benachbarten Chiasmata zulassen. Die Überkreuzungsstellen wandern dabei auf die Enden der Bivalente zu (Terminalisation). Bivalente mit nur einem Chiasma nehmen dabei Kreuzform an, bei zwei Chiasmata entsteht ein Ring (Abb. 108 H); bei Vorhandensein von mehreren Chiasmata bilden sich kettenförmige Strukturen (Abb. 109 D). Auflösung der Kernhülle und Ausbildung einer Teilungsspindel leiten die

Metaphase I

ein. Gleichzeitig ordnen sich die nunmehr maximal kontrahierten Bivalente in der Äquatorialebene der Zelle an, und zwar so, daß der Zufall bestimmt, ob die Centromeren des mütterlichen oder des väterlichen Partners jedes Bivalents mit Spindelfasern des einen oder des anderen Zellpols Kontakt erhalten (Abb. 108 I). In der darauffolgenden

Anaphase I

trennen sich die Chromosomen voneinander. Die bereits terminalisierten Chiasmata können vollends gelöst werden, und die Chromosomen wandern einzeln zu den Zellpolen (Abb. 108 K). Entsprechend der zufälligen Anordnung der Bivalente in Metaphase I können folglich mütterliche und väterliche Chromosomen in ein und dieselbe Tochterzelle gelangen. Die

Telophase I

gleicht der mitotischen Telophase: Die Chromosomen entspiralisieren sich, und die beiden Tochterkerne bilden eine neue Kernhülle aus. In jedem Kern ist die Chromosomenzahl nunmehr auf den einfachen Satz (n) reduziert, da in der Anaphase I ganze Chromosomen (und nicht Chromatiden wie bei der Mitose) auf die Tochterzelle verteilt wurden. Indessen ist es von Interesse, den genetischen Bestand dieser Kerne zu betrachten. Grundsätzlich ist er ungleich:

- Die zufällige Verteilung der mütterlichen und väterlichen Chromosomen auf die Tochterkerne realisiert die Mendelsche Regel der freien Kombinierbarkeit der Gene.
- Jedes (als Ganzes in einen der Tochterkerne gelangende) Chromosom enthält eine mehr oder weniger große Anzahl von Genen. Das entspricht der Regel, daß bestimmte Faktoren miteinander gekoppelt vererbt werden.
- Durch crossing over werden mit den Chromatidenabschnitten auch Gengruppen *vor* der Verteilung auf die Tochterzellen ausgetauscht. Für diese ausgetauschten Chromatidenabschnitte (und nur für sie!) verlief die als heterotypisch bezeichnete, erste meiotische Teilung strenggenommen wie eine gewöhnliche Mitose (Trennung der homologen Chromatiden in der Anaphase). Man spricht hier von **Postreduktion**, da diese homologen Chromatidenabschnitte erst später in der Anaphase der homöotypischen zweiten meiotischen Teilung auf zwei verschiedene Zellen verteilt werden. **Präreduktion** tritt nur für die dem Centromer unmittelbar benachbarten bis zum nächstliegenden Chiasma reichenden Bezirke jedes Chromosoms mit Sicherheit ein. Das crossing over entspricht der genetischen Regel, daß auch in Kopplungsgruppen vereinigte Faktoren entkoppelt und nach statistischen Gesetzen frei vererbt werden können. Dabei ist die Austauschhäufigkeit zwischen Genen proportional ihrer Entfernung voneinander auf dem Chromosom.

Während der *meiotischen Interkinese* entspiralisieren sich die Chromosomen, und die Kerne gleichen dann weitgehend mitotischen Interphasekernen. Allerdings findet keine (für die mitotische Interphase stets typische) DNA-Replikation statt.
Telophase I, Interkinese und Prophase II können wegfallen oder nur unvollkommen ausgebildet werden, so daß bei diesen Formen auf die Anaphase I sofort die Metaphase II folgt. Die

Prophase II

entspricht in ihrem Bild der mitotischen Prophase (allerdings mit haploidem Chromosomensatz, Abb. 108 L). Auch die

Metaphase II

gleicht der mitotischen Metaphase, in der Regel mit deutlicheren Chromatidenspalten (Abb. 108 M). Gegen Ende der Phase teilen sich die Centromeren der Chromosomen und erhalten Kontakt zu den Fasern der gleichzeitig ausgebildeten Spindeln. In der

Anaphase II

werden die Chromatiden jedes Chromosoms auf die vier entstehenden Tochterzellen **(Gonen)** verteilt (Abb. 108 N). Im crossing over ausgetauschte Chromatidenabschnitte werden erst jetzt reduziert (Postreduktion). Die

Telophase II

läuft wie in der Mitose ab und bildet den Übergang zum postmeiotischen Kern, in dem sich die (für jeden Kern in haploider Anzahl vorhandenen) Chromosomen entspiralisieren und eine neue Kernhülle gebildet wird (Abb. 108 O).

Chromosomen- und Genommutationen sind meist von tiefgreifender Wirkung auf den Ablauf der Meiose. Darauf soll hier nicht näher eingegangen werden.

Die Wände der Zellen, die den entstehenden vier Kernen zugeordnet sind, bilden sich sippenspezifisch **sukzedan** (erste Wand während Telophase I, die beiden zweiten Zellwände während Telophase II) oder **simultan** (alle Zellwände entstehen erst während Telophase II).
In den meisten Fällen sind alle aus einer postmeiotischen Tetrade hervorgehenden Gonen gleich groß und funktionstüchtig. Dieser Umstand gilt jedoch nicht durchgängig. Im weiblichen Geschlecht entsteht oft nur eine große funktionsfähige Zelle (z. B. die Eizelle bei einigen niederen Pflanzen, die Megaspore bei Gymnospermen und Angiospermen), die drei übrigen sind viel kleiner und gehen zugrunde.

Beobachtungsziel: Meiose

Objekt: *Lilium candidum* L. (Liliaceae), Weiße Lilie, Madonnenlilie. Antheren aus Knospen von 1 bis 1,5 cm Länge (Mai bis Mitte Juni).

Präparation: Antheren (an heißen Tagen möglichst frühmorgens) aus entsprechend jugendlichen Knospen herauspräparieren und *sofort* nach Reg. 42 in Carnoyschem Gemisch fixieren, in 70%iges Ethanol überführen oder gleich weiter verarbeiten; Übertragung in Karminessigsäure, und Quetschpräparate nach Reg. 73 herstellen. Sofort beobachten, da sich die Präparate nicht halten.
Vor dem Fixieren größerer Materialmengen überzeuge man sich vorteilhaft an Stichproben, die unfixiert in heißer Karminessigsäure (Reg. 73) gequetscht werden, ob die gesuchten Meiosestadien vorhanden sind.

Weitere Präparationsmöglichkeiten: Nach Carnoy-Fxierung Feulgensche Nuklealreaktion nach Reg. 93 oder Färbung mit Eisenhämatoxylin nach Heidenhain (Reg. 29). Vorteil: brillante Bilder und haltbare Dauerpräparate.

M

Beobachtungen (Abb.109,110): Bei mittlerer Vergrößerung sieht man verschiedene Formen von Zellen, die gewöhnlich regellos nebeneinander liegen: Zellen unterschiedlicher Gewebe der Antherenwand (klein, oft langgestreckt, meist mit kleinem, dichtem Kern), Tapetumzellen (groß, mit zwei großen Kernen), Mikrosporenmutterzellen (Archespor – groß, rundlich mit großen, oft in Mitose befindlichen Kernen – Material zu jung). Mikrosporenmutterzellen, die in Meiose begriffen sind, und junge Mikrosporen nach der Meiose (annähernd stumpf-spindelförmig mit ziemlich großem, dichtem Kern; junger, einkerniger Pollen, der an der strukturierten Sporenwand erkennbar ist: Material zu alt). Es muß so lange präpariert werden, bis ein Präparat die gesuchten Meiosestadien enthält. Man kann sich dabei den Vorteil zunutze machen, daß die Antherenspitze in ihrer Entwicklung weiter fortgeschritten ist als ihre Basis und daß die gesuchten Zellen oft bevorzugt an der Peripherie des gequetschten Zellkomplexes zu finden sind. Die Häufigkeit, mit der die einzelnen Phasen der Meiose in den Präparaten aufzufinden sind, richtet sich nach der Dauer dieser Phasen.

Einige Richtwerte:

Prophase: Leptotän bis Pachytän	20 Std.
Diplotän und Diakinese	je 10 Std.
Metaphase I	4 Std.
Anaphase I	2 Std.
Telophase I bis zur Ausbildung der jungen Mikrosporen	15 Std.

(somatische Mitosen vergleichsweise oft nur Minuten!)

Sobald im Präparat klare Meiosestadien auszumachen sind, mit stärkstem Objektiv beobachten. Die einzelnen Phasen können nicht alle in einem Präparat gleichzeitig vorhanden sein, und sie werden gewiß nicht in der Reihenfolge präpariert, in der sie aufeinander

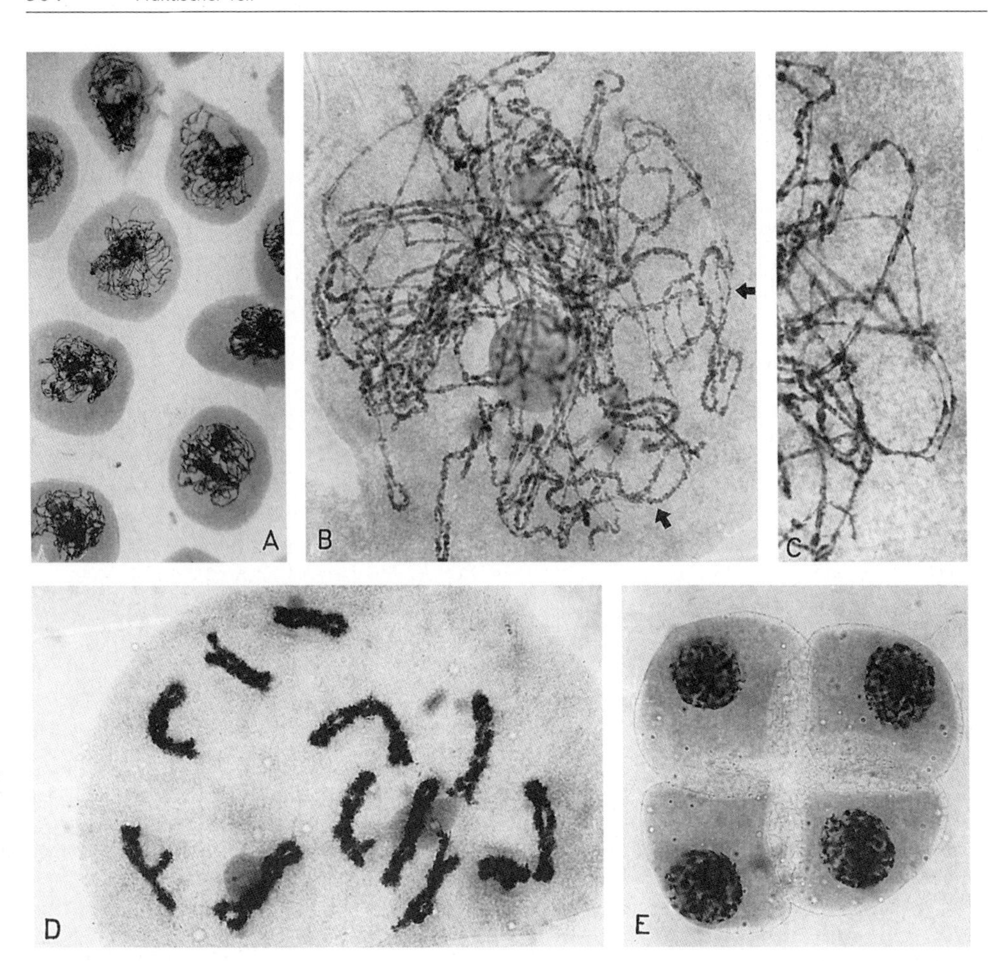

Abb. 109. *Lilium candidum.* Meiose der Mikrosporenmutterzellen. Quetschpräparate nach Färbung mit Karminessigsäure. **A**: Übersicht, Mikrosporenmutterzellen während des Zygotäns; 60 : 1. **B**: Zygotän, die weitgehend entspiralisierten Homologen zum Teil noch ungepaart (↓), in der Mitte zwei Nukleoli; 700 : 1. **C**: wie B, Ausschnitt; in den gepaarten, sich umeinanderwindenden Abschnitten der Homologen liegen die perlschnurartig angeordneten Chromomeren in gleichem Muster nebeneinander; 1000 : 1. **D**: Diplotän, in den stark kontrahierten Bivalenten spreizen die Homologen an den Enden und in den Abschnitten zwischen den Chiasmata auseinander, Chromatidenspalt nicht sichtbar: 700 : 1. **E**: Tetrade nach der Bildung der zweiten Zellwand; 700 : 1.

Abb. 110. *Allium cyathophorum.* Meiose der Mikrosporenmutterzellen. Quetschpräparate nach Färbung mit Karminessigsäure; 600 : 1. **A**: Prophase nach Vollendung des Zygotäns (= frühes Pachytän). **B**: Diplotän, rechts unten die Homologen spiralig umeinandergewunden. **C**: Metaphase I von oben, die Centromeren zur Mitte der Äquatorialplatte gerichtet, Chiasmen nur in unmittelbarer Nähe der Centromeren, die Bivalente erscheinen daher »vierarmig«. **D**: Einzelnes Metaphasebivalent mit hellem (ungefärbtem), zentral gelegenem Centromerenbezirk; 1000 : 1. **E**: Frühe Anaphase I, mit dem Auseinanderweichen der Homologen spreizen gleichzeitig ihre Chromatiden auseinander (links). **F**: Anaphase I mit deutlicher Trennung der Chromatiden. **G**: Fortgeschrittene Anaphase I von der Seite gesehen. **H**: wie G in Polansicht; 400 : 1. **I**: Telophase I in Polansicht. **K**: Fortgeschrittene Telophase I mit Teilungsspindel. **L**: Interkinese in Polansicht, Entspiralisierung der Chromosomen. **M**: wie L von der Seite, sukzedane Bildung der Zellwand. **N**: Prophase II, erneute Spiralisierung der Chromosomen. **O**: Frühe Metaphase II, Einordnung der Chromosomen in die Metaphaseplatten. **P**: Anaphase II, der Zellinhalt differenziert sich in einen Anteil, der in die Mikrosporen eingeht (dunkler), und in den »Restkörper« (hellhyalin). **Q**: Telophase II. **R**: Die jungen Mikrosporen haben nach vollendeter Meiose den »Restkörper« verlassen; 450 : 1.

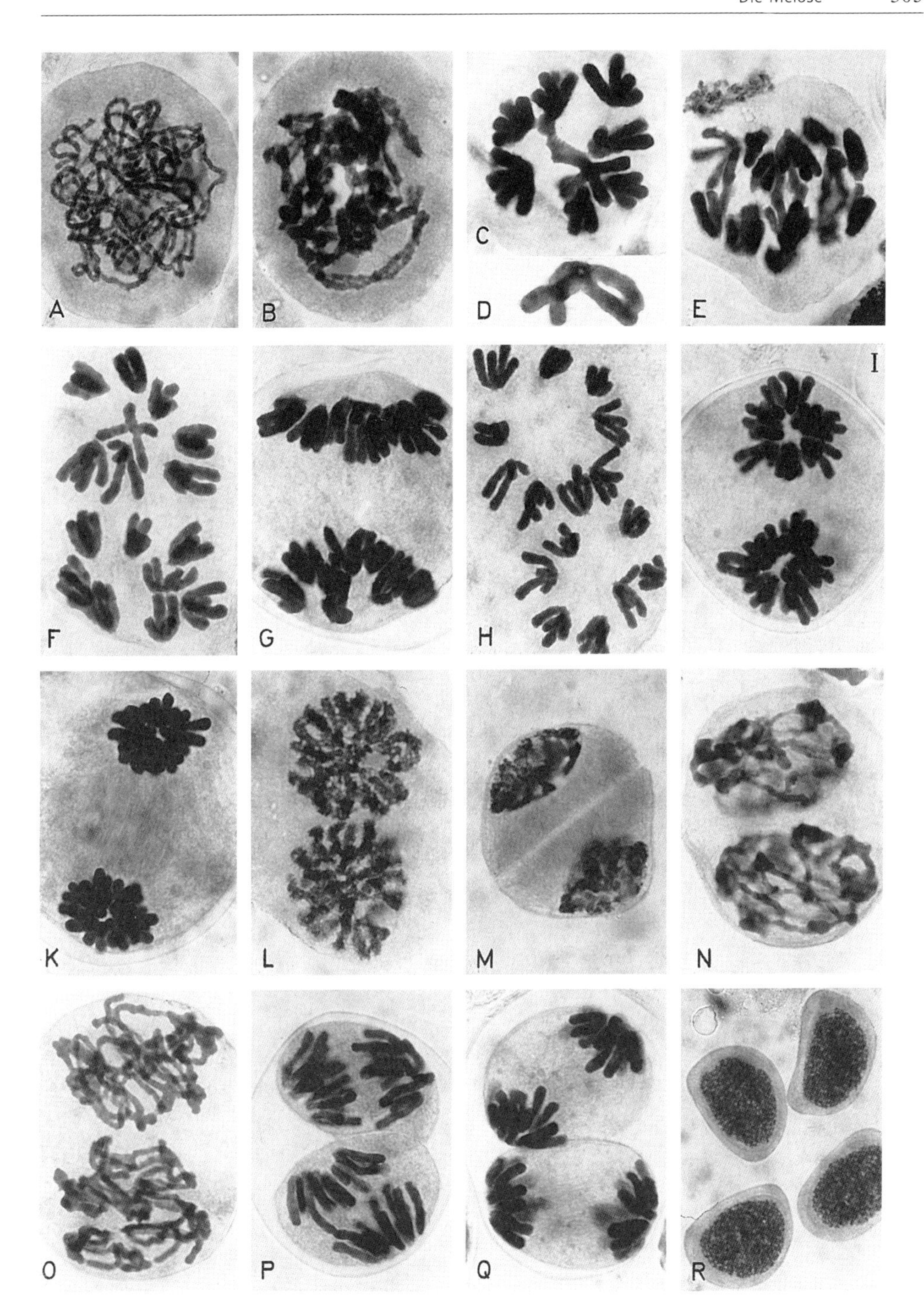
A
B
C
D
E
F
G
H
I
K
L
M
N
O
P
Q
R

M

folgen. Deshalb ist es notwendig, das gerade beobachtete Stadium zu identifizieren und es in den Gesamtablauf des Geschehens einzuordnen, nachdem man mehr oder weniger vollständig alle Phasen gesehen hat.
Der allgemeine Gang der Meiose ist auf den S. 299–303 beschrieben. Bei dem hier behandelten Objekt auf nachfolgende Einzelheiten achten:
Der prämeiotische Kern ist von gröberen und feineren gefärbten Strukturen erfüllt, dem Chromatin, das in die nicht oder nur schwach gefärbte Karyolymphe eingelagert ist. Die gefärbten gröberen, granulären Strukturen liegen meist der Kernhülle oder den Nukleoli an und entsprechen nicht so stark entspiralisierten Chromosomenabschnitten (Chromozentren). Von ihnen gehen die stärker entspiralisierten Chromosomenabschnitte aus und durchziehen den Kernraum als feinstes fibrilläres Geflecht, das nicht näher analysierbar ist. Zu Beginn der Prophase, im

Leptotän

spiralisiert sich jedes Chromosom über seine ganze Länge, so daß die Chromosomenfäden nun klar und einzeln sichtbar werden. Bei höchster Auflösungsleistung des Objektivs ist zu erkennen, daß die allmählich hervortretenden Fäden nicht strukturlos glatt sind, sondern kurze »punktförmige« Abschnitte stärker spiralisiert und daher dichter gefärbt erscheinen als benachbarte Abschnitte. Die dichteren »Punkte« sind die Chromomeren, die auf dem Chromosom in bestimmtem Muster aufgereiht sind. Der Chromatidenspalt bleibt unsichtbar. Im nachfolgenden

Zygotän

werden die Chromosomen durch weiteres Spiralisieren deutlicher. Die meiotischen Kerne von *Lilium* sind so groß, daß man die Paarung der Homologen beobachten kann. Es ist keineswegs leicht, gepaarte und ungepaarte Abschnitte der Homologen sicher zu unterscheiden; im frühen Zygotän beträgt der Abstand der Paarlinge etwa 0,1 µm! Aber in gut gelungenen Präparaten kann man doch günstige Stellen entdecken, in denen Einzelfäden zu einem gemeinsamen Strang zusammenlaufen (Abb. 109 B). Dort wird auch deutlich, daß das Chromomerenmuster der Homologen identisch ist und sich nur identische Homologenabschnitte miteinander paaren (Abb. 109 C). Während der Synapsis neigen die Chromosomen dazu, sich exzentrisch im Kernraum liegend alle miteinander dicht zu verknäueln (Fixierungsartefakt?). Dann ist von der Paarung der Homologen nichts zu erkennen, und die Präparation muß – eventuell mit anderem Material – neu begonnen werden. Das

Pachytän

ist im mikroskopischen Bild im wesentlichen durch starke Spiralisierung der zu Bivalenten vereinigten Chromosomenpaare gekennzeichnet: Die Bivalente werden dicht, kurz und dick. Inzwischen hat sich das crossing over bereits vollzogen. Da der Chromatidenspalt bei *Lilium* bis zur Anaphase unsichtbar bleibt, ist von diesem Vorgang mikroskopisch nichts zu erkennen bis auf das Ergebnis: die Chiasmata. Sie treten im

Diplotän

besonders deutlich hervor, wenn die Homologen wieder auseinander rücken. Die durchschnittliche Chiasmahäufigkeit liegt bei *Lilium* bei etwas über drei je Chromosom, so daß es zu kettenartiger Konfiguration der Paarungsverbände kommt (Abb. 109 D). Die Übersichtlichkeit des Diplotänbildes erlaubt auch die Einsicht, daß die Nukleoli bestimmten Chromosomen zugeordnet sind, mit denen sie Kontakt halten. Die Kontur der Chromosomen erscheint durch eine Vielzahl feiner, seitlich herausragender DNA-Schleifen zerfasert. In der

Diakinese

erreichen die Chromosomen nahezu maximalen Grad der Verkürzung. Die in dieser Phase zu erwartende Terminalisation der Chiasmata und die Verminderung ihrer Zahl ist bei *Lilium* selten. Mit Karminessigsäure gefärbte Präparate geben gewöhnlich auch nur undeutliche Information darüber, daß die Bivalente nunmehr nahe der Kernhülle liegen. Die Nukleoli lösen sich auf. In der

Metaphase I

verschwinden die Strukturunterschiede zwischen Kernraum und Zytoplasma, denn die (mikroskopisch nicht erkennbare) Kernhülle zerfällt. Die Bivalente ordnen sich in der für diese Phase üblichen Weise in der Äquatorialplatte an. Der Sitz der zentralwärts weisenden »primären Einschnürung« mit dem Centromer ist bei *Lilium* nicht zu sehen, wohl aber die sich entwickelnde Teilungsspindel. Die

Anaphase I

dauert bei diesem Objekt wider die allgemeine Regel lange an, da die Chiasmata nicht terminalisiert sind. Die auseinanderweichenden Homologen scheinen sich nur schwer voneinander lösen zu können und werden lang ausgezogen, bis sie – nun ziemlich rasch – polwärts wandern können. Damit im Zusammenhang sind in dieser Phase oftmals Anomalien zu beobachten (z. B. Chromosomenfragmente, »Chromatinbrücken« zwischen den Tochterkernen), die zu sterilem Pollen führen. In der

Telophase I

werden die Tochterkerne rekonstruiert, ohne daß sich allerdings die Chromosomen entspiralisieren. Gleichzeitig differenziert sich zwischen den Tochterkernen eine neue Zellwand (sukzedaner Typ der Zellwandbildung). In der Äquatorialebene werden Körnchen und Tröpfchen sichtbar, die in die neue Zellwand eingebaut werden. Die

Interkinese

ist kurz und geht rasch in die

2. *meiotische Teilung*

über, die im ganzen wie eine Mitose abläuft, und zwar in beiden Tochterkernen ziemlich synchron. In der Metaphase II stehen die beiden Spindeln senkrecht aufeinander. In Karmin-Essigsäure-Quetschpräparaten wird das gewöhnlich in der Telophase II deutlicher als in früheren Stadien. Nach der Bildung der neuen Zellwand (Abb. 109 E) entstehen als Ergebnis der homöotypischen Teilung haploide Mikrosporentetraden. Die vier Gonen jeder Tetrade bilden zunächst eine neue, jede einzelne Zelle rundum umschließende eigene Zellwand. Dann lösen sie sich aus der Tetradenhülle heraus, die als leerer Rest zurückbleibt. Die jungen Mikrosporen differenzieren eine Intine und eine stark strukturierte Exine aus und reifen allmählich zum Pollenkorn (vgl. S. 275f.).

Weitere Objekte:

Zur Beobachtung der Meiose sind zahlreiche Objekte geeignet. Den Vorzug verdienen die Mikrosporenmutterzellen in den Antheren der höheren Pflanzen, speziell der Liliaceen, da sie relativ wenige und besonders große Chromosomen haben. z. B.

Allium cyathophorum (Liliaceae). Kurz nach dem Öffnen des Hochblattes und der ersten Blüten (Mai bis Juni) enthält der Blütenstand alle Stadien der Pollenentwicklung (Mitosen des Archespors – Meiose – Pollenmitose – reife Pollen, vgl. Abb. 110).

Hemerocallis spec. L. (Liliaceae), Taglilie (Mai bis Juli).

Scilla nonscripta L. (Liliaceae), Blaustern (Januar).

M

Hyacinthus orientalis L. (Liliaceae), Gartenhyazinthe (Oktober/November).

Melandrium rubrum Garcke (Caryophyllaceae), Rote Lichtnelke. Chromosomen wesentlich kleiner als bei vorigen, jedoch mit deutlichen leicht darstellbaren X/Y-Chromosomen, die das Geschlecht bestimmen.

Methodenregister

Nr. 1 Abdecken mit Deckglas

Mikroskopische Präparate müssen aus optischen Gründen, und um sie zu schützen, mit einem Deckglas bedeckt werden. Die meisten Mikroskopobjektive sind auf eine Deckglasdicke von 0,17 ± 0,01 mm berechnet. Die Abbildungsqualität von Trockensystemen höherer Apertur wird bei Abweichungen von dieser Dicke empfindlich vermindert (Deckglasdicke mit Feinmeßschraube messen und geeignete Deckgläser auslesen).
Um zu vermeiden, daß störende Luftblasen mit eingebettet werden (besonders bei viskosen Einschlußmedien), zweckmäßig wie folgt verfahren (vgl. Abb. 111; beschriebene Vorgehensweise für Rechtshänder):

- Objektträger mit Objekt auf ebene Tischplatte legen.
- Objekt mit einer der Deckglasgröße angemessenen Menge Einschlußmittel (z. B. Neutralbalsam) bedecken.
- Deckglas in die linke Hand; linke Kante des schräg gehaltenen Deckglases links neben den Tropfen Einschlußmedium auf den Objektträger aufsetzten.
- Deckglas in dieser Stellung nach rechts führen, bis es Kontakt zum Einschlußmedium erhält, danach wieder einige Millimeter nach links zurückführen.
- Mit der rechten Hand Präpariernadel steil mit der Spitze rechts neben das Einschlußmittel auf den Objektträger aufsetzen und nach links führen, bis die rechte Kante des Deckglases durch die Nadel gestützt wird. Der Winkel zwischen Deckglas und Objektträger darf nicht zu klein sein!
- Die Hand läßt das Deckglas los. Nun mit der linken Hand zweite Präparienadel mit der Spitze auf den Objektträger setzen, so daß die Nadelspitze zugleich den linken Deckglasrand berührt und so das Deckglas daran hindert, nach links wegzugleiten.
- Die mit der rechten Hand gehaltene Nadel langsam (!) so bewegen, daß der Winkel zwischen Nadel und Objektträger kleiner wird. Das Deckglas senkt sich. Danach Nadel sehr langsam (!) nach rechts ziehen, bis der rechte Deckglasrand von der Nadel abgleitet.
- Bei Einschluß in Neutralbalsam während dieser Manipulation nicht auf den Objektträger atmen. Einschluß von Kondenswasser trübt das Einschlußmedium.
- Bei gut bemessener Menge Einschlußmittel liegt das Deckglas nun luftblasenfrei und mit sauberem Rand auf dem Objektträger.

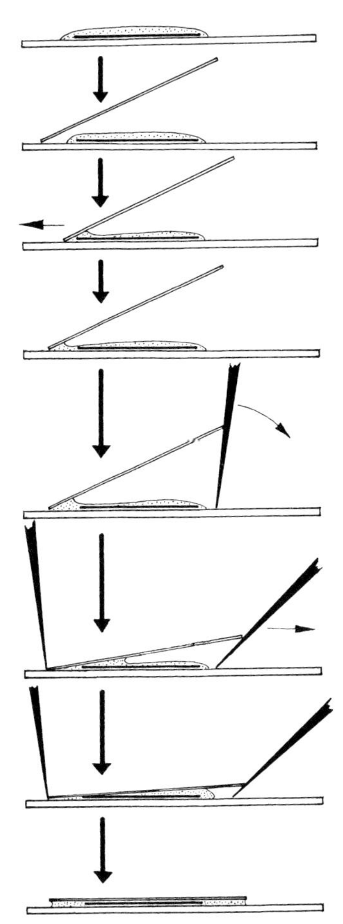

Abb. 111.

Nr. 2 Ablösen der Deckgläser bei zytologischem Quetschverfahren

Das Verfahren ist dann nötig, wenn nach dem Quetschen gefärbt werden soll (z. B. bei Heidenhainfärbung). Es setzt voraus, daß beim vorausgegangenen Quetschen einwandfrei saubere Objektträger und Deckgläser verwendet wurden (Reg. 103). Auch dann gelingt es nicht immer und führt oft zu Gewebeverlusten.

Durchführung:

Variante 1

- Präparate nach dem Quetschen hinreichend lange (etwa 24 Std.) in horizontaler Lage in 96%igem Ethanol untergetaucht stehenlassen (um die zum Quetschen verwendete Essigsäure zu vertreiben und zum Härten des Gewebes – zuweilen lösen sich die Deckgläser von allein ab).

- Präparate in kleinere, mit 96%igem Ethanol gefüllte Petrischale übertragen, dabei schräg halten (Deckglas muß untergetaucht bleiben) und vorsichtig bewegen, bis das Deckglas abschwimmt. Nur wenn sich das Deckglas nicht löst, Präparat umdrehen, daß das Deckglas jetzt auf der Unterseite des Objektträgers liegt, bewegen und gegebenenfalls leicht mit der Schmalkante des Objektträgers auf den Boden der Petrischale aufstoßen. Wenn sich das Deckglas abgelöst hat, befindet sich das gequetschte Gewebe entweder auf dem Objektträger oder auf dem Deckglas. Das Gewebe darf nicht austrocknen.
- Objektträger werden in Färbeküvetten, Deckgläser in Blockschälchen weiterverarbeitet.

Variante 2
- Präparate nach dem härtenden Alkoholbad einige Stunden in Leitungswasser übertragen und dort in horizontaler Lage untergetaucht stehenlassen.
- Präparate mit Hilfe der Kühleinrichtung eines Gefriermikrotoms oder direkt durch Aufblasen von Kohlendioxid aus einer CO_2-Druckflasche tiefgefrieren (Reduzierventil! Vorsicht!).
- Deckglas sofort mittels Skalpell ablösen.
- Weitere Verarbeitung in Färbeküvetten oder Blockschälchen, ehe das gequetschte Gewebe austrocknet.

Nr. 3 Alkoholmaterial

Pflanzenmaterial, das zur Konservierung in 70–80%iges Ethanol (Reg. 36) eingelegt wurde. Das pflanzliche Gewebe ist darin unbegrenzt haltbar, färbt sich mitunter jedoch stark durch Phlobaphene (z.B. Blätter von *Syringa vulgaris, Fagus sylvatica)*. Die Bräunung läßt sich durch Verwendung von salzsaurem Ethanol (Reg. 107) oder durch vorheriges Eintauchen der Pflanzenteile in siedendes Ethanol vermeiden (Inaktivierung der Polyphenoloxidasen). Beim Einlegen von wasserreichem Material Ethanol mehrmals erneuern. Alkoholmaterial ist nicht zum Studium plasmatischer Zellbestandteile geeignet. Für andere anatomische Untersuchungen häufig jedoch besser geeignet als Frischmaterial (besser schneid- und färbbar, Interzellularen luftfrei, oft durch Extraktion des Chlorophylls leichter mit Chloralhydrat aufzuhellen).

Nr. 4 Alkoholreihe

Mit dem Mikrotom hergestellte Paraffinschnitte müssen von Paraffin befreit und vor dem Färben mit wasserlöslichen Farbstoffen über Ethanol abgestufter Konzentration schonend meist bis in destilliertes Wasser überführt werden (= »Alkoholreihe abwärts«). Entsprechend müssen die Schnitte nach dem Färben meist aus Wasser über die gleichen Ethanolstufen in umgekehrter Folge geführt werden, um das Wasser zu ersetzen. Anschließend folgt Xylen als Intermedium, um die Schnitte in Einbettharz unter Deckglas dauerhaft zu konservieren (»Alkoholreihe aufwärts«, siehe auch Reg. 67).
Man verwendet dazu zweckmäßig runde Färbeküvetten, die je einen oder zwei Objektträger aufnehmen können.

Reihenfolge der Medien für

Alkoholreihe abwärts
Objektträger mit aufgeklebten Paraffinschnitten in:

Xylen I
Xylen II
absolutes Ethanol I
} mit Deckel verschlossen halten
absolutes Ethanol II
96%iges Ethanol
90%iges Ethanol
80%iges Ethanol
70%iges Ethanol
50%iges Ethanol
destilliertes Wasser
↓
Färbung

Alkoholreihe aufwärts
Objektträger mit gefärbten Schnitten in:

destilliertes Wasser
50%iges Ethanol
70%iges Ethanol
80%iges Ethanol
90%iges Ethanol
96%iges Ethanol
absolutes Ethanol I
absolutes Ethanol II
Xylen I
Xylen II
} mit Deckel verschlossen halten
↓
mit Einbettharz eindecken (Reg.1)

Beim Gebrauch der Alkoholreihe auf Folgendes achten:

- Aufenthaltsdauer je Stufe etwa 2 bis 3 min
- Küvetten so weit mit Medium füllen, daß die Objektträger ganz untertauchen (Gefahr des Verschleppens z. B. von Wasser ins Xylen und umgekehrt).
- Küvetten eindeutig etikettieren.
- Beim Wechsel des Mediums Objektträger mit Pinzette ergreifen, gut ablaufen lassen, untere Schmalkante kurz auf Fließpapier oder Zellstofflage aufsetzen, dann erst in das neue Medium eintauchen.
- Jede Küvette kann gleichzeitig zwei Objektträger (Rücken an Rücken!) aufnehmen. Der Wechsel des Mediums muß unbedingt mit jedem Objektträger einzeln durchgeführt werden (Verschleppung der Medien zwischen den Objektträgern!).
- Bei stärkerem Gebrauch der Alkoholreihe zuerst die Stufen »absol. Ethanol I« und »Xylen I« auswechseln. Küvetten ausleeren, mit dem Inhalt der Küvetten »Ethanol II« und »Xylen II« füllen und diese letzteren Stufen neu beschicken.
- In den Xylenstufen sind die Schnitte durch Brechzahlangleich schwer sichtbar. Die »richtige Seite« (Schnitte auf der dem Betrachter zugewandten Seite des Objektträgers) erkennt man am »Doppelbild« jedes Schnittes im schräg einfallenden Licht.

Nr. 5 Anilinblau (Wasserblau, Chinablau, Ponceaublau)

Zur Färbung der Kallose in Siebröhren.
a) *Ansatz:* 1%ig wäßrig; Zusatz von 1 ml Essigsäure auf 100 ml Farblösung.
Anwendung:

- Schnitte für wenige Minuten in die Farblösung legen,
- in reines Glycerol übertragen (Herauslösen überschüssiger Farbe aus dem Zell-Lumen und den Zellwänden).
- Sofort beobachten oder zu Dauerpräparaten weiterverarbeiten.

Kallose der Siebröhren färbt sich kräftig blau.
Färbung in Dauerpräparaten gut haltbar.
Als Variante wird empfohlen:

b) *Ansatz:* 1%ige Lösung von Ponceau S in 50%igem Ethanol; Zusatz von 5 ml Essigsäure und 0,3 g Phosphormolybdänsäure auf 100 ml Farblösung.
Anwendung:

- Färbedauer 2 bis 4 min,
- Waschen in 50%igem Ethanol,
- Gegenfärbung in 10%iger wäßriger Lichtgrünlösung (10 min),
- Waschen in 50%igem Ethanol,
- Entwässern und Einschluß als Dauerpräparat. Färbung gut haltbar.

c) Zur Doppelfärbung mit Eosin wird 1 ml der Farblösung nach a) mit 5 ml einer 1%igen wäßrigen Eosinlösung versetzt.
Anwendung:

- Schnitte in Wasser übertragen und danach etwa 10 min färben.
- Abspülen in destilliertem Wasser.
- Wenn ein Dauerpräparat hergestellt werden soll (Reg. 21), muß das Entwässern schnell geschehen (Reg. 39 und 92); Eosin wird durch Alkohole herausgelöst!

Kallose blau, die übrigen Zellwände rot gefärbt.

Nr. 6 Anilinsulfat

Verwendung: Reaktion auf verholzte Zellwände (Ligninnachweis).

Reagenzien:

1. Konzentrierte, wäßrige Lösung von Anilinsulfat.
2. Verdünnte Schwefelsäure (je Milliliter konz. Schwefelsäure 2 ml Wasser).
   Vorsicht! Stets die Säure in das Wasser geben, nicht umgekehrt!

Anwendung: Objekte für 3–5 min in die Anilinsulfatlösung legen, dann in einen Tropfen verdünnte Schwefelsäure überführen und in Wasser beobachten.
Vorsicht! Schwefelsäure nicht an das Mikroskop bringen!
Verholzte Zellwände färben sich kräftig dottergelb.

Nr. 7 Anisol

Methylphenylether. Farblose, fruchtig- aromatisch riechende Flüssigkeit; löslich in Ethanol und Ether, unlöslich in Wasser.
$n_D^{20} = 1{,}517$
Kann als Immersionsflüssigkeit verwendet werden.

Nr. 8 Astrablau

Zusammen mit Safranin (Reg.105) zur gleichzeitigen Kontrastierung verholzter und unverholzter Zellwände (sehr empfehlenswerte Doppelfärbung!).
Ansatz: 0,5% Astrablau in 0,5%iger Essigsäure; 0,5%ige Safraninlösung (wäßrig).
Die Lösungen sind längere Zeit haltbar.
Anwendung: Schnitte kurze Zeit (Sekunden bis wenige Minuten reichen meist aus) in einer Mischung beider Lösungen färben (etwa 5–50 Teile Astrablau-Lösung auf einen Teil Safranin-Lösung), anschliessend kurzes gründliches Auswaschen in Wasser.
An Stelle der simultanen auch sukzedane Färbung möglich: Zunächst Safraninfärbung (Reg.105), dann Objekte für wenige Minuten in Astrablau-Lösung bringen. Anschließend in Wasser auswaschen.
Auch stärker verdünnte Farblösungen führen zu guten Ergebnissen. Für Dauerpräparate sollte mit konzentrierter Safranin-Lösung gearbeitet bzw. die Färbedauer verlängert werden, da beim Einschließen Farbe verlorengeht. Überfärben mit Astrablau ist nicht zu befürchten.
Unverholzte Zellwände leuchtend und klar blau, die lignifizierten Wände rot gefärbt. Schwächer verholzte Wände erscheinen violett. Die grüne Farbe von Chloroplasten bleibt erhalten, so daß in solchen Fällen ein eindrucksvoller, sehr aussagekräftiger vierfacher Farbkontrast entsteht.
Die Färbung ist in Dauerpräparaten haltbar.

Nr. 9 Aufhellung

Pflanzenteile können mit Hilfe physikalischer und chemischer Mittel aufgehellt, d.h. durchsichtig (transparent) gemacht werden.

Physikalische Aufhellung:
1. Durch Infiltrieren (Reg.64) wird die Luft aus den Interzellularen entfernt. Die Pflanzenteile werden glasig-durchscheinend.
2. Das Durchtränken der Pflanzenteile mit geeigneten Mitteln (z.B. Reg. 92) vermindert die Unterschiede in den optischen Eigenschaften (z.B. Brechzahl) der verschiedenen Zellstrukturen. Die Gewebe werden transparent.

Chemische Aufhellung:
Mit Hilfe geeigneter Lösungen (z.B. Reg.27, s.a. Reg.10) wird der Inhalt aus den Zellen oder störender Farbstoff aus den Zellwänden herausgelöst.
Durch sinnvolle Kombination beider Methoden (z.B. Zellinhalt herauslösen und anschließend das Gewebe mit stark lichtbrechenden Medien durchtränken) kann ein hoher Grad an Transparenz erreicht werden. Der Erfolg der Aufhellung hängt von verschiedenen Faktoren ab: Beschaffenheit des Objekts, Konzentration und Einwirkungsdauer des Aufhellungsmittels. Die Aufhellung kann so weit fortschreiten, bis keine Konturen mehr wahrzunehmen sind. Der günstigste Zeitpunkt der Beobachtung und das geeignetste Aufhellungsmittel müssen empirisch ermittelt werden.
Vielfach lohnt es sich, mit Farbstoffen behandelte Objekte aufzuhellen, weil dabei gefärbte Einzelheiten zeitweilig besonders deutlich hervortreten. Im weiteren Verlauf können die Färbungen jedoch völlig ausbleichen.

Nr. 10 Aufhellungsmittel

Eau de Javelle (Reg.27)
Kalilauge (Reg.68)
Chloralhydrat (Reg. 17)
Neutralbalsam (Reg. 92)
Infiltrieren (Reg. 64)

Nr. 11 Auramin – Kresylechtviolett (Kallichrom nach Gross)

Zur Simultanfärbung verholzter und nicht verholzter Zellwände.

Ansatz: Kaltgesättigte und filtrierte wäßrige Lösungen von Auramin und Kresylechtviolett im Verhältnis 3 : 1 mischen. Diese Stammlösung soll in 1 cm Schichtdicke tief kirschrot und weder gelb noch violett nuanciert sein. Eventuell Farbstoffanteile variieren. Zum Gebrauch 1 : 4 bis 1 : 10 mit destilliertem Wasser verdünnen (= Gebrauchslösung; gut haltbar; Farbstofflösung wiederholt verwendbar).

Anwendung:

- Gewebeschnitte in Eau de Javelle aufhellen (Reg. 27).
- Gründlich in destilliertem Wasser waschen (gegebenenfalls in stark verdünnter Essigsäure neutralisieren, dann erneut in destilliertem Wasser auswaschen).
- Schnitte etwa 5 bis 10 min (Gebrauchslösung 1 : 4) bis 6–10 Std (Gebrauchslösung 1 : 10) färben. Farbe abspülen (kurz in destilliertes Wasser eintauchen). Differenzierung in 70%igem Ethanol, bis deutliche Unterscheidung von rotvioletten bis hellblauen unverholzten und hellgrünen verholzten Zellwänden möglich ist (mikroskopische Kontrolle). Die Differenzierung kann durch kurzes Eintauchen in Isopropanol abgestoppt werden; sehr behutsame Differenzierung durch Zusatz von Isopropanol als »Verzögerer« zum Ethanol.
- Weiterverarbeitung zu Dauerpräparaten ist möglich (Reg. 21).

Ergebnis: Lignifizierte Zellwände (auch Stärkekörner) hellgrün, unverholzte Zellwände hellblau bis rotviolett, Zellkerne dunkelblau. Über das Ergebnis entscheidet das Mischungsverhältnis der Farbstoffkomponenten.

Nr. 12 Beleuchtungsverfahren nach Köhler

Die einwandfreie Beleuchtung des mikroskopischen Objekts erfordert eine bestimmte Einstellung von Lampe, Leuchtfeldblende, Kondensor und Aperturblende.

1. Für Mikroskope mit eingebauter Beleuchtung:

- Auf das Präparat bei Behelfsbeleuchtung scharf einstellen.
- In das Okular sehen, Leuchtfeldblende so weit öffnen oder schließen, bis ihr Rand am Bildfeldrand sichtbar ist.
- Kondensor heben oder senken, bis der Rand des Leuchtfeldblendenbildes scharf erscheint.
- Mit den am Mikroskop vorhandenen Justiermitteln das Bild der Leuchtfeldblende in dieMitte des Sehfeldes bringen. Leuchtfeldblende so weit öffnen, bis das Sehfeld gerade voll ausgeleuchtet ist.
- Okular herausnehmen, in den Tubus sehen und die Aperturblende am Kondensor so weit öffnen oder schließen, bis die Objektivöffnung zu etwa 2/3, mindestens aber bis zur Hälfte ihres Durchmessers ausgeleuchtet ist. Okular wieder aufstecken. Das Mikroskop ist damit fertig zur Beobachtung eingerichtet. Die Lichtintensität darf nunmehr nur durch Neutralglasfilter oder Regeln der Lampenspannung verändert werden!

2. Für Mikroskope ohne eingebaute Beleuchtung:

- Auf das Präparat bei Behelfsbeleuchtung scharf einstellen.
- Die Mikroskopierlampe so einrichten, daß bei etwa zur Hälfte geschlossener Leuchtfeldblende die Lampenwendel auf der Mitte der geschlossenen Aperturblende abgebildet werden (alle Filter und Großfeldlinsen aus dem Strahlengang entfernen). Mit Hilfe eines Spiegels läßt sich die Einstellung der Wendel bequem beobachten.
- In das Okular sehen, Leuchtfeldblende so weit öffnen oder schließen, bis ihr Rand am Bildfeldrand sichtbar ist.
- Weiter wie unter 1. verfahren.

Aperturblende zu wenig geöffnet: Beugungsränder am Objekt, durch große Schärfentiefe werden störende Schmutzteilchen sichtbar (z. B. an der Deckglasoberfläche oder an Glasflächen der Optik).

Aperturblende zu weit geöffnet: Mikroskopisches Bild milchigflau, überstrahlt.
Wenn die Granulierung einer Mattglasscheibe im Bild sichtbar wird, Kondensor geringfügig heben oder senken.

Nr. 13 Beschriftung von Präparaten

Dauerpräparate sofort eindeutig beschriften (siehe hierzu auch S. 26):

- Eine runde Färbeküvette mit Xylen füllen und Neutralbalsam eintropfen. Volumenverhältnis Xylen: Balsam etwa 10 : 1. Umrühren, bis Balsam gelöst ist.
- Objektträger des Dauerpräparates von einer oder nacheinander von beiden Schmalkanten her bis nahe an den Deckglasrand in die Balsamlösung eintauchen.
- Gut abtropfen lassen, Präparate mit der Schmalseite in steiler Stellung schräg auf Fließpapier oder Zellstofflage abstellen, bis der Balsamfilm trocken ist (ungefähr 10 min).
- Auf dem Balsamfilm kann jetzt mit spitzer Feder und Ausziehtusche bequem beschriftet werden.
- Nach Trocknen der Tusche Präparat erneut tauchen und schräg aufgestellt trocknen lassen. Die Beschriftung ist so dauerhaft fixiert und nur empfindlich gegen balsamlösende Medien (Xylen, Benzen, Benzin, Chloroform).

Nr. 14 Blattquerschnitte

1. Dicke Blattspreiten (z. B. *Iris germanica)* in Stücke geeigneter Größe schneiden (Kantenlänge der späteren Schnittfläche nicht größer als 3–4 mm). Die Stücke zwischen Daumen und Zeigefinger halten und mit scharfer Rasierklinge dünne Schnitte abtragen. Senkrecht zur Organlängs- bzw. -querrichtung schneiden. Schrägschnitte führen zu undefinierbaren Präparaten. Der Zeigefinger der linken Hand dient als Auflage für das Messer. Die Schneide durch das Objekt ziehen, nicht drücken. Objekt während des Schneidens nicht eintrocknen lassen; mit Wasser, Glycerol-Wasser (Reg. 53) oder Ethanol-Glycerol (Reg. 38) benetzen.

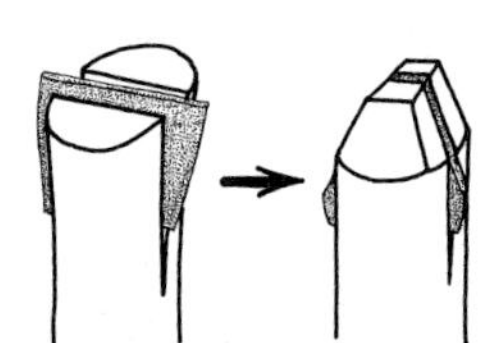

Abb. 112.

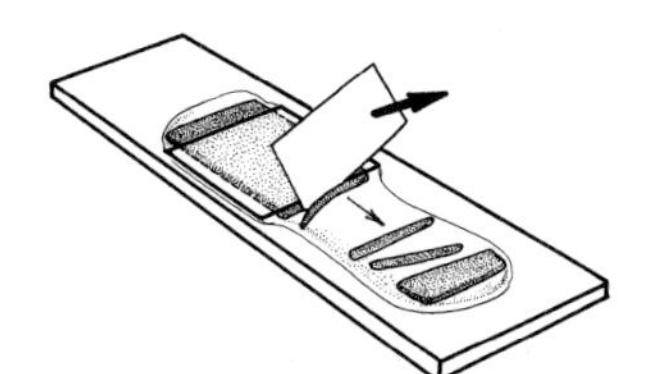

Abb. 113.

2. a) Zarte Blattspreiten (z. B. *Impatiens parviflora)* zu mehreren aufeinanderlegen bzw. eine Blattspreite mehrmals zusammenfalten und in Holundermark (Reg. 59) oder einen schneidfähigen Kunststoff (z. B. Styropor) einklemmen. Die Schnittfläche des Holundermarkstückes dann in geeignete Form und Größe zurechtschneiden (Abb.112) und von der eingeklemmten Blattspreite dünne Schnitte abtragen (wobei das Holundermark mit geschnitten wird). Die Schnitte nicht eintrocknen lassen, sondern sofort in das entsprechende Medium übertragen. Querschnitte von zusammengefalteten Blattspreiten haben oft den Vorteil, daß sie beim Auflegen des Deckglases nicht so leicht umkippen.
b) Ein Blattstückchen geeigneter Größe in einen großen Tropfen Glycerol-Wasser auf Objektträger legen und mit Deckglas so abdecken, daß die Blattkante, von der die Schnitte angefertigt werden sollen, wenig über den Deckglasrand hinausragt. Deckglas in seiner Lage durch gelinden Druck mit dem linken Zeigefinger fixieren und mit der Rasierklinge den überstehenden Blattrand abschneiden, wobei die Klinge am Deckglasrand entlangläuft wie an einem Lineal. Deckglas mit dem linken Zeigefinger um Bruchteile eines Millimeters von der zu schneidenden Blattkante zurückziehen und abermals schneiden usf. Die entstehenden Schnitte in einem weiteren Tropfen Glycerol-Wasser auf dem gleichen Objektträger sammeln und die gut getroffenen auslesen. Vorteil des Verfahrens: Die Blattquerschnitte sind auf längere Strecken von gleicher, geringer Dicke (Abb. 113).

Nr. 15 Calciumoxalatnachweis

1. In konzentrierter Schwefelsäure wandeln sich Calciumoxalatkristalle sehr schnell an Ort und Stelle in Anhäufungen feiner, nadelförmiger Gipskristalle um (Abb. 17E). In verdünnter Schwefelsäure lösen sich die Calciumoxalatkristalle erst auf, und es fallen dann irgendwo im Präparat Gipsnadeln aus.
   Bei Zugabe der Schwefelsäure nach Reg. 44 kann die Reaktion im Mikroskop verfolgt werden.
2. In verdünnter Salzsäure (Reg. 106) löst sich Calciumoxalat – im Gegensatz zu Calciumcarbonat – ohne Gasbildung.

Nr. 16 Cellulosenachweis

durch Iodkaliumiodid-Lösung mit Zinkchlorid (Reg. 66/2.),
durch Iodkaliumiodid-Lösung mit Schwefelsäure (Reg. 66/3.),
durch Chlorzinkiod-Lösung (Reg. 20).

Nr. 17 Chloralhydrat (hydratisiertes Trichlorethanal)

Verwendung: a) Als Aufhellungsmittel; das Chloralhydrat imprägniert die Zellbestandteile, wirkt quellend und gleicht die unterschiedlichen Brechzahlen der Objektdetails untereinander und gegen die Umgebung ab.

Ansatz: 8 Teile Chloralhydrat in 3 Teilen Wasser lösen.

Anwendung: Objekte in die genannte Lösung legen oder diese vorher mit Wasser etwa 1 : 1 verdünnen.
Schwer aufzuhellende Gewebe in konzentrierter Lösung kochen. Schnell wirkt auch eine konzentrierte ethanolische Lösung. (Methode und Einwirkungsdauer je nach dem gewünschten Effekt wählen. Vorgang mikroskopisch kontrollieren.) Beobachtung in der Lösung oder Auswaschen in Wasser und Beobachtung in Wasser, Glycerol-Wasser oder Glycerol. Das Auskristallisieren des Chloralhydrates während der Beobachtung läßt sich durch Zusatz von etwas Glycerol vermeiden. Im einfachsten Fall auf dem Objektträger einen Tropfen Chloralhydratlösung mit einem Tropfen Glycerol-Wasser oder Glycerol vermischen. Objekte einlegen und Deckglas auflegen. Man kann auch simultan färben, z. B. mit Hämalaun nach Mayer, Reg. 55).

b) Als Einschlußmittel: Zur Neutralisation mit festem Calciumcarbonat versetzen, schütteln und über dem Bodensatz stehenlassen. In neutralisierter Chloralhydratlösung bleiben Färbungen länger erhalten.

c) Als Bestandteil in Aufhellungsgemischen.
Ansatz: Chloralhydrat 100 g, Gummi arabicum 15 g, Glycerol 10 g, destilliertes Wasser 25 ml; Wasser mit linsengroßem Kristall Chloralhydrat versetzen (gegen Bakterienwachstum!), dann Gummi arabicum zugeben und 24 Std stehenlassen. In die Mischung Chloralhydrat geben und stehenlassen, bis alles gelöst ist (kann mehrere Tage dauern). Zum Schluß Glycerol zugeben. Lösung jahrelang haltbar.
Anwendung: für Frischmaterial und Herbarmaterial; sehr starke Aufhellung! Einbettung dauerhaft.

Nr. 18 Chloralhydrat-Hämalaun

Objekte, in die Farbstoffe schwer eindringen oder die durch stark lichtbrechende Oberflächenstrukturen undurchsichtig sind (z. B. Pollen) und Handschnitte nach Gelatineeinbettung (Reg.49) werden zweckmäßig mit einer Lösung von Hämalaun nach Mayer in Chloralhydrat behandelt. Das Chloralhydrat fördert das Eindringen des Farbstoffes und hellt die Objekte gleichzeitig auf.

Ansatz: Neutralisierte (!), konzentrierte, wäßrige Lösung von Chloralhydrat (Reg. 17) direkt mit Farbstammlösung von Hämalaun nach Mayer (Reg.55) gut durchmischen. Das Volumenverhältnis liegt bei etwa 5:1 bis 50:1, richtet sich nach dem Objekt und muß erprobt werden.

Anwendung:
Zur Färbung von Pollen vgl. S. 251 ff. und 272 f. Färbung ganzer Samenanlagen vgl. S. 286 f. und zur Färbung von Handschnitten nach Gelatineeinbettung:
- Gelatine kann in den Schnitten belassen werden.
- Schnitte in das Gemisch einlegen. Vorteilhaft mit geringeren Farbstoffkonzentrationen arbeiten und länger färben (Richtwert: 20 Volumenteile Chloralhydratlösung auf 1 Volumenteil Farbstammlösung, 10 min färben). Progressiv färben. bis mikroskopische Kontrolle guten Färbegrad anzeigt.
- Schnitte direkt in reinem neutralisiertem Chloralhydrat auf dem Objektträger eindecken.
- Die Färbung ist haltbar, aber die Deckgläser müssen unbedingt mit Deckglaslack (gegebenenfalls farbloser Lack, z. B. Nagellack) umrandet werden (Reg.117).

Nr. 19 Chloraliod-Lösung nach Meyer

Verwendung: Stärkenachweis in den Chloroplasten und in Zellen, in denen kleinste Stärkemengen durch Inhaltskörper verdeckt werden.

Ansatz: 5 g Chloralhydrat (Reg. 17) in 2 ml Wasser lösen und mit Iod sättigen. Beim Gebrauch dieser Lösung nochmal einige kleine Körnchen festes Iod hinzufügen.
Anwendung: In einen Tropfen der Chloralhydratlösung das Objekt und winzige Körnchen Iod einbringen. Sofort beobachten.
Fortschreitende Aufhellung des Materials. Die Stärke quillt und färbt sich leuchtend blau. Siehe auch die Bemerkung bei »Iodkaliumiodid-Lösung« (Reg. 66) zum Stärkenachweis.

Nr. 20 Chlorzinkiod-Lösung

Verwendung: Cellulosenachweis
Ansatz: 30 g Zinkchlorid, 10 g Kaliumiodid und 2 g Jod in 15 ml Wasser lösen. Dunkel aufbewahren (Die fertige Lösung ist auch handelsüblich.)
Anwendung: Objekte gründlich mit Wasser durchtränken (besonders Alkoholmaterial).
Wasser von den Schnitten mit Filtrierpapier möglichst vollständig absaugen. Schnitte für 3–5 min in die Reagens-Lösung einbringen und sofort oder nach Überführung in Wasser oder Glycerol-Wasser beobachten. Cellulose färbt sich violett, verholzte und mit Suberin imprägnierte Zellwände färben sich gelbbraun.
Färbung in Dauerpräparaten nicht haltbar.
Bemerkung: Erfolg der Färbung vom Zustand des Pflanzenmaterials (Wassergehalt, weitere Zellwandsubstanzen) und der Reagens-Lösung abhängig. Zuverlässiger Kontrolltest mit Samenhaaren der Baumwolle (z. B. Watte).

Nr. 21 Dauerpräparat

(= zum wiederholten Studium bestimmtes Präparat, in dem das Objekt jahrelang unverändert erhalten bleibt)
Einschluß in Glycerol (Reg. 51),
Einschluß in Glycerolgelatine (Reg. 52),
Einschluß in Neutralbalsam (Reg. 92), Einschluß in Euparal (Reg. 39),
Einschluß in Kunststoffe, z. B. Entellan, Piaflex.

Nr. 22 Deckgläser

Quadratische bis rechteckige Glasplättchen von ca. 0,13–0,19 mm Stärke. Verschiedene Formate (10 × 10 mm bis 25 × 50 mm) sind im Handel.
Mikroskopobjektive mit höherer Apertur sind auf eine Deckglasstärke von 0,17 mm berechnet. Geeignete Deckgläser auslesen (Feinmeßschraube verwenden!).
Für vorliegende Untersuchungen eignen sich am besten die Formate 18 × 18 mm bis 24 × 24 mm.
Die großen Deckgläser benutzt man vorwiegend zum Abdecken von Schnittserien (Mikrotomtechnik, s. Reg. 90).
Reinigen von Deckgläsern s. Reg. 103.

Nr. 23 Deckglasstützen

Empfindliche Objekte werden durch den Druck des Deckglases zerquetscht.
- Schutz durch 3–4 gleichzeitig eingebettete Deckglassplitter oder Stücke von Angelschnur.
- Durch Anbringen von »Deckglasfüßchen«: Hierzu die Ecken des Deckglases jeweils mit der gleichen Seite über die Oberfläche einer Paraffin-, Vaseline-, Vaseline-Paraffin-Mischung oder Plastilinaschicht ziehen, so daß etwa gleiche Mengen des Materials hängenbleiben. Deckglas mit den Füßchen nach unten über das Objekt auf den Objektträger legen. Vorteil: Abstand zwischen Deckglas und Objektträger kann der jeweiligen Dicke des Präparates durch Druck auf das Deckglas entsprechend variiert werden.

Nr. 24 Destilliertes Wasser (Aqua destillata)

Lösungs- und Verdünnungsmittel. Wäßrige Farblösungen und Fixiermittel nur mit Aqua dest. ansetzen bzw. auswaschen.
Möglichst Glasdestille verwenden. Destilliertes Wasser aus metallischen Destillen kann Metallionen (bes. Kupfer) in störenden Mengen enthalten. Um Algenbewuchs zu vermeiden, Standgefäße dunkel aufbewahren und das Wasser in Abständen aufkochen. Es kann auch deionisiertes Wasser verwendet werden, das mit Hilfe von Ionenaustauschern gewonnen wurde. Zum Beobachten lebender Objekte ist destilliertes Wasser nicht geeignet.

Nr. 25 Doppelfärbungen

zur gleichzeitigen Kennzeichnung verholzter und unverholzter Zellwände

Astrablau-Safranin (Reg. 8),
Auramin-Kresylechtviolett (Reg. 11),
Methylgrün-Karmalaun (Reg. 88),
Methylgrün-Fuchsin (Reg. 87),
Kernschwarz-Safranin (Reg. 77),
Kernschwarz-Fuchsin (Reg. 76),
Hämalaun-Safranin (Reg. 56),
Hämalaun-Fuchsin-Pikrinsäure (Reg. 54).

Nr. 26 Dunkelfeldverfahren

Siehe optische Kontrastierung (S. 21)

Nr. 27 Eau de Javelle (»Javellesche Lauge«, Kaliumhypochloritlösung)

Aufhellungsmittel. Auflösung des Zellinhaltes (Plasma, Plastiden, Kallose). Handelsüblich. Vor Licht geschützt und gut verschlossen aufbewahren.

Anwendung: Material in kleinen Portionen in die Lösung bringen (je nach gewünschter Wirkung gegebenenfalls mit Wasser verdünnen; Einwirkung in gut abgedecktem Gefäß, z. B. Blockschälchen). Alkoholmaterial direkt, Frischmaterial erst nach Durchtränkung mit Ethanol einlegen. Auswaschen in Wasser (zur Entfernung der Gasblasen vorher kurz in Essigsäure tauchen). Beobachtung in Wasser, Glycerol-Wasser oder Glycerol.

Nr. 28 Eisenhämatoxylinfärbung nach Heidenhain

Etwas aufwendige Regressivfärbung (Reg. 40) für Mikrotomschnitte und Quetschpräparate (nach Ablösen des Deckglases, Reg. 2), aber von unübertroffener Brillanz.
Das Hämatoxylin bildet auf den vorgebeizten Strukturen der Zelle einen schwarzen Farblack, der beim Differenzieren wieder herausgelöst wird. Da sich alle Strukturen färben, den Lack aber in unterschiedlichem Maße festhalten, lassen sich je nach Dauer des Differenzierens sehr verschiedenartige Details darstellen.

Reagenzien

1. Eisen-III-ammoniumsulfat (Eisenammoniumalaun) als Beize und Differenzierungsmedium. Die Kristalle müssen hellviolett aussehen; gelbe, »verwitterte« Kristalle sind unbrauchbar! 3%ige Lösung in destilliertem (!) Wasser.
2. Handelsübliche Stammlösung von Hämatoxylin nach Heidenhain. Stammlösung zum Gebrauch mit destilliertem (!) Wasser 1 : 5 verdünnen. Verdünnte Lösung in der Färbeküvette einige Tage (besser einige Wochen) staubfrei, aber unter Luftzutritt stehenlassen. Dieses »Reifen« ist unabdingbar für das Gelingen der Färbung. Gebrauchte Farblösungen nicht verwerfen, sondern filtrieren und immer wieder verwenden.

Anwendung:

- Objektträger mit den zu färbenden aufgeklebten Paraffinschnitten über die Xylen-Ethanol-Reihe nach Reg. 90 bzw. 4 in destilliertes Wasser überführen.
- Präparate für 2 bis 24 Std. zur Beizung in Eisen-III-ammoniumsulfat-Lösung (Färbeküvette) einstellen.
- Jedes Präparat einzeln (!) nacheinander in drei mit wenigstens je 500 ml dest. Wasser gefüllten Bechergläsern spülen. Präparate darin vorsichtig bewegen. Aufenthalt in jedem Gefäß etwa 5 Sekunden. Sobald sich das Wasser im ersten Becherglas zu trüben beginnt, Wasser ersetzen und Spülgefäß an die dritte Stelle setzen.
- Gespülte Präparate sofort in Färbeküvetten mit verdünnter Hämatoxylinlösung einstellen. Dauer der Färbung 2 bis 24 Std., etwa ebenso lange, wie gebeizt wurde.
- Differenzieren. Dieser Arbeitsschritt erfordert Sorgfalt. Ein Präparat wird der Färbeküvette entnommen und gründlich in destilliertem Wasser gespült. Präparat danach unter ständigem, vorsichtigem Bewegen in Beize eintauchen. Die tiefschwarz gefärbten Objekte geben dichte Farbwolken ab. Nach jeweiligem Zwischenspülen in destilliertem (!) Wasser Entfärbung laufend mikroskopisch

mit schwachem Objektiv kontrollieren (Aperturblende auf !), bis die gesuchten Strukturen deutlich hervortreten. Differenzierungsprozeß nicht zu früh abbrechen, sonst bleibt die Färbung zu dicht, erst das fertig eingebettete Präparat zeigt, ob die Differenzierung gelungen ist.
- Zwischenspülen in frischem dest. Wasser.
- Einstellen des Präparates in eine Färbeküvette unter fließendem Leitungswasser. Vorsicht, daß Objekte nicht abschwimmen. Aufenthalt im Leitungswasser mindestens 15 min, um die Färbung zu entwickeln, oder länger, während die nächsten Präparate differenziert werden.
- Zwischenwässern in dest. Wasser (1 min).
- Präparate die Ethanolreihe aufwärts führen und über Xylen in Balsam einbetten.

Ergebnis: Die Strukturen, auf deren Kontrastierung hin differenziert wurde, z. B. Chromatin, blauschwarz, Kernspindel, Zellgranula schwarz bis grau auf gelblichem Untergrund. In Neutralbalsam ist die Färbung haltbar.

Fehlermöglichkeiten: In Präparaten, die im Differenzierungsmedium nicht bewegt wurden, bleiben auch Gewebepartien, die durchsichtig werden sollen (Zytoplasma), trübbraun.
Wenn beim Aufkleben der Schnitte zu viel Eiweißglycerol auf den Objektträger aufgetragen wurde, färbt sich die Eiweißkomponente mit an.
Über Eisenhämatoxylinfärbung nach Heidenhain in Verbindung mit zytologischen Quetschverfahren vgl. Reg. 29.!

Nr. 29 Eisenhämatoxylinfärbung nach Heidenhain in Verbindung mit zytologischem Quetschverfahren

Vorteil: Die Zellen, auf die hin differenziert wurde, liefern Bilder unübertroffener Brillanz und Schärfe auch feinster Strukturen. Es müssen keine Mikrotomschnitte angefertigt werden.

Nachteile: Es muß immer mit Gewebeverlusten während der Präparation gerechnet werden. Erst gegen Ende aller Manipulationen ist mit Sicherheit festzustellen, ob die gesuchten zytologischen Bilder überhaupt im Präparat vorhanden sind. Als Ganzes wirken die Präparate durch ungleichmäßige Farbdichte oft unsauber.
Das Verfahren ist nicht als Stückfärbung durchführbar. Die Gewebe müssen zuvor hydrolysiert und gequetscht werden.

Durchführung:
- Nach Nawaschin oder Lavdowsky (Reg. 42) fixiertes Material über destilliertes Wasser in kalte 1 mol/l HCl überführen (etwa 5 min).
- Material nach Reg. 93/2 etwa 5 min in 1 mol/l HCI bei 55 bis 60 °C hydrolysieren. Hydrolyse durch Übertragen in angesäuertes destilliertes Wasser abbrechen.
- Sofort in einem Tropfen 45%iger Essigsäure quetschen und nach 24stündigem Alkoholbad des Präparates (vgl. Reg. 93/2) Deckglas ablösen (Reg. 2); oder nach Reg. 102 quetschen, dann fällt das Ablösen des Deckglases weg.
- Vorläufige mikroskopische Kontrolle, ob das Präparat die gewünschten Stadien enthält. Das ist ohne Phasenkontrastverfahren schwierig und gelingt zum Teil mit schiefer Beleuchtung (s. S. 21) oder mit ziemlich geschlossener Aperturblende.
- Die weitere Färbung verläuft sinngemäß nach Reg. 28.

Nr. 30 Eiweißglycerol

Zum Aufkleben von Mikrotomschnitten auf Objektträger.
Ansatz: Eiweiß eines frischen Hühnereies mit gleichem Volumen Glycerol mischen und filtrieren. Schon während des sehr langsam verlaufenden Filtrierens einen kleinen Kristall Thymol, Phenol oder etwas 35%ige Formaldehydlösung (100:1) als Konservierungsmittel zugeben. Das Klebemittel ist Jahre haltbar.
Anwendung: Vgl. Reg. 90/Aufkleben.

Nr. 31 Entlüften von Gewebe

Siehe unter Infiltrieren (Reg. 64).

Nr. 32 Entwässern

Zum schonenden Überführen sehr zarter, leicht schrumpfender Objekte in wasserfreie Medien.

- Überführen in reines Glycerol erfolgt am schonendsten durch das *Verdunstungsverfahren:* In ein flaches Gefäß (Uhrglas- oder Blockschälchen, Petrischale, Becherglas), das eine Mischung von Glycerol und Wasser im Verhältnis 1:10 enthält, gibt man die zu bearbeitenden Objekte und läßt offen an einem staubgeschützten Ort stehen, bis sich das Volumen nicht mehr vermindert, d.h. bis das Wasser nahezu vollständig verdunstet ist (je nach Ansatzmenge und Gefäßbeschaffenheit mehrere Tage bis Wochen). Die Objekte liegen dann in nahezu reinem Glycerol und können direkt in Glycerolgelatine oder nach unmittelbarem Überführen in absolutes Ethanol oder Isopropanol in anderen Medien eingeschlossen werden (Reg. 52, 92).
- Schonende Entwässerung *mit Aceton im Vakuum* nach Sitte: Objekte in der Untersuchungsflüssigkeit (kleine Portion in flachem Schälchen) in einem mit $CaCl_2$ beschickten Exsikkator neben eine große flache, mit Aceton gefüllte Schale stellen. Exsikkator evakuieren. Nach wenigen Stunden liegen die Objekte in reinem Aceton; das Wasser wurde vom $CaCl_2$ gebunden. Vor der Weiterverarbeitung noch für je 30 min in jeweils erneuertes reines Aceton übertragen.
- Überführen in hochprozentigen Alkohol durch *isotherme Destillation:* Das zu entwässernde Untersuchungsmaterial in ein kleines, offenes Schälchen geben. Das Schälchen in ein gasdicht verschließbares Gefäß stellen (Schliffverschluß, kleiner Exsikkator). Der Boden des Gefäßes ist mit absolutem Ethanol oder Isopropanol bedeckt (Vorsicht! Keinen Alkohol in das Materialschälchen fließen lassen! Eventuell Schälchen auf einen »Sockel« stellen). Nach etwa 24 Std. liegen die Objekte durch Kondensation der Alkoholdämpfe in hochprozentigem Alkohol. Dann direkte Überführung in absoluten Alkohol möglich.
- Beim Entwässern in der üblichen Weise durch Überführen des Materials in einzelne *Stufen steigender Alkoholkonzentrationen* sollte in kleinen Schritten vorgegangen werden (5%, 10%, 15% usw.). Wechsel durch vorsichtiges Abheben der Flüssigkeit oder Einhängen kleiner permeabler, eventuell mit feinen Poren durchbrochener Gefäße, in denen sich die Objekte verlustlos transportieren lassen.

Nr. 33 Entwässern von Gewebe bei der Herstellung von Dauerpräparaten

Siehe Register 51 und 92.

Nr. 34 Epidermisabzug

In der Aufsicht läßt sich die Epidermis als abgezogenes Häutchen, das leicht präpariert werden kann, gut untersuchen: Flache Einschnitte in Rechteckform (3 × 5 mm) anlegen und das davon begrenzte Epidermisstück mit der Pinzette abziehen. Bei einigen Objekten (z.B. obere Epidermis der Zwiebelschuppe von *Allium cepa)* lösen sich diese Rechtecke nach Infiltrieren (Reg. 64) fast von selbst; sehr schonende Behandlung des Gewebes! Am besten läßt sich sonst die Epidermis der Blattunterseite gewinnen.

Auf Grund des Wachsüberzuges und der Kutikula sind die Epidermisstücke nicht oder nur schwer benetzbar. Durch Zusatz benetzender Stoffe (Tween, Fit, Gelatine, Agar, notfalls etwas Speichel) kann das Einschließen von lästigen Luftblasen vermieden werden.

Nr. 35 Essigsäure

Ethansäure, etwa 98%ig. Klare, farblose Flüssigkeit von stechendem Geruch. Kann unter Volumenzunahme erstarren. Brennbar! Mit Alkoholen, Ether und Wasser in jedem Verhältnis mischbar.

Bestandteil von Fixiergemischen und Farblösungen (s. Carnoysches Gemisch, Reg. 42 und Karminessigsäure, Reg. 73). Kann auch zum Auswaschen der Javelleschen Lauge (Reg. 27) und zum Lösen von Kalkinkrusten verwendet werden.

Nr. 36 Ethanol

Wenn nicht anders angegeben oder ausdrücklich »absolutes Ethanol« gefordert wird, ist vergälltes, etwa 90–96%iges Ethanol geeignet.

Verwendung:

1. Zum Entwässern von Pflanzenmaterial, z.B. vor dem Einbetten in Neutralbalsam (Reg. 92). Herstellung verschiedener Konzentrationsstufen: Prozentgehalt der gewünschten Konzentration in Milliliter mit Wasser auf soviel Milliliter auffüllen, wie die Ausgangslösung Prozent Ethanol enthält.

Beispiel: 70 ml 96%iges Ethanol auf 96 ml aufgefüllt ergibt ca. 70%iges Ethanol. Für stärkere Verdünnungen (unter 50%) nur unvergälltes Ethanol verwenden, sonst fällt das Vergällungsmittel aus.
2. Zur Konservierung von Pflanzenmaterial, das zu einem späteren Zeitpunkt geschnitten und untersucht werden soll (Reg. 3).
3. Mischungen mit Glycerol zum Einweichen von harten Pflanzenteilen (s. Ethanol-Glycerol, Reg. 38).
4. Im Gemisch mit Salzsäure zum Herauslösen überschüssiger Farbstoffmengen aus gefärbten Präparaten (s. Salzsäure-Ethanol, Reg. 107).
5. Im Gemisch mit anderen Substanzen als Fixierungsflüssigkeit (s. Carnoy, Reg. 42).
6. Zum Vertreiben von störenden Luftblasen, die unter dem Deckglas eingeschlossen sind (Frischpräparat, Reg. 47).

Nr. 37 Ethanol-Essigsäure

Siehe Carnoysches Fixiergemisch (Reg. 42).

Nr. 38 Ethanol-Glycerol

Verwendung: Zum Durchtränken von hartem pflanzlichem Material (z. B. Holz), um es besser schneidbar zu machen.
Anwendung: Material für mindestens 24 Std in ein Gemisch von gleichen Teilen Ethanol (96%ig) und reinem Glycerol einlegen; gegebenenfalls darin kochen.

Nr. 39 Euparal

Als Einschlußmedium zur dauerhaften Aufbewahrung mikroskopischer Objekte. Handelsüblich.
Anwendung: Objekte in 96%iges Ethanol einlegen, bis sie vollständig durchtränkt sind. Ethanol mindestens einmal wechseln. Ohne Zwischenmedium direkt aus dem Ethanol in Euparal einbetten.

Nr. 40 Färben

Mikroskopische Objekte werden angefärbt, um Zell- oder Gewebestrukturen deutlicher hervortreten zu lassen oder überhaupt erst sichtbar zu machen. Die Anzahl der Farbstoffe und Färbemethoden ist so groß, daß die einschlägige Spezialliteratur herangezogen werden muß. Einige ausgewählte Verfahren werden im Text und im Register beschrieben.
Der Erfolg des Färbens hängt von vielen Faktoren ab: Chemisch-physikalische Beschaffenheit des Objektes, Konzentration und Alter der Farblösung, Qualität des Farbstoffs, Temperatur und Einwirkungsdauer der Farblösung, Verwendung von Differenzierungsmittel und Waschflüssigkeit, pH-Wert der verschiedenen Lösungen u. v. w. Aufgrund des schwierig zu kontrollierenden Zusammenspiels der zahlreichen Faktoren bleibt Färben mikroskopischer Objekte eine weitgehend empirische Methode.
Schnitte von Frisch- oder Alkoholmaterial können direkt auf dem Objektträger (z. B. Safraninfärbung, Reg. 105) oder in geeigneten Gefäßen (Petrischale, Blockschälchen, Uhrglas, Hohlschliffobjektträger) gefärbt werden. Man kann dabei die Objekte in ein und demselben Gefäß färben, wobei man die benötigten Lösungen (Farblösung, Differenzierungsmittel, Waschflüssigkeit) mit fein ausgezogenen Saugpipetten zusetzt und wieder absaugt, oder die Objekte werden mit geeigneten Instrumenten (Nadel, Lanzettnadel,Spatel,Pinsel) von einem Gefäß in das andere übertragen.
Sollen viele Schnitte gleichzeitig gefärbt werden (z. B. zur Vorbereitung von Kursmaterial) wird man die erste Variante bevorzugen, bei »individueller« Behandlung einzelner Schnitte ist die zweite Variante besser geeignet.
Auf Objektträgern aufgeklebte Mikrotomschnittserien werden in speziellen Küvetten, in denen die Objektträger aufrecht stehen, erst vom Einbettungsmittel (z. B.Paraffin) befreit und dann gefärbt.

Allgemein unterscheidet man:
- Schnittfärbung: Das Objekt wird erst geschnitten und dann gefärbt.
- Stückfärbung; Das Objekt wird im ganzen gefärbt und entweder im ganzen beobachtet (sehr kleine oder dünne Objekte) oder nach dem Färben geschnitten oder gequetscht (z. B. Karminessigsäurefärbung, Reg. 73, und Nuklealreaktion nach Feulgen, Reg. 93).
- Progressivfärbung: Das Objekt wird so lange gefärbt, bis die entsprechenden Strukturen hinreichend kontrastiert sind (z. B. Färbung mit Hämalaun nach Mayer, Reg. 55).

- Regressivfärbung: Das Objekt wird überfärbt und danach in geeigneten Medien so lange wieder entfärbt (differenziert), bis der gewünschte Färbungsgrad erreicht ist (z. B. Eisenhämatoxylinfärbung nach Heidenhain. Reg. 28).

Nr. 41 Fixieren

Notwendiger Präparationsschritt bei Pflanzenmaterial, das für die mikroskopische Bearbeitung abgetötet werden muß. Alle Fixiermittel wirken als Eiweißfällungsmittel.

Bedeutung:
- Schnelles und einheitliches Abtöten der Zellen, um ihre Strukturen möglichst lebensnah zu erhalten.
- Verhindern von Fäulnis oder Autolyse.
- Koagulation des Protoplasmas fixiert intrazelluläre Partikel und Organellen an dem Ort, den sie im Leben innehatten.
- Härten des Gewebes, damit es der weiteren Präparation (z. B. Schneiden) standhält.
- Vielfach Voraussetzung für nachfolgendes Färben.

Allgemeine Regeln:
- Nur frische Objekte fixieren.
- Objekte so klein wie möglich halten, damit sie vom Fixiermittel möglichst schnell durchtränkt werden.
- Objektvolumen zu Fixiermittelvolumen etwa 1 : 50.
- Fixiergefäße hinreichend groß wählen, daß die Objekte nicht deformiert werden.
- Fixiermittel muß schnell und gleichmäßig eindringen. Wenn die Objekte nicht rasch untersinken, infiltrieren (Reg. 64), Objekte eventuell anstechen oder in kleinere Stücke zerschneiden.
- Fixiermittel nur einmal verwenden.
- Fixiermittel nach Ablauf der empfohlenen Dauer mit den angegebenen Medien gründlich auswaschen.

Spezielle Fixiermittel und ihre Anwendung s. Reg. 42.

Nr. 42 Fixiergemische

- nach Carnoy

  Verwendung: Für botanisches Material universell und häufig angewendetes Fixiermittel, das bequem zu handhaben ist. Es dringt leicht und schnell ein und begünstigt das spätere Färben.Die Fällung des Eiweißes ist nicht sehr feinkörnig; nur mäßig härtend, zarte Objekte schrumpfen.

  Ansatz:
  Gebräuchliche Varianten (b und c besonders für zarte Objekte):

	a	b	c
Ethanol 98–100%ig	3 Teile	6 Teile	6 Teile
Essigsäure	1 Teil	1 Teil	1 Teil
Chloroform	–	–	3 Teile

  Anwendung: Komponenten erst kurz vor dem Fixieren mischen (sonst Veresterung unter Bildung von Wasser, das die Wirkung beeinträchtigt).
  Zarte Objekte 1–4 Std., derbere bis 24 Std. fixieren.
  Vorteilhaft ist es, Freihandschnitte von Frischmaterial (Reg. 45, 46) zu fixieren. Vorteile: Schnelles Einwirken des Fixiermittels, geringer Flüssigkeitsbedarf, Kontrolle unter dem Mikroskop möglich, Bearbeitung im Blockschälchen.
  Mit 96%igem Ethanol auswaschen, bis kein Essiggeruch mehr wahrnehmbar ist.
  Objekte über 90%iges und 80%iges Ethanol in 70%iges Ethanol zur Aufbewahrung überführen oder sofort weiterverarbeiten.

- nach Lavdowsky

  Verwendung: Für cytologische Studien an Meristemen (gut härtend, wenig schrumpfend).

  Ansatz:

destilliertes Wasser	30 Teile
Ethanol 96%ig	15 Teile

Formaldehyd-Lsg. ca. 35%ig	5 Teile
Essigsäure	1 Teil

Anwendung: 12 Std. fixieren. Einige Stunden in mehrfach zu wechselndem Wasser oder 30%igem Ethanol auswaschen. Über 50%iges Ethanol (4 Std.) in 70%iges Ethanol zur Aufbewahrung überführen.

- nach Nawaschin

Verwendung: Für zytologische Studien an Meristemen (gut härtend, wenig schrumpfend).

Ansatz:

Komponente A

Chromiumsäureanhydrid	1,5 g	oder:	Chromiumsäure 1%ig	10 Teile
Essigsäure 10%ig	100 ml		Essigsäure	1 Teil

Komponente B

destilliertes Wasser	60 ml
Formaldehyd-Lösung (35%ig)	40 ml

Erst vor Gebrauch die Komponenten A : B = 11 : 4 zusammengeben.

Anwendung: 12 Std. fixieren, 12 Std. in fließendem Wasser auswaschen. Über dest.Wasser (kurze Passage) und 50%iges Ethanol (4 Std.) in 70%iges Ethanol zur Aufbewahrung überführen oder sofort weiterverarbeiten.

- nach Pfeiffer

Verwendung: Hervorragend geeignetes Gemisch zum Fixieren von embryologischem Material von Coniferen.

Ansatz:
Formaldehydlösung (35%ig), Holzessig, Methanol im Verhältnis 1 : 1 : 1 mischen (der Holzessig ist gegebenenfalls durch Essigsäure ersetzbar).
Anwendung: Fixierung bei derberem Material nach 24 Std. beendet.
Objekte können auch im Fixiergemisch aufbewahrt werden (als Konservierungsmittel für Sammlungszwecke zu verwenden; Aufbewahrung von Kursmaterial!).
Zur anschließenden Färbung Auswaschen in Wasser, Glycerolwasser (10% Glycerol) oder Ethanol (40%ig).

Nr. 43 Flächenschnitte

Zarte Blattspreiten über den Zeigefinger spannen und mit Daumen und Mittelfinger festhalten. Mit scharfem Messer dünne Schnitte abtragen, die nur eine oder wenige Zellschichten umfassen. Möglichst immer einen Schnitt mit der Schnittfläche nach oben und einen mit der Schnittfläche nach unten nebeneinander einbetten. Bei derberen Objekten (Sproßachse, Wurzel) sind unter Flächenschnitten ganz flache Tangentialschnitte nahe der Oberfläche zu verstehen.

Nr. 44 Flüssigkeitswechsel unter dem Deckglas

Es ist mitunter notwendig – besonders bei histochemischen Untersuchungen – an das Objekt verschiedene Medien zu bringen, ohne das Deckglas zu entfernen. Zuweilen muß das Medium während der Beobachtung gewechselt bzw. erneuert werden.

Durchführung: An eine Seite des Deckglases einen kleinen Filtrierpapierstreifen so anlegen, daß das Einbettungsmittel abgesaugt wird. Gleichzeitig an der anderen Seite mit einer feinen Saugpipette das andere Medium in der entsprechenden Menge zufließen lassen.
Vorsicht – Deckglas nicht verschieben!
Soll das Medium für längere Zeit kontinuierlich erneuert werden, so kann aus einem Glasgefäß mit Hilfe eines Filtrierpapierstreifens nach dem Heberprinzip Flüssigkeit zugeführt werden, die auf der anderen Seite des Deckglases an einem Filtrierpapierstreifen abtropfen kann.

Nr. 45 Freihandschnitte

Blattquerschnitte (Reg. 14),
Sproßachsenquerschnitte (Reg. 114),
Sproßachsenlängsschnitte (Reg. 113),
Flächenschnitte (Reg. 43),
Wurzelquerschnitte (Reg. 114),
Holzschnitte (Reg. 60).

Nr. 46 Frischmaterial

Pflanzenmaterial, das noch nicht künstlich verändert wurde (z. B. durch Konservierung, Fixierung, Trocknung usw.); im engeren Sinne lebendes Material. Es dient vorwiegend zytologischen Beobachtungen (besonders dem Studium des lebenden Protoplasmas) und histochemischen Untersuchungen. Das Material sollte stets so frisch wie nur möglich verwendet werden. Die Luft in den Interzellularen kann die Beobachtung stören und muß durch Infiltrieren (Reg. 64) beseitigt werden.

Nr. 47 Frischpräparat (zur einmaligen Verwendung bestimmtes Präparat)

Herstellung:
- Objektträger und Deckglas einwandfrei säubern (Reg. 103).
- Objekt in die zur Beobachtung geeignete Form bringen: Totalpräparat, Schabepräparat (Reg. 108), Schnittpräparat (z. B. Reg. 45), Zupfpräparat (Reg. 125), Epidermisabzug (Reg. 34), Färben (Reg. 40) usw.
- Einen Tropfen Untersuchungsflüssigkeit (meist Wasser oder Glycerol-Wasser 1 : 1) in die Mitte des Objektträgers bringen (Glasstab, Pipette). Auf richtige Flüssigkeitsmenge achten (s. u. bei »Fehler«).
- Objekt mit Nadel, Pinzette, Spatel o. ä. in den Flüssigkeitstropfen überführen.
- Mit Deckglas bedecken: Deckglas an zwei benachbarten Ecken zwischen Zeigefinger und Daumen oder mit einer Pinzette anfassen und mit der freien parallelen Kante links vom Flüssigkeitstropfen auf den Objektträger aufsetzen- Deckglas nach rechts bewegen, bis die Flüssigkeit an das Deckglas zieht. Nun langsam auf das Objekt senken, dabei Gegenseite mit Nadel o. a. abstützen, um das Weggleiten des Deckglases zu vermeiden.

Fehler:
1. Zu viel Einbettflüssigkeit. Folge: schlechte optische Auflösung, Zittern der Objekte, Objekte wandern aus dem Bildfeld.
   Abhilfe: Flüssigkeitsüberschuß mit Fließpapier absaugen.
2. Untersuchungsflüssigkeit auf der Oberseite des Deckglases.
   Abhilfe: mit sauberem Deckglas neu abdecken, Präparat sonst unbrauchbar.
3. Untersuchungsflüssigkeit füllt nach dem Abdecken den Raum unter dem Deckglas nicht bis an den Rand aus (Luftblasen, Objekt wird gequetscht!).
   Abhilfe: Untersuchungsflüssigkeit seitlich an den Deckglasrand bringen (sie breitet sich von selbst schnell unter dem Deckglas aus).
4. Luftblasen sind mit eingeschlossen worden.
   Abhilfe: neu abdecken. Deckglas beim Abdecken vorsichtig senken, nicht fallenlassen (Gewebe vorher entlüften, Reg. 31,64), evtl. anderes, fettfreies Deckglas verwenden oder Ethanol unter dem Deckglas durchsaugen (Reg. 44).
5. Empfindliche Objekte werden durch Deckglasdruck zerquetscht.
   Abhilfe: neu abdecken, 3 oder 4 Deckglassplitter mit einbetten, zwischen denen das Objekt geschützt ist.
6. Objekt schwimmt beim Auflegen des Deckglases an den Rand des Flüssigkeitstropfens.
   Abhilfe: neu abdecken. Auch auf Unterseite des Deckglases einen kleinen Tropfen Untersuchungsflüssigkeit bringen. Dann vorsichtig von oben auf das Objekt auflegen.

Nr. 48 Fuchsin-Pikrinsäure (zur Färbung verholzter Zellwände)

Reagenzien:
1. Konzentrierte, wäßrige Fuchsinlösung,
2. gesättigte, ethanolische Pikrinsäurelösung,
3. 96%iges Ethanol.

Anwendung:
- Dünne (!) Schnitte für 10–15 min in die Fuchsinlösung legen,
- kurz in verdünnte Pikrinsäurelösung eintauchen (je 2 ml Wasser auf je 3 ml gesättigte, ethanolische Pikrinsäurelösung),
- mit 96%igem Ethanol gründlich auswaschen,
- in Wasser beobachten oder besser zu Dauerpräparaten weiterverarbeiten.

Zellkerne und verholzte Zellwände werden intensiv rot gefärbt. Die Färbung ist in Dauerpräparaten sehr gut haltbar.

Nr. 49 Gelatineeinbettung von Objekten zum Schneiden mit der Hand

Unhandlich kleine, leicht zerfallende oder zu weiche Objekte lassen sich sehr gut mit der Hand schneiden, wenn sie in Gelatine eingebettet werden.
- Handelsübliche Glycerolgelatine vorsichtig verflüssigen (Wasserbad), fixiertes Objekt aus Wasser (!) in die Gelatine einlegen und Medium einige Zeit flüssig halten.
- Der Größe des Objektes angemessene Menge flüssiger Glycerolgelatine auf kühle Glasplatte auftropfen und erstarren lassen.
- Gelatinedurchtränktes Objekt auf die erstarrte Gelatine legen und mit flüssiger Gelatine übertropfen, bis es ganz umhüllt ist (oder mit Paraffinum liquidum ausgestrichene Einbettschälchen verwenden – vgl. Reg. 90).
- Erstarrte Gelatine mit eingeschlossenem Objekt mit Hilfe einer Rasierklinge von der Glasplatte lösen und zu handlichem Block zurechtschneiden.
- Blöckchen zum Härten in 96%iges Ethanol einlegen. Die Härtung schreitet etwa 1 mm/Tag nach innen fort.
- Die gehärteten Blöckchen lassen sich mit alkoholbenetzter Rasierklinge sehr gut schneiden, so daß auch mit der Hand dünne, zusammenhaltende Schnitte zu erzielen sind.
- Gelatineschnitte vorteilhaft nach der Chloralhydrat-Hämalaun-Methode weiterbehandeln (Reg. 18), dann stört die Gelatine nicht und kann in den Schnitten belassen werden. Oder Schnitte in 10%ige Natrium- oder Kaliumhydroxidlösung einlegen, bis die Gelatine herausgelöst ist (Blockschälchen, schwarze Unterlage).
- Natrium- bzw. Kaliumhydroxid gründlich durch mehrfach gewechseltes destilliertes Wasser auswaschen. Nachfolgend kann beliebig gefärbt und eingebettet werden.

Nr. 50 Gentianaviolett

Zur Leukoplastenfärbung.
Dünne Handschnitte oder Epidermisabzüge von Alkoholmaterial werden in stark verdünnte Gentianaviolettlösung eingelegt (die Lösung soll nur schwach violett getönt sein). Nach einiger Zeit (Kontrolle unter dem Mikroskop) – meist schon nach 10–20 s – sind die Leukoplasten intensiv violett gefärbt, während die Zellwände und die Zellkerne erst schwache Färbung zeigen.

Nr. 51 Glycerol

Farblose, geruchlose, viskose und hygroskopische Flüssigkeit von süßem Geschmack. Einschlußmedium zur dauerhaften Aufbewahrung mikroskopischer Objekte; auch Weichmacher für harte Objekte (Reg. 60); Lösungsmittel für Sudan III (Reg. 116).
Anwendung:
1. Gegen Schrumpfungen widerstandsfähiges Material (z.B. Holzschnitte) unmittelbar in Glycerol einbetten (wie Frischpräparate, s. Reg. 47).
2. Gegen Schrumpfungen empfindliches Material vorher allmählich entwässern. Objekt nacheinander in Glycerol-Wasser 1: 10 mindestens 1 Std.
   Glycerol-Wasser 1 : 5 mindestens 1 Std.
   Glycerol-Wasser 1 : 1 mindestens 1 Std.
   Glycerol-Wasser 10 : 1 mindestens 1 Std.
   reines Glycerol.

(Die Präparate werden um so schonender entwässert, je länger sie besonders in den niederen Glycerolkonzentrationen verweilen und je kleiner die Unterschiede der einzelnen Konzentrationsstufen sind.) Schonendste Entwässerung durch Einlegen empfindlicher Objekte in verdünntes Glycerol (1 Teil

Glycerol: 10 Teile Wasser) und allmählich Konzentrierung des Glycerols durch Verdunstung des Wassers (auf Staubfreiheit achten!).
Nachteile: Als Flüssigkeitspräparat empfindlich gegen Verschieben des Deckglases, schwierig aufzubewahren und zu säubern. Äußerer Abschluß (Deckglasumrandung) schwer zu erzielen, Farbstoffe werden z. T. angegriffen.
Abhilfe: Zu einem Glycerolgelatine-Dauerpräparat weiterverarbeiten (Reg. 52).

Nr. 52 Glycerolgelatine

Einschlußmedium zur dauerhaften Aufbewahrung mikroskopischer Objekte. Besonders für Freihandschnitte und kleine, nicht zu schneidende Objekte. Bei Zimmertemperatur gallertig, bei Erwärmung flüssig.
Ansatz: 10 g farblose Gelatine in 60 ml Wasser lösen, 70 ml Glycerol hinzufügen, mit 0,1 g Phenol versetzen. Das Gemisch 10–25 min bis zur Klärung erwärmen (rühren!). Dann heiß filtrieren (Glaswolle, Papier). Auch gebrauchsfertig im Handel.
Anwendung:
- Objekt in Glycerol (Reg. 51) überführen.
- Eine kleine Menge Glycerolgelatine in einem geeigneten Gefäß (Reagenzglas) durch Erwärmen verflüssigen (Nicht kochen! Reagenzglas in Wasserbad stellen!).
- Objekt mit wenig anhaftendem Glycerol auf einen angewärmten Objektträger legen.
- Vier Deckglassplitter an den späteren Auflagestellen des Deckglases mit Glycerol aufkleben (Reg. 23)
- Einen angemessenen Tropfen flüssige Glycerolgelatine auf das Objekt bringen und schnell, ehe die Gelatine erstarrt, mit einem ebenfalls angewärmten Deckglas bedecken (s. dazu unter Frischpräparat, Reg. 47). Einschluß von Luftblasen vermeiden!
- Erkalten lassen und sofort an alle vier Kanten des Deckglases einen Tropfen Glycerol bringen.
- 3–6 Monate lang staubfrei trocknen lassen (Präparatemappe).
- Nach Entfernen der Glycerolspuren vorsichtig säubern; mit Neutralbalsam, Deckglaslack oder -kitt umranden. Neutralbalsam mit einer Pipette an die Deckglasränder geben. Kitt und Lack mit einem Metalldreieck (Draht), dessen Vorderkante etwas breiter als die Kantenlänge des Deckglases ist, auftragen. Dabei erwärmtes Metalldreieck in den Lack oder Kitt senken und übergreifend vom Deckglas zum Objektträger streichen. Die Umrandung ist nur dann wirkungsvoll, wenn sie die Fuge zwischen Objektträger und Deckglas nahtlos schließt, s..auch Reg. 117 .

Fehler:
1. Luftblasen mit eingeschlossen.
   Ursachen: Deckglas unvorsichtig aufgelegt. Deckglas, Objektträger oder Gelatine beim Abdecken schon erkaltet. Luft in das Gelatinevorratsgefäß eingerührt. Gelatine beim Verflüssigen gekocht.
   Abhilfe: Bei noch flüssiger Gelatine: Deckglas seitlich anheben, Luft entweichen lassen oder mit Nadel bzw. Haar herausstechen, neu einschließen.
2. Luft -»Bäumchen« ziehen beim Trocknen (s. oben) unter das Deckglas.
   Ursache: Gelatine zu stark wasserhaltig oder Objekt beim Überführen in Glycerol nicht ausreichend entwässert.
   Abhilfe: neu einschließen.
3. Deckglas bricht beim Trocknen (s. oben), Objekt durch den Deckglasdruck zerquetscht, unbrauchbar.
   Ursache: Volumenabnahme der Gelatine durch Wasserverlust. Objekt zu dick geschnitten.
   Vorbeugend: Schnittqualität verbessern, Deckglassplitter als Stützen nicht vergessen.

Nr. 53 Glycerol-Wasser

Glycerol ist mit Wasser in jedem Verhältnis mischbar. Als Einschluß für Objekte zur mikroskopischen Sofortbeobachtung (Frischpräparat s. Reg. 47) im Verhältnis 1 : 1 mischen (Brechzahl n_D^{20} = 1,397).

Nr. 54 Hämalaun-Fuchsin-Pikrinsäure

Doppelfärbung verholzter und unverholzter Zellwände.
Anwendung:
- Fuchsin-Pikrinsäure-Färbung (Reg. 48).
- Gründliches Auswaschen in Ethanol.
- Hämalaunfärbung (Reg. 55) 15–30 min.

- Auswaschen in Ethanol.
- Einschluß in Neutralbalsam (Reg. 92).

Verholzte Zellwände rot, unverholzte und suberinhaltige Wände blau gefärbt. Färbung gut haltbar in Dauerpräparaten.

Nr. 55 Hämalaun nach Mayer

1. Zur Färbung unverholzter Zellwände.

Ansatz: 1 g handelsübliches Hämatoxylin in 1000 ml Wasser lösen, in dieser Flüssigkeit 0,2 g Natriumiodat und 50 g Alaun ($K_2SO_4 \cdot Al_2(SO_4)_3 \cdot 24\ H_2O$) bei Raumtemperatur lösen. In 24 Std gebrauchsfertig (= Stammlösung). Die fertige Lösung ist auch im Handel.

Anwendung:

- Stammlösung zum Gebrauch mit 1%iger Alaunlösung oder destilliertem Wasser auf 1: 1 bis 1: 10 verdünnen.
- Schnitte von ethanolisch fixiertem Material vorher wässern.
- Färbedauer: ca. 3–5 min (Überfärbung vermeiden, sonst mit Salzsäure-Ethanol differenzieren, Reg. 107).
- Auswaschen in dest. Wasser; Übertragen in Leitungswasser (öfter wechseln!).
- Übertragen in Einschlußmedium: dest. Wasser oder Glycerol bzw. Glycerol-Wasser oder Neutralbalsam.

  Unverholzte Zellwände kräftig blau bis blauviolett. Mittellamellen bei Kollenchymen treten deutlich hervor. Tüpfel ungefärbt. Zellkerne schwarzblau. Hoftüpfel blau, besonders auffallend nach Einschluß in Neutralbalsam.

2. Zur Darstellung von Zellkernen bzw. Kernteilungsfiguren in
Quetschpräparaten vgl. S. 226f.
keimenden Pollen vgl. S. 273
embryologischen Stückpräparaten vgl. S. 286
in Verbindung mit Chloralhydrat vgl. S. 251, 273, 286.

Färbung in Neutralbalsam oder Glycerolgelatine gut haltbar.

Nr. 56 Hämalaun-Safranin

Zur Doppelfärbung verholzter und nicht verholzter Zellwände im gleichen Objekt.

Anwendung:

- Safraninfärbung (Reg. 105).
- Auswaschen überschüssiger Farbe in Salzsäure-Ethanol (Reg.107), in Wasser nachwaschen.
- Hämalaunfärbung (Reg. 55).

Verholzte Zellwände rot, alle übrigen blau bis violett gefärbt. Die Färbung ist in Neutralbalsam haltbar.

Nr. 57 Hämalaun, saures

Verwendung: wie Hämalaun nach Mayer.

Ansatz: Zur Lösung Hämalaun nach Mayer (Reg. 55) werden pro 1000 ml noch hinzugefügt: 50 g Chloralhydrat und 1 g Citronensäure. (Die fertige Lösung ist handelsüblich).

Anwendung: wie Hämalaun nach Mayer (Reg. 55), aber Färbung und Haltbarkeit besser.

Nr. 58 Heitzsche Karminessigsäure-Kochmethode

Siehe Karminessigsäure (Reg. 73).

Nr. 59 Holundermark

Mark aus der Sproßachse von *Sambucus nigra* (Caprifoliaceae). Altbewährtes Hilfsmittel zum Schneiden zarter Objekte. Die Objekte werden zwischen Holundermark geklemmt und mit diesem zusammen geschnitten (s. a. Blattquerschnitte, Reg. 14).

Von abgestorbenen Holunderschößlingen die Rinde entfernen und das Mark entnehmen. Am ergiebigsten sind alte Holunderbüsche. Lebende oder abgestorbene Zweige und lebende Schößlinge sind ungeeignet, da die Rinde zu fest und das Mark zu dünn ist.

Meist benützt man das trockene Mark zum Schneiden. Mitunter wird das Mark in Wasser geknetet, bis es sich mit Wasser vollgesaugt hat und in diesem Zustand verwendet.

Nr. 60 Holzschnitte

Erschwert durch die Härte des Materials.
Erleichterungen:
1. 24 Std. vor dem Schneiden kleine Holzstücke in Ethanol-Glycerol (s. Reg. 38) einlegen, gegebenenfalls in dieser Mischung kochen.
2. Robuste Mikrotome für Holzschnitte erleichtern das Schneiden erheblich, besonders, wenn unter ständigem Einwirken von Wasserdampf auf das Objekt gearbeitet wird: Wasser in einem geeigneten, mit einem durchbohrten Stopfen versehenen Gefäß kochen und den Dampf durch Glasrohr und Gummischlauch mit entsprechenden Haltevorrichtungen an das Objekt führen.

Nr. 61 Immersionsflüssigkeiten

Flüssigkeiten, die bei Beobachtung mit Immersionsobjektiven zwischen Frontlinse des Objektivs und Deckglas bzw. Objekt gegeben werden (s. a. Einstellen der Immersionsobjektive, Reg. 62).
Flüssigkeiten mit der gleichen Brechzahl wie Glas (n_D^{20} = 1,515) ergeben homogene Immersion.
Bei Wasser- und Glycerolimmersionen kann ohne Deckglas beobachtet werden.
Siehe auch Anisol (Reg. 7), Glycerol (Reg. 51), Immersions»öl« (Reg. 63), Methylbenzoat (Reg. 86).

Nr. 62 Immersionsobjektive, Einstellung

Auf das Deckglas einen kleinen Tropfen Immersionsflüssigkeit geben und unter seitlicher Beobachtung den Tubus bzw. Tisch senken bzw. heben, bis die Frontlinse in die Flüssigkeit eintaucht. Nun in das Okular sehen und den Tubus bzw. Tisch verstellen, bis das Objekt scharf erscheint. Größte Vorsicht! Nicht mit der Frontlinse das Deckglas berühren!
Das Einstellen wird erleichtert, wenn das Präparat dabei schwach hin und her bewegt wird. Dadurch sind die allmählich auftauchenden Konturen des Objekts leichter und eher wahrzunehmen, und der freie Dingabstand wird nicht unbemerkt überschritten. Große, vorübergleitende Schatten im Blickfeld deuten auf Luftblasen, die sich zwischen Frontlinse und Metallfassung gefangen haben. Immersion trennen und Objektiv erneut eintauchen, evtl. Immersionsflüssigkeit abwischen und erneuern. Die Luftblasen lassen sich auch vermeiden, wenn zuerst an die Frontlinse des Objektivs ein Tropfen Immersionsflüssigkeit gebracht wird. Nach Gebrauch Immersionsflüssigkeit mit sauberem Leinenlappen, Zellstoff oder Filtrierpapier abwischen und die Frontlinse mit Benzin reinigen. Ethanol darf nicht zum Reinigen verwendet werden, denn es löst die Kittsubstanz zwischen den Linsen auf!

Nr. 63 Immersions»öl«

n_D^{20} = 1,515 (für homogene Immersion). Wird von den Optik-Firmen mitgeliefert.
Wasser und Staub fernhalten! Immersions»öl« nach der Beobachtung sofort abwischen und die Frontlinse reinigen (Reg. 62). Nicht mit Ethanol reinigen!

Nr. 64 Infiltrieren

Frische Pflanzenteile enthalten in den Interzellularen Luft, die beim Beobachten stört. Das Verdrängen der Luft durch ein flüssiges Medium unter vermindertem Druck heißt »Infiltrieren«: Die Pflanzenteile werden im ganzen oder besser in kleinere Stücke zerschnitten in Wasser gegeben. Durch Anlegen von Unterdruck (Vakuumpumpe, auch Wasserstrahlpumpe) wird dann die Luft aus den Geweben entfernt. Dabei werden die Pflanzenteile glasig-durchscheinend und sinken unter, weil sich die Interzellularen mit Wasser füllen. Auch Fixiermittel werden zweckmäßigerweise inflitriert. Das Infiltrieren läßt sich beschleunigen, wenn der Unterdruck mehrmals plötzlich aufgehoben wird (Quetschhahn, Daumen!

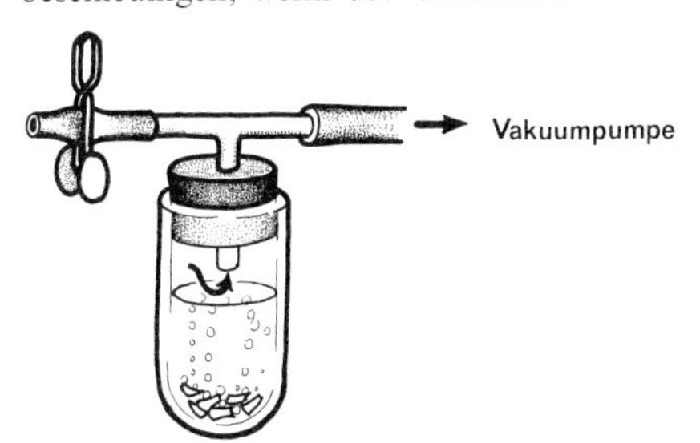

Abb. 114.

s. Abb. 114). Das Verfahren eignet sich auch, um Luftblasen aus Frischpräparaten (Objektträgerpräparaten) zu entfernen. Dazu das fertige Präparat in ein leeres Infiltrationsgefäß legen und wie beschrieben behandeln.

Nr. 65 Interferenzkontrast

Siehe optische Kontrastierungen (S. 21).

Nr. 66 Iodkaliumiodid-Lösung (»Iodiodkalium«)

Ansatz: 0,5–1 g Kaliumiodid in wenig Wasser lösen, erst dann 1 g Iod zugeben und ebenfalls lösen (nicht in umgekehrter Reihenfolge!). Mit Wasser auf 100 ml auffüllen
oder
1 g Kaliumiodid in 5 ml Wasser lösen, dann 1 g Iod zugeben und ebenfalls lösen. Mit Wasser auf 300 ml auffüllen (= Lugolsche Lösung).
Die gebrauchsfertigen Lösungen sind im Handel.

Verwendung:

1. Stärkenachweis: Stärke oder stärkehaltiges Pflanzenmaterial in die Lösung bringen. Sofort oder nach Überführung in Wasser oder Glycerol-Wasser beobachten. Färbung nach wenigen Sekunden. Direkte Beobachtung des Färbevorgangs möglich, wenn Iodkaliumiodid-Lösung unter dem Deckglas hindurchgesaugt wird (Reg. 44). Stärke färbt sich zuerst hellblau, später schwarzblau. Die Färbung verblaßt mit der Zeit.

Bemerkung: Kleinste Stärkemengen werden in inhaltsreichen Zellen nachweisbar, wenn nach der Einwirkung der Iodkaliumiodid-Lösung mit wäßriger, konzentrierter Chloralhydrat-Lösung behandelt wird (s. auch »Chloraliod«, Reg. 19).

2. Mit Zinkchlorid als Cellulosereagens (vgl. auch: Chlorzinkiod-Lösung – Reg. 20). Objekt für wenige Sekunden in Iodkaliumiodid-Lösung und anschließend für 1–2 min in eine konzentrierte Zinkchloridlösung bringen (etwa 2 g Zinkchlorid je Milliliter Wasser). Beobachtung sofort oder nach Überführung in Wasser oder Glycerol-Wasser. Cellulose färbt sich blau bis schwarzblau, verholzte Zellwände und Kallose gelb bis gelbbraun. Die Farbe ist nicht dauerhaft.

Bemerkung: s. bei Chlorzinkiod-Lösung (Reg. 20).

3. Mit Schwefelsäure als Cellulosereagens. Objekt kurze Zeit mit Iodkaliumiodid-Lösung durchtränken, anschließend in schwach verdünnte Schwefelsäure einbringen (1 Teil Wasser, etwa 2 Teile konz. Schwefelsäure. Vorsicht! Stets die Säure in das Wasser geben, nicht umgekehrt!). Beobachtung sofort oder nach Überführung in Wasser oder Glycerol-Wasser. Cellulose färbt sich leuchtend blau, verholzte Zellwände und Kallose gelb bis gelbbraun. Färbung in Dauerpräparaten nicht haltbar.

Bemerkung: s. bei Chlorzinkiod-Lösung (Reg. 20).

Nr. 67 Isopropanol (Propan-2-ol)

Kann zur Entwässerung der Objekte (Reg. 32) und in der Alkoholreihe anstelle des Ethanols verwendet werden. Es ist mit Wasser und Xylen in jedem Verhältnis mischbar. Als »absolutes Isopropanol« handelsüblich.
Vorteile: Wesentlich geringerer Preis; weniger hygroskopisch als Ethanol, bleibt daher in der Alkoholreihe länger hinreichend wasserfrei und läßt sich in verschlossenen Flaschen jahrelang ohne Nachteil aufbewahren.
Nachteil: Die Aufenthaltsdauer der Objekte in Isopropanol höherer Konzentration muß etwa verdoppelt werden.

Nr. 68 Kalilauge

Verwendung: Aufhellungsmittel. Auflösung von Zellbestandteilen (Plasma, Chloroplasten, Kallose, Stärkekörner).

Ansatz: etwa 5%ig.
Anwendung:

- Objekte in die Lösung einlegen (Dauer je nach gewünschtem Aufhellungsgrad; Vorgang mikroskopisch kontrollieren).
- In Wasser gründlich auswaschen.
- In Wasser, Glycerol-Wasser oder Glycerol beobachten.

Nr. 69 Kaliumchlorat

Zum Mazerieren nach Schulze (Reg. 85, 2.).

Nr. 70 Kaliumpermanganat

Zum Nachweis verholzter Zellwände (= Mäulesche Reaktion)

Reagenzien: 1%ige Kaliumpermanganat-Lösung
Salzsäure 1 : 1 mit Wasser verdünnt
Ammoniaklösung konz.

Anwendung: Objekte etwa 5 min in 1%ige Kaliumpermanganat-Lösung legen, kurz mit Wasser auswaschen, für etwa 2 min in verdünnte Salzsäure übertragen, einen Tropfen Ammoniaklösung hinzufügen, beobachten. Verholzte Wände färben sich leuchtend weinrot.

Nr. 71 Kallosenachweis

mit
Anilinblau (Reg. 5a),
Anilinblau – Eosin (Reg. 5c),
Korallinsoda (Reg. 80).
Resoblau (Reg. 104).

Nr. 72 Karmalaun nach Mayer

Zur Färbung unverholzter Zellwände.

Ansatz: 1 g Karmin und 10 g Alaun ($K_2SO_4 \cdot Al_2(SO_4)_3 \cdot 24\ H_2O$) in 200 ml destilliertem Wasser lösen (erwärmen!). Filtrieren. Zusatz von 1 ml Formalin zur Konservierung.

Anwendung: Färbedauer 10 min bis 1 Std., bei zu starker Färbung überschüssige Farbe mit stark verdünnter Salzsäure auswaschen.
Unverholzte Zellwände rot gefärbt.

Nr. 73 Karminessigsäure (Heitzsche Karminessigsäure-Kochmethode)

Zur Darstellung von Zellkernen und Kernteilungsfiguren.

Ansatz: 4 bis 5 g handelsübliches Karmin in 100 ml Essigsäure (Essigsäure mit Wasser 1:1 verdünnt) eine Std. kochen (Rückflußkühler, notfalls einfaches Steigrohr). Nach dem Erkalten filtrieren. Die Lösung ist haltbar, ihre Färbeleistung hängt von der Qualität des Karmins ab. Die fertige Lösung ist handelsüblich.

Anwendung:
- Schnellfärbung von Zellkernen und Kernteilungsfiguren:
  Objekte (gegebenenfalls mit Carnoyschem Gemisch vorfixiert, s. Reg. 42) einige Minuten in Karminessigsäure kochen (in kleinem Reagenzglas; gegebenenfalls auf einem Objektträger, dann verkochende Farblösung ständig ersetzen!). In einem Tropfen Karminessigsäurelösung (nicht in Wasser!) beobachten.
- Darstellung von Zellkernen und Kernteilungsfiguren nach dem Quetschverfahren:

Schnellverfahren (z. B. zum Vorprüfen des cytologischen Materials):
- Möglichst kleine Probe des Materials unfixiert auf Objektträger geben und mit großem Tropfen Karminessigsäure bedecken.
- Farblösung ungefähr 2 min eindringen lassen.
- Objektträger auf kleiner Flamme vorsichtig erwärmen, bis sich der Farblösungstropfen zusammenzieht. Tropfen ungefähr eine Minute kurz vor dem Kochen halten, ohne daß er eintrocknet.
- Möglichst kleines Deckglas auf das noch heiße Objekt auflegen. Sofort durch kräftigen, senkrecht (!) geführten Druck (Präpariernadel, Griff der Präpariernadel, Gummistopfen) quetschen und gleichzeitig am Deckglasrand austretende überschüssige Farbstofflösung mit Filterpapier restlos absaugen. Sofort beobachten.
  Nachteil: Färbung oft ungleichmäßig, störende Schollen ausgefallenen Farbstoffes.

Standardverfahren:
- Objekte mit Carnoyschem Gemisch fixieren (Reg. 42). Aus dem Fixiergemisch (oder aus 70%igem Ethanol) in Karminessigsäure übertragen, in der sie einige Stunden (oder Tage und länger) liegenbleiben.
- Ganze Objekte in kleinem Reagenzglas mit Karminessigsäure mehrmals kurz aufkochen und die Lösung mit den Objekten rasch in Blockschälchen ausgießen.
- Von den so vorhydrolysierten Objekten lassen sich nun mit Präpariernadeln auf dem Objektträger winzige Portionen abtrennen. Je weniger Material gequetscht wird, um so besser gelingen die Präparate. Die Manipulationen zweckmäßig mit Eisennadeln ausführen, da Eisen in Spuren (!) die Färbung vertieft.
- Eine möglichst kleine Portion des Objektes in die Mitte des Objektträgers bringen, übriges Material (und etwa vorhandene Fusseln) sorgfältig zur Seite schieben. Das ausgewählte Objekt mit einem großen Tropfen Karminessigsäure bedecken, ehe es eintrocknet.
- Objektträger sofort auf kleiner Flamme erhitzen, bis sich der Farblösungstropfen zusammenzieht (nicht länger!).
- Noch heißes Objekt mit fusselfreiem kleinem Deckglas bedecken und quetschen, wie oben beschrieben. Der am Deckglasrand austretende Farblösungsüberschuß muß während des Quetschens mit Filterpapier abgesaugt werden! Die Zellen (bes. bei Meristemen) weichen leicht zu einer einschichtigen Zellage auseinander, da die Mittellamellen verquollen sind. Sofort beobachten.
- Sollen die Präparate einige Stunden (bis Tage) halten, kann mit verflüssigter Vaseline oder (bei fortdauerndem Druck auf das Deckglas) mit Nagellack umrandet werden; Druck auf das Deckglas erst aufheben, wenn der Lack getrocknet ist (1 bis 2 min). Auch Einschluß in neutralisiertes Chloralhydrat ist möglich (Reg. 17)
- *Ergebnis:* Zellen in einschichtiger Lage ausgebreitet und flach, sie sollen aber nicht zerissen sein. Zytoplasma schwach rosa, lnterphasekerne schwach rot granuliert oder von feinsten roten Chromatinfibrillen durchzogen. Chromatin angequollen, kräftig rot bis bräunlich rot (bei Anwesenheit von Eisen). Zytoplasmatische Strukturen (z. B. Kernspindeln) weniger deutlich. Undurchsichtig braunrote oder schwärzlich rote Überfärbung rührt von zu viel Eisen her.

Nr. 74 Kernfärbungen

Chloralhydrat-Hämalaun (Reg. 18)
Eisenhämytoxylin nach Heidenhain (Reg. 28)
Hämalaun nach Mayer (Reg. 55)
Karminessigsäure (Reg. 73)
Nuklealreaktion nach Feulgen (Reg. 93)

Nr. 75 Kernschwarz

Zur Färbung nicht verholzter Zellwände.

Anwendung: Handelsübliche Farblösung 1:5 mit Wasser verdünnen, Objekte 5–10 min färben (Farbintensität kontrollieren!). Überschüssigen Farbstoff in 2%iger Essigsäure auswaschen.
Unverholzte Zellwände grau bis schwarz gefärbt. Zellinhalt (besonders Zellkerne!) ebenfalls schwarz.
Zur reinen Zellwandfärbung Einschlüsse vorher mit Eau de Javelle (Reg. 27) herauslösen.
Färbung in Dauerpräparaten gut haltbar.

Nr. 76 Kernschwarz-Fuchsin

Zur Doppelfärbung verholzter und unverholzter Zellwände.
Der Färbung mit Fuchsin-Pikrinsäure (Reg. 48) schließt sich eine Färbung mit Kernschwarz (Reg. 75) an.
Verholzte Zellwände durch Fuchsin rot, unverholzte durch Kernschwarz grau bis schwarz gefärbt.
Färbung in Dauerpräparaten gut haltbar.

Nr. 77 Kernschwarz-Safranin

Zur Doppelfärbung verholzter und unverholzter Zellwände.
Anwendung: Schnitte nacheinander überführen in:
- destilliertes Wasser,
- 1%ige wäßrige Safraninlösung, 30 min,

- Salzsäure-Ethanol (Reg.107) zum Auswaschen überschüssiger Farbe,
- destilliertes Wasser,
- 20%ige Kernschwarz-Lösung, 10 min (Reg. 75),
- destilliertes Wasser,
- sofort beobachten oder zu Dauerpräparaten weiterverarbeiten (Reg. 21).

Verholzte Zellwände durch Safranin rot, nicht verholzte Zellwände durch Kernschwarz grau bis schwarz gefärbt.
Färbung in Dauerpräparaten gut haltbar.

Nr. 78 Köhlersches Beleuchtungsverfahren

Siehe Beleuchtungsverfahren nach Köhler (Reg. 12).

Nr. 79 Kongorot

Zur Färbung nicht verholzter Zellwände.
In 2%iger ammoniakalischer Lösung etwa 2 min färben. Unverholzte Zellwände leuchtend ziegelrot, Phloem und Kollenchym treten dadurch deutlich hervor.

Nr. 80 Korallin-Soda

Zur Kallosefärbung.

Ansatz: Korallin in 30%iger Natriumkarbonat-Lösung lösen.

Anwendung: Objekt etwa 10 min oder länger färben, überschüssige Farbe mit Sodalösung auswaschen, sofort beobachten. Kallose und die Wände sklerenchymatischer Elemente sehr schön korallenrot gefärbt (bei Überfärbung auch die Wände des Phloems).
Färbung nicht haltbar.

Nr. 81 Leitungswasser

Leitungswasser ist im Unterschied zu destilliertem Wasser eine schwache Salzlösung mit schwacher Pufferwirkung (ca. pH 7).
Folgerungen für die mikroskopische Präparationstechnik:
Leitungswasser ist oft ein sehr geeignetes Einbettungsmedium für Frischpräparate (besonders bei Lebendpräparaten – hierfür ist destilliertes Wasser ungeeignet!).
Manche gefärbten Präparate (z. B. bei Färbungen mit Hämalaun) erhalten ihre Brillanz und Farbtiefe erst durch Behandeln mit Leitungswasser.
Vorsicht – stark gechlortes Leitungswasser kann zu Mißerfolgen führen!

Nr. 82 Leukoplastenfärbung

Siehe Gentianaviolett (Reg. 50).

Nr. 83 Lugolsche Lösung

Siehe Iodkaliumiodid-Lösung (Reg. 66).

Nr. 84 Mäulesche Reaktion

Siehe Kaliumpermanganat zum Nachweis verholzter Zellwände (Reg. 70).

Nr. 85 Mazeration

Trennung der Zellen eines Gewebes durch Lösen der Mittellamellen.
Je nach Objekten verschiedene Mittel anwendbar.

1. Zur Mazeration von Geweben krautiger Sprosse, der Wurzeln und des Blattes eignen sich besonders Schwefelsäure oder Wasserstoffperoxid.
   Anwendung: Kleine Stücke des Frischmaterials 24 Std. in ein Gemisch aus 3 Teilen Ethanol und 1 Teil Essigsäure legen, danach etwa 10 Std. 3%iges Wasserstoffperoxid (wäßrig oder ethanolisch) oder 3%ige Schwefelsäure (wäßrig oder ethanolisch) bei 45–50 °C im Brutschrank einwirken lassen.

Gewebe zerfallen von selbst oder nach gelindem Deckglasdruck oder durch Zerfasern mit zwei Nadeln.

2. Zur Mazeration von Holz eignet sich besonders das Schulzesche Gemisch.
Anwendung: Möglichst kleine Stücke des Holzes (Späne!) in einem Reagenzglas mit konzentrierter Salpetersäure übergießen und einige Kristalle Kaliumchlorat hinzufügen. Gemisch bis zur Gasbildung erhitzen (unter dem Abzug oder im Freien!). Langsam abkühlen lassen. Den Inhalt aus dem Reaktionsgefäß in eine mit Wasser gefüllte Schale gießen. Pflanzenteile in reines Wasser überführen (auswaschen) und dann auf einen Objektträger übertragen. Dort in einem Tropfen Untersuchungsflüssigkeit mit zwei Nadeln zerzupfen und zur Beobachtung präparieren.

Nr. 86 Methylbenzoat (Benzoesäuremethylester)

Mit Ethanol und Xylen in jedem Verhältnis mischbar, in Wasser sehr wenig löslich. n_D^{20} 1,515.
Verwendung: Als Intermedium zwischen den Stufen Ethanol und Xylen zum Vertreiben des Ethanols beim Entwässern von Objekten, die nach Paraffineinbettung mit dem Mikrotom geschnitten werden sollen (Reg. 90).
Als Immerssionsmittel für Immersionsobjektive. Vorteil gegenüber handelsüblichen Immersionsflüssigkeiten: dünnflüssig, so daß Deckgläser von Frischpräparaten beim Bewegen der Objektträger nicht verschoben werden. Methylbenzoat verdunstet rückstandslos und verharzt nicht.

Nr. 87 Methylgrün-Fuchsin

Zur Simultanfärbung verholzter und nicht verholzter Zellwände, auch von Zellkernen und Aleuronkörnern.

Ansatz: 0,5%ige wäßrige Methylgrün-Lösung mit 5%iger Fuchsinlösung im Verhältnis 4 : 1 mischen. Oder: Zu einer dunkelgrün gefärbten wäßrigen Methylgrün-Lösung so viel wäßrige gesättigte Fuchsin-Lösung geben, bis die Mischung violett aussieht.

Anwendung:
- Schnitte etwa 10 min färben,
- mehrmals mit Wasser und danach mit 96%igem Ethanol auswaschen,
- über absolutes Ethanol und Xylen in Neutralbalsam überführen.

Verholzte Zellwände violett, alle anderen blau bis blaugrün gefärbt, Zellkerne blaugrün, Plasma rot. Die Färbung ist gut haltbar.

Nr. 88 Methylgrün-Karmalaun

Zur Doppelfärbung verholzter und nicht verholzter Zellwände.

Anwendung: In 0,5%iger Methylgrün-Lösung 10 min färben, auswaschen in Wasser, 30 min in Karmalaun nach Mayer (Reg. 72) färben, auswaschen in Wasser.

Unverholzte Wände rot, verholzte Wände blaugrün gefärbt.

Nr. 89 Mikroskopische Längenmessung

Siehe auch Okularmeßplatte (Reg.97).
Eichung der Okularmeßplatte (Abb.115):
- Mikroskop bei der gewünschten Vergrößerung auf Skala einer Objektmeßplatte (Reg. 94) scharf einstellen.
- Auf die Sehfeldblende des Okulars die Okularmeßplatte legen (möglichst stellbares Okular verwenden).
- In das Okular sehen und die Bilder der beiden Maßstäbe zur Deckung bringen. Es ist vorteilhaft, sie nicht vollständig übereinanderzulegen, sondern die Bilder der Meßplatten etwas versetzt zu orientieren (vgl. Abb. 115), um das Ablesen zu erleichtern.
- Die Anzahl der Teilstriche der Okularmeßplatte ermitteln, die einer bestimmten Strecke der Objektmeßplatte entspricht. Dazu durch Verschieben der Objektmeßplatte bzw. durch Drehen der Okularmeßplatte je einen Teilstrich der beiden Maßstäbe zur Deckung bringen. Man sucht nun, von diesem Ort ausgehend, weitere sich deckende Teilstriche und notiert die Anzahl der Intervalle, sowohl der Okularmeßplatte als auch der Objektmeßplatte, die zwischen diesen sich deckenden

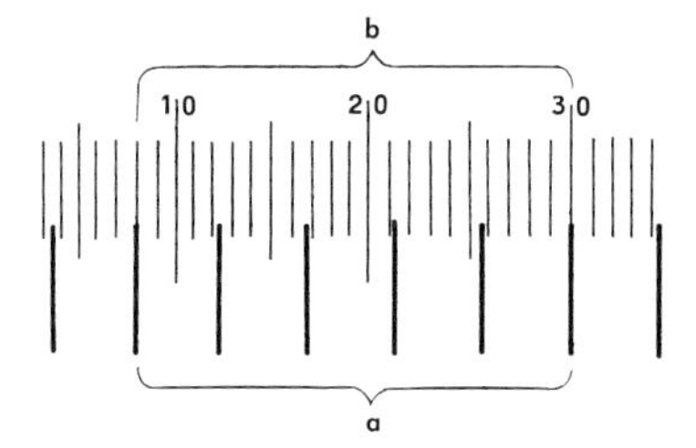

Abb. 115

Teilstrichpaaren liegen. Hierauf läßt sich der Abstand zweier Teilstriche der Okularmeßplatte (= Mikrometerwert) leicht ausrechnen.
Prinzip: Die unbekannte Strecke im Bild der Okularmeßplatte wird mit der entsprechenden, aber in ihrer Länge bekannten Strecke im Bild der Objektmeßplatte (1 Intervall = 10 µm) ins Verhältnis gesetzt.

Es gilt also:

$$\text{Mikrometerwert } (\mu m) = \frac{\text{Anzahl der Intervalle der Objektmeßplatte x 10}}{\text{Anzahl der Intervalle der Okularmeßplatte}}$$

z. B. Okular 10 × Objektiv 40/0,65

a Intervalle der Objektmeßplatte (1 Intervall = 10 µm)	b Intervalle der Okularmeßplatte (Intervalle gesucht)	$\frac{a}{b}$ (= Mikrometerwert
2 = 20 µm	17	20/17 = 1.17 µm
3 = 30 µm	25	30/25 = 1,20 µm
4 = 40 µm	33	40/33 = 1,21 µm
8 = 80 µm	66	80/66 = 1,21 µm
9 = 90 µm	74	90/74 = 1,22 µm

Ergebnis: Bei der gewählten Okular-Objektiv-Kombination entspricht 1 Intervall der Okularmeßplatte einer Strecke von 1,2 µm.
Messung eines Objekts: Das zu messende Objekt wird an den Maßstab der Okularmeßplatte angelegt (Präparat verschieben, Okular drehen). Die abgelesene Intervallzahl mit dem Mikrometerwert multiplizieren = Länge des Objekts in µm.
Spezielle Meßschraubenokulare genügen hohen Anforderungen an die Meßgenauigkeit.

Nr. 90 Mikrotomtechnik

Mit Hilfe des Mikrotoms lassen sich in geeigneter Weise vorbehandelte Objekte in lückenlose Schnittserien von etwa 5 bis 12 µm Dicke aufbereiten. Nach zweckentsprechendem Färben und Einbetten unter Deckglas erlauben derartige Dünnschnitte genaues Beobachten auch subtiler histologischer und cytologischer Strukturen, deren Lage topographisch weitgehend richtig erhalten bleibt. Das Verfahren ist apparativ und manuell aufwendig, führt in vielen Fällen aber zu Ergebnissen, die auf andere Weise nur schwierig oder gar nicht zu erreichen sind. Von den vielfältigen Varianten soll hier nur auf die wesentlichen Grundzüge des verbreiteten und einfach zu handhabenden Paraffinverfahrens und des Polyethylenglycol-Verfahrens eingegangen werden.

1. Paraffinverfahren

Ausgehend von Objekten, die in 70%igem Ethanol aufbewahrt wurden, gliedert es sich in folgende Arbeitsschritte (vgl. dazu auch Abb. 116):

1. Entwässern der Objekte
2. Überführen in Paraffin
3. Einbetten
4. Aufblocken
5. Schneiden
6. Aufkleben der Schnitte auf Objektträger.

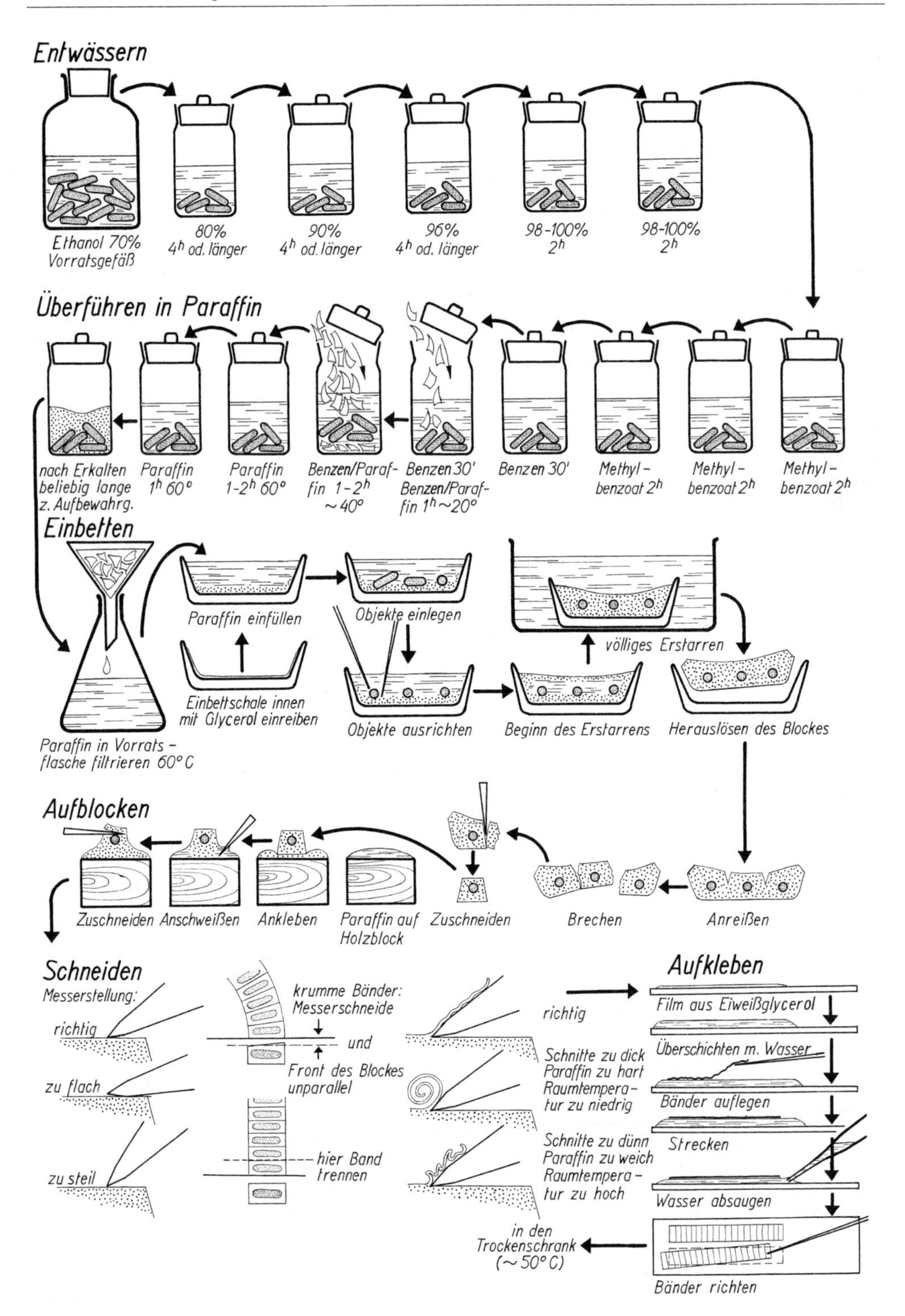
Entwässern
Ethanol 70% Vorratsgefäß
80% 4h od. länger
90% 4h od. länger
96% 4h od. länger
98-100% 2h
98-100% 2h
Überführen in Paraffin
nach Erkalten beliebig lange z. Aufbewahrg.
Paraffin 1h 60°
Paraffin 1-2h 60°
Benzen/Paraffin 1-2h ~40°
Benzen 30' Benzen/Paraffin 1h ~20°
Benzen 30'
Methylbenzoat 2h
Methylbenzoat 2h
Methylbenzoat 2h
Einbetten
Paraffin in Vorratsflasche filtrieren 60° C
Paraffin einfüllen
Einbettschale innen mit Glycerol einreiben
Objekte einlegen
Objekte ausrichten
Beginn des Erstarrens
völliges Erstarren
Herauslösen des Blockes
Aufblocken
Zuschneiden
Anschweißen
Ankleben
Paraffin auf Holzblock
Zuschneiden
Brechen
Anreißen
Schneiden
Messerstellung:
richtig
zu flach
zu steil
krumme Bänder: Messerschneide und Front des Blockes unparallel
hier Band trennen
richtig
Schnitte zu dick Paraffin zu hart Raumtemperatur zu niedrig
Schnitte zu dünn Paraffin zu weich Raumtemperatur zu hoch
in den Trockenschrank (~ 50° C)
Aufkleben
Film aus Eiweißglycerol
Überschichten m. Wasser
Bänder auflegen
Strecken
Wasser absaugen
Bänder richten

Abb. 116.

Entwässern der Objekte (s. auch Reg. 32).
Die in 70%igem Ethanol aufbewahrten Objekte in Gefäß übertragen, das zum Dekantieren geeignet ist, um die flüssigen Medien bequem wechseln zu können (z.B. mit Schliffdeckeln verschließbare Wägegläschen). Nach 70%igem Ethanol Objekte nacheinander in:

Ethanol 80%ig etwa 4 Std.
Ethanol 90%ig etwa 4 Std.
Ethanol 96%ig etwa 4 Std.
Ethanol 98- bis 100%ig etwa 2 Std.
Ethanol 98- bis 100%ig etwa 2 Std.

Medien mit den Objekten wiederholt vorsichtig umschütteln, da sich sonst aus den Objekten herausdiffundierendes Wasser am Boden ansammelt, also da, wo die Objekte liegen. Die Zeiten für 80- bis 96%iges Ethanol können verlängert werden, für 98- bis 100%iges Ethanol nicht (ungünstige Härtung). Bei sofortigem Weiterverarbeiten nach Fixierung in Carnoyschem Gemisch fallen die Stufen 80- bis 96%iges Ethanol weg.

Überführen in Paraffin
98- bis 100%iges Ethanol ersetzen durch
Methylbenzoat (Reg. 86).
Objekte schwimmen zunächst oben, werden glasig und sinken ab. Methylbenzoat nacheinander ersetzen durch
(jeweils frisches):

Methylbenzoat etwa 2 Std.
Methylbenzoat etwa 2 Std.
Benzen nicht länger als 30 min (Achtung! Benzen ist gesundheitsgefährdend! Abzug benutzen!)
Benzen nicht länger als 30 min
Benzenstufen kurz halten (stark härtend). Danach in die letzte Benzenstufe so viel

Paraffinschnitzel
geben, daß ein bei Zimmertemperatur ungelöster Rest bleibt. Nach 1 bis 2 Std. wird eine weitere, größere Menge

Paraffinschnitzel
zugegeben, und die Objekte im Wärmeschrank 1 bis 2 Std. bei etwa 40 °C gehalten. Danach Übertragung der Objekte in

reines geschmolzenes Paraffin.

Notwendige Anforderungen an die Qualität des Paraffins:
- Schmelzpunkt 56 bis 58 °C (Schmelzpunkt gegebenenfalls durch Mischen höher- und niederschmelzender Paraffinsorten korrigieren). Der Schmelzpunkt beeinflußt die Schneidbarkeit der Objekte erheblich!
- Das Paraffin muß gas- und wasserfrei sein. Frisch vom Handel bezogenes Paraffin ist meist unbrauchbar. Neues Paraffin im Becherglas unter Abzug ungefähr 15 min überhitzen, bis weißliche Dämpfe entwickelt werden. Danach im Wärmeschrank bei 60 °C durch weiches Filter filtrieren.
- Am besten eignet sich altes Paraffin, das schon oft geschmolzen wurde und wieder erkaltete. Es bleibt auch bei langem Liegen homogen trübglasig und schlierenfrei. Darum Paraffinabfälle sammeln und immer wieder einschmelzen!
  Das Paraffin, in das die Objekte übertragen werden, darf nicht heißer als 62 °C sein. Dauer der Durchtränkung im Wärmeschrank 1 bis 2 Std. Danach Objekte in

reines geschmolzenes Paraffin
überführen. In diesem Paraffin können die Objekte nach Erkalten beliebig lange aufbewahrt werden, oder sie werden sofort weiterverarbeitet.

Einbetten
Als Hilfsmittel dienen Einbettschälchen aus Porzellan oder Einbettrahmen (aus zwei losen Metallwinkeln und einer Glasplatte, Abb. 117), notfalls in zweckentsprechender Größe aus Aluminium-Folie oder steifem Papier gefaltete offene Kästchen oder bei kleinen Objekten gläserne Uhr- oder Blockschälchen.
Innenfläche des Einbettgefäßes mit etwas Glycerol einreiben, damit sich später der erkaltete Paraffinblock leicht ablöst.

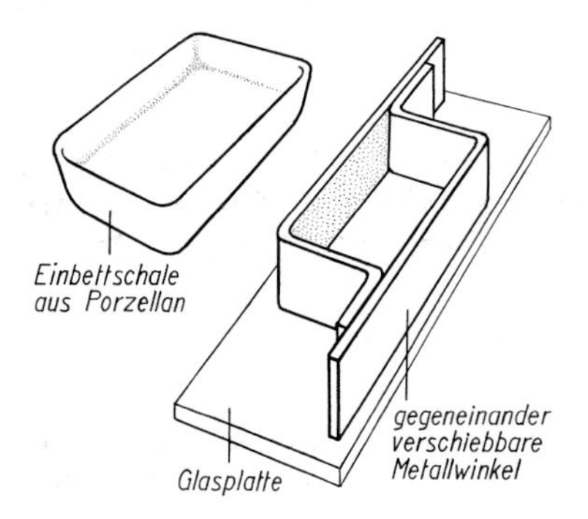

Abb. 117.

Einbettgefäß auf möglichst kühle Unterlage stellen.
Reines Paraffin eingießen,
(nicht heißer als 62 °C), bis das Einbettgefäß fast voll ist. Daraufhin sofort mit vorgewärmten Nadeln oder Lanzettnadeln

Objekte in das Einbettgefäß übertragen.
Wenn richtig gearbeitet wurde, sinken die Objekte dabei nicht auf den Boden des Einbettgefäßes, da das Paraffin dort beim Kontakt mit der kühlen Fläche in dünner Schicht erstarrte. Sonst gegebenenfalls Objekte mit vorgewärmter Nadel anheben. Nun mit warmen Nadeln

Objekte orientieren,
bis sie eine durch die beabsichtigte Schnittrichtung definierte Lage erhalten. Die Arbeit muß rasch erfolgen, damit das Paraffin währenddessen nicht erstarrt, und zugleich sorgfältig, denn von ihrem Gelingen hängt die Präzision der Schnittrichtung beim späteren Schneiden mit ab. Die Anzahl der gleichzeitig in ein Gefäß eingebetteten Objekte so beschränken, daß die erforderlichen Handgriffe hinreichend flink bewältigt werden können. Solange die Qualität des Paraffins nicht zuverlässig bekannt ist, bettet man auch insgesamt vorteilhaft nur so viele Objekte ein, wie am gleichen Tag geschnitten werden können. Kleine oder schwer sichtbare Objekte können markiert werden, indem man sie zunächst in Paraffin einbettet, das durch Sudan III gefärbt ist (s. Reg. 116).

Objekte rasch abkühlen.
Nachdem sich eine derbe Haut aus erstarrtem Paraffin gebildet hat, darf das ganze Einbettgefäß in einer Schale kalten Wassers untergetaucht werden (genau horizontal halten, langsam eintauchen!). Nach völligem Erstarren des Paraffins den

Block aus dem Einbettgefäß herauslösen und trocknen lassen. Block löst sich meist von selbst aus dem Einbettgefäß.

Aufblocken
Entlang der Linie, in der die zusammen eingebetteten Objekte voneinander getrennt werden sollen, die Oberfläche des Blockes 1 bis 2 mm tief einritzen.

Paraffinblock an angerissenen Linien brechen.
Niemals ganz durchschneiden; Gefahr von Sprüngen, die die Objekte durchsetzen.

Blöckchen konisch zuschneiden.
Die kleinere Fläche ist später dem Mikrotommesser zugewandt, sie soll rechteckig begrenzt sein. Auf richtige Orientierung des Objektes achten, das durch den glatten Schnitt jetzt gut sichtbar wird.

Holzklötzchen geeigneter Größe (etwa 1,5 × 2 × 1 cm) auf der Oberseite mit verflüssigtem Paraffin überschichten.(Die Größe des Klötzchens richtet sich nach dem eingebetteten Objekt und der Einspannvorrichtung am Mikrotom) und sofort

Paraffinblöckchen mit der (größeren) Grundfläche aufmontieren. Mit vorgewärmtem Messer das inzwischen erstarrte Paraffin auf dem Holzklötzchen und das Paraffin des Blöckchens an allen vier Kanten verschweißen. Paraffin *über* dem Objekt mit Skalpell in dünnen Schichten abtragen, bis das Objekt dicht unter der Oberfläche sichtbar wird.

Schneiden
verlangt Fingerspitzengefühl und Erfahrung. Zunächst alle

Gleitbahnen des Mikrotoms mit Petroleum reinigen und mit dünnem Film von Nähmaschinenöl versehen, damit der Schlitten leicht läuft. Der Schlitten »schwimmt« auf dem Öl. Zu viel Öl auf den Gleitbahnen (»Bugwelle«) führt zu unregelmäßiger Schnittdicke und Ärger beim späteren Färben.

Holzklötzchen in Einspannvorrichtung klemmen.
Dabei so orientieren, daß das Messer den kürzesten Weg durch das Objekt nimmt.

Messer einspannen.
Dabei auf richtige Neigung der Messerfacette zur Oberfläche des Blöckchens achten (s. Abb. 116). Für Paraffinschneiden sind Plan-konkav-Messer am besten geeignet, konkave Seite nach oben. Das Messer muß trocken sein. Größte Vorsicht! Unfallgefahr!

Paraffinblöckchen bzw. Objekt mittels Gelenken der Einspannvorrichtung gemäß der beabsichtigten Schnittrichtung genau zur Schneide des Messers ausrichten.
Schnittdicke einstellen.
Richtwert: 10 µm.

Schneiden.
Die ersten Schnitte sind leer und die Objektanschnitte meist zu verwerfen. Dennoch keinesfalls dicker als 20 bis 30 µm abtragen. Während des Anschneidens korrigieren, bis einwandfreie Bänder auf dem Messer liegen.

Einige allgemeine Regeln:
Objekt auf der Oberseite des Blockes während des Anschneidens laufend mit Lupe kontrollieren, um zu erkennen, wann die gewünschten Objektdetails im Schnitt erscheinen. Man kann auch Bandabschnitte nach flüchtigem Strecken (s. u.) mit dem Mikroskop bei schwacher Vergrößerung beobachten (Aperturblende etwas schließen). Dazu ist es allerdings wünschenswert, ungefähre Vorstellungen davon zu haben, wie das gesuchte Detail auszusehen hat. Auf diese Weise spart man sich den unnützen Aufwand für das Färben uninteressanter Objektabschnitte.

Fehler:
- Schnitte rollen sich vor der Messerschneide: Schneide unsauber; mit trockenem, weichem Tuch vom Messerrücken zur Schneide hin reinigen. Vorsicht!
  Paraffin hat zu hohen Schmelzpunkt; dünner schneiden oder Raumtemperatur erhöhen oder Objekte umbetten.
- Schnitte schieben sich faltig auf dem Messer zusammen: Messeroberfläche unsauber; reinigen. Paraffin hat zu niedrigen Schmelzpunkt; dicker schneiden oder Raumtemperatur senken oder Objekte umbetten.
  Block und Messer elektrisch aufgeladen; Gasflamme in unmittelbarer Nähe brennen lassen. Messer anhauchen.
  Vorsicht!
- Schnitte bleiben einzeln, ohne ein Band zu bilden: Senkrechte, dem Messer zugewandte Frontfläche des Blockes unsauber oder nicht winklig zugerichtet, mit Rasierklinge neue Fläche schneiden.
- Band ist krumm: Schneide und Frontfläche des Blockes sind nicht parallel; mit Rasierklinge korrigieren.
  Härte des Objektes ist inhomogen; Block entsprechend keilförmig schneiden. Vorher kontrollieren, ob die Bänder beim späteren Strecken (s. u.) nicht von selbst gerade werden.
- Schnitte bröckeln, Objekt fällt ganz oder teilweise heraus: Fehler beim Entwässern, Durchtränken oder Einbetten: Einbetten wiederholen. Wenn kein Erfolg eintritt, ist es meist am besten, die Objekte zu verwerfen und mit der Präparation von neuem zu beginnen.

Aufkleben der Bänder auf Objektträger
Dieser Arbeitsschritt erfordert besondere Sorgfalt, damit die mühevoll gewonnenen Schnitte beim späteren Färben nicht umklappen und sich nicht ablösen oder ganz abschwimmen.

Objektträger reinigen (Reg. 103).
Auf die Mitte des Objektträgers mit der Nadel eine Spur Eiweißglycerol geben (Reg. 30), etwa so viel wie das Volumen des Metallkopfes einer Stecknadel.
Eiweißglycerol auf dem Objektträger zu einem Film verteilen:

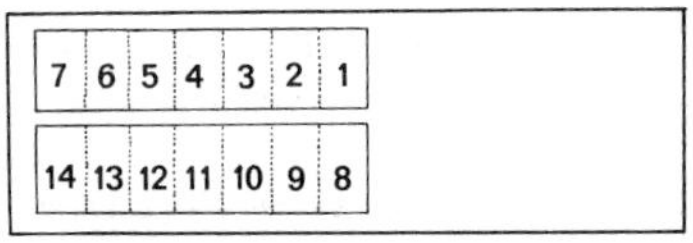

7 6 5 4 3 2 1

14 13 12 11 10 9 8

Abb. 118.

Objektträger an den beiden Schmalkanten zwischen Daumen und Zeigefinger einer Hand halten, mit der (möglichst fettfreien) Fingerbeere eines Fingers der anderen Hand Eiweißglycerol verstreichen. Die so behandelte Seite des Objektträgers mit destilliertem Wasser überschichten (Pipette).
Aufzuklebendes Schnittband, das jetzt noch auf dem Messer liegt, mit Rasierklinge oder Nadel trennen, am besten hinter dem letzten Schnitt, so daß nach Abnehmen des Bandes noch ein Schnitt hinter der Messerschneide liegenbleibt (Abb. 116). Auf diese Weise sind lückenlose Bänder zu erzielen. Länge der Bandabschnitte sorgfältig abschätzen. Beim Strecken werden die Bänder etwa um die Hälfte länger! Sie dürfen dann nicht länger sein als die verfügbaren Deckgläser, mit denen sie abgedeckt werden sollen.
Abgetrennten Bandabschnitt mit angefeuchteter Nadel oder spitzem Pinsel an einem Ende aufnehmen und auf den Wasserfilm legen, so daß die dem Messer zugewandte glänzende Unterseite jetzt dem Objektträger zugewandt ist; so orientieren, daß letzter oder erster Schnitt an einer Schmalkante, das Band stets parallel einer Längskante des Objektträgers zu liegen kommt. Sind die Bänder schmal, können mehrere parallel auf einem Objektträger aufgelegt werden. Reihenfolge der Schnitte vgl. Abb. 118.

Schnittbänder strecken.
Die Objektträger werden horizontal dicht über eine Heizplatte (oder Glühlampe) gehalten und dabei etwas bewegt. Wenn sich die auf dem Wasser schwimmenden Bänder zu strecken beginnen, weitere Wärmezufuhr vorsichtig dosieren, bis die Schnitte glasig werden aber keinesfalls schmelzen.
Den größten Teil des Wassers mit der Pipette absaugen, aber so viel Wasser auf dem Präparat belassen, daß die Bänder in jeder Richtung frei beweglich bleiben (die endgültige Streckung erfolgt erst im Wärmeschrank!).

Schnittbänder mit Nadel richten, so daß ein sauberes Bild entsteht (vgl. Abb. 116,118).
Präparate horizontal im Wärmeschrank unterbringen.
Temperatur ungefähr 50 °C. Dauer 1 bis 2 Std., bis alles Wasser abgetrocknet ist.
Danach können die Präparate unbegrenzt staubfrei in Präparatekästen aufbewahrt werden, bis gefärbt wird (z. B. mit Eisenhämatoxylin. Reg. 28).

3. Polyethylenglycol-Verfahren

Vorteil: Polyethylenglycol (PG) ist wasserlöslich, wodurch die aufwendigen Entwässerungsprozeduren entfallen. Die Eigenschaften des PG sind von dessen Molekulargewicht abhängig: für die botanische Mikrotomtechnik kommen die PG-Typen PG 1000. PG 1500 und PG 2000 zum Einsatz (Typen entsprechen dem mittleren Molekulargewicht).

Präparieren:
- Objekte in möglichst kleinen Stücken nach dem Fixieren gründlich waschen (Waschflüssigkeit wird durch das gewählte Fixiermittel bestimmt, Reg. 41, 42).
- Ausgewaschene Objekte in eine 20%ige wäßrige Lösung von PG einlegen (100-ml-Becherglas).
- Im Wärme- bzw. Trockenschrank bei etwa 60 °C das Wasser abdampfen, bis das Gesamtvolumen auf etwa 1/5 der ursprünglichen Menge vermindert ist. Dabei sinken die anfangs auf der Lösung schwimmenden Objekte unter (Dauer: 3 bis 4 Tage).
- Die eingedickte PG-Lösung abgießen und durch 30 bis 40 ml reines, zuvor geschmolzenes PG ersetzen (Durchtränken der Objekte mit PG: Temperatur 60 bis 65 °C, Dauer mindestens 10 Std., Verflüssigung von PG 1500 bei etwa 44 bis 48 °C).

Einbetten:
- Man verfährt sinngemäß, wie es zum Paraffinverfahren beschrieben wurde: Geeignete Gußformen (z. B. aus Aluminiumfolie) mit dem geschmolzenen PG und den Objekten beschicken.
- Objekte mit spitzem Holzstäbchen in die gewünschte Lage ausrichten.
- Bis zum Erstarren des PG abkühlen lassen.
- Gußblöckchen aus der Form herauslösen, in noch warmem, halbweichem Zustand mit Rasierklinge aufteilen und zu mikrotomgerechten Stücken zuschneiden.

Schneiden:

- Schneidefähigkeit und erreichbare Schnittdicke hängen von der Härte des verwendeten PG-Mediums (je härter, desto dünnere Schnitte sind möglich) und damit sowohl vom PG-Typ wie von der Temperatur ab.
- Für botanische Zwecke hat sich besonders PG 1500 (auch 2000) bewährt; gegebenenfalls geeignete Härte durch Mischungen herstellen; bei Verwendung von PG 1000, auch nur als Zusatz, werden die Blöckchen bei Luftzutritt feucht und klebrig (Schutz ist möglich durch Eintauchen in verflüssigtes Paraffin). Günstigere Schneideeigenschaften sind gegebenenfalls durch Abkühlen der Blöckchen zu erreichen.

Weiterverarbeiten der Schnitte zum Präparat

- Schnitte auf Objektträger auftragen.
- PG mit Wasser herauslösen (Einstellen in Becherglas, Überschichten in Petrischale).
- Präparate mit frischem Wasser waschen.
- Färben mit wasserlöslichen Farbstoffen ist unmittelbar möglich.
- Gefärbte Präparate in ein wasserlösliches Einbettungsmedium oder (nach Entwässerung, Reg. 4,32,33) in Harze (Reg. 92) bzw. Kunstharze einbetten und mit Deckglas abschließen.

Nr. 91 Nelkenöl

Ätherisches Öl aus den Blütenknospen von *Syzygium aromaticum* (Myrtaceae), Gewürznelkenbaum. Von kräftig aromatischem Geruch. Wird an der Luft braun und verharzt. In Ethanol, Chloroform, Ether, Benzen löslich, in Wasser unlöslich. n_D^{20} = 1,527–1,535. Wird als Intermedium beim Überführen der Objekte von Ethanol in Harz und als Aufhellungs- und Differenzierungsmittel verwendet.

Nr. 92 Neutralbalsam (= neutralisierter Kanadabalsam)

Harz von *Abies balsamea, Abies fraseri, Tsuga canadensis.*
Klare, gelbliche, viskose Flüssigkeit von angenehm balsamischem Geruch. Erstarrt an der Luft zu bernsteinartiger Konsistenz. n_D^{20} = 1,52–1,53. In Benzen, Xylen, Chloroform, Nelkenöl, Zedernholzöl löslich, wenig löslich in absolutem Ethanol, unlöslich in Wasser.

Verwendung:

1. Als Einschlußmedium zur dauerhaften Aufbewahrung mikroskopischer Objekte. In Xylen gelöst, nach Verdunstung des Lösungsmittels fest.

Anwendung: Objekte bzw. Schnitte nacheinander in:

- Ethanol 70%ig: je nach Objektvolumen 1–24 Std. (zur Entwässerung).
- Ethanol 96%ig: je nach Objektvolumen 1–24 Std. (zur Entwässerung).
- Ethanol absolut: 30 min (Alkohol wechseln zur Beseitigung letzter Wasserreste!).
- Xylen: mindestens 1 Std. (als Intermedium, da sich Neutralbalsam nicht mit Ethanol mischt. Zu diesem Zweck an Stelle von Xylen auch Nelkenöl geeignet).
- Objekte aus dem Intermedium auf die Mitte eines sauberen Objektträgers bringen (vorher, wenn erforderlich, mit Balsam Deckglassplitter zum Schutz gegen den späteren Deckglasdruck aufkleben).
- Einen der Größe des Deckglases entsprechenden Tropfen Neutralbalsam auf das Objekt geben. Mit sauberem Deckglas luftblasenfrei abdecken.
- Trocknen, bis Balsam erhärtet ist. (Das Erstarren des Balsams kann bei dicken Präparaten sehr lange – bis mehrere Jahre! – dauern. Beschleunigung durch Aufbewahren im Trockenschrank bei ca. 30 °C.)

  Bemerkung:
  Gegen Schrumpfungen empfindliches Material vorsichtiger entwässern: mit geringen Ethanolkonzentrationen beginnen (etwa 15%ig, 30%ig, 50%ig), länger in den einzelnen Stufen belassen. Kommt es nur auf die Erhaltung der Zellwände an, genügt meist der kurze Weg. Eingeschlossene Luftblasen verschwinden meist mit der Zeit »von selbst«. Ein späteres Umranden des Deckglases erübrigt sich.

2. Zum luftdichten Abschluß (Umrandung) von Glycerolgelatine-Dauerpräparaten (Reg. 52).

Nr. 93 Nuklealreaktion nach Feulgen

Prinzip: Durch saure Hydrolyse werden Stickstoffbasen von der DNA abgespaltet. Dadurch öffnen sich die Desoxyribosemoleküle zu Ketten mit freien Aldehydgruppen, die sich nun mit fuchsinschwefeliger Säure (eine Verbindung vom Typ der Schiffschen Basen) in typischer Aldehydreaktion zu einem rot-violetten Farbstoff verbinden können. Wenn die Reaktion richtig durchgeführt wird, ist sie DNA-spezifisch und vorzüglich zur »Chromatin«-Darstellung geeignet.

Erforderliche Lösungen:
Fuchsinschwefelige Säure: 0,5 g gepulvertes basisches Fuchsin (Pararosanilin) im Erlenmeyerkolben mit 100 ml destilliertem Wasser aufkochen, 5 Tropfen Essigsäure zugeben. Nach Abkühlen auf etwa 50 °C in mit Schliffstopfen verschließbare dunkle Flasche filtrieren, 20 ml 1 mol/l Salzsäure zugeben. Nach Abkühlen auf etwa 20 °C 0,5 g festes Kaliumdisulfit oder Natriumhydrogensulfit zugeben, Flasche verschließen. Nach 24 Std. ist die Lösung entfärbt und gebrauchsfertig. Kühl aufbewahrt längere Zeit haltbar. Die fuchsinschwefelige Säure soll farblos oder schwach gelblich aussehen. Orangefärbung deutet auf ungeeignetes Fuchsin – die Reaktion ist sehr von der Qualität des Farbstoffes abhängig, bei ungeeignetem Fuchsin kann sie völlig ausbleiben. Handelsübliche fuchsinschwefelige Säure ist keineswegs immer für die Feulgensche Nuklealreaktion geeignet.
Disulfit-Lösung: auf 200 ml Wasser 10 ml 1 mol/l HCl und 10 ml 10%ige Natriumhydrogensulfitlösung geben. Das Gemisch vor Gebrauch stets frisch ansetzen. Es ist nicht haltbar.
Halbsgut (persönl. Mittlg.) verwendet mit Erfolg nur die in Ethanol lösliche Fraktion des Fuchsins und empfiehlt folgende Modifikation: Von einer übersättigten alkoholischen Fuchsinlösung ausgehen und auf 1 ml des klaren Überstandes 25 ml 1 mol/l HCl und 200 ml 10%ige Disulfitlösung geben (klare Färbungen, auch bei Bakterien; relativ gute Haltbarkeit).

Durchführung:

1. Für Mikrotomschnitte
- Mit Eiweißglycerol aufgeklebte Mikrotomschnitte entparaffinieren und in destilliertes Wasser überführen (Reg. 90).
- Färbeküvette für mehrere Objektträger mit 1 mol/l HCl so weit füllen, daß die Schnitte ganz untertauchen können, auf dem Wasserbad (oder im Thermostaten) auf 60 ± 1 °C vorwärmen (Kontrolle mit Thermometer! Küvetten zudecken, Säurestand mit Fettstift markieren, bei Verdunstungsverlust nur mit destilliertem Wasser auffüllen).
- Mikrotomschnitte in die vorgewärmte Salzsäure einstellen. Temperatur konstant auf 60 °C halten. Optimale Dauer der Hydrolyse richtet sich nach Material und Fixierung. Richtwert nach Carnoyfixierung 8 bis 15 min, nach Nawaschin- oder Lavdowskyfixierung 10 bis 20 min. Bei zu kurzer oder zu langer Hydrolyse ist die Reaktion schwächer oder fällt ganz aus. (Der Fehler kann aber auch durch ungeeigneten Farbstoff verursacht sein).
- Schnitte kurz in kaltes destilliertes Wasser überführen.
- In Färbeküvette mit fuchsinschwefeliger Säure einstellen, Küvetten zudecken. Aufenthalt etwa 30 min. Wenn die Lösung nach längerem Gebrauch rötlich wird, muß sie durch neue ersetzt werden.
- Nacheinander in drei Küvetten mit Disulfit-Lösung je 2 min einstellen. Wenn viele Schnitte bearbeitet worden sind, Disulfit-Lösung im ersten Gefäß gegen frische auswechseln und das Gefäß an die dritte Stelle setzen. Die Spülung hat den Sinn, überschüssige fuchsinschwefelige Säure unter Bedingungen aus den Schnitten zu vertreiben, unter denen sie sich nicht zersetzen kann. Anderenfalls entsteht freies Fuchsin, das das Gewebe unerwünscht färbt.
- Auswaschen der Disulfit-Lösung in fließendem oder mehrmals gewechseltem Leitungswasser (nicht destilliertes Wasser!), danach kurzes Eintauchen in destilliertes Wasser.
- Steigende Alkoholreihe (Reg. 4, 32), einschließen in Harze (Reg.92).
- Ergebnis: Kräftige rotviolette Anfärbung aller DNA-Orte in der Zelle. Alle übrigen Strukturen farblos. Die Färbung ist sehr gut haltbar.

2. Als Stückfärbung mit nachfolgendem Quetschen
- Carnoy-fixiertes Stückmaterial (z. B. Wurzelspitzen, Antheren) aus destilliertem Wasser in kalte 1 mol/l HCl überführen (auch Fixierung nach Nawaschin oder Lavdowsky ist möglich. Sie härtet die Strukturen der Zelle dauerhafter, das Material läßt sich zuweilen weniger gut quetschen als nach Carnoyfixierung). Aufenthaltsdauer richtet sich nach der Größe der Objekte.
  Richtwert: 15 min.
- Überführen der Objekte in 1 mol/l HCl im Hydrolysegefäß, die auf 60 °C vorgewärmt wurde. An den Objekten pflegen sich Gasblasen anzusetzen, so daß sie an die Oberfläche gehoben werden. Man verwendet zweckmäßig einen »Käfig« aus offenem Glasrohr, das auf einer Seite mit feinmaschigem Kunstfasergewebe abgeschlossen ist, etwa nach einer Anordnung wie im Schema der Abb. 119. So bleiben die Objekte während der Hydrolyse untergetaucht. Hydrolyse wenig länger als im Verfahren 1 angegeben ist.

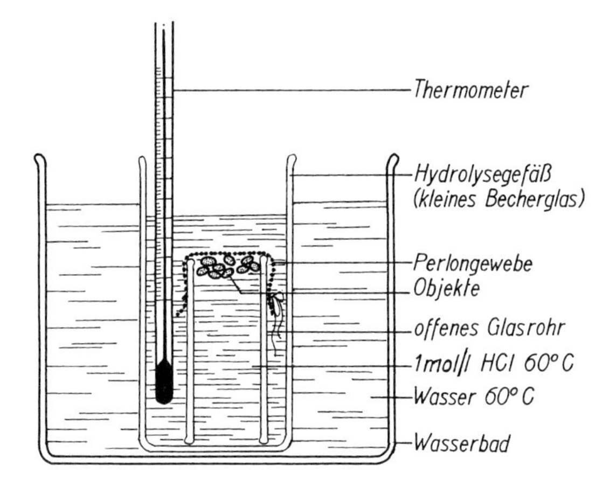

Abb. 119.

- Käfig samt Objekten in nicht zu kleine Menge kaltes destilliertes Wasser übertragen, um die Hydrolyse abzubrechen und überflüssige Salzsäure zu entfernen.
- Objekte aus dem Käfig in fuchsinschwefelige Säure übertragen, bei hinreichend kleinen Objekten z. B. in Blockschälchen, das zugedeckt werden muß.
- Die Objekte beginnen nach wenigen Minuten, sich allmählich tief rot zu färben. Die Reaktion ist nach etwa 30 min weitgehend beendet, das Material muß sofort weiterverarbeitet werden.
- Eine möglichst kleine Portion des angefärbten Materials direkt aus der fuchsinschwefeligen Säure auf einen Objektträger bringen und mit einem Tropfen 45%iger Essigsäure bedecken. Sehr vorsichtig auf kleinster Flamme anwärmen (Essigsäure darf sich nur schwach rosa anfärben), sofort mit kleinem Deckglas bedecken, quetschen und überschüssiges Medium absaugen (vgl. Reg. 1).
- Mikroskopische Kontrolle, ob das Präparat die gesuchten cytologischen Bilder enthält. Präparat verwerfen oder, wenn sich weitere Bearbeitung lohnt,
- in horizontaler Stellung vorsichtig in große, mit 96%igem Ethanol halb gefüllte Petrischale übertragen und im Ethanol langsam untertauchen. Aufenthalt etwa 24 Std. Der Alkohol wirkt härtend auf das mazerierte Gewebe. Gleichzeitig zersetzt sich der eingeschleppte Rest der fuchsinschwefeligen Säure, so daß frei werdendes Fuchsin den gesamten Zellkomplex zunächst kräftig rot färbt. Nachfolgend löst der Alkohol das Fuchsin aus dem Gewebe heraus, so daß ein (ganz oder nahezu) reines Bild der Nuklealreaktion resultiert. Bei höheren Ansprüchen an die DNA-Spezifität der Reaktion muß das Stückmaterial vor dem Quetschen so lange mit Disulfit-Lösung gewaschen werden, bis zugesetzte Formaldehyd-Lösung die Waschflüssigkeit nur noch schwach anfärbt. Das so gewaschene Material wird dann in 45%ige Essigsäure übertragen und sofort gequetscht (Färbung läßt sonst nach).
- Nach dem Differenzieren (mikroskopische Kontrolle) Objektträger, ohne das Deckglas zu berühren, mit Filterpapier trocknen. An der Luft nachtrocknen lassen, bis eine erste Luftblase beginnt, unter das Deckglas zu kriechen (Objektträger schräg gegen das Licht halten). Dann sofort einen Tropfen Euparal (Reg. 39) auf die der Luftblase gegenüberliegende Deckglaskante geben. Das Einbettungsmedium zieht langsam unter das Deckglas und das Präparat ist nach 15 min zur Beobachtung fertig.
- Ergebnis: Alle Zellen sind in einer Schicht flach ausgebreitet. Die in jeder Zelle stets vollständigen Chromosomensätze scharf violettrot. Übrige Zellstrukturen durchsichtig farblos. Präparate haltbar.
- Die Hydrolyse kann notfalls auch kalt in 6 mol/l HCl durchgeführt werden.

Nr. 94 Objektmeßplatte

s. a. Mikroskopische Längenmessung (Reg. 89).
Objektträger, in dessen Mitte sich ein Maßstab befindet. Meist ist die Meßstrecke 1 mm lang und in 100 Intervalle unterteilt (1 Intervall = 10 µm). Die Intervallgröße ist an der eingravierten Bezeichnung »0,01 mm« zu erkennen. Der Maßstab ist von einem schwarzen Ring umgeben und durch ein Deckglas geschützt.

Nr. 95 Objektträger

Rechteckige Glasplättchen von ca. 1 mm Stärke, die zur Aufnahme des Objekts dienen. In der Biologie wird hauptsächlich das Format 26 × 76 mm verwendet. Weitere Formate sind im Handel.
Für Lebenduntersuchungen von Mikroorganismen eignen sich Objektträger mit Hohlschliff.
Objektträger mit mangelhafter Oberfläche (wellig, zerkratzt, blasig) sind zu verwerfen.
Reinigung der Objektträger (Reg.103).

Nr. 96 Objektträgerkultur

Für Mikrokulturen, die mikroskopisch beobachtet werden sollen (z. B. Pollenkeimung), können Feuchtkammern benutzt werden, die z. B. aus Objektträgern und Deckgläsern zusammengesetzt werden: Auf einem Objektträger wird ein Rahmen montiert (Plastilina, Metall- oder Glasring, z. B. Raschigringe), der sich durch ein entsprechend großes Deckglas abdecken läßt (Bindemittel: Vaseline). Auf der Unterseite dieses Deckglases befinden sich die Objekte auf einem Film aus Nährmedium oder in einem Flüssigkeitstropfen (»hängender Tropfen«).

Nr. 97 Okularmeßplatte

s. a. Mikroskopische Längenmessung (Reg. 89).
Rundes Glasplättchen, dessen Durchmesser der lichten Weite eines Okulars entspricht und das auf die Sehfeldblende des Okulars aufgelegt wird. In die Mitte der Okularmeßplatte ist ein Maßstab eingeritzt. Meist sind 5 oder 10 mm in Intervalle von 0,1 mm Länge unterteilt. Da der Maßstab in der Höhe des reellen Zwischenbildes (Sehfeldblende!) liegt, wird er scharf in das Sehfeld hineinprojiziert. Bei besonderen Meßokularen kann Fehlsichtigkeit durch Verstellen der Augenlinse kompensiert werden. Meßschraubenokulare genügen höchsten Anforderungen.

Nr. 98 Okularmikrometer

Siehe Okularmeßplatte (Reg. 97).

Nr. 99 Phasenkontrastverfahren

Siehe optische Kontrastierung (S. 21)

Nr. 100 Phenolglycerol

Verwendung: Aufhellendes Einschlußmittel

Ansatz: Gleiche Gewichtsteile kristallisiertes Phenol (farblos bis hellrosa) und reines Glycerol zusammengeben und öfter durchmischen. Wenn sich das Phenol gelöst hat, ist das Einschlußmittel gebrauchsfertig.
Vorsicht! Phenol ist giftig und ätzend!

Anwendung: Objekte auf dem Objektträger in einen Tropfen des Mediums einbetten, mit Deckglas zudecken. Bei kleinen Objekten tritt die aufhellende Wirkung sehr rasch ein. Das Medium wird nicht fest, Färbungen halten sich nicht.

Nr. 101 Phloroglucinol-Salzsäure

Zur Reaktion auf verholzte Zellwände (Ligninnachweis).

Reagenzien:
1. Beliebig konzentrierte ethanolische Lösung von käuflichem Phloroglucinol (es genügen Spuren).
2. Konzentrierte Salzsäure.

Anwendung: Objekte für kurze Zeit (bei dünnen Schnitten genügen Sekunden) in einen Tropfen Phloroglucinol-Lösung legen, dann für wenige Sekunden in einen Tropfen konzentrierte Salzsäure überführen, anschließend (ohne vorheriges Auswaschen) in Wasser beobachten (Vorsicht! Nie die Salzsäure an die Optik oder an andere Teile des Mikroskops bringen!).
Verholzte Zellwände sind kräftig violettrot gefärbt. Alle anderen Zell- und Gewebebestandteile bleiben ungefärbt (Reaktion ist sehr spezifisch!). Die Färbung ist in Dauerpräparaten nicht haltbar.

Nr. 102 Quetschen mit Folie

Für zytologische Verfahren, bei denen vor dem Färben gequetscht werden muß. Die Methode erleichtert das Ablösen des Deckglases nach dem Quetschen (vgl. auch Reg. 2).

Durchführung:

- Möglichst kleine Portion des fixierten und beliebig vorbehandelten Stückmaterials aus mit Essigsäure angesäuertem destilliertem Wasser auf vorgewärmten Objektträger bringen und mit einem Tropfen warm verflüssigter, handelsüblicher Glycerol-Gelatine bedecken.
- Ein Stückchen dünne, chloroformlösliche Folie (Polystyrol, Piacryl, Plexiglas) auflegen, darauf Deckglas legen und quetschen.
- Präparat (wenn sich das Deckglas nicht sofort wieder ablösen läßt, auch mit Deckglas) in Chloroform-Aceton-Gemisch 3:1 einstellen, bis sich die Folie aufgelöst hat.
- Präparat nacheinander in Chloroform (3 min), absolutes Ethanol (3 min) und (wenn aus wäßriger Phase gefärbt werden soll) über Alkoholreihe abwärts (sinngemäß wie Reg. 4, 32, 90) in destilliertes Wasser überführen.
- Weiterverarbeitung beliebig (Hydrolyse für Feulgensche Nuklealreaktion, Eisenhämatoxylin nach Heidenhain oder andere Färbungen).

Nr. 103 Reinigung von Objektträgern und Deckgläsern

Einwandfrei gesäuberte Objektträger und Deckgläser sollen fettfrei sein. Diese Forderung ist oft nur schwer zu erfüllen. Für einfache Beobachtungen genügt das Reinigen der Gläser mit Ethanol. Gebrauchtes Carnoysches Gemisch (Reg. 42) läßt sich auch sehr gut dafür verwenden. Hartnäckige Verunreinigungen lassen sich meist mit heißer konzentrierter Schwefelsäure beseitigen, der noch etwas Kaliumnitrat zugesetzt wurde. (Vorsicht! Schutzbrille tragen und Abzug benutzen!) Die so behandelten Gläser in Wasser gut abspülen, eventuell mit Ethanol nachspülen und mit sauberem, fusselfreiem Lappen trocknen und polieren. Die Gläser können auch bis zur Verwendung in Ethanol aufbewahrt werden. Gute Reinigungserfolge erzielt man auch mit Tensiden (z. B. Haushaltsspülmittel). Grundsätzlich jedes Glas einzeln behandeln und nicht im Pack von einer Flüssigkeit in die andere übertragen.

Nr. 104 Resoblau

Zur Färbung der Kallose in Siebröhren.

Ansatz: 100 ml 1%ige wäßrige Resorzinollösung mit 0,1 ml konzentrierter Ammoniaklösung versetzen, mehrere Tage an der Luft stehenlassen. Begrenzt haltbar.

Anwendung: Objekte maximal 30–60 s färben, dann auswaschen in Wasser.
Kallose rein blau, bei zu langer Färbedauer aber auch verholzte Wände blau gefärbt. Die Färbung ist nicht haltbar.

Nr. 105 Safranin

Für Zellwandfärbungen, besonders verholzter Wände.

Ansatz: 1%ig wäßrig.

Anwendung: Schnitte wenige Minuten bis eine halbe Stunde färben (beobachten, etwas überfärben), in Salzsäure-Ethanol (Reg. 107) überschüssige Farbe auswaschen (unter dem Mikroskop beobachten!).
Die Objekte können auch progressiv gefärbt werden: Die Safraninlösung so weit mit destilliertem Wasser verdünnen, bis eine zart rosa getönte Farblösung vorliegt. Einen Tropfen dieser verdünnten Farblösung auf den Objektträger übertragen, die Schnitte einlegen und mit Deckglas abdecken. (Bei dieser Methode färben sich auch die Zellkerne gut an.)
Zellwände, je nach dem Grad der Verholzung, stärker oder schwächer rot gefärbt. Bei progressivem Färben: ausgeglichene Färbung, keine Überfärbung. Differenzierung nicht notwendig.
Färbung sehr gut in Dauerpräparaten haltbar. In Glycerol-Wasser (Reg. 53) wird die Farbe mitunter stark ausgezogen. Es empfiehlt sich daher, dem Glycerol-Wasser vorher etwas Safraninlösung (bis zur Rosafärbung) zuzusetzen.

Nr. 106 Salzsäure

Vorsicht – starke Säure! Handelsübliche rauchende Salzsäure ist ca. 38%ig.

Verwendung:

1. Beim Nachweis von Lignin (Reg. 101).
2. Zum Nachweis von Kalkinkrusten: Verdünnte Salzsäure (ca. 3–5%ig) nach Reg. 44 unter dem Deckglas durchsaugen. Calciumcarbonat wird unter Gasbildung (CO_2) gelöst.
3. Zum Nachweis von Calciumoxalat (Reg. 15).

Nr. 107 Salzsäure-Ethanol

Zum Auswaschen (»Differenzieren«) ethanollöslicher Farbstoffe aus überfärbten Präparaten.
Ansatz: 0,5–1 ml konzentrierte Salzsäure auf 100 ml 96%iges Ethanol.

Nr. 108 Schabepräparat

Von Objekten, bei denen nur kleine Gewebepartikel, Einzelzellen oder Zellbestandteile untersucht werden sollen, werden kleine Proben abgeschabt und in ein geeignetes Medium übertragen.
Als Schabeinstrumente eignen sich geschliffene Lanzettnadeln, feine Skalpelle, Rasierklingen, Glasbruchstücke. Um das Eintrocknen der abgeschabten Teilchen zu vermeiden, ist es zweckmäßig, die Schabfläche mit Wasser oder einem anderen geeigneten Medium zu benetzen. Für Chloroplastenstudien (s. S. 58) kann es vorteilhaft sein, die Schabfläche mit Glycerol zu bedecken und das Abgeschabte sofort in Glycerol zu übertragen.
Von Fall zu Fall werden bei Frischmaterial andere osmotisch aktive Medien, wie Rohrzuckerlösungen oder physiologische Pufferlösungen, zu verwenden sein.

Nr. 109 Schiefe Beleuchtung

Siehe optische Kontrastierung (S. 21)

Nr. 110 Schneidetechnik

Blattquerschnitte (Reg. 14),
Flächenschnitte (Reg. 43),
Holzschnitte (Reg. 60),
Sproßachsenquerschnitte (Reg. 114),
Sproßachsenlängsschnitte (Reg. 113);
Wurzelquerschnitte (Reg. 114).

Nr. 111 Schnellfixierung

Siehe Karminessigsäure (Reg. 73).

Nr. 112 Schwefelsäure

Konzentrierte Schwefelsäure ist 98%ig. Zum Reinigen von Objektträgern und Deckgläsern (Reg. 103), zum Nachweis von Carotenoiden (S. 61), zum Nachweis von Calciumoxalat (Reg. 15), verdünnt zum Mazerieren von Geweben (Reg. 85), zum Nachweis von Lignin (Reg. 6).
Stark hygroskopisch. Wasseraufnahme unter Erwärmung und Volumenkontraktion. Vorsicht beim Verdünnen! Erst das Wasser, dann die Säure!

Nr. 113 Sproßachsenlängsschnitte

1. Dem Erfordernis entsprechend ist das Achsenstück vorher zu zerlegen, gegebenenfalls in eine der Hauptlängsschnittrichtungen (s. Abb. 50, S. 146).
   a) Radialer Längsschnitt: In einem Radius der Zylindergrundfläche und parallel zur Längsachse des zylinderförmigen Sproßachsenstückes (der Schnitt oder dessen Fortsetzung führt also durch den Mittelpunkt der Zylindergrundfläche).
   b) Tangentialer Längsschnitt: Senkrecht zu einem Radius der Zylindergrundfläche und parallel zur Längsachse des zylinderförmigen Sproßachsenstückes (der Schnitt oder dessen Fortsetzung führt nie durch den Mittelpunkt der Zylindergrundfläche).
2. Auf exakte Einhaltung der Schnittrichtung achten.
3. Entsprechend verfahren, wie es für Sproßachsenquerschnitte (Reg. 114) beschrieben ist.

Nr. 114 Sproßachsenquerschnitte, Wurzelquerschnitte

- Sproß- oder Wurzelstück, wenn nötig, dem jeweiligen Zweck entsprechend grob zerteilen (Taschenmesser, Skalpell).
- Scharfes (!) Rasiermesser oder scharfe, neue (!) Rasierklinge dienen als Schneideinstrument.
- Schnittfläche des Objekts beim Schneiden stets feucht halten (Wasser, Glycerol-Wasser oder Glycerol).
- Vor dem Beginn des Schneidens saubere, gerade (genau senkrecht zur Längsachse liegende) Schnittfläche herstellen.
- Der erste Schnitt ist stets zu verwerfen (Gewebe verletzt!).
- Stets so dünn wie möglich schneiden! Genau senkrecht zur Längsachse schneiden!
- Schneide des Messers bzw. der Rasierklinge nicht am Außenrande der Sproßachse anlegen, sondern auf der Schnittfläche aufsetzen (Ausnahme nur, wenn vollständige Querschnitte nötig sind. Selten!).
- Messerschneide *nie* gegen die Schnittkante *drücken,* sondern stets leicht seitlich durch das Objekt *ziehen.* Hände und Arme frei und leicht bewegen, nicht verkrampfen und auflegen.
- Stets gleich mehrere Schnitte anfertigen, um auswählen zu können. Schnitte sofort in einen Tropfen Wasser oder Glycerol-Wasser einlegen (nicht austrocknen lassen!). Schnitte vom Messer in die Aufbewahrungsflüssigkeit mit Hilfe eines feinen Pinsels oder durch Eintauchen der Schneide in die Flüssigkeitstropfen übertragen.

Nr. 115 Stärkenachweis

Iodkaliumiodid-Lösung (Reg. 66),
Chloraliod-Lösung (Reg. 19).

Nr. 116 Sudan III

Ceresinrot, Fettponceau. Zur Färbung von Kutin und Suberin auf bzw. in Zellwänden. In Ether, Aceton, heißer Essigsäure und Chloroform leicht, in Ethanol wenig und in Wasser unlöslich.

Ansatz: 0,01 g Sudan III in 5 ml 96%igem Ethanol lösen, dann 5 ml reines Glycerol hinzufügen.

Anwendung: Objekt in einem Tropfen Farblösung über kleiner Flamme bis zum Sieden des Ethanols erhitzen oder kalt färben, in Glycerol auswaschen, so beobachten oder als Dauerpräparat einschließen.
Kutin und Suberin enthaltende Zellwände und Fettbestandteile kräftig gelbrot gefärbt.
Färbung in Dauerpräparaten gut haltbar.

Nr. 117 Umranden der Deckgläser bei Dauerpräparaten

Bei Präparaten mit flüssigen, nicht erhärtenden oder halbfesten Einbettungsmedien (z. B. Glycerolgelatine) erforderlich. Bedingung: Das Einbettungsmedium darf nicht unter dem Deckglas hervorquellen, da sonst der Kontakt des Umrandungsmittels mit dem Glas verhindert wird.

- Einfaches Verfahren: Nagellack mit feinem Pinsel (Fotoretuschierpinsel) so auf Deckglasrand auftragen, daß der Lackstreifen ein bis zwei Millimeter breit Deckglas *und* Objektträger bedeckt und die Fuge lückenlos schließt. Umrandung zweckmäßig nach einer Stunde wiederholen. Vorteil: Sofort aushärtend, mit den meisten Einschlußmedien nicht mischend, resistent gegen Xylen, Alkohol und Immersionsflüssigkeit. In vielen Fällen ist auch Neutralbalsam in sirupöser Konsistenz verwendbar (nicht bei Chloralhydrat!). Nachteil: in Xylen löslich (bei Reinigung des Präparates von Immersionsflüssigkeit).
- Verfahren für besonders dauerhafte Umrandung: Objekt zwischen kleinerem und größerem Deckglas einbetten, so daß das größere Deckglas das kleinere rundum überragt. Der freie Rand des großen Deckglases muß dabei sauber und trocken bleiben! 2–3 Tropfen sirupösen Neutralbalsam auf Objektträger geben und auf eine Fläche verteilen, die etwas kleiner ist als das größere Deckglas. Die beiden Deckgläser, das kleinere nach unten (schnell umdrehen!), auf die Balsamschicht legen, daß die ganze Deckglasfläche blasenfreien Kontakt mit dem Balsam erhält. Wenn das Einschlußmedium mit Balsam mischbar ist oder sich nicht mit Balsam verträgt (z. B. Chloralhydrat) gelingt die Operation bei raschem Arbeiten auch mit (farblosem, klarem!) Nagellack.

Nr. 118 Vitalfarbstoffe

Wasserlösliche Anilinfarben, die in starker Verdünnung (z. B. 1 in 100000) und möglichst isotonischer Lösung zum Färben lebender Zellen angewendet werden.
Die Farbstoffe werden von den Zellen gespeichert, ohne sichtbare Schädigungen hervorzurufen. Bekannte Vitalfarbstoffe: Methylenblau, Neutralrot.

Nr. 119 Wurzelquerschnitte

Siehe Sproßachsenquerschnitte (Reg. 114).

Nr. 120 Xylen

Dimethylbenzen (Gesundheitsgefährdend! Arbeiten unter Abzug!) Farblose, stark lichtbrechende Flüssigkeit von eigenartigem Geruch. In Wasser wenig, in Ethanol und Benzen leicht löslich. Gutes Lösungsmittel für Harze (Neutralbalsam). Zwischenmittel beim Überführen der Objekte aus Ethanol in Balsam. Aufhellende Wirkung. Xylen darf nicht mit Wasser in Berührung kommen, da es sofort trüb wird (Vorsicht beim Herstellen von Dauerpräparaten! Beim Überführen der Objekte aus Xylen in Balsam können schon durch den Atemhauch lästige Trübungen hervorgerufen werden).

Nr. 121 Zellwände, kutinisiert

Nachweis s. Sudan III (Reg. 116).

Nr. 122 Zellwände, unverholzt

Färbung mit

Astrablau (Reg. 8),
Karmalaun (Reg. 72),
Hämalaun (Reg. 55),
Hämalaun, sauer (Reg. 57),
Kongorot (Reg. 79),
Kernschwarz (Reg. 75).

Nr. 123 Zellwände, verholzt

Nachweis mit

Safranin (Reg. 105),
Phloroglucinol-Salzsäure (Reg. 101),
Anilinsulfat (Reg. 6),
Kaliumpermanganat (Reg. 70),
Fuchsin-Pikrinsäure (Reg. 48).

Nr. 124 Zellwände, verkorkt

Nachweis mit Sudan III (Reg. 116).

Nr. 125 Zupfpräparat

- Material mit spitzer Pinzette von dem Objekt trennen.
- Abgezupftes Material in einen Tropfen Wasser oder Glycerol-Wasser einlegen.
- Mit zwei Präpariernadeln zerzupfen, wobei die eine zum Festhalten, die andere zum Zertrennen benutzt wird.
- Frischpräparat (Reg. 47) anfertigen.

Literatur

(Botanische Praktika und Mikrotechniken)

APPELT, H.: Einführung in die mikroskopischen Untersuchungsmethoden. 2. Aufl. Leipzig 1953.

ATKINS, H.J.B.: Tools of biological research. Oxford 1959.

BALBACH, M., AND L.C.BLISS: A Laboratory Manual for General Botany. 6. Aufl. Philadelphia 1982.

BERLYN, G.P., AND J.P. MIKSCHE.: Botanical microtechnique and cytochemistry. Iowa 1976.

BEYER, H.: Handbuch der Mikroskopie. 3. Aufl. Berlin 1988.

BIEBL, R., UND H. GERM: Praktikum der Pflanzenanatomie. 2. Aufl. Wien 1967.

BÖHLMANN, D.: Botanisches Grundpraktikum zur Phylogenie und Anatomie. Wiesbaden 1994.

BOWES, B.G.: Farbatlas Pflanzenanatomie. Blackwell-Verlag 2001.

BRACEGIRDLE, B.: An Atlas of Plant Stucture I. London 1971.

BURCK, H.C.: Histologische Technik. 5. Aufl. Stuttgart 1982.

CHAMBERLAIN, CH.J.: Methods in plant histology. 5. Aufl. Chicago (Ill.) 1932.

CHAMOT, E.M.: Elementary chemical microscopy. New York 1921.

COLES, A.C.: Critical microscopy. London 1921.

DEFLANDRE, G.: Microscopie pratique. Paris 1930.

EHRINGHAUS, A., UND E. TRAPP: Das Mikroskop. 6. Aufl. Leipzig 1967.

ESCHRICH, W.: Strasburgers kleines botanisches Praktikum für Anfänger. Stuttgart 1976.

FEDER, N., UND T.P. O'BRIEN: Plant microtechnique: Some principles and new methods. Amer. J. Bot. *55*, 123–142. 1968

FOSTER, A. S.: Practical plant anatomie. New York 1942.

FRANCON, M.: Einführung in die neueren Methoden der Lichtmikroskopie. Karlsruhe 1967.

FRIEDRICH, W.: Das Mikrotom. Wetzlar 1961.

GASSNER, G. v. (Begr.), BOTHE, F. v. (Fortf.), Neubearb. v. HOHMANN, B., und F. DEUTSCHMANN: Mikroskopische Untersuchung pflanzlicher Lebensmittel. 5.Aufl. Stuttgart 1989.

GERLACH, D.: Botanische Mikrotechnik. Eine Einführung. 3. Aufl. Stuttgart 1984.

– Das Lichtmikroskop. Eine Einführung in Funktion und Anwendung in Biologie und Medizin. 2. Aufl. Stuttgart 1985.

– Mikroskopieren – ganz einfach. Stuttgart 1987.

– und J. LIEDER: Taschenatlas zur Pflanzenanatomie. Der mikroskopische Bau der Blütenpflanzen in 120 Farbfotos. Stuttgart 1979.

GRAY, P.: Handbook of basic microtechnique. 3. Aufl. New York 1964.

GRIMSTONE, A.V., and R.J. SHEAR: A guidebook to microscopical methods. New York 1972.

GÜNTHER, H., und G. STEHLI: Tabellen zum Gebrauch bei botanisch-mikroskopischen Arbeiten. Bd. I, Phanerogamen. Stuttgart 1911.

GURR, E.: A practical manual of medical and biological staining techniques. London 1953.

HARMS, H.: Handbuch der Farbstoffe für die Mikroskopie. Kamp-Lintfort 1965.

HAUG, H.: Leitfaden der mikroskopischen Technik. Mikroskopische, präparative und färberische Verfahren in der Histologie. Stuttgart 1959.

HENKLER, P.: Mikroskopisches Praktikum. Berlin 1912.

HUBER, B.: Mikroskopische Untersuchung von Hölzern. In: Handbuch der Mikroskopie in der Technik. Bd. V/1. Frankfurt/M. 1951.

JAMES, J.: Light microscopic techniques in biology and medicine. The Hague 1976.

JENSEN, W.A.: Botanical histochemistry. San Francisco 1962.

JOHANSEN, D.A.: Plant microtechnique. New York and London 1940.

JUNIPER, B.E.: Techniques for plant electron microscopy. Philadelphia 1970.

KIENITZ-GERLOFF, F.: Botanisch-mikroskopisches Praktikum. Leipzig 1910.

KISSER, J.: Leitfaden der botanischen Mikrotechnik. Jena 1926.

KISZELY, G., und Z. POSALAKY: Mikrotechnische und histochemische Untersuchungsmethoden. Budapest 1964.

KLEIN, G.: Praktikum der Histochemie. Wien und Berlin 1929.

KRAUSE, R.: Enzyklopädie der mikroskopischen Technik, 3 Bde. Berlin und Wien 1926.

KREMER, B.P.: Das große kosmos-Buch der Mikroskopie. Stuttgart 2002.

KÜCK, U. und G. WOLFF: Botanisches Grundpraktikum. Berlin 2002.

KUHN, K., und W. PROBST: Biologisches Grundpraktikum, Bd. I. 4. Aufl. Stuttgart 1983.

Lee, A.B. (Eds.): The Microtomists vademecum. A handbook of the methods of animal and plant microscopic anatomy. 10. Aufl. Philadelphia 1937 und 1946.
Lemon, P.C., and N.H. Russell: General Botany Manual: Exercises on the Life Histories, Structures, Physiology and Ecology of the Plant Kingdom. 3rd Ed. St.Louis 1970.
Long, R.W., and K. Norstog: Plant Biology. A laboratory manual for elementary botany. Philadelphia 1976.
McLean, R.C., and W.R. Ivimey-Cook: Textbook of practical Botany. London 1952.
Metzner, P.: Das Mikroskop. Ein Leitfaden der wissenschaftlichen Mikroskopie. 2. Aufl. Leipzig 1928.
Meyer, A.: Erstes Mikroskopisches Praktikum. Eine Einführung in den Gebrauch des Mikroskopes und in die Anatomie der höheren Pflanzen. Jena 1915.
Möbius, M.: Botanisch-mikroskopisches Praktikum für Anfänger. 2. Aufl. Berlin 1909.
– Mikroskopisches Praktikum für systematische Botanik
Bd. I: Angiospermae.Berlin 1912.
Bd. II: Kryptogamae und Gymnospermae. Berlin 1915.
Molisch, H.: Mikrochemie der Pflanze. 3. Aufl. Jena 1923.
Molisch, H., und K. Dobat: Botanische Versuche und Beobachtungen mit einfachen Mitteln. 5.Aufl. Stuttgart 1979.
Müller, G.: Mikroskopisches und physiologisches Praktikum der Botanik für Lehrer. Bd. I, Phanerogamen. Leipzig 1907.
Nachtigall, W.: Mikroskopieren. Geräte, Objekte, Praxis. 2.Aufl. München 1994.
Nemec, B., und Mitarb.: Botanickà mikrotechnika. Prag 1962.
Niemann, G.: Grundriß der Pflanzenanatomie auf physiologischer Grundlage zum Selbstunterricht sowie zur Vorbereitung auf die Mittelschullehrer- und Oberlehrerinnenprüfung. Magdeburg 1905.
Nultsch, W., und Ursula Rüffer: Mikroskopisch-botanisches Praktikum für Anfänger 11. Aufl. Stuttgart 2001.
O'Brien, T.P., and M.E. Mc Cully: The Study of Plant Structures. Principles and Selected Methods. Oxford 1981.
Öye, A.: Hanbok i mikroskopi. Mikroskopet – Mikrofotografering – Preparatframställning. Stockholm 1969.
Otto, L.: Durchlichtmikroskopie. Geräte und Verfahren. Berlin 1959.
Pazourková, Z., und J. Pazourek: Rychle metody Botanické Mikrotechniky. Prag 1960.
Popham, R.A.: Laboratory manual for plant anatomy. Saint Louis 1966.
Purvis, M.J., D.C. Collier and D. Walls: Laboratory Techniques in Botany. 2. Aufl. London 1966.
Rawlins, Th.E.: Phytopathological and botanical research methods. New York 1933.
– und W.N. Takahashi: Technics of plant histochemistry and virology. Milbrae, California 1952.
Reiss, J.: Experimentelle Einführung in die Pflanzencytologie und Enzymologie. Heidelberg 1977.
Romeis, B.: Mikroskopische Technik. 17. Aufl. München 1989.
Rostowzew, S.I.: [Praktikum po anatomii rastenij]. Moskau 1948.
Sass, J.E.: Elements of botanical microtechnique. 3. Aufl. Ames, Iowa 1958.
Schlüter, W.: Mikroskopie für Lehrer und Naturfreunde. Eine Einführung in die biologische Arbeit mit dem Mikroskop. 6. Aufl. Berlin 1986.
Schneider, H.: Die botanische Mikrotechnik. Jena 1922.
Schoenichen, W.: Biologie der Blütenpflanzen. Eine Einführung an der Hand mikroskopischer Übungen. Freiburg i. Br. 1924.
Schulze, E., und A. Graupner: Anleitung zum mikroskopisch-technischen Arbeiten in Biologie und Medizin. 2. Aufl. Leipzig 1960.
Schumann, K.: Praktikum für morphologische und systematische Botanik. Jena 1904.
Sieben, H.: Einführung in die botanische Mikrotechnik. Jena 1920.
Stahl-Biskup, E. und J. Reichling: Anatomie und Histologie der Samenpflanzen. Mikroskopisches Praktikum für Pharmazeuten. 2. Aufl. Stuttgart 2004.
Stehli, G.: Mikroskopie für Jedermann. Stuttgart 1934.
Stevens, W. Ch.: Plant anatomy and handbook of micro-technic. London 1924.
Strasburger, E.: Das botanische Praktikum. 5. Aufl. Jena 1913.
– und M. Koernicke: Das kleine botanische Praktikum für Anfänger. 14. Aufl. Stuttgart 1970.
Tribe, M. A., M.R. Eraut and R.K. Snook: Basic biology course, unit 1: Microscopy and its application to biology. Book 1: Light microscopy. Cambridge 1975.
Tunmann, O.: Pflanzenmikrochemie. Berlin 1913.
Voigt, M.: Das Mikroskop im Dienste des biologischen Unterrichtes. Leipzig 1929.

VORONIN, N. S.: [Praktikum po anatomii i morfologii rastenij]. Moskau 1953.
WALTER, F.: Das Mikrotom, Leitfaden der Präparationstechnik und des Mikrotomschneidens. Wetzlar 1961.
WANNER, G.: Mikroskopisch-Botanisches Praktikum. Stuttgart 2004.
WEIDEL, G.: Mikroskopie und Mikrofotografie, Lehrmaterialien für Ausbildung und Weiterbildung von mittl. med. Personal. Potsdam 1964.
WILLIAMS, S. B. G.: Practical botany. London 1939.

Sachverzeichnis

*; Abbildung
halbfett: eingehender behandelt
kursiv: theoretischer Teil und Technik
nicht kursiv: praktischer Teil und Methodenregister

Pflanzenverzeichnis

*: Abbildung
halbfett: eingehender behandelt;
nicht halbfett: ›‚weitere Objekte»

Register der deutschen Pflanzennamen